An der Zukunft orientiert

Sicherheit, intakte Umwelt, verbrauchergerechte Versorgung – bei Energie und Wasser. Hohe Erwartungen, die an ein zukunftsträchtiges Versorgungsangebot gestellt werden.

Gemeinsame Zukunft muß aber auch gemeistert werden. Erfolge setzen eine solide Versorgungsbasis, Investitionen und Kapitalstärke voraus. So lassen sich die Probleme neuer Techniken und neue Wege in der Versorgung bewältigen. Zum Wohle aller.

Die rhenag baut auf soliden Strukturen auf. Sie ist Partner der Kommunen, die an der Zukunft orientiert sind.

Partner von mehr als 300 Städten und Gemeinden.

Zuverlässigkeit und Sicherheit **RMA**

Kugelhähne und Hauseinführungskombinationen

mit integriertem Isolierstück und Funkenüberschlagstrecke.
DIN 3389 GT für erhöhte thermische Belastbarkeit.

- Kugelhähne für Erdeinbau
- Übergangsstücke Stahl/PE, DVGW-geprüft
- Flanschkugelhähne
- Anbohr-T-Stücke
- Polyäthylen-Kugelhähne
- Hauseinführungskombinationen mit HDPE-Kapselung. Brandsicher und korrosionsfest.
- Baggerausreißsicherungen
- RMA-Quellvergußmörtel
- Brandschutzschlüssel

RMA-Absperrschieber

metallisch-dichtender Einplatten-Parallel-Schieber in
Vollschweißkonstruktion. Planparallel geschliffene Dicht-
flächen. Durch vorgespannte Tellerfedern, spaltlose
Bewegungsmöglichkeit der Abschlußplatte über den gesamten
Hub. Innenliegendes Spindelgewinde. Mit ölgefülltem Gehäuse-
innenraum. Die Schieber lassen sich unter vollem Differenz-
druck (Nenndruck) mit geringem Drehmoment betätigen.
Nennweiten: DN 40-300, PN 4 – PN 100.

RMA-Monoblock-Isolierstücke

in allen Druckstufen und Nennweiten. Bauteilgeprüft.
Berechnungen nach deutschen Standards,
wie DIN 2470, TRBF sowie ASME.
Werkstoffe nach DIN, API, ASTM-A.

Warm ausgehalste Abgänge.
Nahezu unbegrenzte Herstellungsmöglichkeit.
Einzelgewichte bis 50 t.
Schweißungen nach DIN, ASME-Boiler
and Pressure Vessel Code Sect. IX.
Schweißzulassungen durch TÜV, Lloyd's Register,
Germanischer Lloyd, Bureau Veritas,
Det Norske Veritas.
Fertigung kompletter Leitungssysteme.

Rheinauer Maschinen- und Armaturenbau
Faulhaber & Truttenbach KG

Werk Rheinau · Forsthausstr. 3 · Postfach 2149 · Telex 752 211 rma d
D-7597 Rheinau-Rheinbischofsheim
Telefon 0 78 44 / 40 40 · Fax 0 78 44 / 4 04 38
Werk Kehl · Oststraße 17 · Postfach 1330 · Telex 753 522 rma k
D-7640 Kehl am Rhein
Telefon 0 78 51 / 8 68-0 · Fax 0 78 51 / 8 68 13

A 5

A6

A 7

A 8

Handbuch für Rohrnetzmeister

Wissenswertes für Bau und Betrieb
der öffentlichen
Gas- und Wasserversorgung

von

Dipl.-Ing. A. Böhme, Ing. Hans Blötscher,
Dipl.-Ing. H.-J. Gerbener, Dr.-Ing. W. Hirner,
Dipl.-Ing. R. Köhler, Dipl.-Ing. W. Kröfges,
Dipl.-Ing. H. May, Dipl.-Ing. H. Middelhauve,
Dipl.-Ing. J. Obertan, Dipl.-Ing. H. Pawlik,
Dipl.-Ing. E. Pirnat, Dipl.-Ing. H. Pokolm,
Dipl.-Ing. (FH) H. Schork, Dipl.-Ing. V. Schröder-Wrede,
Dipl.-Ing. D. Weideling, Dipl.-Ing. H. Wilk,
Dipl.-Ing. G. Willmroth

2. Auflage

R. Oldenbourg Verlag München Wien

Herausgeber
DVGW Deutscher Verein des Gas- und Wasserfaches e.V.
Hauptstr. 74 - 79, 6236 Eschborn 1

Die Deutsche Bibliothek – CIP-Einheitsaufnahme

Handbuch für Rohrnetzmeister : Wissenswertes für Bau und
Betrieb der öffentlichen Gas- und Wasserversorgung / von A.
Böhme ... – 2. Aufl. – München ; Wien : Oldenbourg, 1992
   ISBN 3-486-26148-7

NE: Böhme, Arnd

© 1992 R. Oldenbourg Verlag GmbH, München

Satz und Druck: Tutte, Passau
Bindung: R. Oldenbourg Graphische Betriebe GmbH, München

ISBN 3-486-26148-7

Inhaltsverzeichnis

Vorwort des DVGW

Technisch einwandfrei verlegte Rohrleitungen und ein sachkundig betriebenes Rohrnetz sind Grundlagen einer sicheren Gas- und Wasserversorgung. Der Aufwand, der in den Gewinnungs- und Aufbereitungsanlagen geleistet wird, kann zum Teil, ja manchmal sogar weitgehend nutzlos sein, wenn nicht dafür gesorgt wird, daß auf dem oft langen Transportweg zum Kunden keine Engpässe und keine Beeinträchtigungen der Versorgungssituation und der Qualität auftreten. Die Gas- und Wasserverteilungsanlagen gehören zu dem kapitalintensivsten Bereich der Versorgungsunternehmen. So werden heute in Deutschland zwischen 60 und 90 %, im Mittel 80 % der gesamten Investitions-, Überwachungs- und Instandhaltungskosten im Rohrnetz eingesetzt.

Für diesen technisch und wirtschaftlich anspruchsvollen Bereich trägt der „Rohrnetzmeister Gas/Wasser" als Betriebsmann vor Ort die Verantwortung für die Einhaltung der technischen und ggf. hygienischen Vorschriften sowie für die Betriebssicherheit der Anlagen. In kleinen Wasserversorgungsunternehmen mit Wasserbezug, d. h. ohne eigene Wassergewinnung, ist er oftmals der alleinig Zuständige für den gesamten technischen Bereich. Dabei werden ihm dann bei seiner Arbeit häufig Entscheidungen abverlangt, für die ihm in vielen Fällen keine unmittelbare technisch-fachliche Beratung zur Verfügung steht.

Nachdem bereits mit dem Handbuch für Wassermeister für den im Wasserwerk praktisch Tätigen ein Nachschlagwerk vorgelegt worden war, welches eine in der Berufsbildung für den Wassermeister bestehende Lücke schloß, wurde immer häufiger der Wunsch nach einem Handbuch für den im Bereich von Gas- und Wasserverteilungsanlagen tätigen Praktiker, d. h. dem Rohrnetzmeister Gas/Wasser, geäußert. Damit war die Grundlage für eine entsprechende Initiative des DVGW und des RBV gegeben, die vielfältigen Fragen, die sich aus der täglichen Arbeit im Rohrnetz ergeben, für die vorstehende Berufsgruppe zielgerecht aufzuarbeiten.

Das vorliegende Buch wendet sich an den „Rohrnetzmeister Gas/Wasser", gleichermaßen aber auch an die Fachkräfte und den Werkleiter kleiner und mittlerer Versorgungsunternehmen. Ihnen soll es als Nachschlagwerk hilfreiche Hinweise für ihre verantwortungsvolle Arbeit in Schlüsselelementen der Versorgungswirtschaft geben. Die Autoren haben es hier übernommen, die für die Tätigkeit des technischen Betriebspersonals im Rohrnetz wichtigen Fragen umfassend und gleichermaßen praxisorientiert abzuhandeln. Die Themenkonzeption basiert dabei auf dem fachspezifischen Teil des vom DVGW-Fachausschuß „Berufsbildung von Facharbeitern und Meistern im Gas- und Wasserfach" erarbeiteten Stoffplans für den „Rohrnetzmeister Gas/Wasser". Erfahrungen, die die Autoren, die aus der Berufsbildungsarbeit kommen, als Lehrer in den Rohrnetzmeister-Lehrgängen des RBV und des DELIWA-Vereins gewinnen konnten, sind berücksichtigt worden.

Ich danke dem R. Oldenbourg Verlag für die sorgfältige Gestaltung des Bandes sowie der Schriftleitung und den Versorgungsunternehmen, Firmen und Personen, die bei der Erstellung des Buches die Autoren unterstützt und dadurch zu dessen Gelingen beigetragen haben. Mein besonderer Dank gilt aber den Autoren, die sich der ihr gestellten Aufgabe mit sehr viel Engagement und Fachkenntnis gestellt haben. Ich bin sicher, daß das Handbuch für Rohrnetzmeister vom Gas- und Wasserfach begrüßt wird und die entsprechende Aufnahme findet.

Im Frühjahr 1991   Prof. Dr.-Ing. Gerhard Naber
                                              DVGW-Präsident

Vorwort des RBV

Zum Aufgabenbereich des Industriemeisters gehört es, als Bindeglied zwischen der Betriebsleitung und den ihm unterstellten Mitarbeitern tätig zu sein. Er hat bei der Planung des Arbeitsablaufes mitzuwirken, die Anforderungen und Arbeiten nach Lage der Anforderung zu verteilen, die Termine und die Betriebseinrichtung zu überwachen, für Ordnung und gute Zusammenarbeit zu sorgen sowie Arbeitskräfte einzuführen und anzuleiten.

Durch immer umfangreichere und technisch kompliziertere Bauaufgaben in der Gas- und Wasserverteilung, durch Steigerung der Qualitätsansprüche und auch zunehmende Mechanisierung werden künftig beim Bau vor allem von Gas- und Wasserverteilungsnetzen weniger Hilfskräfte, dafür aber immer mehr gut ausgebildete Facharbeiter und technisch hochqualifiziertes Aufsichtspersonal benötigt. Versorgungsunternehmen, wie auch Rohrleitungsbauunternehmen, die sich vorrangig mit Neubau, Betrieb und Instandhaltung von Gas- und Wasserverteilungsnetzen sowie Hausanschlußleitungen beschäftigen, sind ohne fachlich qualifiziert ausgebildetes Personal in Zukunft nicht mehr konkurrenzfähig. Auch nach Abschluß einer qualifizierten Ausbildung, wie Facharbeiter und Meister, ist es für die berufliche Laufbahn unabdingbar, sich ständig an dem neuesten Stand der Technik zu orientieren. Die Verantwortung des Rohrnetzmeisters birgt die Verpflichtung, sich den Anforderungen des Gas- und Wasserfaches zu stellen.

Qualitätssicherung im erdverlegten Rohrleitungsbau kann nur auf einer Qualifizierung der tätigen Firmen basieren. Der Qualitätssicherung und damit der technisch einwandfreien Verlegung von Gas- und Wasserrohren kommt insofern besondere Bedeutung zu, als über 80 % der Anlagevermögen der Gas- und Wasserversorgungsunternehmen im Rohrnetz liegen. Wie bei anderen Bauleistungen ist hier die Auswahl fachlich qualifizierter Rohrleitungsbauunternehmen im Rahmen des freien Wettbewerbes von besonderer Bedeutung. In dieser Erkenntnis hat der DVGW Deutscher Verein des Gas- und Wasserfaches e. V. in Zusammenarbeit mit der Bundesvereinigung der Firmen im Gas- und Wasserfach e. V. – FIGAWA – und dem Rohrleitungsbauverband e. V. ein System zur Prüfung von Firmen des Rohrleitungsbaues im Gas- und Wasserfach entwickelt um zu erreichen, daß auf dem Gebiet des erdverlegten Rohrleitungsbaues fachgerechte Arbeit geleistet wird und betriebssichere Versorgungsleitungen hergestellt werden. Neben der unternehmerischen Qualifikation ist die Qualifikation des Fachpersonals der Rohrleitungsbauunternehmen von hervorragender Bedeutung. Hier wird vom Berufsförderungswerk des Rohrleitungsbauverbandes GmbH inzwischen eine breite Palette von Aus- und Fortbildungsmaßnahmen angeboten. In diesen Fortbildungsmaßnahmen wird das Fachpersonal des DVGW-Rohrleitungsbaus und Rohrnetzbetriebs entsprechend den Regelwerken geschult und trainiert. Besonders sind hierbei hervorzuheben die DVGW-Merkblätter

GW 326 „Ausbildungsplan für Rohrleger im Kunststoffrohrleitungsbau", GW 330 „Schweißen von Rohren und Rohrleitungsteilen aus PE-HD für Gas- und Wasserleitungen", GW 15 „Nachumhüllung von Rohren, Armaturen und Formteilen" und die Unfallverhütungsvorschrift UVV 21/VBG 50 „Arbeiten an Gasleitungen". Diese und weitere Fortbildungsmaßnahmen zur Qualifizierung des Fachpersonals im Rohrleitungsbau und Rohrnetzbetrieb werden in enger Zusammenarbeit mit den DVGW-Landesgruppen durchgeführt.

Das Handbuch für den Rohrnetzmeister bietet mit seiner Themenauswahl in der Praxis stehenden Meistern wie auch angehenden Fachkräften ein Nachschlagewerk für die tägliche Arbeit.

Dipl.-Ing. F.-C. von Hof
Vorsitzender des Rohrleitungsbauverbandes e. V., Köln

Autoren

Dipl.-Ing. Arnd Böhme,
Hauptgeschäftsführer des Rohrleitungsbauverbandes e. V., Köln
Abschnitt 12

Ing. Hans Blötscher,
Technische Werke der Stadt Stuttgart AG, Stuttgart,
Leiter der Unterabteilung Gasrohrnetzbetrieb
Abschnitt 1

Dipl.-Ing. Hans-Joachim Gerbener,
rhenag-Hauptverwaltung, Köln,
Prokurist und Leiter der Abteilung Gas-Wasser-Technik
Abschnitt 5

Dr.-Ing. Wolfram Hirner,
EWAG Energie- und Wasserversorgung AG, Nürnberg,
Betriebsdirektor Gas und Wasser
Abschnitt 14

Dipl.-Ing. Rolf Köhler,
Geschäftsführer der Gerhard Rode Rohrleitungsbau GmbH & Co, Münster
Abschnitt 3

Dipl.-Ing. Wilhelm Kröfges,
Referent des Berufsförderungswerkes des Rohrleitungsbauverbandes e. V., Köln
Schriftleitung

Dipl.-Ing. Hans May,
rhenag-Hauptverwaltung, Köln,
Abteilung Gas-Wasser-Technik
Abschnitt 7

Dipl.-Ing. Heinz Middelhauve,
Direktor der Berufsgenossenschaft der Gas- und Wasserwerke, Düsseldorf
Abschnitt 13

Dipl.-Ing- Josef Obertan,
rhenag-Hauptverwaltung, Köln,
Referatsleiter Informationstechnik
Abschnitt 10

Dipl.-Ing. Heinrich Pawlik,
Stadtwerke Düsseldorf AG, Düsseldorf,
Abteilung Meß-, Steuer- und Regelwesen
Abschnitt 9

Dipl.-Ing. Emmerich Pirnat,
Bayerngas GmbH, München,
Leiter der Abteilung Betrieb
Abschnitt 6

Dipl.-Ing. Horst Pokolm,
Stadtwerke Düsseldorf AG, Düsseldorf,
Abteilung Gas, Wasser, Fernwärmemeßeinrichtungen
Abschnitt 9

Dipl.-Ing. (FH) Hartmut Schork,
Stadtwerke Karlsruhe, Karlsruhe,
Leiter der Abteilung Kataster (Leitungsdokumentation)
Abschnitt 11

Dipl.-Ing. Volker Schröder-Wrede,
Gas-, Elektrizitäts- und Wasserwerke Köln AG, Köln,
Leiter der Abteilung Rohrnetz-Neubau
Abschnitt 4

Dipl.-Ing. Dieter Weideling,
DVGW-Hauptgeschäftsführung, Eschborn,
Referent des Fachbereiches „Maschinelle und elektrische Anlagen in Wasser-
werken"
Abschnitt 15 und Schriftleitung

Dipl.-Ing. Hubert Wilk,
Technische Werke der Stadt Stuttgart AG, Stuttgart,
Leiter der Abteilung Bau und Betrieb von Gas- und Wasserrohrnetzen
Abschnitt 8

Dipl.-Ing. Günter Willmroth,
rhenag-Hauptverwaltung, Köln,
Handlungsbevollmächtigter und Referatsleiter Anlagen Gas/Wasser
Abschnitt 2

1 Planung von Gasverteilungsanlagen

1.1 Allgemeines

Wie alle Wirtschaftszweige, so stehen auch die Gasverteiler unter dem ständigen Zwang, ihre Arbeitsweise zu optimieren. Dies gilt auch oder vor allem für die Rationalisierung bei der Errichtung und Unterhaltung von Gasverteilungsanlagen. Ob es um Gasrohrnetzsysteme unterschiedlicher Nennweiten und Drücke oder um dazwischengeschaltete Gasdruckregel- und -meßanlagen geht, stets muß neben der Sicherheit die Wirtschaftlichkeit im Vordergrund stehen.

Deshalb ist es nicht verwunderlich, wenn festgestellt werden kann, daß die Entwicklung im Bereich der Gasverteilung stets geprägt war von der Suche nach solchen Rohrsystemen und Anlageteilen, die die Gasverteilung vom Aufwand her möglichst günstig werden, dabei jedoch von der Sicherheit her einen optimalen Stand erreichen ließ.

Hier lag bisher und liegt auch künftig das Hauptgewicht auf der
– Optimierung der Rohrwerkstoffe
sowie der entsprechenden, sich ständig verändernden und verbessernden
– Verlegetechniken.

Die Entwicklung begann eigentlich erst mit dem Einsatz von Gußleitungssystemen, sowohl bei Haupt- bzw. Transportleitungen als auch bei Hausanschlüssen. Doch das Problem hinsichtlich der Bruchgefahr bei diesen Gußrohrnetzen führte zur Einführung von Stahlrohren gegen Ende des vergangenen Jahrhunderts. Allerdings wurden diese Rohre weitgehend in Netzen bzw. Leitungen mit hohen Drücken eingesetzt – die Gußrohrnetze in den Ortsgasverteilungen blieben bis zum heutigen Tag erhalten. Sie werden allerdings mehr und mehr durch die seit etwa 1955 eingesetzten duktilen Gußleitungen und geschweißte Stahlrohre ersetzt.

Die Einführung der neuen Rohrmaterialien hatte auch eine Veränderung der Verlege- und Verbindungstechniken zur Folge.

Die Schweißverbindung beim Stahlrohr und die Schraubmuffe mit Gummidichtung beim duktilen Gußrohr lösten die bisher übliche Stemmmuffe mit unterschiedlichen Abdichtmaterialien wie Teer, Kork oder Bleiwolle ab.

Dies wiederum machte es möglich, in den Rohrnetzen wesentlich höhere Drücke zu fahren und damit den stark gestiegenen Bedarf vor allem von Heizgas zu decken. Fortan zeigte auch die Industrie, ermöglicht durch höhere Druckangebote seitens der Gasverteiler, großes Interesse, dieses Gas z. B. bei Prozeßanlagen einzusetzen. Die Folge war, daß bisher mit Niederdruck von 50 bis 100 mbar betriebene Verteilungsnetze mit Mitteldruck bis 1 bar oder mit Hochdruck bis 4 bar betrieben wurden. Eine gleichzeitig dadurch möglich gewordene Reduzierung der Leitungsdurchmesser führte zu einer kostengünstigeren Verlegung der Rohrleitungen, ein durchaus erwünschter und notwendiger wirtschaftlicher Effekt.

Mit der Einführung von PVC-Rohren ab 1960 und der Polyethylenrohre ab Anfang 1970 wurden vor allem auch die Verlegetechniken stark beeinflußt. Verlegte man bisher die Leitungen ausschließlich direkt im Rohrgraben, so konnten nun die Rohrverbindungen außerhalb hergestellt und, aufgrund der Elastizität der Polyethylenrohre, danach in den Rohrgraben abgesenkt werden.

Der große Vorteil dieser nun möglichen Verlegetechnik lag damit vor allem in der Reduzierung der Grabenabmessungen, einem ganz besonderen Kostenfaktor. Dazu kam eine wesentliche Herabsetzung des Aufwandes für den Betrieb und die Unterhaltung der Rohrnetze.

Die bis dahin hohe Zahl von Störfällen durch undichte Stemmuffen, Gußrohrbrüche usw. gingen durch die neuen Rohrwerkstoffe und Verbindungstechniken stark zurück. Dazu hat allerdings auch der Fortschritt bei der Bekämpfung der Korrosionsproblematik beigetragen.

Auch künftig werden diejenigen, die sich mit der Gasverteilung befassen, gezwungen sein, Wege und Möglichkeiten zu finden, Rohrnetzsysteme durch Neuentwicklungen und Verbesserungen auf allen Gebieten noch sicherer zu machen. Dazu kommt die Notwendigkeit, im Wettbewerb mit anderen Energieträgern zu bestehen.

1.2   Rohrnetzsysteme

Man unterteilt in folgende Druckbereiche

– Niederdruck bis 100 mbar
– Mitteldruck bis 1 bar
– Hochdruck über 1 bar.

Daneben haben sich jedoch noch 2 weitere Druckobergrenzen gebildet, nämlich

– 4 bar und 16 bar.

Zu diesen angeführten Druckobergrenzen ist folgendes anzuführen.

1.2.1   Niederdruck bis 100 mbar

Innerhalb des Niederdruckbereiches ist zu unterscheiden zwischen Systemen ohne Druckregelung beim Kunden und solchen mit höheren Drücken und dem Einsatz von Zähler- bzw. Hausdruckregelgeräten. Eine wichtige Abgrenzung liegt dabei bei 100 mbar! Oberhalb dieser Grenze ist das DVGW-Arbeitsblatt

G 490 zu beachten. Dieses schreibt den Einbau von Sicherheitsabsperrventilen und Druckmangelsicherungen vor – also Sicherheitseinrichtungen, die bei über- bzw. unterschreiten eines vorgegebenen Ausgangsdruckes selbsttätig absperren.

1.2.2 Mitteldruck bis 1 bar

In diesem Druckbereich, also bis zu einer Obergrenze von 1 bar, sieht das DVGW-Arbeitsblatt G 490 einige Sonderregelungen vor, die für Hausanschlüsse vorteilhaft sind und die dazu geführt haben, daß dieser Druck von 1 bar die z. Zt. wohl wichtigste Grenze für neue Verteilungsnetze darstellt.

Dabei sind

– Regelgeräte mit Sicherheitsmembrane, also ohne Ausblaseleitung ins Freie

sowie

– Hausanschlußleitungen ohne Absperrorgan vor dem Haus

zugelassen.

1.2.3 Hochdruck über 1 bar

Wird ein Netz bis zu der nach G 490 möglichen Obergrenze von 4 bar ausgelegt und gefahren, sind aus sicherheitstechnischen Gründen bei den im Haus installierten Regelanlagen

– evtl. im Störfall austretende Gasmengen gefahrlos ins Freie abzuleiten (dies kann je nach vorgegebener Baulichkeit zu Problemen führen) und
– vor jedem Haus ein Hauptabsperrorgan anzuordnen.

Werden Transport- und Verteilungsleitungen bzw. -netze mit mehr als 4 bar betrieben, dann ist der Bau einer Gasdruckregel- und -meßanlage (GDRM) gemäß DVGW-Arbeitsblatt G 491 erforderlich.

Hier hat die Obergrenze von 16 bar eine besondere Bedeutung – dies sowohl gerätetechnisch als auch für die Auswahl der in der regionalen Gasfortleitung und in der Endverteilung zur Verlegung kommenden Rohrleitungen.

Im allgemeinen werden die Hauptleitungen in Ortsgasversorgungen nach dieser Druckstufe ausgelegt, unabhängig vom späteren Betriebsdruck.

Dies hat u. a. wirtschaftliche Gründe und gilt für die Fertigung gängiger Armaturen, Geräte und Apparate.

Gashochdruckleitungen, die mit mehr als 16 bar betrieben werden sollen, unterliegen der

– Verordnung über Gashochdruckleitungen – (Gas-HL-VO).

Dazu gehören, neben den Leitungssystemen, auch alle sonstigen, dem Leitungsbetrieb dienenden Einrichtungen wie Verdichter, GDRM usw.

1.3 Rohrwerkstoffe

Die in den Leitungen und Anlagen der öffentlichen Gasversorgung zu verwendenden Werkstoffe unterliegen besonderen Qualitätsanforderungen, die in den technischen Regeln festgeschrieben sind.

Bei der Auswahl der Werkstoffe werden die zu erwartenden mechanischen Beanspruchungen und evtl. chemisch – physikalische Einflüsse berücksichtigt. Dabei kommen in Abhängigkeit von den Drücken folgende Werkstoffe zum Einsatz:

- Druckbereich bis 4 bar: HDPE/PVC/duktiler Guß/Stahl
- Druckbereich 4–16 bar: duktiler Guß/Stahl
- Druckbereich über 16 bar: Stahl

Der Einsatz von HDPE ist zur Zeit noch auf den Druckbereich von max. 4 bar begrenzt – ganz allgemein geht jedoch die Entwicklung eindeutig in Richtung HDPE und Stahl.

1.3.1 Verbindungstechnik

Im Bereich der Gasversorgung sind heute die wichtigsten Verbindungselemente bzw. -techniken neben dem Schweißen von Stahlrohren

- bei PVC-Rohren die Klebemuffe
- bei HDPE-Rohren das Schweißen.

Beim HDPE-Schweißen unterscheidet man zwischen

- Heizelementmuffenschweißen (vorwiegend im unteren Durchmesserbereich)
- Heizelementstumpfschweißen (vorwiegend im oberen Durchmesserbereich)
- Heizwendelschweißen (im gesamten Durchmesserbereich).

Das Arbeiten mit Heizwendel-Schweißfittings wird als das baustellengerechteste Schweißverfahren eingestuft.

Betrachtet man die in der öffentlichen Gasversorgung verwendeten Werkstoffe, so muß auch die Gefahr korrosiver Einflüsse durch Einwirkungen sowohl von innen als auch von außen betrachtet werden.

Wenn auch das Erdgas normalerweise keine korrosiven Bestandteile mehr enthält, so muß doch hinsichtlich der Dichtelemente wie Dichtungen, O-Ringe usw. geprüft werden, ob nicht doch ein negativer Einfluß durch das Erdgas entstehen könnte. Ganz sicher ist jedoch stets mit äußeren korrosiven Einflüssen gegen die Leitungssysteme zu rechnen. Korrosionsschutzmaßnahmen sind geeignete Umhüllungen und kathodischer Korrosionsschutz.

1.3.2 Rohrisolierungen

Um das System des schmalen Rohrgrabens verwirklichen zu können, ist es erforderlich, dem Rohr eine so robuste Oberfläche zu geben, daß auf die sonst in

steinigem Untergrund erforderliche Sandbettung verzichtet werden kann. Sowohl die besonders verstärkte bzw. profilierte PE-Isolierung als auch die Ze-
mentmörtelisolierung für Stahlrohre in Verbindung mit Rohrschutzmatten sind
inzwischen für diese Zwecke entwickelt und erfolgreich eingesetzt worden. Der
Mehraufwand für die Isolierung ist nicht nur im Vergleich mit der entfallenden
Sandbettung, sondern insbesondere zum geringeren Aufwand infolge des
schmaleren Rohrgrabens zu sehen.

1.3.3 Kathodischer Korrosionsschutz

Zur Einrichtung des kathodischen Korrosionschutzes müssen die nachfolgenden Voraussetzungen erfüllt sein:

– Die Rohrleitungen müssen eine durchgehend metallene und ausreichend hohe
  Längsleitfähigkeit aufweisen.
– Es dürfen keine metallenleitenden Kontakte und Verbindungen zu Anlagen
  mit niederohmigen Ausbreitungswiderständen vorhanden sein.
– Die Verteilungsnetze müssen eine Umhüllung mit ausreichendem elektri-
  schem Widerstand haben.

Die Erfüllung dieser Voraussetzungen macht konstruktive Maßnahmen notwendig, von denen einige angesprochen werden sollen:

– Zur elektrischen Abgrenzung sind Isolierstücke erforderlich. Dabei ist besondere Sorgfalt auf eine einwandfreie Ausführung der Rohrumhüllung auf einer
  Länge von ca. 1 m nach beiden Seiten notwendig. Dazu kommt in explosionsgefährdeten Bereichen der Einbau von ex-geschützten Funkenstrecken
  (AFK-Empfehlung Nr. 5). Durch diese Maßnahme wird eine Zerstörung der
  Isolierstelle durch den Blitzstrom verhindert. Sie dienen bis zum Ansprechen
  ihrer Ansprechspannung zur elektrischen Trennung zweier elektrischer Instal-
  lationen und stellen beim Durchzünden des Blitzstromes eine elektrische Verbindung her. Man kann dabei von einer SOLL-Überschlagstelle sprechen.
  Diese Kopplung wird nach dem Abklingen des Blitzstromes wieder aufgehoben.

Weitere konstruktive Maßnahmen sind:

– Bei den durchgehend metallenen Hausanschlußleitungen ist nach G 459 der
  Einbau eines Isolierstückes erforderlich. Nach Möglichkeit sollte dies immer
  innerhalb des Gebäudes eingebaut sein. Dadurch werden zufällige, leitende
  Überbrückungen vermieden.
– Das DVGW-Arbeitsblatt G 462/I gibt Mindestabstände zu fremden, eben-
  falls unterirdisch verlegten Anlagen vor.
  Können diese in Einzelfällen nicht eingehalten werden, sind Zwischenlagen
  mit ausreichend mechanischer Festigkeit einzubauen. Dadurch werden
  Fremdkontakte ausgeschlossen.
  Man verwendet dabei Bauteile aus Kunststoffen wie PVC-Hart oder PE.

– Zur Messung des auftretenden Potentials sind Meßstellen einzubauen. Die Zahl und Anordnung ergibt sich aus der jeweiligen Netzstruktur.

Eine wichtige Größe bei der Planung des kathodischen Rohrschutzes ist die erforderliche mittlere Schutzstromdichte.

Davon sind abhängig

– die Größe des Schutzbereiches
– der Schutzstrombedarf
– die Auslegung der Schutzanlage
– die Beeinflussung evtl. benachbarter Anlagen.

Alle mit dem eigentlichen Betrieb zusammenhängenden Kriterien sind im DVGW-Merkblatt G 412 zusammengefaßt.

1.4   Prüfung auf Dichtheit

Im DVGW-Arbeitsblatt G 469 sind die Kriterien für die Druckprüfungen an Leitungen und Anlagen, die der öffentlichen Gasversorgung dienen, festgelegt. Sie gelten demnach für

– Gasfernleitungen
– Gasverteilungsnetze
– Gasdruckregelanlagen
– Verdichteranlagen
– Gasmeßanlagen.

Nicht erfaßt sind Anlagen gemäß DVGW-Arbeitsblatt G 600 (TRGI) (Hausinstallation).

Die nachfolgend geschilderten Prüfverfahren dienen sämtliche der Beurteilung von Festigkeit und Dichtheit und sind damit ein wichtiger Nachweis über die Sicherheit der Anlagen und Leitungssysteme.

Je nach der Durchführung der Verfahren wird unterteilt in

– Sichtverfahren (bei dem die unter Prüfdruck stehende Leitung bzw. Anlage während der Prüfzeit von außen besichtigt wird)
– Druckmeßverfahren (bei dem der Prüfdruck während der Prüfzeit gemessen wird)
– Druckdifferenzverfahren (bei dem der Prüfdruck während der Prüfzeit mit dem Druck in einem Vergleichsgefäß verglichen wird)
– Druck-Volumenmeßverfahren (bei dem, zusätzlich zum Prüfdruck, das zur Druckerhöhung notwendige Wasservolumen gemessen wird).

Eine weitere Unterscheidung der Prüfverfahren liegt in der Wahl des Prüfmediums. Generell wird dabei unterteilt in

- gasförmige Medien (Luft/Betriebsgas/inertes Gas)
- flüssige Prüfmedien (Wasser oder andere geeignete Stoffe).

Aus meß-, aber auch aus sicherheitstechnischen Gründen, sind Prüfverfahren an ganz bestimmte Prüfmedien gebunden. So wird z. B. das Druckdifferenzmeßverfahren nur mit Luft, dagegen das Druck-Volumenmeßverfahren nur mit Wasser durchgeführt.

Zwar ist die Durchführung der Prüfungen später Sache des Erbauers der Leitung oder Anlage – betrifft also nicht mehr unmittelbar die Planung – trotzdem sollen noch ein paar wichtige Punkte im Zusammenhang mit der Durchführung der Prüfungen angesprochen werden. Dazu gehören vor allem die Hinweise auf folgende Punkte:

- Durchführung der Prüfung bei Temperaturen von mind. 4 °C
- ausreichende Beruhigungszeit nach dem Befüllen des Systems, u. a. auch wegen des notwendigen Temperaturausgleichs
- keine aggressiven Prüfmedien (verschmutztes Wasser).

In Tabelle 1.1 sind die Druckprüfverfahren dargestellt, dabei ist auch unterschieden zwischen dem einmaligen und dem mehrmaligen Aufbringen des Prüfmediums.

Beim Sichtverfahren müssen die zu prüfenden Systeme freiliegen. Dazu gehört auch die gute Zugänglichkeit bei Flanschen, Armaturen etc.

Bei erdverlegten Leitungen ist das Druckmeßverfahren anzuwenden.

Tabelle 1.1 Übersicht über die Druckprüfverfahren

	Prüfmedium	Wasser einmalig	Wasser zweimalig	Luft	Betriebsgas
Prüfmethode		1	2	3	4
Sichtverfahren	A	A 1	A 2	A 3	A 4
Druckmeßverfahren	B	B 1	B 2	B 3 B 3,1 B 3,2	–
Druckdifferenzmeßverfahren	C	–	–	C 3 C 3,1 C 3,2	
Druck-/Volumenmeßverfahren	D	–	D 2	–	–

1.5   Nachträgliche Druckerhöhung

Werden Kapazitätssteigerungen notwendig, so hilft oft, wenigstens als kurzfristige Maßnahme, ein bestehendes Netz oder einzelne Leitungsteile einer nachträglichen Druckerhöhung zu unterziehen, um danach einen höheren Betriebsdruck fahren zu können.

Man versteht darunter eine Druckerhöhung über den bisher zulässigen Betriebsdruck!!!

Wichtige Kriterien sind dabei

– bisherige Betriebsweise
– Betriebszustand
– Werkstoff
– örtliche Verhältnisse

der zu prüfenden Leitung.

Dabei kann es sich nur um Leitungssysteme mit Drücken zwischen 1 und 16 bar handeln. *Wurden sie bisher schon mit mehr als 16 bar betrieben, unterlagen also bereits der Gas HL-VO, so bedeutet eine nachträgliche Druckerhöhung eine wesentliche Änderung.* Dies hat eine Reihe von Auflagen zur Folge.

Man unterscheidet bei einer nachträglichen Druckerhöhung drei Gruppen:

– Gasleitungen, die gemäß der zum Zeitpunkt der nachträglichen Druckerhöhungen geltenden Technischen Regeln errichtet und geprüft worden sind bzw. diesen sicherheitstechnischen Anforderungen im wesentlichen entsprechen
– Gasleitungen, die schon länger betrieben werden, für die aber Unterlagen über den Bau und die verwendeten Werkstoffe vorliegen
– Gasleitungen, bei denen zum Zeitpunkt der Druckerhöhung Unterlagen über den Bau und die verwendeten Werkstoffe nicht oder nur unvollständig vorliegen.

Vor der Durchführung der nachträglichen Druckerhöhung sind neben den vorhandenen Unterlagen vor allem zu prüfen:

– Trassenpläne
– Nachweis über Werkstoffprüfungen
– Sachverständigenbescheinigungen
– Gasqualität
– äußere Einflüsse (Korrosion)
– Bebauungsänderungen
– Instandhaltungsmaßnahmen
– Rohrverbindungen.

Nach Abschluß aller im Rahmen der Druckerhöhung bis zur Inbetriebnahme erforderlichen Prüfungen erstellt der Sachverständige eine abschließende Bescheinigung, in der er Art, Umfang und Ergebnis bescheinigt.

Dies ist damit auch eine Bestätigung, daß gegen einen Betrieb mit neuem (zulässigem) Betriebsdruck keine Bedenken bestehen.

1.6 Berechnung einfacher Rohrstrecken

Die Berechnung von Rohrweiten für größere Rohrnetzsysteme erfolgt heute in der Regel mit Hilfe von Rechnerprogrammen. Trotzdem ist es für den Rohrnetzmeister wichtig, einfache Rohrstrecken berechnen zu können, um damit auch die Möglichkeit von Neuerschließungen oder Neuverlegungen beurteilen zu können.

Anlaß für eine vereinfachte Rohrstrecken-Berechnung kann die Berechnungsanfrage eines potentiellen Gaskunden sein, an einer bestimmten Stelle des Netzes oder auch in einem noch zu erschließenden Neubaugebiet Gas unter einem ganz bestimmten Druck und in entsprechender Menge zu erhalten.

Für eine erste, wenn auch nur überschlägige Betrachtung ist es wichtig, einige Begriffe zu betrachten, ohne deren Kenntnis eine solche Aufgabe nicht gelöst werden kann.

Dazu gehören vor allem die Ermittlung der

– Verbrauchsmengen
  als der für Rohrnetzanalysen wichtigsten Grundaussage
– Jahresmenge
  Hier rechnet man durchschnittlich für einen 4-Personen-Haushalt
  (ohne Heizung   ca. 5000 KWh/a)
  (mit Heizung   ca. 35000 KWh/a)
– Maximalen Stundenmenge
  Dazu gehört vor allem die Betrachtung des
– Gleichzeitigkeitsfaktors
  Dieser gibt die Relation zwischen gleichzeitiger Spitzenlast aller einem Einspeisepunkt nachgeschalteten Geräte und der insgesamt installierten Anschlußleistung an.
  Er liegt bei 3 bis 4 Geräten oder Mehrfamilienhäusern bei ca. 0,8!

Nachfolgend sollen im Zusammenhang mit der Berechnung einfacher Rohrstrecken einige weitere Begriffe angesprochen werden:

Reynolds-Zahl

Diese ist wie folgt definiert:

$$Re = \frac{v \cdot d}{v} = \frac{v \cdot d \cdot \varrho}{\eta}$$

Dabei sind die nachfolgenden hydraulisch bedeutsamen, physikalischen Größen berücksichtigt:

v = Gasgeschwindigkeit (m/s)
d = Rohrinnendurchmesser (m)
v = kinematische Viskosität (m²/s)
ρ = Gasdichte (kg/m³)
η = dynamische Viskosität (P)

Die Reynolds-Zahl kennzeichnet die Art der Rohrströmung; das bedeutet

kleine Reynolds-Zahl = laminare Strömung
große Reynolds-Zahl = turbulente Strömung.

Den Übergang von laminarer in turbulente Strömung bezeichnet die *kritische Reynolds-Zahl*. Sie liegt bei $R_{e\,(krit)}$ = 2320.

In der Regel erfolgt die Strömung von Gasen in der Rohrleitung im Bereich R_e > 2320, also im turbulenten Bereich!

Bedingt durch das Rohrleitungsmaterial und das Herstellungsverfahren weist jede Rohrinnenfläche bereits bei der Anlieferung eine bestimmte

Rauheit

auf. Bei in Betrieb befindlichen Gasleitungen können zusätzlich durch Ablagerungen und Korrosionsprodukte Fließwiderstände vorhanden sein. Dazu kommen die durch Formstücke, Armaturen usw. verursachten Widerstände.

Das Maß für das hydraulische Verhalten der gesamten Rohrleitung setzt sich zusammen aus der Summe aller widerstandsbildenden Faktoren.

– Integrale Rauheit K_i –

Einige Angaben für solche K_i-Werte seien genannt:

K_i = 0,1 Stahl-, Guß- und Kunststoffrohre
gestreckte Leitungsführungen
wenig Einbauten
geringe Vermaschungen
K_i = 0,5 Stahl-, Guß- und Kunststoffrohre
stärkere Vermaschungen
Einbauten
K_i = 1,0 Stahl- und Gußrohre
stark vermaschte Netze
entsprechend viele Einbauten (z. B. Gasverteilungsnetze).

Bei turbulenter Rohrströmung unterscheidet man drei hydraulisch verschiedene Zustände:

– Strömung im hydraulisch glatten Rohr
– Strömung im hydraulisch rauhen Rohr
– Übergangsbereich zwischen diesen beiden Zuständen.

Für viele praktischen Anwendungen ist es völlig ausreichend, für die Druckver-
lustberechnung einer Rohrleitung

– die mittlere Gasgeschwindigkeit –

und damit die Reynolds-Zahl festzulegen.

Dazu kommt die Wahl eines bestimmten Wertes für K_i und man erhält die

– feste Widerstandszahl λ –

Nach Festlegung der übrigen variablen Größen rechnet man mit einem sog.

R-Wert

in welchem alle konstanten Werte und die entsprechenden Basisdaten zusammengefaßt sind. Eine mit diesem R-Wert durchgeführte Druckverlustrechnung
ist für viele Fälle in der Praxis völlig ausreichend.

Besonders wichtige Zustandsbedingungen in Gasversorgungsanlagen sind

– Drücke
– Geschwindigkeiten.

Bei den Drücken unterscheiden wir bekanntlich in

– Niederdruck bis 100 mbar
– Mitteldruck bis 1 bar
– Hochdruck über 1 bar.

Die Grenzwerte für die Gasgeschwindigkeiten liegen bei

– Hochdruck 10–25 m/s
– Mitteldruck 3–10 m/s
– Niederdruck 1–5 m/s
– Hausanschlußleitungen 1–3 m/s.

Ein weiterer zu beachtender Punkt ist der Druckgewinn oder -abfall durch den

Geodätischen Höhenunterschied

Der Druckgewinn oder -abfall beträgt bei Erdgas

$0{,}04 \times \Delta h$ (mbar)

Das heißt, daß bei einem Höhenunterschied von 25 m der erzielte Druckgewinn
1 mbar beträgt.

Beispiele zur Berechnung von Druckverlusten bei der Gasverteilung enthält das
DVGW-Arbeitsblatt G 464. Dort sind die unterschiedlichen Betriebs- und Anwendungsfälle angeführt – dazu kommen die erforderlichen Tafeln, Formeln
und Tabellen.

1.7 Vermessung von Leitungen und Versorgungsnetzen

Wenn man sich heute mit der Planung oder dem Bau neuer Leitungen beschäftigt, so muß man feststellen, daß unter unseren Straßen und Gehwegen immer weniger Platz zur Verfügung steht. Um jedoch beim Instandhalten bzw. dem Betreiben der Leitungen diese ohne große zeitlichen Verzögerungen aufzufinden, ist es unumgänglich, die Lagen sämtlicher im Boden liegenden Leitungen so genau zu kennen, daß

- Überwachungsarbeiten (Absaugen, Begehen usw.)
- Eingriffe bei Störfällen

rasch und zielsicher durchgeführt werden können.

Davon kann in vielen Fällen der sichere Rohrnetzbetrieb entscheidend abhängen. Dazu kommt die Notwendigkeit, die materiellen Werte unserer Anlagen zu erhalten. Dies macht es notwendig, die Leitungen in zuverlässigen Bestandsplänen festzuhalten, um klare und deutliche Aussagen über

- die genaue Lage
- die Art und Funktion
- die Kapazität
- die eingebauten Armaturen

sowie über Alter und sonstige Details zu ermöglichen.

Die Aufgaben der Vermessung bestehen also in

- der Übertragung der geplanten Trasse vor der Bauausführung in die Örtlichkeit
- dem Einmessen der Leitung auf feste Bezugspunkte
- dem Einzeichnen in die Bestandspläne.

Innerhalb der Stadtgebiete, wo eine dichte Bebauung vorherrscht, ist dies relativ problemlos. Mit Hilfe von einfachen Meßgeräten werden die Leitungen nach dem

Einbinde- oder Rechtwinkelverfahren

eingemessen.

Eine ganz andere Situation stellt sich jedoch in Neubaugebieten dar, in denen heute vielfach zum Zeitpunkt der Verlegung der Gasleitungen weder ausgebaute Straßen noch Gebäude für die Einmessung zur Verfügung stehen. In solchen Gebieten wird als erstes Leitungssystem das Wasserrohrnetz verlegt und mit ihm, aus Kostengründen gleichzeitig, die Gasleitungen. Deshalb wird hier von den Vermessungstrupps eine völlig neue Arbeitsweise verlangt.

Technisch sinnvoll läßt sich eine solche Aufgabe nur durch den Einsatz von elektronischen *Tachymetern* mit EDV-Unterstützung lösen (Winkel- und Entfernungsmessung).

Es gilt also, die Trassen nach Lage und Höhe so genau festzulegen, daß nach erfolgter Erschließung und Bebauung die Leitungen auch tatsächlich dort liegen, wo sie von der Planung festgelegt wurden, und zwar auch dann, wenn im Gelände Bezugspunkte für die Einmessung und die Absteckung fehlen.

Grundlage für die spätere Bauausführung ist der *Bebauungsplan* und die *Stadtgrundkarte* 1 : 500.

Alle darin enthaltenen Planinhalte sind auf das übergeordnete Vermessungsnetz bezogen.

In der Stadtgrundkarte sind die Flurstücke der privaten und öffentlichen Flächen enthalten.

Die Grenzpunkte sind durch ihre Koordinatenwerte im übergeordneten *Gauß-Krüger-Netz* festgelegt.

Das Stadtvermessungsamt als die übergeordnete Stelle legt nun vor Baubeginn einige wenige Vermessungspunkte fest. Diese liegen teilweise 200–300 m voneinander entfernt an übersichtlichen Stellen außerhalb des Arbeitsbereiches, damit sie während der Bauphase überprüfbar bleiben.

Aber eben wegen dieser Lage abseits der Erschließungswege wären diese Punkte für ein herkömmliches Meßverfahren ungeeignet.

Aus den Koordinatenwerten dieser
– Vermessungspunkte
– der Grenzpunkte
– und der darauf bezogenen Leitungstrasse

werden daher die Werte für die Absteckung mittels EDV-Programmen berechnet. Durch *Polarmessung* (Richtungsangabe und Entfernung) werden mit dem elektronischen Tachymeter die berechneten Werte in die Örtlichkeit übertragen. Sind die Leitungen verlegt, werden sie nach diesem Verfahren
– eingemessen
– ihre Großkoordinaten berechnet
– auf einer Zeichenanlage automatisch gezeichnet.

Die Leitungen werden hierbei in dasselbe übergeordnete Bezugssystem des Planwerks kartiert (Gauß-Krüger-Koordinaten), in welchem die Grenzen und Straßen festgelegt sind und in dem später auch die Gebäude eingezeichnet werden. Die Kartierung erfolgt dabei mit einer Zeichengenauigkeit von 0,1 bis 0,2 mm, einem Wert also, wie er nach der bisherigen, manuellen Methode nicht erreichbar war.

Am Ende sind dann alle Planinhalte unabhängig voneinander durch das Vermessungsamt oder die unterschiedlichen Leitungsbetreiber mit einer absoluten Genauigkeit von ca. ± 3 cm bestimmt.

Die für das Planwerk benötigten Abstandsmaße der Leitungen zu Gebäudeeckpunkten und Grenzpunkten werden im nachhinein berechnet.

Im Bedarfsfall müssen die Leitungen bei Tag und Nacht schnell aufzufinden sein – und dies auch ohne die Hilfe eines Vermessungstechnikers.

In der Vergangenheit war eine genaue Rekonstruktion der Leitungstrasse bei Verlust der Bezugspunkte nicht mehr möglich. Das Verfahren der Koordinatenbestimmung ist die richtungsweisende und z. Zt. einzige Methode, die den gegebenen und zukünftigen Anforderungen entspricht.

1.8   Gasdruckregel- und Meßanlagen

Unter den vielfältigen Anlagen in der Gasverteilung haben die Gasdruckregel- und Meßanlagen (GDRM) für den Rohrnetzmeister eine ausschlaggebende Bedeutung. Sie regeln die Gasdarbietung nach Druck und Menge.

Mit dem Strukturwandel von der Gaserzeugung zum Gasbezug, vor allem aber durch die schnelle Steigerung des Gasabsatzes, wurden die Gasversorgungsunternehmen gezwungen, neue Möglichkeiten für die Deckung des Bedarfs zu schaffen. Da der Bedarf starken Schwankungen unterliegt, ist ein Transport großer Gasmengen im allgemeinen nur hochverdichtet in Druckleitungen möglich und wirtschaftlich. Nachfolgend wird berichtet, auf welche Weise verdichtetes, unter hohem Druck stehendes Gas aus Fernleitungen übernommen und in Rohrnetze mit niedrigerem Druck eingespeist wird.

Zur Planung einer Gasdruckregel- und Meßanlage gehören
– die technische Auslegung
– die bauliche Ausführung
– die Anordnung der Regel- und Sicherheitseinrichtungen und der Meßgeräte.

Die für den Fachmann notwendigen Vorschriften und Richtlinien werden angesprochen, da es für eine einwandfreie Durchführung der Aufgaben eines Rohrnetzmeisters unerläßlich ist, das einschlägige Regelwerk zu kennen und entsprechend anzuwenden.

Spricht man von GDRM, so muß betont werden, daß es sich um Anlagen handelt, in denen neben der Regelung des Gasdruckes noch eine Reihe weiterer Aufgaben zu erfüllen sind.

Diese sind im wesentlichen

Filterung	das heißt, die Entfernung funktionsstörender Gasbegleitstoffe aus dem Gasstrom
Vorwärmung	
Schutz	der nachgeschalteten Anlagenteile vor unzulässig hohem Druck – ggf. auch Abschaltung der Einspeisung bei einer Gasmangelsituation
Regelung	des oft stark schwankenden Eingangsdruckes auf einen konstanten, niedrigeren Ausgangsdruck

Messung   der durchfließenden Gasmenge
Registrieren der wichtigsten Kenngrößen
Odorieren   des Gases, d. h. Anreicherung mit Geruchsstoffen durch Einbrin-
gen von geruchsintensiven Stoffen in das geruchlose Erdgas.

Am Anfang aller Überlegungen steht der Auftrag zum Erstellen einer GDRM.
Hierbei ist es wesentlich, einige Kenndaten zu ermitteln, ohne die eine sinnvolle
Planung nicht möglich ist.

Es ist also zu fragen nach

– Druckgefälle
– Gasdrücke   (sowohl im Eingangs- als auch im Ausgangsteil der Anlage)
– Gasmenge   (dabei ist Q_{max} und Q_{min} wichtig)
– Verwendungszweck.

Diese Kenndaten sollen etwas näher erläutert werden:

Druckgefälle bzw. Gasdrücke

Ein wirtschaftlicher Transport von Gasen ist, wie bereits angesprochen, im allgemeinen nur in hochkomprimiertem Zustand, also unter hohem Druck möglich.
Die Höhe dieser Drücke kann – abhängig von der Länge der Transportleitung,
von der zu transportierenden Menge und der Leitungsnennweite – bis 100 bar
betragen.

Der hohe Gasdruck soll in der zu erstellenden GDRM auf den für die jeweiligen
Betriebsverhältnisse geeigneten Druck reduziert, das heißt geregelt werden.

Das Verhältnis zwischen Eingangs- und Ausgangsdruck unterliegt ganz bestimmten Gesetzmäßigkeiten, die weitgehend von der Art und Ausführung der
Regeleinrichtungen und der Abnahmecharakteristik des nachgeschalteten Netzes bzw. des Abnehmers abhängen.

Durchflußmenge

Die Durchflußmenge ist einer kritischen Betrachtung zu unterziehen. Dabei liefern die Struktur des zu versorgenden Gebietes sowie evtl. vorhandene Bebau-
ungspläne wichtige Hinweise.

Werden aus einem Netz mehrere Abnehmer mit unterschiedlichem Verbrauchsverhalten versorgt, ist eine genaue Mengenangabe oft schwierig.

Verwendungszweck des Gases

Es handelt sich um die für die Auslegung der Regel- und Sicherheitseinrichtungen sowie der Meßeinrichtungen wichtige Frage nach dem Abnahme- oder Verbrauchsverhalten der einzelnen Abnehmer.

Ein grundlegender Unterschied besteht bspw. darin, ob ein Kunde eine große
Gasmenge über einen längeren Zeitraum gleichmäßig verbraucht oder ob kurzzeitig Schaltvorgänge auftreten. Die Auswahl der Regel- und Meßeinrichtungen
wird davon stark beeinflußt.

Im Zusammenhang mit dem Verbrauchsverhalten eines Abnehmers ist die Frage nach der Schaltmöglichkeit einer Anlage und damit nach der für den Kunden wichtigen Versorgungssicherheit zu stellen.

Die einfachste Art der Ausführung ist die *einschienige* Anlage, bei deren Ausfall die Gaszufuhr völlig unterbrochen wird (Bild 1.1).

Kunden, die Gas möglichst ohne Unterbrechung beziehen wollen – bei denen die Unterbrechung der Versorgung evtl. auch einen größeren Produktionsausfall bedeuten würde – können, falls man nicht gleich den Aufwand für eine Reserveschiene treiben will, mit einer Umgehungsleitung ausgerüstet werden. Über diese kann dann, je nach gegebenen Betriebsverhältnissen, von Hand versorgt werden.

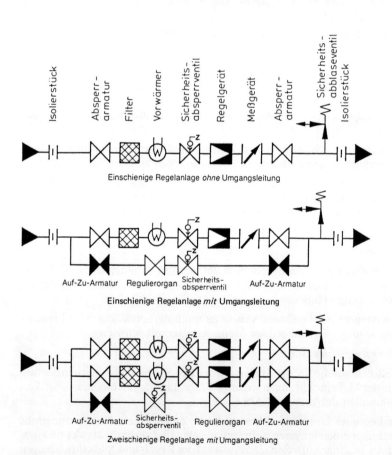

Einschienige Regelanlage *ohne* Umgangsleitung

Einschienige Regelanlage *mit* Umgangsleitung

Zweischienige Regelanlage *mit* Umgangsleitung

Bild 1.1   Verschiedene Schaltmöglichkeiten in GDRM

Weitgehende Sicherheit für eine zuverlässige Gasdarbietung bietet die *zweischienige* Auslegung mit Umgehungsleitung. Dies ist allerdings auch eine Kostenfrage. Die Umgehungsleitung muß wie folgt ausgestattet werden:

- ein- und ausgangsseitig je 1 Absperrarmatur
- 1 Sicherheitsabsperrventil
- 1 Handregulierorgan.

Sämtliche Armaturen und Geräte sind eingangsdruckfest auszulegen.

Bezüglich der angesprochenen Versorgungssicherheit und dem Abnahmeverhalten des Abnehmers unterscheiden wir demnach in 3 Gruppen:

Zweischienig mit Umgehungsleitung:
Diese Anlage darf zu keiner Zeit ausfallen.

Einschienig mit Umgehungsleitung:
Diese Anlage kann kurzzeitig, nach entsprechender Voranmeldung, außer Betrieb genommen werden. Eine Versorgung über Handregelung ist möglich.

Einschienig ohne Umgehungsleitung:
Diese Anlage kann jederzeit außer Betrieb genommen werden. Abnehmer schaltet auf einen Zweitbrennstoff um oder geht außer Betrieb.

Nach Abklärung der bisher angesprochenen Punkte geht es jetzt um den Entwurf der Anlage und damit um die Frage der baulichen Ausführung. Hier geben die DVGW-Arbeitsblätter G 491 und G 490 als Richtlinien zur Bauausführung wichtige Anleitungen. Diese technischen Richtlinien sind der Planung solcher Anlagen zugrunde zu legen.

In der baulichen Ausführung unterscheiden wir 3 Typen, nämlich

- Freiluftanlagen
- Gruben
- Gebäude/Schränke.

Freiluft-Anlagen

Die Anlage wird, wie der Name sagt, im Freien erstellt und betrieben. Sie muß mit einem Zaun von mindestens 1,80 m Höhe umfriedet und innerhalb des Zaunes mit einer freien Zone von 2 m versehen sein.

Die Geräte sind bei dieser Art der Ausführung sehr stark der Witterung ausgesetzt. Es empfiehlt sich auf jeden Fall ein entsprechender Schutz. Für den Winterbetrieb ist evtl. eine Beheizung der empfindlichen Geräte vorzusehen.

Gruben

Eine Anlage in einer Grube unterzubringen ist zwar möglich. Dies dürfte jedoch für den späteren Betreiber der Anlage Schwierigkeiten bringen in Form einer erschwerten Wartung und durch Witterungseinflüsse (Wassereintritt). Dies muß bereits bei der Planung bedacht werden.

Die Grube darf nicht tiefer als 1,50 m sein und keine überhängenden Wände haben. Sie muß bei Wartungsarbeiten völlig aufgedeckt sein. Ggfls. sind Be- und Entlüftungsleitungen notwendig, die 2 m über Erdgleiche geführt werden müssen.

Gebäude/Schränke

Der ideale Unterbringungsort für GDRM sind Gebäude in unterschiedlicher Ausführung. Es kann sich dabei um Wandnischen, Schrankformen oder ein massives Gebäude handeln.

Die Einrichtung ist dabei bestens geschützt gegen äußere Einflüsse durch die Witterung aber auch gegen Eingriffe Betriebsfremder. Dies macht sich besonders günstig bemerkbar bei der späteren Wartung und ist ein wichtiger Faktor hinsichtlich der Lebensdauer und letztlich auch der Betriebssicherheit. Die dabei anfallenden Baukosten können durch Fertigbauweise u. ähnl. in Grenzen gehalten werden.

Oft werden auch Kombinationen ausgeführt, bei denen Gasfilter und Vorwärmer im Freien aufgestellt werden, die empfindliche Regel-, Sicherheits- und Meßeinrichtungen aber in einem entsprechend kleineren Gebäude untergebracht sind. Der Aufwand wird dadurch wesentlich geringer.

Einige Kriterien für die Ausführung der Räume, in denen GDRM untergebracht werden können, sowie wichtige Hinweise und Richtlinien sollen nachfolgend angesprochen werden.

DVGW-Arbeitsblatt G 490 (Eingangsdruck über 100 mbar bis einschließlich 4 bar)

GDRM können nach dieser technischen Regel in geschlossenen Räumen, also auch in Kellerräumen, untergebracht werden. Als Aufstellungsräume dürfen auch Werkshallen und ähnliche Räume benützt werden, in denen z. B. Heiz-, Glüh-, Schmelz- oder Durchlauföfen und ähnliche Verbrauchseinrichtungen mit offenen Flammen betrieben werden.

Allerdings müssen die Gasverbrauchseinrichtungen so weit von der GDRM entfernt sein bzw. abgeschirmt werden, daß durch Wärmestrahlung, Funkenflug o. ähnl. keine Gefährdung der Anlage entstehen kann.

Aufstellungsräume dürfen auch Wohngebäude sein, aber nur dann, wenn die GDRM ausschließlich der Versorgung dieses Gebäudes dient.

Eine ausreichende Be- und Entlüftung ist vorzusehen. Man versteht darunter einen ca. zweifachen Luftwechsel pro Stunde.

DVGW-Arbeitsblatt G 491 (Eingangsdruck über 4 bar bis einschließlich 100 bar)

Sollen Anlagen nach diesem Arbeitsblatt in geschlossenen Räumen untergebracht werden, so muß dies in separaten, von den übrigen Räumen gasdicht getrennten erfolgen. In Kellerräumen untergebrachte GDRM müssen über eine sicher begehbare Außentreppe zugänglich sein.

In Wohngebäude dürfen GDRM für diese Druckstufen nicht mit einbezogen werden. Wenn es erforderlich ist, Anlagen in gewerblich genutzten Gebäuden auch mit Geschoßteilung unterzubringen, so muß sichergestellt sein, daß angrenzende Räume nicht Wohnzwecken dienen.

Der Aufstellungsraum muß eine ausreichende Durchlüftung aufweisen, wobei möglichst eine Querbelüftung vorgesehen werden sollte. Die Belüftungsöffnungen sind an tiefster, die Entlüftungsöffnungen an höchster Stelle anzuordnen. Dabei muß die freie Fläche der unverschließbaren Be- und Entlüftung jeweils mindestens 0,3 % der Grundfläche betragen.

Weiter werden an einen solchen Raum noch folgende Forderungen gestellt:

- funkenfreier, elektrisch leitender Fußboden mit einem definierten Ableitwiderstand (Zu beachten sind hier die BG-Richtlinien: Vermeidung von Zündgefahren infolge elektrostatischer Aufladung)
- feststellbare Tür, die direkt ins Freie führt und nach außen aufschlagbar ist
- entsprechende Hinweisschilder müssen augenfällig angebracht sein
- die Elektroinstallation ist nach den Vorschriften des VDE für die Errichtung elektrischer Anlagen in explosionsgefährdeten Betriebsstätten in exgeschützter Ausführung zu montieren
- Blitzschutzanlagen sind vorzusehen bei Räumen mit Dachflächen größer 100 m².

Ist die Entscheidung über Aufstellungsort und Ausführungsart gefallen, kommt der nächste wichtige Schritt innerhalb der Planung. Es gilt, die Aufgaben und Arbeitsweise der einzelnen Konstruktionsglieder einer GDRM kennenzulernen. Um eine klare Übersicht zu bekommen, wird die gesamte Anlage in Baugruppen eingeteilt:

Die wichtigsten Baugruppen einer GDRM sind:

- Absperreinrichtungen
- Isolierflanschen
- Gasfilter
- Vorwärmer
- Sicherheitseinrichtungen
- Regeleinrichtungen
- Umgehungsleitungen
- Meßgeräte
- registrierende Geräte
- Tarifgeräte
- Zustandsmengenumwerter
- Odoriereinrichtungen
- Schalldämpfer
- Fernwirkanlagen.

Absperrarmaturen

Die Anzahl und Anordnung solcher Armaturen richtet sich nach dem gewählten Schaltschema, die Art der Absperreinrichtung richtet sich nach dem Verwendungszweck. Dabei kann es sich um

– Flachplattenschieber unterschiedlicher Ausführung
– Kugelhahnen
– Absperrklappen

handeln.

In der Eingangsleitung einer GDRM ist eine Absperreinrichtung anzuordnen. Sie muß staubunempfindlich sein, da sie vor dem Filter sitzt. Sie muß außerdem im Störfall ein sicheres Abstellen der Anlage gewährleisten. Ist mit Rückströmungen zu rechnen, so muß eine solche Absperreinrichtung auch in der Ausgangsleitung angeordnet werden.

Die Frage nach der „richtigen" Absperrarmatur ist nicht selten umstritten. Während sich der Planer gerne von evtl. günstigen Baumaßen und dem Preis einer solchen Armatur beeinflussen läßt, legt der spätere Betreiber einer GDRM Wert auf die Eigenschaften, die für den einwandfreien Betrieb unerläßlich sind. Dazu gehören beispielsweise

– stets dichter Abschluß
– in besonderen Fällen Unempfindlichkeit gegen Verschmutzung
– eine entsprechend günstige Bedienungsmöglichkeit.

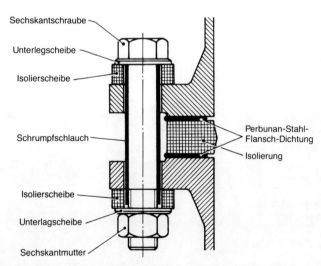

Sechskantschraube

Unterlegscheibe

Isolierscheibe

Schrumpfschlauch

Perbunan-Stahl-
Flansch-Dichtung

Isolierung

Isolierscheibe

Unterlagscheibe

Sechskantmutter

Bild 1.2 Isolierung für Vorschweißflansche (Detail)

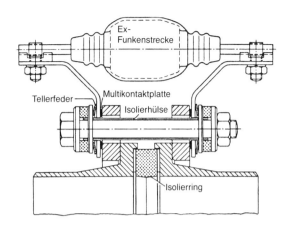

Bild 1.3 Isolierflanschenverbindung mit Ex-Funkenstrecke

Isolierstücke bzw. -flanschen

Wird das der Anlage vor- oder nachgeschaltete Gasversorgungsnetz kathodisch geschützt, so wird das Anbringen von Isoliereinrichtungen (Bilder 1.2 und 1.3) unterschiedlichster Bauausführungen notwendig, da sonst der Schutzstrom aus dem Netz über die metallenen Verbindungen der GDRM abgeleitet würde.

Nach den allgemeinen Schutzbestimmungen müssen Isolierverbindungen in explosionsgefährdeten Räumen durch sogenannte *Trennfunkenstrecken* gegen einen äußeren Funkenüberschlag gesichert werden. Diese wird am Isolierflanschenpaar angebracht.

Unter dem Überbegriff *Durchleitungs-Druckbehälter* sind *Filter-, Vorwärmer und Schalldämpfer* zusammengefaßt.

Wichtig ist dabei der Hinweis auf die Tatsache, daß sie keine Speicherfunktion haben dürfen, sondern nur von Gas durchströmt werden. Ist in Rohrleitungen mit dem Anfall von Roststaub zu rechnen, so sind am Eingang von GDRM **Gasfilter** einzubauen, deren Aufgabe darin besteht, funktionsstörende Gasbegleitstoffe aus dem Gasstrom zu entfernen (Bilder 1.4 und 1.5). Solche u. U. staubförmigen Rückstände im Netz sind meist auf die frühere, feuchte Kokereiphase zurückzuführen, in der erhebliche Staubmengen anfielen. Nach der Umstellung von Kokerei auf trockenes Erdgas trockneten diese festgebackenen Reste aus, lösten sich und wurden vom Gasstrom weitergetragen und in Filterbehältern abgelagert. Dies wird deutlich bei Umstellarbeiten im Netz und damit verbundenen Änderungen der Strömungsgeschwindigkeit, Strömungsrichtung und der Drücke.

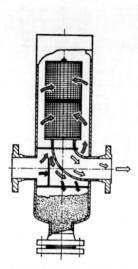

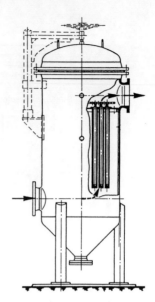

Bild 1.4   Filtervorgang   **Bild 1.5**   Kerzenfilter

Vorwärmer

Wie aus der Physik bekannt ist, erfahren reale Gase beim Entspannungsvorgang eine Temperaturabkühlung. Diese Tatsache, die nach den Entdeckern Joule-Thompson-Effekt genannt wird, macht es bei bestimmten Druckunterschieden zwischen Stellgeräteeingang und -ausgang notwendig, das Gas vor dem Eintritt in das Stellgerät vorzuwärmen (Bild 1.6).

Je nach der chemischen Zusammensetzung kühlt sich Erdgas bei der Entspannung um ca. 0,4° Celsius pro bar Druckabfall ab. Damit kann man bei gegebenen Druckverhältnissen ausrechnen, um wieviel sich das Gas bei der Entspannung abkühlt.

Beispiel: Bei einem Druckgefälle von 20 bar beträgt demnach die Entspannungskälte

$$20 \text{ bar} \times 0{,}4\,°\text{C/bar} = 8\,°\text{C}$$

Je nach der Temperatur des ankommenden Gases und der Anlage könnten deshalb einzelne Baugruppen vereisen. Dieses kann durch die Anordnung einer Vorwärmeinrichtung verhindert werden.

Die Vorwärmung erfolgt meist mittels gasbeheizter Warmwasserbereiter, aus denen dann das Heizwasser den Vorwärmern zugeführt wird.

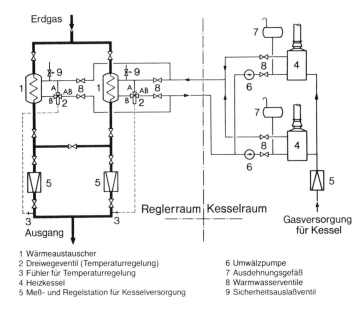

1 Wärmeaustauscher
2 Dreiwegeventil (Temperaturregelung)
3 Fühler für Temperaturregelung
4 Heizkessel
5 Meß- und Regelstation für Kesselversorgung

6 Umwälzpumpe
7 Ausdehnungsgefäß
8 Warmwasserventile
9 Sicherheitsauslaßventil

Bild 1.6   Schematischer Aufbau einer zweistrangigen Vorwärmungseinrichtung

Schalldämpfer

Der Drosselvorgang im Stellgerät eines Gasdruckregelgeräts ist je nach durchgesetzter Gasmenge mit einer für die Umgebung oft recht unangenehmen Geräuschentwicklung verbunden. Dies führt in bewohnten Gebieten zu Klagen der Anwohner und zu entsprechenden Auflagen der Genehmigungsbehörden.

Die Tatsache, daß Gasdruckregeleinrichtungen für immer größere Durchflußmengen und immer größere Druckgefälle ausgelegt werden, macht Maßnahmen zur Herabsetzung dieser Geräusche notwendig.

In einer GDRM sind zwei generelle Geräuschursachen zu unterscheiden, und zwar Entspannungsgeräusche, die vom Entspannungsvorgang am Stellglied ausgehen und Strömungsgeräusche, die durch den Gastransport in den Anschlußleitungen entstehen. Aufgrund der weitaus höheren Gasgeschwindigkeit an der Entspannungsstelle überwiegt das Entspannungsgeräusch. Es ist also in der Regel für den Schalldruckpegel verantwortlich.

Spricht man von der Schallabstrahlung einer Schallquelle, so ist damit die Emission gemeint. Unter dem Begriff Immission versteht man dagegen die gesamte Einwirkung von Geräuschen an einem Punkt. Die in Abhängigkeit von der Gebietsstruktur festgelegten Immissionsrichtwerte liegen nach der TA-Lärm zwischen 70 dB (A) für Gebiete, in denen nur gewerbliche oder industrielle Anla-

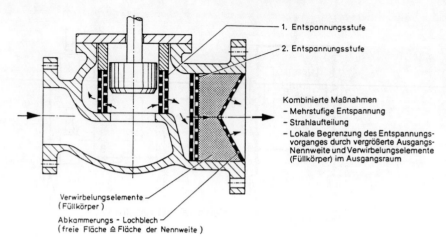

Bild 1.7   Beispiele für Maßnahmen zur Schallreduzierung beim Gas-Druckregelgerät

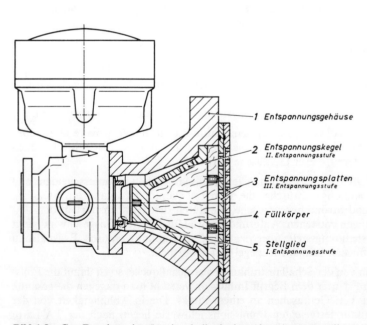

Bild 1.8   Gas-Druckregelgerät mit schallreduzierendem Ausgangsteil

gen und evtl. Wohnungen für Bereitschafts- oder Aufsichtspersonal untergebracht sind, und 35 dB (A) für Kurgebiete.

Setzte man ursprünglich mehr auf die sekundäre Schalldämmung, also das Isolieren von Leitungsteilen und Anlagen gegen das Abstrahlen von Geräuschen,
so versucht man heute immer mehr, durch entsprechende Gestaltung der Stellgeräte und der Stellglieder das Entstehen der so lästigen Pfeifgeräusche zu verhindern. Man spricht vom *primären Schallschutz.*

Einige der den deutschen Markt beliefernden Regelgerätehersteller haben damit
schon bemerkenswerte Erfolge erzielt. Dabei wird sowohl mit in den Stellgerä-
ten eingebauten Entspannungselementen oder Strömungsteilern als auch mit
unmittelbar an das Stellgerät angebauten Schalldämpfern gearbeitet (Bilder 1.7
und 1.8).

Vergleichbare Ergebnisse wurden erzielt bei der strömungsgünstigen Gestaltung
der Stellgeräte.

Sicherheits- und Regeleinrichtungen

Falls es in einer GDRM wichtige und weniger wichtige Baugruppen gibt, die nun
zur Betrachtung anstehenden Regel- und Sicherheitseinrichtungen sind zwei-
felsohne als die wichtigsten anzusprechen.

Es gibt eine Fülle von Geräten unterschiedlicher Bauart. Es liegt daher am Planer und am Betreiber von GDRM, eine sachliche Auswahl zu treffen.

Die Entscheidung über oft sehr teure Geräte ist nicht immer leicht. Wesentliche
Voraussetzung ist dabei, daß der Rohrnetzmeister die Geräte kennt und ihre
Einsatzmöglichkeiten beurteilen kann.

Aufgaben von Sicherheitseinrichtungen:

Bevor das gereinigte Gas in das Regelgerät eintritt, muß es eine Sicherheitseinrichtung – und zwar ein Sicherheitsabsperrventil (SAV) – passieren. Dessen
Aufgabe besteht darin, den Gasdurchfluß automatisch zu stoppen, sobald das
Regelgerät nicht mehr einwandfrei arbeitet, d.h. sobald der Druck nach dem
Regelgerät zu hoch ansteigt oder in manchen Fällen auch dann, wenn der Druck
zu tief absinkt. Dies kann beim Abnehmer bzw. im nachgeschalteten Netz zu
schweren Schäden führen.

Das Sicherheitsabsperrventil (SAV) (Bild 1.9) ist folglich das wichtigste Gerät in
der GDRM. Die Wartung und Überwachung hat deshalb besonders sorgfältig
und gewissenhaft zu erfolgen.

Es gibt Betriebsfälle, in denen es aufgrund gegebener Druckverhältnisse notwendig ist, zusätzlich zu dem als unerläßliches Hauptgerät eingebauten SAV eine
zweite Sicherheitseinrichtung einzubauen.

Voraussetzung für diese zweite Sicherheitseinrichtung ist, daß gleichzeitig folgende Gegebenheiten erfüllt sind:

$$p_{e_{max}} - p_{a_{zul}} > 16 \text{ bar und } \frac{p_{e_{max}}}{p_{a_{zul}}} > 1,6$$

$p_{e_{max}}$ ist der höchstmögliche Betriebsdruck auf der Eingangsseite einer GDRM.
$p_{a_{zul}}$ ist der höchstmögliche Betriebsdruck im nachgeschalteten System einer GDRM.

Diese zweite Sicherheitseinrichtung könnte neben dem bereits angesprochenen SAV durchaus auch ein nachgeschaltetes Regelgerät sein, das im Störfall die Regelung übernimmt. Man wird sich aber in den meisten Fällen für den Einbau eines zweiten Sicherheitsabsperrventils entscheiden.

Dafür gibt es einige Gründe:

– das SAV ist sehr betriebssicher und einfach im Aufbau
– das SAV ist in Ruhestellung keinem Verschleiß ausgesetzt

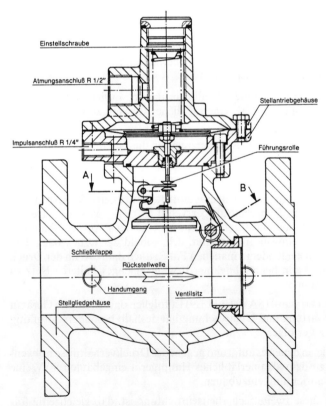

Bild 1.9   Sicherheitsabsperrventil (SAV)

- die Ansprechgeschwindigkeit ist maximal, Gasmangelsicherung möglich
- nach dem Ansprechen wieder in Betrieb nehmen nur, wenn vorher die Ursache für das Ansprechen gefunden wurde. Inbetriebnahme nur von Hand am Einbauort.

Im Normalfall ist eine einzige Sicherheitseinrichtung völlig ausreichend. Man spricht dann von unerläßlichen Hauptgeräten, zu denen in bestimmten Fällen zusätzliche Zweitgeräte geschaltet werden müssen.

Das SAV ist ein solches unerläßliches Hauptgerät und wird vor dem Regelgerät eingebaut.

Hinter dem Regelgerät kann noch ein

Sicherheitsabblaseventil (SBV) (Bild 1.10)

eingebaut werden, das dazu dienen kann, Leckgasmengen gefahrlos ins Freie abzuleiten. Wird ein solches SBV für die volle Leistung der Regelschiene ausgelegt, so kann es bei bestimmten Betriebsverhältnissen ein SAV ersetzen, z. B. bei Eingangsdrücken bis 4 bar (G 490) als Hauptgerät und bei Eingangsdrücken über 4 bar (G 491) als zusätzliche Zweitgeräte, falls diese erforderlich sind. In der Praxis bedeutet aber bei großen Anlagen das Abblasen solch großer Gasmengen enorme Schwierigkeiten – aus diesem Grund wird man sich für den Einbau eines SAV entschließen, wenn dies notwendig wird.

Das bei einem SBV für Leckgasmengen abzuführende Gas muß über eine Abblaseleitung gefahrlos ins Freie abgeleitet werden. Dabei müssen die Ausmün-

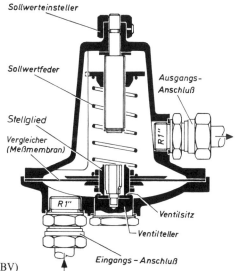

Bild 1.10   Sicherheitsabblaseventil (SBV)

dungen dieser Abblaseleitungen von Zündquellen geschützt und so angeordnet werden, daß kein Gas in angrenzende Räume eintreten kann.

Gerätetechnische Betrachtungen

Beim Betrachten der Regelgeräte zeigt sich ein ähnlich vielfältiges Bild wie bei den Regelstrecken. Es gibt eine fast unübersehbare Zahl von Bauarten, die oft wenig Gemeinsames aufzuweisen scheinen. Dennoch lassen sie sich leicht in verhältnismäßig wenige Gruppen einteilen. Sollwertgeber und Vergleicher müssen bei jedem Regelgerät vorhanden sein. Es gibt aber viele Möglichkeiten zur Weitergabe der vom Vergleicher gebildeten Regelabweichungen an das Stellglied.

In Bild 1.11 ist die Vielzahl der Bauarten dargestellt. Die wegen ihres einfachen Aufbaues am meisten verbreiteten Regelgeräte sind die unstetigen. Man versteht darunter Regelgeräte mit Zwei- oder Dreipunktverhalten, bei denen die Stellgröße zwei bzw. drei vorgegebene Werte einstellt.

Für die Gasdruckregelung interessieren allerdings in erster Linie die mit oder ohne Hilfsenergie arbeitenden stetigen Regelgeräte.

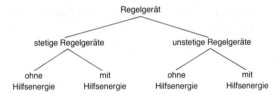

Bild 1.11   Bauarten für Regelgeräte

Druckregelgeräte ohne Hilfsenergie (Bild 1.12)

Bei vielen Ausführungen reicht die vom Vergleicher abnehmbare Energie aus, um das Stellglied unmittelbar zu betätigen. Die Arbeit des Regelvorgangs, d. h. das Verstellen des Ventils, wird durch die Druckabweichung vom Sollwert geleistet.

Solche Regelgeräte werden als *direkt wirkend* oder als Regelgeräte ohne Hilfsenergie bezeichnet.

In der Gasversorgung werden Regelgeräte ohne Hilfsenergie besonders für Haus-, Gewerbe- und Industrieversorgung eingesetzt. Sie eignen sich außerdem für die Verwendung an Gasfeuerstätten mit sehr raschen Störgrößenänderungen (z. B. Schnellschaltungen).

Bei diesen Regelgeräten sind Regler – Stellantrieb – Stellglied in einem Gehäuse vereinigt. Der Regler ist organisch in den Aufbau des Stellantriebes einbezogen.

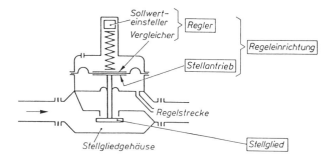

Bild 1.12 Druckregelgerät ohne Hilfsenergie

Deshalb werden Regler und Stellantrieb zu dem übergeordneten Begriff Regeleinrichtung zusammengefaßt.

Druckregelgeräte mit Hilfsenergie (Bild 1.13)

Bei dieser *indirekt wirkenden* Geräteausführung erfolgt die Betätigung des Stellgerätes durch einen besonderen Regler, der mit Hilfsenergie arbeitet. Als Hilfsenergie kommen Gase, Flüssigkeiten oder elektrischer Strom zum Einsatz.

Für Gasdruckregelgeräte bevorzugt man solche Systeme, die ihre Hilfsenergie dem Gasstrom auf der Eingangsseite entnehmen. Dabei spielen Gründe der Betriebssicherheit und auch der zu beachtenden Wirtschaftlichkeit die entscheidende Rolle.

Da ein Gasdruckregelgerät ohnehin dazu dient, einen hohen Eingangsdruck auf einen niedrigeren Ausgangsdruck zu bringen, steht das Druckgefälle jederzeit als Arbeitsenergie zur Verfügung. Es besteht allerdings eine gewisse Einschrän-

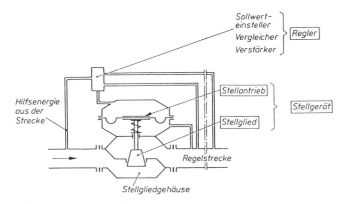

Bild 1.13 Druckregelgerät mit Hilfsenergie

kung, da zur Funktion des Geräts ein Mindestdruckgefälle vorhanden sein muß. Sollwerteinsteller – Vergleicher – Verstärker sind im Regler apparativ zusammengefaßt. Stellantrieb und Stellglied sind ihrerseits in einem Gehäuse als Stellgerät vereinigt.

Druckregelgeräte mit Federbelastung oder Gewichten

Bei einer Regeleinrichtung mit Federbelastung erfolgt die Einstellung des Sollwerts durch eine Feder. Das Gerät entspricht dem ohne Hilfsenergie im Aufbau. Zu beachten ist jedoch dabei der Verlauf der Federkennlinie (Federkraft ändert sich in Abhängigkeit vom Federweg). Bringt man den Sollwert in Form von Gewichten auf, so hat man diese Abhängigkeit nicht – d. h. der Ausgangsdruck wird sich nach einer Störgrößenaufschaltung immer auf den gleichen Wert einstellen (im Rahmen der Regelgenauigkeit).

Empfohlen wird hierbei ein Eingangsdruckausgleich, um Schwankungen des Eingangsdruckes auszugleichen.

Gasmessung

Schon in der Gründerzeit der deutschen Ferngasindustrie galt das Hauptinteresse neben dem Transport zum Abnehmer – also der Deckung des Bedarfes – der einwandfreien Erfassung und genauen Messung des Gases. Die Bedeutung der Gasmeßverfahren und damit der Gasmeßgeräte hat im Laufe der Jahrzehnte – besonders aber seit der Einführung des Erdgases – zu einem hohen technischen Stand geführt.

Druckerfassung

Der Druck des gehandelten Produktes Erdgas ist eine wichtige Betriebsgröße und muß deshalb an den erforderlichen Stellen gemessen werden.

Sowohl beim Transport als auch bei der Mengenerfassung und der Darbietung für den jeweiligen Einsatzzweck sind meßtechnisch erfaßbare Druckverhältnisse erforderlich, um vergleichbare, auf bestimmte Verhältnisse bezogene Werte sicherzustellen. Eingangs-, Ausgangs- und evtl. Differenzdrücke werden mit *Manometern* erfaßt.

Die direkt Anzeige ist z. B. mit Hilfe eines Rohr- oder Plattenfedermanometers möglich (Bilder 1.14 und 1.15).

Das einfachste Gerät zur Erfassung eines Druckwertes ist das bekannte U-Rohr. Ein auf dem Prinzip des U-Rohrs aufgebautes Meßgerät ist die *Ringwaage*, die gekennzeichnet ist durch

– verhältnismäßig einfachen Aufbau
– Unempfindlichkeit gegen Temperatureinflüsse
– leichte Austauschbarkeit der Meßbereiche.

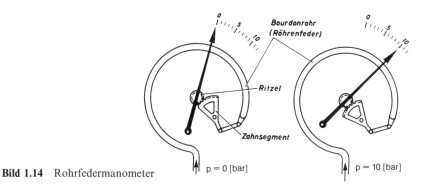

Bild 1.14 Rohrfedermanometer

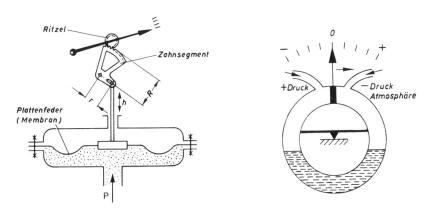

Bild 1.15 Plattenfedermanometer

Bild 1.16 Überdruckmeßprinzip
der Ringwaage

Deshalb ist die Ringwaage (Bild 1.16) als Druck-, Druckdifferenz- und vor allem als Durchflußmesser in der Praxis häufig anzutreffen.

Schreibene Geräte

Ist zusätzlich zur Direktanzeige ein Nachweis oder eine Aufzeichnung der Druckwerte erforderlich, so wird ein schreibendes bzw. registrierendes Gerät notwendig. Der Hub einer gebogenen Rohrfeder bewirkt dabei durch die Hebelübersetzung auf den Schreibhebel, an dessen Ende sich die Schreibfeder befindet, eine Aufzeichnung des Druckes auf einem Diagramm.

Mengenerfassung

Neben den Druckmeßgeräten gibt es die Mengenmeßgeräte mit einer Vielzahl von technischen Ausführungen.

Balgengaszähler

Balgengaszähler werden als Haushaltsgaszähler in der kleinsten Type G 1,6 und als Gewerbegaszähler der größten Typen G 650 verwendet. Dabei ist (G) die Größenbezeichnung des Gaszählers. Angesichts seiner sehr großen Abmessungen ist sein Einsatz oft nicht möglich bzw. nicht wirtschaftlich.

Drehkolbengaszähler (Bilder 1.17 und 1.18)

Zähler dieser Bauart sind in Deutschland bereits seit über 40 Jahren im Einsatz. Die robuste und widerstandsfähige Konstruktion, die hohe Lebensdauer sowie die geringen Ansprüche hinsichtlich der Wartung und nicht zuletzt die meßtechnischen Qualitäten und die Zuverlässigkeit haben diese Zähler zu einem Standardgerät in der Gasmessung werden lassen.

Bis vor nicht allzulanger Zeit wurde meistens im Nieder- bzw. im Mitteldruckbereich gemessen, doch in den letzten Jahren ging die Weiterentwicklung stetig voran.

Sie ist gekennzeichnet durch

– Beherrschung hoher Betriebsdrücke, dadurch hohe Durchsatzmengen im Verhältnis zur Gerätegröße
– vielseitige Anwendungsmöglichkeit

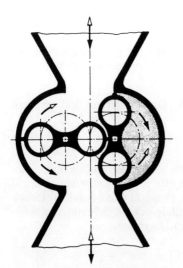

Bild 1.17 Meßprinzip Drehkolbenzähler

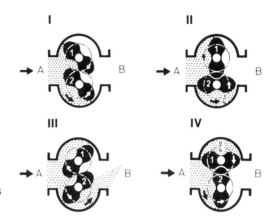

Bild 1.18 Wirkungsweise eines
Drehkolbengaszählers

- Erhöhung der Meßwerkbelastbarkeit
- rationelle Herstellung und Anwendung
- Erhöhung des Meßbereiches und Einschränkung der Fehlergrenzen.

Der Nachteil des Drehkolbenzählers besteht

- in der Trägheit der Drehkolben beim An- und Auslauf, wodurch bei rasch wechselnden Mengen Störungen durch das Ansprechen der Sicherheitsein- richtungen auftreten können
- im hohen Gewicht, welches ab bestimmten Meßbereichen eine u. U. sehr auf- wendige Fundamenterstellung notwendig macht; dadurch können auch Zäh- lerwechsel sehr teuer werden
- in der Tatsache, daß bei Auftreten von Schmutz und dem darauf folgenden Stillstand der Meßkolben der gesamte Gasdurchgang gesperrt und damit eine Versorgung nicht mehr möglich ist.

Turbinenradgaszähler

Diese arbeiten nach einem dynamischen Prinzip, wobei nicht unmittelbar das Volumen, sondern mit Hilfe eines Turbinenrades die Geschwindigkeit des strö- menden Gases in einem verengten Querschnitt gemessen wird. Dabei ist die Drehzahl dieses Rades ein Maß für die durchgesetzte Gasmenge. Da die zu bewegende Masse sehr gering ist, ist die Durchflußmenge bei gleichem Bauvolu- men größer als bei Drehkolbenzählern. Allerdings sind der Verwendung mecha- nisch angetriebener Zusatzgeräte gewisse Grenzen gesetzt.

Turbinenradgaszähler stellen eine elegante und vorteilhafte Lösung der Gas- mengenmessung dar, weil sie

- im direkten Stromweg eingebaut werden können
- bei einer Störung bzw. groben Verschmutzung den Gasdurchfluß nicht völlig absperren

– während des Betriebes nur wenig Lärm erzeugen
– wegen ihrer einfachen Konstruktion vorteilhaft sind.

Der Betriebswiderstand kann bei höchster Belastung in Einzelfällen bis 4 mbar betragen.

Je nach Zählerbauart beaufschlagt entweder der gesamte Gasstrom (Vollstromzähler) oder nur ein Teilstrom (Nebenstromzähler) das Turbinenrad des Meßwerkes.

Beim *Vollstromzähler* (Bild 1.19) strömt der gesamte Gasstrom durch den von äußerer und innerer Ringblende begrenzten Querschnitt und beaufschlagt das Schaufelgitter des hinter der Blende sitzenden Turbinenrades. Die Drehzahl des Turbinenrades ist innerhalb des Meßbereiches der mittleren Geschwindigkeit proportional, die sich auf den gesamten ringförmigen Querschnitt bezieht.

Beim *Nebenstromzähler* (Bild 1.20) strömt nur ein Teil des Gasstromes durch den von äußerer und innerer Ringblende begrenzten Querschnitt und beaufschlagt dann das Schaufelgitter des hinter der Ringblende sitzenden Turbinenrades.

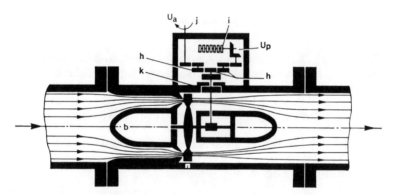

Bild 1.19 Vollstromzähler

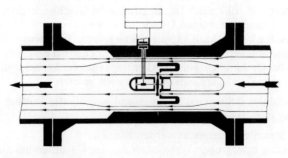

Bild 1.20 Nebenstromzähler

Der andere Teil des Gasstromes durchströmt den durch den Nebenstromkörper gebildeten ringförmigen Nebenstromquerschnitt und beaufschlagt das Turbinenrad nicht. Das Teilungsverhältnis des Gasstromes ist innerhalb des Meßbereiches des Nebenstromzählers in sehr engen Grenzen konstant.

Hinsichtlich der Geschwindigkeitsverteilung über den gesamten Querschnitt ist die Auslegung der Ein- und Auslaufstrecken besonders wichtig.

Turbinengaszähler sind gekennzeichnet durch

- Anwendungsmöglichkeiten in sämtlichen Druckbereichen
- sehr hohe Belastbarkeit des Meßwerkes (Nebenstromprinzip)
- geringe Trägheit des Meßrades – damit kein Hochkomprimieren im nachgeschalteten Bereich wie beim Drehkolbenzähler. Hier muß allerdings das bei Ein-Ausschaltbetrieb auftretende Nachlaufen des Turbinenrades erwähnt werden. Dies kann zu Fehlmessungen führen.
- Überprüfung auf Schaufelschäden am Einbauort
- relativ niedriges Gewicht, besonders im Vergleich zu Drehkolbenzählern.

Überprüfung von Turbinenradzählern:

Zeigt ein Turbinenradzähler im Laufe der Betriebszeit Abweichungen, so steht die Überprüfung des Zählers an. Hierbei muß man sich überlegen, ob diese Prüfung auf dem Prüfstand im Herstellerwerk oder im eingebauten Zustand erfolgen kann.

Eine Überprüfung auf dem Prüfstand bedeutet entsprechend hohen finanziellen Aufwand. Vergleichsmessungen mit Kontrollzählern sind ebenfalls sehr aufwendig. Deshalb wurde ein Verfahren entwickelt, den eingebauten, in Betrieb befindlichen Zähler auf relativ einfache Art auf Schäden an dem Turbinenrad zu überprüfen. Dabei wird mit Hilfe eines induktiven Gebers jede einzelne Schaufel abgetastet.

Dies geschieht folgendermaßen: Streicht eine Schaufel an dem in das Zählergehäuse eingefahrenen Geber vorbei, so wird in ihm ein Impuls erzeugt. Die Zahl der Impulse pro Radumdrehung gibt also genau die Anzahl der Schaufeln des Turbinenrades wieder. Fehlt eine Schaufel, zeigt sich dies als Lücke. Diese Impulsanzeigen werden auf einen Oszillographen übertragen und aufgezeichnet.

Quantometer sind im Prinzip Turbinenradzähler ohne Ein- und Auslaufstrecken. Sie sind aufgrund ihrer Bauart nicht eichfähig und werden daher nur für Betriebsmessungen eingesetzt, also für Meßaufgaben, bei denen Mengen erfaßt werden, die nicht der Weiterverrechnung oder dem Verkauf unterliegen.

Um brauchbare Meßergebnisse zu erhalten wird empfohlen, nach Möglichkeit eine gerade Rohrstrecke mit einer Länge, die der dreifachen Nennweite des Rohres entspricht, vor und hinter dem Quantometer vorzusehen. Außerdem ist nicht zu empfehlen, die Geräte unmittelbar hinter Krümmern, Absperrorganen o. ähnl. anzuordnen.

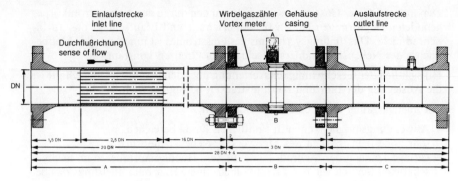

Bild 1.21   Wirbelgaszähler

Wirbelgaszähler

Beim Wirbelgaszähler (Bild 1.21) wird ein Störkörper in ein strömendes Medium – in unserem Falle den Gasstrom – eingebracht. Beim Durchströmen bilden sich an diesem Störkörper Wirbel, deren Frequenz innerhalb eines bestimmten Bereiches proportional der Gasgeschwindigkeit ist. Die Ausnutzung dieses Effektes ermöglicht die genaue Durchfluß- und Volumenmessung. Die Vorteile liegen in

– einem größeren Meßbereich
– großer Unempfindlichkeit, auch bei rauhem Betrieb (Verschmutzung)
– einem einfachen Aufbau
– der hohen Meßgenauigkeit.

Nachteilig ist der hohe Platzbedarf, bedingt durch eine relativ große Ein- und Auslaufstrecke. Diese Art von Meßgeräten kommt vor allem in Anlagen zum Einsatz, in denen große Mengen bei entsprechend hohen Drücken durchgesetzt werden.

Wirkdruckmeßgeräte

Eine besondere Art der Mengenmessung ist die Blendenmessung oder die Messung mit Venturidüsen.

Diese Geräte messen ebenfalls nach einem dynamischen Prinzip (Bernoullisches Gesetz), wobei die Messung der Gasgeschwindigkeit auf das Messen der Druckdifferenz vor und hinter einer Blende zurückgeführt wird. Der Durchlauf ist eine Funktion der Druckdifferenz, die als Wirkdruck bezeichnet wird. Die dabei erreichte Meßgenauigkeit ist den anderen Methoden durchaus ebenbürtig; sie eignet sich besonders für die Erfassung großer Mengen unter hohem Druck, wie z. B. in Erdgasfeldern.

Zustandsmengenumwerter (ZMU)

Bei den volumetrisch messenden Gaszählern ist deren Anzeige naturgemäß auf den jeweiligen, in der Regel veränderlichen Betriebszustand bezogen. Zusatzgeräte zur Berücksichtigung des spezifischen Volumens für die Ermittlung der durch den Zähler geströmten Gasmenge sind dabei unentbehrlich.

ZMU erfassen während des Meßvorganges laufend das auf einen bestimmten Gaszustand bezogene, relative spezifische Volumen des durch den Zähler strömenden Gases. Dabei wird z. B. die von einem Drehkolbenzähler im Betriebszustand gemessene Durchflußmenge auf einen Normzustand umgewertet.

1.9 Verdichter

Für den Transport größerer Gasmengen unter sehr hohem Druck über große Entfernungen sind Gasverdichter von großer Bedeutung. Das DVGW-Arbeitsblatt G 497 gilt dabei für die Planung, den Bau und den Betrieb von Verdichterstationen,

– die der öffentlichen Gasversorgung dienen
– deren Anlagen den Grundsätzen des primären Explosionsschutzes entsprechen
– die so automatisiert sind, daß sie ohne ständige Überwachung durch Personal vor Ort betrieben werden können.

Das Arbeitsblatt regelt einige wesentliche Punkte für die Erstellung und Bauausführung, z. B.

– Standort
 zu beachten ist hier der Mindestabstand zu Hochspannungsleitungen von ca. 20 m (AfK-Empfehlung Nr. 3)
– Objektschutz
 Zutritt Unbefugter ist durch eine mindestens 2 m hohe Umzäunung zu verhindern (Fluchttüren vorsehen).
– Schutzabstände
 Eine gegenseitige Gefährdung im Brandfall muß durch eine entsprechend große Entfernung von anderen Gebäuden oder Anlagen ausgeschlossen werden. Dazu gehört auch z. B. die Schaffung von Zufahrtswegen für Löschfahrzeuge der Feuerwehr.
– Baustoffe
 Es ist schwer entflammbares Material nach DIN 4102 zu verwenden.

Eine Reihe weiterer, der Sicherheit dienenden Forderungen gilt es noch zu beachten:

– Trennwände zu angrenzenden Räumen, in denen sich Zündquellen befinden, sind gasdicht auszuführen. (Rohr- und Kabeldurchführungen)

- Notausgänge in ausreichender Zahl unmittelbar ins Freie, die sich von innen ohne Schloß öffnen lassen (Fluchtwege)
- natürliche und Technische Belüftung nach EX-RLE
- Gaswarngeräte, gekoppelt mit dem Ansprechen der technischen Lüftung im Störfall
- Schutzabschaltungen im Gefahrenfall
- im Störfall austretendes Gas muß gefahrlos ins Freie geleitet werden, entsprechende Abblaseleitungen sind vorzusehen.
- Absperrmöglichkeit außerhalb der Anlage vorsehen
- Filter oder Abscheider dann vorsehen, wenn mit funktionsstörenden Gasbegleitstoffen zu rechnen ist
- elektrische Einrichtungen im Maschinenhaus sind in ex-Ausführung zu erstellen (VDE 0165).

Einen breiten Raum nehmen ein die

- Überwachungseinrichtungen
- Sicherheitseinrichtungen,

die im Hinblick auf einen sicheren späteren Betrieb bereits im Planungsstadium entsprechend zu beachten sind.

Vor der Inbetriebnahme müssen sämtliche Bauteile und Leitungen nach DVGW-Arbeitsblatt G 498 auf Festigkeit und Dichtheit geprüft werden. Liegt der zulässige Betriebsdruck über 16 bar, so sind die Anforderungen der Gas-HL-VO zu erfüllen. Vor der Inbetriebnahme bestätigt der Sachverständige oder der Sachkundige die einwandfreie Durchführung der Prüfungen und daß bezüglich der Sicherheit keine Bedenken bestehen. Danach übernimmt der Betreiber die Verantwortung für die Anlage.

Die beim Betrieb anfallenden Arbeiten sind im DVGW-Arbeitsblatt G 497 festgelegt und sind dementsprechend zu beachten.

1.10 Technische Regeln und Literatur

1.10.1 DVGW-Regelwerk Gas

DVGW/DIN Nummern	Titel	Ausgabe
G 260/I	Gasbeschaffenheit	4/83
G 280	Gasodorierung	7/80
G 281	Odoriermittel	8/85
G 412	Kathodischer Korrosionsschutz von erdverlegten Ortsgas- verteilungsnetzen; Empfehlungen und Hinweise	12/88
G 458	Nachträgliche Druckerhöhung von Gasleitungen	12/84
G 459	Gas-Hausanschlüsse für Betriebsdrücke bis 4 bar; Errichtung	6/86
G 461/I	Errichtung von Gasleitungen bis 4 bar Betriebsüberdruck aus Druckrohren und Formstücken aus duktilem Gußeisen	11/81
G 461/II	Errichtung von Gasleitungen mit Betriebsüberdrücken von mehr als 4 bar bis 16 bar aus Druckrohren und Formstücken aus duktilem Gußeisen	11/81
G 462/I	Errichtung von Gasleitungen bis 4 bar Betriebsüberdruck aus Stahlrohren	9/76
G 462/II	Gasleitungen aus Stahlrohren von mehr als 4 bar bis 16 bar Betriebsdruck; Errichtung	1/85
G 463	Errichten von Gasleitungen aus Stahlrohren von mehr als 16 bar Betriebsdruck	1/83
G 464	Berechnung von Druckverlusten bei der Gasverteilung	11/83
G 469	Druckprüfverfahren für Leitungen und Anlagen der Gasver- sorgung	7/87
G 472	Gasleitungen bis 4 bar Betriebsdruck aus PE-HD und bis 1 bar Betriebsdruck aus PVC-U; Errichtung	9/88
G 490	Bau und Ausrüstung von Gas-Druckregelanlagen mit Ein- gangsdrücken über 100 mbar bis einschließlich 4 bar	1/74
G 491	Bau und Ausrüstung von Gas-Druckregelanlagen mit Ein- gangsdrücken über 4 bar bis einschließlich 100 bar	1/74
G 492/II	Anlagen für die Gasmengenmessung mit einem Betriebs- druck über 4 bar bis 100 bar; Planung und Errichtung	12/88
G 493	Verfahren der Erteilung einer DVGW-Bescheinigung für Hersteller von Gas-Druckregel- und Gasmeßanlagen	7/86
G 494	Schallschutzmaßnahmen an Geräten und Anlagen zur Gas- Druckregelung und Gasmessung	11/81
G 496	Rohrleitungen in Gasanlagen	12/86
G 497	Verdichterstationen an Gastransportleitungen	11/85

G 498　　　Durchleitungsdruckbehälter in Gasrohrleitungen und　　　1/85
　　　　　　-anlagen der öffentlichen Gasversorgung
G 499　　　Erdgas-Vorwärmanlagen
G 600　　　Technische Regeln für Gasinstallationen (DVGW-TRGI)　11/86

1.10.2　DVGW-Regelwerk Gas/Wasser

DVGW/DIN Nummern	Titel	Ausgabe
GW 1	Zerstörungsfreie Prüfung von Baustellenschweißnähten an Stahlrohrleitungen und ihre Beurteilung	5/84
GW 110	Einheiten im Gas- und Wasserfach	12/76
GW 120	Planwerke für die Rohrnetze der öffentlichen Gas- und Wasserversorgung	4/80

1.10.3　DIN-Normen

DVGW/DIN Nummern	Titel	Ausgabe
DIN 2425 T 1	Planwerke für die Versorgungswirtschaft, die Wasserwirtschaft und für Fernleitungen; Rohrnetzpläne der öffentlichen Gas- und Wasserversorgung	8/75
DIN 2425 T 3	Planwerke für die Versorgungswirtschaft, die Wasserwirtschaft und für Fernleitungen; Pläne für Rohrfernleitungen; Technische Regel des DVGW	5/80
DIN 2470 T 1	Gasleitungen aus Stahlrohren mit Betriebsdrücken bis 16 bar; Anforderungen an Rohrleitungsteile	12/87
DIN 2470 T 2	Gasleitungen aus Stahlrohren mit zulässigen Betriebsdrücken von mehr als 16 bar; Anforderungen an die Rohrleitungsteile	5/83
DIN 4067	Wasser; Hinweisschilder, Orts-Wasserverteilungs- und Wasserfernleitungen	11/75
DIN 3380	Gas-Druckregelgeräte für Eingangsdrücke bis 100 bar	12/73
DIN 3381	Sicherheitseinrichtungen für Gasversorgungsanlagen mit Betriebsdrücken bis 100 bar; Sicherheitsabblase- und Sicherheitsabsperreinrichtungen	6/84
DIN 4065	Gasfernleitungen, Hinweisschilder	1/74
DIN 4069	Orts-Gasverteilungsleitungen; Hinweisschilder	1/74

DIN 30 690 Bauteile in der Gasversorgung; Anforderungen an Bauteile 7/83
T 1   in Anlagen der Gasversorgung
DIN 30 690 Bauteile in der Gasversorgung; Anforderungen an metalli- 9/80
T 2   sche Werkstoffe für Stellgeräte für Gasverbrauchseinrichtun-
           gen
Beiblatt 1 Bauteile in der Gasversorgung; Hinweise zur Werkstoffaus- 9/80
zu 30 690   wahl, Festigkeitswerte
T 2

1.10.4 AfK-Empfehlungen

AfK-Nummern	Titel	Ausgabe
5	Kathodischer Korrosionsschutz in Verbindung mit explosionsgefährdeten Bereichen	2/86

2 Planung von Wasserverteilungsanlagen

2.1 Allgemeiner Überblick

2.1.1 Grundsätze der Planung

Bevor mit der Planung von Wasserverteilungsanlagen (Netze, Transportleitungen, Pumpwerke u. a.) begonnen wird, sind grundsätzliche Überlegungen anzustellen und die Rahmenbedingungen festzulegen:

- Abgrenzung des Planungsraumes
- Ermittlung des derzeitigen und zukünftigen Wasserbedarfs für den Planungsraum
- Erarbeitung von verschiedenen technischen Lösungsvorschlägen unter Berücksichtigung der wasserwirtschaftlichen Rahmenpläne, Raumordnungspläne und Flächennutzungspläne
- Technischer und wirtschaftlicher Vergleich der verschiedenen Lösungen
- Aufstellung von Ausbaustufen unter Berücksichtigung von zukünftigen Erweiterungsmöglichkeiten
- Schätzung der Bau- und Betriebskosten.

2.1.2 Ziel der Planung

Die Wasserverteilungsanlagen sind wertmäßig mit ca. 65 bis 80 % am Gesamtumfang der Wasserversorgungsanlagen beteiligt und erfordern bei der Planung die Berücksichtigung verschiedener technischer und wirtschaftlicher Gesichtspunkte:

- Durch sorgfältige Auswahl der Rohrwerkstoffe, der Armaturen und des Korrosionsschutzes sollte eine hohe Versorgungssicherheit und Nutzungsdauer – je nach Anlagenart bis zu 50 Jahre – erreicht werden.
- Bei der Planung sollte die Gesamtwirtschaftlichkeit mit betrachtet werden, d. h. Minimierung der Jahreskosten aus Kapitaldienst-, Betriebs- und Instandhaltungskosten.
- Die Anlagen sollten sich einfach überwachen, betreiben und warten lassen (siehe DVGW-Merkblatt W 390 „Überwachen von Trinkwasserrohrnetzen").
- Die Anlagen und die eingesetzten Materialien sollten die Wasserqualität nicht nachteilig beeinflussen (nur DVGW-geprüfte Materialien einsetzen).

2.1.3   Trassierung

Unter Trasse versteht man die Linienführung eines Verkehrsweges. Bei der Leitungsverlegung spricht man von der Trassierung, was bedeutet, die Rohrleitung unter den technisch und wirtschaftlich günstigsten Bedingungen in das Gelände einzuordnen.

Bei den Leitungen wird unterschieden nach:

– Zubringer und Transportleitungen (ZW)
– Hauptleitungen (HW)
– Versorgungsleitungen (VW)
– Anschlußleitungen (AW)
(Definition der Leitungen siehe DIN 4046).

Je nach Leitungsart und örtlichen Gegebenheiten sind bei der Trassenwahl u. a. folgende Punkte zu berücksichtigen:

– Belange öffentlicher Träger
  (Stadt- und Gemeindeverwaltung, Bergamt, Bundesbahn, Energieversorgungsunternehmen, Post, Landwirtschaftskammer)
– Eigentumsverhältnisse an Grundstücken
– Topographische Besonderheiten, Bodenverhältnisse, Grundwasserstand
– Verkehrswege
  (Eisenbahn, Autobahn, Flüsse, Kanäle, Hochspannung)
– Zufahrtswege für den Bau und die spätere Unterhaltung
– Koordinierung von Baumstandorten und Leitungen mit den zuständigen Stellen, z. B. Grünflächenamt, Straßenbaulastträger (siehe DVGW-Merkblatt GW 125, „Baumpflanzungen im Bereich unterirdischer Versorgungsanlagen").

2.1.3.1   Leitungsführung im Grundriß

Für die Grobtrassierung sollten Karten im Maßstab 1 : 25 000 herangezogen werden. Für die Feintrassierung wird empfohlen, die Leitungsführung in Plänen M 1 : 1000 einzutragen.

Fern- und Zubringerleitungen (ZW)

sind möglichst außerhalb von Ortschaften zu führen. In der Regel sind diese Leitungen u. a. mit Wasserzählern, Entleerungen, Be- und Entlüftern sowie Rohrbruchsicherungen ausgerüstet (Bild 2.1). Fernmeldekabel für Steuerungs- und Überwachungsaufgaben sind immer mit zu verlegen.

Haupt- und Versorgungsleitungen (HW und VW)

werden innerhalb der öffentlichen Verkehrsflächen verlegt. Für die Unterbringung der Leitungen in *neuen* Straßen kann die DIN 1998 „Unterbringung von

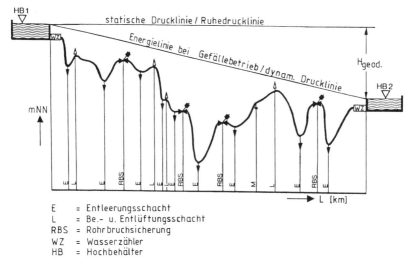

Bild 2.1   Längsschnitt einer Fernleitung

Leitungen und Anlagen in öffentlichen Flächen; Richtlinien für die Planung" einen ersten Anhalt bieten.

Hausanschlußleitungen (AW)

sind möglichst geradlinig, rechtwinklig und auf kürzestem Wege von der Versorgungsleitung zum Gebäude zu führen. Vorabverlegungen von Hausanschlußleitungen sind abzulehnen (siehe Abschnitt 5).

2.1.3.2   Leitungsführung im Längsschnitt

Parallel zur Trassenwahl im Grundriß wird ein Längsschnitt erstellt, der Auskunft über Hochpunkte, Tiefpunkte und Druckverhältnisse gibt (Bild 2.1).

Fern- und Zubringerleitungen

An den Hoch- bzw. Tiefpunkten sind bei Fern- und Zubringerleitungen Schachtbauwerke für Be- und Entlüftungseinrichtungen (Bild 2.2) bzw. Entleerungsmöglichkeiten vorzusehen (Bild 2.3).

Bei nicht standsicheren Hängen ist die Leitungsführung in der Fallinie zu planen. Fern- und Zubringerleitungen sind mit einem Gefälle von mindestens 0,5 % zu verlegen, um ausgeprägte Hoch- und Tiefpunkte zu erhalten.

Bei schlecht entlüfteten Leitungsabschnitten und geringen Fließgeschwindigkeiten können sich Luftblasen ausbilden, die zu Querschnittverengungen und Druckverlusten führen (siehe Bild 2.5 und Bild 2.6).

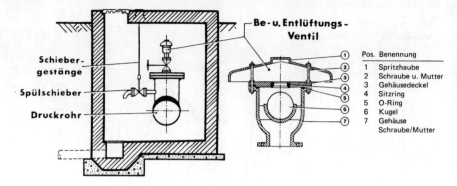

Bild 2.2   Be- und Entlüftungsschacht (nach [30])

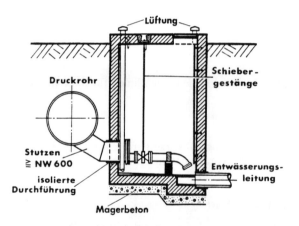

Bild 2.3   Entleerungsschacht (nach [30])

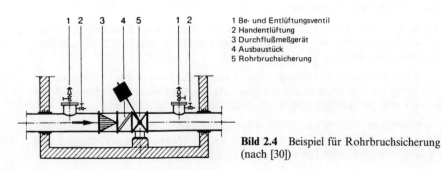

Bild 2.4   Beispiel für Rohrbruchsicherung (nach [30])

Bild 2.5 Luftblase mit Wasserwalze an einer Gefälleänderung bei kleiner Fließgeschwindigkeit

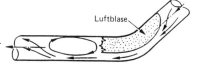

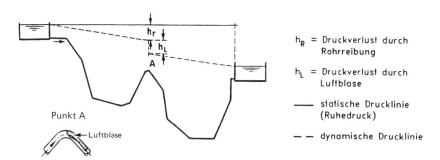

h_R = Druckverlust durch Rohrreibung

h_L = Druckverlust durch Luftblase

⎯⎯ statische Drucklinie (Ruhedruck)

– – dynamische Drucklinie

Punkt A

Luftblase

Bild 2.6 Luftblase am Hochpunkt bei hoher Fließgeschwindigkeit

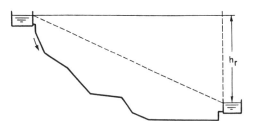

Bild 2.7 Günstige Führung einer Falleitung

Als Folge der Querschnittsverengung tritt ein hoher Druckverlust h_L auf, der zur Verminderung des Durchflusses führt. Die angenommene Luftblase kann entweichen, wenn eine selbsttätige Be- und Entlüftungsarmatur oder eine Fließgeschwindigkeit vorhanden ist, die Luftblasen sicher mitreißt. Der Druckverlust h_L wird dann vermieden.

Ausreichende Druckhöhe über der Leitung ist in allen Betriebsfällen gewährleistet.

Abhilfe:
– Berg umfahren
– Stollen
– Drucklinie anheben

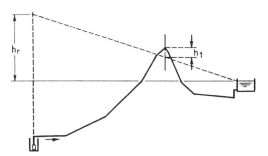

Bild 2.8 Unzulässige Führung einer Pumpendruckleitung

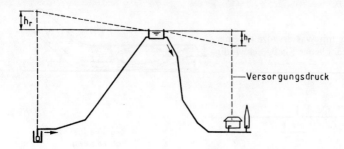

Bild 2.9   Günstige Aufteilung in Pumpendruckleitung und Gefälleleitung

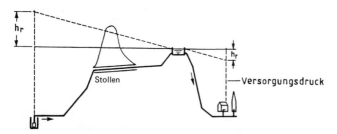

Bild 2.10   Günstige Führung einer Pumpendruckleitung mit anschließender
Gefälleleitung

Beispiele für günstige und ungünstige Führungen von Fall- und Pumpendruckleitungen zeigen die Bilder 2.7 bis 2.10.

Fernleitungen, die über längere Strecken führen, sind mit Rohrbruchsicherungen zu versehen, welche bei Leckagen oder Rohrbrüchen die Leitung automatisch sperren (Bild 2.4). Zu diesem Zweck ist eine kontinuierliche Durchflußmessung erforderlich. Die Überschreitung eines vorgegebenen Maximaldurchflusses löst einen Fallgewichtsantrieb zum Schließen einer Klappe oder eines Ringkolbenventils aus.

Haupt- und Versorgungsleitungen

Haupt- und Versorgungsleitungen werden in der Regel in öffentlichen Flächen (Straßen und Gehwege) verlegt und passen sich mit gleichbleibender Überdeckung den topographischen Verhältnissen an. Die Entlüftung dieser Leitungen kann über Hydranten oder die Hausanschlüsse erfolgen.

Leitungen, die zeitweise nicht oder nur gering durchflossen werden und keine ausreichende Überdeckung aufweisen oder frei aufgehängt sind (Brückenleitungen), sind gegen Frost zu schützen.

Hausanschlußleitungen

Hausanschlußleitungen sind frostfrei und soweit möglich mit gleichmäßiger Steigung zum Gebäude zu planen (siehe Abschnitt 5).

2.1.4 Kreuzung von Verkehrswegen und Gewässern

Rohrleitungen sollen die Verkehrswege möglichst rechtwinklig kreuzen. Kreuzungen sind mit den zuständigen Verwaltungen abzustimmen.

Für die Kreuzung des Geländes der Deutschen Bundesbahn (DB) sind folgende Vorschriften zu beachten:

DVGW-Hinweis W 305 „Prinzipskizzen und Musterentwürfe für die Kreuzung von DB-Gelände mit Wasserleitungen."

DVGW-Arbeitsblatt W 307 „Richtlinien für das Verfüllen des Ringraumes zwischen Druckrohr und Mantelrohr bei Wasserleitungskreuzungen mit Bahngelände."

Gewässer werden überwiegend mit Dükern oder im Verlauf von Brücken gekreuzt. Bei der Planung von Gewässerkreuzungen sind die geltenden Vorschriften (u. a. Gesetz über Naturschutz- und Landschaftspflege, Wasserhaushaltsgesetz und die landesrechtlichen Vorschriften) zu beachten. Bild 2.11 zeigt den Querschnitt eines ausgeführten Rheindükers. Der Düker, aus PE-Leitungen be-

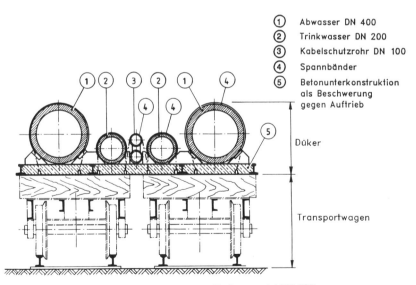

1 Abwasser DN 400
2 Trinkwasser DN 200
3 Kabelschutzrohr DN 100
4 Spannbänder
5 Betonunterkonstruktion
   als Beschwerung
   gegen Auftrieb

Düker

Transportwagen

Bild 2.11 Rheindüker auf Transportwagen, Rohrmaterial PE-HD

stehend, wurde an Land auf einer Länge von ca. 300 m zusammengeschweißt und ins Flußbett eingezogen (Bild 2.12).

Kostengünstiger als ein Düker ist das Anhängen von Leitungen an Brücken. Wenig durchflossene Wasserleitungen an Brücken sind gegen Einfrieren zu sichern.

Bild 2.12   Einziehen eines Dükers (Foto rhenag)

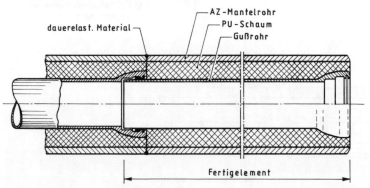

Bild 2.13   Festeingeschäumtes duktiles Gußrohr im Faserzement-Mantelrohr (Fertigelement)

Bild 2.13 zeigt ein fertig isoliertes Rohrelement mit folgendem Aufbau:

1 Medienrohr: Gußrohr mit Tyton-Muffe und Zementmörtelauskleidung innen
2 Äußeres Schutzrohr: Faserzementrohr
3 Hohlraum ausgeschäumt

Die einzelnen Rohrelemente werden ineinander geschoben und an der Brücke aufgehängt (Bild 2.14).

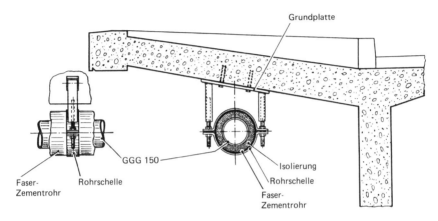

Bild 2.14 Höhenverstellbare Haltevorrichtung für eine Wassertransportleitung an einer Brücke

2.1.5 Sicherheitsstreifen

Man unterscheidet zwischen Schutz- und Arbeitsstreifen.

Schutzstreifen dienen dazu, die Leitungen gegen Beschädigung zu sichern und die Zugänglichkeit zu gewährleisten. Schutzstreifen werden in der Regel nur für Leitungen vorgesehen und durch Verträge gesichert, die außerhalb öffentlicher Verkehrsflächen liegen.

Arbeitsstreifen sollen die Durchführung von Arbeiten an der Leitung ermöglichen.

Nach dem Arbeitsblatt W 403 „Planungsregeln für Wasserleitungen und Wasserrohrnetze" werden in Abhängigkeit der Nennweite die in den Tabellen 2.1 und 2.2 zusammengestellten Schutz- und Arbeitsstreifenbreiten empfohlen:

Rohrleitungen dürfen nicht überbaut werden. Bei Bepflanzung im Bereich von Versorgungsleitungen sind Richtlinien, z. B. DVGW-Hinweis GW 125, zu beachten.

Tabelle 2.1   Schutzstreifenbreiten nach DVGW W 403

Nennweite der Rohrleitung	Schutzstreifenbreite
bis DN 150 über DN 150 bis DN 400 über DN 400 bis DN 600 über DN 600	4 m 6 m 8 m 10 m

Tabelle 2.2   Arbeitsstreifenbreiten nach DVGW W 403

Nennweite der Rohrleitung	Arbeitsstreifenbreite	
	Rohrgrabentiefe bis 3 m	Rohrgrabentiefe über 3 m
bis DN 200 über DN 200 bis DN 400 über DN 400 bis DN 600 über DN 600 bis DN 1200	14 m 16 m 18 m 20 m	16 m 18 m 20 m 22 m

2.1.6   Erwerb von Leitungsrechten

Für das Verlegen von Versorgungsleitungen sind Nutzungsverträge mit den Eigentümern der benutzten Fläche zu schließen. Zwischen einer Gemeinde und dem örtlichen Versorgungsunternehmen wird das Recht zur Leitungsverlegung in öffentlichen Flächen über den Konzessionsvertrag geregelt.

Der Abschluß besonderer Nutzungsverträge wird erforderlich für öffentliche Verkehrsflächen, die nicht im Konzessionsvertrag erfaßt sind, z. B. Bundesfernstraßen außerhalb von Ortschaften.

Beim Verlegen in privaten Grundstücken sind privatrechtliche Verträge in Form beschränkt persönlicher Dienstbarkeiten abzuschließen. Dabei sind Entschädigungen zu zahlen, deren Höhe sich nach dem Verkehrswert des Grundstücks und nach dem Maß der Nutzungseinschränkung richten.

In Fällen, in denen von Privateigentümern Leitungsrechte nicht gewährt werden, können Zwangseinlegungen oder Enteignungsverfahren auf der Grundlage des Bundesbaugesetzes und der Enteignungsgesetze der Länder eingeleitet werden. Dazu ist jedoch in der Regel das Vorhandensein eines rechtskräftigen Bebauungsplanes bzw. die Durchführung eines Planfeststellungsverfahrens erforderlich.

2.1.7   Netzformen und Lage des Behälters

Aufgrund der Leitungsführungen wird zwischen Verästelungsnetzen und vermaschten Netzen unterschieden (Bild 2.15).

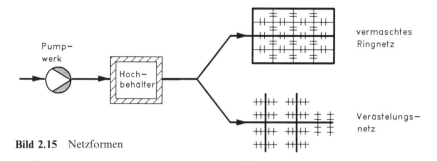

Bild 2.15   Netzformen

In Verästelungsnetzen werden bei Leitungsunterbrechungen die dahinterliegenden Netzteile nicht versorgt. Im Brandfall fließt das Löschwasser nur von einer Seite zu, was bei der Bemessung der Leitungen zu großen Nennweiten führt.

Aus diesen Gründen sind für den Endausbau Vermaschungen anzustreben. Sie erhöhen die Versorgungssicherheit und führen zum Druckausgleich innerhalb des Netzes. Außerdem wird die Gefahr von stagnierendem Wasser in Endsträngen vermindert.

Neben der Netzform ist die Lage des zugehörigen Hochbehälters ein Unterscheidungskriterium für Versorgungsnetze.

Bei *Gegenbehältern* liegt das Netz zwischen der Gewinnung und dem Behälter (Bild 2.16).

Vorteile:

– Versorgungssicherheit durch zweiseitige Einspeisemöglichkeit ins Netz (Brunnen und Hochbehälter)

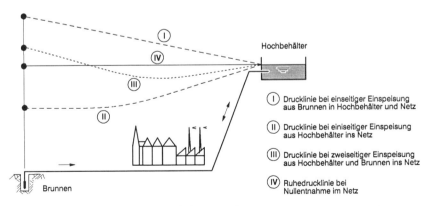

Bild 2.16   Anordnung eines Gegenbehälters mit Drucklinien bei unterschiedlichen Betriebsfällen

– geringe Druckverluste im Versorgungsnetz bei zweiseitigem Zufluß.

Nachteile:

– langsame Wassererneuerung im Hochbehälter. Um überlange Verweilzeiten zu vermeiden, ist ein höherer steuerungstechnischer Aufwand erforderlich als beim Durchlaufbehälter.
– stark wechselnde Drücke bei den verschiedenen Betriebsfällen (I bis IV, siehe Bild 2.16)
– wechselnde Fließrichtungen im Netz.

Durchlaufbehälter liegen zwischen der Gewinnung und dem Netz (Bild 2.17).

Vorteile:

– sehr gute Wassererneuerung im Behälter
– geringere Druckschwankungen als beim Gegenbehälter
– eindeutige Fließrichtungen
– annähernd gleichbleibende Förderhöhe
– Versorgungsdruck unabhängig von der Förderhöhe der Pumpe.

Nachteile:

– Versorgungssicherheit durch einseitige Netzeinspeisung geringer als bei Gegenbehälter.

Falls aus geographischen Gründen der Bau von Wassertürmen erforderlich ist, werden diese an zentraler Stelle im Netz errichtet und können als Durchlauf- oder Gegenbehälter betrieben werden.

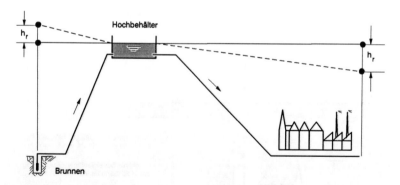

Bild 2.17   Anordnung eines Durchlaufbehälters

2.1.8 Drücke in Verteilungsnetzen/Druckzonen

Verteilungsnetze bestehen aus:

– Hauptleitungen (HW)
– Versorgungsleitungen (VW)
– Hausanschlußleitungen (AW)

und sind für mindestens PN 10 auszulegen. Der Betriebsdruck im Netz sollte allerdings 8 bar nicht überschreiten, so daß für Druckstöße noch eine Reserve von 2 bar zur Verfügung steht.

Anzustreben sind Netzdrücke zwischen 5 bis 6 bar, da hierbei Hausanschlüsse nicht durch Druckminderventile abzusichern sind (siehe DIN 1988/TRWI Teil 2).

Neue Netze sind so zu bemessen, daß die in Bild 2.18 empfohlenen Mindestfließ-

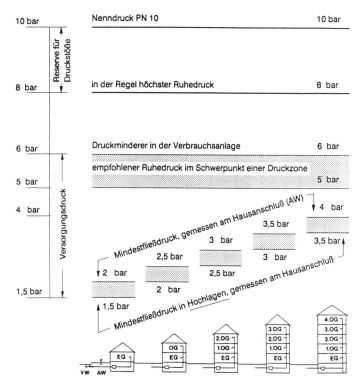

Bild 2.18 Empfohlene Druckverhältnisse in neuen Wasserrohrnetzen in Abhängigkeit von der Geschoßzahl der zu versorgenden Gebäude (DVGW-Merkblatt W 403)

drücke in Abhängigkeit der Geschoßzahlen an keiner Stelle im Netz unterschritten werden. Die ausgewiesenen Mindestdrücke können jedoch bei Spitzenverbräuchen kurzfristig geringer sein. Auch wirtschaftliche Gründe können bei historisch gewachsenen Versorgungsfällen gegen eine generelle Vorhaltung der empfohlenen Drücke sprechen (siehe DVGW W 403).

Druckzonen

In Gebieten mit ausgeprägten Tief- und Höhenlagen müssen zur Einhaltung eines ausreichenden Versorgungsdruckes einzelne Druckzonen geschaffen werden. Jede Druckzone ist als selbständige Versorgung anzusehen und sollte über eigene Speicher verfügen. Die Druckzonen sind durch zu kennzeichnende Schieber voneinander getrennt.

Stehen durch die topographischen Verhältnisse und Versorgungsgegebenheiten zu hohe Drücke an, so können diese durch Druckunterbrecherbehälter oder Druckminderer reduziert werden (Bild 2.19).

In Fällen, in denen die Versorgungsdrücke in einem Gebiet nicht ausreichend sind, werden die entsprechenden Zonen über Druckerhöhungsanlagen versorgt. Für einzelne hochgelegene Gebäude sollen keine Druckzonen eingerichtet werden.

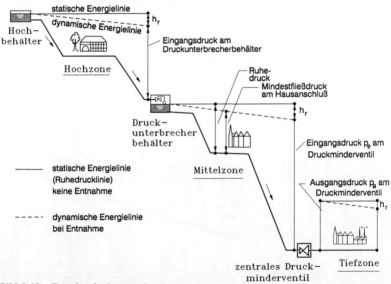

Bild 2.19 Druckreduzierung durch:
– Bau eines Druckunterbrecherbehälters (vgl. Bild 2.35)
– Bau eines zentralen Druckminderschachtes (vgl. 2.36)
(Zeichnung rhenag)

2.1.9   Mindest- (Schutz-) Abstände zu Bauwerken, anderen Leitungen, Eisenbahnanlagen und Bundesfernstraßen

Um eine gegenseitige Beeinflussung zwischen Trinkwasserleitungen und anderen Bauwerken zu vermeiden, soll der Mindestabstand 40 cm betragen. Bei Parallelführungen mit anderen Leitungen oder Kabeln kann dieser Wert an Engpässen auf 20 cm reduziert werden. Wird dieser Abstand aus technischen Gründen unterschritten, so ist eine direkte Berührung zu verhindern. Die entsprechenden Maßnahmen sind zwischen den Betreibern abzustimmen.

Bei Kreuzungen mit Kabeln muß bei der Unterschreitung eines Abstandes von ca. 20 cm eine Berührung durch das Zwischenlegen elektrisch nichtleitender Platten verhindert werden.

Zwischen leitfähigen Rohrleitungen und Hochspannungs-Freileitungen sind die Mindestabstände nach der AfK-Empfehlung Nr. 3 einzuhalten [20].

Trinkwasserleitungen sollen grundsätzlich höher als Abwasserkanäle verlegt werden. Ist dies nicht möglich, so soll ein Mindestabstand von 1 m nicht unterschritten werden.

Beim Hintergraben von Widerlagern ist auf ausreichende Abstände zu achten, anderenfalls sind Sicherungsmaßnahmen wie z. B. Außerbetriebnahme der Leitung oder Spundung der Widerlager erforderlich.

Bäume sind während des Baus von Leitungen zu schützen, ein Mindestabstand von 2,5 m zwischen Stamm und Grabenwand sollte eingehalten werden. Bei geringeren Abständen oder Verlegungen durch geschlossene Baumbestände sind Schutzmaßnahmen mit den zuständigen Garten- bzw. Forstämtern abzustimmen [1].

Die Mindestabstände zu Bahnanlagen sind in den DVGW-Hinweisen W 305 und W 306 angegeben.

Bei Kreuzungen oder Verlegungen in Bundesfernstraßen ist das Bundesfernstraßengesetz zu beachten. Für Anlagen, die nach dem Baurecht genehmigungspflichtig sind, ist die Zustimmung der obersten Landesstraßenbehörde auch dann erforderlich, wenn die Anlagen zwar außerhalb des Eigentums des Straßenbaulastträgers, aber in einer Entfernung von weniger als 100 m bei Autobahnen bzw. 40 m bei Bundesfernstraßen liegen.

2.2   Anlagen in der Wasserverteilung

Die Wasserverteilung beginnt beim Wasserwerk und endet am Hausanschluß des Verbrauchers. Zu den Wasserverteilungsanlagen gehören neben dem eigentlichen Rohrnetz die Speicheranlagen, Förderanlagen, Meßanlagen und die Sonderbauwerke (Schächte, Düker u. a.). In den folgenden Abschnitten wird auf die genannten Anlagen näher eingegangen.

2.2.1   Speicheranlagen

2.2.1.1   Aufgaben

Speicheranlagen in der Wasserversorgung erfüllen in der Regel mehrere Aufgaben:

- Ausgleich der zeitlichen Schwankungen auf der Gewinnungs- bzw. Wasserbezugsseite und der Abgabe ins Netz
- Sicherstellung einer Notversorgung bei Ausfall des Wasserbezugs, der Wassergewinnungs- oder der Aufbereitungsanlage
- Vermeidung von Versorgungsengpässen bei Stromausfall (Pumpwerke) und Störungen im Transportsystem (Rohrbrüche)
- Gewährleistung eines ausreichenden, annähernd gleichbleibenden Versorgungsdruckes durch die Höhendifferenz zwischen Behälter und Netz
- Bereithaltung von Löschwasserreservemengen, hierfür sind folgende Zuschläge zu machen: (siehe Arbeitsblatt W 405)
   - Dorf- und Wohngebiete $100-200$ m^3
   - Kerngebiete, Gewerbe-
     gebiete u. Industriegebiete) $200-400$ m^3.

In Versorgungsgebieten mit einer maximalen Tagesabgabe von mehr als 2 000 m^3/d kann auf einen zusätzlichen Löschwasservorrat verzichtet werden.

2.2.1.2   Lage und Funktion

Neben der in Abschnitt 2.1.7 beschriebenen Anordnung als Gegen- oder Durchlaufbehälter im Bezug auf das Versorgungsnetz sind bei der Standortwahl die geographischen Gegebenheiten zu berücksichtigen:

- Die Höhendifferenz zwischen Hochbehälter und Versorgungsgebiet sollte etwa $40-80$ m betragen.
- Bei der Standortwahl sind die Transportleitungslängen aus technischer und wirtschaftlicher Sicht zu untersuchen.
- Die geologischen Verhältnisse des Untergrunds sind zu erkunden.
- Die Zugänglichkeit des Grundstückes für das Betriebspersonal sollte über eine Straßenverbindung gewährleistet sein.
- Die Grundstücksgröße ist so zu wählen, daß eine spätere Erweiterung des Behälters möglich ist.

Falls sich im Versorgungsgebiet keine natürlichen Hochpunkte für den Behälterbau anbieten, kann als Alternative der Bau von Turmbehältern oder Tiefbehältern in Erwägung gezogen werden.

Im Gegensatz zu Hochbehältern, aus denen das Wasser durch die Wirkung der Schwerkraft abfließt, ist bei Tiefbehältern der Einsatz von Pumpen erforderlich. Sie werden in der Regel in Verbindung mit Aufbereitungsanlagen erstellt. Durch das Vorhandensein eines Tiefbehälters kann die Aufbereitungsanlage gleichmäßig gefahren werden. Die Bedarfsschwankungen im Netz können aus der Was-

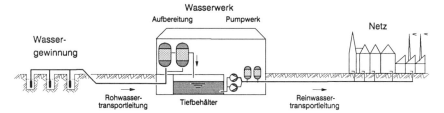

Bild 2.20 Wassergewinnung, Aufbereitung, Pumpwerk, Netz (Zeichnung rhenag)

serbevorratung im Tiefbehälter über das Pumpwerk ausgeglichen werden (Bild 2.20).

Das Pumpwerk kann ausgestattet sein mit drehzahlgeregelten Pumpen, deren Fördermenge sich automatisch dem Verbrauch anpaßt. Bei Pumpen mit starrer Drehzahl sind zum Ausgleich zwischen Fördermenge und Netzabnahme Druckwindkessel zu installieren. Druckerhöhungsanlagen siehe Abschnitt 2.2.2.

2.2.1.3 Behältergrundrisse

Die einfachste bautechnische Behälterform ist die Rechteckform. Mit dieser Form kann in der Regel auch die vorgegebene Grundstücksgröße optimal genutzt werden. Aus betriebstechnischen Gründen (Reinigung, Wartung) sind immer zwei getrennte Kammern vorzusehen (Bild 2.22).

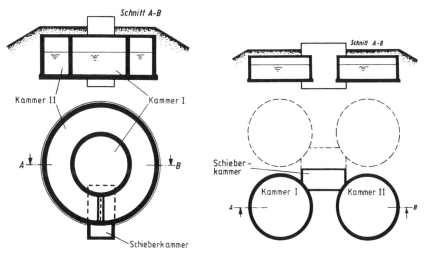

Bild 2.21 Behälter mit kreisförmigem Grundriß

Da das Speichervolumen auf die derzeitigen Versorgungsverhältnisse abgestellt sein sollte – zu große Speichervolumina könnten wegen zu langer Verweildauer die Wasserqualität mindern – sind bei der Planung bereits spätere Ausbaustufen vorzusehen.

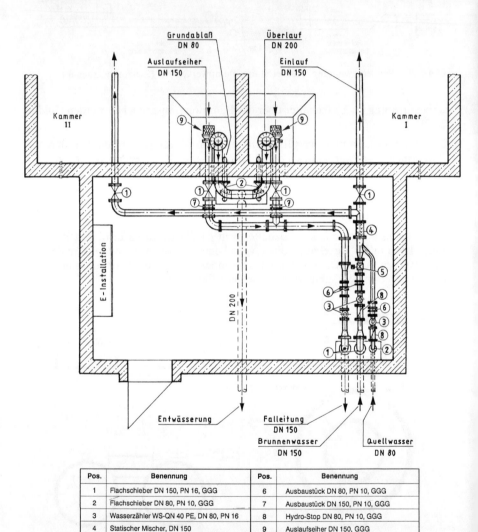

Pos.	Benennung	Pos.	Benennung
1	Flachschieber DN 150, PN 16, GGG	6	Ausbaustück DN 80, PN 10, GGG
2	Flachschieber DN 80, PN 10, GGG	7	Ausbaustück DN 150, PN 10, GGG
3	Wasserzähler WS-QN 40 PE, DN 80, PN 16	8	Hydro-Stop DN 80, PN 10, GGG
4	Statischer Mischer, DN 150	9	Auslaufseiher DN 150, GGG
5	Regelventil DN 80 mit 380 V Stellmotor		

Bild 2.22   Schieberkammer mit Verrohrung bei einem ausgeführten Rechteckbehälter (Zeichnung rhenag)

Neben den rechteckigen Behältern kann eine statisch günstige Kreisform wirtschaftliche Vorteile bieten. Die Wasserkammern können hierbei konzentrisch oder in Brillenform angeordnet sein (Bild 2.21).

2.2.1.4 Baustoffe

Wasserbehälter sind aus wasserundurchlässigem Beton herzustellen (siehe dazu DVGW-Arbeitsblatt W 311). Die Oberfläche des Betons sollte glatt und möglichst porenfrei sein, so daß auf eine Oberflächenbehandlung oder Innenauskleidung verzichtet werden kann. Sehr gute Betonoberflächen erzielt man mit Fertigbauelementen. Neben dem Vorteil der glatten Oberfläche kann dabei eine Verkürzung der Bauzeit auch wirtschaftliche und technische Vorteile bringen.

Alle verwendeten Baustoffe am Behälter, die mit dem Trinkwasser in Verbindung kommen, müssen den KTW-Empfehlungen und dem DVGW-Arbeitsblatt W 270 genügen.

Weitere Planungs- und Bauhinweise sind dem DVGW-Arbeitsblatt W 311 zu entnehmen.

2.2.1.5 Bemessung

Das Speichervolumen eines Behälters muß so groß sein, daß der Ausgleich zwischen dem Zufluß und der Entnahme an Tagen mit maximalem Verbrauch gewährleistet werden kann (Ausgleichsvolumen). Bei der Auslegung der Speicherkapazität sind zusätzlich Aspekte mit zu berücksichtigen, z. B.:

– Wahrscheinlichkeit und Dauer von Betriebsstörungen
– System und Leistung der zugeordneten Wasserversorgungsanlagen

Bei kleineren Versorgungsanlagen mit einem maximalen Tagesbedarf bis etwa 2000 m³/d sollte der Nutzinhalt des Behälters dem Tagesbedarf in etwa entsprechen.

Bei großen Anlagen mit Tagesabgaben größer als 4000 m³/d kann die Speicherkapazität etwa 30–40 % der höchsten Tagesabgabe betragen.

2.2.1.6 Allgemeine Anforderungen

Bei der Planung und beim Bau von Wasserbehältern sind u. a. folgende hygienische und technische Forderungen zu beachten:

– Die Anlage muß mit geringem Personal- und Kostenaufwand betrieben und gewartet werden können. Da es sich um eine Trinkwasserspeicheranlage handelt, sollte sie stets einen sauberen, gepflegten Eindruck machen und das Wasser appetitlich aussehen lassen.
– Der Wasserein- und -auslauf sollte derart gestaltet sein, daß sich das gesamte Wasser im Behälter austauscht und keine Stagnationszonen entstehen.
– Der Tauwasserbildung auf Rohrleitungen in der Schiebekammer ist durch

Entfeuchtungsgeräte entgegenzuwirken. Schieberkammer und Wasserkammer sind hierfür konsequent zu trennen.

- Lüftungsöffnungen zur Wasserkammer hin dürfen nicht über der Wasserfläche liegen und sind durch kontrollierbare Siebe oder Filter zu verschließen.
- Dauernder Tageslichteinfall in die Schieber- und Wasserkammer sollte wegen der Algenbildung vermieden werden.
- Die Behälteranlage ist gegen Fremdeinwirkungen zu sichern, u.a. durch massive Türen und Objektschutzeinrichtungen mit Fernübertragung zur Zentrale.
- Die Anlage ist einzuzäunen und zu begrünen. Sie sollte in einem gepflegten Zustand gehalten werden.
- Für die Reinigung des Behälters sind gut begehbare Einstiegsöffnungen, Montagehilfen und Leitern vorzusehen.

Weitere konstruktive Einzelheiten sind in dem DVGW-Arbeitsblatt W 311 „Planung und Bau von Wasserbehältern" aufgezeigt.

2.2.2 Förderanlagen

2.2.2.1 Planungsgrundsätze

Bei der Planung von Förderanlagen für Roh-, Trink- und Betriebswasser sind u.a. folgende Punkte zu beachten:

- die hydraulischen Eigenschaften der Kreiselpumpen, z.B. Ansaugverhalten, Verhalten bei Parallelbetrieb
- geordnete Anströmung der Pumpe
- geordnete Abströmung der Pumpe
- Platzbedarf
- einfache Montage, Überwachung und Steuerung
- Begrenzung dynamischer Druckänderungen (Druckstöße)
- Berücksichtigung der Beschaffenheit des Fördermediums.

Da in Wasserwerken zum überwiegenden Teil Kreiselpumpen eingesetzt werden, beschränken sich die nachfolgenden Ausführungen auf diese Pumpenart.

2.2.2.2 Betriebsdaten von Pumpen

Für die Auslegung sind folgende Betriebsdaten von Bedeutung:

- *Förderstrom Q*
  zu liefernde Wassermenge der Pumpe in l/s oder m³/h
- *Förderhöhe H [m]*
  Bei Wasserwerkspumpen wird die Förderhöhe in Meter-Druckhöhe angegeben, da auch die topographischen Höhen in Meter angegeben werden (siehe Rechenbeispiele Abschnitt 2.3.4).

Die Gesamtförderhöhe H_{man} (manometrisch) für die Pumpenauslegung setzt sich zusammen aus:

$$H_{man} = h_{geo} + h_r \ [m]$$

h_{geo} = geodätischer Höhenunterschied zwischen dem Wasserspiegel auf der Saugseite und der Druckseite

h_r = Rohrreibungsdruckverluste auf der Saug- und Druckseite der Pumpe, zuzüglich weiterer Druckverluste durch Armaturen, Krümmer.

Liegt der Wasserstand des Behälters höher als die Pumpenachse, so ergibt sich für die Pumpe eine positive Zulaufhöhe (Bild 2.23). Ist es aus konstruktiven Gründen erforderlich, die Pumpe über dem Behälterwasserstand anzuordnen, so resultiert daraus eine negative Zulaufhöhe (Bild 2.24).

– *Kavitation und NSPH-Wert (Haltedruckhöhe)*
Unter Kavitation versteht man die Dampfblasenbildung im Laufradeintritt der Pumpe und das schlagartige Zusammenfallen dieser Blasen. Der Vorgang führt zu Geräuschbildung und zum Materialabtrag an den Laufrädern bis hin zur Zerstörung. Kavitation tritt auf, wenn der Dampfdruck einer Flüssigkeit unterschritten wird. Bei Kreiselpumpen kann dies am Eintritt zum Laufrad geschehen, da der Druck dort seinen niedrigsten Punkt erreicht hat.

Zur Beurteilung der Gefahr von Kavitation wird die Haltedruckhöhe NPSH (Net Positive Suction Head) bestimmt. Der in einer Anlage vorhandene NPSH-Wert muß größer sein als der für die jeweilige Pumpe erforderliche.

$$NPSH_{vorh} > NPSH_{erf}$$

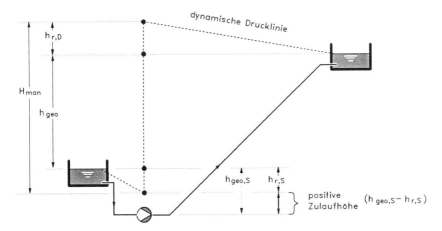

Bild 2.23 positive geodätische Zulaufhöhe

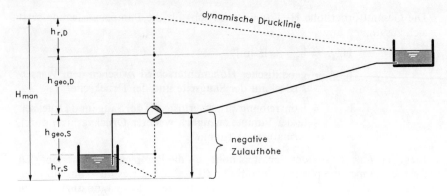

H_{man} manometrische Höhe
$h_{r,D}$ Reibungsverlusthöhe, Druckseite
$h_{geo,D}$ geodätischer Höhenunterschied, Druckseite
$h_{r,S}$ Reibungsverlusthöhe, Saugseite
$h_{geo,S}$ geodätischer Höhenunterschied, Saugseite

Bild 2.24   negative geodätische Zulaufhöhe

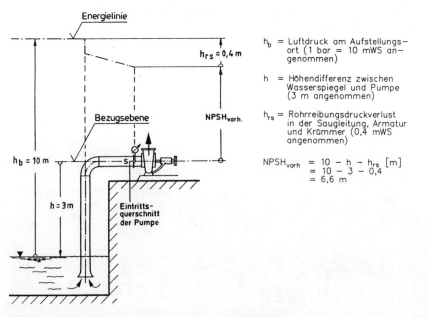

h_b = Luftdruck am Aufstellungs-
     ort (1 bar = 10 mWS an-
     genommen)

h = Höhendifferenz zwischen
    Wasserspiegel und Pumpe
    (3 m angenommen)

h_{rs} = Rohrreibungsdruckverlust
     in der Saugleitung, Armatur
     und Krümmer (0,4 mWS
     angenommen)

$$NPSH_{vorh} = 10 - h - h_{rs}\ [m]$$
$$= 10 - 3 - 0,4$$
$$= 6,6\ m$$

Bild 2.25   Ermittlung von $NPSH_{vorh.}$ (nach DVGW W 610)

Während sich NPSH$_{vorh}$ aus den Anlagedaten berechnen läßt (Bild 2.25) muß NPSH$_{erf}$ vom Pumpenhersteller mitgeteilt werden.

Eine detaillierte genaue Berechnung des NPSH-Wertes ist im DVGW-Merkblatt W 610 „Förderanlagen – Bau und Betrieb" aufgezeigt. Für eine erste Ermittlung des NPSH-Wertes der geplanten Anlage ist die im Bild 2.25 dargestellte Formel ausreichend genau.

Bei der Planung der Anlage ist ein möglichst großer NPSH$_{vorh}$-Wert anzustreben, d. h. kurze Ansaughöhe, ausreichend bemessende Ansaugleitung (geringe Druckverluste).

– *Leistungsbedarf* (P)
Der Leistungsbedarf P einer Pumpe läßt sich nach folgender Formel ermitteln

$$P = \frac{Q \cdot H \cdot \varrho}{367 \cdot \eta_p} \text{ in kW}$$

Hierin bedeutet:
Q   = Förderstrom in m³/h

H   = Förderhöhe in m

ϱ = Dichte des Fördermediums in kg/dm³
Wasser: ϱ = 1 kg/dm³
(ϱ = griechischer Buchstabe „rho")

η_p = Wirkungsgrad der Pumpe
Angabe vom Hersteller
(η = griechischer Buchstabe „eta").

Aus Sicherheitsgründen sollte bei der Auswahl des Elektromotors ein Zuschlag zu dem ermittelten Leistungsbedarf P erfolgen und zwar:

   bis   7 KW   ca. 20 %
   > 7 bis 40 KW   ca. 15 %
   > 40 KW   ca. 10 %.

– *Zusammenfassung der Bemessungswerte von Kreiselpumpen*
DIN 24260 und DIN 24296 Teil 1 und 2 enthalten eine Zusammenstellung aller Kenndaten von Kreiselpumpen für die Wasserförderung. Die Tabelle 2.3 zeigt beispielhaft, welche Angaben der Anfrage zugrundegelegt werden sollten.

2.2.2.3 Kreiselpumpen- und Anlagenkennlinien

Kreiselpumpenkennlinien

Während bei einer Kolbenpumpe der Förderstrom Q bei größer werdender Förderhöhe konstant bleibt, geht bei einer Kreiselpumpe der Förderstrom zurück (Bild 2.26).

Tabelle 2.3   Bemessungswerte von Kreiselpumpen

Bemessungs-Grundlage	Beispiel

1.0 Fördermedium
  – Bezeichnung
  – Temperatur
  – Korrosivität
  – Schwebstoffe
	
	Trinkwasser
	12 °C
	pH = 6,5
	Sand 0,15 mm

2.0 Pumpendaten
  – Förderstrom
  – Förderhöhe
	
	60 m³/h
	65 m

3.0 Betriebsdaten
  – Vorgesehener Parallelbetrieb
  – Schalthäufigkeit
	
	mit 1 bis 2 identischen Pumpen
	Dauerbetrieb

4.0 Antrieb
  – Antriebsenergie
  – Motor-Schutzart
  – Stromart
  – Frequenz
  – Spannung
	
	elektrisch
	IP 55
	Drehstrom
	50 Hz
	380 V

5.0 Druckstoßdämpfung – Druckstoßbehälter	wird noch festgelegt

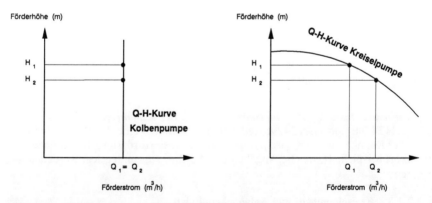

Bild 2.26   Q-H-Kurven von Kolbenpumpen und Kreiselpumpen

Jede Kreiselpumpe hat in Abhängigkeit der Laufradformen und Konstruktionseigenschaften einen charakteristischen Verlauf der Förderhöhe H zum Förderstrom Q. Die Q-H-Kennlinie wird auch Drossellinie genannt. Je nach gewünschtem Betriebsverhalten kann eine flache oder steile Q-H Kurve von Vorteil sein.

Mit der Lieferung der Pumpe sollten auch die Kennlinienblätter für

- die Q-H Kennlinie
- den Wirkungsgrad η
- die Leistungsaufnahme P
- die Haltedruckhöhe NPSH$_{erf}$

dem Kunden zur Verfügung gestellt werden (s. Bild 2.27).

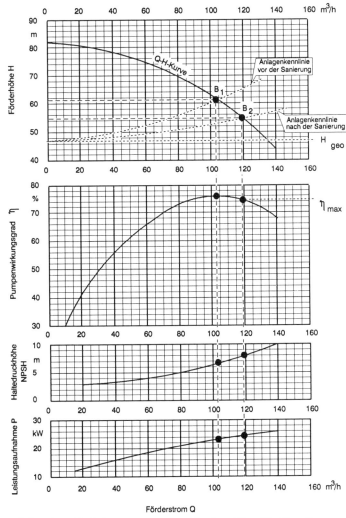

Bild 2.27   Kennlinien einer Kreiselpumpe, ausgelegt für Q = 103 m³/h, H = 61 m

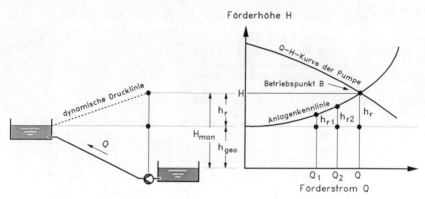

Bild 2.28   Versorgungssituation und zugehörige Anlagenkennlinie

Anlagenkennlinie

Für jede durchströmte Rohrleitung oder durchströmtes Netz besteht eine charakteristische Anlagen- oder Rohrnetzkennlinie. In Abhängigkeit der Fördermenge steigt die Kennlinie parabelförmig an (Bild 2.28).

Der Nullpunkt der Anlagenkennlinie wird durch den statischen Anteil, z. B. den geodätischen Höhenunterschied zwischen Pumpwerk und Behälter, bestimmt.

Die Anlagenkennlinie wird ermittelt, indem man für unterschiedliche Fördermengen Q die zugehörigen Rohrreibungsdruckverluste ermittelt, wobei die Ergebnisse in einem Diagramm (Bild 2.28) eingezeichnet werden.

Dieses Diagramm dient dem Pumpenanbieter dazu, eine Pumpe auszuwählen, die den gewünschten Förderstrom Q mit der zugehörigen Förderhöhe H liefert. Den Schnittpunkt der Anlagenkennlinie mit der Q-H-Kurve nennt man den Betriebspunkt (B).

Läuft die Pumpe nach Inbetriebnahme im Betriebspunkt B_1, ist eine optimale Wirtschaftlichkeit durch geringere Energieaufnahme (guter Wirkungsgrad) gegeben (siehe Bild 2.27).

Durch Veränderungen im Netz, z. B. Erneuerungen von Leitungen mit größerer Nennweite oder nach Sanierungsarbeiten, ändert sich die Anlagenkennlinie und der Betriebspunkt wandert auf der Q-H-Kurve nach unten (B_2). Die Fördermenge steigt, die Förderhöhe wird geringer, die Leistungsaufnahme vergrößert sich (siehe Bild 2.27).

2.2.2.4   Beispiele für die Anordnung verschiedener Pumpenbauarten

Die Bilder 2.29 bis 2.32 zeigen häufig verwendete Kreiselpumpen mit der gewählten Rohrleitungsführung.

Die vertikale Bauform ist platzsparend und montagefreundlich. Die Saug- und Druckleitung kann an der Wand verlegt werden.

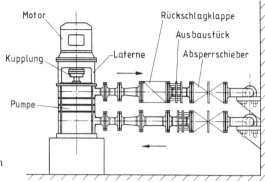

Bild 2.29 Kreiselpumpe in vertikaler (stehender) Bauform (DVGW W 612)

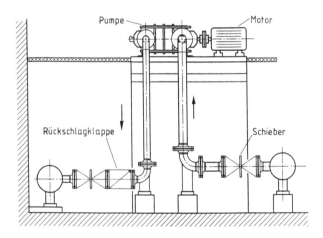

Bild 2.30 Kreiselpumpe in horizontaler (waagerechter) Bauform (DVGW W 612)
Die Rohrleitungen sind unterflurmontiert.

2.2.3   Druckerhöhungs- und Druckminderanlagen

2.2.3.1   Druckerhöhungsanlagen (DEA)

Druckerhöhungsanlagen sind Förderanlagen, die auf der Saugseite an einem Behälter, einem Netz oder an einer Leitung angeschlossen sind und druckseitig das Wasser in einen Behälter, ein Netz oder in eine Hausinstallation fördern.

Bild 2.31 Mehrstufige Hochdruck-Kreiselpumpe (horizontal) (Werkfoto Ritz)

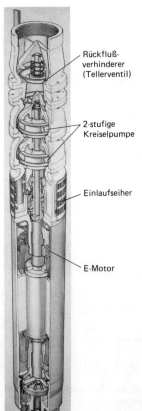

Rückfluß-
verhinderer
(Tellerventil)

2-stufige
Kreiselpumpe

Einlaufseiher

E-Motor

Bild 2.32 Unterwassermotorpumpe (Zeichnung EMU)

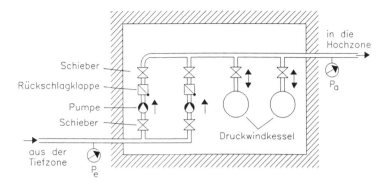

Bild 2.33 Schema eines Zonenpumpwerkes

Die Differenz zwischen dem sich einstellenden geringsten Pumpenvordruck und dem auftretenden maximalen Pumpenausgangsdruck ist die Förderhöhe H_{man}:

$$H_{man} = P_{a,max} - P_{e,min}$$

Bild 2.33 zeigt das Schema eines Zonenpumpwerkes, d. h. eine im Versorgungsgebiet höher gelegene Zone (Hochzone) wird über eine Druckerhöhungsanlage versorgt. Saugseitig ist die Anlage an die Tiefzone angeschlossen.

Die Druckwindkessel dienen als Druckstoßdämpfung beim Ein- und Ausschalten der Pumpen und als kleiner Speicher, der die Schalthäufigkeit der Pumpe verringert. Heute werden vielfach drehzahlgeregelte Pumpen eingesetzt, die sich automatisch den Bedarfsschwankungen im Netz anpassen. Die Druckwindkessel können dabei wesentlich kleiner ausgelegt werden bzw. ganz entfallen, was zu einer Verringerung des Platzbedarfs führt.

Druckerhöhungsanlagen werden häufig auch in Transportleitungen oder Falleitungen eingebaut, um z. B. bei Spitzenbedarf die Förderleistung steigern zu können. Insbesondere bei Fernwasserleitungen wird diese Möglichkeit vorgesehen (siehe Bild 2.62).

Auch in Gebäuden, z. B. Hochhäusern, werden Druckerhöhungsanlagen eingesetzt (DIN 1988/TRWI Teil 5). Diese werden in der Regel vorgefertigt und als Kompakteinrichtung geliefert. Sie werden konventionell mit Druckwindkessel oder als drehzahlgeregelte Anlage (Bild 2.34) ausgeführt.

2.2.3.2 Druckminderanlagen

Unter dem Begriff Druckminderer sind sowohl Druckminderventile zu verstehen als auch Druckunterbrecherbehälter, die den Druck vollständig abbauen (Bild 2.35).

Bild 2.34 Drehzahlgeregelte Kompaktanlage
(Werksfoto Ritz)

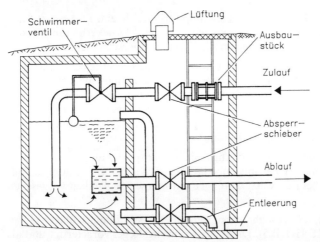

Bild 2.35 Druck-
unterbrecherbehälter

Druckminderventile dienen dazu, einen konstanten oder wechselnden Vordruck auf einen einstellbaren konstanten Niederdruck zu reduzieren.

Bei Netzdrücken größer 5–6 bar ist eine Druckreduzierung vorzunehmen, wobei je nach örtlichen Verhältnissen eine zentrale (Bild 2.36) oder dezentrale Lösung (Hausdruckminderer) zu wählen ist.

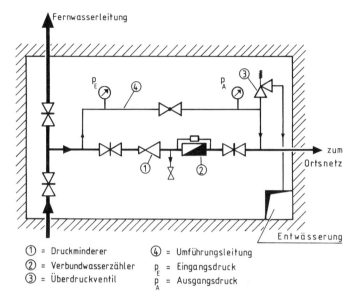

① = Druckminderer   ④ = Umführungsleitung
② = Verbundwasserzähler p_E = Eingangsdruck
③ = Überdruckventil p_A = Ausgangsdruck

Bild 2.36 Übergabeschacht mit Druckminderer und Verbundzähler

Für die Auslegung eines Druckminderventils sind folgende Angaben erforderlich:

– Minimale und maximale Durchflußmenge in l/s
– Minimaler und maximaler Vordruck p_e in bar
– Ausgangsdruck p_a in bar.

Die Anforderungen an Druckminderer in Gebäuden sind in DIN 1988 Teil 5 beschrieben.

In Abhängigkeit der Wasserqualität sind die Wartungsintervalle für die Druckminderer festzusetzen, da Ablagerungen an den Ventilen zu Betriebsstörungen führen können. Im praktischen Einsatz haben sich Membramventile bewährt (Bild 2.37).

Da mit steigender Durchflußmenge der Reibungswiderstand innerhalb des Druckminderventils anwächst, treten bei ungesteuerten Ventilen Schwankungen des Ausgangsdruckes auf. Bei höheren Ansprüchen an stabile Druckverhältnisse werden daher Druckregler eingesetzt, die über ein Pilotventil gesteuert werden.

Eine Druckminderung kann bei großen Durchflüssen mit einem Ringkolbenventil geschehen. Zu dessen Steuerung muß jedoch im Gegensatz zu den vorgenannten Druckminderventilen Fremdenergie vorhanden sein.

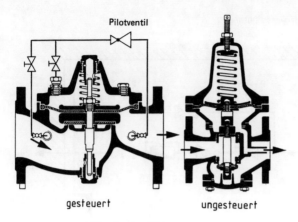

Pilotventil

gesteuert   ungesteuert

Bild 2.37   Membran-Druckminderer

2.2.4   Meßtechnik

Die hohen Qualitätsanforderungen, die heute an das Trinkwasser gestellt werden, und die Forderung, daß das Trinkwasser zu jeder Zeit in ausreichender Menge bei ausreichendem Versorgungsdruck zur Verfügung stehen soll, sind ohne industrielle Meßtechnik nicht zu erfüllen.

Nur durch das Erfassen, Weiterverarbeiten und Auswerten der physikalischen Größen wie

– Niveaumessungen in Behältern
– Druck, Temperatur und Volumenströme u. a. in Leitungen, Netzen, Aufbereitungsanlagen

kann ein störungsfreier und sicherer Betrieb gewährleistet werden.

2.2.4.1   Niveaumessungen

Niveaumessungen (Wasserstandsmessungen) können mit relativ einfachen Mitteln durchgeführt werden, z. B. mit Pegeln und Peillatten, auf denen sich der Wasserstand direkt ablesen läßt.

Zur Bestimmung des Wasserstandes in Brunnen wurden besondere Geräte entwickelt, z. B. die Brunnenpfeife und das Kabellichtlot.

Für Wasserstandsmessungen über längere Zeiträume können bei Grundwassermeßstellen mechanische, elektrische oder pneumatische Geräte mit Schreiber oder Fernübertragung eingesetzt werden.

Eine der wichtigsten Messungen ist das Erfassen des Wasserstandes in Behältern (Bild 2.38).

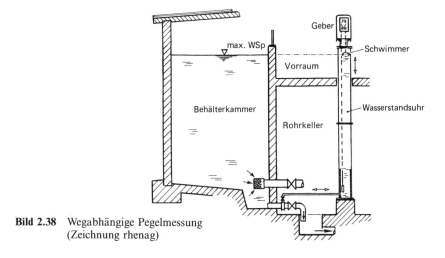

Bild 2.38 Wegabhängige Pegelmessung
(Zeichnung rhenag)

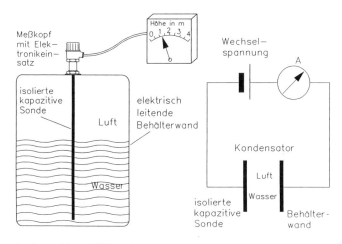

Bild 2.39 Schema der kapazitiven Füllstandsmessung

Anstelle der Pegelmessung (Nachteile: Platzbedarf, mangelnder Wasseraustausch im Standrohr, anfällige Mechanik) kann die Wasserstandsmessung in offenen Behältern über den hydrostatischen Ruhedruck bestimmt werden (siehe Druckmessungen). Eine weitere Möglichkeit bietet die kapazitive Füllstandsmessung (Bild 2.39).

2.2.4.2 Wasserzählung und Wassermessung

In Wasserversorgungsanlagen werden Wasserzähler, Durchflußmesser und Kombinationen von Zählern mit Durchflußmessern eingesetzt. Zähler erfassen die Menge in einer beliebigen Zeiteinheit und zeigen z. B. über ein Rollenzählerwerk den Verbrauch in m^3 an. Die Wassermessung erfaßt die Menge in einer bestimmten Zeiteinheit [l/s, m^3/h].

Bild 2.40 Flügelradzähler (Werksfoto Zenner)

Wasserzählung

Für die Wasserzählung werden heute überwiegend Flügelradzähler (Bild 2.40) eingesetzt (Hauswasserzähler).

Woltmannzähler (nach Prof. Woltmann benannt) sind wie Flügelradzähler Geschwindigkeitszähler und werden für Anschlußgrößen DN 50 bis DN 500 gebaut (Großwasserzähler).

Die Kombination Woltmann-Zähler mit einem Flügelradzähler zur Erfassung der kleinen Mengen nennt man Verbundzähler (Bild 2.41).

Die Flügelrad- und Woltmann-Zähler können mit Kontaktgebern ausgerüstet werden, so daß auch der momentane Durchfluß [l/s, m^3/h] erfaßt werden kann.

Wassermessung

Zur Durchflußmessung werden in der Wasserversorgung folgende Geräte eingesetzt:

Wirkdruckgeräte, bestehend aus Wirkdruckgeber (Blende, Düse) und dem Wirkdruckmesser (Differenzdruckmanometer oder U-Rohr). Der momentane Durchfluß kann aus dem sich einstellenden Druckunterschied (vor und hinter der Blende/Düse) abgeleitet werden.

Induktive Durchflußmesser (MID): Bei diesem Meßprinzip schneidet der Wasserstrom die von außen angebrachten Magnetspulen erzeugten Magnetfeldlinien. Hierbei entsteht in Abhängigkeit der Durchströmungsgeschwindigkeit eine Spannung, die sich proportional zum Durchfluß verhält. Die Spannung wird über Elektroden abgegriffen (Bild 2.42).

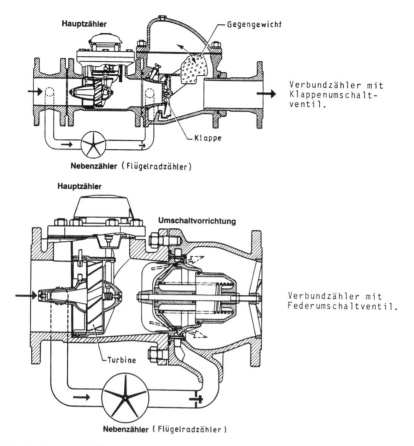

Verbundzähler mit
Klappenumschalt-
ventil.

Verbundzähler mit
Federumschaltventil.

Bild 2.41   Verbundzähler

Vorteile:

– freier Durchgang, molchbar
– kein Druckverlust
– keine beweglichen Teile
– große Meßbereiche

Nachteile:

– Hilfsenergie erforderlich
– im geschäftlichen Verkehr entstehen Zusatzkosten für die Eichung.

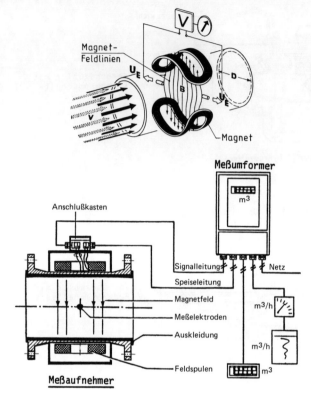

Bild 2.42   Meßprinzip des induktiven Durchflußmessers

2.2.4.3   Druckmessung

Manometer

Für die Druckmessungen werden Manometer eingesetzt, die sich nach Form und Bauart unterscheiden:

- Rohrfedermanometer (Bild 2.43) sind für flüssige und gasförmige Medien geeignet. Sie sind empfindlich gegen Erschütterungen.
- Plattenfedermanometer (Bild 2.44) sind unempfindlicher gegen Erschütterungen als Rohrfedermanometer und lassen sich leichter gegen Überdrücke und aggressive Medien schützen.
- Kapselfedermanometer (Bild 2.45) eignen sich zur Messung niedriger Drücke. Sie sind besonders für Gase geeignet, für Flüssigkeiten bestehen Einschränkungen.

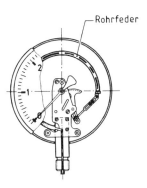

Bild 2.43 Rohrfedermanometer

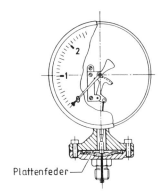

Bild 2.44 Plattenfedermanometer

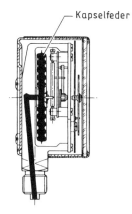

Bild 2.45 Kapselfedermanometer

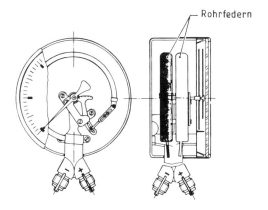

Bild 2.46 Differenzdruckmanometer

– Differenzdruckmanometer (Bild 2.46) haben zwei Druckmeßanschlüsse und zeigen die Druckdifferenz an.

Bei der Auswahl und Installation dieser Meßgeräte sind folgende Aspekte mit zu berücksichtigen.

Im Regelfall ist die Güteklasse 1,6 zu wählen, das bedeutet maximal möglicher Fehler vom Skalenendwert 1,6%, Bild 2.47.

Bei Innendruckprüfungen von Rohrleitungen (DIN 4279) und bei Druckmessungen zur Rohrnetzberechnung (DVGW-Arbeitsblatt GW 303) muß eine Druckänderung von 0,1 bar ablesbar sein. Hierzu werden Manometer der Güteklasse 0,6 empfohlen (Bild 2.48).

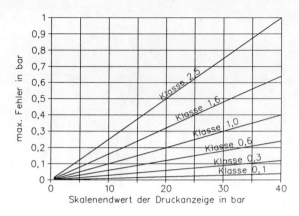

Bild 2.47   Maximaler Druckmeßfehler in Abhängigkeit vom Skalenendwert und der Manometer-Klasse

Klasse	Anwendungsgebiet	maximal möglicher Fehler vom Skalenendwert in %	ungefähre Kosten je Gerät in DM
0,1 0,3	Präzisionsdruckmeßgeräte	0,1 0,3	2700–5000 1800–2200
0,6	Feindruckmeßgeräte	0,6	200–1000
1,0 1,6	Standardmeßgeräte	1,0 1,6	10– 400
2,5	Druckmeßgerät für geringere Genauigkeitsanforderungen	2,5	

Bild 2.48   Manometer-Genauigkeitsklassen nach DIN 16063 bzw. 16064

Generell gelten folgende Empfehlungen:

– Die Manometergehäuse sollten massiv, spritzwasserdicht und korrosionsbeständig sein.
– Das Ziffernblatt sollte einen Durchmesser von 100 mm haben.
– Bei elektrischen Zusatzausrüstungen (Kontaktmanometer) ist auf galvanische Trennung zwischen Meßsystem, Hilfsenergie und Ausgangssignal zu achten.

Piezoelektrische Druckmeßgeräte

Bei den piezoelektrischen Druckmeßgeräten macht man sich die Eigenschaft von bestimmten Materialien zunutze, welche bei Druckbeanspruchungen ihren elektrischen Widerstand verändern. Diese Druckaufnehmer können u. a. anstelle von Manometern eingesetzt werden. Das Meßprinzip wird auch zur Bestimmung der Wasserstandshöhe in einem Behälter eingesetzt. Die Systeme sind gegen Überspannungen durch Blitzeinwirkung abzusichern (Bild 2.49).

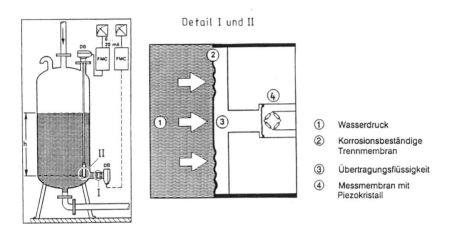

Bild 2.49   Schematische Darstellung piezoelektrischer Druckmeßgeräte (angeflanschte Ausführung I; Stabsonde II)

2.3   Rohrleitungsberechnung

Die in den Abschnitten 2.3.1 und 2.3.2 sowie den Bildern 2.50 bis 2.54 gemachten Angaben zur Wasserstatistik beziehen sich auf Erhebungen des BGW, die bislang lediglich bis zum Jahr 1988 vorliegen und aus diesem Grunde auch keine Werte aus den 5 neuen Bundesländern berücksichtigen. Neuere Erhebungen liegen derzeit nicht vor.

2.3.1   Bedarf der öffentlichen Wasserversorgung

Das in der Bundesrepublik Deutschland ohne die 5 neuen Bundesländer nutzbare Wasserdargebot aus Flüssen, Seen und Grundwasser liegt durchschnittlich jährlich bei 161 Mrd. m^3. Hiervon wurden tatsächlich genutzt (1983):

- für Wärmekraftwerke
  (Kühlwasser)   25,6 Mrd. m³
- für Prozeßwasser in der Industrie
  (eigene Wassergewinnungsanlagen)   10,2 Mrd. m³
- für die öffentliche Wasserversorgung   5,0 Mrd. m³

genutzte Wassermenge insgesamt   40,8 Mrd. m³

Die öffentliche Wasserversorgung beansprucht mit ca. 5 Mrd. m³ nur etwa 3 % von dem jährlich zur Verfügung stehenden Wasserdargebot. Die Wasserbilanz der Bundesrepublik Deutschland (ohne die 5 neuen Bundesländer) zeigt die graphische Darstellung Bild 2.50.

Grundwasser

Wie aus der graphischen Darstellung Bild 2.51 zu ersehen, kann der Wasserbedarf zu 64 % aus echtem Grundwasser gedeckt werden.

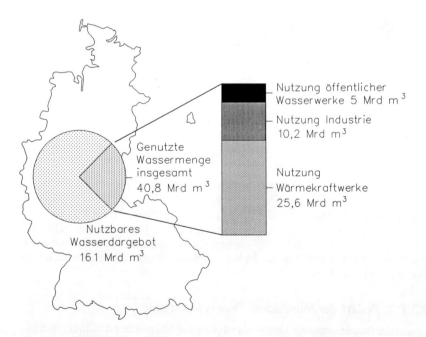

Bild 2.50 Wasserbilanz der Bundesrepublik Deutschland, ohne die 5 neuen Bundesländer (BGW-Statistik)

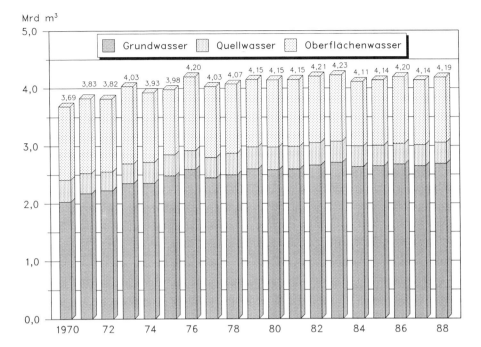

Bild 2.51 Entwicklung der Wasserförderung 1970–1988 (BGW-Statistik)

Oberflächenwasser

Hierzu zählen

– Fluß- und Seewasser
– Uferfiltrat und angereichertes Grundwasser.

Anteil am Gesamtaufkommen 1988: 27 %.

Quellwasser

hatte mit ca. 8 % den geringsten Anteil.

Die Gesamtförderung der in der BGW-Stastitik geführten ca. 1100 Versorgungsunternehmen lag insgesamt bei 4,19 Mrd. m³. Neben den statistisch geführten Unternehmen gibt es in der Bundesrepublik ca. 5000 kleine Wasserversorgungsunternehmen, die nicht in der BGW-Statistik erscheinen, so daß die Gesamtförderung zur Zeit mit ca. 5 Mrd. m³ Trinkwasser pro Jahr angesetzt werden kann. In den vergangenen Jahren ist der Trinkwasserbedarf in der Bundesrepublik ohne die 5 neuen Bundesländer weitgehend konstant geblieben.

Gebräuchliche Abkürzungen:

Q_a Jahresfördermenge

Q_d Tagesfördermenge

$Q_{d\ max}$ Maximale Tagesabgabe innerhalb eines Jahres

$Q_{d\ mittel}$ Mittlere Tagesabgabe, Jahresförderung geteilt durch 365 Tage

Q_h Stundenfördermenge

$Q_{h\ max}$ Stundenspitze am Maximaltag

f_d Tagesspitzenfaktor $f_d = \dfrac{Q_{d\ max}}{Q_{d\ mittel}}$

f_h Stundenspitzenfaktor $f_h = \dfrac{Q_{h\ max}}{Q_{d\ max}} \cdot 100\ [\%]$

2.3.2   Verbrauchsmengenermittlung

Als Planungsgrundlage für neue Wasserversorgungsanlagen sowie für den Ausbau vorhandener Anlagen ist eine sorgfältige Wasserbedarfsermittlung durchzuführen.

Der Bedarf ist getrennt für einzelne Verbrauchergruppen festzustellen.

Die Statistik des Bundesverbandes der deutschen Gas- und Wasserwirtschaft e. V. (BGW) unterscheidet folgende Verbrauchergruppen:

- Haushalt und Kleingewerbe
- Industrie
- sonstige Verbraucher
  (öffentliche Einrichtungen: z. B. Schule, Schwimmbäder, Feuerwehr, Eigenverbrauch der Wasserwerke).

Die beiden Graphiken Bild 2.52 und 2.53 verdeutlichen die Entwicklung der Wasserabgabe in den vergangenen Jahren sowie die Aufteilung der öffentlichen Wasserversorgung auf die Verbrauchergruppen.

Wasserbedarfsermittlung

Grundsätzlich unterscheidet man zwischen dem Wasserbedarf, das sind die ins Netz geförderten Mengen, und dem Wasserverbrauch, hierbei handelt es sich um die verkauften, abgegebenen Mengen (Wasserabgabe).

Die Differenz zwischen der Wasserförderung und der Wasserabgabe wird als Wasserverlust ausgewiesen.

Die Wasserverluste setzten sich zusammen aus:

tatsächlichen Verlusten, hierzu zählen:
- undichte Rohrverbindungen
- undichte Armaturen
- Rohrbrüche

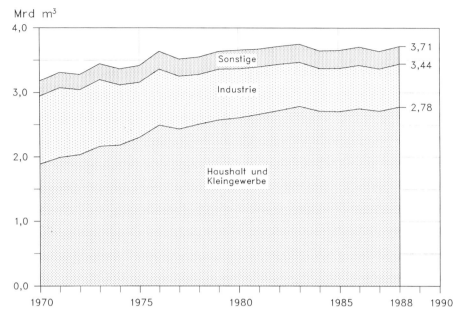

Bild 2.52   Wasserabgabe der öffentlichen Wasserversorgung nach Verbrauchergruppen (1970–1988) (BGW-Statistik)

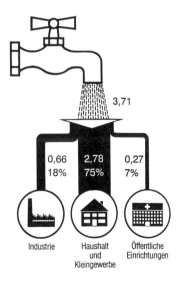

Bild 2.53   Trinkwasserabgabe der Wasserwerke 1988 in Mrd. m³ nach Verbrauchergruppen (BGW-Statistik), ohne die 5 neuen Bundesländer

scheinbaren Verlusten, hierzu zählen:
– Meßungenauigkeiten bei den Wasserzählern
– unkontrollierte Entnahmen (Feuerwehr, Bauwasser).

Der Wasserbedarf in einem Gebiet ist u. a. von folgenden Einflußgrößen abhängig:

– Anzahl der zu versorgenden Einwohner
– Anzahl der Vieheinheiten
– Möglichkeiten für Eigenwasserversorgungen
– klimatische Verhältnisse
– zulässige Bebauungsdichte
– soziale Struktur der Bewohner/Pro-Kopf-Verbräuche
– Grünflächenanteil/Rasensprengen
– Industrie/Gewerbeanteil
– Löschwasserbedarf/Objektschutz.

Neu zu planende Wasserversorgungsanlagen bzw. Erweiterungsbauwerke sollen nicht nur den derzeitigen Versorgungsverhältnissen Rechnung tragen, sondern sie müssen auch langfristig die Trinkwasserversorgung sicherstellen. Das heißt, die Anlagen sind unter Berücksichtigung des zukünftig zu erwartenden Bedarfs auszulegen. Hierbei sind Prognosezeiträume von ca. 20 bis 30 Jahren in Ansatz zu bringen.

Wesentliche Planungsdaten für die zukünftige Bedarfsermittlung ist die Prognostizierung des Pro-Kopf-Verbrauches (Liter pro Einwohner und Tag: $l/E \cdot d$) sowie eine Abschätzung über die zukünftig zu versorgenden Einwohner. Wie schwierig es ist, den zukünftigen Pro-Kopf-Verbrauch vorauszusagen, zeigt die Graphik Bild 2.54. Im Jahre 1972 und 1980 hat das Battelle-Institut und die TU-Berlin den Pro-Kopf-Verbrauch mit mehr als 200 Liter pro Einwohner und Tag für das Jahr 2000 prognostiziert. Die tatsächliche Entwicklung ist jedoch bis heute (und auch sicherlich zukünftig) weit hinter den Schätzungen zurückgeblieben. Der durchschnittliche Pro-Kopf-Verbrauch in der Bundesrepublik, bezogen auf die Verbrauchergruppe Haushalt und Kleingewerbe, lag 1988 bei ca. 144 $l/(E \cdot d)$. Laut Prognose sollte der Wert ca. 160 bis 180 $l/E \cdot d$ betragen.

Anhand eines Beispiels soll der Wasserbedarf für ein Neubaugebiet ermittelt werden:

Ausgangssituation:

Ein Neubaugebiet am Rand einer Kleinstadt in Niedersachsen soll über eine Transportleitung mit Trinkwasser versorgt werden.

Geplante Einwohnerzahl: 1000 EW.
Industrieansiedlung ist nicht zu berücksichtigen, nur ortsübliches Kleingewerbe.

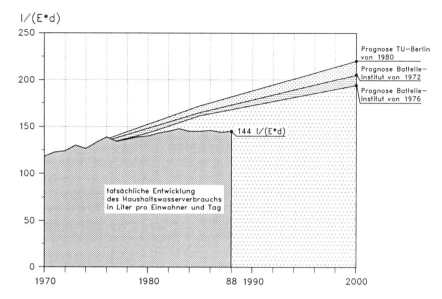

Bild 2.54 Prognostizierte/tatsächliche Entwicklung des Haushaltswasserverbrauchs (BGW-Statistik), Angaben ohne die 5 neuen Bundesländer

– Wie hoch ist der derzeitige und zukünftige Jahresbedarf für das Neubaugebiet (m³/a)?
– Welche Tages- und Stundenspitzen können auftreten?
  ($Q_{d\ max}$ und $Q_{h\ max}$)

Lösung:

Nach der betriebseigenen Statistik des zuständigen Versorgungsunternehmens beträgt der derzeitige Pro-Kopf-Verbrauch für die Verbraucher-Gruppe „Haushalt und Kleingewerbe" ca. 148 l/(E · d). Legt man diesen Wert auch für das Neubaugebiet zugrunde, so errechnet sich ein derzeitiger Jahresbedarf:

$$Q_a = 1000\ E \cdot 148\ l/(E \cdot d) \cdot 365\ d$$

$$Q_a = \underline{54\,000\ m^3/a}$$

Zukünftiger Jahresbedarf

Die Analyse der bisherigen Entwicklung des Pro-Kopf-Verbrauches (ca. 10 Jahre) im bestehenden Versorgungsgebiet ergab eine nur geringfügige Steigerungsrate.

Für den hier gewählten Bemessungszeitraum von ca. 30 Jahren für Netz- und Transportleitung sollte man davon ausgehen, daß auch zukünftig der Pro-Kopf-Verbrauch nicht wesentlich steigt. Steigende Wasserpreise und Abwassergebühren werden zu Sparmaßnahmen führen. Auch ein ausgeprägtes Umweltbewußtsein wird dazu beitragen, daß die in der Vergangenheit prognostiziert hohen Pro-Kopf-Verbräuche nicht erreicht werden.

Da sich wegen des langen Prognosezeitraumes zukünftige Entwicklungstendenzen nur näherungsweise abschätzen lassen (z. B. Klimaschwankungen, Verbrauchsverhalten), wird aus Sicherheitsgründen eine jährliche durchschnittliche Steigerungsrate von ca. 0,5 %/a zugrunde gelegt.

Derzeitiger Bedarf für
das Neubaugebiet (m³/a) : 54000 m³/a

angenommene Bedarfssteigerung
(30 Jahre × 0,5 %) $\cong$ 15 % : 8100 m³/a

Zukünftiger Bedarf : $\underline{62100 \ m^3/a}$

Mittlerer und maximaler Tagesbedarf ($Q_{d \ mittel}$ und $Q_{d \ max}$)

Dividiert man den Jahresbedarf durch 365 Tage, so erhält man die durchschnittliche mittlere Tagesabgabe in dem zu versorgenden Gebiet

$$Q_{d \ mittel} = \frac{m^3/a}{365 \ d} = \frac{62100}{365} = 170 \ m^3/d$$

Wie das Bild 2.55 zeigt schwankt die Tagesabgabe in einem Versorgungsgebiet in Abhängigkeit der Jahreszeit, der Temperatur und des Wochentages. Die Auswertung der Statistik für das bereits versorgte Gebiet im hier behandelten Beispiel hat ergeben, daß das Verhältnis

$$f_d = \frac{Q_{d \ max}}{Q_{d \ mittel}} = 1,5 \ bis \ 1,65$$

in den vergangenen Jahren betragen hat.

Da das geplante Neubaugebiet ähnlich strukturiert sein wird wie die bereits versorgten Gebiete, sollte das Verhältnis

$$f_d = \frac{Q_{d \ max}}{Q_{d \ mittel}}$$

übernommen werden, wobei aus Sicherheitsgründen der Wert $f_d = 1,65$ gewählt wird.

$$Q_{d \ max} = Q_{d \ mittel} \cdot f_d$$
$$Q_{d \ max} = 170 \times 1,65$$
$$Q_{d \ max} = \underline{280 \ m^3/d}$$

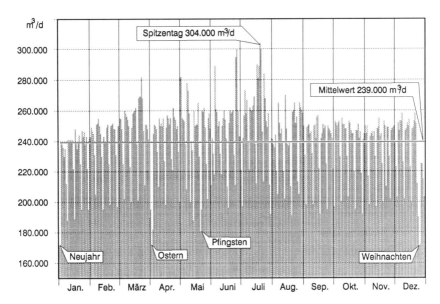

Bild 2.55　Tagesabgabe Großstadt (nach Grombach)

Maximaler Stundenbedarf ($Q_{h\ max}$)

Für die Auslegung der Zuleitung zum Versorgungsgebiet und auch für die Auslegung des Netzes ist der maximale Stundenbedarf ausschlaggebend.

Die für den Maximaltag bereitzustellende Menge verteilt sich nicht gleichmäßig über 24 Stunden, sondern in Abhängigkeit der Tageszeit oder eines bestimmten Ereignisses (z. B. Fernsehsendungen, Sportveranstaltungen, Arbeitsbeginn bzw. -ende) treten unterschiedliche Stundenverbräuche auf (siehe Bild 2.56).

Während in Großstädten die Abgabeschwankungen während des Tages geringfügig pendeln, sind in Kleinstädten und Dörfern die Stundenspitzen ausgeprägter. Im vorliegenden Berechnungsbeispiel (Kleinstadt) beträgt die Stundenspitze in der Mittagszeit 10 % des Tagesbedarfs.

$$Q_{h\ max} = Q_{d\ max} \times 0{,}10 = 280 \times 0{,}10$$
$$Q_{h\ max} = \underline{28\ m^3/d}$$

Löschwasserbedarf

In der Regel ist aus dem Trinkwassernetz auch der Löschwasserbedarf für den Grundschutz zu decken.

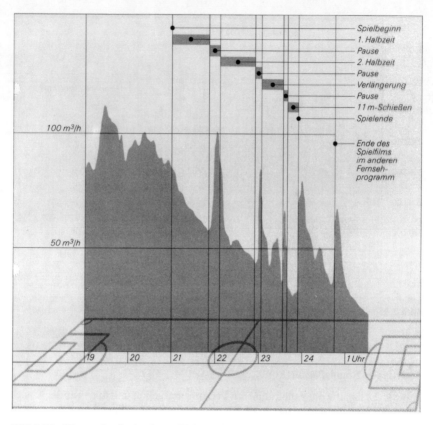

Bild 2.56   Wasserabgabe in einem Wohngebiet während der Fernsehübertragung eines Länderspiels

Richtwerte für den Grundschutz sind dem DVGW-Arbeitsblatt W 405 „Bereitstellung von Löschwasser durch die öffentliche Wasserversorgung" zu entnehmen.

Im vorliegenden Beispiel wird davon ausgegangen, daß 48 m³/h aus dem Netz neben dem allgemeinen Bedarf bereitzustellen sind. Laut Arbeitsblatt W 405 ist nachzuweisen, daß der Löschwasserbedarf an einem Tag mit durchschnittlichem Verbrauch ($Q_{d\ mittel}$) dem Netz entnommen werden kann, wobei die Entnahme während der Stundenspitze sichergestellt sein muß.

Im vorliegenden Beispiel ergibt sich bei einem $Q_{d\ mittel}$ von 170 m³/d eine Gesamtentnahme von:

$$Q_{h\,mittel} = Q_{d\,mittel} \times 0,10 = 17\,m^3/h$$

Feuerlöschbedarf $Q_f \quad = 48\,m^3/h$

$$Q_{h\,gesamt} = Q_{h\,mittel} + Q_f = \underline{\underline{65\,m^3/h}}$$

Die Dimensionierung der Zuleitung und des Netzes ist für 65 m³/h vorgesehen.

2.3.3 Bestimmung von Druckverlusten und Dimensionierung von Rohrleitungen

Die Berechnung und Bemessung von Rohrleitungen und Rohrnetzen erfolgt nach DVGW-Arbeitsblatt W 302 „Hydraulische Berechnung von Rohrleitungen und Rohrnetzen mit Druckverlust-Tafeln für Rohrdurchmesser von 40–2000 mm".

Die Berechnung kann sich beziehen auf:

a) die Ermittlung des *Rohrreibungsdruckverlustes* h_r,
   wenn bekannt sind:
   - Nennweite der Leitung $\quad$ DN
   - Leitungslänge $\qquad\qquad$ l
   - Förderstrom $\qquad\qquad$ Q
   - Rauheit der Leitung $\qquad$ k_i

b) die Ermittlung der *Nennweite* DN,
   wenn bekannt sind:
   - Leitungslänge $\qquad\qquad$ l
   - Förderstrom $\qquad\qquad$ Q
   - Rauheit der Leitung $\qquad$ k_i
   - Rohrreibungsdruckverlust $\quad$ h_r

Wesentliche Einflußfaktoren für beide Fragestellungen sind:

Fördermenge

Sie ergibt sich aus Verbrauchsmessungen oder Bedarfsermittlungen (siehe Abschnitt 2.3.2).

Leitungslänge

Die Länge der Leitung ist im allgemeinen bekannt bzw. einfach zu ermitteln.

Nennweite

Handelt es sich um die Nachrechnung einer bestehenden Leitung, so ist die Nennweite bekannt. Andernfalls ist sie im Rahmen der Rohrleitungsberechnung zu ermitteln.

Rohrrauheit

Die Rauheit k_i wird im DVGW-Arbeitsblatt W 302 als „integrale, scheinbare Rauheit aller, den Druck steigernden und mindernden Einflüsse" definiert. Das heißt, daß der Wert k_i Einzelwiderstände aus Armaturen, Richtungsänderungen etc. beinhaltet, da eine mathematisch exakte Erfassung sämtlicher Fließwiderstände nicht möglich ist.

Aus Einzelmessungen und der Erfahrung lassen sich folgende Werte für die Rohrrauheit k_i angeben:

k_i = 0,1 mm: Fernleitungen und Zubringerleitungen mit gestreckter Leitungsführung aus Stahl- oder Gußrohren mit ZM-Auskleidung bzw. Bitumenauskleidung sowie aus Spannbeton- oder Faserzementrohren.

k_i = 0,4 mm: Hauptleitungen mit weitgehend gestreckter Leitungsführung aus denselben Rohren, aber auch aus Stahl- und Gußrohren, ohne Auskleidung, sofern Wassergüte und Betriebsweise nicht zu Ablagerungen führen.

k_i = 1,0 mm: neue Netze, durch den Übergang von k_i = 0,4 mm auf 1,0 mm wird der Einfluß starker Vermaschung näherungsweise berücksichtigt.

Für die Nachrechnung älterer Rohrleitungen und Rohrnetze ist es nicht möglich, Zahlenwerte für die Annahme von Rauheiten zu empfehlen. Die jeweils vorhandene Rauheit muß in der Regel durch Druckmessungen im Netz bestimmt werden.

Fließgeschwindigkeiten

Die Fließgeschwindigkeit beeinflußt nicht nur die Wirtschaftlichkeit einer Versorgungsanlage, sie hat auch sehr großen Einfluß auf die Betriebssicherheit. Große Fließgeschwindigkeiten führen zu hohen Druckverlusten, große Geschwindigkeitsänderungen zu hohen Druckstößen.

Der Druckverlust wächst quadratisch mit der Fließgeschwindigkeit. Zu kleine Fließgeschwindigkeiten haben zu lange Verweilzeiten zur Folge. Vor allem für Fern- und Zubringerleitungen sind Untersuchungen über die Wahl des technisch/wirtschaftlich günstigsten Fließgeschwindigkeitsbereiches erforderlich.

In erster Näherung kann nach DVGW-Arbeitsblatt W 302 von folgenden Richtwerten ausgegangen werden:

– Fernwasserleitungen und Zubringerleitungen $\geq$ 2,0 m/s

– Hauptleitungen in Verteilungsnetzen   1,0–2,0 m/s

– Versorgungsleitungen   0,5–0,8 m/s

Zulässige Druckverluste

Bei der Dimensionierung von neuen Leitungen ergibt sich die Nennweite neben der Fließgeschwindigkeit auch aus dem jeweils zulässigen Druckverlust.

Da die Druckverhältnisse in der Wasserversorgung meist als Höhen [m] angegeben werden (z. B. Förderhöhen von Pumpen), ist es zweckmäßig, auch die Rohrreibungsverluste h_r in [m] auszudrücken.

Der Reibungsverlust h_r in einem von einer Flüssigkeit durchströmten Rohr wird nach folgender Formel berechnet:

$$h_r = \lambda \cdot \frac{l}{d} \cdot \frac{v^2}{2g} \qquad [m]$$

Darin bedeutet:

h_r Rohrreibungsdruckverlust   [m]
l Leitungslänge   [m]
d lichter Rohrdurchmesser   [m]
v Fließgeschwindigkeit   [m/s]
g Fallbeschleunigung 9,81   [m/s^2]
λ (griechischer Buchstabe „Lambda")
   dimensionsloser Widerstandsbeiwert   [$-$]

Einige der genannten Größen werden in der Praxis häufig in anderen Dimensionen angegeben (z. B. der Rohrdurchmesser in mm). Sie müssen dann vor dem Einsetzen in die Formel entsprechend umgerechnet werden.

Die bei der Berechnung benötigte Fließgeschwindigkeit v ergibt sich durch Division der Durchflußmenge Q und des durchflossenen Rohrquerschnitts A

$$v = \frac{Q}{A} \qquad [m/s]$$

Der dimensionslose Widerstandsbeiwert λ ist eine Funktion der *Reynoldszahl Re* und der relativen *Rauheit K/d*. Nach Ermittlung von R_e und K/d kann λ aus einem Diagramm (Bild 2.57) entnommen werden.

Re: Die dimensionslose Reynoldszahl läßt Aussagen über die im Rohr herrschenden Strömungsverhältnisse zu und berechnet sich nach

$$Re = \frac{v \cdot d}{v} \qquad [-]$$

Die Größen v und d wurden bereits erläutert. Die kinematische Viskosität v (griechischer Buchstabe ny) beträgt für Wasser bei 10 °C

$$v = 1{,}31 \cdot 10^{-6} \qquad [m^2/s]$$

Da die relative Rauheit K/d ebenfalls eine dimensionslose Größe ist, sind K und d hier in mm einzusetzen.

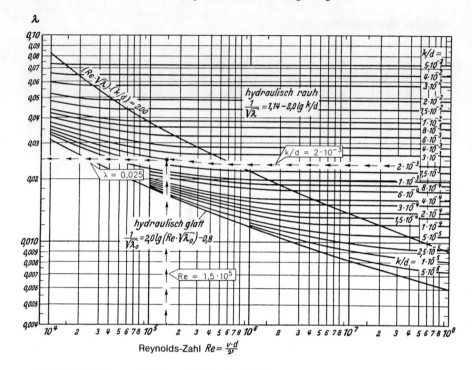

Bild 2.57 Widerstandsbeiwert für Druckrohrleitungen (nach DVGW W 302)

Die Berechnung des Widerstandsbeiwertes λ ist in vielen Fällen aufwendig, daher wurde für die Praxis ein Diagramm entwickelt, aus dem λ nach Berechnung von Re und K/d abgelesen werden kann (Bild 2.57).

Beispiel:

Wie groß ist der Druckverlust in einer Gußrohrleitung?

gegeben: DN 200 $l = 2\,500\,\text{m}$
           $K_i = 0{,}4\,\text{mm}$ $Q = 30{,}5\,\text{l/s} \cong 0{,}0305\,\text{m}^3/\text{s}$

gesucht: h_r

Lösung:

$$h_r = \lambda \cdot \frac{l}{d} \cdot \frac{v^2}{2g}$$

darin ist:

2.3.4   Übungsbeispiele

I.   Bemessung einer Transportleitung

Ein Pumpwerk und ein Hochbehälter sollen durch eine Transportleitung verbunden werden (Bild 2.59).

gegeben: Förderstrom Q =   50 l/s
              Rohrrauhheit K_i =   0,4 mm
              Länge der Transportleitung   l   = 7,35 km
              Höhenlage Pumpwerk h_{PW} = 25,7 mNN
              Höhenlage Behältereinlauf h_{HB} = 80,0 mNN
              Zulässiger Druckverlust in
              der Transportleitung h_r = 14,7 mWS

gesucht: 1. Nennweite der Transportleitung DN   [mm]
             2. Förderhöhe der Pumpe H_{man} [m]
             3. Fließgeschwindigkeit   v   [m/s]

Lösung

1. Der spezifische Druckverlust $J = \dfrac{h_r}{L}$ beträgt:

$$J = \frac{14,7 \text{ mWS}}{7,35 \text{ km}} = 2,0 \frac{\text{mWS}}{\text{km}}$$

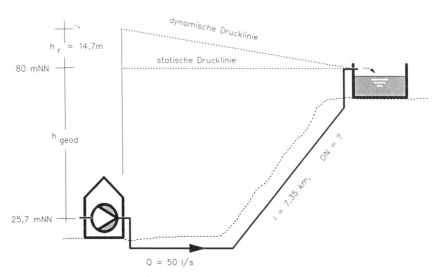

Bild 2.59 Schemaskizze zu Übungsbeispiel I

Aus der Druckverlusttafel Bild 2.58 ergibt sich mit $Q = 50\,l/s$ und $J = 2\,mWS/km$ die erforderliche Nennweite zu $DN = 300\,mm$.

2. Die Förderhöhe H_{man} der Pumpe setzt sich zusammen aus dem geodätischen Höhenunterschied $h_{geod.}$ und dem Druckverlust h_r

$$H_{man} = h_{geod.} + h_r = (h_{HB} - h_{PW}) + h_r$$
$$h_{man} = (80,0 - 25,7) + 14,7 = 69\,m$$

3. Die Fließgeschwindigkeit ergibt sich aus der Druckverlusttafel für DN 300 mm und $Q = 50\,l/s$.
Sie beträgt $v = 0,7\,m/s$.

II.   Leistungsbedarf einer Pumpe

Eine Kreiselpumpe soll aus einem Tiefbehälter über eine Gußrohrleitung in einen Hochbehälter fördern (Bild 2.60)

gegeben: Höhe des Wasserspiegels im
Tiefbehälter $h_{TB} =$ 27 mNN
Höhe des Einlaufs zum
Hochbehälter $h_{HB} =$ 76 mNN
Höhe der Pumpe $h_P =$ 23 mNN
Fördermenge $Q =$ 50 l/s
Pumpenwirkungsgrad $\eta =$ 0,7
Nennweite der Saugleitung $DN_s =$ 200 mm
Länge der Saugleitung $L_s =$ 30 m
Länge der Transportleitung $L_T =$ 6,0 km
Rohrrauhheit $K_i =$ 0,4 mm

gesucht: 1. Nennweite der Transportleitung (DN_T), wenn die Fließgeschwindigkeit darin 1 m/s betragen soll
2. Druckverlust in der Saugleitung ($h_{r,s}$) und in der Transportleitung ($h_{r,T}$)
3. Eingangsdruck (P_E) und Ausgangsdruck (P_A) der Pumpe
4. Förderhöhe der Pumpe (H_{man})
5. Leistungsaufnahme der Pumpe (P_{KW})
6. Wie ändern sich
– Eingangsdruck
– Ausgangsdruck
– Förderhöhe,
wenn die Pumpe auf 30 mNN aufgestellt wird?

Lösung

1. Aus der Druckverlusttafel Bild 2.58 ergibt sich für $Q = 50\,l/s$ und $v = 1,0\,m/s$ die erforderliche Nennweite der Transportleitung zu $DN_T = 250\,mm$.

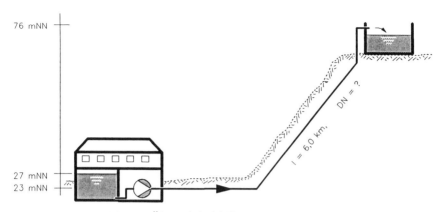

Bild 2.60 Schemaskizze zu Übungsbeispiel II

2. Der spezifische Druckverlust der Saugleitung (J_S) beträgt nach der Druckverlusttafel bei $Q = 50\,l/s$ und $DN_s = 200\,mm$: $J_s = 16\,mWS/km$

Daraus folgt: $h_{r,s} = J_s \cdot l_s = 16\,\dfrac{mWS}{km} \cdot 0,03\,km = \underline{0,5\,m}$

Für die Transportleitung ($DN_T = 250$) beträgt der spezifische Druckverlust bei $Q = 50\,l/s$ $J_T = 4,9\,mWS/km$.

Daraus folgt: $h_{r,T} = J_T \cdot l_T = 4,9\,\dfrac{mWS}{km} \cdot 6,0\,km = \underline{29,4\,m}$

3. Der Eingangsdruck der Pumpe setzt sich zusammen aus:

Höhenunterschied auf der Saugseite	$h_{geo,s}$ (27 m − 23 m)	4,0 m
abzügl. Druckverlust in der Saugleitung	$h_{r,s}$	− 0,5 m
		3,5 m
Pumpeneingangsdruck P_E		0,35 bar

Der Ausgangsdruck beträgt:

Höhenunterschied auf der Druckseite	$h_{geo,D}$ (76 m − 23 m)	53,0 m
zuzüglich Druckverlust in der Transportleitung	$h_{r,T}$	+ 29,4 m
		82,4 m
Pumpenausgangsdruck P_A		8,24 bar

4. Zur Ermittlung der Förderhöhe wird der Eingangsdruck vom Ausgangsdruck abgezogen:

$$H_{man} = 82,4\,m - 3,5\,m = \underline{78,9\,m}$$

5. die Leistungsaufnahme der Pumpe berechnet sich über

$$p = \frac{Q \cdot H_{man}}{367 \cdot \eta} \ [KW]$$

mit $Q = 50 \ l/s \quad = 180 \ m^3/h$
    $H_{man} \quad\quad = 78,9 \ m$
    $\eta \quad\quad\quad = 0,7$

$$P_{KW} = \frac{180 \cdot 78,4}{367 \cdot 0,7} = 55,3 \ kW$$

6. Höhenunterschied Saugseite $h_{geo,s}$ (27 m – 30 m)   –   3,0 m
   Druckverlust Saugseite $h_{r,s}$ –   0,5 m

                                                      –   3,5 m

Pumpeneingangsdruck $P_E \ \hat{=}\ -0,35$ bar

Höhenunterschied Druckseite $h_{geo,D}$ (76 m – 30 m)   46,0 m
Druckverlust Transportleitung $h_{r,T}$ + 29,4 m

                                                        75,4 m

Pumpenausgangsdruck $P_A \ \hat{=}\ 7,54$ bar

$H_{man} = 75,4 \ m - (-3,5 \ m) = 78,9 \ m$

III.   Förderkapazität einer Transportleitung

Die Leistungsfähigkeit einer 20 Jahre alten Transportleitung wird durch Druckmessungen überprüft (Bild 2.61).

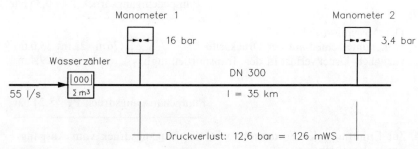

Bild 2.61 Schemaskizze zu Übungsbeispiel III

gegeben: Förderstrom (zum Zeitpunkt der Messung) Q = 55 l/s
Rohrrauhheit K_i = 0,4 mm
Druck an Meßstelle 1 p_1 = 16 bar
Druck an Meßstelle 2 p_2 = 3,4 bar
Länge der Transportleitung l = 35 km
Nennweite DN = 300 mm

gesucht: 1. Wie groß ist die durch Ablagerungen verursachte Minderung des Durchflusses?
2. Welcher tatsächliche Leitungsdurchmesser ist noch vorhanden?

Lösung

1. Der Druckverlust beträgt: $p = p_1 - p_2 = 12,6$ bar
daraus folgt: $h_r = 126$ mWS

Bezogen auf die Leitungslänge von 35 km ergibt sich ein spezifischer Druckverlust $J = h_r/l = 126$ mWS/35 km
$J = 3,6$ mWS/km

Bei einer neuwertigen Leitung der Nennweite DN 300 würde sich damit laut Druckverlusttafel Bild 2.58 Förderstrom von $Q = 69$ l/s ergeben. Tatsächlich fließen jedoch nur 55 l/s. *Die Durchflußverminderung beträgt 14 l/s ≙ 20 %.*

2. Aus der Druckverlusttafel ergibt sich für $J = 3,6$ mWS/km und $Q = 55$ l/s ein tatsächlicher *Leitungsquerschnitt von ca. 270 mm.* Die Inkrustationen sind demnach ungefähr 15 mm dick (Ausgangsquerschnitt ca. 300 mm).

IV.   Transportleitung mit freiem Gefälle

Aus einem Hochbehälter A fließt Wasser durch freies Gefälle in einen tiefergelegenen Behälter B (Bild 2.62)

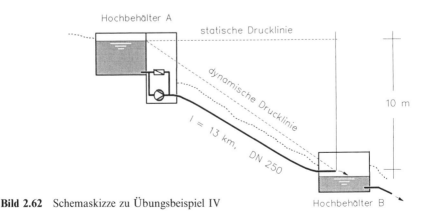

Bild 2.62 Schemaskizze zu Übungsbeispiel IV

gegeben: Höhendifferenz zwischen
           den Behältern   h   = 10 m
           Nennweite der Transportleitung   DN   = 250 mm
           Länge der Transportleitung   l   = 13 km
           Rohrrauheit K_i = 0,4 mm

gesucht: 1. Durchflußmenge bei freiem
              Gefälle   Q [m³/h]
           2. Fließgeschwindigkeit   v [m/s]
           3. Welche Förderhöhe muß eine am
              Behälterausgang A einzubauende
              Pumpe aufweisen, wenn die
              Durchflußmenge verdoppelt
              werden soll? H_{man} [m]

Lösung

1. Bei freiem Gefälle entspricht die Druckhöhendifferenz der geodätischen Höhendifferenz zwischen den beiden Behältern h_r = h = 10 m.

   Der spezifische Druckverlust ergibt sich zu J = h_r/l = 10/13 = 0,77 mWS/km. Damit läßt sich aus der Druckverlusttafel für eine Nennweite DN 250 die Durchflußmenge ablesen:

   $$Q = 19,3 \, l/s$$

2. Die Fließgeschwindigkeit wird ebenfalls der Druckverlusttafel entnommen:

   $$v = 0,4 \, m/s$$

3. Für die doppelte Durchflußmenge Q_2 = 2 · 19,3 = 38,6 l/s ergibt sich bei der Nennweite DN 250 ein spezifischer Druckverlust von J_2 = 3 m/km. Über die gesamte Leitungslänge von 13 km beträgt der Druckverlust h_{r2} = J_2 · l = 3 · 13 = 39 m. Da die beiden Behälter eine Höhendifferenz von 10 m aufweisen, ist die Pumpe jedoch nur für folgende Förderhöhe auszulegen.

   $$H_{man} = h_{r2} - h_{geod} = 39 - 10$$
   $$H_{man} = 29 \, m$$

2.4 Widerlager

2.4.1 Theoretische Grundlagen

Rohrleitungsteile, wie z. B. Rohrbogen und Abzweige, werden durch den Innendruck (Prüf- oder Betriebsdruck) verschoben, wenn nicht die Druckkräfte in geeigneter Weise aufgenommen werden:

a) durch längskraftschlüssige Verbindungen, wie z. B. Schweißverbindungen, Flanschverbindungen oder TYTON-SIT-Muffe
b) bei nicht längskraftschlüssigen Verbindungen (z. B. Steckmuffen) durch Betonwiderlager gemäß DVGW-Merkblatt GW 310.

Die auf Rohrbogen und Abzweige wirkenden Längskräfte F und die daraus resultierende Kraft R_N sind in Bild 2.63 dargestellt.

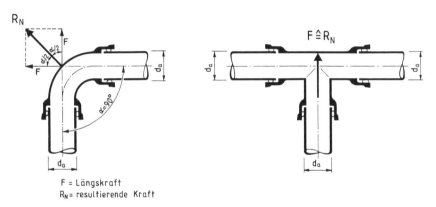

F = Längskraft
R_N = resultierende Kraft

Bild 2.63   Kräfte am Rohrbogen und am Abzweig

Da die Betonwiderlager für die maximal auftretenden Kräfte auszulegen sind, ist für die Berechnung der Längskraft F der *Prüfdruck* der betreffenden Rohrleitung zu Grunde zu legen.

Als Durchmesser ist der *Außendurchmesser* des Rohrendes in die Berechnungsgleichung einzusetzen, da der Innendruck auch auf die Rohrstirnwand der Muffenverbindung wirkt (siehe Bild 2.64).

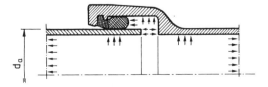

Bild 2.64   Verteilung des Innendrucks

Bei jeder Krümmung der Rohrachse entsteht aus den in Richtung der Rohrachse wirkenden Längskräften F eine resultierende Kraft R_N. Diese wirkt stets in Richtung der Winkelhalbierenden und ist die maßgebende Kraft für die mögliche Verschiebung des Rohrbogens (Bild 2.65).

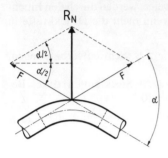

Bild 2.65 Geometrische Addition der Längskräfte F zur resultierenden Kraft R_N

2.4.2   Widerlagerarten

Damit Rohrleitungsteile sich nicht verschieben, muß die resultierende Kraft R_N durch das Widerlager aufgefangen werden. Von der Geometrie der Rohrleitungsführung hängt es ab, wie das Widerlager angeordnet und geformt sein muß. Die gebräuchlichsten Anwendungsfälle sind in Bild 2.66 zusammengefaßt.

2.4.3   Berechnungsbeispiel: Widerlager für waagerecht verlegte Rohrbögen

Nachfolgend wird an einem Beispiel die Berechnung eines Widerlagers für waagerecht verlegte Rohrbogen erläutert.

Aufgabenstellung

Berechnen Sie die erforderlichen Abmessungen eines Betonwiderlagers für einen waagerecht verlegten Rohrbogen, wobei die Schubkräfte durch die Grabenwand aufgenommen werden sollen.

Rohrleitungsnennweite: DN 300; $d_a = 326$ mm
Rohrleitungsnenndruck: PN 10
Rohrbogen-Winkel: $\alpha = 30°$
Gründungstiefe: 1,80 m
Bodenart: locker oder mitteldicht gelagerter Sand ($=$ NB 2); kein Grundwasser oberhalb der Gründungssohle (Bild 2.68)

Anwendungsfälle für Widerlager	Schematische Darstellung
Rohrbogen liegt in der Waagerechten; Schubkraftaufnahme durch Grabenwand	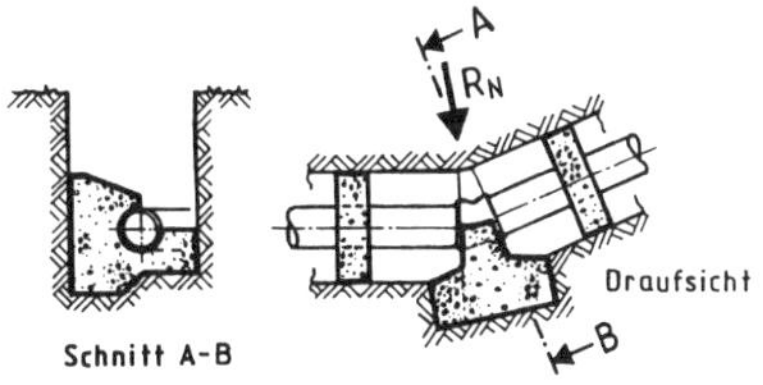 A R_N Draufsicht B Schnitt A-B
Rohrbogen liegt in der Waagerechten; Schubkraftaufnahme durch Grabensohle	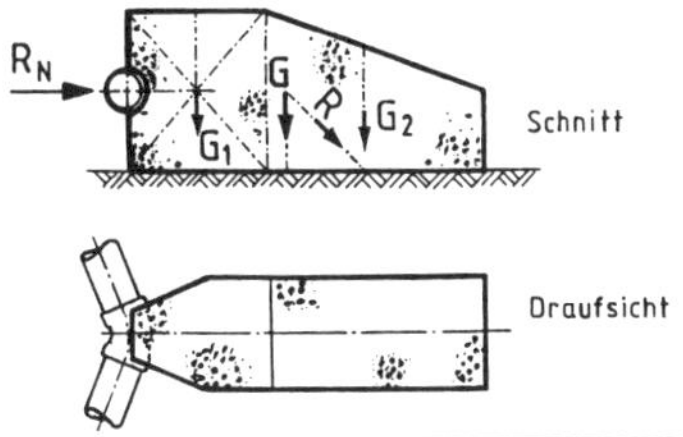 R_N G G_1 R G_2 Schnitt Draufsicht
Bogen mit resultierender Schubkraft gegen Luft bei abgeknickter Leitung	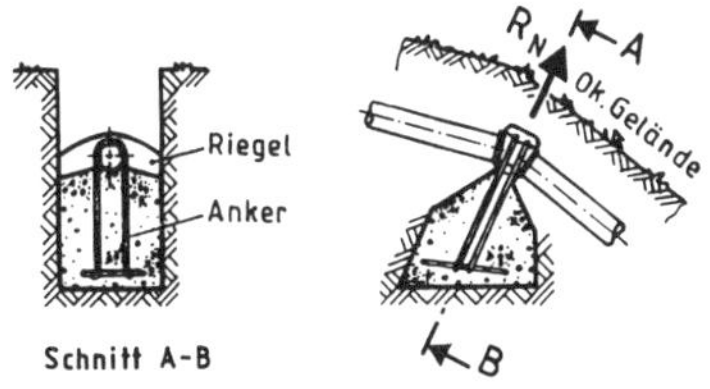 Riegel Anker Schnitt A-B R_N A Ok. Gelände B
Bogen mit erdwärts gerichteter Schubkraft	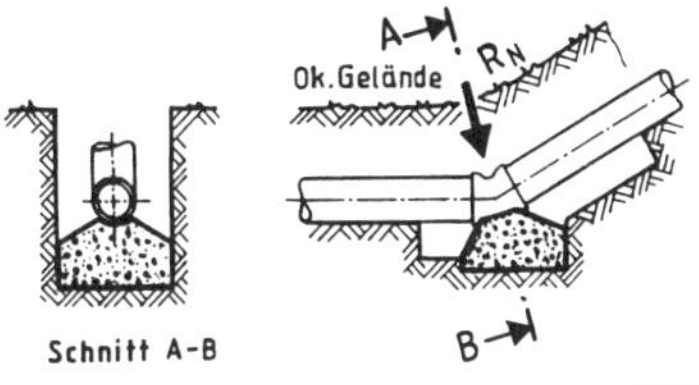 A Ok. Gelände R_N Schnitt A-B B

Bild 2.66 Gebräuchliche Anwendungsfälle für Widerlager (DVGW GW 310)

Betonfestigkeit: Da die DIN 1045 Betonfestigkeitswerte nach 28 Tagen Aushärtung nennt, die Druckprüfung von Rohrleitungen aber wesentlich früher erfolgt ist als Rechenwert $\sigma_b = 20\ kp/cm^2$ ($\hat{=}$ 2 MN/m^2) zulässig!
(σ = griechischer Buchstabe sigma)
Er gilt für Beton B 25, Außentemperaturen zwischen 10 °C und 30 °C, sowie für 3 Tage Abbindezeit.

Lösungsansatz

Zur Lösung der gestellten Aufgabe sind mehrere Berechnungsschritte nacheinander durchzuführen (s. auch Bild 2.67):

1. Berechnung der Längskraft F

$$F = p \cdot \frac{d_a^2 \cdot \pi}{4} \qquad \text{(Gleichung 1)}$$

p = Prüfdruck
d_a = Rohraußendurchmesser [m]

2. Berechnung der resultierenden Kraft R_N (Bild 2.65)

$$R_N = 2 \cdot F \cdot \sin(\alpha/2) \qquad \text{(Gleichung 2)}$$

3. Berechnung der erforderlichen Flächengröße A_R des Widerlagers, die dem Rohrbogen zugewandt ist. Diese Fläche A_R muß so groß sein, daß der entstehende Druck R_N/A_R höchstens so groß ist wie die Betonfestigkeit σ_b:

$$R_N/A_R \leq \sigma_b \qquad \text{(Gleichung 3)}$$

Bild 2.67 ist zu entnehmen, daß die Fläche A_R rechteckig ist, wobei die Höhe des Rechtecks vorgegeben ist; sie beträgt $0{,}707 \cdot d_a$! Die Breite des Rechtecks gilt es zu berechnen.

$$A_R = (0{,}707 \cdot d_a) \cdot B \qquad \text{(Gleichung 4)}$$

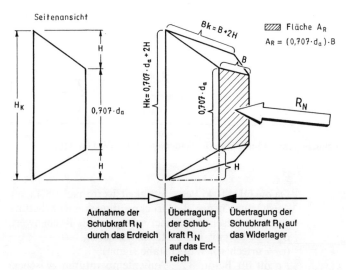

Bild 2.67   Schematische Darstellung des Lösungsansatzes (Zeichnung rhenag)

Ersetzt man die Fläche A_R in Gleichung 3 durch den Ausdruck in Gleichung 4, dann erhält man folgende Gleichung:

$$\frac{R_N}{(0,707 \cdot d_a) \cdot B} \leq \sigma_b \qquad \text{(Gleichung 5)}$$

nach der Breite B umgestellt erhält man:

$$B = \frac{R_N}{(0,707 \cdot d_a) \cdot \sigma_b} \qquad \text{(Gleichung 5a)}$$

4. Berechnung der erforderlichen Flächengröße A_E des Widerlagers, die dem Erdreich zugewandt ist. Diese Fläche A_E muß so groß sein, daß der entstehende Druck R_N/A_E höchstens so groß ist wie die zulässige horizontale Bodenpressung σ:

$$R_N/A_E \leq \sigma \qquad \text{(Gleichung 6)}$$

Die horizontale Bodenpressung σ ist abhängig von der Gründungstiefe und der Bodenart und kann dem Diagramm in Bild 2.68 entnommen werden.

Nach der Fläche A_E umgestellt erhält man:

$$A_E \geq \frac{R_N}{\sigma} \qquad \text{(Gleichung 6a)}$$

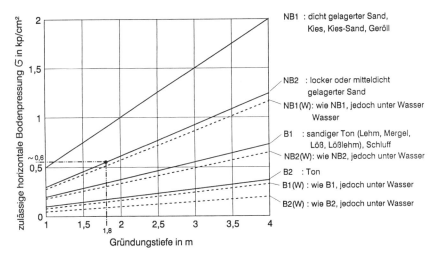

Bild 2.68 Zulässige horizontale Bodenpressung für nichtbindige (NB) und bindige (B) Böden (DVGW-Arbeitsblatt GW 310)

Die Breite BK und die Höhe HK der rechteckigen Fläche A_E sind unter Berücksichtigung der Kraftausbreitung im Widerlager wie folgt definiert:

$$BK = B + 2\,H \qquad\qquad\qquad\qquad\qquad \text{(Gleichung 7)}$$
$$HK = (0{,}707 \cdot d_a) + 2\,H \qquad\qquad\qquad \text{(Gleichung 8)}$$
$$A_E = \underbrace{(B + 2\,H)}_{BK} \cdot \underbrace{(0{,}707 \cdot d_a + 2\,H)}_{HK} \qquad \text{(Gleichung 9)}$$

Ersetzt man die Fläche A_E in Gleichung 6a durch den Ausdruck in Gleichung 9, dann erhält man folgende Gleichung:

$$\frac{R_N}{\sigma} = \underbrace{(B + 2\,H)}_{BK} \cdot \underbrace{(0{,}707 \cdot d_a + 2\,H)}_{HK} \qquad \text{(Gleichung 10)}$$

Diese Gleichung ist nach H aufzulösen (siehe Lösung Seite 109)!

Lösung der gestellten Aufgabe
Berechnung der Längskraft F nach Gleichung 1:

$$F = p \cdot \frac{d_a^2 \cdot \pi}{4}$$

mit p = Prüfdruck der Rohrleitung PN 10
    p = 15 bar $\,\widehat{=}\,$ 15 Kp/cm²
    d_a = 326 mm $\,\widehat{=}\,$ 32,6 cm

$$F = 15\,\frac{Kp}{cm^2} \cdot \frac{(32{,}6\,cm)^2 \cdot \pi}{4}$$

$$F = \underline{12\,520\,Kp}$$

Berechnung der resultierenden Kraft R_N nach Gleichung 2:

$$R_N = 2 \cdot F \cdot \sin(\alpha/2)$$
mit F = 12 520 Kp
    $\alpha = 30°$
$$R_N = 2 \cdot 12\,520\,Kp \cdot \sin(30/2)$$
$$R_N = \underline{6480{,}8\,Kp}$$

Berechnung der Widerlagerbreite B nach Gleichung 5a:

$$B = \frac{R_N}{(0{,}707 \cdot d_a) \cdot \sigma_b}$$

mit R_N = 6480,8 Kp
    d_a = 326 mm $\,\widehat{=}\,$ 32,6 cm
    σ_b = 20 Kp/cm²

$$B = \frac{6480{,}8 \,\mathrm{Kp}}{(0{,}707 \cdot 32{,}6 \,\mathrm{cm}) \cdot 20 \,\mathrm{Kp/cm}^2}$$

$$\underline{\underline{B = 14{,}1 \,\mathrm{cm}}}$$

Berechnung der Widerlagerabmessungen BK und HK mit den Gleichungen 10, 7 und 8:

$$\frac{R_N}{\sigma} = (B + 2\,H) \cdot (0{,}707 \cdot d_a + 2\,H)$$

mit $R_N = 6480{,}8 \,\mathrm{Kp}$

$\quad\;\; \sigma = 0{,}6 \,\mathrm{Kp/cm}^2$ (lt. Bild 2.68)

$\quad\;\; B = 14{,}1 \,\mathrm{cm}$

$\quad\;\; d_a = 326 \,\mathrm{mm} \,\triangleq\, 32{,}6 \,\mathrm{cm}$

$$\frac{6480{,}8 \,\mathrm{Kp}}{0{,}6 \,\mathrm{Kp/cm}^2} = (14{,}1 \,\mathrm{cm} + 2 \cdot \mathrm{H}) \cdot (0{,}707 \cdot 32{,}6 \,\mathrm{cm} + 2 \cdot \mathrm{H})$$

$10\,801{,}3 \,\mathrm{cm}^2 = (14{,}1 \,\mathrm{cm} + 2 \cdot \mathrm{H}) \cdot (23{,}0 \,\mathrm{cm} + 2 \cdot \mathrm{H})$

$10\,801{,}3 \,\mathrm{cm}^2 = 325 \,\mathrm{cm}^2 + 2 \cdot \mathrm{H} \cdot 14{,}1 \,\mathrm{cm} + 2 \cdot \mathrm{H} \cdot 23{,}0 \,\mathrm{cm} + 4 \cdot \mathrm{H}^2$

$10\,801{,}3 \,\mathrm{cm}^2 = 325 \,\mathrm{cm}^2 + 2\,\mathrm{H} \cdot 37{,}1 \,\mathrm{cm} + 4\,\mathrm{H}^2$

$10\,476{,}3 \,\mathrm{cm}^2 = 2\,\mathrm{H} \cdot 37{,}1 \,\mathrm{cm} + 4\,\mathrm{H}^2$

$2619{,}1 \,\mathrm{cm}^2 = 2\,\mathrm{H} \cdot 9{,}3 \,\mathrm{cm} + \mathrm{H}^2$

$2619{,}1 \,\mathrm{cm}^2 + (9{,}3 \,\mathrm{cm})^2 = (9{,}3 \,\mathrm{cm})^2 + 2\,\mathrm{H} \cdot 9{,}3 \,\mathrm{cm} + \mathrm{H}^2$

$2705{,}6 \,\mathrm{cm}^2 = (9{,}3 \,\mathrm{cm} + \mathrm{H})^2$

$2705{,}6 \,\mathrm{cm}^2 = (9{,}3 \,\mathrm{cm} + \mathrm{H})^2$

$52 \,\mathrm{cm} = 9{,}3 \,\mathrm{cm} + \mathrm{H}$

$\mathrm{H} = 42{,}7 \,\mathrm{cm} \;(\approx 43 \,\mathrm{cm})$

$\mathrm{BK} = \mathrm{B} + 2\,\mathrm{H}$ (Gleichung 7)

$\mathrm{BK} = 14{,}1 \,\mathrm{cm} + 2 \cdot 42{,}7$

$\mathrm{BK} = 99{,}5 \,\mathrm{cm} \rightarrow$ aufgerundet $\mathrm{BK} = 100 \,\mathrm{cm}$

$\mathrm{HK} = (0{,}707 \cdot d_a) + 2\,\mathrm{H}$ (Gleichung 8)

$\mathrm{HK} = 108{,}5 \,\mathrm{cm} \rightarrow$ aufgerundet $\mathrm{HK} = 110 \,\mathrm{cm}$

Die Probe:

Gemäß Gleichung 6 darf der entstehende Druck R_N/A_E höchstens so groß sein wie die zulässige horizontale Bodenpressung σ:

$$\frac{R_N}{A_E} = \frac{R_N}{\mathrm{HK} \cdot \mathrm{BK}}$$

$$\frac{R_N}{A_E} = \frac{6480{,}8 \,\mathrm{Kp}}{110 \,\mathrm{cm} \cdot 100 \,\mathrm{cm}}$$

$$\frac{R_N}{A_E} = 0{,}59 \,\mathrm{Kp/cm}^2 \;< 0{,}60 \,\mathrm{Kp/cm}^2 \;\text{zulässig}$$

Die zulässige horizontale Bodenpressung beträgt gemäß Bild 2.68 $\sigma = 0{,}6 \,\mathrm{Kp/cm}^2$.

Das Betonwiderlager ist also ausreichend bemessen und wird wie im Bild 2.69 dargestellt ausgeführt.

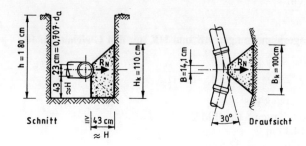

Bild 2.69   Ausführung des Widerlagers aus dem Berechnungsbeispiel

2.5   Technische Regeln, Literatur

[1] GW 125   3.89   Baumpflanzungen im Bereich unterirdischer Versorgungsanlagen

[2] GW 303   12.86   Berechnung von Rohrnetzen mit elektronischen Datenverarbeitungsanlagen

[3] GW 310/I   7.71   Hinweise und Tabellen für die Bemessung von Betonwiderlagern an Bogen und Abzweigen mit nicht längskraftschlüssigen Verbindungen, Teil I, mit Beilage „Kurzfassung"

[4] GW 310/II   9.73   Hinweise und Tabellen für die Bemessung von Betonwiderlagern an Bogen, Abzweigen und Reduzierstücken mit nicht längskraftschlüssigen Rohrverbindungen, Teil II (ab NW 500)

[5] W 270   1.84   Vermehrung von Mikroorganismen auf Materialien für den Trinkwasserbereich; Prüfung und Bewertung

[6] W 302   8.81   Hydraulische Berechnung von Rohrleitungen und Rohrnetzen; Druckverlust-Tafeln für Rohrdurchmesser von 40–2000 mm

[7] W 305   8.81   Prinzipskizzen und Musterentwürfe für die Kreuzung von DB-Gelände mit Wasserleitungen

[8] W 307   9.77   Richtlinien für das Verfüllen des Ringraumes zwischen Druckrohr und Mantelrohr bei Wasserleitungskreuzungen mit Bahngelände

[9] W 311   2.88   Planung und Bau von Wasserbehältern; Grundlagen und Ausführungsbeispiele

[10] W 345   1.62   Schutz des Trinkwassers in Wasserrohrnetzen vor Verunreinigung

[11] W 351   8.79   Quellfassungen, Sammelschächte, Druckunterbrechungsschächte

[12] W 355   8.79   Leitungsschächte

[13] W 390   2.83   Überwachen von Trinkwasserrohrnetzen

[14] W 402   9.77   Planung einer Wasserversorgung

[15] W 403   1.88   Planungsregeln für Wasserleitungen und Wasserrohrnetzen

[16] W 405   7.78   Bereitstellung von Löschwasser durch die öffentliche Trinkwasserversorgung

[17] W 410   4.72   Wasserbedarfszahlen

[18] W 610   5.81   Förderanlagen; Bau und Betrieb

[19] W 612   05.89   Planung und Gestaltung von Förderanlagen

[20] AfK 3   5.82   Maßnahmen bei Bau und Betrieb von Rohrleitungen im Einflußbereich von Hochspannungsdrehstromanlagen und Wechselstrom-Bahnanlagen; Arbeitsgemeinschaft DVGW/VDE für Korrosionsfragen

[21] DIN 1988   12.88   Technische Regeln für Trinkwasser-Installationen

[22] DIN 1989   05.78   Unterbringung von Leitungen und Anlagen in öffentlichen Flächen; Richtlinien für die Planung

[23] DIN 2000   11.73   Leitsätze für Anforderungen an Trinkwasser; Planung, Bau und Betrieb der Anlagen

[24] DIN 4046   09.83   Wasserversorgung; Begriffe; Technische Regel des DVGW

[25] DIN 4279
Teil 1–7, 9   11.75   Innendruckprüfung von Druckrohrleitungen für
Teil 8   06.90   Wasser
Teil 10   11.77

[26] KTW-
Empfehlungen: „Gesundheitliche Beurteilung von Kunststoffen und anderen nichtmetallischen Werkstoffen im Rahmen des Lebensmittel- und Bedarfsgegenständegesetzes für den Trinkwasserbereich, Bundesgesundheitsblatt 20 (1977), 10 ff und 124 ff

[27] Mutschmann, J.; Stimmelmayr, F.:
Taschenbuch der Wasserversorgung (9. Auflage), Franck'sche Verlagsbuchhandlung, Stuttgart 1986

[28] Grombach, P.; Haberer, K.; Trüeb, E. U.:
Handbuch der Wasserversorgungstechnik, R. Oldenbourg Verlag, München 1985

[29] Soine, K. J.:
Handbuch für Wassermeister, R. Oldenbourg Verlag, München 1988

[30] DVGW-Schriftenreihe Wasser:
Band 202, DVGW-Fortbildungskurse Wasserversorgungstechnik für Ingenieure und Naturwissenschaftler, Kurs 2: Wasserverteilung Teil 1 und 2, Wirtschafts- und Verlagsgesellschaft Gas- und Wasser mbH, Bonn

3 Tiefbauarbeiten

Für die Errichtung von Rohrleitungen sind die Leistungsbereiche des Tiefbaus und des Rohrbaus fest miteinander verbunden, voneinander abhängig und aufeinander abzustimmen. Die Darstellung der zu den Tiefbauarbeiten gehörenden Lieferungen und Leistungen muß daher stets im Zusammenhang mit den durchzuführenden Arbeiten der Rohrverlegung erfolgen. Für das *Bauwerk Rohrleitung* können die Tiefbauarbeiten sowohl bauliche Hilfsmaßnahmen als auch integrierende Bestandteile sein, denn erst durch das Zusammenwirken von Rohren, Rohrverbindungen, Rohrauflagerung, Einbettung und Überschüttung werden die Voraussetzungen für die Stand- und Betriebssicherheit der Rohrleitung geschaffen. Zur technisch einwandfreien und wirtschaftlich erfolgreichen Durchführung der meisten in der Rohrleitungstechnik erforderlichen Maßnahmen sind daher *Kenntnisse und Erfahrungen über die Gesamtheit der Tiefbauarbeiten* wichtige und unverzichtbare Voraussetzungen.

3.1 Bodenmechanische Grundlagen

3.1.1 Der Boden als Baugrund und Baustoff

3.1.1.1 Die Einteilung der Fest- und Lockergesteine

Der für bautechnische Zwecke zu erschließende Baugrund umfaßt nur die äußerste Schicht unserer Erdkruste. Dieser Baugrund wird nach DIN 1054, 4022 und 4023 eingeteilt in Festgesteine (Fels) aller Art, die sich im ursprünglichen Zustand befinden, und in Lockergesteine (Böden), die aus unverfestigten Ablagerungen oder Verwitterungsprodukten der Gesteine bestehen. *Festgesteine* werden nach ihrer Entstehung in

– Erstarrungsgesteine (Eruptivgesteine)
– Ablagerungsgesteine (Sedimentgesteine)
– Umwandlungsgesteine (Metamorphe Gesteine)

unterteilt. Von diesen werden beim Aushub von Baugruben und Rohrgräben im allgemeinen nur Sedimentgesteine angetroffen, weil Gebiete mit Erstarrungs- und Umwandlungsgesteinen bei der Trassierung einer Rohrleitung möglichst vermieden bzw. umgangen werden.

Die Böden werden wegen ihrer geringen Festigkeit geologisch als *Lockergesteine* bezeichnet, die durch physikalische, chemische oder biologische Verwitterung (Zerstörung) der Gesteine, durch Abtragung (Erosion), Transport (Verfrachtung) und Ablagerung (Sedimentation) entstanden sind. Der Boden ist ein leicht verformbares System, das aus den Bodenkörnern (Festmasse), dem enthaltenen Wasser und dem Bodenluftraum gebildet wird.

Die *Körner der Minerale* bilden die feste Masse des Bodens. Bei Sanden und Kiesen haben diese Körner eine kompakte Form und sind im allgemeinen mit bloßem Auge erkennbar (0,06 mm bis 63 mm). Die geringsten Korndurchmesser mit einer Größe unter 0,002 mm weist der durch Verwitterung entstandene Ton auf. Diese kleinsten Teilchen (Kolloide) quellen bei Wasseraufnahme und schrumpfen bei Wasserabgabe. Bei Schluff (0,002 mm bis 0,06 mm) treten Oberflächenkräfte bei Berührung mit Wasser auf, die mit der Kornfeinheit größer werden und ein Aneinanderhaften (Kohäsion) der Körnchen bewirken.

Sande, Kiese, Steine und ihre Mischungen gelten als *nichtbindige Böden* (gemäß DIN 1054), wenn der Gewichtsanteil der Bestandteile mit Korngrößen unter 0,06 mm höchstens 15 % beträgt. *Bindige Böden* haben im allgemeinen einen Anteil von mehr als 15 % der Bestandteile mit Korngrößen unter 0,06 mm. Von der Größe der Korndurchmesser und der Art des Korngefüges hängen die wesentlichsten Eigenschaften der Böden ab.

Bei Tiefbaumaßnahmen für Rohrleitungen wird der Boden als *Baugrund* sowohl für die Auflagerung der zu verlegenden Rohre und Rohrleitungsteile als auch für den Unterbau zur Wiederherstellung befestigter Oberflächen angesprochen. Als *Baustoff* findet er Verwendung bei der Umhüllung und Einbettung der Rohrleitung, aber auch bei zahlreichen Sondermaßnahmen zur Befestigung der Oberflächen von Gräben und Gruben. Alle Tiefbauarbeiten werden darüber hinaus durch die Eigenschaften der angetroffenen Böden in erheblichem Umfange hinsichtlich der anzuwendenden Bautechniken und der erreichbaren Leistungen beeinflußt.

3.1.1.2   Bodenarten, Bodengruppen, Bodenklassen

Die Feststellung, welche Böden in der Trasse der Rohrleitung anstehen, erfolgt nach

● DIN 4022 Teil 1: Baugrund und Grundwasser – Benennen und Beschreiben von Boden und Fels

Die Untersuchung und Auswertung von Bodenproben erfolgt überwiegend in Erdbau-Laboratorien nach einheitlichen Verfahren. Für den Bau von Rohrleitungen ist es im allgemeinen aber ausreichend, die nach Massenanteilen ermittelten *Korndurchmesser* (Bild 3.1) der vorgefundenen Bodenarten anzusprechen (siehe auch DIN 18123).

Da es in der Natur kaum einheitliche *Bodenarten* ohne Beimengungen gibt, werden die zusammengesetzten Böden unterschieden in:

– grobkörnige (nichtbindige) Böden
– feinkörnige (bindige) Böden
– gemischtkörnige (nichtbindige und bindige) Böden

Die am stärksten vertretene Bodenart wird mit dem Hauptwort (z. B. Kies) bezeichnet, die Bodenarten mit kleineren Anteilen werden mit den Eigenschaf-

BENENNUNG	KURZ-ZEICHEN	KORNGRÖSSE (mm)	VERGLEICHSGRÖSSE
BLÖCKE	Y	> 200	> Kopfgrösse
STEINE	X	200 - 63	> Hühnerei
KIESKORN	G	63 - 2	
GROBKIES	gG	63 - 20	Hühnerei - Haselnuss
MITTELKIES	mG	20 - 6	Haselnuss - Erbse
FEINKIES	fG	6 - 2	Erbse - Streichholzkopf
SANDKORN	S	2 - 0,06	
GROBSAND	gS	2 - 0,6	Streichholzkopf - Grieß
MITTELSAND	mS	0,6 - 0,2	Grieß
FEINSAND	fS	0,2 - 0,06	Feines Salz
SCHLUFFKORN	U	0,06 - 0,002	Mehlkorn (Einzelkorn
TONKORN (FEINSTES)	T	≤ 0,002	nicht mit bloßem Auge als solches erkennbar)

Bild 3.1 Benennung und Erkennung von Bodenarten nach DIN 4022 und deren Kurzzeichen mit zeichnerischer Darstellung

ten gekennzeichnet (z. B. sandig, schluffig). Diesen Nebenanteilen werden je nach Massenanteilen oder Einflußstärken noch die Beiworte schwach bzw. stark vorangesetzt (z. B. Kies, stark sandig, schwach schluffig).

Organische Bodenarten (Torf, Mudde, Humus) sind als Baugrund oder Baustoff nicht geeignet und führen auch bei hohem Anteil mineralischer Bodenarten zu Schwierigkeiten in der Bauausführung.

Um die Bodenarten für bautechnische Zwecke in Gruppen mit annähernd gleichem Stoffaufbau und ähnlichen bodenphysikalischen Eigenschaften zusammenfassen zu können, erfolgt eine *Bodenklassifikation* aufgrund festgelegter Merkmale und Kriterien. Die zugehörigen Grundlagen sind beschrieben in:

● DIN 18 196: Erd- und Grundbau – Bodenklassifikation für bautechnische Zwecke

Die Einordnung der Bodenarten in *Bodengruppen* erfolgt nach der stofflichen Zusammensetzung und unabhängig vom Wassergehalt und von der Dichte des Bodens. Bei dieser Klassifikation werden den Korngrößenbereichen (bis zu einem Größtkorn von 63 mm Durchmesser) folgende Kurzzeichen zugeordnet:

- G Kies (Grand)
- U Schluff
- O Organ. Beimengungen
- F Faulschlamm
- S Sand
- T Ton
- H Torf, Humus
- A Auffüllung

Der erste Kennbuchstabe (Kurzzeichen) wird für die einzelnen Bodengruppen durch ein weiteres Kurzzeichen zu einem Gruppensymbol ergänzt. Diese *Charakterisierung der 29 Bodengruppen* wird durch folgende Kriterien ausgedrückt:

– bei grobkörnigen Böden:

E **Enggestuft** (Ungleichförmigkeit < 6)
W **Weitgestuft** (Ungleichförmigkeit ≥ 6)
I **Intermittierend gestuft**

– bei feinkörnigen Böden:

L **Leicht plastisch** (Wassergehalt $w_L < 35\%$)
M **Mittel plastisch** (Wassergehalt $w_L \geq 35$ bis 50%)
A **Ausgeprägt plastisch** (Wassergehalt $w_L > 50\%$)

Die Erkennungsmerkmale und Eingruppierungen dienen dazu, die bautechnische Verwendbarkeit der Böden zu beschreiben und festzulegen. Beim Bau von Rohrleitungen werden die *Eigenschaften der Böden* daher oftmals noch durch besondere Angaben ergänzt:

– frostsicher, frostempfindlich, frostgefährdet
– wasserdurchlässig, wasserundurchlässig
– verdichtungsfähig, verdichtungsunfähig
– standfest, zeitweilig standfest, nicht standfest.

Jede Beschreibung oder Feststellung sollte durch die örtliche Besichtigung und Bewertung einer Probeschachtung ergänzt werden. Die persönliche *Erfahrung* des verantwortlichen Bauleiters ist vielfach ausschlaggebend für die zu entscheidenden Vorgänge und Maßnahmen.

Im *Erdbau* erfolgt eine Unterscheidung der Böden nicht nur nach physikalisch-technischen Eigenschaften, sondern fast immer auch nach technisch-wirtschaftlichen Gesichtspunkten. Als Bestandteil der VOB Teil C enthält die

● DIN 18 300: Erdarbeiten

alle Angaben über Stoffe und Bauteile, Boden und Fels, über die Bauausführung, Nebenleistungen und Besondere Leistungen sowie über die Abrechnung der Leistungen. Die Locker- und Festgesteine (Boden und Fels) werden entsprechend ihrem *Zustand beim Lösen* in sieben Klassen eingeteilt.

– Klasse 1: Oberboden
– Klasse 2: fließende Bodenarten
– Klasse 3: leicht lösbare Bodenarten
– Klasse 4: mittelschwer lösbare Bodenarten
– Klasse 5: schwer lösbare Bodenarten
– Klasse 6: leicht lösbarer Fels und vergleichbare Bodenarten
– Klasse 7: schwer lösbarer Fels

Diese Einteilung sollte jedoch in bautechnische Überlegungen zur Verwendung des Bodens als Baugrund oder Baustoff nicht mit einbezogen werden, sondern lediglich ihrem vorbestimmten Zweck zur Bewertung der erforderlichen Lösungsarbeit und zur leistungsgerechten Aufteilung nach Vergütungsgruppen dienen.

Beim Aushub von Gruben und Gräben in den Bodenklassen 3 bis 5 liegen die Leistungsunterschiede für den Einsatz von Hydraulikbaggern unter 50%. Bei Durchführung einer Handschachtung sind die Leistungsunterschiede jedoch so erheblich, daß hierfür die einzelnen Bodenklassen immer getrennt anzusprechen sind (Bild 3.2).

Unabhängig von den sicherheitstechnisch erforderlichen Böschungswinkeln gelten für die Ermittlung des Böschungsraumes beim *Aufmaß der Aushubleistungen* gemäß DIN 18300 die Böschungswinkel

- 40° für Bodenklassen 3 und 4
- 60° für Bodenklasse 5
- 80° für Bodenklassen 6 und 7

Wenn jedoch ein Standsicherheitsnachweis zu führen ist, wird der Böschungsraum nach den danach ausgeführten Böschungswinkeln ermittelt.

Nur bei Kenntnis der Bodenarten, Bodengruppen und Bodenklassen wird es möglich sein, eine den tatsächlichen Verhältnissen entsprechende klare, eindeutige und erschöpfende Leistungsbeschreibung vorzunehmen. Ohne Wissen um die Zusammensetzung der vorhandenen Böden und deren Eigenschaften können erhebliche Schwierigkeiten für den Aushub von Rohrgräben und Baugruben entstehen.

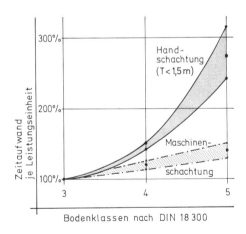

Bild 3.2 Zeitaufwand je Leistungseinheit für Maschinen- und Handschachtung in Bodenklassen 3 bis 5 nach DIN 18300

3.1.2   Bodenkennwerte und ihre Anwendung

Den jeweiligen Böden sind Kennwerte zugeordnet, die bodenmechanische *Berechnungen und Schätzungen* ermöglichen und somit die Auswahl der bautechnisch erforderlichen Maßnahmen erleichtern. Für den Aushub von Rohrgräben sind bodenmechanische Berechnungen und Überlegungen grundsätzlicher Art notwendig, weil man auf die jeweils vorgefundenen und im Trassenverlauf sich ständig ändernden Gegebenheiten schnell reagieren muß. Nur durch die Kenntnis der Bodenkennwerte kann der verantwortliche Fachmann auf der Baustelle die richtigen Entscheidungen treffen.

3.1.2.1   Die wichtigsten Bodenkennwerte

Korngrößen und Kornverteilung gehören zu den wichtigsten Merkmalen des Bodens. Die einzelnen Korngrößen und ihre Massenanteile, bezogen auf das Gesamtgewicht der untersuchten Probe, werden in einem Formular als Körnungslinie (Sieblinie) aufgetragen (Bild 3.3). Aus der Neigung und dem Verlauf der Körnungslinie kann die Ungleichförmigkeitszahl U als Maß für die Steilheit der Körnungslinie bestimmt werden:

– *Ungleichförmigkeitszahl* $U = \dfrac{d_{60}}{d_{10}}$

(d_{60} und d_{10} sind die Korngrößen, die den Ordinaten 60 und 10 Gewichts-% der Körnungslinie entsprechen)

Hieraus lassen sich Aussagen zur Verdichtungsfähigkeit der Böden ableiten. Böden mit einer weitgestuften Korngrößenverteilung (U > 6) lassen sich gut

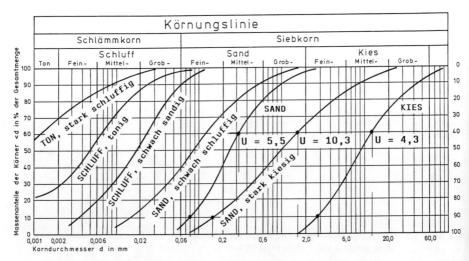

Bild 3.3   Körnungslinie und zugehörige Bezeichnung verschiedener Böden

verdichten, während sich enggestufte Sande mit steiler Körnungslinie sehr verdichtungsunwillig verhalten.

Die Lagerungsdichte und die Verdichtbarkeit des Bodens hängen aber auch von anderen Kennwerten ab. Aus dem Zusammenhang zwischen Feststoffmasse, Porenraum und Wassergehalt (Bild 3.4) sind folgende Werte für den Tiefbau von Bedeutung:

- *Porenanteil* $n = n_a + n_w$
  (luftgefüllter Porenraum n_a und wassergefüllter Porenraum n_w)
- *Porenzahl* $e = n/(1 - n)$
  (Porenvolumen, bezogen auf das Feststoffvolumen)

Die Porenanteile müssen durch Versuche bestimmt werden. In der Tabelle 3.1 sind die mittleren Porenanteile natürlich gewachsener Böden enthalten:

Es ist daraus zu entnehmen, daß der Porenanteil bei Ton, Schlamm und Torf erheblich größer sein kann als bei Sanden, Kiesen und Lehm. Die Größe der Einzelporen ist bei grobkörnigen Böden relativ groß, bei feinkörnigen Böden sind die Einzelporen sehr klein.

- *Wassergehalt* $w = m_w/m_d$ oder in Massen-%: $w = 100 \, m_w/m_d$
  (Verhältnis der Masse des im Boden vorhandenen Wassers m_w zur Masse m_d des trockenen Bodens)

Der natürliche Wassergehalt w des Bodens liegt bei erdfeuchten Sanden zwischen 4 und 10 %, bei sandigen Tonen zwischen 10 und 25 %.

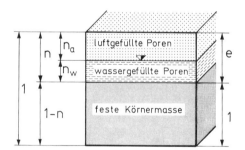

Bild 3.4   Der Boden als System aus Luft, Wasser und fester Masse

Tabelle 3.1   Mittlere Porenanteile natürlich gewachsener Böden

Bodenbezeichnung	n	e
Sande und Kiese	0,25 – 0,50	0,33 – 1,00
Lehm und Mergel	0,25 – 0,30	0,33 – 0,43
Tone	0,20 – 0,80	0,25 – 4,00
Schlamm und Torf	0,70 – 0,90	2,33 – 9,00

3.1.2.2 Dichte und Wichte der Böden

Die in den Böden vorhandenen drei Stoffe – Festmasse, Wasser, Luft – machen zusammen das Gewicht einer Bodenmenge aus. Die auf die Volumeneinheit bezogenen Gewichte werden als Dichte ϱ bezeichnet, wenn es sich um Massen handelt, und als Wichte γ, wenn es sich um Kräfte handelt.

- *Dichte* $\varrho = m/V$ [g/cm³] bzw. [t/m³]
- *Wichte* $\gamma = F/V$ [N/cm³] bzw. [kN/m³]

Bei Lockerböden mit etwa gleich großer Körnerdichte (entsprechend $\varrho_s = 2{,}65$ bis 2,75 t/m³) ist die Größe der Dichte ϱ und der Wichte γ vom Porenanteil n und vom Wassergehalt w abhängig.

In DIN 1055 Teil 2 sind als *Bodenkenngrößen* für die Berechnung der Standsicherheit und der Abmessungen baulicher Anlagen auch die Wichten γ aufgeführt. Aus diesen Werten für die Wichten γ des Bodens (früher als Raumgewicht bezeichnet) lassen sich die Dichten ϱ des Bodens ermitteln durch folgende

- *Umrechnung:* ϱ [t/m³] $= \dfrac{\gamma}{10}$ [kN/m³]

Beim *Bodenaushub* werden alle Fest- und Lockergesteine in ihrem ursprünglichen Zustand gestört und aufgelockert. Dadurch werden ihre Dichte gegenüber dem gewachsenen Zustand geringer und ihre Volumina entsprechend größer. Eine Überverdichtung solcher Böden liegt vor, wenn sie nach ihrem Wiedereinbau und nach ihrer *Verdichtung* ein kleineres Volumen gegenüber dem ursprünglichen Zustand einnehmen. Unter normalen Verhältnissen können die in der Tabelle 3.2 angegebenen Mittelwerte auftreten.

Als Grundlage zur Berechnung von *Transportkosten* sind die Wichten von Böden aus Locker- und Festgesteinen als Schüttgüter auch im Tarif für den Güternahverkehr (GNT) angegeben, und zwar unterteilt nach trockener, feuchter und nasser Konsistenz.

Es gibt noch mehrere *andere Bodenkennwerte*, die jedoch für die bei Rohrleitungen anfallenden relativ geringen Grabentiefen nur in Ausnahmefällen von Bedeutung sind. Für tiefe Baugruben und für Sonderbauwerke werden Boden-

Tabelle 3.2   Mittelwerte für Auflockerung und Überverdichtung

Boden- oder Felsart	Vorübergehende Auflockerung %	+ bleibende Auflockerung % − Überverdichtung %
Sandstein	35–50	+ 10 bis + 25
Kies	25–30	+ 10 bis 0
Sand	15–25	− 5 bis − 15
Ton	20–30	0 bis − 10
Lehm	15–20	− 5 bis − 15

kennwerte zur Berechnung der Konstruktionselemente (z. B. Spundwände) und für die Vorbereitung der Baumaßnahme (z. B. Grundwasserabsenkung) immer benötigt.

3.2 Baustellen- und Trassenvorbereitung

3.2.1 Schutz unterirdischer Anlagen

Bei allen Aufgrabungsarbeiten zur Herstellung von Baugruben oder Rohrgräben muß damit gerechnet werden, daß bereits *andere bauliche Anlagen und Versorgungsanlagen* vorhanden sein können, deren Bestand und Betrieb nicht gefährdet oder beeinträchtigt werden dürfen. Der Einwirkungsbereich auf diese Anlagen bedarf daher eines besonderen Schutzes. Die Versorgungsunternehmen geben allen für Bautätigkeiten eingesetzten Unternehmen entsprechende Hinweise zum Schutz der eigenen Versorgungsanlagen. Die Bauunternehmen haben den Schutz aller unterirdischen baulichen Anlagen sowie Ver- und Entsorgungsanlagen bei ihren Arbeiten zu beachten.

3.2.1.1 Einholung von Auskünften

Rechtzeitig vor Baubeginn muß eine *aktuelle Auskunft* über die Lage und Tiefe der im Aufgrabungsbereich liegenden baulichen Anlagen eingeholt werden. Dafür sind für Ver- und Entsorgungsleitungen nach den jeweiligen örtlichen Verhältnissen anzusprechen:

– die zuständigen Dienststellen und Bauämter des Bundes, der Länder, der Städte, der Kreise und Gemeinden (z. B. Bundespost, Straßenbauämter, Wasserwirtschaftsämter, Wasserverbände, Finanzbauämter)
– die überregionalen und regionalen Versorgungsunternehmen für Gas, Wasser, Strom, Fernwärme mit ihren örtlichen Betriebsstellen
– die Industriebetriebe mit überregionalem oder regionalem Verbund.

Die genannten Stellen geben *Auskunft über Lage und Tiefe* ihrer im Baubereich vorhandenen Anlagen, soweit dies anhand von Bestandsplänen möglich ist. In allen Fällen muß daher die abstrakte Information des Leitungseigentümers durch eine konkrete Information (vorsichtiges Aufgraben) auf der Baustelle ergänzt werden. Der Bauunternehmer muß somit Erkundigungs-, Freilegungs- und Sicherungsarbeiten durchführen, um den Schutz anderer Anlagen gewährleisten zu können. An die *Sorgfaltspflicht* des Bauunternehmers werden sehr hohe Anforderungen gestellt, und die *Haftung* des Bauunternehmers für Schäden, die trotz Beachtung der Vorsichtsmaßnahmen und Sicherheitsvorkehrungen eintreten können, gilt praktisch ohne Einschränkung.

3.2.1.2 Pflichten des Bauunternehmers

Erläuterungen und Ergänzungen zu den Pflichten und Maßnahmen des Bauunternehmers und des Versorgungsunternehmens sind angegeben in:

● DVGW-Hinweis GW 315: Hinweise für Maßnahmen zum Schutz von Versorgungsanlagen bei Bauarbeiten

Die darin enthaltenen *Kurzhinweise* über die Pflichten des Bauunternehmers und über die Maßnahmen bei Austritt des Rohrleitungsinhaltes sollten jedem auf der Baustelle eingesetzten Mitarbeiter bekannt sein, damit stets die richtigen Entscheidungen getroffen werden.

Die Mehrzahl der auftretenden Schäden entsteht an den im Erdreich verlegten Kabeln, deren genaue Ortung und Markierung durch zahlreiche Umstände erschwert wird. Nicht immer liegen Kabelpläne vor, die dem aktuellen Stand und der tatsächlichen Kabellage angepaßt sind. Daher sind durch Querschläge ergänzend die örtlich erforderlichen Feststellungen zu treffen. Wenn trotzdem eine Beschädigung vermutet oder erkennbar wird, sind unverzüglich die zuständigen Eigentümer oder Betreiber (überwiegend Deutsche Bundespost – Telekom) zu informieren, die den gegebenenfalls vorhandenen Schaden beseitigen.

3.2.2 Sicherung von Baustellen an Straßen

Wenn Rohrleitungen *im nicht öffentlichen Baugelände* verlegt werden, bedarf es einer privatrechtlichen Vereinbarung über deren Nutzung. Die möglichen und erforderlichen Absperr- und Sicherungsmaßnahmen ergeben sich aus den *Bauordnungen der Länder*. Der Bauunternehmer hat dafür Sorge zu tragen, daß entsprechende Regelungen für die Zu- und Abfahrten und für die Gruben und Gräben eingehalten werden und daß eine Gefährdung durch die Baumaßnahmen auf privaten Grundstücken nicht eintritt.

Soweit sich Baustellen auf die Ordnung und Sicherheit des öffentlichen Straßenverkehrs auswirken oder auswirken können, darf dies nur unter *Beachtung des Straßenverkehrsrechts* geschehen. Vielfach treten aber auch Belange des Umweltschutzes als gewichtige Problemstellungen hinzu. Die Aufgabe, baubedingte Eingriffe in den Straßenverkehr in jeder wesentlichen Beziehung zu regeln, sie gegenüber allen Beteiligten und Betroffenen erträglich und somit vertretbar zu machen, erfordert eine verständnisvolle Partnerschaft.

3.2.2.1 Anordnungen und Richtlinien

Straßenverkehrsbehörden, Polizei und Bauunternehmer haben sich rechtzeitig vor Beginn der Arbeiten auf öffentlichen Straßen für die zu treffenden Maßnahmen abzustimmen. Vom Bauunternehmer ist im allgemeinen bei der Straßenverkehrsbehörde ein *Antrag auf eine verkehrsrechtliche Anordnung* über Art und Umfang der Baustellensicherung zu stellen. Der zugehörige Verkehrszeichenplan stellt dar, welche Arbeitsstellen abzusichern und zu kennzeichnen sind, ob

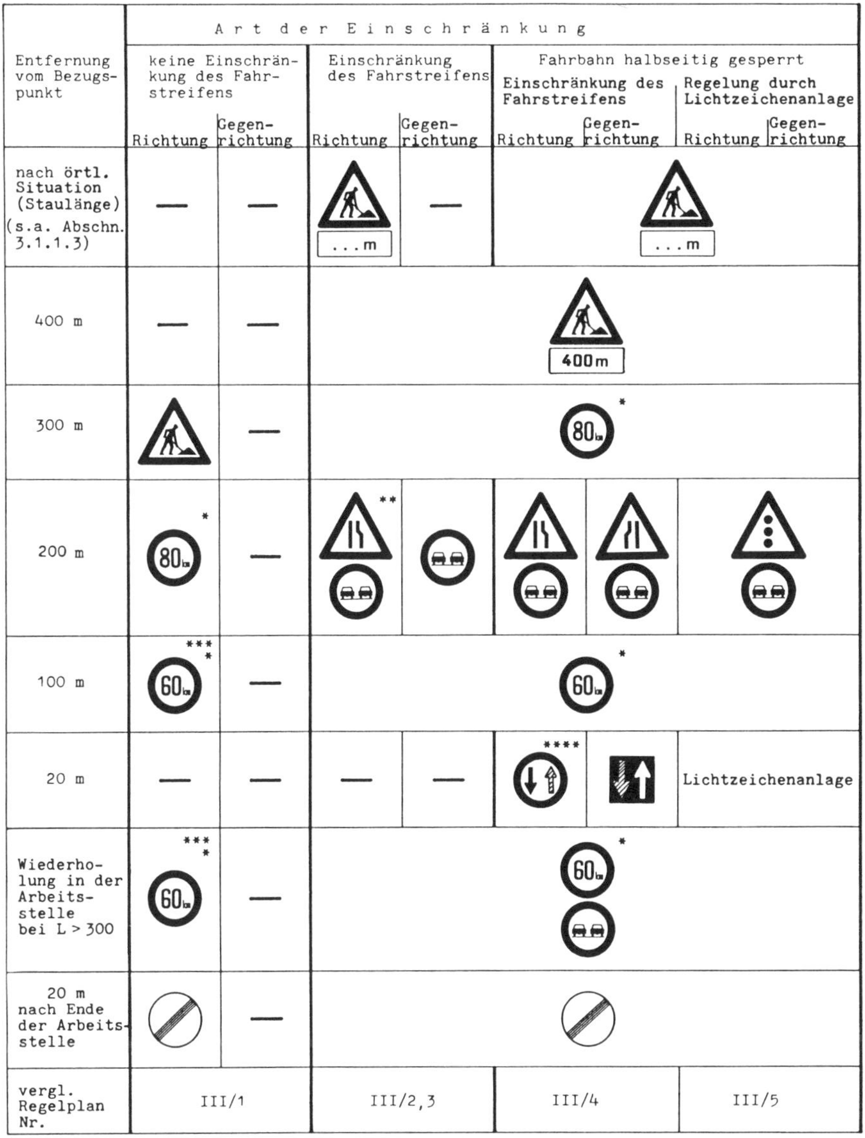

Entfernung vom Bezugspunkt	Art der Einschränkung							
	keine Einschränkung des Fahrstreifens		Einschränkung des Fahrstreifens		Fahrbahn halbseitig gesperrt			
					Einschränkung des Fahrstreifens		Regelung durch Lichtzeichenanlage	
	Richtung	Gegen-richtung	Richtung	Gegen-richtung	Richtung	Gegen-richtung	Richtung	Gegen-richtung
nach örtl. Situation (Staulänge) (s.a. Abschn. 3.1.1.3)	—	—	⚠ ...m	—	⚠ ...m			
400 m	—	—	⚠ 400m					
300 m	⚠	—	80 *					
200 m	80 *	—	⚠ ** / 🚗🚗	🚗🚗	⚠ / 🚗🚗	⚠ / 🚗🚗	⚠ / 🚗🚗	
100 m	60 *** *	—	60 *					
20 m	—	—	—	—	⬇⬆ ****	⬆	Lichtzeichenanlage	
Wiederholung in der Arbeitsstelle bei L > 300	60 *** *	—	60 * / 🚗🚗					
20 m nach Ende der Arbeitsstelle	⊘	—	⊘					
vergl. Regelplan Nr.	III/1		III/2,3		III/4		III/5	

*   ggf. 70/50
**   nur wenn Breite des verbleibenden Fahrstreifens <2,75 m
***   in arbeitsfreier Zeit abdecken
**** auf beiden Straßenseiten

Bild 3.5 Systematik der Beschilderung von Arbeitsstellenbereichen auf Fahrbahnen mit Gegenverkehr außerorts

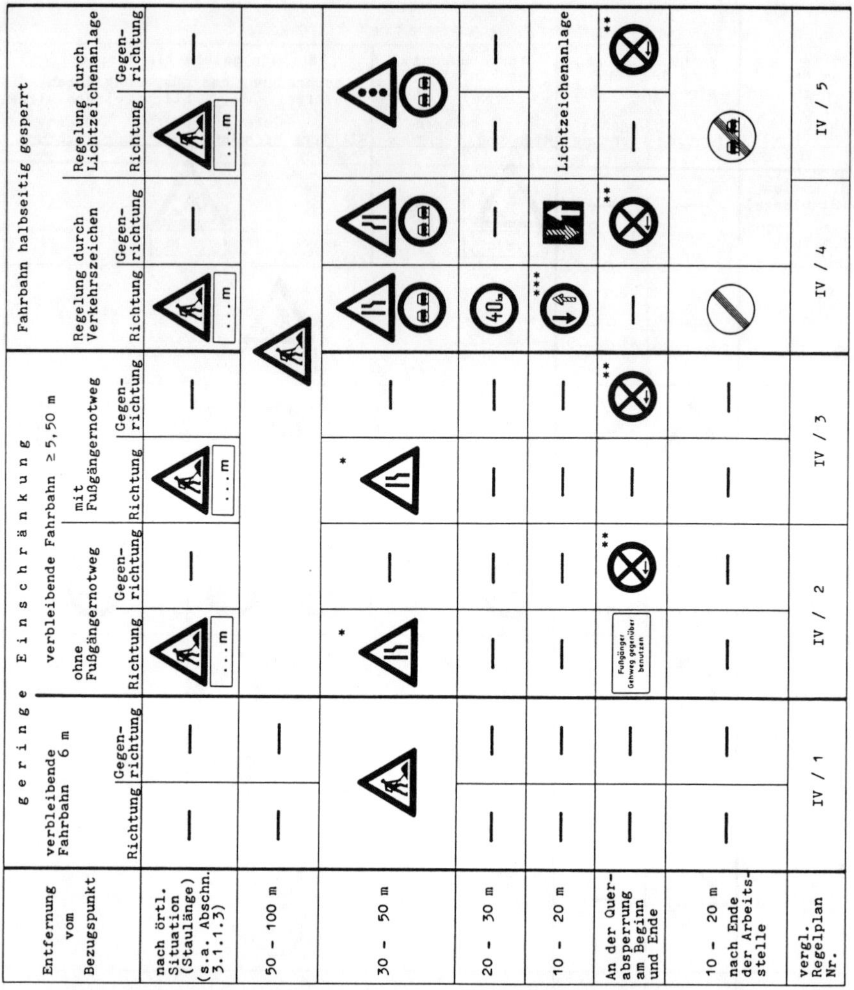

Entfernung vom Bezugspunkt	geringe Einschränkung: verbleibende Fahrbahn 6 m – Richtung	Gegenrichtung	verbleibende Fahrbahn ≥ 5,50 m, ohne Fußgängernotweg – Richtung	Gegenrichtung	verbleibende Fahrbahn ≥ 5,50 m, mit Fußgängernotweg – Richtung	Gegenrichtung	Fahrbahn halbseitig gesperrt, Regelung durch Verkehrszeichen – Richtung	Gegenrichtung	Fahrbahn halbseitig gesperrt, Regelung durch Lichtzeichenanlage – Richtung	Gegenrichtung
nach örtl. Situation (Staulänge) (s.a. Abschn. 3.1.1.3)	—	—	... m	—	... m	—	... m	—	... m	—
50 - 100 m	—	—								
30 - 50 m			*	—	*	—				
20 - 30 m	—	—	—	—	—	—	40	—	—	—
10 - 20 m	—	—	—	—	—	—	***		Lichtzeichenanlage	
An der Querabsperrung am Beginn und Ende	—	—	Fußgänger Gehweg gegenüber benutzen	**	—	**	—	**	—	**
10 - 20 m nach Ende der Arbeitsstelle	—	—	—	—	—	—				
vergl. Regelplan Nr.	IV / 1		IV / 2		IV / 3		IV / 4		IV / 5	

* Nur wenn Breite des verbleibenden Fahrstreifens < 2,75 m
** Z 283 A bzw. Z 283 E
*** auf beiden Straßenseiten

Die örtliche Situation (Knotenpunkte) kann häufig Abweichungen erfordern.

Bild 3.6 Systematik der Beschilderung von Arbeitsstellenbereichen auf Fahrbahnen mit Gegenverkehr innerorts

und wie der Verkehr zu beschränken, zu leiten und zu regeln ist, ob und wie gesperrte Straßen und ihre Umleitungen zu kennzeichnen sind. Der Bundesminister für Verkehr hat als Grundlage für sicherheitstechnische Regelungen herausgegeben die

● Richtlinien für die Sicherung von Arbeitsstellen an Straßen (RSA), Ausgabe 1980*.

Für die *Beschilderung von Arbeitsstellenbereichen* (Bilder 3.5 und 3.6) sind darin Regelpläne enthalten, durch deren Anwendung die meisten der im Rohrleitungsbau anfallenden Beeinflussungen der Straßenflächen in Längs- und Querrichtung bei größeren Maßnahmen beherrscht werden können.

3.2.2.2 Verkehrssicherung an Arbeitsstellen

Zur *Verkehrssicherung an Arbeitsstellen* unterscheidet man:

- Verkehrszeichen (Gefahrzeichen, Vorschriftszeichen, Richtzeichen)
- Verkehrseinrichtungen (Absperrgeräte, Leiteinrichtungen, Lichtsignalanlagen)
- Schutzeinrichtungen (Schrammborde, Schutzplanken, Geländer u.a.m.).

Die *verkehrsaufsichtliche Anordnung* entbindet den Bauunternehmer im zugestandenen Umfang vom Verbot, Gegenstände auf die Straßen zu bringen und verpflichtet ihn, die erforderlichen Sicherungsmaßnahmen zu treffen. Der verantwortliche Bauleiter hat die Beschilderung und Absicherung der Baustelle nach den Weisungen der Verkehrsbehörde vorzunehmen und zu überwachen.

Die Straßenverkehrsbehörde kann für Arbeiten und Absicherungen von Arbeitsstellen eine *Jahresgenehmigung* an Firmen erteilen, die ständig in ihrem Anordnungsgebiet tätig sind. Bei Arbeiten von nur kurzer Dauer und bei geringem Umfang der Arbeitsstelle bedarf es keiner Vorlage eines Verkehrszeichenplanes, wenn sich die Arbeiten nur unwesentlich auf den Verkehr auswirken. Unabhängig von allen Vorschriften und Regelungen gilt für die gesamte Verkehrssicherung an Baustellen der zu beachtende Grundsatz, daß der Bauunternehmer uneingeschränkt für die richtige Absicherung verantwortlich ist.

* Die Herausgabe einer wesentlich erweiterten Neufassung der RSA ist für 1992 vorgesehen.

3.2.2.3 Sicherung des Baustellenverkehrs

Eine besondere Bedeutung erhält die Verkehrssicherung an Baustellen dadurch, daß auch umfangreiche Transportleistungen für die Baustelle erforderlich sein können und daß eine große Anzahl mobiler Baumaschinen eingesetzt ist. Die Summe aller Fahrten im innerbetrieblichen Verkehr und im öffentlichen Verkehr, soweit sie der Ver- und Entsorgung der Baustelle und der Herstellung der Rohrleitung dienen, bezeichnet man als *Baustellenverkehr*. Für den innerbetrieblichen Verkehr gilt § 15 (3) und § 15 (4) der UVV Bauarbeiten (VBG 37). Für den öffentlichen Verkehr gilt uneingeschränkt die Straßenverkehrsordnung

(StVO). Verkehrssicherung und Arbeitssicherung greifen somit eng ineinander und erfordern in mehrfacher Hinsicht partnerschaftliche Zusammenarbeit und verantwortungsbewußte Baustellenorganisation.

3.2.3   Vorbereitung der Baumaßnahme

Vom Versorgungsunternehmen und vom Bauunternehmen sind vor Baubeginn verschiedene Maßnahmen auf der Grundlage des von der Arbeitsvorbereitung geplanten Bauablaufes einzuleiten und abzuwickeln. Diese vorbereitenden Baustellentätigkeiten dienen dem optimalen Ablauf der nachfolgenden Tiefbau- und Rohrleitungsbauarbeiten. Die *Baustelleneinrichtung* umfaßt hierfür die zweckmäßige Ausstattung des Baubetriebes mit Produktions-, Transport- und Hilfseinrichtungen sowie deren räumliche und zeitliche Beziehungen zueinander. Die *Trassenvorbereitung* beinhaltet alle Maßnahmen für einen möglichst kontinuierlichen und unbehinderten Bauablauf auf dem zur Verfügung stehenden Arbeitsstreifen.

3.2.3.1   Baustelleneinrichtung

Grundlage für die *Planung der Baustelleneinrichtung* sind:

– Art und Länge der zu bauenden Rohrleitung
– Geländeverhältnisse, Oberflächen- und Bodenbeschaffenheit
– Umwelteinflüsse, Bebauungsdichte und Straßenverkehr
– Trassenbreiten, Freiflächen, Transportwege
– Arbeitsverfahren und Maschineneinsatz
– Bauablaufplanung und Leistungsvorgaben.

Nach Entscheidung für Ort, Art und Umfang der Baustelleneinrichtung sind dann die zugehörigen Produktions- und Transporteinrichtungen zum richtigen Zeitpunkt an der richtigen Stelle einzusetzen und während der Bauabwicklung durch logistische Maßnahmen zweckentsprechend von einer oder von mehreren Stellen aus zu versorgen.

Einrichtung, Betrieb und Ausrüstung einer Baustelle unterliegen den Bestimmungen der

● Arbeitsstättenverordnung (des BMA vom 20.03.75)

und den zugehörigen Arbeitsstätten-Richtlinien. Insbesondere bei innerstädtischen Baumaßnahmen ist eine frühzeitige Abstimmung mit den Gewerbeaufsichtsämtern für die Maßnahmen im Einzelfall zweckmäßig.

Zwischen Baustelleneinrichtung und Trassenvorbereitung bestehen zahlreiche Abhängigkeiten und enge Zusammenhänge, wenn es sich um Rohrleitungen handelt, die außerhalb der Bebauung über anderweitig genutzte Oberflächen führen. Aber auch in bebauten Gebieten bei Nutzung privater Grundstücke oder öffentlicher Flächen ist es erforderlich, frühzeitig festzustellen, welche Einflußfaktoren den Ablauf der nachfolgenden Bauarbeiten beeinflussen oder behindern können.

3.2.3.2 Arbeitssicherheit und Unfallverhütung

Im Zusammenhang mit der Baustelleneinrichtung sind weiterhin alle Maßnahmen zu ergreifen, die dem Schutz und der *Sicherheit aller Beschäftigten* auf der Baustelle dienen. Die allgemeinen Vorschriften und Durchführungsanweisungen sind enthalten in der

● Unfallverhütungsvorschrift „Allgemeine Vorschriften" (VBG 1).

Dabei handelt es sich um gemeinsame Vorschriften der Berufsgenossenschaft der Gas- und Wasserwerke und der Tiefbau-Berufsgenossenschaft. Für die eigentlichen Bauarbeiten gilt die

● Unfallverhütungsvorschrift „Bauarbeiten" (VBG 37)

der Tiefbau-Berufsgenossenschaft. Hierin sind außer den allgemeinen und gemeinsamen Bestimmungen auch die Verkehrssicherung auf Baustellen enthalten und im Anhang 1 eine Aufzählung aller übrigen Technischen Regelwerke, die in Verbindung mit Bauarbeiten möglicherweise beachtet werden müssen.

3.2.3.3 Vorbereitungsmaßnahmen

Die Vorbereitung der Trasse innerhalb des vom Versorgungsunternehmen zur Verfügung gestellten Arbeitsstreifens (überwiegend nur außerhalb der Bebauung möglich) oder im Arbeitsbereich der zu bauenden Rohrleitung (innerhalb der Bebauung meistens ohne genaue Abgrenzung) sollte nur in Verbindung mit den Annahmen und Grundlagen der *Arbeitsvorbereitung* erfolgen. Zahlreiche *Einzelmaßnahmen* verdienen dabei besondere Beachtung wegen ihrer grundsätzlichen Bedeutung und wegen ihres Einflusses auf die nachfolgenden Tätigkeiten:

- Absteckung der Trasse (Grabenachse = Rohrleitungsachse) und Einmessung von Höhenfestpunkten
- Übertragung einer Kilometrierung in die Örtlichkeit
- Einmessen von Horizontal- und Vertikalbögen
- Einmessung und Markierung von querenden Fremdleitungen oder anderen baulichen Anlagen
- Information der betroffenen Anlieger über den Bauverlauf.

Zusätzlich sind nunmehr weitere bautechnischen Vorbereitungsmaßnahmen zu treffen, die bereits *vor Beginn der Tiefbauarbeiten* fertiggestellt sein sollten:

- Aufnehmen und Lagern von querenden Zäunen
- Holzeinschlag in Waldgebieten und Entfernung der Baumstubben
- Schutz der Bäume entlang der Trassen gegen Beschädigung
- Überbrückung oder Verrohrung von Bächen und Einschnitten
- Bereitstellung von Fußgängerüberwegen und Fahrbahnbrücken

- Markierung und Sicherung von Straßenkappen, Hydranten und anderen Anlagen der öffentlichen Versorgung
- Herstellung von Probelöchern im Hinblick auf Grundwasserhaltung, Felsbearbeitung, Böschungsneigung u. a. m.
- Querschläge zur Feststellung der genauen Lage von fremden Anlagen.

Nach Abwicklung aller *Vorbereitungen* sind die Voraussetzungen geschaffen, um mit den Tiefbauarbeiten beginnen zu können. Je besser und gründlicher die Organisation in der Planungs- und Vorbereitungsphase ist, um so weniger werden die späteren Arbeiten durch Improvisationen negativ beeinflußt, die sich aus unvorhersehbaren Ereignissen und Hindernissen bei nahezu jedem Tiefbauobjekt einstellen.

3.3 Herstellung von Rohrgräben und Baugruben

Für den Bau von Rohrleitungen handelt es sich um überwiegend flache Rohrgräben und Baugruben. Trotzdem sind Bauleistungen zu erbringen, die sehr unterschiedlichen Einflüssen und Anforderungen unterliegen. Die sich aus der Trassenoberfläche, den anstehenden Bodenarten und den Umweltbedingungen ergebenden Risiken sind nicht immer oder nicht vollständig erfaßbar und vorhersehbar. Die Einhaltung sehr unterschiedlicher Vorschriften, Anordnungen und Richtlinien setzt auch bei diesen Tiefbauarbeiten gute technische Kenntnisse und Erfahrungen voraus.

3.3.1   Arten der Rohrgrabenausführung

Für den Bau von Druckrohrleitungen sind Rohrgräben sowohl bauliche Hilfsmaßnahmen als auch wesentliche Bestandteile des Bauwerks selbst. Je nach der Art und der Lage des Rohrgrabens werden unterschiedliche Anforderungen an sicherheitstechnische Maßnahmen und an die bautechnische Ausführung gestellt. Zur Anwendung der jeweiligen Vorschriften und Richtlinien gibt es verschiedene *Abgrenzungskriterien*, die einzeln oder kombiniert anfallen können.

3.3.1.1   Unterscheidungskriterien für Rohrgräben

In sicherheitstechnischer Hinsicht unterscheidet man zum Zwecke der Unfallverhütung

- Rohrgräben, die betreten und
- Rohrgräben, die nicht betreten werden müssen.

Ob die Rohrgräben zum Verlegen und Prüfen der Rohrleitungen betreten werden müssen, hängt nicht nur von den örtlichen Gegebenheiten, sondern auch von der Art des gewählten Rohrmaterials und der ausgeführten Rohrverbindungen ab.

An den wieder verfüllten Rohrgraben werden hinsichtlich der unbeeinträchtigten *Nutzung der Oberflächen* unterschiedliche Anforderungen gestellt für

- Rohrgräben, die innerhalb von Verkehrsflächen und
- Rohrgräben, die außerhalb von Verkehrsflächen liegen.

Beim Bau von Ortsrohrnetzen wird es kaum möglich sein, Rohrgräben außerhalb von Verkehrsflächen anzuordnen, so daß nicht nur technische Bauschwierigkeiten anfallen, sondern auch hohe Kosten für die Tiefbau- und Oberflächenarbeiten.

Hinsichtlich der *Höhenlage im Gelände* sind zu unterscheiden:

- Rohrgräben, die für eine Mindestüberdeckung der Rohrleitung in Anpassung an das Gelände ausgehoben werden und
- Rohrgräben, die nach vorgegebenen Steigungen bzw. Gefällen zwischen kotierten Hoch- und Tiefpunkten angelegt werden.

Für Gasrohrleitungen kann vielfach durch Kuppen- und Wannenausrundungen eine günstige Gradientenführung erreicht werden. Andere Druckrohrleitungen sind meistens mit planungsseitig angegebenem Gefälle oder in Anbindung an bestimmte Höhenfestpunkte zu verlegen.

Hinsichtlich der *Standfestigkeit des Rohrgrabens* sind zu unterscheiden:

- Rohrgräben mit senkrechten oder geböschten Wänden und
- Rohrgräben mit waagerechtem oder senkrechtem Verbau.

Sicherheitstechnische Vorschriften und örtliche Gegebenheiten sind maßgebend für die Art der Bauausführung, so daß eigenverantwortliche Entscheidungen stark eingeschränkt sind.

Für die Festlegung, mit welcher *Art des Einsatzes an Personal und Gerät* der Grabenaushub vorgenommen werden soll oder muß, unterscheidet man:

- Grabenaushub durch Handschachtung und
- Grabenaushub mit Baugeräten.

Der maschinelle Grabenaushub wird als Normalfall angesehen werden können, jedoch läßt sich Aushubarbeit in Handschachtung nur selten vermeiden.

3.3.1.2 Festlegung der Rohrgrabentiefe

Bei jeder geplanten Art der Bauausführung ist als unabdingbare *Sicherheitsvorschrift und Technische Regel* zu beachten die

- DIN 4124: Baugruben und Gräben; Böschungen, Arbeitsraumbreiten, Verbau.

Hierin sind die sicherheitstechnischen Festlegungen und bautechnischen Hinweise für die einzelnen Maßnahmen enthalten (Bild 3.7).

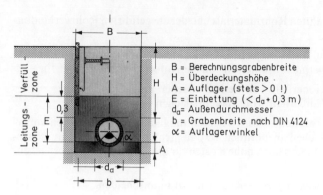

Bild 3.7 Bezeichnungen zur Festlegung von Abmessungen für Rohrgräben

Der Rohrgraben ist entsprechend der festgelegten Rohrdeckung oder nach den direkt angegebenen Maßen für die Rohrgrabensohle auszuheben. Sofern die *Höhenlage der Rohrleitung* in m über NN nicht zwingend vorgeschrieben ist, können die Überdeckungshöhen von der vorhandenen oder geplanten Oberkante des Geländes oder der Oberflächenbefestigung abgenommen werden. Während bei Straßenoberflächen die Rohrdeckung und damit die Grabentiefe sehr genau gemessen werden kann, muß man im freien Gelände davon ausgehen, daß die auf eine Oberfläche bezogenen Maße stets Toleranzen aufweisen, die mit $+/-$ 10 cm angesetzt werden können und um so größer sind, je unebener die Oberfläche ist. Sofern jedoch Unterlagen zuständiger Stellen hinsichtlich der mindestens einzuhaltenden Rohrdeckung vorliegen, dürfen diese Maße zwar überschritten, nicht aber unterschritten werden.

Bei erforderlichen Abweichungen von der geplanten Gradiente ist die *Tiefe der Grabensohle* so anzulegen, daß ausreichende Abstände zu anderen baulichen Anlagen unter Berücksichtigung des Rohrleitungsdurchmessers und der betrieblichen Belange vorhanden sind. In öffentlichen Verkehrsflächen innerhalb geschlossener Ortschaften regeln sich gegebenenfalls die Abstandsmaße nach den von der zuständigen Verwaltung vorgegebenen Verlegezonen. Auch bei Parallelverlegung zu einer schon vorhandenen Rohrleitung außerhalb öffentlicher Verkehrsflächen sind Mindestmaße einzuhalten.

Die Grabensohle ist gegenüber der geplanten Rohrdeckung überall dort tiefer auszuheben, wo Arbeitsgruben (z. B. Kopflöcher) erforderlich werden oder Hindernisse (z. B. Kanäle) zu unterfahren sind. Bei felsigem oder steinigem Baugrund muß die Grabensohle um das Maß des erforderlichen Sandauflagers vertieft werden. Für Schweißarbeiten im Rohrgraben soll die Länge der „Kopflöcher" an der Arbeitsstelle mindestens 1,5 m betragen; der Abstand vom Rohr soll zur Kopflochsohle 0,4 m und darf zur Grabenwand 0,6 m nicht unterschreiten.

3.3.1.3 Festlegung der Rohrgraben- und Baugrubenbreite

Die Breite des Rohrgrabens ist von einer *Vielzahl von Bedingungen und Kriterien* abhängig. Nur wenn Rohrgräben überhaupt nicht betreten werden müssen und hinsichtlich der Verdichtung keine Anforderungen gestellt werden, kann die Grabenbreite nach konstruktiven und technischen Gesichtspunkten geplant werden. Zur Bemessung aller sonstigen Rohrgrabenbreiten gibt DIN 4124 die Mindestmaße an, die aus bautechnischen und sicherheitstechnischen Gründen eingehalten werden müssen.

Wenn Leitungsgräben keinen betretbaren Arbeitsraum zum Prüfen und Verlegen der Rohrleitung haben müssen, gelten folgende Mindestbreiten:

- bis 0,70 m Tiefe: 0,30 m
- bis 0,90 m Tiefe: 0,40 m
- bis 1,00 m Tiefe: 0,50 m
- bis 1,25 m Tiefe: 0,60 m.

Die zusätzlichen Randbedingungen und die ergänzenden Forderungen sind in Bild 3.8 dargestellt. Diese Gräben dürfen also beispielsweise von Hand ausgeschachtet und eingesandet werden, aber nicht zur Verlegung (Verbindung) und zur Prüfung (der Umhüllung) von Rohren betreten werden.

Sobald Arbeiten im Rohrgraben ausgeführt werden, die nicht erdspezifisch sind, wird dieser zum „Arbeitsplatz" der dort tätigen Personen. Gemäß § 32 der UVV Bauarbeiten gilt für die *Beurteilung des Arbeitsraumes* als lichte Grabenbreite:

- bei geböschten Gräben die Sohlbreite bezogen auf den größten Rohrschaftdurchmesser

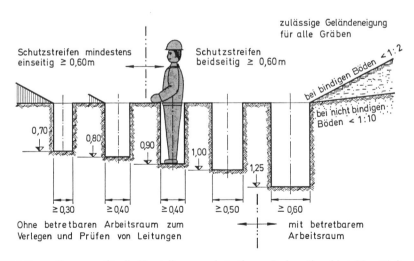

Bild 3.8 Bedingungen für die Herstellung von betretbaren Rohrgräben bis 1,25 m Tiefe

- bei unverkleideten, mit senkrechten Wänden ausgehobenen Gräben der lichte Abstand der Erdwände
- bei waagerechtem Verbau der lichte Abstand der Holzbohlen oder Verbauplatten
- bei senkrechtem Verbau der lichte Abstand der Holzbohlen, Kanaldielen, Stahlverbauplatten oder Spundbohlen.

Da Arbeitsraumbreiten für *Baugruben und Rohrgräben* nach unterschiedlichen Kriterien bemessen werden, ergibt sich oftmals das Problem der Abgrenzung zwischen diesen beiden Begriffen. Für Tiefbauarbeiten bei Rohrleitungen werden daher folgende Definitionen festgelegt:

- *Rohrgräben* sind Schachtungen, die unabhängig von deren Länge und Tiefe ausschließlich dem Verlegen und Verbinden von Rohren (einschließlich zugehöriger Begleitkabel) in der dafür erforderlichen Breite dienen
- *Baugruben* (im Zusammenhang mit dem Bau von Rohrleitungen) sind alle übrigen Schachtungen, auch wenn sie zusätzlich dem Verlegen und Verbinden von Rohren (einschließlich zugehöriger Begleitkabel) dienen.

Es handelt sich also um Rohrgräben beispielsweise bei der Verlegung von Mehrfach-Rohrleitungen, bei der Verlegung eines Dükers oder bei „Kopflöchern" zum Zwecke der Rohrverbindung. Dagegen handelt es sich um Baugruben bei der Herstellung von Schächten, beim Einbau von Absperrorganen oder bei der Ausführung des Rohrvortriebs.

Um einen sicheren und zweckentsprechenden Arbeitsraum zu gewährleisten, sind unabhängig vom Durchmesser der zu verlegenden Rohrleitung bei Gräben mit senkrechten Wänden folgende *Mindestbreiten* b einzuhalten:

- 0,60 m bei nicht verbauten Gräben bis 1,75 m Tiefe
- 0,70 m bei teilweise verbauten und voll verbauten Gräben bis 1,75 m Tiefe
- 0,80 m bei Grabentiefen von mehr als 1,75 bis 4,00 m
- 1,00 m bei Grabentiefen von mehr als 4,00 m.

Die weiteren Angaben für lichte Mindestbreiten bei Gräben mit betretbarem Arbeitsraum für die Verlegung und Prüfung von Leitungen sind in der DIN 4124 festgelegt (s. Tabelle 3.3).

Für mehrere *Sonderfälle* beim Aushub von Rohrgräben (Umsteifen des Verbaus, längsverlaufende Hindernisse, enge Zwangspunkte u. a. m.) sind in der DIN 4124 die erforderlichen Angaben gemacht worden. Für andere Gegebenheiten (z. B. Ausbildung von Stufengräben, Parallelverlegung mehrerer Rohre) enthält die DIN 4124 keine Hinweise, so daß es der eigenverantwortlichen Entscheidung des Bauleiters bedarf, um eine sicherheitstechnisch einwandfreie Bauausführung ermöglichen zu können.

Baugruben, die im Zusammenhang mit dem Bau von Rohrleitungen nur in geringem Umfange anfallen, unterliegen hinsichtlich der einzuhaltenden Breiten ebenfalls den Vorschriften der DIN 4124. Die Arbeitsräume müssen bei ge-

Tabelle 3.3 Mindestbreiten für Rohrgräben mit betretbarem Arbeitsraum für die Verlegung und Prüfung von Rohrleitungen

Äußerer Leitungs- bzw. Rohrschaftdurchmesser d in m	Lichte Mindestbreite b in m			
	Verbauter Graben		Nicht verbauter Graben	
	Regelfall	Umsteifung	$\beta \leq 60°$	$\beta > 60°$
bis 0,40	$d + 0,40$	$d + 0,70$	$d + 0,40$	
über 0,40 bis 0,80	$d + 0,70$		$d + 0,40$	$d + 0,70$
über 0,80 bis 1,40	$d + 0,85$			
über 1,40	$d + 1,00$			

böschten unverbauten Wänden und im Normalfall auch bei verbauten senkrechten Wänden mindestens 0,50 m breit sein, sofern nicht bei geringer Höhe des Einbauquerschnittes (z. B. bei einem Mantelrohr) die Werte der Tabelle 2 (DIN 4124) sinngemäß übernommen werden können.

3.3.2 Sicherheitstechnische Baumaßnahmen

Tiefbauarbeiten für Rohrgräben und Baugruben dürfen nur von solchen Fachleuten und Unternehmen ausgeführt werden, die über die notwendigen Kenntnisse und Erfahrungen verfügen. Die sicherheitstechnischen Festlegungen der DIN 4124 sind für alle zugehörigen Arbeiten im Sinne der Unfallverhütungsvorschrift „Bauarbeiten" (VBG 37) einzuhalten. Nicht für alle anfallenden Baumaßnahmen sind jedoch die Festlegungen eindeutig und praktikabel (Bild 3.9).

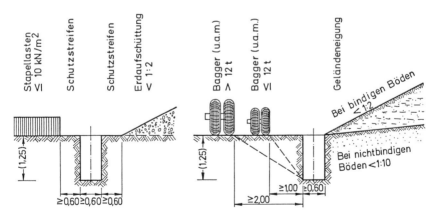

Bild 3.9 Bedingungen für die Herstellung von Rohrgräben mit betretbarem Arbeitsraum bis 1,25 m Tiefe ohne Nachweis der Standsicherheit

Bei eigenverantwortlichen Abweichungen oder Entscheidungen sollte daher stets die Berufsgenossenschaft eingeschaltet werden.

Um sicherheitstechnisch einwandfreie Rohrgräben und Baugruben herstellen zu können, sind Unterlagen und Angaben erforderlich, die eine *Beurteilung der Standsicherheit* der Wände und Böschungen oder des Verbaus ermöglichen. Dazu gehören:

– Baugrund- und Grundwasserverhältnisse
– Bodenarten, Siebanalysen, Untersuchungsergebnisse
– Abstand und Gründungstiefe angrenzender Bauwerke
– Bauwerke und Leitungen im Ausschachtungsbereich
– besondere Vorschriften über Standsicherheitsnachweise.

Diese Unterlagen und Angaben sind dann nicht erforderlich, wenn es sich um Gruben und Gräben geringer Tiefe in freiem Gelände oder um sich wiederholende Bautätigkeiten bei bekannten Verhältnissen handelt.

3.3.2.1   Allgemeine Sicherheitshinweise

Einige allgemeine *Hinweise* gelten grundsätzlich *für alle Ausschachtungsarbeiten*:

– Im Bereich benachbarter baulicher Anlagen (Bild 3.10) ist der Aushub unter Beachtung der DIN 4123 vorzunehmen.
– An den Rändern der Baugruben und Rohrgräben sind mindestens 0,60 m breite Schutzstreifen anzuordnen, die von Aushubmaterial, Hindernissen und nicht benötigten Gegenständen freizuhalten sind. Bei Gräben bis 0,80 m Tiefe kann auf einer Seite auf den Schutzstreifen verzichtet werden.
– Gruben und Gräben von mehr als 1,25 m Tiefe dürfen nur über geeignete Einrichtungen betreten und verlassen werden.

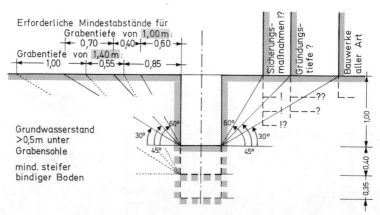

Bild 3.10   Erforderliche Prüfungen und Maßnahmen bei der Ausschachtung von Rohrgräben in Abhängigkeit vom Abstand benachbarter Bauwerke

- Gräben von mehr als 80 cm Breite sind mit Übergängen zu versehen.
- Erd- und Felswände dürfen nicht unterhöhlt werden und Überhänge sind unverzüglich zu beseitigen.
- Alle bei Ausschachtungsarbeiten, Verbauarbeiten und Verfüllungsarbeiten eingesetzten Maschinen und Geräte müssen nach den Bestimmungen der UVV ausgerüstet und betrieben werden.

3.3.2.2 Standsicherheit der Grabenwände

Beim Bau betretbarer Rohrgräben, die nicht verbaut sind, müssen vorab die *Randbedingungen für die Standsicherheit* der Wände oder Böschungen geprüft werden. Für Gräben bis 1,75 m Tiefe gelten dabei Bedingungen, die in Bild 3.11 dargestellt sind. Andere Gräben über 1,25 m bzw. 1,75 m Tiefe müssen mit abgeböschten Wänden hergestellt werden, deren Neigung sich nach den bodenmechanischen Eigenschaften unter Berücksichtigung der zeitabhängigen Standsicherheit und den äußeren Einflüssen richtet. Die maximal anwendbaren *Böschungswinkel* sind:

- bei nichtbindigen oder weichen bindigen Böden   45°
- bei steifen oder halbfesten bindigen Böden   60°
- bei Fels   80°

Die Wandhöhen sind zu verringern oder die Böschungen flacher anzulegen, wenn besondere Einflüsse die Standsicherheit gefährden:

- Störungen des Bodengefüges (Klüfte, Verwerfungen)
- Zufluß von Schichtenwasser oder Oberflächenwasser
- Grundwasserabsenkung durch offene oder geschlossene Wasserhaltung
- wenig verdichtete Verfüllungen oder Aufschüttungen

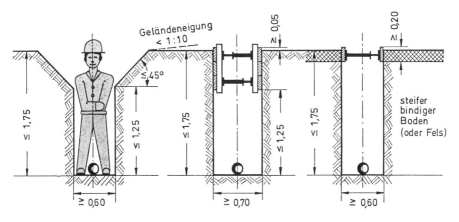

Bild 3.11 Möglichkeiten und Bedingungen für die Ausbildung von Rohrgräben bis 1,75 m Tiefe

– starke Erschütterungen aus Verkehr, Sprengungen oder Verdichtungsarbeiten
– Frost, Trockenheit, Niederschläge.

Die Standsicherheit nicht verbauter Wände und von Böschungen ist nach
DIN 4084 nachzuweisen, wenn die in DIN 4124 genannten Bedingungen nicht
erfüllt sind oder davon abgewichen werden soll.

3.3.2.3   Verbaumaßnahmen

In Abhängigkeit von den folgenden Kriterien ist der *Verbau von Rohrgräben und
Baugruben* in den meisten Fällen erforderlich:

– ungünstige Bodenverhältnisse (Klasse 2 nach DIN 18 300 o. ä.)
– tiefe Baugruben (für Sonderbauwerke o. ä.).
– benachbarte bauliche Anlagen (Rohrleitungen, Fundamente o. ä.)
– feste Straßenoberflächen (benachbarter Schwerverkehr o. ä.)
– örtliche Sonderbedingungen (Grundstücksgrenzen o. ä.).

Für die bis in eine Tiefe von angenommen 3,00 m zu verlegenden Rohrleitungen
sind nicht alle Verkleidungs-, Aussteifungs- und Verankerungskonstruktionen
sinnvoll anwendbar. Hauptsächlich kommen für Rohrgräben in Frage:

– waagerechter Grabenverbau
– senkrechter Grabenverbau
– großflächige Verbauplatten.

Bei tiefen Baugruben stehen zur Auswahl:

– Spundwände
– Trägerbohlwände.

Alle übrigen Konstruktionen (Schlitzwände, Pfahlwände, verfestigte Erdwände,
Unterfangungswände) sind anderen Bauwerken vorbehalten und nur dort sinnvoll einsetzbar. Welche der genannten Techniken für den Verbau von Rohrgräben oder Baugruben zum Einsatz kommen, hängt nicht nur von der Ausbautie-
fe, von der anstehenden Bodenart und von den verfügbaren Materialien ab,
sondern auch von den im Untergrund vermutlich vorhandenen Anlagen (Rohrleitungen, Kabel, Schächte u. a. m.). Wenn *Verbaugeräte und Verbauverfahren*
angewendet werden (Bild 3.12), bedürfen diese der sicherheitstechnischen Überprüfung durch die Tiefbau-Berufsgenossenschaft (TBG). Spundwände oder
Trägerbohlwände werden für Rohrgräben bis etwa 3,00 m Tiefe nur in Ausnahmefällen erforderlich sein; für die zugehörigen Baumaßnahmen ist jeweils ein
auf den besonderen Fall bezogener Standsicherheitsnachweis zu führen.

Der *waagerechte Grabenverbau* wird mit dem Aushub fortschreitend von oben
nach unten eingebracht und im umgekehrten Sinne wieder ausgebaut. Im allgemeinen wird man den waagerechten Normverbau (Bild 3.13) gemäß DIN 4124
ohne besonderen Standsicherheitsnachweis verwenden können. Der *senkrechte
Grabenverbau* wird bevorzugt in locker gelagerten nichtbindigen Böden und bei
weichen bindigen Böden eingesetzt. Die Holzbohlen oder Kanaldielen müssen

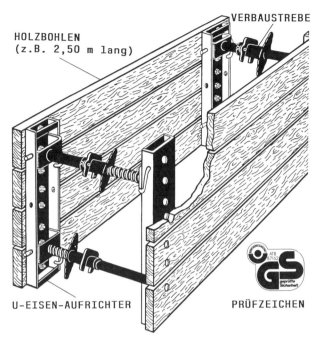

HOLZBOHLEN
(z.B. 2,50 m lang)

VERBAUSTREBE

U-EISEN-AUFRICHTER

PRÜFZEICHEN

Bild 3.12   Grabenverbaueinheit mit auswechselbaren Holzbohlen (zugel. gemäß Prüfsiegel der TBG)

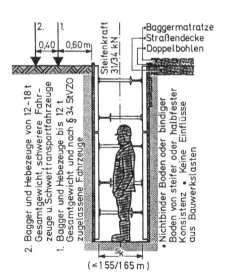

Bild 3.13   Erforderliche Abstände von Baggern, Hebezeugen und Fahrzeugen beim waagerechten Normverbau (links) und Möglichkeiten zur Verringerung dieser Abstände (rechts)

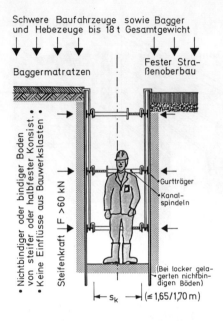

Schwere Baufahrzeuge sowie Bagger
und Hebezeuge bis 18 t Gesamtgewicht

Baggermatratzen

Fester Straßenoberbau

Gurtträger

Kanalspindeln

Nichtbindiger oder bindiger Boden
von steifer oder halbfester Konsist.
Keine Einflüsse aus Bauwerkslasten

Steifenkraft $F > 60$ kN

(Bei locker gelagerten nichtbindigen Böden)

s_k ($\leq 1{,}65/1{,}70$ m)

Bild 3.14 Senkrechter Normverbau mit Kanaldielen und Bedingungen für den Einsatz von Baggern, Hebezeugen und Fahrzeugen mit verringertem Abstand zum Verbau

bei solchen Böden in jedem Bauzustand mindestens 0,30 m tief im Boden stekken. Im allgemeinen erlauben es die vorliegenden Gegebenheiten, auch bei tieferen Gruben und Gräben den senkrechten Normverbau (Bild 3.14) gemäß DIN 4124 anzuwenden.

Der Grabenverbau ist während der Bauausführung regelmäßig zu kontrollieren, insbesondere

– vor jedem Arbeitsbeginn einer Kolonne
– nach längeren Arbeitsunterbrechungen
– nach Sturm, Regen, Frost usw.
– nach Erschütterungen (durch Rammungen, Sprengungen, Verkehr).

Dabei festgestellte Mängel und Gefahrenzustände sind unverzüglich zu beseitigen.

Der Verbau darf nur zurückgebaut werden, soweit er durch Verfüllen entbehrlich geworden ist. Er ist im Boden zu belassen, wenn er nicht gefahrlos entfernt werden kann. Jeder Grabenverbau darf nur auf Anordnung des Aufsichtsführenden, der die erforderlichen Kenntnisse haben muß, um- oder ausgebaut werden.

Die für Sonderbauwerke erforderlichen Baugruben müssen teilweise für die *Aufnahme zusätzlicher Kräfte* geeignet sein. Für die Längswände der Baugruben ist dabei zu berücksichtigen, daß Bagger und Krane in einem sehr geringen Abstand zur Baugrubenwand arbeiten und eine zusätzliche Flächenbelastung darstellen. Wenn die Rückwände der Baugruben durch hohe Preßkräfte belastet sind, muß die Standsicherheit der Druckwand geprüft werden. Wegen der günstigen Verteilung der auftretenden Druckkräfte wird man bei tieferen Baugruben stets Spundwände verwenden.

3.3.3 Aushub unter Grundwasserabsenkung

Beim Aushub von Rohrgräben und bei der Herstellung von Baugruben können Wasserhaltungsmaßnahmen erforderlich werden, wenn der natürliche Wasserstand (Grundwasser) eine ordnungsgemäße Durchführung der Bauarbeiten nicht zuläßt. Eine *Fehleinschätzung der Grundwasserverhältnisse* kann zu erheblichen Terminverzögerungen und Kostensteigerungen bei den Tiefbauarbeiten führen. Daher sind hinreichende Kenntnisse über Bodenart, Schichtenaufbau, Wasserdurchlässigkeit und Grundwasserstände wesentliche Voraussetzungen für die Vorbereitung und Ausführung einer Grundwasserabsenkung.

3.3.3.1 Offene Wasserhaltung

Eine *offene Wasserhaltung* mittels Horizontaldränagen wird für den Aushub von Rohrgräben nur in Ausnahmefällen wirtschaftlich vertretbar sein. Bei Baugruben wird man die offene Wasserhaltung anwenden, wenn der Grundwasserspiegel nur geringfügig über der Baugrubensohle steht. Das Wasser wird dann in *Horizontaldränagen* gefaßt und Pumpensümpfen zugeleitet (Bild 3.15). Bei wasserdichtem Verbau bleibt der natürliche Grundwasserspiegel außerhalb der Baugrube zwar nahezu unverändert, jedoch bewirkt das Druckgefälle eine Umströ-

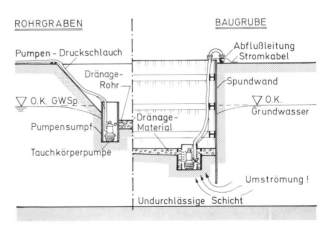

Bild 3.15 Offene Wasserhaltung für Rohrgräben und Baugruben

mung der Verbauwand, die den Erdwiderstand in der Grube vermindern und zu Grundbrüchen führen kann. Die Spundwand sollte daher in Abhängigkeit von den anstehenden Bodenarten mindestens unter die Sohle des Pumpensumpfes hinabreichen.

Der Vorteil einer offenen Wasserhaltung kann darin liegen, daß bei gleichgroßen Baugruben nur etwa 1/5 bis 1/3 der zu fördernden Wassermenge einer geschlossenen Wasserhaltung anfällt. Die Abschätzung des voraussichtlichen Wasseranfalls und die Durchführung der einzelnen Wasserhaltungsmaßnahmen erfordern Kenntnisse über die örtlichen Gegebenheiten und praktische Erfahrungen aus vorangegangenen Baumaßnahmen.

3.3.3.2 Geschlossene Wasserhaltung

Wenn das Grundwasser erheblich über der zukünftigen Rohrgraben- oder Baugrubensohle ansteht, kann man es durch *geschlossene Wasserhaltung* (horizontale oder vertikale Filtersysteme) fassen und ableiten. Die Menge des abzupumpenden Grundwassers richtet sich nach der Durchlässigkeit der wassergefüllten Bodenschichten und der Tiefe der erforderlichen Absenkung.

Eine *Schwerkraftentwässerung* liegt dann vor, wenn (in Mittel- und Grobsanden sowie Kiesen) das Grundwasser beim Abpumpen den Filtersystemen unter dem Einfluß der Schwerkraft zufließt. Bei einer Unterdruck- oder *Vakuumentwässerung* muß das überwiegend kohäsiv an die kleinen Bodenteilchen gebundene Wasser (in Feinsanden und Schluffen) durch Aufbringen eines Vakuums im Absenksystem zum Fließen gebracht werden.

Eine Grundwasserabsenkung mit (geschlossenen) *Horizontaldränagen* (Bild 3.16) ist beim Bau von Rohrleitungen im freien, unbebauten Gelände vorteilhaft. Die Dränschläuche werden dabei mit Spezialmaschinen etwa 0,50 bis 0,80 m unter der herzustellenden Grabensohle eingefräst. Je nach geschätztem Wasseranfall werden die Dränagen in Abständen von 25 bis 100 m seitlich aus dem Boden herausgeführt und an Pumpen angeschlossen, die das Wasser in den nächstgelegenen Vorfluter fördern.

Für kurze Rohrleitungsstrecken, für Rohrgräben in Siedlungsgebieten und bei einzelnen Bauwerken muß das Grundwasser durch *vertikale Filtersysteme*

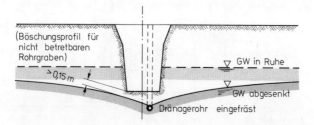

Bild 3.16 Schwerkraftentwässerung durch geschlossene Horizontaldränage

(Brunnen) abgesenkt werden. Für die Ermittlung der anfallenden Wassermengen bei reihen- oder ringförmiger Anordnung mehrerer Brunnen gibt es Berechnungsverfahren, die eine in der Größenordnung recht genaue Abschätzung ermöglichen.

Für die Grundwasserabsenkung von Rohrgräben werden überwiegend *Kleinfilteranlagen* (Bild 3.17) angewendet. Dazu werden entlang des Rohrgrabens in einseitiger oder zweiseitiger Anordnung Filterlanzen bzw. Kunststofffilter mit Durchmessern von 1,5″ bis 2,5″ eingespült. Die Filter müssen in Abständen von 1,00 bis 2,00 m eingespült werden, um die Überschneidung der Absenktrichter bzw. das auftretende Vakuum ausreichend wirksam werden zu lassen. Bei der Schwerkraftentwässerung kann man mit einer Wasserförderung von etwa 3 m³/h (max. 10 m³/h) je Filter rechnen. Bei der Vakuumentwässerung liegen die Fördermengen niedriger und erreichen meistens nur Werte $\leq$ 1 m³/h je Filter.

Vakuumanlagen bestehen aus Vakuumpumpen zum Erzeugen des erforderlichen Unterdrucks und aus Pumpen für die Wasserförderung. Das Ein- und Ausschalten der Vakuum- und Wasserpumpen geschieht druck- und mengenabhängig. Bei wechselnden Durchlässigkeiten des Untergrundes können Kleinfilteranlagen mit Unterdruck oder mit Schwerkraft gefahren werden, wodurch das Gesamtsystem in seiner Anwendbarkeit sehr flexibel ist.

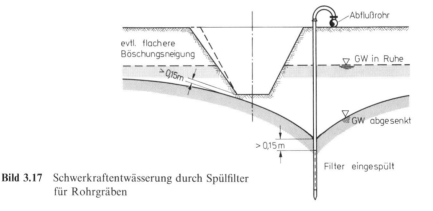

Bild 3.17   Schwerkraftentwässerung durch Spülfilter
für Rohrgräben

3.3.3.3   Wasserhaltung für tiefe Baugruben

Wenn die Tiefe von Baugruben weit über 3,0 m hinausgeht, ist zur Wasserhaltung meistens das Abteufen von *Brunnen größeren Durchmessers* erforderlich. Diese müssen für den Einbau von Unterwassermotorpumpen (U-Pumpen) und für das Einbringen einer ausreichend dicken Filterschicht geeignet sein. Üblich ist die Anwendung von Bohrdurchmessern zwischen 400 mm (mit Filterdurchmessern von 200 mm) und 600 mm (mit Filterdurchmessern von 350 mm).

In feinsandigen oder schluffigen Böden können sogenannte *Vakuum-Tiefbrunnen* (Bild 3.18) mit Bohrdurchmessern von 300–600 mm abgeteuft und mit Filtern von 150–250 mm Durchmesser ausgebaut werden. Der Ringraum wird mit Spezialfiltersand verfüllt, das Aufsatzrohr gegen die überlagernden Bodenschichten mit Ton oder Bentonit abgedichtet. Der obere Abschluß des Brunnens wird für alle Durchführungen (Pumpensteigeleitung, Vakuumrohrleitung und zugehörige Kabel) vakuumdicht ausgeführt. Vakuumpumpe und U-Pumpe werden vakuumabhängig bzw. wasserspiegelabhängig geschaltet. Die Installation solcher Brunnen bedarf besonderer Sorgfalt, wenn ein einwandfreier Dauerbetrieb gewährleistet sein soll.

Für die Grundwasserabsenkung bei Baugruben sind *Schätzungen* der voraussichtlichen Wasserförderung und der erreichbaren Absenkung vielfach nicht ausreichend. *Berechnungen* aufgrund der natürlichen Grundwasserverhältnisse, des geologischen Aufbaus, der Bodenkennwerte und des jahreszeitlichen Witterungsverlaufs sind eine gute Grundlage für zusätzliche Schätzungen und Entscheidungen.

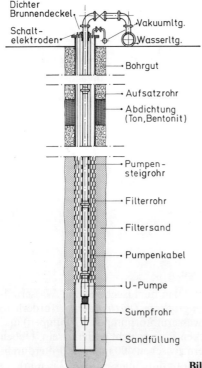

Bild 3.18 Schema eines Vakuum-Tiefbrunnens

Die *Vorlaufzeit*, d. h. die Betriebsleistung einer Wasserhaltung bis zum Erreichen des Absenkziels, ist vor allem von der Bodenart und der Absenktiefe abhängig und bei tiefen Brunnen nicht immer genau abzuschätzen. Während der ersten Stunden nach Inbetriebnahme liegt die Wasserförderung vielfach erheblich über der ggf. rechnerisch ermittelten Leistung nach Eintreten des Beharrungszustandes. Häufig können daher bei Mehrbrunnenanlagen einige Aggregate nach Erreichen des Absenkziels abgeschaltet und dadurch die Betriebskosten verringert werden.

3.4 Verfüllung und Oberflächenherstellung

Zur technisch einwandfreien Herstellung einer Rohrleitung gehören alle Bauleistungen bis zur Wiederherstellung des ursprünglichen oder verbesserten Zustandes der Oberflächen. Nur bei ordnungsgemäßer Ausführung dieser Erd- und Oberflächenarbeiten entstehen auch langfristig keine Schäden oder Nachteile sowohl für die Betriebssicherheit der Rohrleitung als auch für die einwandfreie Beschaffenheit der Oberflächen.

3.4.1 Einbettung und Verfüllung

Nachdem die Rohrleitung aufgelagert worden ist, muß die Einbettung die für das Auflager geltenden Bedingungen ergänzen und einen dauerhaften *Schutz der Rohrleitung* gewährleisten.

3.4.1.1 Auflager, Einbettung und Leitungszone

Die Umhüllungsdicke der Einbettung und die Schichtdicke des Auflagers sind in den Regelwerken für die verschiedenen Arten der Rohrleitungen angegeben. Stets muß jedoch die Rohrleitung mit Bodenmaterial umgeben sein, dessen Korngrößenzusammensetzung im Hinblick auf die mechanische Widerstandsfähigkeit der Rohre und der Rohrumhüllung zur Einbettung geeignet ist. Hierzu sind auch die Hinweise der Rohrhersteller zu beachten. Bei felsigem oder aggressivem Baugrund kann nur dann auf eine geeignete Bodenumhüllung verzichtet werden, wenn die Rohre z. B. durch Felsschutz-(Kork-)Matten oder durch eine FZ-Ummantelung geschützt werden. Die Rohrleitung ist bei einzelnen Vertiefungen in der Grabensohle so zu unterstopfen, daß unzulässige Spannungen vermieden werden. Bei nicht tragfähigem Baugrund (überwiegend in moorigen Böden) oder wenn große Setzungen erwartet werden (überwiegend in aufgeschüttetem Gelände) sind besondere Maßnahmen erforderlich. Hierfür sind Pfahlgründungen, Stahlbeton-Tragplatten, elastische Matten oder andere Sonderkonstruktionen anwendbar.

Bei den sonstigen Anforderungen an Auflager und Einbettung sind zu beachten:

– die Auswirkungen auf den aktiven und passiven Korrosionsschutz
– die zu verhindernde Dränagewirkung im Rohrgraben
– die Standfestigkeit der Bettung gegenüber dem umliegenden Boden.

Die zugehörigen Maßnahmen sind auf die örtlichen Gegebenheiten abzustimmen.

Für Auflager und Einbettung liegen meistens *besondere Verhältnisse* vor,

– wenn sich die Bodenschichten im Bereich der Grabensohle ändern
– wenn andere Leitungsgräben gekreuzt werden
– wenn Hindernisse durchfahren werden.

Dabei sind Vorkehrungen gegen unterschiedliche Auflagerbewegungen zu treffen, die entweder durch eine „weiche" Sandauflagerung oder durch eine „starre" Betonauflagerung erreicht werden können.

In Verkehrsflächen ist für den *Bereich der Leitungszone* (Bild 3.19), also bis 30 cm über Rohrscheitel, ein gut verdichtbarer Füllboden einzubringen, sofern nicht besondere Vereinbarungen oder Anordnungen vorliegen. Die Einbettung ist lagenweise einzubauen und ausreichend zu verdichten. Bereiche der Leitungszone, die sich nicht einwandfrei verfüllen und verdichten lassen (z. B. Zwickel unter beengten Verhältnissen oder unter den Rohren) sind mit Beton, Porenleichtbeton oder einem Boden-Bindemittel-Gemisch zu verfüllen.

Im freien Gelände und in Vegetationsflächen kann weitgehend auf besondere Anforderungen bei der Einbringung des Bettungsmaterials verzichtet werden, sofern keine Hohlräume (durch offene Zwickel) auftreten und statische Anforderungen nicht vorliegen. Grundsätzlich darf allerdings kein gefrorener Boden in der Leitungszone verwendet werden.

Besonders wichtig ist die gewissenhafte und sorgfältige Herstellung des Auflagers im *Bereich von Arbeitsgruben* (beispielsweise zum Einbau von Absperrar-

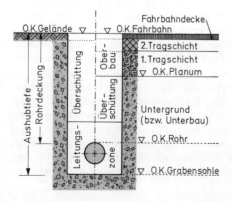

Bild 3.19 Bezeichnungen zur Einbettung und Überschüttung einer Rohrleitung

maturen) und von Baugruben (beispielsweise für den Rohrvortrieb), weil durch nachträgliche Setzungen unzulässige Spannungen im Rohrmaterial oder an Konstruktionselementen auftreten können.

Zur *Kennzeichnung der verlegten Rohrleitung* ist vor Beginn der Verfüllung etwa 30 cm oberhalb des Rohrscheitels ein Trassenwarnband mit Eindruck der Leitungsart und des Versorgungsunternehmens einzulegen. In besonderen Fällen können zum Schutz der Rohrleitung auch andere Abdeckungen (Kunststoffgitter, Betonplatten usw.) zweckmäßig oder erforderlich sein.

3.4.1.2 Verfüllung der Gräben und Gruben

Die *Wiederverfüllung* des beim Aushub der Gruben und Gräben entstandenen Hohlraumes oberhalb der Rohrumhüllung bzw. der Leitungszone ist eine Baumaßnahme, für die innerhalb von Verkehrsflächen zu prüfen ist:

– ob der Aushub hinsichtlich seiner physikalischen und chemischen Eigenschaften geeignet ist
– ob der Aushubboden hinsichtlich der erforderlichen Verdichtung im Überschüttungsbereich geeignet ist.

Die zugehörigen Entscheidungen beeinflussen den technischen Ablauf und die aufzuwendenden Kosten der Bauarbeiten im erheblichen Umfang.

Die durch den Rohrstrang *verdrängten Bodenmengen* sind bis etwa DN 200 vernachlässigbar klein, bis etwa DN 500 können sie (außerhalb der Bebauung) im Trassenstreifen von genügender Breite verteilt werden. Wenn allerdings der Bodenaushub für die Verwendung innerhalb der Leitungszone nicht brauchbar ist, ergeben sich bei dem dann erforderlichen Bodenaustausch bereits Volumina, die für DN 500 schon $1\,\mathrm{m^3/m}$ erreichen.

Der *Austausch des Aushubbodens* im Bereich der Leitungszone und der Überschüttung ist eine kostenaufwendige Maßnahme, da für das Beseitigen des ungeeigneten Bodens meistens geeignete Deponien (Kippen) nur an wenigen, entfernten Stellen zur Verfügung stehen. Falls kontaminierte Böden im Schachtungsbereich anstehen bzw. angetroffen werden, hat der Auftraggeber die erforderlichen Maßnahmen zur Entsorgung zu veranlassen.

Außerhalb von Verkehrsflächen kann für die Verfüllung im Überschüttungsbereich der Aushubboden verwendet und dadurch der ursprüngliche Zustand wieder hergestellt werden. Auf den Einsatz von Verdichtungsgeräten sollte in diesen Bereichen verzichtet werden, damit die natürliche Bodendurchlüftung erhalten bleibt und die ursprüngliche Vegetation gedeihen kann.

3.4.2 Verdichtung des Bodens

Unter Verdichtung des Bodens versteht man das Herabsetzen der im Boden enthaltenen Hohlräume. Die Aufgabe besteht also darin, einen möglichst großen Teil der Luft und/oder des Wassers aus den vorhandenen Poren herauszudrücken und den Porenraum auf ein Minimum herabzusetzen. Hierdurch erhöhen sich die Dichte und im allgemeinen auch die Tragfähigkeit des Bodens. Durch die engere Lagerung der Bodenkörper zueinander wird eine spätere Nachverdichtung unter Einfluß des Verkehrs vermindert, die Wasserdurchlässigkeit und die Neigung zur Wasseraufnahme und somit (bei bindigen Böden) zum Schwellen verringert.

3.4.2.1 Verdichtbarkeit der Böden

Die *Verdichtungseigenschaften der Böden* werden hauptsächlich von Bodenart/Bodengruppe, Kornform und Kornrauheit, Korngrößenverteilung, Wassergehalt und Konsistenzgrenzen beeinflußt. Dementsprechend unterscheidet man zunächst folgende *Gruppen mit vergleichbaren bodenphysikalischen Eigenschaften*:

- grobkörnige Böden, nichtbindig (Sande, Kiese)
- feinkörnige Böden, bindig (Schluffe, Tone)
- fein- und grobkörnige Mischböden, bindig (bindige Sande und Kiese, bindige Verwitterungsböden).

Bei den für das Verfüllen von Baugruben und Rohrgräben geeigneten Böden sind im Hinblick auf ihre Verdichtbarkeit die *Verdichtbarkeitsklassen* nach Tabelle 3.4 zu unterscheiden.

Zur Beschreibung der Verdichtungseigenschaften wird eine weitere Unterteilung der Böden durch folgende Begriffe vorgenommen:

- Verdichtungsfähigkeit eines Bodens
- Verdichtungswilligkeit eines Bodens.

Unter *Verdichtungsfähigkeit* versteht man die erdspezifische Voraussetzung zur Erreichung eines hohlraumarmen Korngemisches. Die *Verdichtungswilligkeit* bezeichnet den Widerstand eines zu verdichtenden Bodens bei der Verlagerung der einzelnen Körner in ein dichteres Korngerüst.

Für die Wiederherstellung der Oberflächen hat die *Lagerungsdichte eines Bodens* große Bedeutung. Eine optimale Verdichtung ist allerdings nur unter bestimm-

Tabelle 3.4 Beschreibung und Kennzeichnung von Verdichtbarkeitsklassen

Verdichtbarkeits-klasse	Kurzbeschreibung	Bodengruppe (DIN 18196)
V 1	nicht bindige bis schwach bindige, grobkörnige und gemischtkörnige Böden	GW, GI, GE, SW, SI, SE, GU, GT, SU, ST
V 2	bindige, gemischtkörnige Böden	GŪ, GT̄, SŪ, ST̄
V 3	bindige, feinkörnige Böden	UL, UM, TL, TM, TA

ten Voraussetzungen und Bedingungen möglich. Der Amerikaner PROCTOR hat durch den nach ihm benannten Versuch festgestellt, daß nur bei einem optimalen Wassergehalt w_{Pr} der Boden die höchstmögliche Dichte erreichen kann (Bild 3.20). Eine Proctordichte ϱ_{Pr} von 100 % kann nur bei einem Wassergehalt $w \le w_{Pr}$ erreicht werden. Nach den Angaben der ZTVE-StB 76 liegen die Verdichtungsgrade D_{Pr} zwischen 95 % und 103 %. Die Einhaltung dieser Werte und deren Nachweis wird vielfach bei der Wiederherstellung von Straßen gefordert.

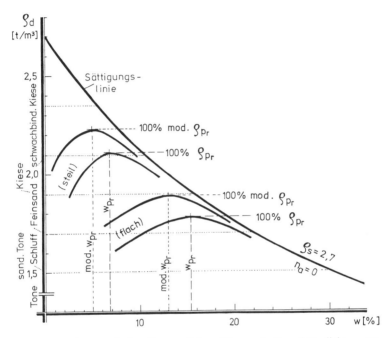

Bild 3.20 Zusammenhang zwischen Proctordichte, Wassergehalt und Verdichtungsarbeit bei Lockerböden

3.4.2.2 Ausführung der Verdichtung

Verdichtungsfähigkeit und Verdichtungswilligkeit des Bodens bestimmen die Art der einzusetzenden *Verdichtungsgeräte* (Bild 3.21). Eine Verdichtung kann erreicht werden durch

– Aufbringen eines hohen Flächendruckes (Walzen)
– Kombination von Schlag und Druck (Stampfgerät)
– Minimierung der inneren Reibung (Rüttler).

Für die bei der Einbettung und Verfüllung von Rohrleitungen vorhandenen oder
verwendeten Böden eignen sich vorzugsweise *Vibrationsgeräte*. Ihre Verdichtungswirkung beruht darauf, daß der Boden durch das Einleiten von schnell
aufeinander folgenden Kräften in Schwingungen versetzt wird. Dadurch wird
die gegenseitige Reibung der Einzelkörner des Bodens vermindert und eine

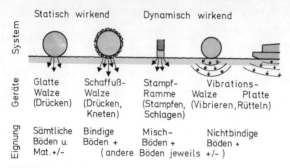

Bild 3.21   Gerätesysteme und Gerätearten zum Verdichten der Füllböden

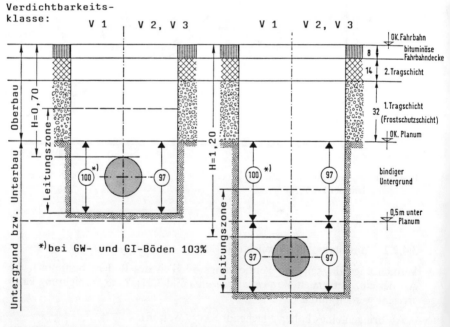

Bild 3.22   Beispiele für den zu erreichenden Verdichtungsgrad nach ZTVE-StB 76 (Bauklasse III)

Kornumlagerung in eine dichtere Position möglich. Für Ausnahmefälle können auch *Explosionsstampfer* und Schnellschlagstampfer für die Verdichtung in Rohrleitungsgräben eingesetzt werden. Sie eignen sich für die Verdichtung feinkörniger Böden, weil sie durch ihre Wirkungsweise die Kohäsionskräfte im Boden überwinden können.

Durch eine *sachgemäße Verdichtung* muß sichergestellt sein, daß der Straßenoberbau unmittelbar nach dem Verfüllen der Baugruben und Rohrgräben hergestellt werden kann. Für den im Bereich der Leitungszone und im übrigen Grabenbereich zu erreichenden Verdichtungsgrad (Bild 3.22) gelten die Anforderungen der

● ZTVE-StB 76: Zusätzliche Technische Vorschriften und Richtlinien für Erdarbeiten im Straßenbau.

In der Tabelle 3.5 sind die darin enthaltenen *Mindestanforderungen für den Verdichtungsgrad* D_{Pr} von Bodenarten im Untergrund und Unterbau angegeben.

Der lagenweise eingebrachte *Füllboden* wird im Bereich oberhalb der Leitungszone grundsätzlich maschinell verdichtet. Innerhalb der Leitungszone ist der Boden von Hand oder mit leichten maschinellen Geräten zu verdichten. Das Verfüllen ist lagenweise in Abhängigkeit von den Verdichtungsgeräten und dem Füllboden in solchen Schichthöhen vorzunehmen, daß die Standsicherheit der Leitung nicht gefährdet wird und die vorgegebenen Proctorwerte erreicht wer-

Tabelle 3.5 Mindestanforderungen für den Verdichtungsgrad D_{Pr} von Bodenarten im Untergrund und Unterbau

Nr.	Bereich	grobkörnige Bodenarten	D_{Pr} in %	gemischt- und feinkörnige Bodenarten	D_{Pr} in %
1	Planum bis 0,2 m unter Planum	GW-GI	103[1] 102[2]		
		GE-SE-SW-SI	100		
2	0,2 bis 0,5 m unter Planum			GE-GW-GI-SE	
		-SW-SI	100		
3				GU-GT-SU -ST-OH-OK	100
				GŪ-GŤ-SŪ-SŤ-U-T-OU-OT	97[3]
4	0,5 m unter Planum bis Dammsohle bei Dammhöhe h > 2,0 m unter FOK	GW-GI	97	GU-GT-SU-ST-OH-OK	97
		GE-SE-SW-SI	95	GŪ-GŤ-SŪ-SŤ-U-T-OU-OT	95[3]
5	0,5 m unter Planum bis 0,5 unter Dammsohle bei Dammhöhe h ≤ 2,0 m unter FOK	wie Nr. 4		wie Nr. 4	

[1] Straßenoberbau der Bauklassen I bis V
[2] Oberbau bei Wegen
[3] Luftgehalt $n_n \leq 12\%$ bei GŪ-GŤ-SŪ-SŤ-U-T-OU-OT

den. Bei allen Verdichtungsarbeiten ist besonders im Bereich der Leitungszone darauf zu achten, daß die Rohrleitung und gegebenenfalls das zusätzlich verlegte Begleitkabel nicht beschädigt werden. Dabei sind die verwendete Materialart für die Rohrleitung und die Art des vorhandenen Rohrauflagers zu berücksichtigen.

3.4.2.3 Prüfung der erreichten Verdichtung

Die Verdichtungsprüfung im Erdbau erfolgt durch die Bestimmung der Dichte und der Tragfähigkeit des Bodens.

Zur *Dichtebestimmung* gibt es verschiedene Verfahren, deren grundsätzliche Eignung von der Bodenart abhängt und die überwiegend für den Straßenbau angewendet werden. Die Ermittlung der Lagerungsdichte einer Grabenverfüllung erfordert einen erheblichen Zeit- und Arbeitsaufwand. Darüber hinaus kann eine Aussage über die Verdichtung der oberen Schicht bis höchstens 25 cm Tiefe gemacht werden. Daher ist es meistens günstiger, die Verdichtung über die Tragfähigkeit bzw. die *Verformbarkeit des Bodens* zu beurteilen. Solche Plattendruckversuche bieten bei nichtbindigen Böden eine gute Aussage über das Verformungsverhalten eines verfüllten und verdichteten Rohrgrabens. Zu beachten ist jedoch, daß die Wirkungstiefe max. 1,20 m beträgt und daß bei Gräben unter 1,50 m Breite keine hinreichend genauen Aussagen möglich sind.

Für Baugruben und Rohrgräben ist im allgemeinen nicht nur die Güte der Verdichtung bis zu einer bestimmten Tiefe unterhalb des Planums wichtig, sondern auch die *Gleichmäßigkeit der Verdichtung* vom Planum bzw. von der Erdoberfläche bis in die Höhe der verlegten Rohrleitung. Bei fein- bis mittelkörnigen Böden eignet sich dafür die Rammsondierung (Bild 3.23), die in kurzer Zeit mit geringem Aufwand zwar keine Bodenkennwerte, aber Vergleichswerte zur Beurteilung der Bodendichte liefern kann. Das *Eindringen der Rammsonde* (früher auch „Künzel-Stab" genannt) in den Boden wird durch eine genau definierte und gleichbleibende Schlagenergie bewirkt. Die Anzahl der Schläge, die nötig ist, um die Sonde jeweils 10 cm tiefer einzurammen, wird als Maß für den Widerstand festgehalten und aufgetragen. Aus dem Verlauf des sich daraus ergebenden Rammdiagramms kann man auf die Lagerungsdichte des Bodens schließen. Dabei ist die Gleichmäßigkeit der Verdichtung meistens von größerer Bedeutung als herausragende hohe Verdichtungswerte. Durch die Vielzahl der in kurzer Zeit möglichen *Rammsondierungen* ist es möglich, die Güte der Verdichtung in Rohrgräben optimal festzustellen und nachzuprüfen.

Welche Methode oder welches Verfahren im Einzelfall zum Nachweis des geforderten Verdichtungsgrades anzuwenden ist, ergibt sich oftmals aus den zugehörigen Vorschriften und aus den *Auflagen der Straßenbaulastträger*. Bei der Verfüllung und Verdichtung von Rohrgräben und Baugruben ist nicht immer das teuerste Verfahren auch das aussagefähigste, zumal der Faktor Zeit als zusätzliches Kriterium für die Auswahl des besten Prüfverfahrens von wesentlicher Bedeutung ist.

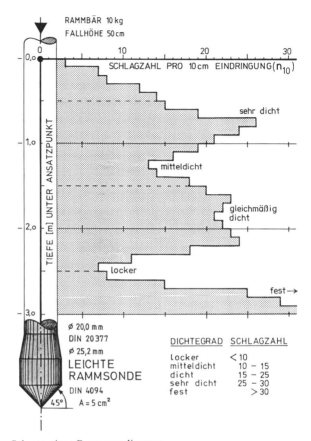

Bild 3.23   Beispielhaftes Schema einer Rammsondierung

3.4.3   Wiederherstellung von Verkehrsflächen

Eine aufgegrabene Verkehrsflächenbefestigung ist grundsätzlich wieder so herzustellen, daß sie dem ursprünglichen Zustand technisch gleichwertig ist. Im
Bereich öffentlicher Verkehrsflächen gilt für die Wiederherstellung des Oberbaus, des Unterbaus und des Untergrundes beim Bau von Rohrleitungen:

● ZTVA-StB 89: Zusätzliche Technische Vertragsbedingungen und Richtlinien
              für Aufgrabungen in Verkehrsflächen.

Die hierin enthaltenen bautechnischen Grundsätze sollen für alle Aufgrabungen
in Verkehrsflächen, also auch für den Bau von Rohrleitungen, in die Bauverträge
einbezogen werden. Die zusätzlich enthaltenen Angaben zur Verfüllung und

Verdichtung der Baugruben und Rohrgräben entsprechen den Regelungen der ZTVE-StB 76 uneingeschränkt.

3.4.3.1 Bautechnische Grundsätze

Der Aufbau der *Befestigung einer Verkehrsfläche* (Bild 3.24) wird unterteilt in

– Untergrund (ggf. verbesserter Untergrund)
– Unterbau (nur im Dammbereich)
– Oberbau (Tragschichten, Binderschichten, Deckschicht).

Über der frostsicheren Unterlage (Untergrund bzw. Unterbau) werden Tragschichten angeordnet, die entweder bituminös oder hydraulisch gebunden sind oder aus ungebundenen Schotter- bzw. Kiesschichten bestehen. Den Abschluß bilden die Binder- und Deckschichten.

Die *Verkehrsflächenbefestigung* muß die Verkehrslasten ohne bleibende Verformung aufnehmen können. Dabei muß die Deckschicht ihre Lage behalten, eben und griffig sein.

Die für *Trag-, Binder- und Deckschichten* verwendeten Mineralstoffe bestehen aus Sanden und Kiesen oder aus Felsgestein in gebrochener Form (Sande, Kiese, Splitt, Schotter, Gesteinsmehl). Die Eignung dieser Naturgesteine hängt zusätzlich ab von der Raumbeständigkeit, der Eigenfestigkeit, der Widerstandsfestigkeit, der Wetter- und Frostbeständigkeit.

Für die bei der Herstellung von Trag-, Binder- und Deckschichten verwendeten *Bindemittel* unterscheidet man Bitumen, Teer, Teerbitumen, Verschnittbitumen und Bitumenemulsion.

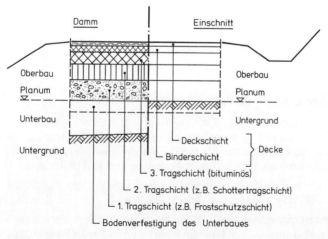

Bild 3.24 Schematischer Aufbau einer (bituminösen) Verkehrsflächenbefestigung

Für die Herstellung des Straßenoberbaus gibt es zahlreiche Vorschriften, Normen, Richtlinien und Merkblätter. Im allgemeinen sind jedoch für die Wiederherstellungsmaßnahmen bei Aufgrabungen in Verkehrsflächen die Angaben der ZTVA-StB 89 ausreichend, wenn durch die *Qualifikation der ausführenden Firmen* entsprechende Fachkenntnisse und Erfahrungen vorliegen.

3.4.3.2 Herstellung des Oberbaus

Für die Wiederherstellung des Oberbaus sind in Anlehnung an die Bauklassen der RStO 86 der Aufbau und die Dicke des Oberbaus in 4 Gruppen unterteilt worden. Für diese Gruppen sind *Regelbauweisen* (Bild 3.25) festgelegt worden, die aus dem Bild hervorgehen. Unterschreitet der vorgefundene Aufbau deutlich den der Regelbauweise, so wird in Anlehnung an den vorhandenen Oberbau im Einvernehmen mit dem Straßenbaulastträger eine technisch gleichwertige Bauweise vereinbart.

Für ungebundene Tragschichten und Frostschutzschichten sowie für Tragschichten mit bituminösen Bindemitteln gilt:

● ZTVT-StB 86: Zusätzliche Technische Vorschriften und Richtlinien für Tragschichten im Straßenbau.

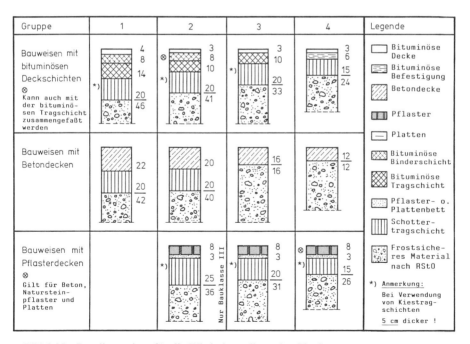

Bild 3.25 Regelbauweisen für die Wiederherstellung des Oberbaus

Jede Schicht oder Lage einer Tragschicht ist so herzustellen, daß ihre Güteeigenschaften möglichst gleichmäßig sind und die gestellten Anforderungen erfüllt werden. Tragschichten haben die Aufgabe, die Verkehrslasten auf den Untergrund zu übertragen und zu verteilen sowie einen sicheren Schutz gegen Frost- und Tauschäden zu gewährleisten.

Die endgültige *Wiederherstellung* von Verkehrsflächen erfolgt im allgemeinen in einem Zuge mit dem gesamten Oberbau. Im Einvernehmen mit dem Straßenbaulastträger kann sie auch *in zwei Stufen* erfolgen, wofür es folgende Möglichkeiten gibt:

- Die Wiederherstellung erfolgt zunächst durch den Einbau eines provisorischen Oberbaus, der aus Pflaster oder aus bituminösem Material besteht. Bei der endgültigen Wiederherstellung wird das Provisorium entfernt und durch den vorgesehenen Oberbau ersetzt.
- Zunächst erfolgt der Einbau des Oberbaus mit bituminösem Tragschichtmaterial bis auf Deckenhöhe. Die Deckschicht wird zu einem späteren Zeitpunkt aufgebracht, nachdem die Tragschicht in Dicke der Deckschicht abgefräst worden ist.

Abtreppungen sind parallel zur Grabenkante vorzunehmen; bei gebundenen Tragschichten sind sie grundsätzlich scharfkantig herzustellen (Bild 3.26). Bituminöse Deckschichten sind zu schneiden bzw. anzufräsen. Nach dem Einbau der ungebundenen Tragschichten sind sie um das Maß der Auflockerung zurückzunehmen, mindestens jedoch

- bei Grabentiefen < 2,00 m um 2×15 cm
- bei Grabentiefen ≥ 2,00 m um 2×20 cm.

Die aufgelockerten Randzonen der ungebundenen Tragschichten sind anschließend nachzuverdichten.

Reststreifenbreiten des bituminös befestigten Oberbaus ≤ 0,35 m neben zurückgeschnittenen gebundenen Schichten sind zu entfernen. Bei einem Oberbau mit Betondecke sind Reststreifen von weniger als 50 cm Breite bis zum Rand oder zur nächsten Fuge zu entfernen.

Die geschnittenen oder gefrästen *Ränder einer bituminösen Befestigung* sind vor dem Schließen der Aufgrabung mit geeigneten bituminösen Bindemitteln anzustreichen. Um ein späteres Öffnen der Nähte in der Deckschicht zu vermeiden, muß die Naht als Fuge ausgebildet werden. Es bestehen folgende Möglichkeiten:

- Verwendung von bituminösen aufschmelzbaren Fugenbändern
- Vergießen nachträglich geschnittener Fugen mit Fugenvergußmasse.

Bei Einbau von Gußasphalt sind vorher Fugenbänder einzulegen oder durch Flachstahlbänder die Fugen zum Vergießen auszubilden.

Für die *Wiederherstellung von Betondecken* bei kleinen Flächen ist frühhochfester Beton mit Fließmitteln zu verwenden. Die Randflächen zwischen wieder hergestellter und vorhandener Betondecke sind als Preßfugen auszubilden und

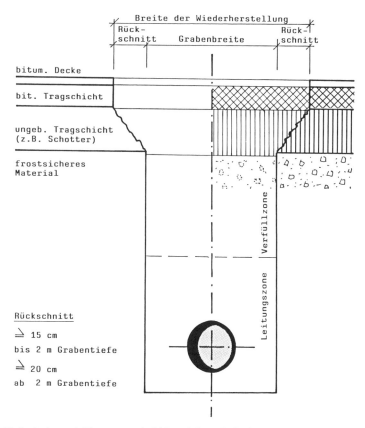

Bild 3.26 Rückschnitt und Abtreppung bei bituminösen Befestigungen

mindestens 10 mm breit und 10 mm tief nach Erhärtung des Betons mit Heißver-gußmasse auszufüllen.

Bei einem *Oberbau mit Pflasterdecke und Plattenbelägen* (Bild 3.27) ist der einzu-bauende Belag in Form und Farbe an den vorhandenen Belag anzupassen. Pfla-ster oder Platten sollen an der Stelle wieder eingebaut werden, an der sie aufge-nommen wurden. Bei gepflasterten Fahrbahnen sind Reststreifenbreiten zu ent-fernen, wenn ihre Breite bis zum Pflasterrand weniger als 0,40 m oder 1/2 Bogen-breite der Pflasterung beträgt. Bei Geh- und Radwegen sind die Reststreifen in einer Formatbreite oder ≤ 20 cm zu entfernen.

Platten und Pflaster sind auf Sand, Splitt, Kalk oder Zementmörtel zu verlegen. Die Auswahl der Bettungsstoffe und des Fugenfüllmaterials wird im Benehmen mit dem Straßenbaulastträger vorgenommen.

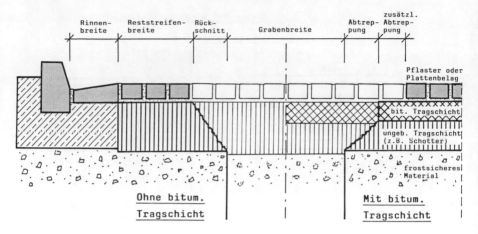

Bild 3.27   Abtreppung bei Pflasterdecken oder Plattenbelägen

Bei allen Maßnahmen zur Wiederherstellung des Oberbaus und insbesondere der Deckschichten sind die örtlichen Gegebenheiten von erheblicher Bedeutung. Daher können auch zusätzliche Anforderungen und Richtlinien zu teilweise abweichenden Maßnahmen führen. In allen Fällen ist jedoch eine enge *Zusammenarbeit mit dem Straßenbaulastträger* zweckmäßig.

3.5   Sonderbauwerke und Sondermaßnahmen

Als *Sonderbauwerke* gelten solche Einrichtungen, die in einem Rohrleitungsnetz die Anwendung besonderer Konstruktions- und Ausführungskriterien erfordern. Sie müssen in konstruktiver Hinsicht als Einzelmaßnahmen betrachtet und sollen in bautechnischer Hinsicht möglichst unabhängig von den übrigen Baumaßnahmen ausgeführt werden.

Mit *Sondermaßnahmen* bezeichnet man zusätzliche Bauleistungen, die der Vervollständigung des Rohrleitungsbauwerkes dienen und die bei ungünstigen Trassenverhältnissen vielfach einen wesentlichen Bestandteil der Gesamtkosten ausmachen.

3.5.1   Rohrvortrieb

Wenn bei der Kreuzung von Rohrleitungen mit Verkehrswegen, Wasserläufen oder Hindernissen eine Überbrückung nicht vorgenommen werden soll, oder wenn dabei eine Verlegung in offener Baugrube nicht möglich ist, dann wird der unterirdische Rohrvortrieb angewendet. Für eine solche Entscheidung können verkehrstechnische, bauliche, umweltbeeinflussende oder wirtschaftliche Gründe ausschlaggebend sein oder technische und wirtschaftliche Überlegungen im Vordergrund stehen.

Der Rohrvortrieb gehört zu den sogenannten *geschlossenen Bauweisen*. Dabei werden Rohrleitungen in einen unterirdischen Hohlraum eingebaut, der nur an wenigen Punkten des Trassenverlaufs von der Erdoberfläche her erreichbar ist. Je nach Rohrdurchmesser, Gebirgsart (Böden) und Verwendungszweck werden verschiedene Techniken und Verfahren angewendet. Eines dieser Verfahren ist der Rohrvortrieb, der dadurch gekennzeichnet ist, daß die in den Boden eingefahrenen Rohre sowohl die Abstützung gegen den Gebirgsdruck (Erddruck) übernehmen, als auch das fertige Bauwerk (Montagerohr, Rohrleitung) darstellen.

Die einzelnen Techniken, die baulichen und maschinellen Einrichtungen und die Durchführung des Rohrvortriebs sind beschrieben im

● DVGW-Merkblatt GW 304: Rohrvortrieb.

Weitere Vorschriften und Hinweise sind zu finden in verschiedenen technischen Regelwerken und in den Unfallverhütungsvorschriften.

3.5.1.1 Herstellung der Baugruben

Beim Rohrvortrieb sind *tiefbautechnische und rohrbautechnische Leistungen* eng miteinander verzahnt. Die Herstellung der (vielfach tiefen) Baugruben und die Durchörterung der verschiedenen Böden können nur im direkten Zusammenhang mit der vorgesehenen Einführung der Rohre in den unterirdischen Hohlraum fachgerecht geplant und ausgeführt werden.

Die *Baugruben für den Rohrvortrieb* sind dadurch gekennzeichnet, daß sich ihre Längsachsen im allgemeinen mit den Rohrleitungsachsen decken und daß teilweise ihre Schmalseiten (Stirnseiten) für die Einführung von Rohren geöffnet und für die Aufnahme zusätzlicher Kräfte dimensioniert werden müssen. Die Start- und Zielgruben für den Rohrvortrieb sind nach DIN 4124 anzulegen (Bild 3.28). Für die zugehörigen statischen Berechnungen der Baugrubenwände – sofern bei flachen Baugruben nicht eine Böschung (Bild 3.29) technisch möglich und wirtschaftlich sinnvoller ist – sind drei Faktoren von erheblicher Bedeutung:

– zusätzliche Auflasten (durch Aushub, Materialien, Bagger, Krane) an den Längsseiten der Baugrube
– Ableitung der Kräfte aus dem Preßwiderlager über die Baugrubenverkleidung in das Erdreich an der rückwärtigen Stirnwand
– Berücksichtigung extremer Wasserstände bei der Auswahl der Grundwasserabsenkung oder im Hinblick auf eine Hochwasserüberflutung.

Die *Baugrubensohle* soll eben, trocken und fest sein. Für große Vortriebsbauwer-

Bild 3.28 Gespundete und mit einer Rahmenkonstruktion ausgesteifte Baugrube
(Grundwasserabsenkung durch Kleinfilteranlage) für einen Rohrvortrieb im
Preßbohrverfahren

Bild 3.29 Geböschte Baugrube mit Grundwasserabsenkung durch Kleinfilteranlage für
den dynamischen Rammvortrieb eines Stahlmantelrohres

ke und für Baugruben unter Grundwasserabsenkung ist die Anbringung einer Betonsohle aus B 15 zu empfehlen.

Sofern die *Rückwände der Baugruben* durch hohe Preßkräfte belastet sind, sind diese Druckwände mit ausreichender Sicherheit für die höchstmögliche Kraft zu dimensionieren. Preßwiderlager dürfen sich dabei nicht gegen andere Bauwerke abstützen.

Die *Tiefe der Baugruben* ist durch die Lage der einzubauenden Rohre bestimmt. Die Startgruben (Preßgruben) können in ihrer Länge den jeweiligen Bautechniken und Gerätearten angepaßt werden. Die Zielgruben können zunächst als Querschläge ausgebildet und erst nach Durchstich des Rohres auf die benötigte Größe ausgebaut werden.

Die in ihren Ausführungsarten und Bauschwierigkeiten sehr unterschiedlichen Baugruben stellen ein Konstruktionselement dar, das nicht unterschätzt werden darf. Falsche Annahmen und Schätzungen können das gesamte Bauwerk gefährden. Die Einflüsse der Bodenarten, des Grundwassers und der Belastungen ergeben in ihrer Kombination stets Unwägbarkeiten, die durch eine gewisse Überdimensionierung der Bauteile besser zu berücksichtigen sind als durch den Versuch der rechnerischen Erfassung aller Einflüsse.

3.5.1.2 Bedeutung der Bodeneigenschaften

Allen Verfahren und Techniken des Rohrvortriebs gemeinsam ist die Bedeutung der *bodenmechanischen Eigenschaften*, die in vielfältiger Weise die Bauwerkskonstruktion und die Bauausführung beeinflussen:

– Erddrücke und Verkehrslasten (zur Rohrdimensionierung)
– schwimmende Bodenarten und Bohrhindernisse
– Schneid- und Förderfähigkeit des Bodens
– Verdrängungsfähigkeit und Rückschrumpfung des Bodens
– Bodenauflockerung am Schneidschuh durch „ständigen Grundbruch"
– Bodensetzungen über der Vortriebsstrecke
– Haft- und Gleitreibung zwischen Rohrwand und Boden.

Da *Bodenarten und Grundwasserstände* von erheblicher Bedeutung sind, sollten Bodenuntersuchungen frühzeitig die Voraussetzungen für eine optimale Entscheidung treffen. Unzureichende Beschreibungen der anstehenden Bodenarten und Bodengruppen verursachen vielfach bautechnische Schwierigkeiten, weil das falsche Verfahren gewählt wurde oder sich eine Unterdimensionierung des gewählten Gerätes herausstellt.

3.5.1.3 Abgrenzung der Rohrvortriebsverfahren

Die einzelnen *Arten des Rohrvortriebsverfahrens* werden nach folgenden Abgrenzungskriterien unterschieden:

– *Bodenverdrängung*
  Der unverrohrt bleibende oder gleichzeitig zu verrohrende Hohlraum wird

durch einen drückend oder schlagend in den Boden getriebenen Verdrän-
gungskegel erzeugt; als Rohrmaterial wird überwiegend Stahl und (nachfolgend eingezogen) Kunststoff (PVC oder PE) verwendet.

– *Durchbohrung*
Das Material an der Ortsbrust der Vortriebsstrecke wird durch einen Voll-
schnitt-Bohrkopf gelöst und mittels einer Transportschnecke zum Startschacht gefördert; verwendet werden fast ausschließlich Stahlrohre.

– *Durchpressung*
Der Abbau des Bodens an der Ortsbrust der Vortriebsstrecke erfolgt überwiegend maschinell und nur noch ausnahmsweise von Hand, der abgebaute Boden wird mechanisch, hydraulisch oder pneumatisch zum Startschacht befördert; zum Einsatz kommen drucksteife Rohre verschiedener Materialien.

– *Sonderbauweisen*
Es handelt sich um Pressungen oder Bohrungen unter Verwendung einer ma-
schinentechnischen Sonderausrüstung oder unter Anwendung hydraulischer
Bohr- und Fördertechnik; eingesetzt werden fast ausschließlich Stahlrohre.

Die geräte- und verfahrenstechnische Entwicklung hat zu weiteren Bauweisen
geführt, die überwiegend als *Kombination der genannten Verfahren* gelten können. Für den Bau von Druckrohrleitungen sind vorwiegend die Verfahren der
Bodenverdrängung, der Preßbohrungen und des Rammvortriebs (Bild 3.30) im
Einsatz. Lediglich für Ausnahmefälle kann die Anwendung von *Sonderbauweisen* oder eines *gesteuerten Rohrvortriebs* zweckmäßig oder erforderlich sein
(Bild 3.31).

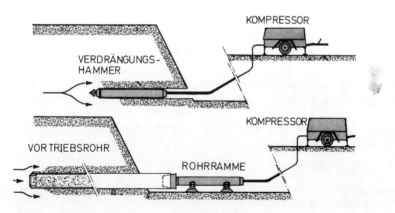

Bild 3.30 Dynamischer Rohrvortrieb durch Bodenverdrängungs- und Rohrrammver-
fahren

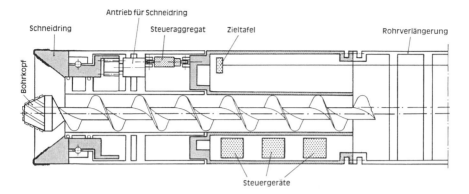

Bild 3.31 Rohrvortriebsanlage mit steuerbarem Schneidschuh und integriertem hydraulisch betriebenen Schneidkranz zur Durchörterung von Hindernissen

3.5.2 Dükerbau

Gewässer werden im allgemeinen mit Hilfe von Dükern gekreuzt. Die *Auflagen der zuständigen Stellen* (Wasser- und Schiffahrtsämter, Wasserwirtschaftsämter) sind zu beachten, und bei größeren Gewässern sind besondere Verträge abzuschließen. Von wesentlicher Bedeutung ist die einzuhaltende Lage des Dükers innerhalb der Gewässersohle (Dükerlänge, Dükertiefe).

3.5.2.1 Allgemeine Anforderungen

Für die Planung, Konstruktion und Bauausführung von Dükern gibt es *keine allgemein gültigen Vorschriften und Richtlinien*. Die unabhängig von den Auflagen der Dienststellen zu beachtenden Angaben sind für Gas- und Wasserrohrleitungen in den verschiedenen Arbeitsblättern des DVGW-Regelwerkes enthalten. Dementsprechend ist bei der Kreuzung von Wasserläufen der Rohrgraben (Dükerrinne) so herzustellen, daß ein Zuschwemmen bis zur und während der Absenkung des Dükers nicht eintritt. Vor dem Absenken des Dükers sind der Zustand der Dükerrinne und die Tiefenlage der Grabensohle durch eine Tiefenpeilung festzustellen. Je nach Verfahren der Dükerverlegung und nach den zu erwartenden Beanspruchungen des Dükers und seiner Rohrumhüllung ist er vor dem Verlegen mit einem zusätzlichen Schutz zu versehen, der erforderlichenfalls auch als Auftriebssicherung auszubilden ist. Bei Wasserläufen mit Schiffsverkehr sowie gegen ein etwaiges Freispülen des Dükers empfiehlt es sich z. B., den Düker ganz oder teilweise mit Steinpacklage zu sichern.

Bei der Verlegung des vorgefertigten Dükers *in wassergefüllter Grabenrinne* (Bild 3.32) unterscheidet man folgende Ausführungsarten:

– Einheben in die Dükerrinne durch Baukrane an Land oder durch Schiffskrane auf dem Wasser
– Einschwimmen mit Hilfe der Wasserströmung oder mittels Winden
– Einziehen mit Winden oder Kranen, die an Land oder auf Schiffen montiert sind
– Einspülen (bei flexiblen Rohren kleinen Durchmessers) durch Vibrationsspülung, wenn geeignete Bodenarten vorliegen.

Nur in Ausnahmefällen (enge Bebauung, Fließsand usw.) wird der vorbereitete Dükerstang *in „trockener" Baugrube* verlegt. Dabei wird das Gewässer vorübergehend umgeleitet oder (durch Rohre) übergeleitet. Die Sicherung der Baugrube erfolgt überwiegend durch einen geschlossenen Grabenverbau (Spundwand), gegebenenfalls kombiniert mit einer Wasserhaltung (Grundwasserabsenkung).

Alle in eine offene Baugrube einzubringenden Rohre müssen gegen Beschädigungen geschützt und gegen Auftrieb gesichert werden. Der sicherste mechani-

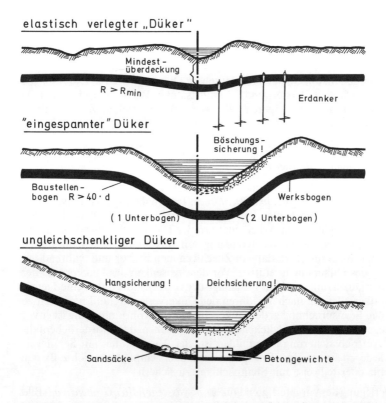

Bild 3.32   Verschiedene Arten der Konstruktion und Anordnung von Dükern

sche Schutz eines Stahlrohres für die Dükerverlegung (Mantelrohr, Rohrbündel oder Einzelrohr) wird durch eine Betonummantelung erreicht. Bei anderen Ummantelungen (z. B. Holzummantelung) muß zusätzlich die Auftriebssicherung durch Betonreiter, Betonplatten, Erdanker o. ä. vorgenommen werden. Bei Dükerung von Rohren aus PE-HD ist die Sicherung der einzuhaltenen Dükerlage durch entsprechende Beschwerungen oder andere konstruktive Hilfsmittel zu erreichen, die gleichzeitig jedoch einen ausreichenden mechanischen Schutz darstellen müssen. Düker aus gußeisernen Rohren oder aus anderen Rohren (mit nicht längskraftschlüssigen Verbindungen) müssen mit besonderen Konstruktionselementen (z. B. Traversen) verlegt und durch Widerlager bzw. Verankerungen in ihrer Lage gesichert werden.

Alle tiefbautechnischen Maßnahmen müssen auf die Anforderungen abgestimmt werden, die an die zu dükernden Rohre gestellt werden. Dabei ist besonders zu berücksichtigen:

– die genaue Anpassung der Aushubgradiente an das vorgegebene Dükerprofil
– der Baugrubenverbau (möglichst mit Rückverankerung) für die Einfahr- und Ausfahrgruben
– die Auftriebssicherung durch Rohrummantelung, Gewichtsauflasten, Verankerung
– die Wiederherstellung des Wasserbettes und der Böschungen.

Die *Ausbildung der Dükerrinne* im Bereich des Wasserlaufes erfordert im allgemeinen sehr flache Böschungen und damit große Aushubmengen. Gründliche Vorermittlungen über Fließgeschwindigkeiten, Wasserstand, Geschiebeführung usw. sind notwendig, damit die Tiefenlage des Dükerstranges auch bei ungünstigen Verhältnissen erreicht werden kann. Bei felsigem Untergrund ist die Herstellung der Dükerrinne im allgemeinen nur durch Sprengungen möglich. Die Verfüllung muß dabei durch Schotter, Steinschlag oder Packlage gegen Auskolkung gesichert werden.

3.5.2.2 Düker in geschlossener Bauweise

Unter bestimmten Voraussetzungen ist für den Dükerbau die *Anwendung von Sonderverfahren* möglich, bei denen die Einbringung der Rohrleitungen durch eine geschlossene Bauweise erfolgt. Dabei wird innerhalb des wasserbeeinflußten Bereiches keine Aufgrabung zur Dükerverlegung erforderlich, sondern lediglich außerhalb des Kreuzungsbereiches die Herstellung von Baugruben und Anschlußgruben.

Für die Kreuzung kleinerer und mittlerer Wasserläufe kann die Dükerung der Rohrleitung mit abgewandelten *Rohrvortriebsverfahren* ausgeführt werden. Im nicht begehbaren Bereich (also unter DN 800) ist der Vortrieb eines vorn offenen Rohres mit dem dynamischen Rammverfahren möglich und zweckmäßig. Bei größeren Rohrdurchmessern und besonders bei größeren Vortriebslängen kann die Unterfahrung der Wasserläufe auch mit Hilfe des *gesteuerten Richtbohrver-*

fahrens (Directionally Controlled Horizontal Drilling) erfolgen (Bild 3.33). Dabei werden die aus der Tiefbohrtechnik bekannten Verfahren der Ortung und Steuerung des Bohrlochverlaufes angewendet. Durch mehrfaches Aufweiten der Pilotbohrung (mit Durchmessern von 3″ bis 8″) erfolgt die Anpassung an den Durchmesser des einzubauenden Rohres (Bild 3.34). Eine zusätzliche Ummantelung zum Schutz der Rohrleitungen ist nicht erforderlich, da Bentonit als Suspension im Bohrloch verbleibt.

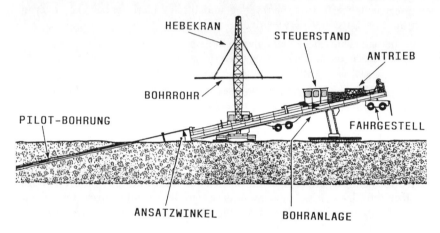

Bild 3.33   Bohranlage für die gesteuerte horizontale Bohrung zur Verlegung eines Rohrleitungsdükers

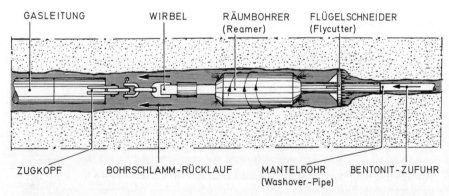

Bild 3.34   Erweiterungsbohrung durch Zurückziehen des Mantelrohres (Washover Pipe)

3.5.3 Besondere Einbauten

Innerhalb der Baugruben und Rohrgräben sind verschiedene Einbauten erforderlich, um die Standsicherheit der Rohrleitung zu gewährleisten, um kreuzende Rohrleitungen und Kabel ordnungsgemäß aufzulagern, um kreuzende Dränagen abzufangen oder wieder herzustellen, um Widerlager, Schächte oder Fundamente anzuordnen oder um örtlichen Besonderheiten zu entsprechen.

3.5.3.1 Auftriebssicherungen, Wassersperren, Dränagen

In ungünstigen Baugebieten mit nicht tragfähigem Baugrund (moorige Böden) kann es zum *Auftrieb der Rohrleitung* kommen. Daher muß die geplante und hergestellte Höhenlage der Rohrleitung auf Dauer gesichert werden durch eine Umhüllung mit Kies-Sand-Gemisch, durch Verankerung der Rohrleitung oder durch Auflasten (z. B. Betongewichte). Eine Kies-Sand-Ummantelung ist nur dann zweckmäßig, wenn der Mineralboden nicht in den umgebenden Boden ausgeschwemmt werden kann. Eine Verankerung setzt voraus, daß die Ankerteller einen tragfähigen Baugrund erreichen können. Die Verwendung von Betongewichten wird im allgemeinen nur bei Rohren größerer Durchmesser angewendet.

Die überwiegend im hügeligen oder geneigten Gelände angewendeten Riegel (Deiche) zum Schutz der Rohrleitung und zur Sicherung des Hanges können auch im relativ ebenen Gelände zweckmäßig sein. In Abhängigkeit von den Grundwasserverhältnissen, den anstehenden Bodenarten und der Oberflächenbeschaffenheit sollte die Rohrleitung auch hier durch *abdichtende Einbauten* in Abschnitte unterteilt werden (Bild 3.35). Die dichtenden Elemente (z. B. aus Sand-Bindemittel-Gemisch in Säcken) heben die dränierende Wirkung des Rohrgrabens auf und vermeiden damit das Auswaschen eines gegebenenfalls vorhandenen Sandauflagers; die Riegel brauchen jedoch nur bis höchstens 30 cm über dem Rohrscheitel aufgebaut zu werden.

In landwirtschaftlich genutzten Gebieten mit überwiegend schweren Böden sind *Dränagen* weit verbreitet. Wenn sie beim Aushub eines Rohrgrabens durchschnitten werden, tritt zwangsläufig eine Störung des Wasserhaushaltes in der betroffenen Dränageabteilung auf. Die Kreuzungsstellen der Dränage mit dem Rohrgraben müssen die Bedingung erfüllen, daß sie nicht durch nachträgliche Setzungen der Grabenverfüllung absacken und dadurch einen Tiefpunkt bilden, der in den Rohrgraben entwässert. Eine gute Einbindung und eine gesicherte Auflage sind daher wichtig (Bild 3.36). Vielfach wird es auch erforderlich oder technisch zweckmäßiger sein, mehrere Sauger durch einen parallel zum Rohrgraben laufenden Nebensammler abzufangen. Um Vernässungen zu vermeiden, sind Dränagen gegebenenfalls auch über die gesamte Breite des Arbeitsstreifens zu erneuern. Bei allen Maßnahmen für die Wiederherstellung von Dränagen wird es zweckmäßig sein, eine frühzeitige Abstimmung mit den betroffenen Eigentümern unter Einschaltung landwirtschaftlicher Sachverständiger oder der zuständigen Wasser- und Kulturbauämter herbeizuführen.

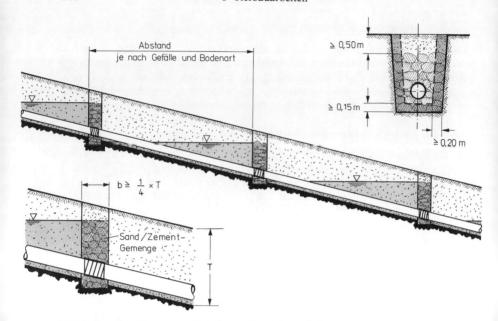

Bild 3.35 Anordnung von Riegeln (Deichen) im hügeligen Gelände zur Sicherung des Hanges und der Rohrleitung

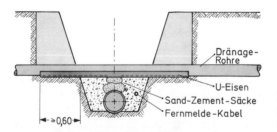

Bild 3.36 Ausführungsbeispiel für die Dränage-Kreuzung mit einer Rohrleitung

3.5.3.2 Widerlager und Fundamente

Bei Rohrleitungen mit nicht längskraftschlüssigen Verbindungen oder an örtlich exponierten Stellen mit starken Krümmungen bei den anderen Rohrleitungen sind *Widerlager* anzuordnen. Hierbei ist darauf zu achten, daß diese Konstruktionen aus Beton und/oder Spundbohlen in Abhängigkeit von der Bearbeitungstiefe der Vegetationsflächen einen ausreichenden Abstand zur Erdoberfläche aufweisen. Für die Bemessung der Widerlager sind entweder die in den Tabellen der verschiedenen Regelwerke enthaltenen Angaben zu verwenden oder gesonderte statische Berechnungen aufzustellen.

Auch bei Armaturen (z. B. Absperreinrichtungen, Hydranten) und bei Abzweigen können Widerlagerkonstruktionen (aus Beton oder Stahl) erforderlich werden. Vielfach werden Armaturengruppen oder Sonderkonstruktionen unterhalb oder oberhalb der Erdoberfläche auf sicher gegründete *Fundamente* gesetzt und – sofern erforderlich – durch eine isolierende Unterlage elektrisch vom Fundament getrennt. Je nach der Größe der Rohrleitungsteile und/oder der Rohrleitungsanlage werden Einzelfundamente angeordnet oder Fundamentplatten hergestellt.

3.5.3.3 Bearbeitung von Steilhängen

Für die *Bearbeitung von Steilhängen* im Trassenverlauf einer Rohrleitung werden vielfach besondere Maßnahmen erforderlich. Als Steilhänge werden in bautechnischer Hinsicht alle Geländeneigungen bezeichnet, die ohne zusätzliche Sicherungsmaßnahmen und unter Berücksichtigung der Bodenoberfläche von Baufahrzeugen und Baugeräten nicht mehr befahren werden können. Es sind dann für die Tiefbau- und Rohrleitungsbauarbeiten zahlreiche Spezialgeräte einzusetzen und spezielle Bautechniken anzuwenden.

Für den Grabenaushub können Schrappergeräte (Schürfgeräte) oder spezielle Hydraulikbagger eingesetzt werden. Nur bei relativ kurzen Steilhängen oder bei felsigem Untergrund sollte der Aushub für die gesamte Länge in einem Arbeitsgang vorgenommen werden; andernfalls sind zur Vermeidung von Ausspülungen durch Niederschläge möglichst kleine Abschnitte zu bearbeiten und erst nach deren Wiederverfüllung die nächste Steilstrecke zu öffnen. Der Rohrtransport kann unter Zuhilfenahme von Seilwinden oder Seilbahnen, in sehr schwierigen Abschnitten auch durch Hubschraubereinsatz erfolgen. Bei der Durchführung der Druckprüfungen ist der Einfluß der hydrostatischen Druckhöhenunterschiede – sofern Wasserdruckprüfungen angewendet werden – zu berücksichtigen, und die Druckprüfungsabschnitte sind dementsprechend aufzuteilen und festzulegen. Für die Grabenverfüllung werden immer dann besondere Einrichtungen (Seilbahnen o. ä.) erforderlich sein, wenn Planierraupen (gesichert durch Seilwinden) nicht mehr zum Einsatz kommen können.

Arbeitssicherheit und *Geländewiederherstellung* sind bei der Bearbeitung von Steilhängen von besonderer Bedeutung. Zur Vermeidung von Arbeitsunfällen sind Baufahrzeuge, Baugeräte und Bauarbeiter nur so einzusetzen oder so zu sichern, daß ein Abgleiten oder Umstürzen am Hang ausgeschlossen ist und daß Einwirkungen aus hangseitig abgehenden Materialien nicht entstehen. Schutzmaßnahmen (Bild 3.37) sind gegebenenfalls auch erforderlich, um talseitig kreuzende Fremdfahrzeuge oder fremde Personen außerhalb des direkten Arbeitsbereiches gegen Steinschlag oder andere, durch die Bauarbeiten ausgelöste Einwirkungen zu schützen.

3.5.3.4 Moorgebiete, sonstige Maßnahmen

Wenn eine *Durchquerung von Moorgebieten* für den Bau der Rohrleitung unver-

Bild 3.37 Steilhang-Verbau zur Sicherung gegen abgehendes Aushub- und Baumaterial

Bild 3.38 Arbeitsstreifen im moorigen Gelände mit eingespülten Kleinfiltern

meidbar ist, ergeben sich konstruktive und bautechnische Besonderheiten und Schwierigkeiten (Bild 3.38). Wesentlich sind die lückenlose Feststellung der Tiefenlage eines bautechnisch nutzbaren Untergrundes und die Abstimmung der Höhenlage der Rohrleitung und deren Stabilitätssicherung auf die jeweiligen örtlichen Verhältnisse (Flachmoor, Hochmoor, Übergangsmoor). Sofern die

Rohrleitung nicht auf tragfähigem Baugrund aufgelagert werden kann, muß eine Lagesicherung durch Sandeinbettung (in Vliesmatten), durch Verankerung (mit Schraubanker) oder durch Betongewichte (bzw. andere Beschwerungselemente) erfolgen. Der Einbau von Pfahlrosten oder anderen starren Konstruktionen sollte vermieden oder auf Sonderfälle beschränkt bleiben. Eine lastverteilende Vergrößerung des Auflagers durch Holz-Flechtmatten oder andere „weiche" Materialien ist zweckmäßig.

Bei *Moorkulturen* ist zu prüfen und zu beachten ob es sich um Deck-, Damm- oder Mischkulturen handelt und welche Art der Bewirtschaftung vorliegt. Die Abwicklung der Bauarbeiten, die Einbettung der Rohrleitung und die Wiederherstellung der Oberflächen sind darauf abzustimmen. Für die übrigen Moorgebiete, die meistens gleichbedeutend mit Naturschutzgebieten sind, soll eine möglichst geringe Beeinträchtigung der Oberflächen und des Wasserhaushaltes bei der Durchführung der Baumaßnahmen im Vordergrund stehen. Für alle eingesetzten Baugeräte und Fahrzeuge ist daher eine große, lastverteilende Aufstandsfläche erforderlich.

In Abhängigkeit von den örtlichen Verhältnissen und der gewählten Trassierung gibt es noch weitere Sondermaßnahmen, die zur Ermöglichung der Rohrverlegung oder zur Fertigstellung der Rohrleitung erforderlich sind. Dazu gehört beispielsweise der *Holzeinschlag* in Wald- und Forstgebieten. Es wird im allgemeinen zweckmäßig sein, diese Arbeiten unter Beachtung der Genehmigungsunterlagen durch dafür ausgerüstete und geeignete Spezialunternehmen ausführen zu lassen. Wesentlich ist dabei jedoch die frühzeitige Abstimmung über die Beseitigung der Baumstubben und die Behandlung der verbleibenden Aushublöcher.

Auch *Sprengarbeiten* für den Aushub der Gräben und Gruben sollten von dafür spezialisierten Fachfirmen ausgeführt werden. Solche Sondermaßnahmen können von einem Unternehmen nur dann selbst durchgeführt werden, wenn ein Sprengmeister (mit Sprengberechtigung) angestellt ist und ausreichende Erfahrungen vorliegen.

Bei der Herstellung von Stahlbeton-Bauwerksteilen oder bei größeren *Betonarbeiten* werden Sicherheit und Qualität des Bauwerks ebenfalls durch den Einsatz geeigneter Firmen oder Fachleute gewährleistet. Die Anlieferung gütegesicherten Transportbetons an die Einbaustelle ist dafür zweckmäßig.

Andere Sondermaßnahmen im Rohrleitungstiefbau können besonders bei schwierigen Bauwerken und in ungünstigen Baugebieten auftreten. Dann ist stets der *Einsatz von Fachfirmen* erforderlich, um Mängel von vornherein zu vermeiden.

3.6 Vorschriften, Technische Regeln, Literatur

- Unfallverhütungsvorschrift „Allgemeine Vorschriften" (VBG 1) der TBG
- Unfallverhütungsvorschrift „Bauarbeiten" (VBG 37) der TBG
- DIN 1054: Baugrund; Zulässige Belastung des Baugrunds
- DIN 1055 Teil 1: Lastannahmen für Bauten; Lagerstoffe, Baustoffe und Bauteile, Eigenlasten und Reibungswinkel
- DIN 1055 Teil 2: Lastannahmen für Bauten; Bodenkenngrößen, Wichte, Reibungswinkel, Kohäsion, Wandreibungswinkel
- DIN 1080 Teil 6: Begriffe, Formelzeichen und Einheiten im Bauingenieurwesen; Bodenmechanik und Grundbau
- DIN 4021 Teil 1: Baugrund; Erkundung durch Schürfe und Bohrungen sowie Entnahme von Proben, Aufschlüsse im Boden
- DIN 4022 Teil 1: Baugrund und Grundwasser; Benennen und Beschreiben von Boden und Fels; Schichtenverzeichnis für Bohrungen ohne durchgehende Gewinnung von gekernten Proben im Boden und Fels
- DIN 4023: Baugrund- und Wasserbohrungen; Zeichnerische Darstellung der Ergebnisse
- DIN 4084: Baugrund; Gelände- und Böschungsbruchberechnungen
- DIN 4085: Baugrund; Berechnung des Erddrucks für Grundbauwerke
- DIN 4094 Teil 1: Baugrund; Ramm- und Drucksondiergeräte, Maße und Arbeitsweise der Geräte
- DIN 4094 Teil 2: Baugrund; Ramm- und Drucksondiergeräte, Anwendung und Auswertung
- DIN 4123: Gebäudesicherung im Bereich von Ausschachtungen, Gründungen und Unterfangungen
- DIN 4124: Baugruben und Gräben; Böschungen, Arbeitsraumbreiten, Verbau
- DIN 4924: Filtersande und Filterkiese für Brunnenfilter
- DIN 18123: Baugrund; Untersuchung von Bodenproben, Bestimmung der Korngrößenverteilung
- DIN 18196: Erd- und Grundbau; Bodenklassifikation für bautechnische Zwecke
- DIN 18300: Erdarbeiten (VOB Teil C)
- DIN 18303: Verbauarbeiten (VOB Teil C)
- DIN 18305: Wasserhaltungsarbeiten (VOB Teil C)
- DIN 18920: Vegetationstechnik im Landschaftsbau; Schutz von Bäumen, Pflanzenbeständen und Vegetationsflächen bei Baumaßnahmen
- DVGW-Hinweis GW 315: Hinweise für Maßnahmen zum Schutz von Versorgungsanlagen bei Bauarbeiten
- RStO 86: Richtlinien für die Standardisierung des Oberbaus von Verkehrsflächen (FGSV)

– ZTVE-StB 76: Zusätzliche Technische Vorschriften und Richtlinien für Erdarbeiten im Straßenbau (FGSV)
– ZTV bit-StB 84: Zusätzliche Technische Vorschriften und Richtlinien für den Bau bituminöser Fahrbahndecken (FGSV)
– ZTVT-StB 86: Zusätzliche Technische Vorschriften und Richtlinien für Tragschichten im Straßenbau (FGSV)
– ZTVA-StB 89: Zusätzliche Technische Vertragsbedingungen und Richtlinien für Aufgrabungen in Verkehrsflächen (FGSV)
– RAS-LG 4: Richtlinien für die Anlage von Straßen (RAS), Teil: Landschaftsgestaltung, Abschnitt 4: Schutz von Bäumen und Sträuchern im Bereich von Baustellen (FGSV)
– RSA (1985): Richtlinien für die Sicherung von Arbeitsstellen an Straßen (Der Bundesminister für Verkehr)
– DVGW-Merkblatt GW 304: Rohrvortrieb
– DVGW-Merkblatt GW 312: Statische Berechnung von Vortriebsrohren
– Smoltczyk (Hrsg.): Grundbau-Taschenbuch (3. Auflage) Verlag Ernst & Sohn, Berlin, Teil 1 (1986), Teil 2 (1982), Teil 3 (1987)
– Köhler: Tiefbauarbeiten für Rohrleitungen (3. Auflage), Rudolf Müller GmbH, Köln (1991)
– Herth/Arndts: Theorie und Praxis der Grundwasserabsenkung (2. Auflage), Verlag Ernst & Sohn, Berlin (1984)
– Richter: Straßen- und Tiefbau, B.G. Teubner Verlag, Stuttgart (1985)
– Schneider (Hrsg.): Bautabellen (8. Auflage), Werner Verlag, Düsseldorf (1988)
– Zeller: Die unterschiedliche Eignung bindiger und nicht-bindiger Böden zum Verfüllen von Leitungsgräben, 3 R international, Heft 10/1988, S. 706 bis 714
– Klotz: Einbringen von Leitungen in geschlossener Bauweise, Bauverlag GmbH, Wiesbaden und Berlin (1982)
– Kühn/Scheuble/Schlick: Rohrvortrieb für nichtbegehbare Leitungssysteme, Bauverlag GmbH, Wiesbaden und Berlin (1987)
– Scherle: Rohrvortrieb, Bauverlag GmbH, Wiesbaden und Berlin, Band 1 (1986), Band 2 (1977), Band 3 (1984)
– Köhler: Rohrvortriebstechnik mit Bodendurchschlaggeräten, gwf – gas/erdgas 128 (1987), H. 11/12, S. 607–612
– Stein/Möllers/Bielecki: Leitungstunnelbau, Verlag Ernst & Sohn, Berlin (1988)
– Shiers: Horizontally drilled pipelines – a new and growing technology, 3 R international, H. 10/1988, S. 699–702

4 Bau von Gas- und Wasserleitungen

4.1 Rohre, Rohrwerkstoffe für Gas- und Wasserleitungen

4.1.1 Allgemeines

Die Wahl der Rohrwerkstoffe und der Rohrleitungsteile richtet sich nach einer Vielzahl von technischen, hygienischen, chemischen, wirtschaftlichen und weiteren Gesichtspunkten. Die besondere Eignung von Rohren und Verbindungen im jeweiligen Versorgungsgebiet wird wesentlich bestimmt durch:

– die zu erwartenden inneren und äußeren Belastungen
– die örtlich vorhandenen Baugrundverhältnisse (ggf. Bergbaueinwirkungen, Altlasten)
– die Korrosionswahrscheinlichkeit durch den umgebenden Boden
– die chemischen Einflüsse des transportierten Gases oder Wassers
– die städtebauliche Struktur des Versorgungsgebietes
– die im bestehenden Versorgungsnetz bereits vorhandenen Werkstoffe und Verbindungen
– die je nach Werkstoff unterschiedlichen Anforderungen an das Fachpersonal
– die Technik zur nachträglichen Herstellung von Anschlüssen und Abzweigen
– den Aufwand für Instandhaltung und Betrieb.

Jedes Versorgungsunternehmen wird eine sorgfältige Wichtung der vorgenannten Punkte vornehmen und sich unter Einbeziehung der vorliegenden Betriebserfahrungen für den jeweils geeigneten Werkstoff entscheiden. Für den Bau neuer Gasleitungen werden heute überwiegend Stahlrohre und Kunststoffrohre verwendet. Im Bereich der Wasserverteilung kommen überwiegend duktile Gußrohre, Kunststoffrohre, Stahlrohre, Faserzement-Rohre sowie für Transportleitungen größerer Nennweiten auch Spannbeton-Druckrohre zur Anwendung.

4.1.2 Stahlrohre

4.1.2.1 Anwendungsbereiche

Für den Bau von Gas- und Wasserleitungen werden Stahlrohre im besonderen dort eingesetzt, wo hohe Festigkeits- und Zähigkeitseigenschaften erforderlich sind, z. B. bei hohen Innendrücken, der Möglichkeit des Auftretens erheblicher Druckstöße sowie bei großen Nennweiten. Die guten Anwendungsmöglichkeiten der Schweißtechnik erlauben eine nahezu optimale Anpassung an Bauwerke

und Hindernisse im Unterflurbereich und den Bau einwandfrei längskraftschlüssiger Rohrleitungen. Ein Nachteil des Werkstoffes Stahl ist in der Erfor-
derlichkeit relativ aufwendiger Korrosionsschutzmaßnahmen durch Umhüllung und durch Auskleidung (bei Wasser) zu sehen. Die überwiegend werkseitig
aufgebrachten Umhüllungen und Auskleidungen erfordern eine große Sorgfalt
bei dem Transport und der Lagerung der Rohre. Die elektrische Längsleitfähigkeit, Voraussetzung für den vorteilhaften kathodischen Korrosionsschutz, kann
bei Anwendung lediglich passiver Schutzmaßnahmen in Folge der Konzentration elektrochemischer Korrosionsvorgänge auf kleine Fehlstellen in der Umhüllung zu punktuellen Durchrostungen führen.

4.1.2.2 Stahlsorten

Für Gasleitungen mit zulässigen Betriebsdrücken bis 16 bar und für Wasserleitungen werden nahezu ausschließlich unlegierte Stähle verwendet. Diese „allgemeinen Baustähle" sind in DIN 17100 genormt. Überwiegend werden Stähle der
Sorten St 37 und St 52 eingesetzt, deren Festigkeitseigenschaften (s. Tabelle 4.1)
maßgeblich durch die Anteile von Kohlenstoff und Mangan geprägt werden.
Grundvoraussetzung für die Eignung ist eine gute Schweißbarkeit, die bei den
vorgenannten Sorten durch eine Begrenzung des Kohlenstoff-Gehaltes auf max.
rd. 0,22 % erreicht wird.

Die Aufschließung deutscher Erdgasfelder führte ab 1960 zunehmend zu der
Notwendigkeit, große Erdgasmengen wirtschaftlich mit hohen Drücken über
weite Strecken zu den Verbrauchszentren zu transportieren. Im Hinblick auf die
wachsenden Rohrdurchmesser (über 500 mm Außendurchmesser) und die höheren Betriebsdrücke (bis 80 bar) wurden Stähle mit höheren Mindeststreck-
grenzen entwickelt. In der DIN 17172, Stahlrohre für Fernleitungen für brennbare Flüssigkeiten und Gase, wurden höherfeste Stähle unter den ursprünglichen Bezeichnungen St 56.7 und St 60.7 (heute StE 385.7 und StE 415.7) neben
den Standardgüten St 38.7, St 43.7 und St 53.7 (heute StE 240.7, StE 290.7 und
StE 360.7) genormt.

Für die Herstellung von Rohrleitungsteilen, z.B. für Bogen, T-Stücke, Redu-
zierstücke, Kappen, Flansche oder Druckbehälter, werden gleichartige Stahlsorten oder entsprechende Stahlsorten für Bleche, Schmiede- oder Gußteile verwendet. Es sollten möglichst artverwandte und festigkeitsgleiche Stahlsorten in
Abstimmung auf die zu verschweißenden Rohre verwendet werden.

4.1.2.3 Herstellung von Stahlrohren

Bei der Herstellung von Stahlrohren wird zwischen geschweißten Rohren und
nahtlosen Rohren unterschieden.

Geschweißte Rohre werden gefertigt nach dem

– Preßschweißverfahren und dem
– Unter-Pulver-Schmelzschweißverfahren (UP-Verfahren).

Tabelle 4.1 Mechanische Eigenschaften der Stahlsorten für Rohrleitungen

Festigkeitsstufen DIN	API	ISO	Liefer-bedingungen	Streckgrenze mindestens N/mm²	Zugfestigkeit N/mm²	Bruchdehnung δ_5 mindestens %	Kerbschlagzähigkeit mindestens Joule
StE 210.7			DIN 17 172	210	320-440	26	47/27[1]
	Grade A		API Spec 5L/5LS	207	$\geq$ 33,1	2)	-
		E 21	ISO 3183	207	331	28	-
St 37.2 (St 37.0)			DIN 1626	235[3]	350-450	23	-
St 35 (St. 37.0)			DIN 1629	235[3]	350-480	25	-
StE 240.7			DIN 17 172	240	370-490	24	47/27[1]
	Grade B		API Spec 5L/5LS	241	$\geq$ 413	2)	-
		E 24	ISO 3183	241	$\geq$ 413	22,5	-
St 42-2 (St 44.0)			DIN 1626	275[3]	420-550	21	-
St 45 (St 44.0)			DIN 1629	275[3]	420-550	21	-
StE 290.7			DIN 17 172	290	420-540	23	47/27[1]
StE 290.7 TM			DIN 17 172	290	420-540	23	47/27[1]
	X 42		API Spec 5LS/5LX	289	$\geq$ 413	2)	-
		E 29	ISO DIS 3845	289	$\geq$ 413	22	-
StE 320.7			DIN 17 172	320	460-580	21	47/27[1]
StE 320.7 TM			DIN 17 172	320	460-580	21	47/27[1]
	X 46		API Spec 5LS/5LX	317	$\geq$ 434	2)	-
		E 32	ISO DIS 3845	317	$\geq$ 434	21	-
St 52-3 (St 52.0)			DIN 1626	355[3]	500-650	21	-
St 52 (St 52.0)			DIN 1629	355[3]	500-650	21	-
StE 360.7			DIN 17 172	360	510-630	20	47/27[1]
StE 360.7 TM			DIN 17 172	360	510-630	20	47/27[1]
	X 52		API Spec 5LS/5LX	358	455[4]	2)	-
		E 36	ISO DIS 3845	358	$\geq$ 455[4]	20[4]	-
StE 385.7			DIN 17 172	385	530-680	19	47/31[1]
StE 385.7 TM			DIN 17 172	385	530-680	19	47/31[1]
	X 56		API Spec 5LS/5LX	386	489[4]	2)	-
		E 39	ISO DIS 3845	386	$\geq$ 489[4]	19[4]	-
StE 415.7			DIN 17 172	415	550-700	18	47/31[1]
StE 415.7 TM			DIN 17 172	415	550-700	18	47/31[1]
	X 60		API Spec 5LS/5LX	413	517[4]	2)	-
		E 41	ISO DIS 3845	413	$\geq$ 517[4]	18	-
StE 445.7 TM			DIN 17 172	445	560-710	18	47/31[1]
	X 65		API Spec 5LS/5LX	448	531[4]	2)	-
		E 45	ISO DIS 3845	448	$\geq$ 531[4]	18	-
StE 480.7 TM			DIN 17 172	480	600-750	18	47/31[1]
	X 70		API Spec 5LS/5LX	482	565	2)	-
	U 80		API Spec 5 LU	551	655-862	2)	-
	U 100		API Spec 5 LU	689	758-931	2)	-

1) Längsproben/Querproben
Abmessungsabhängig ob Längs- oder Querproben
2) Probenabhängiger Wert, vgl API-Tabelle
3) Bei Wanddicken bis 16 mm

4) Für Rohre mit d_a < 508 mm sowie für Rohre mit $d_a \geq$ 508 mm und Wanddicken > 9,5 mm
Für Rohre mit $d_a \geq$ 508 mm und Wanddicken $\leq$ 9,5 mm
s. API

Bei den Preßschweißverfahren wird zwischen dem elektrischen Preßschweißverfahren und dem Feuerpreßschweißverfahren (Fretz-Moon-Verfahren) unterschieden. Mit dem UP-Verfahren können Rohre sowohl mit Längsschweißnaht als auch Rohre mit Spiralnaht hergestellt werden.

In Abhängigkeit vom Rohrdurchmesser kommen in der Regel folgende Verfahren zur Anwendung:

– Rohre mit Außendurchmesser bis 500 mm nach dem elektrischen Preßschweißverfahren
– Großrohre mit Außendurchmesser über 500 mm nach dem UP-Schmelzschweißverfahren mit Spiral- oder Längsnaht.

Bei den Herstellungsverfahren für geschweißte Stahlrohre wird als Ausgangsmaterial jeweils ein Flacherzeugnis verwendet. In Abhängigkeit vom Durchmesser und vom Herstellungsverfahren des Rohres kann dies Bandstahl, Breitband oder Blech sein. Das Band oder Blech wird bei allen beschriebenen Verfahren zunächst zu einem Schlitzrohr eingeformt.

Anschließend werden die Kanten des Schlitzrohres auf verschiedene Arten miteinander verschweißt. Beim Preßschweißen werden die zu verschweißenden Kanten durch temperaturgeregeltes Erwärmen über den elektrischen Widerstand auf Schweißtemperatur gebracht und ohne Verwendung von Zusatzwerkstoff durch druckgeregeltes Zusammenpressen der Kanten mittels Druckrollen miteinander verschweißt.

Über die automatische Regelung des Prozesses und die kontinuierliche Kontrolle der Schweißparameter können hohe Schweißnahtgüten erzielt werden. Die bei der Preßschweißung entstehenden inneren und äußeren Stauchwulste werden direkt nach dem Schweißen durch spezielle spanabhebende Werkzeuge entfernt. Die Übertragung des hochfrequenten Schweißstromes erfolgt entweder durch Schleifkontakte an den Schlitzrohrkanten, d. h. konduktiv, oder auf induktivem Wege über eine Ringspule. Aus herstellungstechnischen und qualitativen Gründen hat sich das Preßschweißen mit hohen Schweißstromfrequenzen durchgesetzt. Es ist unter der Bezeichnung Hochfrequenz-Preßschweißverfahren (s. Bild 4.1) oder abgekürzt als HF-Schweißverfahren bekannt. Nach der Schweißung erfolgt eine induktive Glühung des Schweißnahtbereiches zwecks Anpassung des Gefüge-Zustandes an den Grundwerkstoff der Rohre. Anschließend durchläuft der Rohrstrang das Maß- und Richtwalzwerk und wird am Ende der Fertigungsstraße in den gewünschten Einzelrohrlängen abgeschnitten.

Bei dem Unter-Pulver-Schmelzschweißverfahren (UP-Verfahren) zur Herstellung von Großrohren mit Längs- oder Spiralschweißnaht wird ein nicht umhüllter Schweißdraht verwendet, der unter einem Schweißpulver besonderer Zusammensetzung abschmilzt.

Als Ausgangsmaterial für spiralgeschweißte rohre wird Warnbreitband in Form von Coils (Rollen) eingesetzt. Im sogenannten Auslaufteil der Fertigungsanlage wird das schräg in einem bestimmten Winkel zugeführte Warnbreitband mit

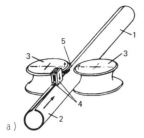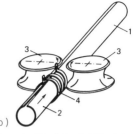

1 geschweißtes Rohr, 2 Schlitz-Rohr,
3 Druckrollen, 4 Gleitkontakte zur Strom-
einspeisung, 5 Schweißpunkt

1 geschweißtes Rohr, 2 Schlitz-Rohr,
3 Druckrollen, 4 Elektroden

Bild 4.1   Hochfrequenz-Preßschweißverfahren
a) konduktive Methode
b) induktive Methode

dem gewünschten Durchmesser spiralförmig aufgewickelt und an der sich bildenden Stoßstelle zuerst von innen und nach einer halben Drehung des Rohres auch von außen nach dem Unter-Pulver-Schweißverfahren kontinuierlich zusammengeschweißt. Dadurch, daß sich der Durchmesser des zu fertigenden Rohres aus der Bandbreite und der Winkelstellung des einlaufenden Breitbandes zur Rohrlängsachse ergibt, können bei diesem Verfahren aus einer Bandbreite verschiedene Rohrdurchmesser durch Änderung des Winkels hergestellt werden.

Der erste Schritt bei der Fertigung Unter-Pulver-geschweißter Großrohre mit Längsnaht besteht in der Umformung des Flacherzeugnisses in besonderen Pressen oder Biegewerkzeugen zu einem Schlitzrohr. Nach dem Vorbereiten der Blechkanten werden die Schlitzrohre auf der Außenseite mit Schweißautomaten geheftet. Anschließend werden dann die gehefteten Rohre zuerst von innen und dann von außen UP-geschweißt. Mit Hilfe einer in das Rohr eingefahrenen mechanischen Expander-Vorrichtung wird das Rohr in seine endgültige runde Form gebracht. Im Rahmen der Qualitätssicherung wird die Schweißnaht eingehend mit Ultraschall geprüft und die Rohrenden im Schweißnahtbereich zusätzlich geröntgt.

Nahtlose Stahlrohre werden in den für den Transport und die Verteilung von Gas und Wasser erforderlichen Durchmessern und Wandstärken heute kaum noch eingesetzt. Deshalb soll an dieser Stelle nur kurz auf das bekannteste Verfahren zur Herstellung nahtlos gewalzter Rohre, d.h. auf das Pilgerverfahren eingegangen werden.

Als Ausgangsmaterial dienen massive, gewalzte oder gegossene Rundstähle, Rund- oder Vieleckblöcke, die in einer ersten Warmumformungsstufe über das Schrägwalzen über einen Lochdorn in die Form eines dickwandigen Hohlblokkes gebracht werden. Der gelochte Block (Luppe) wird auf einer Dornstange zwischen die sogenannten Pilgerwalzen geführt, die auf einem Teil ihres Umfanges ein Kaliber tragen, während der Rest so erweitert ist, daß er den Block nicht faßt. Die sich drehenden Walzen treffen mit dem Kalibermaul auf den Block auf, drücken sich während der weiteren Drehung ein, schnüren eine Werkstoffwelle ab, die vom Kaliberkonus auf den gewünschten Rohrdurchmesser ausgewalzt sowie vom Rest des Kalibers geglättet wird und schieben bei diesem Vorgang den Block zurück. Bei weiterer Drehung der Walzen wird der Block in der Aussparung nicht erfaßt und kann daher unter gleichzeitigem Drehen des Blockes wieder vorgeschoben werden, worauf sich der Vorgang wiederholt. Grundsätzlich wird also der Hohlblock absatzweise unter Drehung über einen Dorn ausgeschmiedet. Mit diesem Schrägwalz-Pilgerschrittverfahren können Rohre von etwa 60–600 mm Außendurchmesser in Wandstärken von 3–150 mm je nach Durchmesser gefertigt werden. Dieses Verfahren kommt heute überwiegend bei der Herstellung dickwandiger Rohre zur Anwendung.

4.1.2.4 Rohrleitungsteile und Rohrverbindungen

Die Anforderungen an Stahlrohre und sonstige Rohrleitungsteile für Gasleitungen sind in DIN 2470 Teil 1 und 2 festgelegt. Die Anforderungen an Stahlrohre für Wasserleitungen sind DIN 2460 zu entnehmen.

Die Verformbarkeit der zu verwendenden Stähle sowie deren gute Schweißbarkeit gestatten eine Anfertigung von Stahlrohrformstücken beliebiger Formen und Abmessungen. Infolge der hochentwickelten Schweißtechnik ist es auch möglich, Formstücke am Ort ihrer Verlegung aus Stahlrohren herzustellen, Abzweige an Rohren anzubringen usw. Für die Herstellung von Rohrbogen zum Einschweißen gelten DIN 2605 und DIN 2606.

Ein Hauptaugenmerk muß dem Nachweis der Güteeigenschaften von Rohrleitungsteilen gelten. So schreibt DIN 2470 Teil 2 für Gasleitungen mit zulässigen Betriebsdrücken von mehr als 16 bar z. B. vor, daß die Güteeigenschaften der fertigen Werksbogen, Formstücke, Längenausgleicher und Kondensatsammler mit Nennweiten kleiner oder gleich DN 200 mit einer Bescheinigung nach DIN 50049 – 3.1 B nachzuweisen sind. Die Güteeigenschaften der Teile mit Nennweiten größer DN 200 sind mit einer Bescheinigung nach DIN 50049 – 3.1 C zu belegen.

In älteren Rohrnetzteilen finden wir heute noch die früher üblichen Rohrverbindungen von Stahlrohren, wie Stemmuffe, Sigurmuffe sowie die Kugelschweißmuffe. Heute kommen überwiegend

– Stumpfschweißverbindungen (s. Bild 4.2) und
– Steckmuffenverbindungen (s. Bild 4.3) mit Gummidichtring zur Ausführung.

Weiterhin werden

– Flanschverbindungen für Armaturen, Formstücke u. ä.
– Schraubmuffenverbindungen für Sonderfälle und Reparaturen
verwendet.

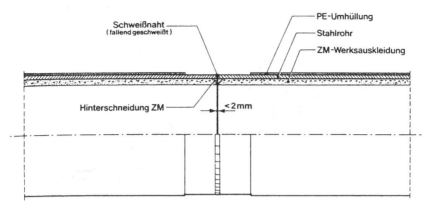

Bild 4.2   Stumpfschweißverbindung für Stahlrohre mit Zm-Auskleidung

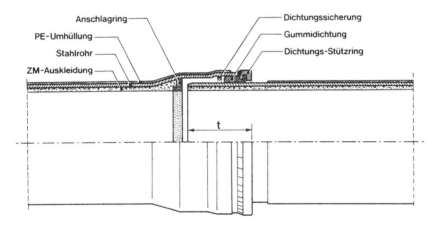

Bild 4.3   Steckmuffenverbindung für Stahlrohre mit Zm-Auskleidung

Im Stahlrohrleitungsbau haben wir es überwiegend mit den beiden bekannten Schweißverfahren

– Gasschmelzschweißen und
– Lichtbogenhandschweißen

zu tun.

Das Gasschmelzschweißen ist nur wirtschaftlich bei Rohrdurchmessern bis DN 100 und Wandstärken bis ca. 5 mm. Ein bevorzugtes Anwendungsgebiet is' die Installationstechnik. Die Wärmeeinbringung je Zeiteinheit ist relativ ger'

Dies führt zu vergleichsweise langen Schweißzeiten und einer breiten Beeinflussungszone neben der Naht infolge der Wärmeleitung. Die Vorteile dieses Schweißverfahrens liegen darin, daß es in allen Lagen anwendbar ist, d. h. also auch über Kopf, und daß meist eine Lage ausreicht. Es sollte immer aufmerksam darauf geachtet werden, daß die Wurzel einwandfrei durchgeschweißt ist.

Im Bereich erdverlegter Stahlrohrleitungen werden Rundnähte vorzugsweise mit umhüllten Stabelektroden lichtbogenhandgeschweißt. Bei der Anwendung des Schweißverfahrens wird weiter nach der Art der verwendeten Elektroden, z. B. basisch- oder zelluloseumhüllten Elektroden, sowie nach Anwendung der Steignaht- oder Fallnahttechnik unterschieden. Das Schweißen mit zelluloseumhüllten Stabelektroden in Fallpositionen setzt sich zunehmend durch, da die Abschmelzleistung mit etwa 1,7 kg/h erheblich größer als bei der Steignahtschweißung ist und damit deutlich höhere Schweißgeschwindigkeiten zu erreichen sind. Die sorgfältige Fugenvorbereitung beim Schweißen mit zelluloseumhüllten Elektroden ist außerordentlich wichtig. Bei Rohren ab 5 mm Wanddicke sind 60°-Öffnungswinkel, 1,5–2 mm Steghöhe und 2 mm Stegabstand erforderlich. Je nach Rohrwanddicke sind mehrere Lagen zu schweißen. Bei der Herstellung der Wurzel wird die Elektrode im Kontakt mit den Fugenflanken fast senkrecht in den Spalt gedrückt, so daß der Lichtbogen auf der Rohrinnenseite brennt. Auf diese Weise wird, am Rohrscheitel beginnend, von oben nach unten, also in Fallposition, geschweißt. Unmittelbar im Anschluß an die Wurzeln wird – nachdem diese mit einer Drahtbürste von Schmutz befreit wurde – die zweite Lage geschweißt. Das Schweißen der Wurzellage und der zweiten Lage, auch Hotpass genannt, in einer Wärme ist deshalb wichtig, damit in der Wurzel keine Risse auftreten. Für die Herstellung der weiteren Lagen werden Stabelektroden des gleichen Typs benutzt.

Bei der Herstellung von Stumpfschweißverbindungen an zementmörtelausgekleideten Wasserrohren, bei denen die Auskleidung bis zur Stirnfläche reicht, darf nur mit der Fallnahttechnik gearbeitet werden. Die hohe Geschwindigkeit bei der Herstellung der Wurzellage und die relativ geringe Wärmebelastung verhindern ein Abplatzen und einen möglichen Eintrag aufgeschmolzener Mörtelbestandteile in die Naht. Es dürfen nur Fallnaht-Schweißer mit Prüfzeugnis nach DIN 8560 eingesetzt werden.

Die Steckmuffenverbindung mit Dichtring zeichnet sich durch eine an das Rohr angeformte Muffe aus, an deren Stirnseite ein Stützring mit Ringnut zur Aufnahme der Gummidichtung angeschweißt ist. Diese Stahlrohre für Wasserleitungen mit Zementmörtelauskleidung werden, da keine gesonderte Norm vorliegt, in Anlehnung an DIN 2460 hergestellt.

Flanschverbindungen in erdverlegten Rohrleitungen sind anfällig gegen Korrosion, empfindlich gegen Biegespannungen und erfordern bei sorgfältiger Herstellung einen nicht unerheblichen Zeitaufwand. In Zukunft werden derartige Verbindungen nur noch dort eingesetzt, wo keine technisch besseren Verbindungsmöglichkeiten zur Verfügung stehen oder wo aus betrieblichen Gründen eine lösbare Verbindung zwingend erforderlich ist. Folglich kommen Flanschverbindungen nur noch für den Einbau von Armaturen und besonderen Formstücken zur Anwendung. Für den Bau von Wasserleitungen werden in der Regel Vorschweißflansche nach DIN 2632 (PN 10) oder DIN 2633 (PN 16) eingesetzt. Für den Einbau in Gasleitungen sind genormte Stahlflansche, z. B. nach DIN 2513, zu verwenden. Der Nachweis der Güteeigenschaften der Flansche richtet sich nach AD-Merkblatt W 5 bzw. W 13. Hinsichtlich der Auswahl der Dichtungen und Schrauben sind die Vorgaben in DIN 2470 Teil 1 und 2 besonders zu beachten.

Ein leidiges Thema ist die Nichtverwendung von Momentenschlüsseln auf der Baustelle. Durch ungleichmäßiges Anziehen der Muttern können erhebliche Spannungen erzeugt werden, die zu einer Überbeanspruchung der Schrauben und auch der Dichtung führen können.

Schraubmuffenverbindungen werden nur noch vereinzelt für den Einbau von Armaturen und Formstücken in Wasserleitungen wie auch im Reparaturfall verwendet, wenn eine Schweißung nicht möglich ist.

Bei der Konstruktion und der Bauausführung von Stahlrohrleitungen sollte der werkstoffgerechten Schweißverbindung immer der Vorzug gegeben werden.

4.1.3 Druckrohre und Formstücke aus duktilem Gußeisen

4.1.3.1 Anwendungsbereiche

Rohre aus duktilem Gußeisen werden überwiegend für den Bau von Wasserverteilungsnetzen und für Zubringerleitungen eingesetzt. Eine Reihe vorteilhafter Eigenschaften, wie die hohe Festigkeit, die einfache Verbindungstechnik, die Abwinkelbarkeit und Längsbeweglichkeit sowie die Möglichkeit, längskraftschlüssige Verbindungen herzustellen, ermöglichen einen vielseitigen Einsatz. Die Abwinkelbarkeit und Längsbeweglichkeit in den Muffen sowie die hohe Bruchdehnung machen duktile Gußrohre mit Langmuffen besonders geeignet für Rohrnetze in Bergsenkungsgebieten.

Seit etwa 1956 werden in Deutschland duktile Gußrohre hergestellt. Infolge der positiven Werkstoffeigenschaften verdrängte das duktile Gußrohr das bruchanfällige Graugußrohr bis ca. 1967 nahezu endgültig vom Markt.

Anfänglich waren die duktilen Gußrohre lediglich mit einem Bitumenanstrich versehen und wurden zum Teil, wie vorher die Graugußrohre, in Gräben verlegt, die mit dem verdichtungsfähigen Aushub wieder verfüllt wurden. In bindigen und aggressiven Böden kam es daraufhin bereits nach 15 bis 20 Jahren zu gravierenden Korrosionserscheinungen und Durchrostungen. Aus diesem Grunde ist den Korrosionsschutzmaßnahmen bei duktilen Gußrohren die gleiche Aufmerksamkeit zu widmen wie bei Stahlrohren.

4.1.3.2   Werkstoffeigenschaften des duktilen Gußeisens

Die Werkstoffkennwerte des duktilen, d. h. dehnbaren, streckbaren Gußeisens werden durch eine spezielle Behandlung des flüssigen Eisens mit Magnesium erreicht, wodurch der im Gefüge als Graphit vorliegende Kohlenstoff eine kugelige Form annimmt. Sein Anteil beträgt ungefähr 3,5 Gew.-% bzw. 10 Vol.-%. Bei Spannungen im Rohrwerkstoff bis hin zu plastischen Verformungen können die in der metallischen Grundmasse verlaufenden Kraftlinien nahezu ungehindert an den eingelagerten kugelförmigen Graphitteilchen geringerer Festigkeit vorbeifließen. Duktiles Gußeisen für die Herstellung von Rohren und Formstücken für Gas- und Wasserleitungen ist in DIN 28 600 genormt.

Folgende Festigkeitseigenschaften, die an bearbeiteten Rundproben ermittelt werden, sind einzuhalten:

- Zugfestigkeit mindestens   420 N/mm²
- 0,2%-Dehngrenze mindestens   300 N/mm²
- Bruchdehnung mindestens   10% für Rohre bis DN 1000
                                                    7% für Rohre über DN 1000,

für Formstücke

- Zugfestigkeit mindestens   400 N/mm²
- Bruchdehnung mindestens   5%.

4.1.3.3   Herstellung duktiler Gußrohre

Der Grundwerkstoff wird aus Sonderroheisen und Stahlschrott im Kupolofen erschmolzen und im Elektroofen verfeinert. Durch Zusatz von 0,04–0,1% Magnesium wird die Graphitausscheidung in Kugelform bewirkt. Anschließend wird das so behandelte flüssige Eisen der Gießmaschine zugeführt. Für die Her-

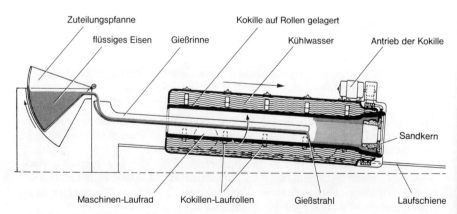

Bild 4.4   Schleudergießmaschine für Rohre aus duktilem Gußeisen

stellung duktiler Gußrohre wird heute zumeist das de Lavaud-Schleudergießverfahren angewendet. Die Schleudergießmaschine (s. Bild 4.4) besteht aus einem fahrbaren, schrägliegenden Gehäuse, das mit Kühlwasser gefüllt ist. In dem Gehäuse befindet sich die vom Kühlwasser umgebene, auf Rollen gelagerte rotierende Kokille. Die Außenkontur der Muffe ist in die Kokille eingearbeitet, während die fast beliebig gestaltbare Muffeninnenkontur durch einen für jeden Guß zu erneuernden Sandkern gebildet wird. Beim Gießvorgang wird aus einer Zuteilungspfanne flüssiges Eisen in die in die Kokille hineinragende Gießrinne gekippt. Sobald der über die Gießrinne eingeleitete Gießstrahl den mit dem Sandkern versehenen Muffenraum der rotierenden Kokille gefüllt hat, wird die Gießmaschine in Längsrichtung verfahren und so das Rohr spiralförmig gegossen bzw. geschleudert.

Nach kurzer Abkühlung wird das geschleuderte Gußrohr aus der Kokille gezogen und zur thermischen Nachbehandlung bei etwa 900° – 950 °C in einen Glühofen verbracht. Zur Erreichung der oben beschriebenen mechanischen Eigenschaften müssen die Rohre bestimmte Temperaturstufen in festgelegten Zeitabschnitten durchlaufen.

Nach der thermischen Nachbehandlung wird der überwiegende Anteil der Rohre zum Schutz der Außenoberfläche mit einer Spritzverzinkung versehen. In einer speziellen Spritzvorrichtung wird ein Zinkdraht zum Schmelzen gebracht und die feinen Zinktropfen über einen Gasstrom auf das sich drehende Rohr verteilt. Die weiteren Möglichkeiten des Außenschutzes sind in einem der folgenden Kapitel dargestellt.

Anschließend erfolgt das Säubern des Rohrinnern und der Dichtflächen durch Schleifen und Bürsten sowie Maß-, Oberflächen- und Gefügekontrollen. Alle Rohre werden einer Wasserinnendruckprüfung nach DIN 50104 unterzogen, wobei der Prüfdruck mindestens das 1,5fache des Nenndruckes betragen muß.

4.1.3.4   Rohrverbindungen

Die aus älteren „Grauguß"-Netzen noch hinlänglich bekannten Stemmuffen-Verbindungen wurden ab ca. 1931 schrittweise durch die Schraubmuffen-Verbindung und ab ca. 1936 auch durch die Stopfbuchsenmuffen-Verbindung abgelöst. Für Rohre und Formstücke aus duktilem Gußeisen werden heute überwiegend elastisch gedichtete Steckmuffen-Verbindungen nach DIN 28603 verwendet. Die Steckmuffen-Verbindung System TYTON (Bild 4.5) wurde 1957 in Deutschland eingeführt und hat sich für die Nennweitenbereiche von DN 80 – DN 1400 eindeutig am Markt durchgesetzt. Wesentliches Teil dieser außerordentlich einfachen und robusten Verbindung ist ein besonders profilierter Dichtring, der im Halteteil aus einer harten und im dichtenden Teil aus einer weichen Mischung besteht. Bei der Montage wird der härtere Teil des Ringes in die Haltenut der Muffe eingelegt und der weichere Dichtring bei Einschieben des Einsteckendes so verpreßt, daß er abdichtet.

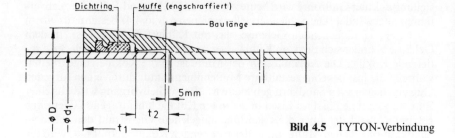

Bild 4.5   TYTON-Verbindung

Die Schraubmuffenverbindung (Bild 4.6) wird heute nur noch vereinzelt im Nennweitenbereich von DN 80–DN 400 und dort überwiegend im Zuge von Reparaturen und Erneuerungen in bestehenden Netzen eingesetzt. Wesentliche Bestandteile dieser Verbindung sind die Muffe mit Innengewinde, der Schraubring, der Gleitring und der Dichtring. Bei Anziehen des Schraubringes wird der Dichtring in seinem Sitz zusammengepreßt und damit die Abdichtung zwischen der Muffe und dem Einsteckende bewirkt. Der zwischen Dichtring und Schraubring angeordnete Gleitring erleichtert das Anziehen der Verbindung und verhindert gleichzeitig unzulässige Verformungen des Dichtringes.

Das Dichtungsprinzip der Stopfbuchsenmuffenverbindung entspricht dem der Schraubmuffenverbindung, wobei das Anpressen des keilförmigen Dichtringes über Schrauben mit Hilfe des Stopfbuchsenringes erfolgt. Auch die Stopfbuchsenmuffen-Verbindung nach DIN 28602 wird heute nur noch vereinzelt in den Nennweitenbereichen von DN 500–DN 1200 eingesetzt.

Flanschverbindungen an erdverlegten Gußrohrleitungen werden praktisch nur noch für den Einbau von Armaturen verwendet. Im Zuge des Neubaus von Wasserleitungen werden zunehmend Muffenschieber oder Spitzendmuffenschieber mit zugfesten Muffenverbindungen eingesetzt, um Korrosionsschäden an Schrauben oder ggf. eine baustellenseitige Nachumhüllung der Verbindung zu vermeiden.

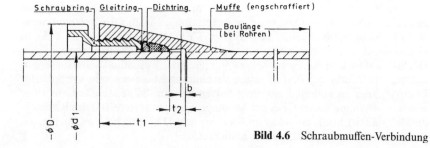

Bild 4.6   Schraubmuffen-Verbindung

Die beschriebenen elastisch gedichteten Muffen-Verbindungen sind in axialer Richtung beweglich und allseitig anwinkelbar, in der Regel bis zu 3°. Da durch die Elastizität der Verbindung keine Biegemomente und Zugkräfte von Rohr zu Rohr übertragen werden, müssen die bei der Druckprüfung und während des Betriebes auftretenden Kräfte an Bögen, Abzweigen, Endverschlüssen und Reduzierungen entweder durch Betonwiderlager, Ankerkonstruktionen oder auch direkt durch zusätzliche Maßnahmen zur Herstellung der Längskraftschlüssigkeit aufgenommen werden.

Die TYTON-Steckmuffenverbindung kann durch Verwendung des speziellen TYTON-SIT-Dichtringes (Bild 4.7) bis zur Nennweite DN 300 längskraftschlüssig ausgeführt werden. In den TYTON-Dichtring sind Edelstahlsegmente einvulkanisiert, deren scharf geschliffene Zähne sich bei einer geringen Rückwärtsbewegung des Rohres in der Rohrwandung des Spitzendes festkrallen und somit eine Verriegelung erwirken. Bei Anwendung der Schubsicherung SIT ist der Nenndruck für Nennweiten von DN 80 – DN 200 auf 16 bar und für DN 250 und DN 300 auf 10 bar begrenzt. Für Nennweiten DN 100 – DN 1000 kann die unter den Bezeichnungen TYS-K oder TYTON-SV (Bild 4.8) bekannte Schubsicherung eingesetzt werden. Dort, wo es nicht möglich ist, aus Platzgründen oder wegen der Gefahr der Freilegung sperrige Widerlager zu bauen, oder bei der Verlegung von Düker- und Steilhangleitungen stellt diese Verbindung eine gute Lösung dar. Vor der TYTON-Muffe ist eine zusätzliche Sicherungskammer angegossen. Am Einsteckende des Rohres wird eine umlaufende Schweißwulst

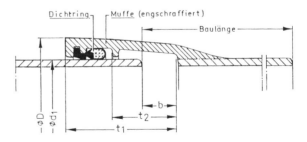

Bild 4.7 TYTON-Muffenverbindung mit TYTON-SIT-Ring

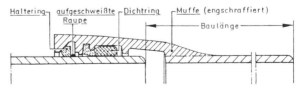

Bild 4.8 Schubsicherung TYTON-SV

aufgetragen. Der in die Sicherungskammer eingelegte Haltering übernimmt
nach Montage der Verbindung die Kraftübertragung zwischen dem Einsteckende mit Schweißraupe und der speziell ausgebildeten Muffe.

Die Anwendung von Schweißverbindungen an Rohren aus duktilem Gußeisen
beschränken sich auf wenige Anwendungsgebiete. In der 1982 erschienenen
DVS-Richtlinie für das „Lichtbogenhandschweißen an Rohren aus duktilem
Gußeisen für Rohrleitungen der öffentlichen Gas- und Wasserversorgung" werden die einzelnen Schweißkonstruktionen, die auch unter Baustellenbedingungen ausgeführt werden können, näher beschrieben. Im einzelnen werden genannt:

– Anschweißen von Stutzen DN 25 – DN 80 aus duktilem Gußeisen oder aus
  Stahl, z. B. für Anschlußleitungen
– Anschweißen von Abgängen DN 80 – DN 300 aus duktilem Gußeisen, z. B.
  für Hydrantenanschlüsse, Entleerungs- und Entlüftungsstutzen mit Flansch-
  abgang
– Anschweißen von Mauerflanschen aus duktilem Gußeisen oder aus Stahl,
  z. B. zum Einbinden von Rohrleitungsteilen in Bauwerke.

Als Nahtart wird praktisch nur die Kehlnaht nach DIN 1912 angewandt. Die
Oberflächen im Schweißbereich müssen metallisch blank geschliffen werden.
Die Schweißung selbst wird nach DIN 8573 ohne Vorwärmung mit besonderen
Stabelektroden ausgeführt.

Im besonderen das Aufschweißen von Stahlstutzen zur Herstellung von Haus-
anschlußabgängen ist bei einer Reihe von Versorgungsunternehmen inzwischen
gängige Praxis.

4.1.3.5   Formstücke aus duktilem Gußeisen

Für die Herstellung von Richtungsänderungen aller Winkelgrade, für Abgänge
aller Größen, für Nennweitenänderungen, für Endverschlüsse usw. steht ein
umfassendes Programm von genormten Formstücken aus duktilem Gußeisen
zur Verfügung. Doppelmuffenbogen von 90° bis 11 1/4° sind in DIN 28 625 bis
DIN 28 629 genormt.

Bei den Muffen- und Flanschenformstücken mit rechtwinkligen Abgängen sind
die Abgangsnennweiten so gestaffelt, daß die vorgesehenen Anschlüsse in der
erforderlichen Nennweite meist direkt montiert werden können. Die Doppel-
muffenstücke mit Flanschstutzen (MMA) sind in DIN 28 630, die Doppelmuf-
fenstücke mit Muffenstutzen (MMB) in DIN 28 632 und die Flanschstücke mit
Flanschstutzen (T) in DIN 28 643 festgelegt.

Die Formstücke für den Übergang von Muffen- auf Flanschverbindungen (EU;
F) sowie zur Verbindung von glatten Rohrenden (U) oder Rohren mit unter-
schiedlichen Nennweiten (MMR; FFR) sind in DIN 28 622 bis DIN 28 624, in
DIN 28 634 und in DIN 28 645 durchgängig genormt.

Hinsichtlich des weiteren Programms an Endverschlüssen und verschiedenen Flanschformstücken sei an dieser Stelle auf die zum Teil recht umfangreichen Kataloge der Hersteller und auf die entsprechenden DIN-Normen verwiesen.

4.1.4 Kunststoffrohre

4.1.4.1 Anwendungsbereiche

Ungefähr Ende der 50er-Jahre wurde zunächst in der Wasserversorgung damit begonnen, vermehrt Kunststoffrohre aus PVC-hart und PE einzusetzen. Die positiven Eigenschaften der neuen Rohrwerkstoffe, wie Korrosionsbeständigkeit, glatte Innenwände, mehr oder minder elastisches Verhalten, geringes Gewicht sowie längskraftschlüssige Verbindungen durch Kleben bei PVC-hart bzw. Klemmverschraubungen bei PE, führten relativ schnell zu beachtlichen Marktanteilen.

Jedoch bereits in den 60er-Jahren traten erste Schwierigkeiten mit undichten Klebmuffen an PVC-hart-Rohren oder auch Rohrbrüche auf, bedingt durch ungleichmäßige Klebungen und herstellungsbedingte Eigenspannungen in den PVC-Rohren. PE-Rohre reagierten mit Rissen auf Beschädigungen durch spitze Steine oder auf Spannungsspitzen, verursacht durch Riefen bei der Verlegung. Unter Einbeziehung der Erfahrungen wurden die Normen und technischen Regeln intensiv überarbeitet und ergänzt. Inzwischen stehen bewährte Rohrverbindungen, ein breites Sortiment an Formstücken, Fittings sowie Armaturen zur Verfügung und verschaffen den Versorgungsleitungen aus Kunststoff in der deutschen Gas- und Wasserwirtschaft Vorteile im Wettbewerb mit den traditionellen Rohrwerkstoffen. Beim Neubau von Wasserleitungen liegt der Anteil von Kunststoffrohren bei fast 30 % und beim Neubau von Gasleitungen bereits bei ca. 35 %.

Im Bereich der Gasverteilung wurde das PVC-Rohr inzwischen fast vollständig vom geschweißten PE-Rohr verdrängt. Für den Bau von Wasserleitungen haben sich sowohl PVC-Rohre als auch PE-Rohre ausgezeichnet bewährt. Der Vorteil der Korrosionsbeständigkeit führte dazu, daß in Regionen mit metallaggressiven Böden, wie z. B. in Teilen Niedersachsens, vermehrt Kunststoffrohre eingesetzt wurden.

4.1.4.2 Verwendete Kunststoffe

Die für Gas- und Wasserrohrleitungen verwendeten Werkstoffe Polyethylen und Polyvinylchlorid werden nach verschiedenen Verfahren durch Polymerisation hergestellt. Aus Erdöl werden die Ausgangsprodukte, die sogenannten Monomere, gewonnen.

Polyvinylchlorid (PVC) ist bereits seit 1912 bekannt. Erstmals 1937 wurden Trinkwasserrohre aus PVC eingesetzt. Die erste Grundnorm für Rohre aus PVC-hart, DIN 8061, wurde im Juli 1941 herausgegeben. Die ersten Rohrnormen für Polyethylen hart (PE-HD) und Polyethylen weich (PE-LD) erschienen 1960. Heute stehen die Massenkunststoffe PVC und PE gleichrangig neben den traditionellen Rohrmaterialien.

Die entscheidenden Werkstoffkennwerte der beiden Kunststoffe sind in Tabelle 4.2 dargestellt.

Tabelle 4.2 Werkstoffkenndaten von Kunststoffen zur Rohrherstellung

Eigenschaften	Prüfnorm	Werkstoff		
		PVC hart	PE-HD	PE-LD
Mechanische Eigenschaften				
Dichte	DIN 53479	$\approx$ 1,4 g/cm³	$\approx$ 0,95 g/cm³	$\approx$ 0,92 g/cm³
Zugversuch	DIN 53455			
Streckspannung		$\geqq$ 60 N/mm²	$\geqq$ 24 N/mm²	$\geqq$ 11 N/mm²
Reißdehnung		$\geqq$ 15 %	$\geqq$ 800 %	$\geqq$ 500 %
Biegeversuch	DIN 53457			
Elastitätsmodul	(Kurzzeit)	$\geqq$ 3000 N/mm²	$\geqq$ 800 N/mm²	$\geqq$ 200 N/mm²
Schlagbiegeversuch	DIN 53453			
Schlagzähigkeit		ohne Bruch	ohne Bruch	ohne Bruch
Kerbschlag- zähigkeit		$\geqq$ 2 kJ/m²	$\geqq$ 15 kJ/m²	—
Thermische Eigenschaften				
Mittlerer ther- mischer Längen- ausdehnungs- koeffizient	DIN 53752	0,8 10^{-4}K^{-1}	2 10^{-4}K^{-1}	2 10^{-4}K^{-1}
Vicat-Erwei- chungstemperatur	DIN 53460 (Verf. B)	$\geqq$ 78 %	$\geqq$ 90 %	$\geqq$ 100 %

4.1.4.3 Herstellung von Kunststoffrohren

Als Ausgangsmaterial für die Rohrherstellung wird granulat- oder pulverförmiges Polymerisat verwendet. Die Fertigung der Rohre erfolgt durch Extrudieren des erhitzten Polymerisates auf einer Schneckenpresse, dem sogenannten Extruder. Im Extruder wird das als Granulat oder Pulver aufgegebene Polymerisat verdichtet, dabei entlüftet oder auch entgast, aufgeschmolzen, homogen gemischt und im Werkzeug, d.h. in einer Ringdüse, zu einem Rohr geformt. Die konstruktive Auslegung der Schneckenwelle des Extruders in Abstimmung auf die Werk- und Zusatzstoffe hat entscheidenden Einfluß auf die Qualität der gefertigten Rohre. Die Wärme zur Aufschmelzung des Ausgangsmaterials wird der Extruderkammer von außen über Heizelemente zugeführt und zum Teil aus der Verformungsenergie bei der Umwandlung des aufgegebenen Rohstoffes gewonnen.

Das formgebende Werkzeug besteht aus einer ringförmigen Düse mit Mundstück und Dorn und wird unmittelbar vom Extruder beschickt. Das von der Düse geformte endlose Rohr durchläuft anschließend eine wassergekühlte Kalibriervorrichtung, in der es auf die genormten Maße gebracht wird. Zur Abkühlung durchläuft das Rohr ein Tauchbad.

Im sogenannten Rohrabzug, der hinter dem Tauchbad angeordnet ist, wird das Rohr mit konstanter Geschwindigkeit durch die Kalibrier- und Kühlstrecke gezogen, wobei die Zugkraft mit besonders geformten Raupenketten erzeugt wird. Vorher werden die Rohre mit dem Signiergerät entsprechend gekennzeichnet. Abschließend werden die Rohre entweder in größeren Längen auf Trommeln aufgerollt oder in der Ablängvorrichtung in den Standard-Lieferlängen abgeschnitten.

4.1.4.4 Rohrverbindungen, Fittings und Rohrleitungsteile

Für den Bau von Kunststoffrohrleitungen stehen heute folgende Arten von Verbindungen zur Verfügung:

für PVC-Rohre

– Einsteckmuffe mit Gummidichtring
– Flanschverbindung
– Klebemuffe,

für PE-Rohre

– Schweißverbindungen
– Klemmverbindungen
– Steckverbindungen
– Flanschverbindung.

Die Steckverbindung für PVC-Rohre (Bild 4.9) ist sehr einfach konstruiert und besteht aus der am Rohr angeformten Muffe mit der Kammer für das Dichtelement und dem Dichtring. Zur Herstellung der Verbindung wird der Dichtring herzförmig zusammengedrückt, in die Ringnut eingelegt und das Spitzende des zu verbindenden Rohres bis zum Anschlag in die Muffe eingeschoben. Infolge der geringen Differenzen zwischen Innendurchmesser der Muffe und dem Außendurchmesser des Spitzendes erlaubt die Steckverbindung keine Abwinklung in der Muffe.

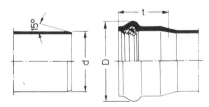

Bild 4.9 PVC-Steckmuffe

Die technischen Regeln für Rohre und Rohrleitungsteile aus PVC für Trinkwasserleitungen sind in der Anwendungsnorm DIN 19532 festgelegt. Die Rohre sind für einen Betriebsüberdruck von 10 bar bzw. 16 bar bei 20 °C und eine Betriebsdauer von 50 Jahren ausgelegt.

Das zur Verfügung stehende Sortiment an Rohrleitungsteilen ermöglicht eine zügige und problemlose Erstellung von Rohrleitungssystemen. Das Programm der Rohrleitungsteile umfaßt Formstücke aus PVC und auch aus duktilem Gußeisen sowie Flansche, Verschraubungen, Anbohrarmaturen, Absperrschieber aus PVC usw. Im Sinne einer Homogenität in den Verbindungen und den Werkstoffen wie auch zur Verminderung von Toleranzabweichungen wäre es wünschenswert, wenn alle Formstücke aus dem gleichen Werkstoff PVC gefertigt wären. Die Formgebung der Dichtelemente sollte unbedingt vereinheitlicht werden, um die Austauschbarkeit zwischen verschiedenen Produkten zu ermöglichen.

Der große Vorteil der Steckmuffenverbindung liegt darin, das sie einfach, schnell und kostengünstig herzustellen ist. Ein gewisser Nachteil ist darin zu sehen, daß die Verbindung nicht längskraftschlüssig ist und deshalb an Bogen und Formstücken durch Betonwiderlager gesichert werden muß.

Die Klebeverbindung für PVC-Rohre kommt beim Bau erdverlegter Gas- und Wasserrohrleitungen aus verschiedenen Gründen kaum noch zum Einsatz. Die zum Teil ungünstigen Randbedingungen auf der Baustelle, wie z. B. Witterungseinflüsse, ungenügender Platz im Rohrgraben, Verlegen der Rohre unter Spannung, können sich negativ auf die Qualität der Klebeverbindung auswirken. Die relativ lange Abbindezeit des Klebers wirkt sich nachteilig auf den Baufortschritt aus. Klebeverbindungen sollten nur von sehr erfahrenen Rohrnetzbauern, die mit den Anleitungen der Herstellerfirmen und den einschlägigen technischen Regeln (DVGW, KRV, DIN) bestens vertraut sind, hergestellt werden.

Die Flanschverbindung wird überwiegend nur für den Einbau von Armaturen verwendet. Sie erfolgt mit losen Flanschen und mit Bundbuchsen oder kegelförmigen Flanschbuchsen, die auf das Rohrende aufgesteckt bzw. aufgeklebt werden.

Wegen ihrer vielfältigen Vorteile haben sich PE-Rohre für die Herstellung von Gas- und Wasserhausanschlußleitungen weitestgehend durchgesetzt und zur Verdrängung der traditionellen Rohrwerkstoffe geführt. Ihre Verwendung für den Neubau von Gas- und Wasserversorgungsleitungen, überwiegend bis zur Nennweite DN 150, ist stark steigend.

Rohre, Rohrverbindungen und Rohrleitungsteile aus PE-HD und PE-LD für die Trinkwasserversorgung sind in DIN 19533 genormt.

Für den Bau von Gas- und Wasserrohrleitungen werden Rohre aus Polyethylenhoher Dichte (PE-HD) in den Abmessungen gem. DIN 8074 und den Güteanforderungen gem. DIN 8075 eingesetzt. Dabei kommen überwiegend Rohre der

Reihe 4 (PN 6) und der Reihe 5 (PN 10) zur Anwendung (erstere nur für Gasrohrleitungen).

Für Gasleitungen ist nach dem DVGW-Arbeitsblatt G 477 unter Einbeziehung eines höheren Sicherheitsbeiwertes der zulässige Betriebsüberdruck auf 1 bar für Rohre der Reihe 4 und auf 4 bar für Rohre der Reihe 5 festgelegt worden. Damit werden die üblichen Versorgungsdrücke in der Ortsverteilung abgedeckt.

Für erdverlegte PE-HD-Rohre kommt überwiegend die materialgerechte Verbindungstechnik des Schweißens zur Anwendung, wobei die Schweißarbeiten nur von ausgebildeten Kunststoff-Rohrschweißern nach dem DVGW-Merkblatt GW 330 ausgeführt werden dürfen. Weitere Einzelheiten zur Durchführung der Schweißung sind in dem Merkblatt DVS 2207 Teil 1 geregelt.

In beiden Versorgungssparten werden folgende Schweißverfahren eingesetzt:

– Heizwendelschweißung von Muffen
– Heizelement-Stumpfschweißung
– Heizelement-Muffenschweißung.

Mit der elektrischen Heizwendelschweißung können Rohre mit Außendurchmessern von 20 – 225 mm geschweißt werden (Bild 4.10). Das eigentliche Verbindungselement besteht aus der gespritzten PE-Muffe, in die an der Innenseite ein elektrischer Widerstandsdraht eingelegt ist. Nach entsprechender Vorbereitung der Rohrenden und Zentrierung der Muffe über dem spannungsfrei zu verbindenden Rohrstoß wird die durchgehende Heizwendel über das Schweißgerät mit einem definierten Strom beaufschlagt, was zum Schmelzen der Muffeninnenseite und der Rohroberfläche und somit zu einer homogenen Verbindung des Werkstoffes PE führt. Die Programmierung des Schweißgerätes auf die Muffen unterschiedlicher Dimensionen oder auf andere Teile erfolgt entweder von Hand oder über einen auf dem Bauteil angebrachten Strichcode. Die Richtigkeit der Programmierung wird vom Gerät durch eine kontrollierende Messung des Widerstandes der Heizwendel geprüft. Unterschiedliche Außentemperaturen werden vom Gerät automatisch über eine Anpassung der Schweißzeiten kompensiert. Die automatische Erstellung eines Schweißprotokolls mit allen wichtigen Schweißparametern setzt sich zunehmend durch.

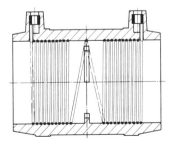 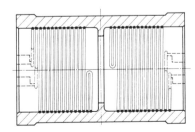

Bild 4.10   Heizwendel-Schweißmuffen mit durchgängiger und getrennter Wicklung

Neben den Muffen können auch weitere Bauteile mit eingebauter Heizwendel, wie Anbohrschellen, Endkappen, Bogen, T-Stücke usw., mit dem Schweißgerät verarbeitet werden.

Heizelementstumpfschweißungen werden mit Hilfe spezieller Schweißmaschinen durchgeführt. Die Schweißmaschine besteht aus einem Rahmen und zwei Klemmvorrichtungen zur Fixierung der zu verschweißenden Rohrenden. Eine der Klemmvorrichtungen ist auf einem über Hydraulikzylinder verfahrbaren Schlitten angebracht. Nach dem Zentrieren werden die Rohrenden planparallel gehobelt und anschließend unter Einhaltung vorgeschriebener Parameter gegen ein plattenförmiges Heizelement gefahren. Nach ausreichender Erwärmung der Stirnflächen wird das Heizelement herausgenommen und die Rohrenden mit definiertem Druck zusammengefügt, so daß es zu einer Vernetzung der Molekülketten an den plastifizierten Stirnflächen und somit zu einer Verschweißung kommt. Heizelementstumpfschweißungen sollten nur von besonders erfahrenen Fachleuten durchgeführt werden, da z.B. unterschiedliche Zeiten zwischen Entfernen des Heizelementes und Zusammenfügen der Rohrenden oder übermäßiger Wind einen negativen Einfluß auf die Qualität der Schweißung haben können. Wegen des Einflusses eines evtl. Wandversatzes der zu verschweißenden Rohrenden sollten nur Rohre ab einem Außendurchmesser von 90 mm und größer mit dem Verfahren geschweißt werden. Bei Bedarf kann die innen und außen entstehende Schweißwulst mit Spezialwerkzeugen sauber abgehobelt werden.

Derartig verschweißte Rohrstränge werden auch für das Relining schadhafter oder zu ertüchtigender Netzabschnitte eingesetzt.

Während in der Gasversorgung die Verbindungstechnik des Schweißens dominiert, kommen in der Trinkwasserversorgung vielfach noch mechanische Rohrverbindungen in Form von Klemm-/Schraubverbindungen aus metallenen Werkstoffen oder aus Kunststoff zum Einsatz (Bild 4.11). In den kleineren Nennweiten wird eine Vielzahl von Klemmverbindern angeboten, die entweder mit Verschraubungskörper, Spannhülse bzw. zusätzlich einer Stützhülse und Überwurfmutter oder als Klemmflanschverbinder ausgebildet sind. Es sollten nur normgerechte Klemmverbinder mit DIN/DVGW-Prüfzeichen eingesetzt werden. Preiswerte und schnell zu installierende Klemmverbinder können zu erheblichen Kostenvorteilen, z.B. gegenüber Heizwendelschweißungen, führen.

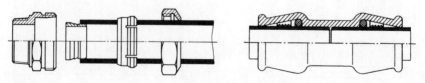

Bild 4.11 Metall-Klemmverschraubung und -Steckverbindung

Eine weitere Lösung stellt der stützrohrlose Steckfitting für Wasserrohre dar. Im konusförmigen Innenteil des aus duktilem Gußeisen gefertigten Fittings ist ein großvolumiger O-Ring ohne feste Nut eingelegt. Infolge des Innendruckes wird der O-Ring in den Konus hineingedrückt und dichtet somit zuverlässig ab. Die Längskraftschlüssigkeit dieser Verbindung wird durch einen geschlitzten konischen Klemmring hergestellt, der auf seiner Innenseite so geriffelt ist, daß ein Herausziehen des PE-Rohrendes durch Reibungsschluß verhindert wird.

Auf die genormten Rohrverbindungen und Rohrleitungsteile für PVC-Leitungen nach DIN 8063 und für PE-Leitungen nach DIN 16963 soll an dieser Stelle nicht weiter im Detail eingegangen werden.

4.1.5   Spannbetondruckrohre

4.1.5.1   Anwendungsbereiche

Spannbetondruckrohre werden in der Wasserversorgung überwiegend für Zubringer- und Fernleitungen großer Nennweiten bei geringen bis mittleren Drücken verwendet. Zur Aufnahme der durch den Innendruck auftretenden Ringzugspannungen, und zwar ohne Bildung von Haarrissen, werden vorwiegend vorgespannte Stahlbetonrohre verwendet. Der Betonmantel erhält eine vorgegebene Druckspannung, die dem späteren Innendruck angepaßt werden kann.

Die Vorteile von Spannbetondruckrohren bestehen in einer langen Nutzungsdauer und einer hohen Beständigkeit gegen Innen- und Außenkorrosion. Die statische Bemessung kann den örtlichen Belastungen angepaßt werden und die Rohre verfügen konstruktionsbedingt über eine hohe Beulsicherheit. Als Nachteile sind das Rohrgewicht, die Sprödigkeit des Werkstoffes, die fehlende Längskraftschlüssigkeit der Rohrverbindungen, die Schwierigkeiten beim nachträglichen Herstellen von Einbindungen sowie bei Reparaturen, die große Sorgfalt bei der Verlegung und die Sonderanfertigung von Formstücken zu nennen.

4.1.5.2   Rohrherstellung

Das nachfolgend beschriebene Herstellungsverfahren ist eines der bekannten Verfahren und wurde von einer großen deutschen Baufirma entwickelt. In einem ersten Arbeitsgang wird das sogenannte Kernrohr mit einer Quer- und Längsbewehrung im Schleuderverfahren hergestellt.

Der Bewehrungskorb wird in eine runde Stahlform eingespannt, die zum Ein- und Ausschalen in zwei Halbschalen zerlegbar ist. Die Längsbewehrung wird vorgespannt und dann eine der Wanddicke und der Rohrlänge angepaßte Betonmenge in die rotierende Form eingebracht. Die Zentrifugalkraft bewirkt eine gute Verdichtung des Betons und läßt das spezifisch leichtere Wasser zum Teil austreten. Das Abbinden und Erhärten wird durch Dampfbehandlung beschleunigt. Nach dem Ausschalen wird die Außenfläche sorgfältig gereinigt und das Rohr spiralförmig mit hochwertigem Stahldraht unter Vorspannung umwickelt. Zum Schutz der vorgespannten Querbewehrung vor mechanischer Beschädigung und vor Korrosion sowie zur Herstellung eines nachträglichen Verbundes wird eine dünne Lage relativ trockenen Betons mit einer Wurfturbine aufgebracht. Dabei dreht sich das Rohr, während sich die Wurfturbine entlang des Rohres bewegt.

Für die Lieferung, Prüfung und Abnahme der Rohre ist DIN 4035 maßgebend. Die Rohre werden ab DN 300 für Nenndrücke bis 16 bar hergestellt. Die regulären Baulängen liegen zwischen 5 und 8 m.

4.1.5.3   Rohrverbindungen und Formstücke

Als Rohrverbindungen dienen meist Glockenmuffen mit Rollgummidichtung. Ein Gummiring mit kreisförmigem Querschnitt wird auf das Spitzende des Rohres gelegt und mit dem Ende in die Muffe eingeführt. Durch das Zusammenpressen erfüllt die Rollgummidichtung ihre Dichtfunktion in der Endlage.

Für den Bau von Spannbetondruckrohrleitungen verwendet man Formstücke aus Gußeisen oder Stahl oder auch Stahlbetonformstücke mit einbetonierten dünnwandigen Stahlformstücken.

4.1.6   Faserzementdruckrohre

4.1.6.1   Anwendungsbereiche

Von seiten der Rohrhersteller ist vorgesehen, die Verwendung von Asbest-Fasern bei der Herstellung von Druckrohren schrittweise bis Ende 1993 einzustellen und die Produktion auf eine asbestfreie Technologie umzurüsten. Deshalb soll im folgenden nur der Begriff Faserzement anstelle von Asbestzement verwendet werden.

Faserzementrohre für den Bau von Wasserleitungen bieten sich in Regionen mit einer relativ hohen Korrosionsgefährdung von metallenen Rohrwerkstoffen an. Ihr Vorteil liegt in der hohen Beständigkeit gegen Innen- und Außenkorrosion für die meisten Böden und Wässer, im geringen Gewicht bei kleinen Nennweiten, in der einfachen Herstellung der Rohrverbindungen, bei der Längsbeweglichkeit und Abwinkelbarkeit in den Muffen und bei der glatten Rohrwand.

Dem gegenüber stehen die Nachteile einer geringen Biegezugfestigkeit, einer sehr geringen Bruchdehnung, der Empfindlichkeit gegen zusätzliche Beanspruchungen vorwiegend bei kleinen Nennweiten und der besonderen Sorgfalt bei der Einbettung der Rohre. Für die Verlegung in dichtbesiedelten Gebieten, wo häufig mit späteren Aufgrabungen zu rechnen ist, sind Faserzementdruckrohre, vor allem kleiner Nennweiten, wegen ihrer geringen Bruchdehnung weniger geeignet.

4.1.6.2   Rohrverbindungen und Formstücke

Als Verbindung für die Rohre mit glatten, kalibrierten Enden steht die REKA-Kupplung (Bild 4.12) zur Verfügung. Die Kupplung hat zwei konische Kammern, in die zwei gleich-konische gezahnte Gummidichtringe eingelegt werden. Die Spitzenden zweier zu verbindender Rohre werden beiderseits in die Kupplung bis zum mittleren Anschlag eingeschoben. Durch die Doppelgelenkigkeit innerhalb der Kupplung lassen sich kleine Rohre bis zu 6° und größere zwischen 4° und 11° (DN 1800) abwinkeln.

Die vergleichsweise hohe Empfindlichkeit des Rohrwerkstoffes gegen äußere Einwirkungen, wie Biegung, Druck oder Stoß, erfordern eine sorgfältige Einbettung der Rohre und eine gleichmäßige Verdichtung des Verfüllmaterials.

Für Bogen und Formstücke wird ein großes Sortiment aus den Werkstoffen Guß und Faserzement angeboten.

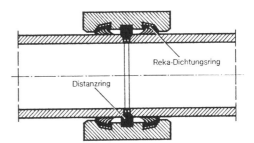

Bild 4.12   REKA-Kupplung

4.2   Korrosionsschutz für erdverlegte Gas- und Wasserleitungen

4.2.1   Passiver Außenschutz durch Rohrumhüllungen

Mit der Verlegung von Gußrohren und insbesondere solcher, die im Schleuderverfahren hergestellt sind, sowie mit dem Bau von Stahlrohrleitungen ergab sich zwangsläufig das Problem eines wirkungsvollen und möglichst langlebigen Außenschutzes.

Korrosionsvorgänge wurden eingehend erforscht und immer wieder neue Schutzmaßnahmen unter Nutzung petrochemischer Produkte wie Bitumen und Kunststoffe entwickelt.

Trotz der weitgehenden Anwendung der verfügbaren werksseitigen Umhüllungen und Nachumhüllungen von Verbindungen, Formstücken usw. bei Neubau der Leitungen ist bis heute die Korrosion verantwortlich für die überwiegende

Zahl der Schäden an erdverlegten Rohren aus unlegierten und niedrig legierten Eisenwerkstoffen. Seit den 60er-Jahren haben die Erforschung der Korrosionsvorgänge und die Entwicklung von Korrosionsschutzmaßnahmen erhebliche Fortschritte gemacht.

Nach DIN 2470 „Gasleitungen aus Stahlrohren", Teil 1 und Teil 2, sowie nach DIN 2460 „Stahlrohre für Wasserleitungen" sind für Rohrleitungen aus dem Werkstoff Stahl werksseitige Umhüllungen aus Polyethylen nach DIN 30670 oder aus Bitumen nach DIN 30673 vorzusehen. Stahlrohre für Gasleitungen können zusätzlich mit Umhüllungen aus Epoxidharz und Polyurethan-Teer nach DIN 30671 beschafft werden.

Die in DIN 30670 festgelegten Anforderungen und Prüfverfahren für Polyethylen-Umhüllungen von Stahlrohren und Stahlformstücken beziehen sich auf die Mindestschichtdicken, die Porenfreiheit, den Schälwiderstand, den Eindruckwiderstand, die Reißdehnung, den spezifischen Umhüllungswiderstand, die Wärmealterung sowie die Lichtalterung.

Bituminöse Korrosionsschutzumhüllungen sind relativ empfindlich gegen Beschädigungen während des Transportes und der Verlegung der Rohre und kommen deshalb immer weniger zum Einsatz. Die Güteanforderungen an diese Umhüllungen sind in DIN 30673 genormt.

Die Vorteile der Polyethylen-Umhüllung gegenüber der Bitumen-Umhüllung sind hauptsächlich in den besseren chemischen und physikalischen Eigenschaften des Kunststoffes zu sehen. Er zeichnet sich aus durch einen hohen elektrischen Widerstand, gute Resistenz gegen aggressive Inhaltsstoffe des Erdreiches (Altlasten), geringe Wasseraufnahme, geringe Wasserdampfdiffusion und eine relativ gute mechanische Festigkeit.

Zwecks Erzielung einer ausreichenden Haftfestigkeit zwischen dem Polyethylen und dem Stahl werden die Rohre zuerst metallisch blank gereinigt, danach mit einem Kunststoffkleber beschichtet und anschließend das Polyethylen im Schlauchextrusionsverfahren oder im Wickelverfahren aufgebracht.

In DIN 30675 Teil 1 ist wiederum geregelt, welche Arten der Umhüllung in Abhängigkeit von der Rohrnennweite und mit welchen Mindestschichtdicken beim Vorhandensein bestimmter Bodenklassen bzw. Bodengruppen einzusetzen sind. So sind z. B. Bitumenumhüllungen mit einer Schichtstärke von 3,5 mm nur bei schwach aggressiven Böden zulässig. Allein Polyethylen-Umhüllungen mit den vorgeschriebenen Schichtdicken zwischen 1,8 mm und 3,5 mm dürfen im Bereich stark aggressiver Böden verwendet werden.

Die Einteilung der Böden in die Bodengruppe I – schwach aggressiv, Bodengruppe II – aggressiv und Bodengruppe III – stark aggressiv einschl. der Analysenmethoden und Beurteilungskriterien ist im DVGW-Arbeitsblatt GW 9 und in DIN 50529 Teil 3 festgelegt.

Darüber hinaus ist nach DIN 30675 Teil 1 ein Boden immer dann als stark aggressiv (Bodengruppe III) einzustufen, wenn eines der folgenden Merkmale durch Inaugenscheinnahme feststellbar ist:

- Torf-, Moor-, Schlick- und Marschboden
- Böden mit kohligen Bestandteilen (z. B. Kohle, Koks)
- Böden mit Verunreinigungen (Asche und Schlacke, z. B. aus Müllverbrennungsanlagen, Müll, Schutt, Abwässer u. ä.).

Darüber hinaus wird in der vorgenannten Norm ausdrücklich darauf verwiesen, daß ohne eine durch Messungen festgestellte genaue Kenntnis der Bodenaggressivität nur Rohre mit Umhüllungen zu verwenden sind, die für stark aggressive Böden der Gruppe III geeignet sind. Dies gilt auch bei rasch wechselnder Bodenbeschaffenheit, z. B. bei Mischböden infolge von Aufschüttungen oder infolge vorangegangener oder später erfolgter Aufgrabungen in dicht besiedelten Stadt- und Industriegebieten.

Der Einsatz von Umhüllungen, die nur für Böden der Gruppe I und II geeignet sind, z. B. Umhüllungen mit Bitumen oder mit Polyurethan-Teer, setzt die Messung der Bodenaggressivität in der geplanten Rohrleitungstrasse in ausreichend engen Abständen voraus.

Da sich die Bodenverhältnisse in der Leitungszone langfristig durch Aufgrabungen oder das Einsickern salzhaltiger Wässer in Richtung stark aggressiver Verhältnisse ändern können, ist grundsätzlich die Verwendung von Polyethylen-Umhüllungen für Stahlrohrleitungen zu empfehlen.

Zu Beginn des Einsatzes duktiler Gußrohre in der zweiten Hälfte der 60er-Jahre war man von der Annahme ausgegangen, daß duktile Gußrohre ähnlich wie Graugußrohre nur wenig oder garnicht korrodieren würden. Folglich wurden die Rohre mit einem nur unzureichenden Bitumenanstrich versehen und zum Teil unter Wiederverwendung des Aushubes für die Grabenverfüllung verlegt.

Es zeigte sich jedoch sehr schnell, daß das Korrosionsverhalten des duktilen Gußeisens eher dem des Stahls entsprach. Bei daraufhin durchgeführten umfangreichen Bodenuntersuchungen wurden in städtischen Kernbereichen zu etwa 80 % aggressive oder stark aggressive Böden festgestellt. Sogar in Vororten und in Wohnsiedlungen in Randgebieten kann der Anteil an aggressiven und stark aggressiven Böden mehr als 50 % betragen.

Bereits nach 15 bis 20 Jahren traten erhebliche Anrostungen und punktuelle Korrosionsdurchbrüche an duktilen Gußrohrleitungen mit Bitumenanstrich auf, wodurch die Erneuerung ganzer Rohrabschnitte erforderlich wurde.

Aufgrund dieser Erfahrungen wurden geeignete Rohrumhüllungen für duktile Gußrohre entwickelt und im Jahre 1982 in DIN 30674 genormt.

Die fünf möglichen Arten des Außenschutzes mit einigen wesentlichen Angaben sind in Tabelle 4.3 dargestellt.

Die Normen DIN 30674 Teil 1 bis Teil 5, die gemeinsam mit Fachleuten des DVGW und der Industrie erstellt wurden, legen die Anforderungen und Prüf-

Tabelle 4.3   Arten des Rohr-Außenschutzes für duktile Gußrohre

Art	Rohr-Außenschutz Kurzzeichen	Norm	Schichtdicke mm	Einsatzbereich Bodengruppe nach GW 9
Polyethylen-Umhüllung	PE	DIN 30674 Teil 1	1,8 bis 3,0 je nach Nennweite	I, II, III
Zementmörtel-Umhüllung	ZM	DIN 30674 Teil 2	5,0	I, II, III
Zink-Überzug mit Deckbeschichtung	Zn	DIN 30674 Teil 3	0,09 (Zinkauflage $\geq$ 130 g/m^2)	I, II
Bituminöse Beschichtung	Bt	DIN 30674 Teil 4	Mittelwert 0,07, an keiner Stelle < 0,05	I
Polyethylenfolien-Umhüllung	F	DIN 30674 Teil 5	$\geq$ 0,2	I, II, III

verfahren für die Rohraußenschutzarten fest und sind damit Grundlage für die Gütesicherung.

Nur die Polyethylen-Umhüllung und die Zementmörtel-Umhüllung können uneingeschränkt in allen Böden, d. h. auch in stark aggressiven Böden, eingesetzt werden. Die Einsatzbereiche der Umhüllungen von erdverlegten Rohrleitungen aus duktilem Gußeisen in Abhängigkeit von den nach DVGW-Arbeitsblatt GW 9 ermittelten Bodenklassen bzw. Bodengruppen sind in DIN 30675 Teil 2 festgeschrieben.

Für den Fall, daß keine genauen Analysen der Bodenaggressivität im Bereich der Rohrtrasse vorliegen, sind auch für duktile Gußrohre ebenso wie bei Stahlrohren nur Umhüllungen zu verwenden, die für stark aggressive Böden – Bodengruppe III – zugelassen sind.

Das Gebot zur Aufbereitung und Wiederverwertung von Bauschutt und Bodenaushub führt zunehmend zur Verwendung von gebrochenen und gesiebten Materialien für das Verfüllen von Leitungsgräben. Bei Verwendung derartiger Baustoffe wird empfohlen, in regelmäßigen Abständen Proben zu entnehmen und nach DVGW-Arbeitsblatt GW 9 zu untersuchen.

Zum Einsatz der Folienumhüllung heißt es in Abschnitt 4.1 der DIN 30675 Teil 2:

„Die Polyethylen-Folienumhüllung stellt eine baustellenseitige Korrosionsschutzmaßnahme dar, bei der die Leitungsteile während der Verlegung abschnittsweise nach DIN 30674 Teil 5 lose umhüllt werden. Wo häufige nachträgliche Aufgrabungen im Rohrleitungsbereich zu erwarten sind, insbesondere in dicht besiedelten Stadt- und Industriegebieten, ist diese Schutzmaßnahme wegen der Beschädigungsmöglichkeit der Folie nicht geeignet.“

Häufig wird zur Erreichung einer einwandfreien Rohrbettung ein Bodenaustausch vorgenommen und der Rohrgraben mit praktisch nicht aggressivem Natursand verfüllt. Die damit vermeintlich gleichzeitig erreichbare Verminderung des Korrosionsrisikos sollte jedoch nicht dazu führen, Abstriche an der Qualität der Rohrumhüllung zu machen. Der verhältnismäßig geringe Anteil der mit Polyethylen oder Zementmörtel umhüllten duktilen Gußrohre, bezogen auf die Gesamtlieferung, legt die Vermutung nahe, daß versucht wird, bei dem hochwertigen Korrosionsschutz zu „sparen". Salze und andere korrosionsfördernde Bestandteile aus dem umgebenden Boden und aus den im Straßenbau eingesetzten Schlacken und Aschen gehen durch Versickern des Oberflächenwassers in Lösung. Sie gelangen mittel- oder langfristig durch die Sandumhüllung an das Rohr und verursachen dort Korrosionsschäden.

Generell kann gesagt werden, daß im städtischen Rohrleitungsbau wegen der häufig wechselnden Bodenarten und wegen der relativ großen Gefahr einer nachträglichen Beschädigung der Außenumhüllung bei Aufgrabungsarbeiten durch Dritte nur eine Polyethylen- oder Zementmörtel-Umhüllung in Betracht kommen sollte.

In der Betriebspraxis ergeben sich immer wieder Probleme mit nicht einwandfreien oder nachlässig ausgeführten Nachumhüllungen von Rohrverbindungen. Die Arbeiten sollten nur von Fachkräften ausgeführt werden, die eine Zusatzausbildung zur Nachumhüllung von Rohren, Armaturen und Formteilen nach DVGW-Arbeitsblatt GW 15 erhalten haben (s. auch Abschnitt 15.3).

Verbindungen von Rohren mit Polyethylen-Umhüllung sind entsprechend den Verlegeanleitungen der Hersteller mit Schrumpfschläuchen oder Korrosionsschutzbinden der Beanspruchungsklasse C nach DIN 30 672 zu schützen, wenn stark aggressive Böden zu erwarten sind. Die Nachumhüllung der Verbindungen von Rohren mit Zementmörtel-Umhüllung erfolgt in gleicher Weise.

4.2.2   Innenbeschichtungen

Für den inneren Korrosionsschutz von Trinkwasserleitungen aus Gußeisen und Stahl hat sich die Auskleidung von Rohren und Formstücken mit Zementmörtel bewährt und durchgesetzt. In den DVGW-Arbeitsblättern W 342, W 343 und W 344 sind die Einsatzbereiche, Anforderungen und Prüfungen für Zementmörtelauskleidungen festgelegt.

Für die Herstellung des Mörtels werden in der Regel Hochofenzemente nach DIN 1164 Teil 1 und Quarzsand als Zuschlagsstoff verwendet.

Die Auskleidung der Rohre mit einer Frischmörtelmischung erfolgt werksseitig überwiegend im Schleuderverfahren bei rotierendem Rohr, womit ein hochverdichtetes Gefüge und eine sehr glatte Oberfläche erreicht werden.

Folgende Schichtdicken der Zementmörtelauskleidung sind vorgeschrieben:

– DN   80 bis DN   300: 3 mm

- DN   350 bis DN   600: 5 mm
- DN   700 bis DN 1200: 6 mm
- DN 1400 bis DN 2000: 9 mm.

Die Zementmörtelauskleidung dient bei eisenaggressiven Wässern dem Korrosionsschutz und bei nicht aggressiven Wässern der Vermeidung von Ablagerungen und gewährleistet den Erhalt der hydraulischen Leistungsfähigkeit der Rohrleitung über viele Jahrzehnte.

Als weitere Vorteile sind die einfache Nachbearbeitung von Schweißnähten überwiegend bei befahrbaren Leitungsquerschnitten oder an Vorschweißflanschen sowie die Möglichkeiten der Auskleidung vor Ort zu nennen.

Mit der nachträglichen Zementmörtelauskleidung älterer Rohrleitungen werden Korrosions- und Inkrustierungsvorgänge dauerhaft verhindert und somit gute Erfolge bei der Sanierung ganzer Netzteile erreicht.

4.2.3   Kathodischer Korrosionsschutz

Infolge von Fremdaufgrabungen Dritter oder z. B. durch Beeinflussung chemischer Bodeninhaltsstoffe kommt es immer wieder zu Beschädigungen der Rohrumhüllung. Um ein Höchstmaß an Sicherheit gegenüber korrosiven Einflüssen von außen zu erreichen, sind als Ergänzung zum passiven Korrosionsschutz elektrische Maßnahmen, d. h. der sogenannte aktive Korrosionsschutz, erforderlich. Der aktive oder auch kathodische Korrosionsschutz ist für Gasleitungen aus Stahlrohren von mehr als 4 bar Betriebsdruck vorgeschrieben. Häufig werden auch Mitteldruckleitungen aus Stahlrohren mit Betriebsdrücken von mehr als 100 mbar bis 4 bar in den kathodischen Korrosionsschutz einbezogen.

Bei Wasserleitungen kommt der aktive Korrosionsschutz überwiegend nur bei Zubringer-, Fern- und Hauptleitungen aus Stahlrohren zur Anwendung. In Trinkwasserortsrohrnetzen oder in Gasverteilungsnetzen, die mit Niederdruck betrieben werden, ist der kathodische Korrosionsschutz wegen der erforderlichen elektrischen Überbrückung aller gummigedichteten Rohrverbindungen, der erforderlichen elektrischen Trennung aller Anschlußleitungen und schwierig zu umhüllender Armaturen, wie z. B. Hydranten, aufwendig und wird deshalb aus wirtschaftlichen Gründen nur selten praktiziert.

Korrosionsvorgänge in Elektrolyten und so auch in feuchten Böden sind elektrochemische Vorgänge. Damit besteht auch die Möglichkeit, diese Korrosionsvorgänge elektrisch zu beeinflussen. So ist es möglich, die Rohrleitung zur Kathode eines elektrischen Stromkreises zu machen und damit austretende Korrosionsströme zu unterdrücken.

Das in Bild 4.13 dargestellte Prinzip des kathodischen Schutzes besteht darin, das Potential des Eisenwerkstoffes durch Zuführen von Elektronen abzusenken. Der in die Metalloberfläche von außen über den Boden eingeleitete Gleichstrom verhindert damit, daß die positiv geladenen Eisenionen weiter in Lösung gehen.

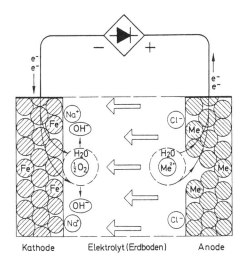

Bild 4.13 Prinzip des kathodischen
Schutzes

Der Schutzstrom kann entweder aus einem galvanischen Element, d. h. einer Verbindung des Rohres mit einer im Boden verlegten unedleren Anode, z. B. aus Magnesium, bezogen werden oder durch einen äußeren Stromkreis über einen Gleichrichter, dessen negativer Pol mit der Rohrleitung und dessen positiver Pol mit einer Fremdstromanode im Erdboden verbunden ist, aufgegeben werden.

Der kathodische Schutz kann im Erdboden besonders wirtschaftlich in Verbindung mit einem passiven Schutz des Rohrleitungssystems eingesetzt werden (Bild 4.14). Hierfür sind folgende Voraussetzungen erforderlich:

– Die Rohrleitung muß durchgängig eine gute elektrische Leitfähigkeit besitzen, was bei verschweißten Rohrverbindungen automatisch der Fall ist. Andere Rohrverbindungen, z. B. elastisch gedichtete Einsteck- oder Schraubmuffen sowie Flansche, sind elektrisch zu überbrücken.
– Die Rohre und Armaturen müssen mit einer isolierenden Rohrumhüllung versehen sein. Im Abstand von 1 – 2 km sind entlang der zu schützenden Rohrleitung Meßstellen zur Messung des Rohr/Boden-Potentials und alle 5 – 8 km Rohrstrommeßstellen einzurichten.
– Das zu schützende Rohrleitungssystem muß elektrisch durch Isolierstücke vom übrigen Netz sowie von Hausanschlüssen, Gasdruckregelanlagen, Erdungsanlagen usw. zuverlässig abgetrennt sein. Metallische Berührungen mit anderen erdverlegten Rohrleitungen, Kabeln, Metallkonstruktionen, Stahlbetonfundamenten, Mantelrohren usw. sind durch Zwischenlagen aus geeigneten Isoliermaterialien zu vermeiden.

Der erforderliche Schutzstrom wird fast ausschließlich über Fremdstromanlagen aus dem öffentlichen Netz bezogen. Die Anwendung von Anodenanlagen zur Stromerzeugung beschränkt sich auf Sonderfälle, wie z. B. den Schutz einzel-

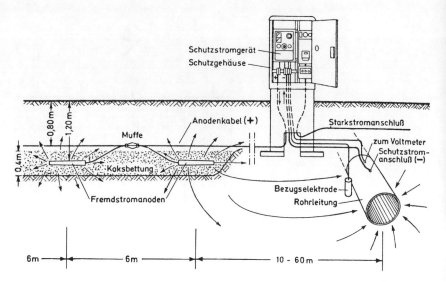

Bild 4.14 Kathodische Fremdstromanlage mit horizontalen Fremdstromanoden

ner Rohrstränge, die später zu einem größeren geschützten Netz zusammenwachsen und dann wirtschaftlicher über eine Fremdstromanlage gespeist werden.

Je nach Verzweigungsgrad des Rohrnetzes und in Abhängigkeit von den Bodenverhältnissen erfordert das Aufbringen des kathodischen Schutzstromes und das Einstellen des erforderlichen Potentials und des Schutzstromes mehrere Wochen. Erst wenn der Rohrgraben vollständig verfüllt ist, kann mit diesen Arbeiten begonnen werden.

Erst nach Einstellen des Schutzpotentials, das teilweise sogar Monate in Anspruch nimmt, kann mit der Einmessung von Fehlstellen in der Umhüllung begonnen werden. Sehr zum Leidwesen der mit dem Bau der Leitung beauftragten Firma, die im Zuge der Gewährleistung die gerade endgültig wiederhergestellte Straßenoberfläche zur Beseitigung der Fehler in der Umhüllung oder von Fremdberührungen aufbrechen muß.

Nach bisherigen Erfahrungen ist eine Leitung dann ausreichend gegen korrosive Einflüsse geschützt, wenn an jeder Stelle ein Rohr/Boden-Potential von − 0,85 V oder negativer vorhanden ist.

Werden kathodisch geschützte Stahlrohrleitungen im Bereich von elektrischen Hochspannungsleitungen verlegt, so ist es erforderlich, Berechnungen über eine mögliche Beeinflussung durch induzierte elektrische Spannungen durchführen zu lassen. Unter Umständen sind besondere Maßnahmen, wie z.B. der Einbau von Erdern im Bereich des betroffenen Leitungsabschnittes, erforderlich.

4.3 Verlegetechniken und Baurichtlinien für Stahlrohrleitungen

4.3.1 Transport und Lagerung von Stahlrohren und Leitungsteilen

Für den Transport zur Baustelle sind die Rohrleitungsteile durch geeignete Zwischenlagen, die eine Beschädigung der werksseitigen Umhüllungen vermeiden, zu trennen und auf dem Fahrzeug gegen Rollen, Verschieben, Durchhängen und Schwingen zu sichern.

Für das Auf- und Abladen sind breite Gurte oder andere schonende Vorrichtungen zu benutzen. Die Verwendung von Ketten oder ungeschützten Stahlseilen als Hebegeschirr ist unzulässig. Für den Fall, daß Seil- oder Kettenhaken verwendet werden, müssen diese gepolstert sein, um Beschädigungen an den Rohrenden zu vermeiden.

Im besonderen sind die Rohrleitungsteile für Wasserleitungen so zu lagern, daß sie innen nicht durch Erde, Schlamm, Schmutzwasser, Fette oder dergl. verunreinigt werden. Während des Transportes und der Lagerung sollten die Enden der Rohrleitungsteile möglichst mit Kunststoffkappen oder Kunststoffolie verschlossen sein.

Beim Rohrtransport im Bereich längerer Baustellen ist darauf zu achten, daß schwere Rohre ggf. mit Hilfe eines Rohrwagens transportiert werden, wobei das Rohr in einem flexiblen Band hängt und somit nicht beschädigt werden kann.

4.3.2 Einbau der Rohrleitungsteile

Wenn möglich sind die Rohre neben dem Rohrgraben zu verschweißen. Für Schweißarbeiten im Rohrgraben soll die Länge der Kopflöcher an der Arbeitsstelle mindestens 1,5 m betragen; der Abstand vom Rohr soll zur Kopflochsohle 0,4 m und zur Grabenwand 0,6 m nicht unterschreiten. Die Rohre sind vor dem Schweißen zu reinigen und gegen Eindringen von Fremdkörpern, Tieren oder Tagwasser zu schützen. Rohrstränge sind bei Arbeitsunterbrechung oder nach Fertigstellung durch Stopfen, Deckel oder dergl. sorgfältig zu verschließen.

Bei ungünstigen Witterungsverhältnissen dürfen Schweißarbeiten nur ausgeführt werden, wenn Arbeitsbedingungen geschaffen werden können, die eine einwandfreie Nahtausführung ermöglichen. Bei aufhärtungsempfindlichen Werkstoffen oder bei Temperaturen unter 0 °C kann, je nach Wanddicke, Rohrwerkstoff und Schweißverfahren, ein Vorwärmen der Rohrenden notwendig sein. Solange die Schweißnaht nicht abgekühlt ist, sind direkte Einflüsse von Wind, Regen und Schnee von der Rohrverbindung fernzuhalten.

Kreuzstöße sind bei schmelzgeschweißten Rohren möglichst zu vermeiden.

Zum Absenken von Einzelrohren und Rohrleitungssträngen sind Hebezeuge in ausreichender Anzahl zu verwenden, die ein stoßfreies und gleichmäßiges Senken der Rohre ohne schädigende Durchbiegung ermöglichen. Es ist zwingend sicherzustellen, daß plastische Verformungen des Rohrstranges nicht auftreten.

4.3.3 Schweißarbeiten

Schweißarbeiten von Hand dürfen nur von Schweißern ausgeführt werden, die nach DIN 8560 entsprechend dem Werkstoff, mindestens jedoch nach der Gruppe R II unter Baustellenbedingungen und in dem anzuwendenden Schweißverfahren, der Schweißposition, der Nahtart und ggf. der Schweißlagen (vollständige Nähte oder nur Wurzel-, Füll- oder Decklagen) geprüft sind und eine gültige Prüfbescheinigung besitzen. Die Prüfbescheinigungen müssen auf der Baustelle jederzeit einzusehen sein.

Bei Anwendung automatischer oder halbautomatischer Schweißverfahren ist im Rahmen der Verfahrensprüfung festzulegen, welche Anforderungen an das Bedienungspersonal zu stellen sind.

Die Zusatzwerkstoffe sind sowohl auf den Grundstoff, als auch untereinander abzustimmen, damit die erforderlichen Eigenschaften der Schweißverbindung (Festigkeit, Verformungsfähigkeit, Zähigkeit) erreicht werden. Es müssen Elektroden verwendet werden, die vom Technischen Überwachungs-Verein eignungsgeprüft sind.

Für den Bau von Gasleitungen von mehr als 4 bar Betriebsdruck hat das Rohrleitungsbauunternehmen gegenüber dem Sachverständigen der Technischen Überwachungsorganisation oder der Materialprüfanstalt den Nachweis zu erbringen, daß es das Schweißverfahren in seiner Anwendung beherrscht. Der Nachweis kann auch durch Entnahme einer Testnaht zu Beginn der Bauarbeiten ersetzt werden. Der Nachweis ist dann nicht erforderlich, wenn das Rohrleitungsbauunternehmen bereits in den letzten 3 Jahren unter vergleichbaren Bedingungen an anderer Stelle eine entsprechende Prüfung erfolgreich abgelegt hat, z. B. auch in Form von Testnähten. Auf die detaillierten Bestimmungen zur Durchführung der Verfahrensprüfung für Schweißarbeiten an Gasleitungen von mehr als 16 bar Betriebsdruck, wie sie im DVGW-Arbeitsblatt G 463 festgelegt sind, kann an dieser Stelle nur verwiesen werden.

Alle auf der Baustelle hergestellten Schweißnähte sind von der Schweißaufsichtsperson des Rohrleitungsbauunternehmens zu besichtigen. Während des Baus von Gasleitungen von mehr als 4 bar bis 16 bar Betriebsdruck nach DVGW-Arbeitsblatt G 462/II sind mindestens 10 % der Schweißnähte zerstörungsfrei (z. B. Durchstrahlungsprüfung) zu prüfen. Bei der Errichtung von Gas-Hochdruckleitungen von mehr als 16 bar Betriebsdruck sind mindestens 20 % der auf der Baustelle hergestellten Schweißnähte zerstörungsfrei zu prüfen.

Bei nicht ausreichender Schweißnahtqualität ist der Prüfumfang entsprechend zu erhöhen; die Ursache der Fehler ist abzustellen. Im übrigen richtet sich der Umfang der zerstörungsfreien Püfung, der mit dem Sachverständigen abzustimmen ist, nach den verwendeten Materialien, den Arbeitsbedingungen, den örtlichen Verhältnissen (z. B. insbesondere in bebautem Gebiet oder bei Straßenkreuzungen) und ggf. nach den vorgesehenen Druckprüfverfahren.

Schweißnähte, die nicht dem vereinbarten Beurteilungsmaßstab entsprechen, sind auszubessern oder zu erneuern (siehe auch DVGW-Arbeitsblatt GW 1).

Schweißnähte, die nicht in die Druckprüfungen einbezogen werden können, z. B. an Einbindungen, sind gesondert zu prüfen.

Über die Schweißarbeiten und die Leitungsverlegung ist im Zuge des Baufortschrittes ein Rohrbuch (Rohrfolgeliste) zu führen.

4.3.4 Herstellung von Rohrbogen

Für die Herstellung von Richtungsänderungen sind entweder im Lieferwerk hergestellte Rohrbogen (Werksbogen) oder auf der Baustelle kaltgebogene Rohre (Baustellenbogen) einzubauen. Für den Bau von Gasleitungen bis 16 bar Betriebsdruck sind Gehrungsschnitte zugelassen, wenn folgende Bedingungen erfüllt werden:

– Gehrungswinkel $\leq 5°$
– Streckgrenze $\leq 320 \, N/mm^2$
– Durchstrahlungsprüfung der Schweißnähte.

Für die Herstellung von Baustellenbogen sind Biegemaschinen einzusetzen.

4.3.5 Prüfung der Rohrumhüllung

Vor dem Absenken der Rohrleitungsstränge in den Rohrgraben bzw. vor dem Einsanden ist die Rohrumhüllung ggf. auszubessern und mit einem elektrischen Prüfgerät zu prüfen. Die Prüfspannung für Umhüllungen mit Polyethylen und Bitumen beträgt mindestens 5 kV zuzüglich 5 kV pro mm Umhüllungsschichtdicke, jedoch max. 20 kV. Fehlstellen sind sachgemäß nach DVGW-Merkblatt GW 14 auszubessern.

4.3.6 Einbau von Armaturen

Beim Einbau von Armaturen ist sicherzustellen, daß keine unzulässigen Beanspruchungen entstehen. Die Gewichtsbelastung ist erforderlichenfalls durch Fundamente aufzunehmen.

4.4 Verlegetechniken und Baurichtlinien für Gußrohrleitungen

Die technischen Regeln für die Errichtung von Gasleitungen aus Druckrohren und Formstücken aus duktilem Gußeisen sind in den DVGW-Arbeitsblättern G 461/I für Leitungen bis 4 bar Betriebsüberdruck und G 461/II für Leitungen mit Betriebsüberdrücken von mehr als 4 bar bis 16 bar festgelegt. Die Richtlinien für den Bau von Wasserrohrleitungen aus Rohrleitungsteilen verschiedener Werkstoffe enthält DIN 19630.

4.4.1 Transport und Lagerung von Rußrohren und Leitungsteilen

Für das Auf- und Abladen, das Befördern zur Baustelle und das Lagern der Rohre und sonstigen Leitungsteile gelten die in Abschnitt 4.3.1 für Stahlrohre angesprochenen Richtlinien sinngemäß.

Müssen Rohrleitungsteile bei Frost im Freien gelagert werden, so ist dafür zu sorgen, daß sie nicht am Boden anfrieren. Rohrleitungsteile aus temperatur- und lichtempfindlichen Werkstoffen (z. B. Kunststoffe, Gummi) oder mit licht- bzw. temperaturempfindlichem Außen- und Innenschutz sind bei längerer Lagerzeit gegen Sonneneinstrahlung zu schützen.

4.4.2 Einbau der Rohrleitungsteile

Spätestens vor Einbau sollten die Rohre, Formstücke, Armaturen und sonstigen Rohrleitungsteile auf Schäden infolge des Transportes und der Lagerung untersucht und erforderlichenfalls innen gesäubert werden. Beschädigungen des Außen- und Innenschutzes sind vor dem Absenken in den Rohrgraben auszubessern.

Es ist festzustellen, ob die Rohrleitungsteile ein entsprechendes Herstellerzeichen tragen und mit den übrigen ggf. vorgeschriebenen Daten versehen sind. Nur so kann zuverlässig geprüft werden, ob die zur Baustelle gelieferten Teile den Normen, Richtlinien und den werksinternen Vorschriften des Auftraggebers entsprechen.

Um die spätere Betriebssicherheit der Rohrleitung zu gewährleisten, ist es erforderlich, nur den Gütevorschriften entsprechende Dichtringe, die in der Regel vom Gußrohrhersteller mitgeliefert werden, einzubauen. Die Dichtringe sind grundsätzlich kühl, trocken und spannungsfrei zu lagern. Es ist darauf zu achten, daß sie nicht beschädigt werden und nicht verschmutzen.

Generell ist auf größtmögliche Sauberkeit bei der Herstellung der Verbindungen zu achten. Bodenreste oder anderer Schmutz in den Muffen, an den Dichtringen oder Spitzenden können zu undichten Verbindungen führen und Probleme bei der Entkeimung von Trinkwasserleitungen vor der Inbetriebnahme verursachen. Verwendete Gleitmittel müssen unbedingt sauber und für den Verwendungszweck geeignet sein.

Vor der Herstellung einer elastisch gedichteten Muffenverbindung müssen die Achsen des liegenden und des einzuziehenden Rohres oder Formstückes eine gerade Linie bilden.

Zum Einschieben des Einsteckendes in die Muffe können je nach Nennweite Hebel, spezielle Verlegegeräte der Rohrhersteller, Ketten- oder Seilzüge sowie bei großen Nennweiten auch der hydraulische Bagger benutzt werden. Grundsätzlich ist zu beachten, daß das Einschieben des Spitzendes in die Muffe langsam und gleichmäßig erfolgt, damit der Gummidichtring Zeit zum Verformen hat.

Abwinklungen dürfen erst nach Herstellung der Verbindung vorgenommen werden. Für das Kürzen duktiler Gußrohre eignen sich die Trennscheibe, die Motorsäge und für Nennweiten bis DN 250 bzw. DN 150 die Stichsäge und der Rollenschneider mit schmalen Schneidrollen. Die Schnittflächen sind entsprechend den werkseitig vorbereiteten Spitzenden gut abzurunden.

Nicht längskraftschlüssige Muffenverbindungen können die in Richtung der Leitungsachse wirkenden Kräfte nicht oder nur in sehr geringem Maße übertragen, so daß ungesicherte Formstücke wie Bogen und Abzweige durch den Innendruck in Richtung der resultierenden Kraft weggeschoben werden. Die Sicherung kann durch Widerlager gem. DVGW-Merkblatt GW 310 oder durch Sicherung der Verbindungen nach DVGW-Merkblatt GW 368 erfolgen.

Bei waagerecht wirkenden Kräften ermöglichen es die örtlichen Verhältnisse zumeist, die resultierende Kraft über ein Beton-Widerlager auf die Grabenwand zu übertragen. Bei Kraftübertragung auf die Grabensohle sind ggf. zusätzlich wirkende Kräfte, z. B. aus Bodenauflast oder Gewicht des gefüllten Rohres, zu berücksichtigen. Die erforderliche Kraftübertragungsfläche des Widerlagers an der Grabenwand/Grabensohle richtet sich nach der zulässigen Beanspruchung des Bodens. Nach oben gerichtete Kräfte sind durch Gewichte abzufangen. In Bild 4.15 sind mehrere Ausführungen von Widerlagern zur Übertragung bzw. Aufnahme waagerecht und senkrecht wirkender Kräfte dargestellt.

Bei der Herstellung von Flanschverbindungen sind die Dichtflächen vor dem Zusammenbau zu reinigen. Beschichtungen sind auf Unversehrtheit zu prüfen. Es sind nur Flachdichtungen nach DIN 2690 und Runddichtringe nach DIN 2693 zu verwenden. Für die Sechskantschrauben und -muttern gelten DIN 601, DIN 931 und DIN 934.

Das Anziehen der Schrauben muß fachgerecht und mit geeignetem Werkzeug erfolgen, damit eine dauerhafte Abdichtung der Verbindung gewährleistet ist. Es wird empfohlen, erdverlegte Flanschverbindungen mit einer Korrosionsschutz-Umhüllung zu versehen.

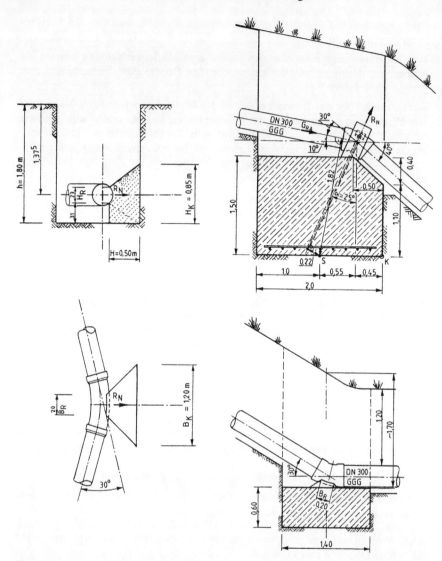

Bild 4.15 Betonwiderlager für eine Wasserleitung DN 300, PN 16, mit TYTON-Verbindung

Frostnähe sind PE-Ringbunde vor dem Abwickeln möglichst mit Hilfe eines Warmluftgebläses zu erwärmen. Die Benutzung eines Propan-Brenners mit „weicher" Flamme und Temperaturen über 100 °C sind absolut unzulässig.

Spannungen, die sich aus Temperaturdifferenzen zwischen Verlegung bzw. Montageschluß-Temperatur und Betriebszustand ergeben, sind möglichst klein zu halten. Im Sommer sollten Verbindungen in den kühleren Morgenstunden vorgenommen werden, nachdem die Leitung bereits weitgehend eingesandet wurde.

Der hohe Wärmeausdehnungskoeffizient von PE-Rohren ist u. a. bei nicht längskraftschlüssigen Verbindungen mit Rohren anderer Werkstoffe in bestehenden Rohrnetzen zu beachten. Gegebenenfalls ist die PE-Leitung in der Nähe derartiger Materialübergänge zu fixieren oder ein Dehnschenkel einzubauen. Für den Fall, daß größere Rohrlängen verschweißt werden, ist aus Gründen der Arbeitserleichterung das Verschweißen der Rohre außerhalb des Rohrgrabens anzustreben. Ist der Rohrgraben verbaut, empfiehlt es sich, den Rohrstrang über den Kopf des Grabens, geführt über Rollen, unter dem Verbau hindurchzuziehen. Diese Art der Verlegung wird durch die Flexibilität des PE-Rohrstranges sehr erleichtert.

Zur Richtungsänderung in der Rohrtrasse sind Rohrbogen einzusetzen. Im begrenzten Maß läßt sich die Elastizität der Rohrwerkstoffe ausnutzen, so daß die Rohre im Zuge der Rohrverlegung gebogen und verlegt werden können. Dabei dürfen die nachstehenden Werte für den kleinsten zulässigen Biegeradius nicht unterschritten werden:

für Rohre aus PE-HD:

$r_{min} = 50 \times d$ bei 0 °C
$r_{min} = 35 \times d$ bei 10 °C
$r_{min} = 20 \times d$ bei 20 °C

für Rohre aus PVC:

$r_{min} = 300 \times d$.

Das Erwärmen von Rohren zur Herstellung von Rohrbogen auf der Baustelle ist nicht zulässig. Das Verlegepersonal muß speziell für den Bau von Rohrleitungen aus PE-HD und/oder nach DVGW-Merkblatt GW 326/GW 330 ausgebildet sein.

Die einzelnen Rohrverbindungen sind in Abschnitt 4.1.4 dargestellt. Für das Anbohren von Gasleitungen sind nur besonders entwickelte Anbohrarmaturen oder Anbohrvorrichtungen zu verwenden. Anbohrarmaturen für PE-Rohre müssen bezüglich der Güteanforderungen DIN 3544 Teil 1 und bezüglich der Maße DIN 3543 Teil 4 entsprechen und aufschweißbar sein.

Die Güteanforderungen für Anbohrarmaturen für PVC-Rohre sind in DIN 3441 Teil 1 und die Maße in DIN 3543 Teil 3 festgelegt.

Bei der Herstellung von Flanschverbindungen in PVC- und PE-Rohrleitungen ist sicherzustellen, daß diese Teile weitgehend frei von Biegespannungen und temperaturbedingten Zugspannungen bleiben. Auf genau fluchtende Leitungsteile sowie auf eine ausreichende Sicherung schwerer Armaturen ist zu achten. Flanschverbindungen an PE-Rohren kleinerer Nennweiten sollten möglichst zugunsten von Klemmverbindungen entfallen. Für den Bau von PE-Rohrleitungen werden werkseitig gefertigte Flansche aus duktilem Gußeisen oder aus Stahl mit PE-Anschweißenden und kraftschlüssigem Übergang zwischen Metall und PE empfohlen.

4.5.3 Schweißverbindungen an PE-Rohren

Die am häufigsten angewendeten Verfahren des Heizwendelschweißens und des Heizelementstumpfschweißens (Bilder 4.16 und 4.17) haben sich bei sorgfältiger Ausführung hervorragend bewährt. Allerdings können geringste Verunreini-

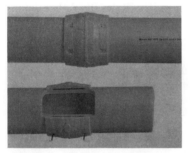
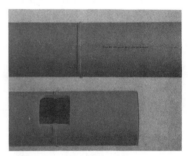

Bild 4.16 Heizwendel-Muffenschweißung und Heizelement-Stumpfschweißung von PE-Rohren

Bild 4.17 Heizelement-Stumpfschweißung, Schweißgerät

gungen der zu verschweißenden PE-Oberflächen sowie Spannungen in Heizwendelschweißfittings zu mangelhaften Schweißverbindungen führen.

Besonderes Augenmerk ist auf das sorgfältige und vollständige Abschaben der zu verschweißenden Rohroberflächen zu richten. Anschließend sind diese Flächen mit einem geeigneten und vom Hersteller der Schweißfittings zugelassenen Reinigungsmittel abzureiben.

Hierfür ist möglichst Papier zu verwenden, aus dem keinerlei Bestandteile durch den Reiniger herausgelöst werden. Die Verwendung von Putzlappen, die aus Lumpen hergestellt sind, oder die Verwendung von Papierhandtüchern aus Altpapier können über das Reinigungsmittel nach dessen Verdunsten einen nicht wahrnehmbaren Film auf der Rohroberfläche hinterlassen, welcher flächenhaft die ordentliche Vernetzung der Molekülketten während der Schweißung verhindert und somit lediglich zu einer „Verklebung" der Oberflächen führt.

Ein ähnlicher Effekt kann eintreten, wenn anstelle eines geeigneten Reinigers, wie z. B. reiner Alkohol, Brennspiritus minderer Qualität mit unbekannten Beimischungen verwendet wird.

Schon das zumeist unbewußte Anfassen der bereits gereinigten Rohroberfläche mit der bloßen Hand kann zur Bildung einer Trennschicht während der Schweißung führen. Die elektrisch verschweißbaren Fittings, Anbohrschellen usw. sind erst kurz vor dem Schweißen aus der Originalverpackung des Herstellers zu entnehmen und unmittelbar auf dem gereinigten Rohr zu fixieren. Die beschriebene Bildung von Trennschichten beeinflußt die vom Elektroschweißgerät gesteuerte Schweißzeit bei definiertem Schweißstrom nicht. Mangelhafte Schweißungen dieser Art führen in der Regel nicht zu Undichtigkeiten während der Druckprüfung.

Es wird deshalb empfohlen, während der Rohrverlegung stichprobenartig Schweißverbindungen aus der bereits verlegten Rohrleitung herausschneiden zu lassen und zerstörend zu prüfen. Der Prüfling, bestehend aus dem Schweißfitting oder der Stumpfschweißnaht und ausreichend langen Rohrenden für das Anbringen von Klemmvorrichtungen, wird in einer hydraulischen oder mechanischen Zugvorrichtung mit konstanter Geschwindigkeit bei Aufzeichnung der Zugkraft axial gezogen. Dabei muß sich das Rohr neben dem Schweißfitting plastisch verformen und ggf. abreißen. Ein Abscheren des Rohres im Fitting deutet in der Regel auf eine ungleichmäßige Verschweißung mit mangelhafter Vernetzung des Werkstoffes hin.

Fehlerhafte Schweißungen (Bild 4.18) können weiterhin durch eine unzureichende Fixierung der Rohrenden verursacht werden. Die Zentrierung der unter Biegespannung stehenden Rohrenden nur mit Hilfe der Heizwendelschweißmuffe führt zu einer ungleichmäßigen Verteilung der Schweißdrücke und zum unkontrollierten Fließen von plastifiziertem PE. Dieses wiederum kann zum Verschieben der Heizwendel führen. Derart mangelhaft verschweißte Fittings sind optisch an den unzulässigen Abwinklungen zwischen Rohr und Fitting

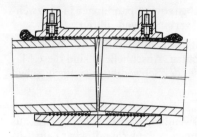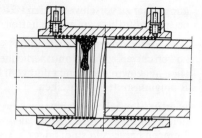

Bild 4.18   Fehlerhafte Heizwendel-Muffenschweißungen infolge Spannungen und mangelnder Einstecktiefe

sowie an der unterschiedlichen Menge des an den Kontrollfenstern ausgetrete-
nen Materials zu erkennen.

Bei der Verschweißung von Rohrenden, die unter Biegespannung stehen, wird
deshalb dringend die Benutzung von Fixierklemmen empfohlen (s. Bild 4.19).
Die Verlegeanleitungen der Hersteller sind unbedingt einzuhalten.

Bild 4.19   Vierfachklemme zum
Zentrieren von PE-Rohren

4.6   Druckprüfungen

4.6.1   Druckprüfungen für Gasleitungen

In den DVGW-Arbeitsblättern über die Errichtung von Leitungen und Anlagen
wird jeweils vorgeschrieben, nach welchem Verfahren eine Druckprüfung vor
Inbetriebnahme durchzuführen ist. Die Prüfung muß entsprechend den Bestimmungen des DVGW-Arbeitsblattes G 469 „Druckprüfverfahren für Leitungen
und Anlagen der Gasversorgung" erfolgen.

Anhand der Prüfung kann die Dichtheit bzw. bei entsprechend hohen Drücken auch die Festigkeit des geprüften Systems beurteilt werden. Die Druckprüfung bildet den Nachweis für die Sicherheit der Leitung oder der Anlage.

Die *Druckprüfverfahren* sind in folgende Gruppen unterteilt:

- *Sichtverfahren, Kennzeichen A*
  Die Leitung bzw. Anlage wird während der Prüfzeit von außen inspiziert.
- *Druckmeßverfahren, Kennzeichen B*
  Der in der Leitung bzw. Anlage aufgebrachte Prüfdruck wird mit geeigneten Geräten gemessen.
- *Druckdifferenz-Meßverfahren, Kennzeichen C*
  Der Prüfdruck in der Leitung wird während der Prüfzeit mit dem Druck in einem dichtem Vergleichsgefäß verglichen.
- *Druck-/Volumenmeßverfahren, Kennzeichen D*
  Messen des Volumens des zugepumpten Prüfmediums in Abhängigkeit von der Druckzunahme in der Leitung.

Die verwendeten Prüfmedien Wasser, Luft und Betriebsgas werden durch Zahlen hinter den Großbuchstaben der Kennzeichen ausgewiesen.

Tabelle 4.4 gibt eine Übersicht über die Druckprüfverfahren gemäß G 469.

In den DVGW-Arbeitsblättern über die Errichtung von Gasleitungen sind neben den Angaben über die anwendbaren Druckprüfverfahren die besonderen Bedingungen festgelegt, unter denen die Prüfung ablaufen muß.

Zum Beispiel:

- Höhe des Prüfdrucks
- Länge der Prüfzeit
- zulässiger Druckverlust
- Angaben über Länge bzw. Volumen der zu prüfenden Leitung
- meßtechnische Ausstattung.

Für den Bau von Gas-Verteilungsnetzen in Städten und Gemeinden mit einem Betriebsdruck bis zu 4 bar kommen überwiegend die Druckprüfverfahren A3,

Tabelle 4.4 Druckprüfverfahren für Gasleitungen, Übersicht

| Prüfmethode ╲ Prüfmedium | Wasser | | Luft | Betriebsgas |
	einmalig 1	zweimalig 2	3	4
Sichtverfahren A	A1	A2	A3	A4
Druckmeßverfahren B	B1	B2	B3	–
Druckdifferenzmeßverfahren C	–	–	C3	–
Druck/Volumenmeßverfahren D	–	D2	–	–

A4, B3 und C3 gem. DVGW-Arbeitsblatt G 469 zur Anwendung. Die genannten Verfahren können an dieser Stelle nur grob beschrieben werden.

– Sichtverfahren mit Luft A3

Bei diesem Verfahren werden die Rohre und die Verbindungen an Rohren, Formstücken, Armaturen, Behältern usw. visuell geprüft. Nach dem Aufbringen des erforderlichen Prüfdrucks werden alle Leitungsverbindungen, Armaturen, Flansche an Behältern und ähnliches mit schaumbildenden Mitteln abgepinselt und auf Undichtheit geprüft.

– Sichtverfahren mit Betriebsgas A4

In besonderen Fällen, z. B. bei der Einbindung von Gasleitungen, wird die Prüfung mit Betriebsgas vorgenommen, wobei der Prüfdruck gleich dem Betriebsdruck in der Leitung oder der Anlage ist.

Bei der Anwendung dieses Verfahrens darf die Länge der zu prüfenden Leitung nicht größer als 100 m sein.

– Druckmeßverfahren mit Luft B3

Die Dichtheit der zu prüfenden Leitung wird anhand einer Feinmessung des Druckverlaufes während der Prüfzeit beurteilt. Zur Verringerung des Einflusses der Außentemperatur sollen erdverlegte Leitungen bei der Prüfung weitgehend abgedeckt sein, mit Ausnahme von Armaturen und elastisch gedichteten Verbindungen.

Bei der Beurteilung des Druckverlaufs müssen die Temperaturschwankungen des Prüfmediums und der Rohrwand infolge äußerer Einflüsse berücksichtigt werden. Als Meßgeräte sind ein Druckschreiber der Klasse 1 sowie ein Manometer der Klasse 0,6 zu benutzen, deren Meßbereich etwa dem 1,5fachen Prüfdruck entsprechen soll.

Nach dem Aufbringen des Prüfdruckes ist eine Beruhigungszeit (Richtwert 1 h/bar) einzuhalten. Der Einfluß von Temperaturschwankungen auf den Prüfdruck während der anschließenden Meßzeit wird unter Verwendung der isochoren Zeitstandsgleichung rechnerisch berücksichtigt.

Eine Leitung wird als dicht bezeichnet, wenn der temperaturbereinigte Druckabfall infolge Volumenverlust an Prüfmedium kleiner oder höchstens gleich dem zulässigen Druckabfall ist.

– Druckdifferenzmeßverfahren mit Luft C3

Das Prinzip des Druckdifferenzmeßverfahrens besteht in einer Vergleichsmessung des Prüfdrucks in der Leitung mit dem Prüfdruck in einer Prüfflasche durch Zwischenschaltung eines Differenzdruckmessers. Flasche und Leitung werden gleichzeitig aufgedrückt. Nach einer Beruhigungszeit werden bei Beginn der Prüfzeit Leitung und Flasche getrennt und an die Differenzdruckmeßeinrichtung angeschlossen. Erdverlegte Leitungen sollen bei der Prüfung weitgehend abgedeckt sein.

Die gerätetechnische Ausstattung besteht aus einem Druckschreiber der Klasse 1, einem Manometer der Klasse 0,6 zur Messung des Prüfdruckes, einem Differenzdruckmesser mit einer Ablesegenauigkeit von 1 mbar sowie mindestens 3 Thermometern an der Leitung und einem Thermometer zur Ablesung der Lufttemperatur.

Stündlich sind der Prüfdruck der Leitung und der Flasche, der Differenzdruck, die Temperaturen von Leitung und Flasche sowie die Außenlufttemperatur aufzuzeichnen.

Die temperaturbereinigte Druckänderung in Leitung und Flasche beruht auf den tatsächlichen Verlust an Prüfdruck. Der zulässige Druckverlust darf einen bestimmten Wert nicht überschreiten.

Die Prüfdauer beträgt in der Regel 24 Stunden, da nach dieser Zeitspanne im allgemeinen die Forderung nach gleicher Höhe und Tendenz bei der Temperatur am Anfang und am Ende der Messung erfüllt werden kann.

Auf mögliche Fehlerquellen, wie Undichtheiten im Meßsystem oder fehlerhafte Temperaturablesungen, ist zu achten.

Gasleitungen dürfen erst in Betrieb genommen werden, wenn die Dichtheitsprüfung einwandfrei verlaufen ist. Über die Prüfung wird eine Abnahmebescheinigung ausgestellt. Darin wird bestätigt, daß aufgrund der durchgeführten Prüfung gegen die Inbetriebnahme der Gasleitung mit dem angegebenen Betriebsüberdruck keine Bedenken bestehen.

4.6.2 Druckprüfungen für Wasserleitungen

In DIN 19 630, Richtlinien für den Bau von Wasserrohrleitungen, ist die Durchführung einer Innendruckprüfung nach DIN 4279 Teil 1 – Teil 10 vorgeschrieben. Teil 1 der DIN 4279 enthält allgemeine Angaben zur Vorbereitung und Durchführung der Druckprüfung, die für alle Rohrwerkstoffe und Verbindungsarten gelten. In den Teilen 2–8 sind die besonderen Anforderungen an Druckprüfungen für Rohre unterschiedlicher Werkstoffe festgelegt. DIN 4279 Teil 9 enthält Muster für Prüfberichte.

Zur Vorbereitung der Prüfung sind Leitungen mit längskraftschlüssigen Verbindungen so mit Füllmaterial einzudecken, daß die Kräfte aus dem Prüfdruck keine Lageveränderungen bewirken können und eine Beeinflussung der Prüfung durch große Temperaturunterschiede weitgehend vermieden wird. Leitungen mit nicht längskraftschlüssigen Verbindungen sind an den Enden, die nach der Druckprüfung und der Entkeimung mit dem vorhandenen Netz verbunden werden, unter Berücksichtigung des Prüfdruckes und der zulässigen Bodenbeanspruchung ausreichend abzusteifen. Der Einbau dauerhafter Betonwiderlager an Bogen, Abzweigen, Reduzierungen usw. wird in Abschnitt 4.4 behandelt.

Die teilweise im Rohrgraben anzutreffenden „Absteifungen" aus schrägstehenden Verbaudielen, Kanthölzern und knickgefährdeten Spindeln entsprechen allerdings nicht den statischen Anforderungen.

Die Leitung ist möglichst vom tiefsten Punkt aus langsam zu füllen und an den Hochpunkten sorgfältig zu entlüften.

Für die Durchführung der Prüfung werden folgende Geräte benötigt:

- Druckpumpe
- Meßbehälter oder Wasserzähler (Ringkolbenzähler)
- Druckmeßgerät mit Anschlußmöglichkeit für ein Kontrollmeßgerät, Ablesegenauigkeit 0,1 bar
- Rückflußverhinderer
- Absperrarmatur
- Entlüftungsmöglichkeit für die Prüfeinrichtung
- Thermometer.

Es wird empfohlen, ein schreibendes Druckmeßgerät der Klasse 0,6 und ein zusätzliches Kontrollgerät einzusetzen. Die Meßergebnisse sind auf den tiefsten Punkt der Prüfstrecke zu beziehen.

Während der Druckprüfung sind Arbeiten im Rohrgraben aus Sicherheitsgründen nicht zulässig.

Bei der Druckprüfung unterscheidet DIN 4279 Teil 1 nach einer Vorprüfung und einer Hauptprüfung.

Für die Vorprüfung wird die Leitung unter Druck gesetzt und nochmals gründlich entlüftet. Während der Vorprüfung wird der Druck bis zum Prüfdruck gesteigert. Die jeweilige Prüfdauer richtet sich nach der Rohrart und der Nennweite und ist in den Teilen 2–8 der DIN 4279 festgelegt.

Undichte Verbindungen, wie z. B. elastisch gedichtete Muffen, Flansche oder Klemmverbindungen, dürfen nach dem Absenken des Druckes auch ohne Entleeren der Leitung abgedichtet werden, sofern dies technisch vertretbar ist.

Nach Durchführung der Vorprüfung und der Beseitigung evtl. festgestellter Mängel ist die Hauptprüfung durchzuführen.

Die Höhe des Prüfdruckes beträgt:

für Leitungen mit einem zulässigen Betriebsdruck bis 10 bar: 1,5facher Nenndruck
für Leitungen mit einem zulässigen Betriebsdruck über 10 bar: Nenndruck + 5 bar.

Die Prüfdauer ist je nach Bauart und Nennweite unterschiedlich.

Bei Reparaturen, Einbindungen in vorhandene Leitungen oder bei Kurzstrecken darf die Leitung mit Betriebsdruck geprüft werden, wobei die Verbindungen durch Besichtigen auf Dichtheit zu untersuchen sind.

Bei schwierigen Untergrundverhältnissen, z. B. bei angeschütteten oder stark bindigen Böden, und bei kritischen Einbauverhältnissen in engen innerstädtischen Straßen sowie bei großen Nennweiten und bei hohen Nenndrücken darf der Prüfdruck mit Rücksicht auf die Ausführung der Widerlager bzw. Veranke-rungen erforderlichenfalls niedriger angesetzt werden.

Bei auftretenden Mängeln darf erst nach deren vollständiger Beseitigung die Prüfung wiederholt werden.

Die Druckprüfung gilt als bestanden, wenn während der Prüfdauer der Druck-abfall am maßgebenden Druckmeßgerät oder die Wasserzugabe nicht größer sind, als die für die jeweilige Rohrart zulässigen Werte. Äußere Einflüsse, z. B. Temperaturänderungen, sind zu berücksichtigen. An den Absteifungen, den Wi-derlagern, den Rohrverbindungen usw. dürfen keine Erscheinungen festgestellt werden, die auf Undichtheiten oder Lageveränderungen einzelner Rohrleitungs-teile schließen lassen.

Das Ergebnis der Druckprüfung ist in einem Prüfbericht entsprechend dem jeweils zutreffenden Muster nach DIN 4279 Teil 9 festzuhalten und zur Rohrlei-tungsakte zu nehmen.

Im Folgenden soll kurz auf einige *Besonderheiten der Druckprüfungen für Druck-rohre* aus duktilem Gußeisen und Stahlrohre mit Zementmörtelauskleidung so-wie für Druckrohre aus PVC und PE eingegangen werden.

– *Rohre aus duktilem Gußeisen und Stahlrohre mit Zementmörtelauskleidung*

Nach DIN 4279 Teil 3, Ausgabe Juni 1990, stehen für die Druckprüfung das Normalverfahren, das beschleunigte Normalverfahren und das Sonderver-fahren zur Verfügung.

Das Normalverfahren wird in den drei Phasen Vorprüfung, Druckabfallprü-fung und Hauptprüfung durchgeführt. Zur Wassersättigung der Zementmör-telauskleidung ist die Vorprüfung bei Prüfdruck über eine Zeitspanne von mindestens 24 Stunden durchzuführen.

Die anschließend durchzuführende Druckabfallprüfung ermöglicht eine Aus-sage über das in der Leitung verbliebene Restluftvolumen. Hierzu wird der Leitung ein meßbares Wasservolumen entnommen und der entstehende Druckabfall gemessen. Die Leitung gilt als ausreichend entlüftet, wenn die tatsächliche Volumenänderung den Wert der berechneten zulässigen Volu-menänderung nicht überschreitet.

Nach der Vorprüfung erfolgt die Hauptprüfung nach DIN 4279 Teil 1. Die vorgeschriebene Prüfdauer beträgt zwischen 3 Stunden bei Nennweiten bis DN 200 und 24 Stunden bei Nennweiten über DN 700. Die Leitung gilt als dicht, wenn der Druckabfall stetig ist und die in Abhängigkeit vom Prüfdruck angegebenen Werte zwischen 0,1 bar und 0,2 bar nicht überschreitet.

Das beschleunigte Normalverfahren wird in den Schritten Sättigungsphase, Druckabfallprüfung und Dichtheitsprüfung durchgeführt.

Um schnell einen hohen Sättigungsgrad der Auskleidung zu erhalten, wird der Prüfdruck während einer halben Stunde durch ständiges Nachpumpen gehalten. Die zulässige Volumenänderung wird in Abhängigkeit von der Nennweite und der Leitungslänge nach der angegebenen Gleichung berechnet. Das berechnete Volumen wird der Leitung bei Prüfdruck entnommen, wobei der sich dabei einstellende Druckabfall gemessen wird. Dieser Wert gilt in der anschließenden Dichtheitsprüfung als der zulässige Druckabfall. Die Leitung gilt als ausreichend entlüftet, wenn bei der Entnahme des Wasservolumens der Druckabfall größer oder gleich den in der Norm genannten Grenzwerten ist.

Die Dichtheitsprüfung ist bestanden, wenn der Druckabfall stetig verläuft und über die Dauer der Dichtheitsprüfung den in der Druckabfallprüfung ermittelten Wert nicht übersteigt. Die Prüfdauer muß mindestens eine Stunde betragen.

Das Sonderverfahren erfordert keine Vorprüfung. Frühestens eine halbe Stunde nach Herstellung des Prüfdruckes wird der Druck in der Leitung gemessen und erneut der Prüfdruck bei gleichzeitigem Messen der Wasserzugabe eingestellt. Dieser Vorgang wird anschließend in gleichen Zeitabschnitten wiederholt. Bei Rohrleitungen unter DN 400 beträgt der Zeitabschnitt mindestens 30 Minuten und bei Rohrleitungen von DN 400 und größer mindestens 60 Minuten. Die Meßwerte der zugegebenen Wassermengen werden jeweils in einem Diagramm als Funktion des gemessenen Druckes aufgetragen und miteinander verbunden. Die Prüfbedingungen gelten als erfüllt, wenn aus der Entwicklung des Diagramms abzusehen ist, daß das zur Erhaltung des Prüfdruckes erforderliche Volumen gegen 0 geht.

– *Druckrohre aus PVC*

Für PVC-Rohrleitungen ist eine Vorprüfung mit dem Prüfdruck und einer Prüfdauer von mindestens 12 Stunden durchzuführen. Hierbei soll die durch Innendruck und Temperatur bedingte Volumenänderung der Rohrleitung soweit zum Stillstand gebracht werden, daß die direkt anschließende Hauptprüfung eine eindeutige Aussage über die Dichtheit der Prüfstrecke erlaubt. Die Prüfbedingungen gelten als erfüllt, wenn während der vorgeschriebenen Prüfdauer kein größerer Druckabfall als 0,2 bar aufgetreten ist.

Bei Prüfstrecken bis ca. 30 m Länge und Nennweiten bis DN 50 kann eine Kurzprüfung mit 1,5fachem Nenndruck und einer Prüfdauer von 1 Stunde durchgeführt werden.

– *Druckrohre aus PE*

Für PE-Rohrleitungen ist eine Vorprüfung mit dem 1,5fachen Nenndruck durchzuführen. Da der Rohrwerkstoff infolge von Innendruck und Temperatur zu einer verhältnismäßig großen Volumenänderung innerhalb der Druckrohrleitung führt, ist der 1,5fache Nenndruck alle 2 Stunden wiederherzustellen. Die Prüfdauer beträgt für Leitungen ohne Zwischenverbindungen 4 Stunden und für Leitungen mit Zwischenverbindungen 12 Stunden.

Während der anschließenden Hauptprüfung sind der Einfluß der Temperatur und der noch nicht ganz beendeten Dehnung zu berücksichtigen. Für die Hauptprüfung wird der Prüfdruck auf den 1,3fachen Nenndruck abgesenkt. Die Prüfdauer beträgt bis Nennweite DN 150 ca. 3 Stunden und für Nennweite DN 200 bis DN 400 ca. 6 Stunden.

Die Druckprüfung gilt als bestanden, wenn bei Druckrohrleitungen aus PE-hart (alte Bezeichnung) kein größerer Druckabfall als 0,1 bar je Stunde und bei Druckrohrleitungen aus PE-weich kein größerer Druckabfall als 0,2 bar je Stunde aufgetreten ist.

Für Kurzstrecken, d. h. für Stichleitungen und Hausanschlußleitungen bis ca. 30 m Länge und Nennweiten bis DN 50, kann eine Kurzprüfung durchgeführt werden. Die Prüfbedingungen der Kurzprüfung gelten als erfüllt, wenn bei Druckrohrleitungen aus PE-hart oder PE-weich ein Druckabfall von weniger als 0,1 bar je 5 Minuten gemessen wurde.

Der erhebliche Zeitbedarf für Vor- und Hauptprüfung von rd. 17 Stunden bis 20 Stunden ist außerordentlich unbefriedigend und führt häufiger zu einer Nichteinhaltung der vorgeschriebenen Zeiten für die Vorprüfung. Eine Neufassung des Teiles 8 der DIN 4279 vom November 1975 ist vorgesehen.

4.7 Technische Regeln, Literatur

4.7.1 DVGW-Regelwerk

– *Wasser*

W 320	09.81	Herstellung, Gütesicherung und Prüfung von Rohren aus PVC hart (Polyvinylchlorid hart), HDPE (Polyethylen hart) und LDPE (Polyethylen weich) für die Wasserversorgung und Anforderungen an Rohrverbindungen und Rohrleitungsteile.
W 323/1	01.65	Anforderungen an Rohrverbindungen für Kunststoffdruckrohre in der Trinkwasserversorgung aus PVC hart, PE weich und PE hart.
W 342	12.78	Werkseitig hergestellte Zementmörtelauskleidungen für Guß- und Stahlrohre; Anforderungen und Prüfungen, Einsatzbereiche
W 343	12.81	Zementmörtelauskleidung von erdverlegten Guß- und Stahlrohrleitungen; Einsatzbereiche, Anforderungen und Prüfungen
W 344	10.86	Zementmörtelauskleidung von Guß- und Stahlrohren nach dem Verfahren des Anschleuderns an ein nicht rotierendes Rohr – Einsatzbereich, Anforderungen und Prüfungen

W 403   01.88 Planungsregeln für Wasserrohrleitungen und Wasserrohrnetze

– *Gas*

G 412   12.88 Kathodischer Korrosionsschutz von erdverlegten Ortsgas-
verteilungsnetzen; Empfehlungen und Hinweise

G 461/I   11.81 Errichtung von Gasleitungen bis 4 bar Betriebsüberdruck
aus Druckrohren und Formstücken aus duktilem Gußeisen

G 461/II   11.81 Errichtung von Gasleitungen mit Betriebsüberdrücken von
mehr als 4 bar bis 16 bar aus Druckrohren und Formstücken
aus duktilem Gußeisen

G 462/I   09.76 Errichtung von Gasleitungen bis 4 bar Betriebsüberdruck
aus Stahlrohren

G 462/II   01.85 Gasleitungen aus Stahlrohren von mehr als 4 bar bis 16 bar
Betriebsdruck – Errichtung –

G 463   07.89 Gasleitungen aus Stahlrohren von mehr als 16 bar Betriebsdruck; Errichtung

G 469   07.87 Druckprüfverfahren für Leitungen und Anlagen der Gasversorgung

G 472   09.88 Gasleitungen bis 4 bar Betriebsdruck aus PE-HD und bis
1 bar Betriebsdruck aus PVC-U; Errichtung

– *Gas und Wasser*

GW 1   05.84 Zerstörungsfreie Prüfung von Baustellenschweißnähten an
Stahlrohrleitungen und ihre Beurteilung

GW 9   03.86 Beurteilung von Böden hinsichtlich ihres Korrosionsverhal-
tens auf erdverlegte Rohrleitungen und Behälter aus unlegierten und niedriglegierten Eisenwerkstoffen

GW 12   04.84 Planung und Errichtung kathodischer Korrosionsschutzanlagen für erdverlegte Lagerbehälter und Stahlrohrleitungen

GW 14   11.89 Ausbesserung von Fehlstellen in Korrosionsschutzumhüllungen von Rohren aus Eisenwerkstoffen

GW 310/I   07.71 Hinweise und Tabellen für die Bemessung von Betonwiderlagern an Bogen und Abzweigen mit nicht längskraftschlüssi-
gen Verbindungen

GW 310/II 09.73 Hinweise und Tabellen für die Bemessung von Betonwiderlagern an Bogen, Abzweigen und Reduzierstücken mit nicht
längskraftschlüssigen Rohrverbindungen (ab NW 500)

GW 368   04.73 Hinweise für Herstellung und Einbau von zugfesten Verbin-
dungsteilen zur Sicherung nicht längskraftschlüssiger Rohrverbindungen

4.7.2 DIN-Normen

– Rohre

2460	12.80	Stahlrohre für Wasserleitungen
2470/1	12.87	Gasleitungen aus Stahlrohren mit zulässigen Betriebsdrükken bis 16 bar; Anforderungen an Rohrleitungsteile
2470/2	05.83	Gasleitungen aus Stahlrohren mit zulässigen Betriebsdrükken von mehr als 16 bar; Anforderungen an die Rohrleitungsteile
28 600	01.83	Druckrohre und Formstücke aus duktilem Gußeisen für Gas- und Wasserleitungen; Technische Lieferbedingungen
28 603	11.82	Rohre und Formstücke aus duktilem Gußeisen; Steckmuffen-Verbindungen, Anschlußmaße und Massen
2410/4	02.78	Rohre; Übersicht über Normen für Rohre aus Asbestzment
2410/3	03.78	Rohre; Übersicht über Normen für Rohre aus Beton, Stahlbeton und Spannbeton
8074	09.87	Rohre aus Polyethylen hoher Dichte (PE-HD); Maße
8075	05.87	Rohre aus Polyethylen hoher Dichte (PE-HD); Allgemeine Güteanforderungen; Prüfung
16 963/1 2,3,4,5,6, 7,8,9,10, 13,14,15	div.	Rohrverbindungen und Rohrleitungsteile für Druckrohrleitungen aus Polyethylen hoher Dichte
19 532	07.79	Rohrleitungen aus weichmacherfreiem Polyvinylchlorid (PVC hart, PVC-U) für die Trinkwasserversorgung; Rohre, Rohrverbindungen, Rohrleitungsteile; Technische Regel des DVGW
19 533	03.76	Rohrleitungen aus PE hart (Polyethylen hart) und PE weich (Polyethylen weich), für die Trinkwasserversorgung; Rohre, Rohrverbindungen, Rohrleitungsteile

– Rohrleitungsbau

4279/1	11.75	Innendruckprüfung von Druckrohrleitungen für Wasser; Allgemeine Angaben
19 630	08.82	Richtlinien für den Bau von Wasserrohrleitungen; Technische Regel des DVGW
E 8560	04.89	Prüfung von Schweißern; Schmelzschweißen; Stahl
8564/1	04.72	Schweißen im Rohrleitungsbau; Rohrleitungen aus Stahl, Herstellung, Schweißnahtprüfung

– Korrosionsschutz

E 30 670	11.88	Umhüllungen von Stahlrohren und -formstücken mit Polyethylen
30 674/1	09.82	Umhüllung von Rohren aus duktilem Gußeisen; Polyethylen-Umhüllung

30 675/1   04.85 Äußerer Korrosionsschutz von erdverlegten Rohrleitungen;
            Einsatzbereiche bei Rohrleitungen aus Stahl
30 675/2   04.85 Äußerer Korrosionsschutz von erdverlegten Rohrleitungen;
            Einsatzbereiche bei Rohrleitungen aus duktilem Gußeisen

4.7.3   Literatur

Ant, Eugen: Kunststoffrohre – Funktionstüchtige Leitungssysteme für die Gas- und Trinkwasserversorgung. In: 3R-International 12/1986

Baeckmann, W. von: Taschenbuch für den Kathodischen Korrosionsschutz, Essen: Vulkan, 1983

Baeckmann, W. von: Korrosion und Korrosionsschutz, Vortrag am Gaswärme-Institut, Essen 1983

Buttchereit, W.: Verbindungstechniken für Rohre in der Wasserverteilung. In: Neue Deliwa-Zeitschrift 3/85

Carlowitz, Bodo: Kunststoffrohr-Tabellen, München; Wien: Hanser, 1982

Dahlhaus, Carl: Wasserversorgung, Stuttgart: Teubner, 1982

Druckrohre und Formstücke aus duktilem Gußeisen, Gelsenkirchen: Thyssen Guss AG, 1985

Handbuch der Gasversorgungstechnik, München: Oldenbourg, 1984

Handbuch für Wassermeister, München; Wien: Oldenbourg, 1988

Handbuch Wasserversorgungs- und Abwassertechnik, Essen: Vulkan, 1987

Kottmann, A.: Entwicklungen in 25 Jahren Gas- und Wasserverteilung – Rückblick und Ausblick. In: 3R International 12/1986

Möhlen, K.: Korrosionsschutz für erdverlegte Wasserleitungen aus unlegierten und niedriglegierten Eisenwerkstoffen. In: Schriftenreihe WAR 28, Darmstadt 1986

Raffenberg, Norbert: Gußrohrtechnik im Wasser-, Gas- und Abwasserbereich. In: 3R International 12/1986

Schwaigerer, S., (hg.): Rohrleitungen, Berlin/Heidelberg/New York: Springer, 1967

Schwenk, Wilhelm: Korrosionsschutz-Meilensteine in der Entwicklung und Ausblick. In: 3R International 12/1986

Werkstoffe und Korrosionsschutz, 3R International 5/1986

Wesemann, U.: Rohrleitungen aus Kunststoffrohren in Gasverteilungsnetzen. In: 3R International 6/1986

Nachweise der Bilder und Tabellen

Bild 4.1   Hoesch Röhrenwerke AG (hg.), Hoesch 450 kHz HF-Stahlrohre
Bild 4.2   Handbuch Wasserversorgungs- und Abwassertechnik, S. 299, Essen: Vulkan 1987
Bild 4.3   a.a.O., S. 301
Bild 4.4   Thyssen Guss AG (hg.), Druckrohre und Formstücke aus duktilem Gußeisen, 1985, S. 68
Bild 4.5   a.a.O., S. 53
Bild 4.6   a.a.O., S. 54
Bild 4.7   a.a.O., S. 65
Bild 4.8   a.a.O., S. 64
Bild 4.9   Wavin GmbH, Druckrohrsysteme aus PVC hart, Katalog

Bild 4.10 Friedrichsfeld GmbH, Montageanleitungen F und A für Fittings aus PE-HD

Bild 4.12 Eternit AG, Druckrohre und Formstücke, Broschüre

Bild 4.13 Baeckmann, W. von: Korrosion und Korrosionsschutz, Vortrag am GWI, Essen 1983

Bild 4.14 a. a. O.

Bild 4.16 Wavin GmbH, Rohrsysteme aus HDPE für die Ortsgasversorgung, Lieferprogramm S. 4 und 5

Bild 4.17 Wavin GmbH, Gasrohre aus HDPE, Typ 2, S. 4.34

Bild 4.18 Friedrichsfeld GmbH, a. a. O.

Bild 4.19 Wavin GmbH, wie Bild 4.16, S. 48

Tabelle 4.1 vgl. W. Schmidt und W. Mikulla, Stahlsorten und Herstellungsverfahren für Rohre und Rohrleitungsteile. In: 3R International, 10, 11/1976, S. 588

Tabelle 4.2 vgl. E. Ant, Kunststoffrohre – Funktionstüchtige Leitungssysteme für die Gas- und Trinkwasserversorgung. In: 3R International, 12/1986, S. 660

Tabelle 4.3 vgl. N. Raffenberg, Gußrohrtechnik im Wasser-, Gas-, und Abwasserbereich. In: 3R International, 12/1986, S. 655

5 Planung und Bau von Hausanschlußleitungen Gas und Wasser

5.1 Allgemeines

In Deutschland gibt es – ohne die 5 neuen Bundesländer gerechnet, für die noch keine statistischen Angaben vorliegen – ca. 10 Mio. Wasserhausanschlüsse und ca. 5 Mio. Gashausanschlüsse.

Die Anschlußleitung verbindet die Versorgungsleitung mit der Kundenanlage. Sie beginnt mit der Verbindung an der Versorgungsleitung und endet an der Hauptabsperreinrichtung im Keller.

Die allgemeinen Bedingungen, zu denen die Versorgungsunternehmen jedermann (Tarifkunden) an das Versorgungsnetz anschließen und zu versorgen haben, sind in den Verordnungen über Allgemeine Bedingungen für die Versorgung mit Gas bzw. Wasser (AVBGasV, bzw. AVBWasserV) festgelegt.

Im Regelfall gehört die Anschlußleitung zu den Betriebsanlagen des Versorgungsunternehmens. Abweichend von der Regel kann ein Teil der Anschlußleitung im Eigentum der Kunden stehen (siehe § 10 Absatz 3 der AVB).

Die Anschlußleitung ist ein integrierter Bestandteil des erdverlegten Rohrnetzes. Es gelten grundsätzlich die für Gas- bzw. Wasserrohrnetze relevanten DVGW-Arbeitsblätter, DIN-Normen, Verordnungen und Richtlinien.

Die Planung, Bemessung und Errichtung der Anschlußleitung erfolgen durch das Versorgungsunternehmen oder durch von ihm Beauftragte.

Im Regelfall sollte jedes Gebäude über eine eigene Anschlußleitung versorgt werden.

Es wird empfohlen, Anschlußleitungen, die über das Grundstück Dritter führen, durch „beschränkt persönliche Dienstbarkeit" zu sichern. Die Eintragung obliegt dem jeweiligen Grundstückseigentümer oder der Eigentümergemeinschaft.

Die Errichtung sowie die Lage und bautechnische Ausführung der Anschlußleitung in öffentlichen Flächen sind mit den Baulastträgern und den Inhabern anderer Leitungen und Anlagen abzustimmen.

Anschlußleitungen sind möglichst gradlinig, rechtwinklig und auf dem kürzesten Weg von der Versorgungsleitung zum Gebäude zu führen. Der Leitungsbau soll unbehindert möglich sein. Die Zugänglichkeit und der zukünftige Bestand der Anschlußleitung müssen gesichert sein. Die Linienführung soll Baumpflanzungen in angemessener Weise berücksichtigen, so daß sowohl für die Leitung als auch für den Bewuchs ein dauerhafter Bestand gewährleistet ist.

Wird die Anschlußleitung ausnahmsweise durch Hohlräume oder unter Gebäudeteilen geführt, so ist in diesem Bereich die Verlegung im Mantelrohr notwendig.

Anschlußleitungen sind in geeignete, frostfreie Räume einzuführen, die den Anforderungen der DIN 18012 entsprechen sollten. Der Hausanschlußraum bzw. etwas Vergleichbares und die darin befindlichen Leitungsteile müssen leicht zugänglich sein; die Leitungsteile dürfen nicht der Gefahr einer Beschädigung ausgesetzt werden.

Die Zähleranlage und gegebenenfalls die Druckregelanlage sollten im selben Raum installiert werden, in dem die Einführung der Anschlußleitung erfolgt.

Die Verlegung von Anschlußleitungen sollte erst dann erfolgen, wenn die Hauseinführungsstelle bekannt ist.

Eine hohe Qualität in Planung und Ausführung ist notwendig, so daß nach Art und Umfang des Bauvorhabens Ingenieure, Techniker, Meister oder besonders Ausgebildete, unterwiesene und erfahrene Personen als Sachkundige vom Versorgungsunternehmen oder von ihm Beauftragte tätig werden können.

Bei der Beauftragung von Rohrleitungsbauunternehmen für die Verlegung von Anschlußleitungen müssen diese die dafür erforderlichen Befähigungen besitzen und nachgewiesen haben. Diese Befähigung gilt als nachgewiesen, wenn das Rohrleitungsbauunternehmen eine DVGW-Bescheinigung mit der entsprechenden Gruppe nach DVGW-Arbeitsblatt GW 301 besitzt (s. Abschnitt 15.4).

5.2   Gas-Anschlußleitungen

Für die Errichtung von Gas-Hausanschlüssen in der öffentlichen Gasversorgung gelten die Technischen Regeln DVGW-Arbeitsblatt G 459.

Des weiteren wird auf die Beachtung der Unfall-Verhütungsvorschriften der Berufsgenossenschaften hingewiesen.

Die Hauptbestandteile des PE-HD-Gas-Anschlusses (Bild 5.1) sind:

Aufschweißsattel	Hauseinführung
PE-HD-Rohr	Hauptabsperreinrichtung.

Die Hauptbestandteile des Stahl-Gas-Anschlusses (Bild 5.2) sind:

Aufschweiß-T-Stück	Ausziehsicherung
Stahlrohr	Hauptabsperreinrichtung
Kraftbegrenzer	Isolierstück.
Hauseinführung	

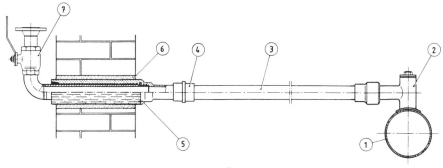

① Versorgungsleitung Stahl
② T-Stück mit Übergang Stahl/PE
③ PE-HD-Rohr
④ Elektroschweißmuffe

⑤ Kompakteinführungskombination mit
   integriertem Festpunkt im Mauerwerk
⑥ Zementmörtel
⑦ Hauptabsperreinrichtung

Bild 5.1   Gas-Anschluß in PE-HD-Rohr (Zeichnung rhenag)

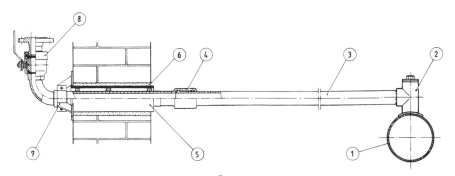

① Versorgungsleitung Stahl
② Sattel-T-Stück verschweißt
③ Stahl-Anschlußleitung
④ Kraftbegrenzer

⑤ Hauseinführung (Mantelrohr, 3 Rollringe)
⑥ Zementmörtel
⑦ Ausziehsicherung
⑧ Hauptabsperreinrichtung mit integr. Isolierstück

Bild 5.2   Gas-Anschluß in Stahl-Rohr (Zeichnung rhenag)

5.2.1   Planung

Die Planung muß den örtlichen Gegebenheiten Rechnung tragen.

Der maximal zulässige Betriebsdruck der Versorgungsleitung ist bestimmend für die Auslegung der Anschlußleitung in Material und Verlegung. Das gleiche gilt auch für den Leitungsteil zwischen Hauptabsperreinrichtung und Gas-Druckregelgerät.

Des weiteren ist der Leitungsdurchmesser unter Zugrundelegung des Belastungswertes (Volumenstrom) und der im DVGW-Arbeitsblatt G 464 genannten Berechnungsmethode festzulegen. Anzustreben ist eine Fließgeschwindigkeit von 2–3 m/s. Nicht überschritten werden sollte der Wert von 5 m/s.

5.2.2   Wahl der Bauteile

Die einzusetzenden Bauteile müssen so beschaffen sein, daß sie den im bestimmungsgemäßen Betrieb auftretenden Beanspruchungen standhalten.

Auf die üblicherweise verwendeten Bauteile wird nachfolgend eingegangen.

– Hausanschlußrohr

Die technische Gesamtkonzeption des Anschlusses wird durch die Wahl des Rohrwerkstoffes z. B. aus Stahl- oder PE-HD-Material bestimmt.

Stahl-Anschlußleitungen müssen DIN 2470 Teil 1 entsprechen.

Für PE-HD-Anschlußleitungen sind Rohre gemäß DVGW-Arbeitsblatt G 477 einzusetzen. Die wesentlichen Vorteile bei diesem Rohr liegen darin, daß keine Korrosionsprobleme auftreten, eine Kraftschlüssigkeit durch Verschweißung erzielt wird und daß bei PE-HD-Rohren bis $d_a \leq 63$ mm kein zusätzliches Bauteil in Form eines Kraftbegrenzers in der Anschlußleitung erforderlich ist. Bei ungewolltem Baggereingriff in die PE-HD-Anschlußleitung erfolgt im Regelfall die Leitungszerstörung an der Eingriffsstelle, d. h. außerhalb des angeschlossenen Hauses.

Es wird darauf hingewiesen, daß PE-HD-Leitungen gegen Verdrehung bei Montagearbeiten geschützt sein müssen.

– Anschluß an die Versorgungsleitung

Entsprechend dem Material der Versorgungsleitung sind das T-Stück oder Satte-T-Stück zu wählen.

Bei Versorgungsleitungen aus Stahl erfolgt der Abgang über ein Aufschweiß-T-Stück. Bei Versorgungsleitungen aus PE-HD wird ein PE-HD-Aufschweißsattel eingesetzt. Bei Versorgungsleitungen aus Guß oder PVC sind entsprechende Anbohrschellen zu verwenden. Der gewählte Anbohrdurchmesser darf nicht zu unzulässigen Spannungen im Rohrquerschnitt der Versorgungsleitungen führen.

Es kann zweckmäßig sein, eine Anbohrarmatur mit integrierter Absperreinrichtung zu wählen. Dies gilt z. B. für Anbohrungen $\geq$ DN 80 und für Gasrohrnetze, die mit Mitteldruck ($>$ 100 mbar bis 1 bar) betrieben werden.

In diesem Zusammenhang kann auf den Einsatz von Anbohrgeräten verwiesen werden, die sich für Anbohrungen ohne Gasaustritt bewährt haben.

Anbohrarmaturen für Stahl- bzw. Guß-Versorgungsleitungen haben der DVGW-VP 300 zu entsprechen. Anbohrarmaturen für PE-HD-Versorgungsleitungen sind gemäß DIN 3544 Teil 1 einzusetzen.

– Absperreinrichtungen

In jede Anschlußleitung ist eine Hauptabsperreinrichtung – Kugelhahn oder Schieber – einzubauen; sie ist unmittelbar nach der Mauerdurchführung zu plazieren. Die Hauptabsperreinrichtung kann auch außerhalb des Gebäudes (z. B. in einem Anschluß- oder Mauerkasten) installiert werden.

Eine weitere Absperreinrichtung außerhalb des Gebäudes an geeigneter Stelle ist vorgeschrieben bei Anschlußleitung ≥ DN 80 bzw. bei einem Betriebsdruck > 1 bar.

– Hauseinführung

Die Hauseinführung der Anschlußleitung bedarf in Materialwahl und Verlegung besonderer Sorgfalt. Der Anschluß kann ohne oder mit Mantelrohr ins Gebäude eingeführt werden.

Rohrkapsel (Bild 5.3)

Eine Anschlußleitung aus PE-HD-Rohr darf ins Gebäude geführt werden, wenn der Werkstoffübergang in einer metallenen Rohrkapsel vorgenommen wird. Die Rohrkapsel muß die Außen- und Innenseite der Wand überragen.

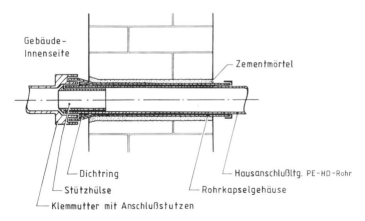

Bild 5.3 Rohrkapsel – Schematische Darstellung (aus DVGW-VP 601)

Kompakteinführungskombination (Bild 5.4)

Kompakteinführungskombinationen enthalten bewährte Bauelemente, die in der Kombination eine unlösbare Einheit bilden. Die Einheit besteht aus

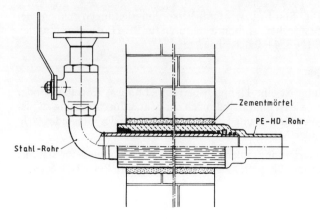

Bild 5.4 Kompakteinführungskombination mit integriertem Übergang Stahl/PE-HD und mit Festpunkt im Mauerwerk (Firma RMA, Rheinau)

Der Einbau sowohl der Kompakteinführungskombination als auch der erwähnten Rohrkapsel sollte möglichst in einem durch Kernbohrung geschaffenen Mauerdurchbruch zentrisch erfolgen. Der Spalt zwischen Kombination und Kellermauerwerk ist dicht zu verschließen. Entsprechende, schnellhärtende Mörtelmischungen können meist von dem Bauteillieferanten bezogen werden.

korrosionsunempfindlichem PE-Material und einer Stahl-Produktleitung im Inneren. Der Stahl/PE-Übergang ist Bestandteil der Kombination und liegt außerhalb des Mauerwerks im Erdreich.

Auf den Einbau einer Ausziehsicherung kann dann verzichtet werden, wenn der Festpunkt bei ordnungsgemäßem Einbau, d.h. innige Verbindung zwischen Mauerwerk und Kompakteinführungskombination, gegeben ist.

Es sind Hauseinführungen zu verwenden, die DVGW-VP 601 entsprechen.

Mantelrohr

Im Gegensatz zur Vergangenheit werden heute immer weniger Mauerdurchführungen mit einem Mantelrohr und Rollringen gewählt. Das Mantelrohr muß entweder aus korrosionsbeständigem Material bestehen oder es ist gegen Korrosion zu schützen. Der Ringraum zwischen Anschlußrohr und Mantelrohr ist auf das technisch notwendige Mindestmaß zu beschränken. Dieses soll die Abwicklungsmöglichkeit des Leitungsrohres begrenzen.

Der Mantelrohreinsatz führt zu der Notwendigkeit, eine Ausziehsicherung einzubauen, damit keine Kräfte von außen auf die Inneninstallation wirksam werden können.

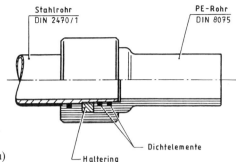

Bild 5.5 Übergangsstück von Stahl-
auf PE-HD-Rohr, vorgefertigt, nicht
demontierbar (Firma RMA, Rheinau)

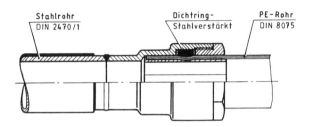

Bild 5.6 Klemmverbinder für den Übergang von Stahl- auf HDPE-Rohr (Firma RMA,
Rheinau)

– Übergang von PE-HD auf Metall (Bilder 5.5 und 5.6)

Für den Übergang von PE-HD-Rohr auf metallenes Rohr sind vorgefertigte
Übergangsstücke oder Klemmverbinder aus Metall verwendbar. Die Übergangsstücke müssen bezüglich Festigkeit und Dichtheit den Anforderungen
nach DVGW-VP 600 entsprechen.

– Elektroschweißmuffe (Heizwendelschweißung)

Die PE-HD-Rohrverbindung sollte in kraftschlüssiger, materialgerechter Weise
erfolgen, d. h. Verschweißung mittels Elektroschweißmuffen.

– Klemmverbinder

Die Rohrverbindung mittels Klemmverbindern ist zulässig. Dieses Teil muß den
vorgenannten Prüfgrundlagen gemäß DVGW-VP 600 entsprechen.

– Isolierstücke (Bild 5.7)

In einer metallenen Leitung ist ein für Gas zugelassenes Isolierstück nach DIN
3389 einzubauen.

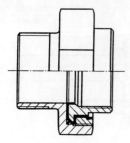

Bild 5.7 Einbaufertiges Isolierstück mit erhöhter
thermischer Belastbarkeit (Firma RMA, Rheinau)

Meist wird das Isolierstück integriert in der Hauptabsperreinrichtung möglichst
unmittelbar nach der Hauseinführung eingebaut. Das innerhalb von Gebäuden
eingebaute Isolierstück muß thermisch erhöht belastbar sein; es trägt die Kennzeichnung „GT".

– Ausziehsicherung (Bild 5.8)

Ausziehsicherungen sind so zu bemessen und anzubringen, daß von außen wirkende Zugkräfte auf hierfür ausreichend tragfähige Gebäudeteile abgeleitet
werden können. Durch den Einbau der Ausziehsicherung darf zwischen Anschlußleitung und anderen Gebäudeteilen keine elektrisch leitende Verbindung
entstehen.

Auf die Montage einer zusätzlichen Ausziehsicherung kann verzichtet werden,
wenn der Festpunkt in der Mauerdurchführung integriert ist.

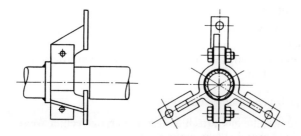

Bild 5.8 Ausziehsicherung (Zeichnung rhenag)

– Kraftbegrenzer (Bild 5.9)

Auch der Einbau von Kraftbegrenzern dient dem Schutz der Installation im
Gebäude vor unzulässigen Einwirkungen (z. B. durch Baggereingriff) an der
Anschlußleitung.

Es wird darauf verwiesen, daß bei einer Baggerkraft von 15 kN – eine durchweg

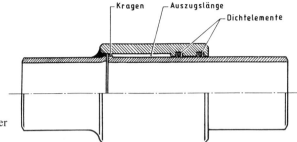

Bild 5.9 Kraftbegrenzer
(Zeichnung rhenag)

realistische Zugkraft – axial bis zu ca. 140 kN in der Anschlußleitung auftreten können.

Zugversuche bei Stahl- bzw. PE-HD-Anschlußleitungen haben gezeigt, daß die Übertragungskräfte bis zur Zerstörung des Rohres in folgender Größe liegen:

- Stahlrohr DN 50 (DIN 2442) $F_{max} = 245$ kN
- PE-HD-Rohr DN 50 ($63 \times 5{,}8$)
  DIN 8074 und DIN 8075 $F_{max} = 21$ kN

 F   = Zugkraft.

Unter Berücksichtigung verschiedener Einflüsse wurde die auf das Mauerwerk maximal wirksam werdende Kraft auf 30 kN festgelegt.

Aus den vorgenannten Erkenntnissen ergeben sich folgende Konsequenzen:

1. Stahl-Anschlußleitungen übertragen derartig hohe Kräfte, so daß eine Begrenzung auf 30 kN durch Einbau eines Kraftbegrenzers notwendig ist.

2. PE-HD-Rohre bis DN 50 (d_a 63 mm) können aufgrund der maximal übertragbaren Zugkraft von ca. 21 kN ohne Kraftbegrenzer eingebaut werden.

Kraftbegrenzer müssen der DVGW-VP 602 entsprechen.

5.2.3   Verlegung

– Allgemeines

Die Bauausführung sowie die Überwachung des Bauvorhabens erfolgen durch das Gasversorgungsunternehmen (GVU) oder durch von ihm Beauftragte nach den einschlägigen Regeln der Technik.

Die Verlegearbeiten sind durch Fachtrupps des GVU oder durch von ihm Beauftragte befähigte Rohrleitungsbauunternehmen durchzuführen. Nach Art und Umfang des Bauvorhabens ist für eine entsprechende Bauaufsicht zu sorgen.

Anschlußleitungen aus Stahlrohr sind entsprechend dem DVGW-Arbeitsblatt G 462 Teil 1 zu verlegen. Anschlußleitungen aus PE-HD-Rohr sind gemäß DVGW-Arbeitsblatt G 472 auszuführen.

– Rohrgraben

Für die Herstellung des Rohrgrabens gilt DIN 4124.

Die Grabensohle muß so hergestellt sein, daß die Rohrleitung auf der ganzen Länge aufliegt. Im Baugrubenbereich sind Setzungen durch Verdichtungsmaßnahmen weitestgehend auszuschließen. In diesem Bereich können Setzungen zu unzulässig hohen Spannungen in der Rohrleitung und somit zu Schäden führen.

Die Rohrdeckung ist den örtlichen Verhältnissen anzupassen, wobei sie in der Regel zwischen 0,6 m und 1,0 m liegt. Die Überdeckung darf in begründeten Fällen ohne besondere Schutzmaßnahmen bis auf 0,5 m verringert werden.

Die Anschlußleitung muß in einer Schichtdicke von mindestens 10 cm allseitig mit Bodenmaterial umgeben sein, dessen Korngrößenzusammensetzung zur Einbettung der Gasleitung geeignet ist, z. B. steinfreier Boden oder Sand.

Durchpressungen und Durchbohrungen sind nach den anerkannten Regeln der Technik durchzuführen.

– Rohrverlegung

Durch entsprechende Sorgfalt bei Transport, Lagerung und Einbau ist zu erreichen, daß die Rohre und Rohrleitungsteile in unbeschädigtem Zustand verlegt werden.

Rohr und Rohrleitungsteile sind vorzugsweise durch Schweißen zu verbinden. Schweißarbeiten an Stahl- oder PE-HD-Rohren dürfen nur von Schweißern ausgeführt werden, die die entsprechende Qualifikation bzw. Prüfbescheinigung besitzen.

Bei Stahl gilt die DIN 8560, Gruppe R II.

Bei PE-HD-Material gilt das DVGW-Arbeitsblatt GW 330.

Weitere zugelassene Verbindungsarten:

Flanschverbindungen als werkseitig vorgefertigte Flanschenrohre, Vorschweißflansche, lose Flansche mit Vorschweißenden, die bauseitig vorgeschweißt werden.

Klemmverbinder für PE-HD-Rohre nach Prüfgrundlage DVGW-VP 600.

Gewindeverbindungen in der Anschlußleitung sollten vermieden werden, auch wenn sie bis DN 50 und bis PN 4 zulässig sind.

– Einbau von Armaturen

Beim Einbau von Armaturen ist sicherzustellen, daß kein Bauteil des Anschlusses unzulässig beansprucht wird.

– Korrosionsschutz

Alle nicht korrosionsbeständigen Bauteile der erdverlegten Anschlußleitung müssen eine den zu erwartenden mechanischen und korrosiven Beanspruchungen entsprechende Rohrumhüllung erhalten.

Der Außenschutz ist gemäß DIN 30672 entsprechender Beanspruchungsklasse zu wählen.

Ist kathodischer Schutz vorgesehen, so sind die DVGW-Arbeitsblätter GW 10 und GW 12 zu beachten.

– Druckprüfungen

Vor der Inbetriebnahme ist der Anschluß unter Beachtung des vorgesehenen Netzdruckes auf Dichtheit mit einer Druckprüfung entsprechend DVGW-Arbeitsblatt G 469 unter Einbeziehung der geöffneten Hauptabsperreinrichtung zu prüfen. Der Prüfdruck muß den maximalen Betriebsdruck um mindestens 2 bar übersteigen. Diese Prüfung erstreckt sich auch auf die Verbindungsleitung zwischen Hauptabsperreinrichtung und Gasdruckregelgerät.

Montageverbindungen können nach dem Sichtverfahren mit Betriebsgas unter Betriebsdruck auf Dichtheit geprüft werden.

Über das positive Ergebnis der Druckprüfung ist von einem Sachkundigen ein Prüfvermerk anzufertigen.

– Einlassen von Gas

Bei Arbeiten an der gasführenden Versorgungsleitung sind das DVGW-Arbeitsblatt G 465 Teil 2 und die Unfallverhütungsvorschriften UVV-VBG 50 zu beachten.

Vor dem Einlassen von Gas in den Hausanschluß ist sicherzustellen, daß alle Leitungsteile der erforderlichen Druckprüfung mit Erfolg unterzogen worden sind und daß das Gas-Luft-Gemisch gefahrlos ins Freie geleitet wird.

Fertiggestellte, unter Gasdruck stehende, jedoch nicht mit der Hausinnenleitung verbundene Anschlüsse, sind mit metallenen Stopfen, Kappen, Blindflaschen oder Steckscheiben dicht zu verschließen. *Das Schließen der Hauptabsperreinrichtung oder einer außerhalb des Hauses liegenden Absperreinrichtungen gilt nicht als dichter Verschluß.*

– Einmessung und Beschilderung

Die Hausanschlußleitung ist einzumessen und in Bestandsplänen nach DIN 2425 Teil 1 festzuhalten.

Es empfiehlt sich, die eingebauten Teile und die Verlegedaten zu dokumentieren (Hausanschlußdatei).

Die Lage von vorhandenen Absperreinrichtungen im Erdreich muß durch Hinweisschilder nach DIN 4069 dauerhaft gekennzeichnet sein.

Die Einführungsstelle der Anschlußleitung kann außen durch ein Hinweisschild bzw. auch durch eine gelbe Plakette gekennzeichnet sein.

Die Lage der Hauptabsperreinrichtung ist innerhalb des Gebäudes dann zu kennzeichnen, wenn dies aufgrund der Größe und Nutzung des Gebäudes (z. B. Schulen, Wohngebäude) für das Auffinden der Hauptabsperreinrichtung erforderlich ist.

Soweit ausnahmsweise mehrere Gebäude über eine Anschlußleitung versorgt werden, ist nahe der Hauptabsperreinrichtung ein dauerhaftes Hinweisschild anzubringen, aus dem ersichtlich ist, welche Gebäude durch diesen Anschluß versorgt werden.

5.3   Wasser-Anschlußleitungen

Für die Errichtung von Wasser-Anschlußleitungen in der öffentlichen Wasserversorgung gelten die Technischen Regeln DIN 1988 Teile 1 bis 8.

Des weiteren wird auf die Beachtung der Unfall-Verhütungsvorschriften der Berufsgenossenschaften hingewiesen.

Die Hauptbestandteile des Wasserhausanschlusses (Bild 5.10) sind:

Ventilanbohrschelle
Hausanschlußleitung
Hauseinführung
Hauptabsperreinrichtung.

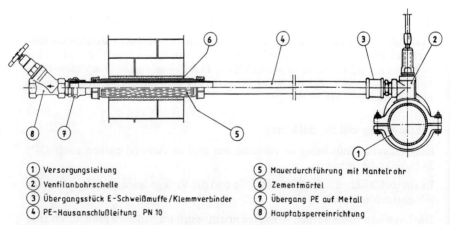

① Versorgungsleitung	⑤ Mauerdurchführung mit Mantelrohr
② Ventilanbohrschelle	⑥ Zementmörtel
③ Übergangsstück E-Schweißmuffe/Klemmverbinder	⑦ Übergang PE auf Metall
④ PE-Hausanschlußleitung PN 10	⑧ Hauptabsperreinrichtung

Bild 5.10   Wasser-Anschluß mit Mantelrohr (Zeichnung rhenag)

Eine neue Variante stellt der verschweißte PE-Wasserhausanschluß (Bild 5.11) mit mantelloser, auszugsicherer Mauerdurchführung dar.

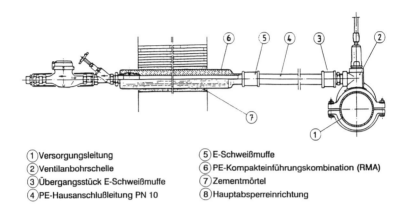

① Versorgungsleitung
② Ventilanbohrschelle
③ Übergangsstück E-Schweißmuffe
④ PE-Hausanschlußleitung PN 10
⑤ E-Schweißmuffe
⑥ PE-Kompakteinführungskombination (RMA)
⑦ Zementmörtel
⑧ Hauptabsperreinrichtung

Bild 5.11 Kompaktmauerdurchführung mit Festpunkt im Mauerwerk (Firma RMA, Rheinau)

5.3.1 Planung

Art, Zahl und Lage von Anschlußleitungen sowie deren Änderungen werden nach Anhörung des Anschlußnehmers und unter Wahrung seiner berechtigten Interessen vom Wasserversorgungsunternehmen (WVU) bestimmt (AVBWasserV).

Hausanschlußleitungen sind für den Nenndruck auszulegen, für den die jeweilige Versorgungsleitung bemessen ist, mindestens jedoch für PN 10.

Der Anschluß eines Gebäudes für die Versorgung mit Lösch- und Trinkwasser ist nach Möglichkeit durch eine ausreichend durchflossene Anschlußleitung vorzunehmen.

Müssen Anschlußleitungen ausnahmsweise durch Hohlräume oder unter Gebäudeteilen (z. B. Terrassen, Treppen) geführt werden, so sind die Leitungen in diesem Bereich in Mantelrohr zu verlegen. Im Falle eines Leitungsbruchs ist der Wasseraustritt möglich, ohne daß Unterspülung auftritt.

Für die Mindestabstände zu Bauwerken und anderen Leitungen gilt das DVGW-Merkblatt W 403.

Anschlußleitungen sind in geeignete frostfreie Räume einzuführen, die den Anforderungen der DIN 18012 entsprechen sollten. Für Anschlußleitungen

$\geq$ DN 80 ist ein separater Hausanschlußraum nach DIN 18012 erforderlich. Er muß an der Gebäudeaußenwand liegen, durch die die Anschlußleitung eingeführt wird; ein Bodenablauf sollte vorhanden sein.

Leitungsschächte für Meßeinrichtungen erfordern Bau- und Unterhaltungskosten. In Ausnahmefällen sind Leitungsschächte erforderlich, z. B. bei unverhältnismäßig langen Anschlußleitungen, bei ungeeigneten Räumen für die Hauseinführung oder bei besonderen Erschwernissen. Für die Errichtung von Schächten sind Hinweise des DVGW-Arbeitsblattes W 355 zu beachten.

Für die hydraulische Bemessung von Anschlußleitungen sind der kurzzeitige Wasser-Spitzenbedarf und dessen zeitlicher Verlauf maßgebend (siehe DVGW-Forschungsprogramm).

Ferner ist davon auszugehen, daß an der Anschlußstelle der Versorgungsleitung ein Druck vorhanden ist, der für die einwandfreie Deckung des üblichen Bedarfes des angeschlossenen Grundstückes ausreichend ist. Die jeweilige Höhe des dafür erforderlichen Mindestdruckes ist aus dem DVGW-Merkblatt W 403, Abschnitt 10.1.3 zu entnehmen.

Die Fließgeschwindigkeit in der Anschlußleitung soll gleich oder kleiner 2 m/s sein.

Zur vereinfachten Ermittlung der Dimension von Anschlußleitungen für Wohngebäude kann Tabelle 5.1 herangezogen werden.

Die Bemessung von Anschlußleitungen für Industriebetriebe, Gebäude mit Druckerhöhungsanlagen oder anderen Anwesen bedarf besonderer Erhebungen über den zu erwartenden kurzzeitigen Spitzenbedarf.

Tabelle 5.1   Bemessung von Anschlußleitungen für Wohngebäude (Wohnungseinheit $\cong$ 2,5 Personen) ohne Löschwasser

Wohnungs-einheiten	max. Durchfluß l/s	m³/h	Länge in m 10	20	30	40	50
1	bis 1	bis 3,6	DN 32				
2–5	1,01–1,2	3,61–4,3		DN 40			
6–10	1,21–1,5	4,31–5,4					
11–50	1,51–2,4	5,41–8,6			DN 50		DN 65
51–100	2,41–3,6	8,61–12,9					

5.3.2   Wahl der Bauteile

Die Rohre und Rohrleitungsteile müssen so beschaffen sein, daß sie den betrieblichen Beanspruchungen standhalten.

Es sind nur Teile und Stoffe zu verwenden, die den KTW-Empfehlungen (Kommission Trinkwasser des Bundesgesundheitsamtes) und dem DVGW-Arbeitsblatt W 270 entsprechen. Für Hilfsstoffe – Dichtmittel, Fette usw. – muß ein gültiges DVGW-Prüfzeichen vorliegen.

Auf die üblicherweise verwendeten Bauteile wird nachfolgend eingegangen.

– Hausanschlußrohr

Heute werden zum überwiegenden Teil Rohre aus Polyethylen (PE) gemäß DIN 19533 und DVGW-Arbeitsblatt W 320 verlegt.

Ferner sind Rohre aus PVC, Stahl oder duktilem Gußeisen (GGG) zugelassen.

– Anschlußteil an die Versorgungsleitung

Der Anschluß an die Versorgungsleitung erfolgt in der Regel über eine Anbohrarmatur oder ein Formstück. In Abhängigkeit vom Werkstoff der Versorgungsleitung ist die entsprechende Anbohrarmatur zu wählen.

Für Anbohrarmaturen aus metallenen Werkstoffen gilt DIN 3543 Teil 2. Es sollen nur Anbohrarmaturen eingebaut werden, die das DIN-DVGW-Prüfzeichen tragen.

– Absperrarmaturen in der Anschlußleitung

Absperrarmaturen sollen in Bauart und Ausführungsform der DIN 3547 Teil 1 entsprechen und das DIN-DVGW-Prüfzeichen, welches derzeitig in Vorbereitung ist, tragen.

Die Anschlußleitung soll im unmittelbaren Bereich der Versorgungsleitung absperrbar sein.

– Hauseinführung

Der Anschluß kann ohne oder mit Mantelrohr ins Gebäude eingeführt werden.

Mantelrohr (Bild 5.12)

Das Mantelrohr ist heute, 1990, die noch übliche Bauweise.

Es muß aus korrosionsbeständigen Werkstoffen bestehen oder gegen Korrosion geschützt sein.

Der Durchmesser des Mantelrohres ist so zu wählen, daß der Ringraum zwischen Mantelrohr und Anschlußleitung auf das technisch notwendige Maß begrenzt ist.

Der Kreisringspalt zwischen Mantelrohr und Anschlußleitung ist dauerhaft dicht zu verschließen.

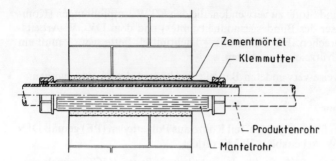

Bild 5.12   Mauerdurchführung mit Mantelrohr (Zeichnung rhenag)

Bei der Einführung in nicht unterkellerte Gebäude ist die Anschlußleitung ebenfalls in einem Mantelrohr zu führen. Das Mantelrohr soll über die Gebäudeaußenseite und die Betonplatte hinausragen.

Ohne Mantelrohr

Bei Verwendung speziell vorgefertigter Bauteile (z. B. Hauseinführungskombinationen) muß deren Eignung gegeben sein. Im übrigen gelten die Anforderungen der Mantelrohrausführung sinngemäß. Bei der Verwendung von Rohrkapseln für PE-HD-Rohre müssen diese Bauteile der DVGW-VP 601 entsprechen.

Kompaktmauerdurchführung (Bild 5.13)

Diese Mauerdurchführung besteht aus einem vorgefertigten Bauteil, das unmittelbar in den Mauerdurchbruch dicht eingebaut werden kann.

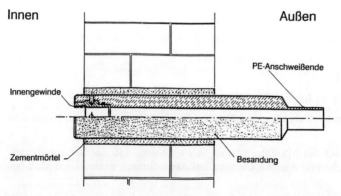

Bild 5.13   Wasser-Anschluß PE-Rohr verschweißt und PE-Kompaktmauerdurchführung (Zeichnung rhenag)

Diese Mauerdurchführung ist auszugssicher, wenn die Einbautechnik erfüllt wird, die bereits bei der Gas-Kompakteinführungskombination beschrieben wurde (siehe Abschnitt 5.2.2, „Kompakteinführungskombination" und Bild 5.4).

– Hauptabsperreinrichtung

Die Hauptabsperreinrichtung muß den Anforderungen, die bereits für die Absperrarmaturen in der Anschlußleitung genannt worden sind, entsprechen.

– Isolierstück

Für durchgehend elektrisch leitende Anschlußleitungen soll ein Isolierstück gemäß DIN 3389 eingebaut werden.

– Klemmverbinder und vorgefertigte Übergangsstücke von PE-HD auf Metall

Klemmverbinder und Übergangsstücke müssen DVGW-VP 600 bzw. DIN 8076 Teil 2 entsprechen.

Die direkte Verbindung von Bauteilen aus Messing mit anderen metallenen Werkstoffen ist zu vermeiden.

– Korrosionsschutz

Alle nicht korrosionsbeständigen Bauteile der erdverlegten Hausanschlußleitung müssen innen und außen eine für zu erwartende mechanische und korrosive Beanspruchung entsprechende Rohrauskleidung bzw. Rohrumhüllung erhalten.

Schutz gegen Außenkorrosion

Erdverlegte Rohre sind wie folgt gegen Korrosion zu schützen:
Rohre aus PE-HD bedürfen gegen Korrosion keinen Schutz.
Stahlrohre sind mit PE-Umhüllung gemäß DIN 30670 zu versehen.

Desweiteren gilt, daß alle anderen Bauteile aus Metall, die nicht korrosionsbeständig sind, durch Korrosionsschutzbinden oder Schrumpfschläuche gemäß DIN 30672 geschützt werden müssen.

Innerhalb von Gebäuden oder Schächten ist die Anschlußleitung aus nichtkorrosionsbeständigem Werkstoff mit einem geeigneten Anstrich zu versehen.

Schutz gegen Innenkorrosion

Rohre aus PE-HD bedürfen keines Innenschutzes.

Für den Innenschutz metallener Rohre ist der Regelfall eine Zementmörtel-Auskleidung gemäß DIN 2614. Bei Armaturen ist ein Innenschutz mit Emaille vorheilhaft.

5.3.3 Verlegung

– Allgemeines

Die Bauausführung sowie die Überwachung des Bauvorhabens erfolgen durch das WVU oder durch von ihm Beauftragte nach den einschlägigen Regeln der Technik. Der Bau von Anschlußleitungen soll nach DIN 19630 erfolgen.

Die Verlegearbeiten können durch Fachtrupps des WVU oder durch von ihm beauftragte befähigte Rohrleitungsunternehmen durchgeführt werden.

– Rohrgraben

Die Anschlußleitung ist frostfrei und soweit möglich mit gleichmäßiger Steigung zum Gebäude zu verlegen. Zur Vermeidung unzulässiger Spannungen in der verlegten Anschlußleitung muß die Grabensohle so hergestellt sein, daß die Anschlußleitung auf der ganzen Länge aufliegt und alle früheren Baugruben unter der Anschlußleitung einwandfrei mit verdichtungsfähigem Material verfüllt und verdichtet sind. Dies gilt besonders im Baugrubenbereich des anzuschließenden Gebäudes.
Weiterhin gilt DIN 19630.

– Rohrvortrieb

Durchpressungen und Durchbohrungen sind nach den anerkannten Regeln der Technik durchzuführen (DVGW/ATV-Merkblatt GW 304).

Bei Verwendung des Verdrängungsverfahrens ist vor allem darauf zu achten, daß eine Beschädigung des Hausanschlußrohres bzw. des Außenschutzes durch den Boden ausgeschlossen wird. Dies gilt vor allem für Kunststoffrohre. In der Regel ist ein Mantelrohr vorzusehen.

– Rohrverlegung

Rohre und Rohrleitungsteile sollten vorzugsweise durch Schweißen verbunden werden. Die derzeitig üblichen Rohrverbindungen sind in Tabelle 5.2 auf die verschiedenen Rohrwerkstoffe bezogen dargestellt.

– Einbau von Armaturen

Beim Einbau von Armaturen ist sicherzustellen, daß kein Bauteil des Anschlusses unzulässig beansprucht wird.

– Druckprüfung

Vor Inbetriebnahme der Anschlußleitung muß eine Dichtheitsprüfung mit Wasser durchgeführt werden. Bei der Prüfung sind die Vorgaben von DIN 4279 Teil 1 zu beachten. Dies gilt vor allem für das Absteifen, Verankern und Füllen der Leitung.

Tabelle 5.2 Übersicht über die Rohrverbindungen

Rohrwerkstoff / Verbindungsart	PE-Rohr	PVC-Rohr	Duktiles Gußrohr	Stahlrohr
Schweißverbindung	Heizelement-Muffen-schweißung Heizwendel-schweißung Heizelement-stumpf-schweißung			
Steckverbindung	Steckver-binder	Steckmuffen-verbindung	TYTON-Verbindung	Steckmuffen-verbindung
Flanschverbindung (vorwiegend zum Anschluß von Armaturen)	Bundflan-schenver-bindung	über Form-stück oder Klebever-bindung	Meist mit angegossenen Flanschen	Gewinde-flansch bei kleinem DN, sonst meist Vorschweiß-flansche oder lose Flansche mit Vor-schweißbund
Schraub-verbindung	Klemmver-binder	–	Schraub-muffen-verbindung	Gewinde-verbindung Klemmver-binder nur für kleine DN
Klebeverbindung	–	sollte vermieden werden	–	–

Im Regelfall sind für Hausanschlüsse entsprechend dem Rohrwerkstoff Prüfungen nach DIN 4279 durchzuführen.

Über das Ergebnis der Druckprüfung ist von einem Sachkundigen ein Prüfvermerk anzufertigen.

Vor dem Einbau des Wasserzählers ist die Anschlußleitung gründlich zu spülen.

– Einmessung und Beschilderung

Die Hausanschlußleitung ist einzumessen und in Bestandsplänen nach DIN 2425 Teil 1 festzuhalten.

Absperrarmaturen $\geq$ DN 80 sind durch ein Schild nach DIN 4067 zu kennzeichnen.

Es empfiehlt sich, die eingebauten Teile und die Verlegedaten zu dokumentieren (Hausanschlußdatei).

5.4 Verordnungen, Technische Regeln, Literatur

AVBGasV	Verordnung über Allgemeine Bedingungen für die Gasversorgung von Tarifkunden (AVBGasV) vom 21. Juni 1979
AVBWasserV	Verordnung über Allgemeine Bedingungen für die Verordnung mit Wasser (AVBWasserV) vom 20. Juni 1980
UVV VBG 50	Arbeiten an Gasleitungen
DIN 1988 Teil 1	(TRWI) Allgemeines
Teil 2	(TRWI) Planung und Ausführung; Bauteile, Apparate, Werkstoffe
Teil 2, Bbl. 1	(TRWI) Zusammenstellung von Normen und anderen technischen Regeln über Werkstoffe, Bauteile und Apparate
Teil 3,	(TRWI) Ermittlung der Rohrdurchmesser
Teil 3, Bbl. 1	(TRWI) Berechnungsbeispiele
Teil 4	(TRWI) Schutz des Trinkwassers, Erhaltung der Trinkwassergüte
Teil 5	(TRWI) Druckerhöhung und Druckminderung
Teil 6	(TRWI) Feuerlösch- und Brandschutzanlagen
Teil 7	(TRWI) Vermeidung von Korrosion und Steinbildung
DIN 2425 Teil 1	Planwerke für die Versorgungswirtschaft, die Wasserwirtschaft und für Fernleitungen; Rohrnetzpläne der öffentlichen Gas- und Wasserversorgung
DIN 2442	Gewinderohr mit Gütevorschrift, Nenndruck 1–100

DIN 2470 Teil 1	Gasleitungen aus Stahlrohr mit zulässigen Betriebsdrücken bis 16 bar; Anforderungen an Rohrleitungsteile
DIN 2614	Zementmörtelauskleidungen für Gußrohre, Stahlrohre und Formstücke; Verfahren, Anforderungen, Prüfungen
DIN 3389	Einbaufertige Isolierstücke für Hausanschlußleitungen in der Gas- und Wasserversorgung; Anforderungen und Prüfungen
DIN 3543 Teil 2	Anbohrarmaturen aus metallischen Werkstoffen mit Betriebsabsperrung; Maße
DIN 3544 Teil 1	Armaturen aus Polyethylen hoher Dichte (HDPE); Anforderungen und Prüfung von Anbohrarmaturen
DIN 3547 Teil 1	Metallische Gas- und Wasser-Absperrarmaturen $\geq$ PN 4 $\leq$ PN 16; Anforderungen und Anerkennungsprüfung
DIN 4067	Wasser, Hinweisschilder, Ortswasserverteilungs- und Wasserfernleitungen
DIN 4069	Ortsgasverteilungsleitungen; Hinweisschilder
DIN 4124	Baugruben und Gräben; Böschungen, Arbeitsraumbreiten, Verbau
DIN 4279 Teil 1	Innendruckprüfung von Druckrohrleitungen für Wasser; Allgemeine Angaben
DIN 8074	Rohre aus Polyethylen hoher Dichte (PE-HD); Maße
DIN 8075	Rohre aus Polyethylen hoher Dichte (PE-HD); Allgemeine Güteanforderungen, Prüfung
DIN 8076 Teil 2	Druckrohrleitungen aus thermoplastischen Kunststoffen, Klemmverbinder aus Metall für Rohre aus Polyethylen (PE) für Gas- und Trinkwasserleitungen; Allgemeine Güteanforderung, Prüfungen
DIN 8560	Prüfung von Schweißern; Schmelzschweißen; Stahl
DIN 18012	Hausanschlußräume; Planungsgrundlagen
DIN 19533	Rohrleitungen aus PE hart (Polyethylen hart) und PE weich (Polyethylen weich), für die

	Trinkwasserversorgung; Rohre, Rohrverbindungen, Rohrleitungsteile
DIN 19630	Richtlinien für den Bau von Wasserrohrleitungen; Technische Regel des DVGW
DIN 30670	Umhüllungen von Stahlrohren und -formstücken mit Polyethylen
DIN 30672	Umhüllungen aus Korrosionsschutzbinden und wärmeschrumpfendem Material für erdverlegte Rohrleitungen
DVGW-Arbeitsblatt GW 10	Inbetriebnahme und Überwachung des kathodischen Korrosionsschutzes erdverlegter Lagerbehälter und Stahlrohrleitungen
DVGW-Arbeitsblatt GW 12	Planung und Errichtung kathodischer Korrosionsschutzanlagen für erdverlegte Lagerbehälter und Stahlrohrleitungen
DVGW-Arbeitsblatt GW 301	Verfahren für die Erteilung der DVGW-Bescheinigung für Rohrleitungsbauunternehmen
DVGW-Arbeitsblatt GW 330	Schweißen von Rohren und Rohrleitungsteilen aus PE-HD für Gas- und Wasserleitungen; Lehr- und Prüfplan
DVGW-Arbeitsblatt G 459	Gas-Hausanschlüsse für Betriebsdrücke bis 4 bar; Errichtung
DVGW-Arbeitsblatt G 462 Teil 1	Errichtung von Gasleitungen bis 4 bar Betriebsüberdruck aus Stahlrohr
DVGW-Arbeitsblatt G 464	Berechnung von Druckverlusten bei der Gasverteilung
DVGW-Arbeitsblatt G 465 Teil 2	Arbeiten an Gasrohrnetzen mit einem Betriebsdruck bis 4 bar
DVGW-Arbeitsblatt G 469	Druckprüfverfahren für Leitungen und Anlagen der Gasversorgung
DVGW-Arbeitsblatt G 472	Gasleitungen bis 4 bar Betriebsdruck aus PE-HD und bis 1 bar Betriebsdruck aus PVC-U; Errichtung
DVGW-Arbeitsblatt G 477	Herstellen, Gütesicherung und Prüfung von Rohren aus PVC hart und HDPE für Gasleitungen und Anforderungen an Rohrverbindungen und Rohrleitungsteilen
DVGW-Arbeitsblatt W 270	Vermehrung von Mikroorganismen auf Mate-

	rialien für den Trinkwasserbereich; Prüfung und Bewertung
DVGW-Arbeitsblatt W 320	Herstellung, Gütesicherung und Prüfung von Rohren aus PVC hart und HDPE und LDPE für die Wasserversorgung und Anforderungen an Rohrverbindungen und Rohrleitungsteile
DVGW-Arbeitsblatt W 355	Leitungsschächte
DVGW/ATV-Merkblatt GW 304	Rohrvortrieb
DVGW-Merkblatt W 403	Planungsregeln für Wasserleitungen und Wasserrohrnetze
DVGW-VP 300	Vorläufige Prüfgrundlagen für Gas-Anbohrarmaturen mit eingebauter Betriebsabsperrung für Guß-, Stahl-, bzw. PVC- (hart) Rohre; Anforderungen und Anerkennungsprüfung
DVGW-VP 600	Vorläufige Prüfgrundlagen für Klemmverbinder aus Metall für Rohre aus Polyethylen hoher Dichte (HDPE) für Gas- und Trinkwasserleitungen; Anforderungen und Anerkennungsprüfungen
DVGW-VP 601	Vorläufige Prüfgrundlagen für Rohrkapseln für Hausanschlußleitungen aus Polyethylen hoher Dichte (HDPE); Anforderungen und Anerkennungsprüfungen
DVGW-VP 602	Vorläufige Prüfgrundlagen für Kraftbegrenzer für Hausanschlußleitungen; Anforderungen und Anerkennungsprüfungen
DVGW-Forschungsprogramm	Ermittlungen des Wasserbedarfs als Planungsgrundlage zur Bemessung von Wasserversorgungsanlagen

6 Betrieb, Überwachung und Instandsetzung von Gasverteilungsanlagen (Hochdruck)

6.1 Allgemeines

Es besteht ein unmittelbarer Zusammenhang zwischen öffentlichem Interesse für die Sicherheit von Gasverteilungsanlagen – bezogen auf Mensch und Umwelt – einerseits und den Anforderungen der Gaswirtschaft an diese Anlagen in Hinblick auf ständige Verfügbarkeit und Arbeitsbereitschaft unter Berücksichtigung der Wirtschaftlichkeit. Von der Zuverlässigkeit der Gasverteilungsanlagen insbesondere im Hochdruckbereich hängen nicht nur die Funktionsfähigkeit einzelner Produktionseinrichtungen in Industriebetrieben, sondern vielmehr auch die Versorgung ganzer Regionen, großer Städte und Gemeinden bis hin zu einzelnen Haushalten mit Erdgas ab.

Aus diesen Gründen kommen im Rohrnetzbetrieb der Überwachung und Instandsetzung von Gashochdruckleitungen besondere Bedeutung zu. Die Instandhaltung – nach DIN 31051 ist dies der Oberbegriff für Inspektion, Wartung und Instandsetzung – bildet den Schwerpunkt dieses Kapitels.

In engem Zusammenhang mit den Gashochdruckleitungen, die mit Drücken bis zu 80 bar und Rohrdurchmessern bis 1400 mm Erdgas über weite Entfernungen transportieren stehen die Erdgashochdruckspeicher, die in zunehmendem Maße insbesondere im Untertagebereich ausgebaut werden.

Im ersten Abschnitt dieses Kapitels werden die Aufgaben und Möglichkeiten der Gashochdruckspeicherung beschrieben.

Die beiden anderen Anlagenkomplexe, die zum Bereich der Gasverteilung gehören, nämlich Verdichteranlagen sowie Meß- und Regelstationen, wurden bereits in den Kapiteln 1 und 7 dieses Buches dargestellt.

Soweit für das Erkennen betrieblicher Zusammenhänge erforderlich, werden Einzelheiten des Korrosionsschutzes (vgl. Kapitel 4) nochmals aufgeführt.

6.2 Gashochdruckspeicher

Der Gasbedarf ist zeitlich erheblichen Schwankungen unterworfen. Je nach Art und Gewohnheit bestimmter Verbrauchergruppen können diese Schwankungen kurz und langfristig sein. Ein deutlicher Abnahmeunterschied zwischen Sommer- und Winterhalbjahr bewirkt einen hohen Heizgasanteil an der Gesamtabgabe. Ein hoher Industriegasanteil bringt eine starke Abhängigkeit des Gesamtverbrauches von der jeweiligen Arbeitszeit und der Konjunktur in den versorgten Betrieben (Bild 6.1).

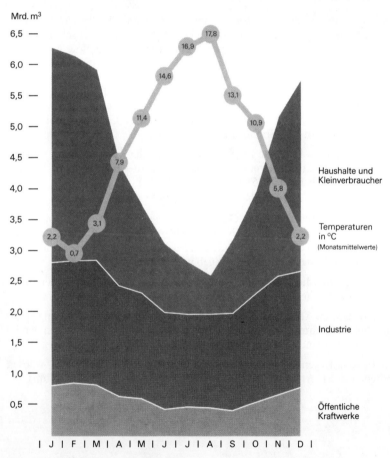

Bild 6.1 Temperatur und Erdgasabsatz

Die Gasversorgungsunternehmen sind bestrebt, den Gasbedarf jederzeit decken zu können. Andererseits ist ein kostengünstiger Bezug nur mit einer möglichst gleichbleibenden Bezugsleistung zu erreichen. Zum Ausgleich zwischen Bezug und Abgabe ist es daher notwendig, Gas in Schwachlastzeiten zu speichern, um es in Zeiten auftretender Verbrauchsspitzen abzugeben.

Man unterscheidet zwei Arten von Gashochdruckspeicherung:
- die Speicherung in Behältern
- die Speicherung unter Tage.

Die Behälter über Tage dienen heute überwiegend dem Stundenausgleich. Sie ermöglichen es den Gasversorgungsunternehmen, auftretende Tagesspitzen abzufahren. Teilweise können sie auch zum Ausgleich der unterschiedlichen Belastung an den Wochentagen dienen. Für den Ausgleich saisonaler Spitzenleistungen reichen jedoch die hier bevorrateten Mengen nicht aus. Die dazu notwendigen Vorräte können ausschließlich in unterirdischen Speichern angelegt werden.

6.2.1 Hochdruck-Gasbehälter

Als günstigste Bauart unter allen Druckbehältertypen hat sich der Hochdruck-Kugel-Gasbehälter durchgesetzt.

Die Kugelform ist die beste geometrische Form zur Aufnahme des inneren Überdruckes. Bei der Kugel wird bei gleichem Druck auf der kleinsten Grundfläche die größte Gasmenge gespeichert.

Hochdruck-Kugel-Gasbehälter kommen im allgemeinen bei einem Speicherbedarf von etwa $10\,000\,m^3$ bis $300\,000\,m^3$ und bei Betriebsdrücken bis 20 bar in Frage (Bild 6.2).

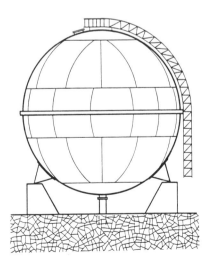

Bild 6.2 Hochdruck-Kugel-Gasbehälter

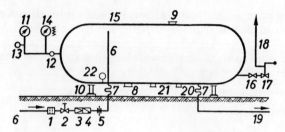

Zeichenerklärung:

1 Staubfilter
2 Sicherheits-Absperrventil (SAV)
3 Gas-Druckregelgerät
4 Rückflußsicherung
5 Zuflußbegrenzer
6· Gasbehälter-Eingangsleitung
7 Nachgiebiger Rohrteil
8 Mannloch
9 Entlüftungs- oder Auslaßstutzen
10 Stützkonstruktion
11 Temperatur-, Druck- und
    Inhaltsanzeiger
12 Alarmeinrichtung
13 Kontrollflansch
14 Druck-, Inhalts- und
    Temperaturschreiber
15 Behälterwand
16 Wechselventil
17 Sicherheitsventile
18 Sicherheitsauslaß
19 Gasbehälter – Ausgangsleitung
20 Stutzen für die In- und
    Außerbetriebnahme
21 Ablaß für Niederschlags-
    flüssigkeit
22 Taupunktschreiber

Bild 6.3   Schematische Darstellung eines zylinderförmigen Gasbehälters, liegender Bauart

Zylinderförmige Gasbehälter, die häufig in liegenden Batterien zusammengefaßt werden, können Gasvolumina von 500 m³ bis etwa 5000 m³ je Behälter aufnehmen. Die Betriebsdrücke entsprechen den von Hochdruck-Kugel-Gasbehältern. (Bild 6.3)

Die im Zusammenhang mit Bau und Betrieb, Überwachung und Instandsetzung sowie In- und Außerbetriebnahme erforderlichen Maßnahmen für Hochdruckgasbehälter sind im DVGW-Arbeitsblatt G 433 beschrieben und können dort nachgelesen werden.

Ähnlich wie Hochdruckferngasleitungen ein beachtliches Speichervolumen besitzen, so kann auch ein aus vielen Rohren bestehendes Rohrbündel als Speicher verwendet werden. Die Einzelrohre können nebeneinander oder auch übereinander versetzt angeordnet werden. Derartige Röhrenspeicher werden heute bis zu einem Speicherinhalt von 100 000 m³ Gas gebaut, wobei das Gas unter einem Druck bis zu 70 bar über Verdichter in das Rohrbündel eingepreßt wird. Der tatsächliche Gasinhalt ist deshalb das ca. 70fache des geometrischen Inhaltes des Rohrbündels (Bild 6.4).

Als Normen und Vorschriften sind insbesondere die DIN 2413 Geltungsbereich I (vorwiegend für ruhende Beanspruchung), Geltungsbereich II (schwellende Beanspruchung), die Verordnung über Gashochdruckleitungen sowie die übri-

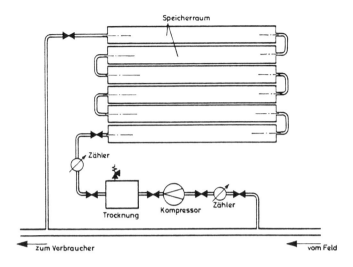

Bild 6.4 Schema eines Röhrengasspeichers

gen Bestimmungen zu beachten, z. B. für die Überwachung der Leitungen die DVGW-Arbeitsblätter G 465, G 466/I und G 466/II.

6.2.2 Untertagespeicher

Die Untertagespeicherung dient vorrangig dem saisonalen Ausgleich zwischen Gasbezug und Gasabgabe. Von dem Erdgas, das über das ganze Jahr aus weit entfernten Regionen, wie z. B. aus Rußland oder Norwegen, gleichmäßig angeliefert wird, wird ein Teil in der lastschwachen Sommerzeit eingespeichert, um es während der Winterspitzen zusätzlich an den Verbraucher zu liefern. Für diese saisonale Speicherung müssen große Räume untertage zur Verfügung stehen.

Die Untertagespeicherung ist an bestimmte geologische Voraussetzungen gebunden. In der Bundesrepublik Deutschland existieren zur Zeit 21 Untertagespeicher, aus denen maximal rund 4,9 Mrd. m^3 Gas zum Ausgleich der unterschiedlichen Liefer- und Bedarfsstrukturen entnommen werden können. Weitere 7,4 Mrd. m^3 Speicherraum sind in Bau oder Planung (Bild 6.5).

6.2.2.1 Porenspeicher

Porenspeicher sind in der Regel leere oder teilweise leergeförderte Erdgas- oder Erdölfelder, die sich zum Einlagern von Gas eignen. Der Vorteil bei dieser Art der Speicherung liegt darin, daß die speicherbare Gasmenge, die Mächtigkeit des Speichergesteines, dessen Porosität und Durchlässigkeit sowie weitere zahl-

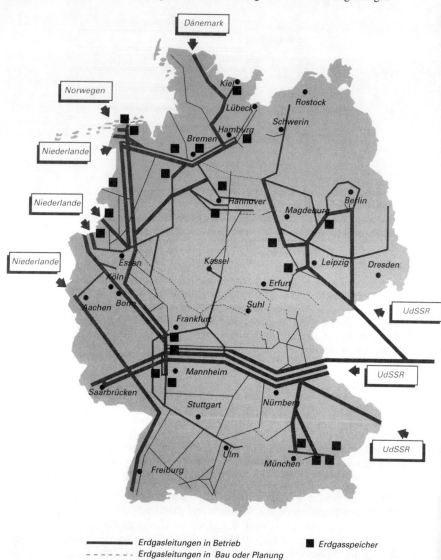

Bild 6.5 Überregionale Erdgastransportleitungen und Erdgasspeicher in der Bundesrepublik Deutschland

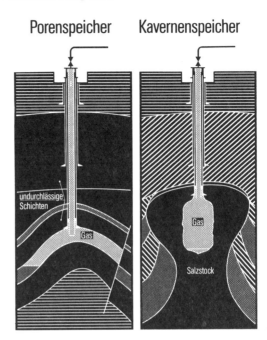

Bild 6.6 Untertage-
Erdgasspeicherung

reiche wichtige Daten der Lagerstätten aus der langjährigen Fördergeschichte
bekannt sind. Das Risiko bezüglich der Gasdichtigkeit des Speichers kann daher
wegen der seit geologischen Zeitspannen vorhandenen Kohlenwasserstoffe im
Porenraum sehr gut abgeschätzt werden (Bild 6.6).

Nicht immer findet sich eine derartig geeignete Lagerstätte dort, wo ein Speicher
regional benötigt wird. Außerdem liegen die Felder häufig in Tiefen, die eine
sehr hohe Verdichtung des Gases und damit enorme Kosten für den Speicherbe-
trieb verursachen.

In diesem Fall bietet sich unter gewissen Bedingungen der Ausbau eines Speichers in porösen und permeablen wassergesättigten Gesteinsschichten an. Man
nennt diese Schichten Aquifer.

Hier wird das Speichervolumen durch Verdrängen des Porenwassers mittels Gas
geschaffen. Die geologischen Voraussetzungen eines Aquifer-Speichers sind denen natürlicher Kohlenwasserstoff-Lagerstätten sehr ähnlich. Das Speicherge-
stein muß auch hier von gasundurchlässigen Schichten wie z. B. Tongesteinen
überdeckt sein.

Der „Gasträger" besteht im allgemeinen aus Sand- oder Kalksteinen. Die Korn-
größe dieses Gesteins bestimmt die Porosität und damit den für die Gasspeiche-

rung nutzbaren Raum. Die Verbindung der Porenräume untereinander ergibt die Durchlässigkeit (Permeabilität); Spalten und Klüfte, wie sie oftmals in Kalkgesteinen auftreten, erhöhen das Speichervolumen zusätzlich.

Ausreichende Porosität und Permeabilität gehören daher zu den wichtigsten Parametern zur Beurteilung eines Porenspeichers.

6.2.2.2 Kavernenspeicher

Eine weitere Möglichkeit Gas unterirdisch zu speichern, ist durch den Bau von Kavernen gegeben. Hierunter versteht man Hohlräume, die vorrangig im Salzgestein geschaffen werden. Es gibt auch vereinzelt Speicher in festen und undurchlässigen Gesteinsarten (z. B. Schiefertone, Granite, Dolomite und Sandstein) in Tiefen von etwa 150 Metern, deren Hohlräume bergmännisch errichtet werden.

Die Salzstöcke bieten sich vor allen anderen Gesteinsarten zur Errichtung von Kavernen deshalb an, weil das gegenüber anderen Sedimenten leichtere Salz in Wasser löslich ist und die Hohlräume ausgesolt werden können. Bei der Aussolung wird Süßwasser mittels einer oder mehrerer Bohrungen eingeleitet. Das Wasser löst das Salz und sättigt sich. Es wird im Kreislauf als Sole entnommen.

Je nach Standfestigkeit des Salzstockes und des Deckgebirges werden heute Speicherräume bis zu mehreren $100\,000\,\text{m}^3$ angelegt. Die ausgedehntesten und mächtigsten Salzvorkommen in Mitteleuropa liegen im norddeutschen Raum, im niederrheinischen Becken, im Südharzbecken und im hessen-thüringischen Bereich.

6.2.3   Flüssigerdgasspeicher

Die Verflüssigung von Erdgas kann nur bei Drücken und Temperaturen unterhalb der kritischen Werte erfolgen. Da verflüssigtes Erdgas, oder Liquified-Natural-Gas (LNG), überwiegend aus Methan besteht, beträgt der Siedepunkt bei atmosphärischem Druck etwa $-161\,°\text{C}$. Verflüssigtes Erdgas beansprucht ca. 1/600 seines Volumens als Gas. Für Transport und Lagerung sind sogenannte Flüssigerdgasspeicher erforderlich.

Das verflüssigte Erdgas wird in wärmegedämmten doppelwandigen Behältern bei Temperaturen von $-162\,°\text{C}$ bis $-170\,°\text{C}$ und geringem Überdruck von bis zu 50 mbar gelagert. Über Verdampfer wird es wieder in den gasförmigen Zustand überführt und in das Versorgungsnetz eingespeist.

Die Behälter können wie folgt ausgeführt werden:

Um Undichtigkeiten in einem LNG-Tank feststellen zu können, wird oft der Raum zwischen einem Innentank und einer Außenhaut mit Stickstoff gefüllt. Der Stickstoff wird umgewälzt und laufend untersucht, so daß eine Leckage sofort bemerkt werden kann. Der Innentank wird druckfest aus Aluminium oder 9 % Nickelstahl hergestellt, die Außenhaut aus C-Stahl oder Beton. Die boil-off-Rate, das ist die durch die Wärmezufuhr von außen verdampfende Gasmenge, wird durch eine gute Wärmedämmung gering gehalten. Die Verdampfungsrate beträgt nur 0,1 %/Tag bezogen auf die maximale Speichermenge. Das Wärmedämmaterial – Perlite – wird zwischen Innentank und Außenhaut eingefüllt. Das Dach des Behälters hat meistens eine Hängedecke aus dünnem, kaltzähem Blech, die am Dach des Außenbehälters befestigt und gegen diesen wärmegedämmt ist. Gegen das Erdreich wird eine dicke Dämmschicht eingebaut, an deren Unterseite der Erdboden beheizt wird. Damit wird das Frieren des Erdreiches verhindert.

Flüssigerdgasspeicherbehälter werden in der Größenordnung von wenigen m³ bis zu über 100 000 m³ Fassungsvermögen gebaut (Bild 6.7).

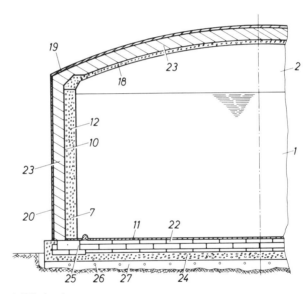

1. Flüssigerdgas
2. Gasphase
7. Spannbetonbehälter mit vertikalen und horizontalen Spanndrähten
10. Manteldichtung (Kohlenstoffstahl)   22. Belastbare Bodenisolierung
11. Bodendichtung (Nickelstahl)   23. Mantel – und Dachisolierung
12. Spritzmörtelabdeckung   24. Fundamentplatte
18. Vorgespanntes Betonkuppeldach   25. Tragring
19. Stahlkuppeldach (Kohlenstoffstahl)   26. Bodenbeheizung
20. Stahlmantel (Kohlenstoffstahl)   27. Sandschüttung

Bild 6.7 Betonspeicher im halbseitigen Vertikalschnitt

6.3   Gashochdruckleitungen

Mit der Verordnung über Gashochdruckleitungen vom 17.12.1974 hat der Gesetzgeber den erforderlichen Rahmen für Bau und Betrieb dieser Anlagen abgesteckt. Diese Verordnung findet Anwendung im Bereich der Öffentlichen Gasversorgung bei Gashochdruckleitungen mit einem Betriebsdruck von mehr als 16 bar:

„Wer eine Gashochdruckleitung betreibt, hat diese im ordnungsgemäßen Zustand zu erhalten, ständig zu überwachen, notwendige Instandhaltung und Instandsetzungsarbeiten unverzüglich vorzunehmen und die den Umständen nach erforderlichen Sicherheitsmaßnahmen zu treffen. Gashochdruckleitungen müssen im übrigen nach den allgemeinen anerkannten Regeln der Technik betrieben werden."

Als anerkannte Regeln der Technik gelten die durch den DVGW Deutscher Verein des Gas- und Wasserfachs e. V., den Technischen Überwachungsorganisationen, den Berufsgenossenschaften, dem DIN u. a., aufgestellten Regelwerken, Arbeits- und Merkblättern.

Für den hier behandelten Themenkreis stellt das DVGW-Arbeitsblatt G 466/I „Gasrohrnetze aus Stahlrohren mit einem Betriebsdruck von mehr als 4 bar; Instandhaltung" die Grundlage dar.

6.3.1   Bauteile des Gashochdrucknetzes

Neben den Stahlrohren (Gußrohre nur bis 16 bar) besteht eine Gashochdruckleitung aus weiteren wichtigen Bauteilen. Im wesentlichen sind es Formstücke, Armaturen, Kondensatabscheider und Molchschleusen.

6.3.1.1   Stahlrohre

Zur Verlegung von Gashochdruckleitungen kommen überwiegend längsnaht- und spiralnahtgeschweißte Stahlrohre zum Einsatz.

Nahtlose Rohre finden heute kaum mehr Verwendung, da durch die große Wandstärke, die durch das Herstellungsverfahren bedingt ist, der Preis zu hoch und die Wanddickentoleranz zu groß sind.

Bis zur Druckstufe PN 16 können auch duktile Gußrohre eingesetzt werden. Allerdings werden sie auch hier von Stahlrohren verdrängt, weil diese eine höhere Elastizität und größere Baulänge haben. Vor allem sind Stahlrohre gut verformbar. Zur Vermeidung von Korrosion im Erdreich ist eine gute Isolierung erforderlich. Früher wurden die Stahlrohre mit einer in Bitumen getränkten, spiralförmig um das Rohr gewickelten Vliesbinde umhüllt. In den letzten Jahren hat sich jedoch die bessere Kunststoff-Isolierung durchgesetzt. Innen sind die Stahlrohre unbehandelt – oder bei großen Nennweiten – mit Epoxydharz ausgekleidet. In der Regel werden die Leitungsrohre bereits im Herstellerwerk isoliert.

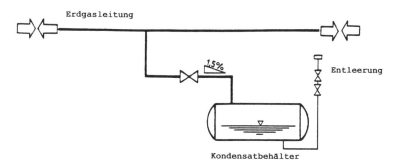

Bild 6.9 Schema für eine Kondensatsammelstation

Bild 6.10 Ansicht
einer Molchschleuse

6.3.1.5 Molchschleusen

Eine Sonderform eines Rohrleitungsteiles ist die sogenannte Molchschleuse. Sie
dient dazu, einen Molch in die Leitung einzusetzen oder ihn nach einer Molchung wieder aus der Leitung herauszunehmen. Es handelt sich dabei um eine
Erweiterung der Leitung, die an einem Ende über die Absperrarmatur mit der
Leitung selbst verbunden ist und an der anderen Seite durch einen Spezialver-
schluß zu öffnen und zu schließen ist. Sie wird immer oberirdisch eingebaut (Bild
6.10).

6.3.2 Schweißtechnik

Das Schweißen ist heute das wirtschaftlichste und sicherste Verfahren, um Rohre bis hin zu kleinsten Nennweiten miteinander zu verbinden.

Beim Schweißen werden Werkstoffe in der Schweißzone unter Anwendung von Wärme und/oder Kraft mit oder ohne Schweißstoff vereinigt. Dabei werden die Werkstoffe und Zusatzwerkstoffe auf Schmelztemperatur gebracht. Dies erfolgt durch Energiezufuhr von außen.

Beim Bau von Gashochdruckleitungen, insbesondere im Fernleitungsbereich, hat sich das Lichtbogenhandschweißen mit der Stumpfschweißverbindung (V-Naht) gegenüber der früheren Muffenschweißverbindung (Kehlnaht) durchgesetzt. Die Muffenschweißverbindung findet noch bei Instandsetzungsarbeiten an Gashochdruckleitungen und ggf. bei Leitungseinbindungen ihre Anwendung.

6.3.2.1 Steignaht- und Fallnahtschweißen

Beim Schweißen von Gashochdruckleitungen werden im allgemeinen entweder das Steignahtschweißen oder das Fallnahtschweißen angewendet. Außer in der Schweißrichtung und in der Elektrodenumhüllung unterscheiden sich diese Verfahren im wesentlichen durch unterschiedliches Wärmeeinbringen.

Für das Fallnahtschweißen werden Elektroden mit Zellularanteilen in der Umhüllung verwendet. Hierdurch ist mit höherem Energieaufwand eine hohe Schweißgeschwindigkeit erreichbar, wobei das Wärmeeinbringen an der Schweißstelle gering ist. Daher kommt dieses Verfahren ausschließlich im groß angelegten Fernleitungsbau (Pipelinebau) zur Anwendung.

Bei der Steignahtschweißung werden allgemein Elektroden mit rutilsaurer Umhüllung verwendet. Hierbei ist der Energieaufwand im Vergleich zur Fallnahtschweißung geringer, das Wärmeeinbringen an der Schweißstelle jedoch infolge der geringen Schweißgeschwindigkeit größer.

Des weiteren ist auch eine Mischung beider Verfahren zulässig. In der Praxis wird diese Kombination der Schweißverfahren bei Einbindungsnähten angewandt.

Die nach dem Lichtbogenhandschweißverfahren hergestellte Stumpfschweißnaht erfordert bei Wanddicken bis zu 12 mm eine V-Nahtfuge mit 60° Öffnungswinkel, eine Stegkantenhöhe von etwa 1,6 mm und eine Fugenöffnung von etwa 1,5 mm.

Bei höheren Wanddicken können auch Sonderformen der Nahtfuge in Betracht gezogen werden.

Beim Fallnahtschweißen an Rohren aus Stählen hoher Festigkeit, die besonders durch bestimmte Legierungsbestandteile erzielt werden, sind besondere Maßnahmen, etwa durch Vorwärmen der Rohre unmittelbar vor dem Schweißen, zu treffen. Bei nur geringer oder keiner Vorwärmung besteht die Gefahr, daß im Wurzelbereich der Rundnähte Anrisse auftreten.

Das Steignahtschweißen mit Stabelektroden wird hauptsächlich beim Einschweißen von besonderen Rohrleitungsteilen, wie Absperrarmaturen, und

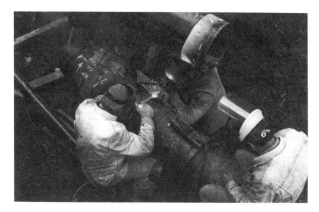

Bild 6.11   Ansicht einer Fallnahtschweißung

beim Herstellen von Verbindungen mit besonders aufwendigen Anpaßarbeiten
angewendet. Andererseits können die zum Erreichen eines sehr schnellen Vor-
baus erforderlichen großen Schweißgeschwindigkeiten nur beim Einsatz von
zellulosehaltig umhüllten Zusatzwerkstoffen im Rahmen der Fallnahtschweißung erreicht werden. Des weiteren ist zur Herstellung der Wurzellage der Einsatz einer geeigneten Innenzentriervorrichtung erforderlich. Das Fertigschwei-
ßen der weiteren Lagen der Rundnähte ist lediglich eine Frage des Personal- und
Geräteaufwandes (Bild 6.11).

6.3.2.2   Schweißarbeiten an in Betrieb befindlichen Gashochdruckleitungen

Schweißarbeiten an in Betrieb befindlichen Gashochdruckleitungen unterscheiden sich im wesentlichen von Schweißarbeiten bei Neuanlagen dadurch, daß das
strömende Gas in der Rohrleitung Wärme abführt. Damit werden die Tempera-
turbedingungen stark beeinflußt.

Grundsätzlich unterscheidet man zwischen Schweißarbeiten an der getrennten
Rohrleitung und Schweißarbeiten an der geschlossenen, unter Betriebsdruck
stehenden Rohrleitung.

An getrennten Rohrleitungen muß vor Beginn der Schweißarbeiten der entsprechende Leitungsabschnitt luftfrei sein. Das Verfahren ist im DVGW-Arbeitsblatt G 466/I beschrieben.

An geschlossenen Rohrleitungen wird in der Regel vor Beginn der Schweißarbeiten der Betriebsdruck gesenkt.

Bei Schweißarbeiten an der getrennten Rohrleitung findet die Stumpfnaht als V-
Naht vielfach Anwendung, insbesondere beim Einsetzen von Paßstücken. Sie
wird meist steigend geschweißt.

Kehlnähte haben ihren festen Anwendungsbereich beim Verschweißen von Überschiebern, halbgeteilten T-Stücken, aufgesetzten Verstärkungsblechen usw.

Der Nachteil des Kraftlinienflusses der Kehlnaht gegenüber der V-Naht wird vielfach dadurch ausgeglichen, daß in den meisten Fällen das Hauptrohr, das als mittragendes Bauteil vorhanden ist, das Festigkeitsverhalten der Gesamtkonstruktion positiv beeinflußt.

Voraussetzung für die Schweißung unter reduziertem Betriebsdruck ist, daß das Rohr an der Schweißstelle keine Minderung der Mindestwanddicke und keine Materialdoppelungen hat. Beide Überprüfungen erfolgen mittels Ultraschall. Eine Wanddickenminderung kann z. B. durch Korrosionen innen oder außen verursacht werden. Werkstoffdoppelungen können z. B. bei nahtlos gezogenen Rohren auftreten. Beim Schweißen unter Betriebsdruck stellt eine Doppelung u. U. eine starke Gefährdung dar, da die Festigkeit im Schweißbereich erheblich gemindert wird.

6.3.2.3 Schweißnahtfehler

Grundsätzlich unterscheidet man äußere Fehler und innere Fehler. Äußere Fehler erkennt man durch eine Sichtprüfung, innere Fehler lassen sich nur mittels besonderem Prüfverfahren feststellen:

Äußere Fehler sind: – Bindefehler
                      – Wurzelrückfall
                      – Wurzeldurchhang
                      – Nahtüberhöhung
                      – Endkrater
                      – Poren an der Oberfläche
                        oder im Schweißgut
                      – Kerben
                      – Durchbrand (Überhitzung)
                        nur bei Dünnblechen.

Innere Fehler sind: – Porennut
                      – Bindefehler an den Flanken
                      – Risse.

6.3.2.4 Prüfung der Schweißnähte

Abgesehen von den zerstörenden Prüfungen und der Prüfung durch Abdrücken mit Wasser oder in Sonderfällen mit Luft, erfolgt die Schweißnähteprüfung im Regelfall nach den Methoden der Durchstrahlung und mittels Ultraschall.

Die Durchstrahlungsprüfung wird mit Isotopen und Röntgenstrahlen durchgeführt. Als Isotop kommt das Iridium 192 zur Anwendung. Es eignet sich vor allem für Wanddickenbereiche ab 2 mm aufwärts. Zur Röntgenprüfung wird eine Röntgenröhre benötigt.

Bild 6.12   Ansicht einer Ultraschallprüfung auf Doppelung

Die Isotopen- und Röntgenstrahlung durchdringt das Werkstück. Je dicker das Werkstück ist, desto schwächer ist die auf der Unterseite ankommende Strahlung. Die Erkennbarkeit der Fehler ist größer, je mehr deren Ausdehnung in Strahlungsrichtung liegt.

Die Ultraschallprüfung erfolgt mit hochfrequenten Schallwellen, die das Prüfstück durchdringen (Bild 6.12). Bei Fehlern, deren Ausdehnung quer zur Einschaltrichtung liegt, kommt es zu Reflexionen. Somit zeigt die Ultraschallprüfung die Fehler an, die von der Durchstrahlungsprüfung schwer erfaßt werden und umgekehrt.

Das Verfahren ist gegenüber der Durchstrahlungsprüfung ungefährlich, setzt jedoch besondere Fachkenntnisse voraus.

Die zerstörungsfreie Prüfung der Schweißnähte und die damit verbundene Aufdeckung von unzulässigen Schweißfehlern bringt mit sich, daß fehlerhafte Schweißnähte ausgebessert oder gänzlich erneuert werden.

6.3.3   Druckprüfung

In der Gasversorgung wird heute keine Gashochdruckleitung in Betrieb genommen, ohne daß eine Druckprüfung nach Fertigstellung des gesamten Rohrstranges durchgeführt wird. Dabei wird die Festigkeit und/oder Dichtheit der Rohrleitung geprüft. Die Druckprüfung trägt damit entscheidend zum Nachweis der Sicherheit der Leitung bei.

Zahlreiche Verfahren und unterschiedliche Methoden sind in der Vergangenheit für diese Druckprüfungen entwickelt worden, die in dem DVGW-Arbeitsblatt G 469 „Druckprüfverfahren für Leitungen und Anlagen der Gasversorgung" beschrieben sind.

Sie reichen von den Luftdruckprüfungen mit dem 1,1fachen Betriebsdruck über die Wasserdruckprüfungen mit dem 1,3fachen Betriebsdruck, jedoch 95 % der Streckgrenze, bis hin zum sogenannten Streßtest. Der zeitliche Druckverlauf bei einer Druckprüfung nach dem Druckmeßverfahren mit Wasser ist in Bild 6.13 dargestellt.

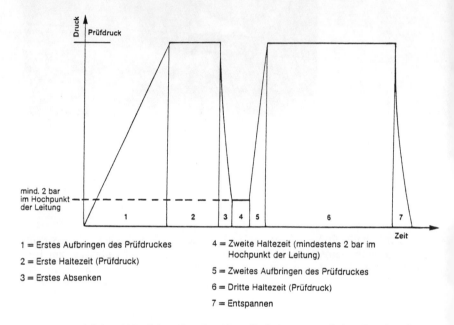

1 = Erstes Aufbringen des Prüfdruckes

2 = Erste Haltezeit (Prüfdruck)

3 = Erstes Absenken

4 = Zweite Haltezeit (mindestens 2 bar im Hochpunkt der Leitung)

5 = Zweites Aufbringen des Prüfdruckes

6 = Dritte Haltezeit (Prüfdruck)

7 = Entspannen

Bild 6.13 Zeitlicher Ablauf einer Druckprüfung für Leitungen nach dem Druckmeßverfahren mit Wasser

6.3.3.1 Streßtest

Der Streßtest ist eine Wasserdruckprüfung nach dem Druck-Volumenmeßverfahren, bei der die Rohrleitung in Höhe der Streckgrenze beansprucht wird. Eine Beanspruchung des Stahles in solchen Grenzbereichen erfordert sehr exakte Druck- und Volumen-Messungen, die unerwünschte Dehnungen an den Rohren ausschließen.

Ziel dieser Druckprüfung ist es, neben dem Ausscheiden fehlerhafter Rohre das gesamte verlegte Rohrleitungssystem in einen beanspruchungsmäßig günstigeren Zustand zu versetzen.

Sie wird in den meisten Fällen bei der Prüfung von Gashochdruckleitungen über 300 mm Durchmesser angewendet.

Um das Verlassen des Proportionalbereiches und damit den Beginn plastischer Verformung der Rohre erkennen zu können, muß während des Aufdrückvorganges zusätzlich zum Druck das zugepumpte Wasservolumen gemessen werden.

Die Höhe des Prüfdruckes ist so zu wählen, daß einerseits die Rohre und Rohrbögen bis an den Bereich ihrer Streckgrenze – bei ausreichendem Abstand zur Bruchfestigkeit – beansprucht werden und andererseits die zulässige integrale plastische Verformung der Rohrleitung nicht überschritten wird.

Die Höhe des Prüfdruckes wird durch zwei Grenzwerte bestimmt, die das Ende des Aufdrückvorganges festlegen.

Der eine Grenzwert wird als Druck vorgegeben. Er liegt bei $P_{100\%} \times K$.

$$P_{100\%} \times K = \frac{20 \times S_o K}{D_a}$$

Hierin bedeuten:

$P_{100\%}$ Überdruck bei 100 % der Streckgrenze in bar
S_o Nennwanddicke abzüglich der zulässigen Wanddickenunterschreitung in mm
K gewährleistete Mindeststreckgrenze in N/mm^2
D_a Außendurchmesser des Rohres in mm

Wenn Rohre mit höheren $(K \times S)$-Werten in der Rohrleitung vorhanden sind und deshalb dieser Grenzdruck überschritten werden soll, ist dafür Sorge zu tragen, daß keine Rohre mit niedrigeren $(K \times S)$-Werten verwendet werden.

Der zweite Grenzwert ist ein Volumenmeßwert. Er stellt das Wasservolumen dar, das oberhalb des Proportionalitätsbereich maximal in den Prüfabschnitt hineingepumpt werden darf, um die zulässige integral bleibende Umfangsdehnung der Rohrleitung nicht zu überschreiten.

Grundsätzlich sollte der zu prüfende Leitungsabschnitt eine Länge von 15 km und einen geometrischen Inhalt von 6000 m^3 nicht überschreiten. Die Höhendifferenz zwischen Tiefpunkt und Hochpunkt eines Prüfabschnittes soll unter 80 % des $P_{100\%} \times K$-Wertes liegen, wobei 1 bar gleich 10 m Höhendifferenz zu setzen ist.

Der Prüfablauf während des Streßtestes soll so erfolgen, daß zwei Druckbeaufschlagungen ausreichender Dauer und eine angemessene Standzeit bei möglichst tiefem Druck zwischen den einzelnen Druckbeaufschlagungen stattfinden.

Dem eigentlichen Streßtest muß sich eine Dichtheitsprüfung anschließen. Der Prüfdruck sollte hier um einige bar tiefer liegen als beim Streßtest, um aus dem Kriechbereich herauszukommen.

Weitere Einzelheiten sind im VdTÜV-Merkblatt 1060 „Richtlinien für die Durchführung des Streßtestes" zu entnehmen.

6.3.4   Inbetriebnahme

Die Inbetriebnahme einer Gashochdruckleitung umfaßt alle Arbeiten, die von der Abnahme der „mechanischen Fertigstellung" der Rohrleitung bis zur Aufnahme des „kommerziellen Betriebes" durchgeführt werden. Ein wichtiger Arbeitsschritt im Zuge der Inbetriebnahme ist die Leitungstrocknung.

Da im Zusammenhang mit der Wasserdruckprüfung selbst bei einer gewissenhaften Wasserfreimolchung Restwasser in der Rohrleitung verbleibt, ist dieses zu entfernen, um Betriebsstörungen zu vermeiden. Daher muß vor oder während der Inbetriebnahme die Leitung getrocknet werden.

Der Trocknungsgrad richtet sich nach den vorgesehenen Betriebsbedingungen (z. B. Gasart, Gastemperatur, Betriebsdruck).

6.3.4.1   Leitungstrocknung mit Erdgas

Dieses Verfahren ist nur für kürzere Leitungen, z. B. Anschlußleitungen bis DN 300, wirtschaftlich und erfolgversprechend. Dabei wird Erdgas aus der Hauptleitung, die für gewöhnlich unter hohem Druck steht, in die zu trocknende Anschlußleitung entspannt. Durch diese Entspannung ist das Erdgas stark untersättigt, d. h. damit steigt das Wasseraufnahmevermögen. Mit diesem hochtrockenen Erdgas wird der neue zu trocknende Leitungsabschnitt gespült. Voraussetzung ist, daß die Wasserfreimolchung einwandfrei gelungen ist.

6.3.4.2   Methanolmolchung

Bei der Methanolmolchung wird in einem Arbeitsgang die Gashochdruckleitung getrocknet, entlüftet und mit Gas gefüllt. Dies geschieht mit Hilfe eines Molchzuges; das sind 3 bis 4 sogenannte Rohrleitungsmolche, die über eine Molchschleuse in gewissen Abständen in die Leitung eingebracht werden. Unter einem Rohrleitungsmolch versteht man einen Verdrängungskörper, der eine Rohrleitung formschlüssig durchläuft. Vor und zwischen diesen Molchen wird Methanol eingefüllt.

Methanol (Methylalkohol) hat eine stark wasserbindende Wirkung und senkt die Hydratbildungstemperatur ab. Methanol ist toxisch und diffundiert durch die menschliche Haut.

Als Antrieb für den Molchzug wird der Erdgasstrom genutzt. Der Molchzug wird mit einer Geschwindigkeit von 30 bis 40 km/h durch die Leitung geschickt. Als Puffer zwischen Molchzug und der davor befindlichen Luftsäule wird aus Sicherheitsgründen Stickstoff eingebracht. Entscheidend für das Gelingen der Molchung ist, daß der Molchzug kontinuierlich die Leitung durchläuft und nicht zum Stehen kommt, da sonst die Gefahr besteht, daß der Molchzug auseinanderläuft und das Erdgas durch den Molchzug hinwegströmt.

Weist das am Ende der Leitung aufgefangene Methanol-Wassergemisch einen Methanolgehalt von mehr als 70 % auf, dann ist die Molchung als erfolgreich anzusehen. Bei dieser Überlegung geht man von der Annahme aus, daß auf einer Rohrinnenwandung im Mittel sich ein Wasserfilm von 0,1 mm befindet. Außerdem werden an Leitungstiefpunkten Wasseransammlungen angenommen.

Bei nicht erfolgreich durchgeführter Molchung muß der Molchvorgang wiederholt werden.

6.3.4.3 Leitungstrocknung mit Luft

Als empfehlenswerte Alternative zur Methanolmolchung hat sich in den letzten Jahren das Trocknen mit vorgetrockneter Luft immer mehr durchgesetzt.

Bei diesem Verfahren wird hochtrockene Luft so lange durch den Leitungsabschnitt gepreßt, bis das Wasser ausgetragen ist. Dabei wird ein Taupunkt von bis zu $-20\,^{\circ}$C erreicht. Die Messung erfolgt mittels Taupunktmeßgerät am Ende des Leitungsteiles, an dem die Luft ausströmt.

Die Trocknung der Luft wird unter Einsatz von Alugel-Absorber und entsprechend dimensionierten Kompressoren durchgeführt. Mit fortschreitendem Trocknungsvorgang werden Schaumstoffmolche in die Leitung eingebracht, um eine Verteilung von Wasseransammlungen insbesondere an Tiefpunkten vorzunehmen (Bild 6.14).

Der Vorteil dieses Verfahrens liegt in seiner Umweltfreundlichkeit, sicherheitstechnischen Unbedenklichkeit und Wirtschaftlichkeit.

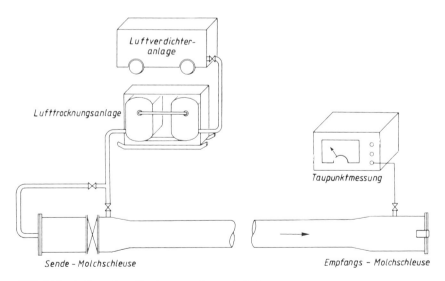

Bild 6.14 Aufbau einer Trocknungsanlage mit Luft

6.3.4.4   Begasen (Entlüften) der Leitung

Nach einer Trocknung durch Luft oder bei der Wiederinbetriebnahme eines Leitungsabschnittes nach erfolgten Instandsetzungsmaßnahmen muß die Leitung begast werden. Vor Aufnahme des Betriebes muß sichergestellt sein, daß keine Zone explosiven Gemisches mehr in der Rohrleitung verbleibt. Bei der Begasung einer Leitung wird die Luft mit dem nachfolgenden Erdgas über einen Ausbläser ausgetrieben.

Die Spülgeschwindigkeit im Rohr soll zwischen 3 m/s und 7 m/s liegen. Die Spülmenge beträgt mindestens das 1,5fache des geometrischen Volumens des in Betrieb zu nehmenden Leitungsabschnittes.

Bei Strömungsgeschwindigkeiten unter 3 m/s besteht die Gefahr einer Schichtenbildung, d. h. das Gas könnte sich über die Luftsäule hinweg bewegen.

Bei Strömungsgeschwindigkeiten über 7 m/s können sich in der Rohrleitung Funken durch mitgerissene Teile bilden, bzw. Staubablagerungen in Bewegung geraten, die später in Düsen und Ventilen zu Schwierigkeiten führen können.

Die Ermittlung der Strömungsgeschwindigkeit in der Rohrleitung erfolgt durch die Messung der Austrittsgeschwindigkeit am Ausblaserohr mittels Windmesser unter Berücksichtigung des Querschnittsverhältnisses vom Ausblaserohr zum Leitungsrohr (Bild 6.15).

Die Geschwindigkeiten im Leitungs- und Ausblaserohr verhalten sich umgekehrt proportional wie deren Querschnitte.

$$\frac{W_1}{W_2} = \frac{A_2}{A_1}$$

W_1 = Geschwindigkeit in dem zu entlüftenden Leitungsrohr [m/s]
A_1 = Querschnitt des Leitungsrohres [m^2]
W_2 = Geschwindigkeit im Ausblaserohr [m/s]
A_2 = Querschnitt des Ausblaserohres [m^2]

Einflüsse wie Kantigkeit der Rohrwand, Anzahl der Krümmer usw. bleiben unberücksichtigt.

Die Spülzeit t errechnet sich bei Ansatz einer verlorenen Spülmenge vom 1,5fachen des geometrischen Leitungsvolumen wie

$$t = \frac{1,5 \times L}{60 \times W1} = \frac{1,5 \times L \times A_1}{60 \times W2 \times A_2} \ [\text{min}]$$

6.3.5   Außerbetriebnahme

Wird eine Gashochdruckleitung oder ein Leitungsabschnitt außer Betrieb genommen, so ist dieser Rohrleitungsteil gasfrei zu machen bzw. zu entspannen. Gründe für die Außerbetriebnahme können z. B. Instandsetzungsarbeiten oder Leitungsstillegungen sein.

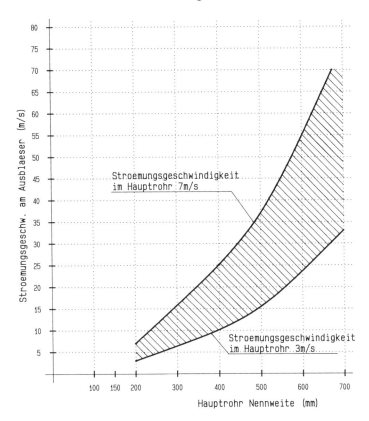

Bild 6.15 Ermittlung der Strömungsgeschwindigkeit im Hauptrohr über gemessene Strömungsgeschwindigkeit am Ausbläser 150 mm Durchmesser

6.3.5.1 Entspannen

Bei der Entspannung entweicht das Gas über einen Ausbläser in die Atmosphäre. Die dabei auftretenden Gasgeschwindigkeiten können Höhen bis zur Schallgeschwindigkeit und darüber hinaus erreichen. Die Schallgeschwindigkeit beträgt je nach Gasbeschaffenheit ca. 400 m/s. Dabei tritt ein kritisches Druckgefälle auf.

Kritisches Druckgefälle bedeutet, daß das Verhältnis zwischen Ausgangsdruck am Ausbläserende zum Eingangsdruck am Ausbläseranfang gleich 0,5 ist:

$$\frac{p_a}{p_e} = 0,5$$

Liegt das Verhältnis unter 0,5 spricht man von überkritischem Druckgefälle:

$$\frac{p_a}{p_e} < 0,5$$

Beim anzustrebenden unterkritischen Druckgefälle

$$\frac{p_a}{p_e} > 0,5$$

fällt die Gasgeschwindigkeit bis zum Druckausgleich ab.

Der bei der Entspannung auftretende Lärm wird als Schallpegel gemessen. Er ist eine Bewertungsgröße für das Schallereignis.

Das menschliche Ohr nimmt mechanische Schwingungen in Form von Schall wahr. Dieser wechselnde Schalldruck, Druckanstieg und Druckabfall pflanzt sich mit Schallgeschwindigkeit fort. Die Anzahl der Druckwechsel pro Sekunde ergibt die jeweilige Frequenz.

Druckwechsel zwischen 16–16000 pro Sekunde sind vom menschlichen Ohr hörbar. Die Maßeinheit ist Hertz (Hz).

Die zulässigen Schallpegelwerte sind in den einschlägigen Vorschriften wie UVV 28 „Lärm" und „TA-Lärm" angegeben.

Das gestiegene Umweltbewußtsein, die gesetzlichen Bestimmungen und insbesondere der persönliche Gesundheitsschutz des Personals vor Ort erfordern geeignete Betriebsmaßnahmen.

Eines der wirkungsvollsten Mittel um den Lärm beim Entspannen zu verringern, ist der Einsatz von Schalldämpfern. Schalldämpfer haben die Eigenschaft, Schallenergie zu vernichten. Dabei unterscheidet man je nach Konstruktionsprinzip Absorptions-, Reflexions- und Kaskadenschalldämpfer.

Man kann damit Schallpegelabsenkungen bis zu 35 dB (A) erreichen. Beim Entspannen darf auf keinen Fall Kondensat über die Ausbläser ins Freie gelangen. Gegebenenfalls muß ein Abscheider vorgeschaltet werden.

6.3.5.2   Einsatz von Ejektoren

Dieses Arbeitsverfahren kommt vorrangig als Vorbereitung zu Instandsetzungsarbeiten zur Anwendung. Dabei wird der entspannte Leitungsabschnitt zwischen zwei geschlossenen Leitungsarmaturen so belüftet, daß das Gas restlos aus der Leitung verdrängt wird und kein Gas an die Arbeitsstelle gelangt.

Ejektoren werden mit Druckluft oder Erdgas aus dem benachbarten unter Druck stehenden Leitungsabschnitt angetrieben.

Die Ejektoren werden auf den Ausblaserohren der Ausblaseeinrichtungen aufgesetzt und saugen den erforderlichen Leitungsabschnitt leer. Wegen der hohen

Saugleistung der Ejektoren können große Leitungsabschnitte in kurzer Zeit gasfrei gemacht werden.

Nachteilig kann der im Leitungsabschnitt erzeugte Unterdruck während der Schweißarbeiten für die Schweißnaht sein, da Unterdruck bei der Wurzelschweißung einen sogenannten Durchhang verursachen kann.

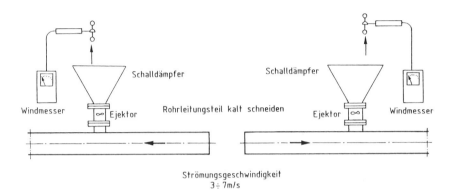

Bild 6.16   Beidseitiges Absaugen mit Ejektoren

6.3.5.3 Stillegungen

Rohrleitungsabschnitte, die stillgelegt werden sollen, sind grundsätzlich vom angrenzenden Leitungsnetz abzutrennen und frei von brennbaren Gasen zu machen. Alle Öffnungen der Rohrleitung sind zu verschließen.

Die Abtrennung von der weiterhin gasführenden Leitung kann erfolgen durch:

– Abschiebern und Setzen von Steckscheiben (bei geflanschten Armaturen)
– Erstellen eines drucklosen Zwischenraumes (zwischen zwei Armaturen)
– Abtrennen der Rohrleitung und Aufschweißen eines Korbbodens.

Ist eine gasdichte Trennung nicht möglich, ist die Leitung unter Gas zu belassen und ständig unter geringem Überdruck zu halten. Der Überdruck ist zu überwachen. Die Leitung ist dann wartungsmäßig wie unter Betriebsbedingungen zu behandeln. Bei weiteren Arbeiten an stillgelegten Rohrabschnitten sind die gleichen Vorschriften einzuhalten, wie an einer in Betrieb befindlichen Leitung. Die Kathodenschutzanlage sollte nur dann abgeschaltet werden, wenn die Leitung nicht für eine spätere Wiederverwendung erhalten bleiben soll.

6.3.6 Leitungsinspektion

Die Inspektion oder Kontrolle ist neben der Wartung und Instandsetzung ein wichtiger Bereich in der Instandhaltung des Gashochdrucknetzes. Die Mindestanforderungen sind im DVGW-Arbeitsblatt G 466/I „Gasrohrnetz-Instandhaltung" beschrieben.

Die Instandhaltung dient der Sicherheit des Menschens, der Sicherstellung der Versorgung und der Erhaltung der Anlagenwerte.

Für die Kontrolle der Gashochdruckleitungen ist eine gute Leitungskennzeichnung sehr wichtig. Dazu werden entlang der Trasse Schilderpfähle gesetzt. Bei einer gut markierten Leitung sollte der Abstand der Pfähle zueinander nur so groß sein, daß man von jedem Schilderpfahl aus nach beiden Seiten den nächsten Pfahl sieht.

Den Hinweisschildern sollte die Art des transportierten Mediums (Gas, Ferngas), der Namen des Leitungsbetreibers und dessen Rufnummer sowie die Lage und Tiefe der Leitung entnommen werden können.

Die Inspektion umfaßt alle Maßnahmen zur Feststellung und Beurteilung des Ist-Zustandes, d.h., Gefahren für die Leitung durch Einwirkungen von außen, auftretende Mängel oder Schäden frühzeitig zu erkennen.

Ein vorgeschriebenes Mittel der Kontrolle ist das regelmäßige Begehen der Leitungstrasse. Anstelle dieser Begehung oder zusätzlich zu ihr tritt in zunehmendem Maße in unbebauten Gebieten die Befliegung (Bild 6.17).

Bild 6.17 Trassenkontrolle mittels Hubschrauber

Die Beobachtung aus der Luft hat sich als besonders wirkungsvoll erwiesen. Es lassen sich wesentlich früher Ereignisse erkennen, die unter Umständen die Leitung gefährden könnten. Bauarbeiten, die sich der Leitungstrasse etwa auf 1 km Abstand nähern, werden durch die Befliegung ganz sicher bemerkt, bei der Begehung ist dies möglicherweise nicht der Fall. Bodenverfärbungen, die nur aus der

Luft zu erkennen sind, lassen manchmal noch nach Jahren auf Tätigkeiten im Bereich der Leitungstrasse schließen.

Erfahrungsgemäß ist dem Hubschrauber gegenüber dem Flächenflugzeug unbedingt der Vorzug zu geben. Nur er ist beim Bemerken einer Fremdbaustelle im Leitungsbereich in der Lage, sofort an Ort und Stelle zu landen. Der sachkundige Flugbegleiter kann dann den verantwortlichen Bauleiter vom Vorhandensein der Leitung in Kenntnis setzen oder bei unmittelbarer Gefährdung der Leitung die Baustelle vorübergehend einstellen lassen.

Fremde Baustellen im Schutzstreifen einer Gashochdruckleitung bilden die größte Gefahr für Beschädigungen einer Leitung. Meist werden die Schäden durch Baggerarbeiten verursacht, die dann spektakuläre Auswirkungen zur Folge haben können.

Ein guter Kontakt mit den einschlägigen Behörden und Bauträgern ist empfehlenswert, damit die Versorgungsunternehmen von jedem Bauvorhaben, das die Leitung gefährden könnte, früh genug unterrichtet werden.

Dies ist um so wichtiger, weil es Fälle gibt, wo bestimmte Arbeiten im Schutzstreifenbereich (Straßenverbreiterung, Flurvertiefung) Kosten verursachen, die abhängig von den entsprechenden Genehmigungen entweder ganz oder teilweise zu Lasten des Gasversorgungsunternehmens gehen können.

Aufgrund der Dienstbarkeiten, die zugunsten der Gasversorgungsunternehmen auf den Leitungsgrundstücken ruhen, sind Bebauungen, Anpflanzungen von Bäumen und tiefwurzelnden Sträuchern im Schutzstreifen verboten. Arbeiten, die die Gashochdruckleitung gefährden könnten, dürfen nur in enger Abstimmung mit den Gasversorgungsunternehmen durchgeführt werden.

Es ist empfehlenswert, Genehmigungen für solche Arbeiten ausschließlich schriftlich zu erteilen und mit Auflagen zu verbinden. Diese Genehmigungen sollten in zusammengefaßter Form gedruckt und vor Aufnahme der Arbeiten durch Dritte im Schutzstreifenbereich ausgehändigt werden. Auf eine Überwachung von Arbeiten, wie Parallelführungen Kreuzungen oder Drainagearbeiten, kann dadurch nicht verzichtet werden.

Besondere Bedeutung kommt der Überwachung bebauter Gebiete (von Menschen ständig bewohnte Gebäude in einem Abstand bis zu 20 m zur Rohrleitung), Bergsenkungsgebieten und Bereichen mit geologisch instabilen Verhältnissen (z. B. Steilhänge) zu. Insbesondere an Straßenkappen über Armaturen, Riechrohren und Armaturenschächten werden einfach bedienbare Gasspürgeräte eingesetzt. Vorrangig werden Geräte verwendet, die nach den Prinzipien der Wärmetönung, Wärmeleitfähigkeit oder Flammenionisation arbeiten.

6.3.7 Wartung

Unter Wartung ist im wesentlichen die Funktionsprüfung der Einrichtungen einer Leitung zu verstehen. Dazu gehört vor allem die Prüfung der Absperrarmaturen auf Gängigkeit und Dichtheit sowie die Kontrolle der Kondensatsammler und der Abtransport von Kondensat.

Die Wartung umfaßt alle Maßnahmen, die zur Bewahrung des Sollzustandes der Leitung beitragen. Einfluß auf spätere Wartungsbedingungen haben bereits Planung und Konstruktion einer Leitung.

Das verwendete Rohrmaterial soll gut schweißbar, die Einbauteile leicht zu warten und wenig störanfällig sein. Verschleißteile sollten so eingebaut werden, daß eine Auswechselung ohne Betriebsunterbrechung ermöglicht wird.

Die ideale Rohrleitungsarmatur ist stets dicht, unempfindlich gegen Verunreinigungen in der Leitung (Schweißperlen, Schweißdrähte, Sand usw.) und von Hand bedienbar (geringe Gangzahl, prüfbar nach „block and bleed"). Da es eine derartige Armatur, die allen Anforderungen gerecht wird, nicht gibt, werden zum Schutz der Hauptabsperrarmaturen Umgänge mit Ausblasevorrichtungen eingebaut. Die Umgänge enthalten neben Dichtarmaturen auch Verschleißschieber. Damit können Leitungsabschnitte be- und entgast werden, ohne daß die Hauptabsperrarmatur unter Differenzdruck betätigt werden muß (Bild 6.18).

Eine der wichtigsten Maßnahmen im Rahmen der Inspektion und Wartung der Rohrleitung stellen die Kathodenschutzmessungen dar. Sie geben u. a. Aufschluß über den Zustand der Außenisolierung der Rohrleitung.

Grundsätzlich soll beim Bau einer Gashochdruckleitung der Leitungsisolierung größte Aufmerksamkeit gewidmet werden.

Wenn es dennoch beim Bau oder auch nachträglich durch Fremdeinwirkung zu Beschädigungen kommt, können diese bei den späteren Kathodenschutzmessungen, den sogenannten Intensivmessungen, geortet werden. Je nach Beurtei-

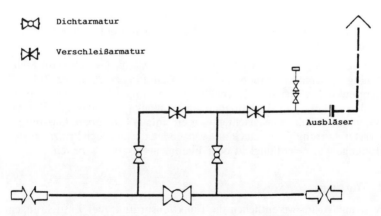

Bild 6.18   Schema einer Armaturengruppe als Leitungsabsperrung

lung der Kathodenschutzfachleute und unter Berücksichtigung einer möglichen Beschädigung der Stahlrohrleitung sollten solche Stellen aufgegraben, begutachtet und instandgesetzt werden.

Vor allem muß die Leitungstrasse in Waldschneisen von starkem Bewuchs freigehalten werden. Dies ist erforderlich, weil die Leitung jederzeit erreichbar und begehbar sein muß und tiefwachsende Wurzeln die Isolierung beschädigen können.

6.3.8 Betriebsmolchung

Als besondere Maßnahme im Zuge der Überwachung und Wartung ist die Betriebsmolchung zu werten. Ihre Aufgabe besteht hauptsächlich darin, die Leitung zu reinigen, um Störungen in den Meß- und Regelanlagen zu vermeiden.

Obgleich im Zuge der Inbetriebnahmemolchung die Leitung gereinigt wird, ist nicht auszuschließen, daß Fremdkörper wie Schweißperlen, Sand usw. in der Leitung verbleiben. Daher ist es in vielen Fällen zweckmäßig, insbesondere in den ersten Betriebsjahren, eine Reinigungsmolchung durchzuführen. Zusätzlich werden auch Ansammlungen von Kondensat und/oder Wasser ausgetragen.

Voraussetzung für eine erfolgreiche Reinigungsmolchung sind geschlossene Abzweigschieber. Dadurch wird verhindert, daß Kondensat und andere Ablagerungen in die Abzweigleitungen gedrückt werden.

An der Empfangsmolchschleuse muß ein ausreichend großer Kondensatabscheider aufgebaut sein, der die anfallenden Flüssigkeiten auffängt.

In den letzten Jahren wurden von der Pipelineindustrie Spezialmolche, insbesondere für die innere Überprüfung der Rohrleitung, entwickelt. Es wurden

Bild 6.19 Spezialmolch zur Beulensuche

sogenannte „Meßmolche" unterschiedlicher Konstruktion auf den Markt gebracht, mit denen Beulen, Risse und Innenkorrosion geortet werden können. In diesem Zusammenhang ist der sogenannte „Kaliper Pig" oder „Beulensuchmolch" erwähnenswert, der sowohl im Zuge von Inbetriebnahmen neuer Leitungen als auch im Rahmen einer Betriebsmolchung zunehmend zum Einsatz kommt (Bild 6.19).

Zum Orten der Molche an der Empfangsschleuse werden meist mechanische Molchmelder installiert. Die die Leitung durchfahrenden Molche werden in der Regel entweder elektrisch oder über Ultraschall geortet und ihre jeweilige Position obertägig verfolgt.

6.3.9   Instandsetzungsarbeiten (Reparaturen)

Die Instandsetzung umfaßt alle Maßnahmen zur Wiederherstellung des Sollzustandes eines Rohrnetzes.

Plötzlich auftretende Schäden müssen, um die Gaslieferung aufrecht zu erhalten und Gefahren abzuwenden, in der Regel sofort behoben werden. Hier gibt es in vielen Fällen kurzfristige, provisorische Lösungen.

Langfristige Instandsetzungsmaßnahmen kommen erst nach exakter Planung und einer genauen Kostenkalkulation zur Anwendung.

Grundsätzlich unterscheidet man bei der Instandsetzung Arbeiten mit Betriebsunterbrechung und Arbeiten ohne Betriebsunterbrechung. In beiden Fällen ist wichtig, die Instandsetzungsmaßnahmen ausreichend vorzubereiten.

6.3.9.1   Arbeitsvorbereitung

Da in den meisten Fällen eine Leitungssperrung eine Beeinträchtigung der Versorgung der Gasabnehmer darstellt, sind die Instandsetzungszeiten möglichst kurz zu halten.

Zunächst sollte daher mit allen an der Maßnahme Beteiligten der genaue Arbeitsablauf und dessen zeitliche Abfolge abgestimmt werden.

Es ist empfehlenswert, bei einer Sperrung einen Schaltplan anzufertigen. Aus diesem Plan muß deutlich erkennbar sein, welche Armaturen zu schließen sind und welche Abnehmer innerhalb der Sperrstrecke beeinträchtigt werden. Diese Abnehmer sind vor der Leitungssperrung rechtzeitig zu informieren und ihnen sind ggf. alternative Versorgungsmöglichkeiten anzubieten.

Unter Umständen kann es aufgrund lauter Entspannungsgeräusche am Ausbläser erforderlich werden, die örtliche Polizei und Feuerwehr zu benachrichtigen, sowie die Bevölkerung durch die Presse zu informieren.

Neben diesen allgemeinen Vorbereitungen spielt die eigentliche Arbeitsvorbereitung bei der Einrichtung der Baustelle eine wichtige Rolle.

Unvorhersehbare Zwischenfälle müssen berücksichtigt und das hierfür notwendige Gerät an der Baustelle vorgehalten werden, um unnötige Zeitverluste zu vermeiden. Beispielhaft seien Wassereinbrüche, Ausfall von Schweißgeräten und das Verspringen von Leitungen nach dem Schweißen aufgeführt.

Keinesfalls darf die rechtzeitige Prüfung von Absperr- und Verschleißarmaturen auf Dichtheit und Funktionsfähigkeit vor Arbeitsbeginn unterlassen werden.

Die Baugrube muß geräumig genug angelegt sein, um Montage- und Schweißarbeiten nicht unnötig zu behindern. Auf sorgfältigen Verbau ist ebenso zu achten wie ggf. auf eine gute und ausreichende Wasserhaltung.

Feuerlöscher und ggf. Atemschutzeinrichtungen sind in ausreichender Zahl griffbereit vorzuhalten.

Auch sind die für die Arbeitsdurchführung notwendigen Geräte an der Baugrube einsatzbereit zu positionieren.

Die Baustelle ist deutlich gegen den Zutritt Unbefugter abzusichern.

Wird eine Leitungstrennung durchgeführt, so ist für eine gute elektrische Überbrückung der Trennstelle zu sorgen, um beim späteren Ausbau des Rohrstückes Funkenbildung an der Schnittstelle durch vagabundierende Ströme in der Leitung zu verhindern. Kathodische Korrosionsschutzanlagen im Sperrbereich sind abzuschalten.

Bei der Instandsetzung muß grundsätzlich entschieden werden, ob die Arbeiten unter Gas oder in gasfreiem Zustand durchzuführen sind.

Früher wurden Reparaturschweißungen bevorzugt unter Gas ausgeführt, weil die verwendeten Rohrleitungsbaustähle St 34, St 35, St 37, St 39 und St 43 keine schweißtechnischen Probleme aufwarfen. Bei den heute eingesetzten hochfesten Stählen wie St 53, St 60 und St 37, die in der Regel aus schweißtechnischen Gründen stumpf geschweißt werden und eine Überlappungsschweißung nur in ganz besonderen Fällen zugelassen wird, ist man vielfach gezwungen, gasfrei zu schweißen.

6.3.9.2 Arbeiten unter Gas

Nachdem an der Ausblasearmatur festgestellt wurde, daß der Leitungsabschnitt entspannt ist und Hauptabsperrarmaturen dicht schließen, kann mit den Trennarbeiten begonnen werden. Zum Schneiden werden Sägeblätter oder aber auch Fräser verwendet. In Gebieten, in denen mit Druckspannungen in der Leitung (z. B. Bergbaugebiet) zu rechnen ist, sind Fräser den Sägeblättern vorzuziehen, weil diese robuster gegen Leitungsverspannungen sind.

Anschließend erfolgen die eigentlichen Montagearbeiten, bei denen keine Riß- oder Schlagfunken entstehen dürfen. Der Ausbau des herausgeschnittenen Rohrstückes und der Einbau des neuen Rohrstückes hat daher mit größter Sorgfalt zu erfolgen. Vor dem Einbau des neuen Rohrstückes sind eventuelle Rückstände in den Rohrenden zu entfernen. Besonders schwefelhaltige Ablagerungen können maßgeblich die Schweißgüte beeinflussen.

Das neue Rohrteil mit Einsteckmuffe und Überschieber wird mittels besonderer, inzwischen asbestfreier Schnüre abgedichtet, so daß nach dieser Montage die Rohrleitung geschlossen ist. Vor Beginn der Bördel- und Schweißarbeiten muß die in den Rohrleitungsabschnitt eingedrungene Luft sorgfältig und restlos durch Entlüftung entfernt werden.

Nachdem der Reparaturabschnitt einwandfrei entlüftet wurde, wird der Gasdruck so weit bis auf wenige Millibar gesenkt, daß die Schweißarbeiten durchgeführt werden können.

Sind die Schweißarbeiten beendet, wird die Ausblasearmatur geschlossen und die Leitung wieder auf Betriebsdruck gebracht.

6.3.9.3 Arbeiten in gasfreiem Zustand

Durch die Einführung der TM-Stähle, die vorgewärmt werden müssen und zum Bördeln nicht geeignet sind, kommt als Schweißnahtform ausschließlich die V-Naht-Verbindung in Betracht. Bei der Herstellung von V-Nähten kann wegen der Zündgefahr jedoch nicht mit Gasdruck gearbeitet werden. Hierbei muß die Reparaturstelle gasfrei sein.

Die Gasfreiheit der Leitung kann durch Entspannen und Spülen des danach noch in der Leitung befindlichen Restgases mit Hilfe von Inert-Gas (Stickstoff, CO_2) oder Dampf erreicht werden.

Dieses Verfahren setzt allerdings voraus, daß die Absperrschieber vollständig dicht sind, damit nicht durch Schleichgas das Inert-Gas verdrängt wird und somit Erdgas an die Arbeitsstelle gelangen kann.

Als weitere Methode, die Arbeitsstelle vom Erdgas freizuhalten, bietet sich unter bestimmten Bedingungen das Setzen von Doppelblasen an. Dabei wird die Reparaturstelle selbst je nach Bedarf auf einige Meter Länge durch Doppelblasen abgesperrt und mit Stickstoff inertisiert.

Hat das Setzen von Blasen im Niederdrucknetz und allenfalls noch im Mitteldrucknetz seine Berechtigung, so ist die Methode bei Arbeiten an Hochdruckleitungen möglichst zu vermeiden, da dies sicherheitstechnische Risiken birgt, wenn nicht ganz besonders sorgfältig gearbeitet wird.

Das Setzen von Blasen erfordert die Anbringung von ein oder zwei Stufen auf beiden Seiten der Arbeitsstelle, durch die nach der Durchführung von Anbohrungen die Blasen gesetzt werden.

Außerdem erlauben hochfeste Stähle nicht ohne weiteres ein Aufschweißen von Stutzen.

Bei den Ferngasgesellschaften setzte sich beim Trennen und Schweißen zunehmend der Einsatz von Ejektoren durch.

Bei diesem Verfahren saugt man nach dem Schweißen der Leitung das Gas über die beiden Ausbläser mit Hilfe von Strahl- oder Turbo-Ejektoren von der Reparaturstelle weg und befördert es über die Ausbläser in die Atmosphäre. Auch bei diesem Verfahren sollten die Hauptabsperrarmaturen möglichst dicht schließen. Geringfügige Undichtheiten spielen keine Rolle, da die Gasmengen am Ausbläser, der jeweils unmittelbar neben der Hauptabsperrarmatur sitzt, durch Absaugung entfernt werden.

Die Montage- und Schweißarbeiten sind problemlos, da im Arbeitsbereich keine Gasatmosphäre auftritt.

Nach Beendigung der Schweißarbeiten muß jedoch der Leitungsabschnitt fachgerecht begast werden.

Abschließend hat eine Dichtheits- und Schweißnahtprüfung zu erfolgen.

6.3.9.4 Provisorische Instandsetzungen

Plötzliche Störungen in Form von Leitungsschäden zwingen den Betreiber oftmals provisorische Maßnahmen zu ergreifen, um eine Unterbrechung der Versorgung entweder ganz zu verhindern oder diese Unterbrechung möglichst kurz zu halten. Wird bei Bauarbeiten die Leitung beschädigt, kann die Schadensstelle durch einen Spezialüberwurf (Bild 6.20) temporär abgesichert werden. Das Aufsetzen des Überwurfes kann sogar bei ausströmenden Gas durch geschultes Personal bei entsprechender Sorgfalt ohne Gefahr durchgeführt werden. Bei einer großen Leckage braucht nur eine kurzzeitige Sperrung erfolgen. Die ei-

Bild 6.20 Spezialüberwurf für provisorisches Abdichten einer Gashochdruckleitung 500 mm Durchmesser

gentliche Reparatur der Schadensstelle kann zu einem späteren Zeitpunkt, z. B. im Zusammenhang mit weiteren Instandsetzungsmaßnahmen ggf. durch Einsatz des Stopple-Gerätes planmäßig nachgeholt werden.

6.3.10   Das Stopple-Verfahren

Bei dem Stopple-Verfahren handelt es sich um ein spezielles Arbeitsverfahren, bei dem ohne Unterbrechung des Gasdurchflusses Leitungsreparaturen einschließlich Trennung der Leitung, z. B. zum Einschweißen eines neuen Schiebers, durchgeführt werden können. Alle Arbeiten erfolgen unter Betriebsdruck.

Der Zeit- und Geldaufwand dabei ist allerdings sehr groß, so daß Stopple-Arbeiten nur als langfristig geplante Arbeiten durchgeführt werden können und in der Regel nicht zur schnellen Schadensbehebung dienen.

Das Verfahren läßt sich wie folgt beschreiben (Bilder 6.21 und 6.22).

A) Aufschweißen von T-Stücken:
  Diese Spezial-Fittings mit speziell für O-Ring-Dichtungen ausgebildeten Flanschen (Lock-O-Ring-Flanges) werden beiderseits des abzusperrenden Rohrstücks aufgeschweißt. Entsprechende T-Stücke für eine Umgangsleitung (bypass fittings) und Anschlüsse für Druckausgleichsleitungen werden in einer Linie damit eingeschweißt.

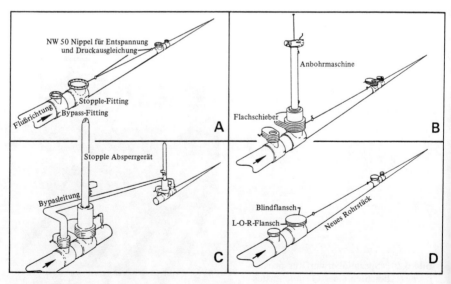

Bild 6.21   Stopple-Verfahren (Arbeitsschritte)

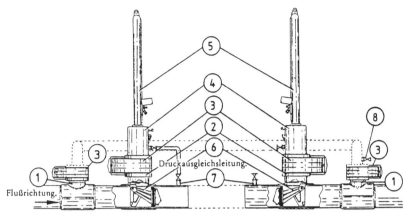

(1) Reduzierfittings mit L.O.R. Flanschen für die Bypass-Leitung
(2) Stopple Fittings mit L.O.R. Flanschen
(3) Flachschieber
(4) Stopple-Gehäuse
(5) Hydraulikzylinder
(6) Absperrköpfe
(7) Entlüftungsventil am abzusperrendem Rohrabschnitt
(8) Entlüftungsventil an der Bypass-Leitung

Bild 6.22 Stopple-Verfahren (Aufbau)

B) Herstellung der Ausschnitte im Rohr:
Ein Flachschieber wird auf jedem der beiden T-Stücke aufgesetzt und die Ausschnitte durch diese Schieber hindurch mit Hilfe einer Anbohrmaschine hergestellt. Der Fräser wird nach dem Anbohrvorgang zurückgezogen, der Flachschieber geschlossen und die Anbohrmaschine abgebaut.

C) Abdichten des zu reparierenden Rohrstücks:
Ein Bypass-Anschluß wird hergestellt und die Bypass-Ventile geöffnet. Die Stopple-Absperrgeräte werden eingebaut und ihre Absperrköpfe durch die Flachschieber in das Rohr eingefahren bis sie dicht absperren. Nachdem ein neues Rohrstück eingebaut ist, wird der Druck durch die Verbindungsleitung zwischen dem Gehäuse des Stopple-Gerätes und dem Rohr ausgeglichen.

D) Abbau der Flachschieber:
Der Fräser der Anbohrmaschine wird gegen die Verschlußstopfen (Lock-O-Ring Plugs) ausgewechselt und die Anbohrmaschine wieder auf die Flachschieber aufgesetzt. Die Stopfen werden eingefahren, bis sie in den Flanschen der T-Stücke aufsitzen und dicht schließen. Dann können die Anbohrmaschinen wieder abgebaut werden. Zum Schluß werden die Flachschieber demontiert und Blindflansche aufgesetzt.

6.3.11 Anbohrungen

Soll eine Leitung an ein bestehendes Versorgungssystem angeschlossen werden, ist es häufig erforderlich, dies ohne Betriebsunterbrechung, d. h. ohne Leitungssperrung, auszuführen.

Für bereits während der Planungsphase vorgesehene Abzweigleitungen werden beim Bau von neuen Leitungen die erforderlichen Abzweigstutzen einschließlich Absperrarmatur mit eingebaut. Neuanschlüsse an in Betrieb befindlichen Leitungen lassen sich ohne Betriebsunterbrechung nur durch eine Anbohrung herstellen.

Dabei werden in der Regel ausgehalste halbgeteilte T-Stücke oder Stutzen auf das Grundrohr aufgeschweißt.

Ob ein Anschweißstutzen oder ein geteiltes T-Stück zum Einsatz kommt, hängt vorrangig vom Durchmesserverhältnis des anzubohrenden Rohres zum Abzweigrohr ab (Tabelle 6.1).

Anbohrungen bis 2 Zoll werden üblicherweise von Anbohrmaschinen mit Handantrieb, über 2 Zoll mit hydraulischem, pneumatischem oder elektrischem Antrieb ausgeführt (Bild 6.23).

Tabelle 6.1   Auswahl Anschweißstutzen oder geteiltes T-Stück nach Durchmesserverhältnis zwischen Hauptrohr und Abzweigrohr

Grundrohr DN	Grundrohr d$_A$	Abzweig DN 15	20	25	32	40	50	65	80	100	150	200	250	300	400	500	600	700
50	60,3	S	S	T	T	T	T											
65	76,1	S	S	S	T	T	T	T										
80	88,9	S	S	S	S	T	T	T	T									
100	114,3	S	S	S	S	S	T	T	T	T								
150	168,3	S	S	S	S	S	S	S	T	T	T							
200	219,1	S	S	S	S	S	S	S	S	T	T	T						
250	273,0	S	S	S	S	S	S	S	S	T	T	T	T					
300	323,9	S	S	S	S	S	S	S	S	T	T	T	T	T				
400	406,4	S	S	S	S	S	S	S	S	T	T	T	T	T	T			
500	508,0	S	S	S	S	S	S	S	S	T	T	T	T	T	T	T		
600	609,6	S	S	S	S	S	S	S	S	T	T	T	T	T	T	T	T	
700	711,2	S	S	S	S	S	S	S	S	T	T	T	T	T	T	T	T	T

S - STUTZEN
T - GETEILTES T-STÜCK

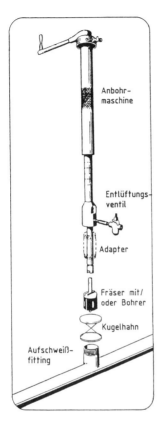 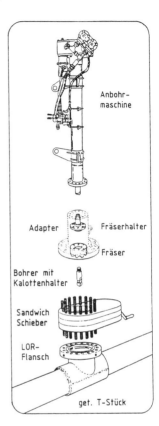

Bild 6.23 Anbohrmaschinen

Als Absperrarmaturen kommen Kugelhähne oder sogenannte Sandwichschieber zum Einsatz. Sandwichschieber sind nur für den temporären Gebrauch gedacht. Sie werden nach der Anbohrung wieder abgebaut. Daher ist hier nach der Anbohrung das Setzen eines Verschlußstopfens (LOCK-O-RING-Scheibe) mit Molchleiteinrichtung erforderlich (siehe Abschnitt 6.3.10).

Erst durch die Absicherung des Anbohrquerschnittes durch sogenannte Molchleitbleche ist sichergestellt, daß bei einer späteren Betriebsmolchung der Molch am Abzweig vorbeigleitet und hier nicht stecken bleibt.

6.3.12 Mechanische Beschädigungen

Eine der häufigsten Beschädigungen sind mechanische Riefen, wie sie z. B. durch Baumaschinen, mechanische Lasten o. ä. entstehen können (Bild 6.24).

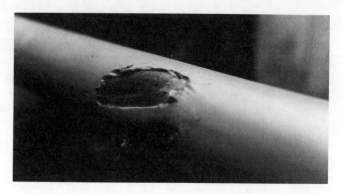

Bild 6.24   Riefen in einer Gashochdruckleitung

Dabei interessiert zunächst die Lage der Riefen bezogen auf die geometrische Rohrform. Eine Riefe in Rohrlängsrichtung ist schwerwiegender als eine Riefe in Rohrumfangsrichtung. Eine durch einen Baggerzahn verursachte Riefe stellt eine Kaltverformung des Werkstoffes mit entsprechender Aufhärtung bei gleichzeitiger Wanddickenreduzierung dar. Außerdem ist immer mit einer Kerbwirkung zu rechnen, wobei Materialrisse, die in den Rohrwerkstoff eindringen, auftreten können.

Vorhandene Riefen müssen zunächst mit Hilfe einer Feile behutsam abgetragen werden, wobei auf glatte Materialübergänge zu achten ist. Anschließend ist mittels Ultraschall-Wanddickenmeßgerät die Restwanddicke zu messen, um festzustellen, in welchem Umfang die Rohrwanddicke reduziert wurde.

Danach wird eine Oberflächenrißprüfung durchgeführt, um sicherzustellen, daß das Rohr keine Anrisse hat. Als Meßverfahren werden hier meist das Farbeindringverfahren oder das Magnetpulververfahren verwendet. Bei Stählen höherer Festigkeit kann noch eine Härteprüfung erforderlich werden.

Einbeulungen entstehen durch äußere mechanische Krafteinwirkungen und können je nach Größe und Tiefe eine erhebliche Einschränkung der Gesamtfestigkeit einer Rohrleitung verursachen. In der eingebeulten Zone treten durch membranähnliche Bewegungen bei schwankenden Gasinnendrücken maximale Spannungsspitzen im Rohrwerkstoff auf. Je nach Häufigkeit dieser Lastspielwechsel kann die Lebensdauer eines so geschädigten Rohres wegen der auftretenden Membranspannungen erheblich reduziert werden. Bei Beulen empfiehlt es sich, eine Auswechselung des Rohres vorzunehmen.

Ein weiteres Verfahren, das beschädigte Rohrstück nicht auswechseln zu müssen, besteht darin, die Einbeulung mit einem aushärtenden Füllmaterial zu versehen und das Rohrteil so steif zu bandagieren, daß die Membranbewegungen unterbunden werden. Allerdings ist der Gesamtaufwand dieses Verfahrens, das

u. a. den Einsatz leistungsstarker Wärmeerzeuger erforderlich macht, nicht unerheblich.

Unrundheiten und Deformierungen stellen eine weitere Formveränderung der geometrisch idealen Rundform des Rohres dar. Sie bedürfen von Fall zu Fall jeweils einer individuellen Beurteilung, wobei Verformungsgrad, Leitungsdurchmesser und Betriebsüberdruck eine wichtige Rolle spielen. Ovalitäten, die über die zulässigen Toleranzen der technischen Lieferbedingungen hinausgehen, sind in der Regel nicht mehr zulässig, so daß eine Auswechselung des Rohres erfolgen muß. Eine Ellipse gilt statisch als unbestimmtes System, für die die Wanddickenberechnung nach DIN 2413 nicht anwendbar ist. Ein Vorteil des Streßtest-Druckprüfungsverfahren besteht darin, daß unrunde Rohre durch den Prüfdruck wieder zur Rundheit rückverformt werden können.

6.4 Gesetze, Verordnungen, Technische Regeln, Literatur

Grundsätzlich ist zu beachten, daß von den während der Planungs- und Bauphase festgelegten Standards und Normen in der Regel auch bei Überwachungs- und Instandsetzungsmaßnahmen nicht abgegangen werden darf. Damit ist sichergestellt, daß die Anlagen den einschlägigen Bestimmungen, Vorschriften und Normen genügen und neue ausgetauschte Teile dem geforderten Standard entsprechen.

Bei den in diesem Kapitel dargestellten Maßnahmen sind alle weiteren Details aus den nachfolgend dargestellten Gesetzen, Verordnungen, Technischen Regelwerken und einschlägiger Literatur zu entnehmen.

Verordnung über Gashochdruckleitungen vom 17. 12. 1974

Verordnung über Druckbehälter, Druckgasbehälter und Füllanlagen (Druckbehälterverordnung)

UVV-VBG 1   Allgemeine Vorschriften
UVV-VBG 15   Schweißen, Schneiden und verwandte Verfahren
UVV-VBG 37   Bauarbeiten
UVV-VBG 50   Arbeiten an Gasleitungen
UVV-VBG 52   Gaswerke
ZH 1/599   Sicherheitsregeln für Rohrverlegearbeiten

DVGW-Sachverständigenordnung

Verfahren der Anerkennung von DVGW-Sachverständigen für Anlagen der Gasversorgung

DVGW-Arbeitsblatt G 214/I Teil 1	Flüssigerdgas-Anlagen mit Behältern über 300 t Fassungsvermögen
DVGW-Hinweis G 214 Teil 2	Flüssigerdgas-Anlagen: Teil 2, Technische Beispielsammlung
DVGW-Arbeitsblatt G 433	Oberirdische Hochdruckgasbehälter: Bau, Ausrüstung, Aufstellung, Prüfung, Betrieb, Überwachung, In- und Außerbetriebnahme sowie Instandsetzung
DVGW-Arbeitsblatt G 458	Nachträgliche Druckerhöhung von Gasleitungen
DVGW-Arbeitsblatt G 466 Teil 1	Gasrohrnetze aus Stahlrohren mit einem Betriebsdruck von mehr als 4 bar; Instandhaltung
DVGW-Arbeitsblatt G 466 Teil 2	Gasrohrnetze aus duktilen Gußrohren mit einem Betriebsdruck von mehr als 4 bar bis 16 bar; Instandhaltung
DVGW-Arbeitsblatt G 469	Druckprüfverfahren für Leitungen und Anlagen der Gasversorgung
DVGW-Merkblatt G 480	Einsatz von Dichtungen aus Elastomeren für Gasversorgungs- und Gasfernleitungen
DVGW–Arbeitsblatt GW 1	Zerstörungsfreie Prüfung von Baustellenschweißnähten an Stahlrohrleitungen und ihre Beurteilung
DVGW-Hinweis GW 120	Planwerke für die Rohrnetze der öffentlichen Gas- und Wasserversorgung
DVGW-Hinweis GW 125	Baumpflanzungen im Bereich unterirdischer Versorgungsanlagen
DVGW-Arbeitsblatt GW 309	Elektrische Überbrückung bei Rohrtrennungen
DVGW-Hinweis GW 315	Hinweise für Maßnahmen zum Schutz von Versorgungsanlagen bei Bauarbeiten
DVGW-Hinweis GW 316	Orten von erdverlegten Rohrleitungen und Straßenkappen
DIN-Norm 2470 Teil 1	Gasleitungen aus Stahlrohren mit Betriebsüberdrücken bis 16 bar; Anforderungen an die Rohrleitungsteile
DIN-Norm 2470 Teil 2	Gasleitungen aus Stahlrohren mit zulässigen Betriebsdrücken von mehr als 16 bar; Anforderungen an die Rohrleitungsteile

DIN-Norm 3535 Teil 3	Dichtungen für die Gasversorgung; Dichtungen aus Elastomeren für Gasversorgungs- und Gasfernleitungen; Anforderungen und Prüfung
DIN-Norm 3581	Gasfernleitungen; Straßenkappe Nr. 1 für Abzugrohre und Meßkontakte
DIN-Norm 3582	Gasfernleitungen; Straßenkappe Nr. 2 für Absperrschieber
DIN-Norm 3583	Gasfernleitungen; Straßenkappe Nr. 3 für Ausblaserohre, leichte Ausführung
DIN-Norm 3584	Gasfernleitungen; Straßenkappe Nr. 4 für Ausblaserohre, schwere Ausführung
DIN-Norm 3585	Gasfernleitungen; Straßenkappe Nr. 5 für Ausblaseventile und Kondensatsammler
DIN-Norm 4065	Gasfernleitungen, Hinweisschilder
VdTÜV-Merkblatt 1060	Richtlinien für die Durchführung des Streßtestes
VdTÜV-Werkstoffblatt 1001	Richtlinie über Prüfungen beim Bau von Gasleitungen durch den TÜV-Sachverständigen
VdTÜV-Werkstoffblatt 1059	Nachträgliche Druckheraufsetzung bei Gasleitungen
AFK-Empfehlung Nr. 3	Maßnahmen beim Bau und Betrieb von Rohrleitungen mit Einflußbereich von Hochspannungsstromanlagen und Wechselstromanlagen.

Kommentar zur Verordnung über Gashochdruckleitungen (H. Rothhardt, M. Rothhardt, J. Scholl, A. Volk)
Berlin 1984: E. Schmidt

Grundlagen der Gastechnik (G. Cerbe, H. P. Charles, G. Knauf, H. Köhler, J. Lehmann, H. Lethen, H. Mauzenschal)
München, Wien 1981: Carl Hauser Verlag

Handbuch der Gasverteilungstechnik (R. Eberhard, R. Hüning)
Oldenbourg-Verlag GmbH, München 1984

Pipeline Technik (Krass, Kittel, Uhde)
Köln 1979: Verlag TÜV Rheinland

Stahlrohr-Handbuch, Vulkan-Verlag, Essen 1982

Handbuch der Gas-Rohrleitungstechnik (R. Eberhard, P. Volz)
Oldenbourg-Verlag GmbH, München 1990

Gashochdruckleitungen, Lehrheft 3.04
(R. Stammen, W. Matthäus) DELIWA-Verein e. V. Hannover 1983

Fakten – Tendenzen – Konsequenzen, BGW Bonn

Erdgas heute und morgen, RUHRGAS AG Essen

Gastechnische Briefe, Energie Gas – Allgemeine Grundlagen Nr. 1

Wirtschafts- und Verlagsgesellschaft Gas und Wasser mbH, Bonn (früher ZfGW-Verlag, Frankfurt/M.)

Neue Technologien bei der Überwachung von HD-Erdgastransportleitungen größerer Nennweiten „gwf" gas/erdgas, Heft 1/1974

7 Betrieb, Überwachung und Instandsetzung von Gasverteilungsanlagen (Mittel- und Niederdruck)

7.1 Festigkeits- und Dichtheitsprüfung an Gasleitungen

Vor Inbetriebnahme von Gasversorgungsleitungen ist eine Dichtheitsprüfung erforderlich. Die Druckprüfverfahren sind im DVGW-Arbeitsblatt G 469 beschrieben.

Die Anwendungsgrenzen der einzelnen dort genannten Prüfverfahren sowie spezielle Hinweise für die Verfahrensdurchführung sind unter dem Abschnitt Prüfung des jeweils für den Bau bzw. die Unterhaltung geltenden DVGW-Arbeitsblattes enthalten.

Die Prüfverfahren (s. Tabelle 7.1) werden eingeteilt in
– Sichtverfahren:
   (A) Die unter Prüfdruck stehende Leitung wird während der Prüfzeit von außen besichtigt.
– Druckmeßverfahren:
   (B) Der Prüfdruck wird während der Prüfzeit gemessen.
– Druckdifferenzmeßverfahren:
   (C) Der Prüfdruck der Leitung wird während der Prüfzeit mit einer Vergleichsvorrichtung verglichen (Vergleich mit einer Prüfflasche oder einem Kolbenmanometer).
– Druckvolumenmeßverfahren:
   (D) Zum Prüfdruck zusätzliche Messung des zur Druckerhöhung notwendigen Wasservolumens.

Während die ersten drei genannten Verfahren im wesentlichen bis zur Druckstufe PN 16 Anwendung finden, ist das Druckvolumenmeßverfahren auf Leitungen der Nenndruckstufen > 16 bar beschränkt.
Als Prüfmedien werden flüssige sowie gasförmige Stoffe eingesetzt.

Flüssige Prüfmedien:
In der Regel Wasser, wobei hier zu beachten ist, daß das eingesetzte Prüfmittel korrosionsfrei ist und keine Verunreinigung enthält. Die Prüfung soll bei Was-

Tabelle 7.1   Übersicht über die Prüfverfahren für MD- und ND-Netze

Prüfmedium		Wasser		Luft	Betriebsgas
		einmalig	zweimalig		
Prüfmethode		1	2	3	4
Sichtverfahren	A	A 1	A 2	A 3	A 4
Druckmeßverfahren	B	B 1	B 2	B 3 B 3, 1 B 3, 2	–
Druckdifferenzmeßverfahren	C	–	–	C 3 C 3, 1 C 3, 2	
Druck-/Volumenmeßverfahren	D	–	D 2	–	–

A 3   Sichtverfahren mit Luft
A 4   Sichtverfahren mit Betriebsgasen
B 3   Druckmeßverfahren mit Luft
B 3.1 Vereinfachtes Druckmeßverfahren mit Luft
B 3.2 Druckmeßverfahren mit Luft mittels Feindruckmeßgerät
C 3   Druckdifferenzmeßverfahren mit Luft
C 3.1 Druckdifferenzmeßverfahren mit Prüfflasche

sertemperaturen $> 4\,°C$ durchgeführt werden, außerdem ist eine ausreichende Luftfreiheit Voraussetzung für eine fehlerfreie Messung (Luftanteil $\leq 6\,\%$).

Gasförmige Prüfmedien:
Luft, Stickstoff oder Betriebsgas sowie Betriebsgas/Stickstoff-Gemische.

Neben der Unterteilung nach der Prüfmethode unterscheidet man die Verfahren nach dem Prüfmedium bzw. nach dem Aufbringen des Prüfdrucks:

(1)   Wasser/einmalig
(2)   Wasser/zweimalig
(3)   Luft
(4)   Betriebsgas

Für die Prüfung von Mittel- und Niederdruckleitungen kommen als Dichtheitsprüfung vor Inbetriebnahme von neuverlegten Bauabschnitten die Verfahren A 3 und B 3 zum Einsatz.

Bei sehr großen Leitungssystemen ist jedoch dem Verfahren B 3 aufgrund seiner verfahrensbedingten Ungenauigkeit bei großem Leitungsvolumen das Prüfverfahren B 3.2 und C 3.1 vorzuziehen.

Die Prüfung von Einbindungen oder Reparaturschweißnähten erfolgt nach dem Verfahren A 4.

Während die Abnahme von Leitungen nach dem Verfahren A 3/A 4/B 3.1 durch Sachkundige erfolgt, ist bei den Verfahren B 3.2 und C 3.1 ein TÜV- oder DVGW-Sachverständiger für die Prüfung erforderlich.

Bei der Prüfung nach dem Sichtverfahren ist darauf zu achten, daß die zu prüfenden Schweißnähte oder Flanschverbindungen frei von Verunreinigungen wie zum Beispiel Farbe oder Fett sind.

Bei der Prüfung nach dem Druckmeßverfahren mit Luft gelten folgende Festlegungen: Der Prüfdruck beträgt das 1,1fache des zulässigen Betriebsdrucks, wobei der Prüfdruck den zulässigen Betriebsdruck um mindestens 2 bar übersteigen muß.

Leitungen mit einem Betriebsdruck bis 1,0 bar:

Prüfdruck mindestens 3.0 bar
geometrisches Leitungsvolumen bis 4 m³
Mindestprüfdauer 4 Stunden.

Wird das geometrische Leitungsvolumen unter- oder überschritten, so verkürzt bzw. verlängert sich die Prüfdauer entsprechend. Die Mindestprüfzeit von 30 Minuten darf jedoch nicht unterschritten werden.

7.2 Inbetriebnahme von Mittel- und Niederdruckleitungen

Die Inbetriebnahme von Gasrohrnetzen darf nur durch Sachkundige des Gasversorgungsunternehmens oder durch für diese Aufgabe qualifizierte Fachfirmen erfolgen (Bescheinigung nach DVGW-Arbeitsblatt GW 301 in entsprechender Gruppe, s. Abschn. 15.4). Die Arbeiten dürfen nur unter Aufsicht durchgeführt werden. Unter Inbetriebnahme einer Leitung versteht man das Befüllen mit Gas bis auf den erforderlichen Betriebsdruck.

– Bei neu erstellten Leitungen nach erfolgter Dichtheitsprüfung
– bei in Betrieb befindlichen Leitungen z. B. nach einer Reparaturmaßnahme und anschließender Dichtheitsprüfung

Die Inbetriebnahme muß unmittelbar nach der Druckprobe erfolgen. Ist das nicht möglich, ist vor der Inbetriebnahme eine erneute Dichtheitsprüfung erforderlich.

Das Einlassen von Gas darf erst erfolgen, wenn die zuständige Aufsichtsperson sich davon überzeugt hat, daß keine unkontrollierten Öffnungen vorhanden sind.

Die Entlüftung der Leitung muß so erfolgen, daß die Strömungsgeschwindigkeit innerhalb der Sperrstrecke im Bereich von 3 bis 7 m/s liegt. Bei langen Leitungen ist die Entlüftungsgeschwindigkeit an der Ausströmungsöffnung mittels Anemometer (Windmesser) zu kontrollieren. Bei Überschreitung der Entlüftungsgeschwindigkeit besteht Explosionsgefahr infolge Turbulenzen und Funkenbildung. Bei Unterschreitung besteht die Gefahr von Schichtenbildung, so daß sich ein zündfähiges Gas-Luftgemisch in der Leitung befindet. Die Gasspülmenge muß mindestens das 1,5fache Volumen des Rauminhaltes der Sperrstrecke betragen. Während der Entlüftung ist die Ausströmöffnung laufend durch die Aufsichtsperson zu kontrollieren. Hierbei ist besonders darauf zu achten, daß das entweichende Gas-Luftgemisch gefahrlos abgeführt wird.

Erfolgt die Entlüftung der Leitung über eine kleinere Öffnung als die vorhandene Leitung, muß die erforderliche Strömungsgeschwindigkeit entsprechend dem Ausblasequerschnitt umgerechnet werden.

Beispiel: Rohrleitung DN 200
Ausbläser   DN 100
Strömungsgeschwindigkeit
in der Rohrleitung $V_R = 5 \, m/s$

D = Rohr-Durchmesser   [m]
d = Entlüftungsrohr-Durchmesser   [m]
V_R = Strömungsgeschwindigkeit im Rohr   [m/s]
V_A = Strömungsgeschwindigkeit am Ausbläser   [m/s]

$$\frac{D^2}{d^2} = \frac{V_A}{V_R}$$

$$V_A = \frac{D^2 \cdot V_R}{d^2} \; [m/s]$$

D = 0,2 m
d = 0,1 m
V_R = 5 m/s

$$V_A = \frac{0,2^2 \cdot 5}{0,1^2} = 20 \, m/s$$

Die erforderliche Strömungsgeschwindigkeit beträgt am Ausbläser 20 m/s.

Die Einstellung der erforderlichen Strömungsgeschwindigkeit erfolgt im vorliegenden Fall mit Schieber 1.

Merke: Die Drosselung erfolgt grundsätzlich am Anfang der zu entlüftenden Leitung und nicht am Ende.

Würde der Drosselvorgang am Ausbläser vorgenommen, läuft der Druck in der Sperrstrecke auf und die Strömungsgeschwindigkeit V_R fällt unter die erforderliche Mindestgeschwindigkeit, obwohl am Ausbläser die erforderliche Ausströmgeschwindigkeit vorhanden ist.

Nach der Entlüftung des 1,5fachen Rohrvolumens ist mit einem Gasspürgerät nach dem Prinzip der „Wärmeleitfähigkeit" (Meßbereich bis 100 Vol.% Erdgas) die Gaskonzentration zu kontrollieren.

Hausanschlußleitungen müssen grundsätzlich über einen Schlauch ins Freie entlüftet werden, wobei die Entlüftung immer von zwei Personen durchzuführen ist. Eine Person befindet sich im Keller an der Hauptabsperrarmatur, während der Aufsichtsführende am Schlauchende die Gaskonzentration prüft und das Schlauchende während des Entlüftungsvorganges sichert.

7.3   Außerbetriebnahme von Leitungen

Leitungen, welche außer Betrieb genommen werden sollen, sind vom bestehenden Netz abzutrennen. Absperrschieber sind für die Außerbetriebnahme einer Leitung nicht zulässig, da eine Absperrarmatur nicht als ausreichend dicht zu bezeichnen ist. Hausanschlüsse müssen grundsätzlich an der Versorgungsleitung abgetrennt werden.

Vor dem Trennen oder Verbinden von metallischen Rohrleitungen ist eine elektrische Überbrückung der Trennstelle vorzusehen (bei Kabelquerschnitt $A = 25 \, mm^2$ bis 10 m, bei $A = 50 \, mm^2$ bis 20 m).

Der abgetrennte Leitungsabschnitt muß anschließend gasfrei gemacht werden, wobei die Gefahr von Schichtenbildung durch Ausgasung von Rückständen in der Leitung mit beachtet werden muß. Alle Leitungsöffnungen müssen gasdicht verschlossen werden. Die stillgelegte Leitung kann durch Ausblasen mit Luft oder Inertgas sowie durch Befüllen mit Wasser entgast werden. Die Gaskonzentration ist nach Beendigung der Arbeiten mittels Gasspürgerät zu kontrollieren, wobei die zulässige Restgaskonzentration $\leq 50\%$ UEG (Untere Explosionsgrenze) entsprechend $\leq 2,5$ Vol% betragen muß.

7.4   Anschluß an das vorhandene Netz

Die Einbindung einer Leitung an das vorhandene Netz erfolgt in der Regel nach erfolgter Dichtheitsprüfung. Doch sollte die Länge der Einbindungsstrecke auf den für die Arbeitsdurchführung erforderlichen Umfang beschränkt werden soll.

Die Einbindung von Leitungen ist nach verschiedenen Methoden möglich, wobei die Verfahrensauswahl im wesentlichen von folgenden Faktoren bestimmt wird:

– Werkstoff der Leitung
– Sperrmöglichkeit während der Einbindungsarbeiten
– Netzverhältnisse am Ort der Einbindung (Zustand der Leitung außen wie innen) (Staubablagerungen, Kondensate, Korrosionen)
– Anschluß durch lösbare Verbindung (Flansche, Verschraubung ...)
– Anschluß durch nicht lösbare Verbindung (Schweißen, Kleben).

Erfolgt die Einbindung durch Einschweißen, werden nach der Durchführung drei Verfahren unterschieden:

– Einbindung mit Überschiebern
– Einbindung durch Stumpfschweißnähte nach der Absaugmethode
– Einbindung durch Stumpfschweißnähte nach der Inertisierungsmethode.

Während bei der Überschiebermethode die Schweißarbeiten unter Gas durchgeführt werden, ist bei der Arbeitsdurchführung nach der Absaugmethode und dem Inertisierungsverfahren Gasfreiheit an der Schweißstelle Voraussetzung für eine sichere Ausführung der Arbeiten.

Bei allen drei Verfahren ist bei richtiger Anwendung die Bildung eines zündfähigen Gas/Luft-Gemisches im Bereich 5–15 Vol% für Erdgas nicht möglich.

Nach der UVV-VBG 50 „Arbeiten an Gasleitungen" gelten Gaskonzentrationen $\leq 50\%$ UEG entsprechend $\leq 2,5$ Vol% Erdgas als gasfrei.

Die Sperrung der Leitung kann durch Schieber oder Absperrblasen erfolgen.

7.4.1   Einbindung mittels Überschieber

Verfahrensablauf:

– Überbrückung anbringen
– Sperrung Schieber S 1 und S 2
– Entspannen über Ausblaseschieber S_A
– Trennen der Leitung
– Einpassen des Einbauteils und Zentrieren der Überschieber
– Verstricken mittels Dichtstrick (Asbestersatzstoffe)
– Entlüften mit 3 bis 7 m/s
– Messen der Gaskonzentration ca. 100 Vol% mit Gasspürgerät Meßprinzip Wärmeleitfähigkeit
– Einstellung auf Schweißgas (Gasaustritt am Ausbläser)
– Anbördeln der Überschieber und Verschweißen
– Inbetriebnahme der Leitung über S 1 und S 2.

7.4.2 Einbindung durch Absaugen

Verfahrensablauf:

- Überbrückung anbringen
- Sperrung Schieber S 1 und S 2
- Entspannen über SA 1 und SA 2
- Trennen der Leitung
- Absaugen bei SA 1 und SA 2 über Ejektoren
- Prüfungen im Bereich der Schweißstelle auf Gasfreiheit mit Gasspürgerät mit Meßbereich 0–5 Vol% Erdgas
- Einpassen des Einbauteils und Verschweißen
- Entlüften der Leitung von S 1 über SA 2 oder umgekehrt mit 3–7 m/s
- Kontrolle der Gaskonzentration (100 % Vol)
- Inbetriebnahme der Leitung über S 1 und S 2.

7.4.3 Einbindung durch Inertisieren

Verfahrensablauf:

- Überbrückung anbringen
- Sperrung Schieber S 1 und S 2
- Entspannen über Ausblaseschieber SA 1 und SA 2
- Trennen der Leitung
- Einpassen des Einbauteils (Funkenbildung vermeiden!)
- Inertgas (z. B. Stickstoff) eingeben bei SA 1 und Kontrolle der Gasfreiheit bei SA 2 mit Gasspürgerät (0–5 Vol% Meßbereich)
- Verschweißen (während der gesamten Zeit Kontrolle am Ausbläser auf leichten Inertgasaustritt)
- Schließen von SA 1 (Ausblaseschieber)
- Entlüften der Sperrstrecke von S 1 und SA 2
- Kontrolle der Gaskonzentration (100 Vol%)
- Inbetriebnahme der Leitung über S 1 und S 2.

In der ND- und MD-Gasversorgung wird hauptsächlich das Überschieberverfahren bei Einbindungen angewendet.

Die Inertisierungsmethode wird in Sonderfällen angewendet (Vorhandensein von Schleichgas, entzündliche Rückstände in der Rohrleitung im Bereich der Schweißstelle, Kondensatbildung).

Bei der Einbindung von PE-HD-Leitungen erfolgt die Verbindung nach dem Heizwendelschweißverfahren. Die Sperrung der Leitung wird durch Abquetschen erreicht. Die Schweißung erfolgt in drucklosem Zustand der Leitung.

Die Einbindung von PVC-Leitungen erfolgt mittels Paßstück durch Klebverbindung. Bei Temperaturen unter + 5 °C ist ohne besondere Schutzmaßnahmen die Arbeitsdurchführung unzulässig (Vorwärmung).

Die Einbinde- und Reparaturmaßnahmen an Leitungen sind sorgfältig vorzubereiten und unter sachkundiger Aufsicht durchzuführen. Bei größerem Umfang der Arbeiten sind Arbeits- oder Schaltpläne zu erstellen. In der Versorgung beeinträchtigte Abnehmer sind rechtzeitig zu benachrichtigen. Absperrorgane sind vorher auf Gängigkeit zu prüfen. Alle an den Arbeiten beteiligten Gruppen müssen sich untereinander verständigen können (z. B. Einsatz von Sprechfunkgeräten).

Die Baugruben oder Rohrgräben müssen unter Einhaltung der einschlägigen Vorschriften so angelegt sein, daß die Durchführung der Arbeiten nicht behindert wird. Wenn mit Gasaustritt zu rechnen ist, müssen mindestens 2 Feuerlöscher PG 12 und Atemschutzgeräte in ausreichender Anzahl an der Baustelle bereitgehalten werden. Zündquellen sind fernzuhalten. Alle zum Einsatz kommenden elektrischen Geräte müssen ex-geschützt sein. Außerdem müssen alle an den Arbeiten beteiligte Personen persönliche Schutzausrüstungen tragen. Nach Beendigung der Arbeiten sind die Verbindungen nach dem Prüfverfahren G 469/A 4, d. h. unter Betriebsdruck zu prüfen.

7.5   Reparatur an Leitungen

Leckstellen an Gasleitungen sind grundsätzlich so schnell wie möglich instandzusetzen.

Die Auswahl der Reparaturmaßnahmen wird im wesentlichen von folgenden Kriterien beeinflußt

- Leitung sperrbar/nicht sperrbar
- Anzahl der Leckstellen
- Werkstoff
- Betriebsdruck (für die Versorgung erforderlicher Mindestdruck).

Bei PE-HD-Leitungen wird die Leckstelle beiderseits durch Abquetschen gesichert. Die Schadensstelle wird herausgeschnitten und ein Paßstück durch Heizwendelschweißung eingebaut.

Bei Stahl-Leitungen erfolgt die Sperrung durch Schieber oder provisorische Absperrvorrichtung wie Blasensetzgeräte.

Der weitere Arbeitsablauf erfolgt nach einem der in Abschnitt 7.4 beschriebenen Verfahren.

Bei Grauguß-Leitungen sollte bei kleinen Rohr-Durchmessern die Leitung ausgewechselt werden, bei größeren Durchmessern dagegen durch „Relining", d.h. durch Einziehen einer PE-HD-Leitung kann eine Leitungssanierung durchgeführt werden.

Anstelle eines PE-HD-Rohres haben sich auch Folien oder Schläuche technisch bewährt.

Rohrsperrsysteme

Bei Einbinde- und Instandsetzungsarbeiten sind zum Trennen der Leitung provisorische Absperreinrichtungen erforderlich (s. Bilder 7.3 und 7.4).

Bei PE-HD-Leitungen kommen, wie schon erwähnt, Abquetschvorrichtungen zum Einsatz.

Bei PVC-, Stahl- und Gußleitungen werden Blasensetzgeräte eingesetzt.

Die Unfallverhütungsvorschrift „Arbeiten an Gasleitungen" (UVV 21, VBG 50) schreibt vor, daß

- Blasen, Steckscheiben oder Preßkolben als provisorische Absperrvorrichtung nur unter kontrollierter Gasausströmung gesetzt werden dürfen
- zwei Blasen erforderlich sind bei Leitungen über DN 300 oder über DN 150 und 30 mbar Gasdruck und mehr.

Werden Blasen in Rohrleitungen gesetzt, deren Bohrungsdurchmesser oder Gasdrücke über den zugeordneten Werten liegen, so müssen besondere Maßnahmen zur Sperrung der Rohrquerschnitte vorgenommen werden. Diese sind erfüllt, wenn Sperrsysteme zum Einsatz kommen, mit denen ohne Gasausströmung Leitungen gesperrt werden können (zu solchen Sperrsystemen gehören z.B. Blasensetzgeräte bzw. Stopfensetzgeräte; von Hand unter Gasausströmung gesetzte Blasen sind keine Sperrsysteme).

Die derzeit entwickelten Blasensetzgeräte besitzen als wesentlichen Bestandteil eine Schleuse. Die Blase läßt sich somit ohne Gasausströmung durch die Schleuse in die Leitung einsetzen. Die Blasensetzgeräte verfügen über eine Entleerung, über die man die Sperrstrecke entlüften bzw. inertisieren kann. Außerdem läßt sich der Blasendruck während der Sperrung an Manometern laufend überwachen.

Beim Setzen der Absperrblasen von Hand gelten in Abhängigkeit des Blasenlochdurchmessers die in Tabelle 7.2 genannten Grenzwerte für den Leitungsinnendruck.

Tabelle 7.2   Zulässige Grenzwerte für den Sperrdruck beim Blasensetzen von Hand

lichter Bohrungsdurchmesser (Bohrung) mm	maximaler Gasdruck (Sperrdruck) mbar
25– 65	100
größer als 65– 80	65
größer als 80–100	40
größer als 100–150	30
gleich oder größer als 160	10 (Stadtgas)

Wird aus Sicherheitsgründen die Verwendung von 2 Blasen erforderlich, so ist der Raum zwischen den Blasen zu entspannen.

Die Zusammenhänge, ab wann Blasensetzgeräte zu verwenden sind, ist aus Bild 7.1 ersichtlich. Die Anzahl der jeweils einzusetzenden Blasen ist aus Bild 7.2 ersichtlich.

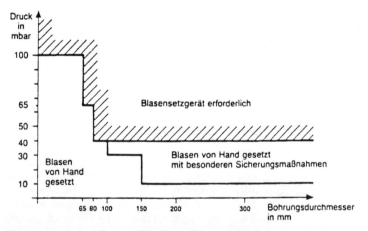

Bild 7.1   Blasensetzen; von Hand/mit Blasensetzgerät

Lecksuche und Ortung

Die Ortung von Undichtheiten an in Betrieb befindlichen Leitungen ist eine der für die Betriebssicherheit von Gasversorgungsanlagen wichtigsten Aufgaben. Hier ist es erforderlich, die Gaskonzentration genau zu bestimmen und Gefahren durch zündfähige Gas-Luft-Gemische durch Einleitung von Schutz-Maßnahmen zu verhindern (Zündbereich für Erdgas 5–15 Vol%) (Bild 7.6).

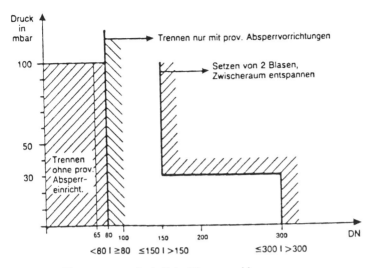

Bild 7.2 Blasensetzen; erforderliche Blasenanzahl

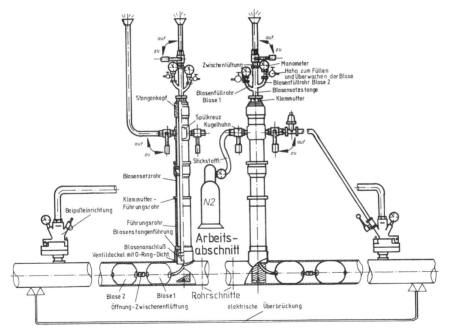

Bild 7.3 Sperrung einer Leitung mit Blasensetzgerät

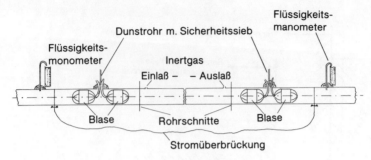

Bild 7.4 Sperrung einer Leitung ohne Blasensetzgerät

Die Bestimmung der Gaskonzentration erfolgt durch Gasspürgeräte. Die Geräte arbeiten nach zwei Meßprinzipien, nämlich „Wärmetönung" und „Wärmeleitfähigkeit". Der Zusammenhang und die sich daraus ergebenden Einsatzmöglichkeiten ergeben sich aus der Darstellung (Bild 7.5).

Die Geräte nach dem Meßprinzip Wärmetönung werden zur Gaslecksuche und zur Überwachung der Raumatmosphäre bei Arbeiten, bei denen mit Gasaustritt zu rechnen ist, eingesetzt (Bilder 7.7 und 7.8).

Die Geräte nach dem Meßprinzip der Wärmeleitfähigkeit werden bei der Entlüftung von Gasleitungen eingesetzt (Bild 7.9). Vielfach sind auch beide Meßprinzipien in einem Gerät vereint (Bild 7.10).

Meßprinzip Wärmetönung (Bild 7.11)

Meßbereich 0–5 Vol% entsprechen 0–100 % Untere Explosionsgrenze (UEG).

An einem beheizten Meßelement, dem Katalysator, entzünden sich die brennbaren Bestandteile eines Gas-Luft-Gemisches und sorgen für einen Temperaturanstieg, der wiederum eine Widerstandsänderung bewirkt.

Dieser Katalysator bildet zusammen mit einem weiteren inaktiven den zweiten Zweig einer „Wheatstone-Brücke". Der Strom in der Brückenverbindung ist der Gaskonzentration proportional.

Die Meßsignale gelangen über einen Verstärker zum Anzeigeinstrument und zum Alarmteil des Gerätes.

Meßprinzip Wärmeleitung (Bild 7.12)

Meßbereich 0 bis 100 Vol% Erdgas

In einer Kammer befindet sich ein beheizter Platindraht. Gelangt das Gas an dieses Meßelement, dann kühlt sich der Draht ab oder erwärmt sich, je nachdem ob das Prüfgas eine gute oder schlechte Wärmeleitfähigkeit hat.

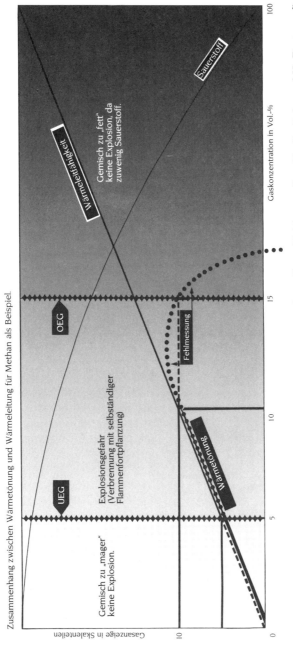

Bild 7.5 Meßprinzip Wärmetönung und Wärmeleitfähigkeit-Gegenüberstellung (Zeichnung Ges. für Gerätebau mbH, Dortmund)

UEG = Untere Explosionsgrenze für Methan 5 Vol%
OEG = Obere Explosionsgrenze für Methan 15 Vol%

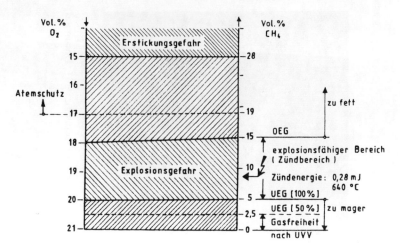

Bild 7.6   Darstellung der Explosionsgrenzen für Erdgas (Methan)

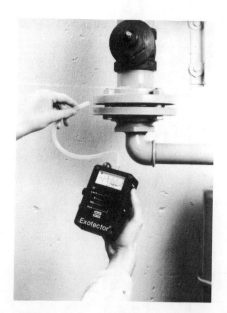

Bild 7.7   Lecksuche (Bild Ges. f. Gerätebau mbH, Dortmund)

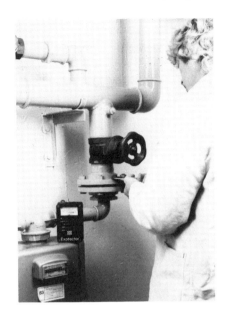

Bild 7.8 Warnbetrieb (Bild Ges. f. Gerätebau mbH, Dortmund)

Bild 7.9 Pumpbetrieb (Bild Ges. f. Gerätebau mbH, Dortmund)

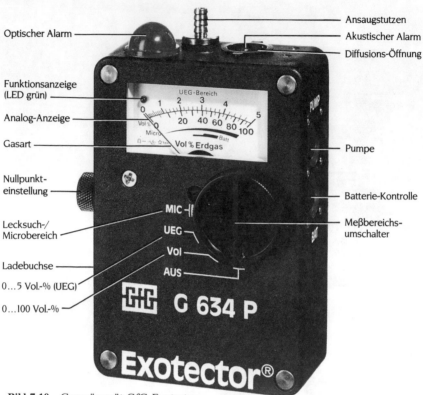

Bild 7.10   Gasspürgerät GfG Exotector

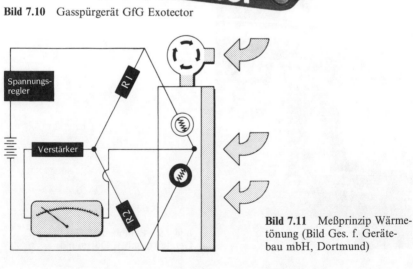

Bild 7.11   Meßprinzip Wärmetönung (Bild Ges. f. Gerätebau mbH, Dortmund)

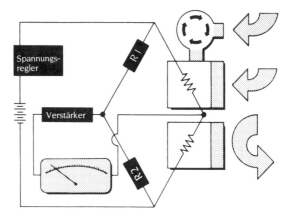

Bild 7.12   Meßprinzip Wärmeleitung (Bild Ges. f. Gerätebau mbH, Dortmund)

Die dadurch hervorgerufene Widerstandsänderung ist der Konzentration des Meßgases proportional. Als Referenzelement im aktiven Teil der Brückenschaltung dient ein weiterer beheizter Draht in einer geschlossenen Kammer. Der Strom in der Brückenverbindung wird verstärkt und dem Meßinstrument zugeführt.

7.6   Lecksuche und Ortung

Die Ursachen von Leckstellen sind im wesentlichen auf Korrosionen, Brüche oder undichte Verbindungen zurückzuführen.

Die Gasausbreitung um eine Leckstelle wird von einer Reihe von Einflußgrößen bestimmt, wie zum Beispiel

– Dichtheit der Oberfläche
– Bodenart und Rohrdeckung
– Schleichwege des Gases im Boden
– Neigung der Leitung
– Bodenverlauf der Leitung
– Bodenklima
– Bakterientätigkeit und Gase aus Zersetzungsprozessen im Boden.

Die Ortung von Leckstellen wird in zwei Verfahren eingeteilt:

– Groborten
– Lokalisieren.

Bei der Grobortung sind folgende Einflußgrößen zu berücksichtigen:

- *Dichtheit der Oberflächenbefestigung*
  Dichte Straßen bewirken eine glockenförmige Gasansammlung und erschweren somit die Ortung.

- *Bodenart und Rohrdeckung*
  Die Ausbreitung des Gases erfolgt bei Erdgas von einer punktförmigen Austrittsstelle nach oben trichterförmig. Wechselnde Bodenschichten wie z.B. Sand/Lehm sowie die Rohrdeckung beeinflussen ebenfalls den Austrittskegel an der Schadensstelle.

- *Schleichweg des Gases im Boden*
  Da das aus der Leckstelle austretende Gas den Weg des geringsten Strömungswiderstandes sucht, besteht die Gefahr daß in benachbarten Kanälen oder Kellerräumen, sowie in Kabeltrassen unter Umständen Gaskonzentrationen nachgewiesen werden können, welche die Ortung der tatsächlichen Leckstelle zusätzlich erschweren.

- *Neigung der Leitung*
  Bei Leitungen in steil ansteigendem Gelände wirkt sich das Dichteverhältnis des Gases gegenüber Luft auf das Kriechverhalten aus. Bei Gasen mit einem Dichteverhältnis < 1 wird die Austrittsstelle oberhalb der tatsächlichen Leckstelle liegen. Bei Gasen mit einer Dichte > 1, wie z.B. Propan/Butan, wird das austretende Gas unterhalb der tatsächlichen Leckstelle an der Oberfläche nachzuweisen sein.

- *Bodenklima*
  Durch Feuchtigkeit und Temperatur wird das Durchlaß- und Absorptionsvermögen des Bodens gegenüber Gas verändert.

- *Bakterientätigkeit und Gase aus Zersetzungsprozessen im Boden*
  Gasaustritt in kleinen Mengen über einen längeren Zeitraum kann zur Bildung von Bodenbakterien führen, so daß das Methan ganz oder teilweise zu Kohlendioxid umgewandelt wird und das Meßergebnis verfälscht wird. Auch Mülldeponien oder Methangas aus der Kanalisation können eine Leckstelle vortäuschen.

Beim Lokalisieren werden alle durch Grobortung festgestellten Leckstellenhinweise durch Abbohren ausgemessen und eingegrenzt. Bei der Eingrenzung dieser Schäden sind neben den erwähnten Einflußgrößen auch die Leckgröße und der Betriebsdruck der Leitung von Bedeutung. Die Anzeige am Gasspürgerät läßt jedoch aufgrund dieser Einflüsse keinen Schluß auf Größe der Schadensstelle bzw. auf die austretende Gasmenge zu.

7.7 Odorierung

Die Odorierung ist grundsätzlich als Sicherheitsmaßnahme zum Schutz des Gaskunden in der öffentlichen Gasversorgung vorgeschrieben. Durch den Odor-
stoff, welcher dem Gas als Geruchsstoff zugemischt wird, soll auch der gastechnische Laie, welcher in der Regel kein Meßgerät besitzt, in die Lage versetzt
werden, Gasansammlungen noch weit unterhalb der unteren Zündgrenze wahr-
zunehmen und so rechtzeitig Abhilfemaßnahmen einzuleiten. Bei ordnungsgemäßer Odorierung, z. B. 8 mg/m³ THT für Erdgas, ist für den mit einem durch-
schnittlichen Geruchssinn ausgestatteten Menschen eine Gaskonzentration von
≤ 1 Vol%, d.h. 1/5 UEG schon sicher erkennbar.

In der Praxis sind zwei Verfahren gebräuchlich:

1. Mengenabhängig gesteuerte Dosierung

In Abhängigkeit des durchgesetzten Gasvolumens wird kontinuierlich Odoriermittel dem Gasstrom zugeführt (Bild 7.13)

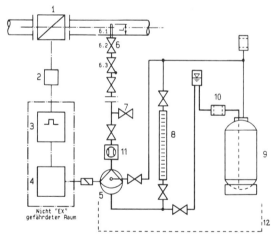

1. Gaszähler	6.3 Rückschlagventil
2. Zustandsmengen- umwerter	7. Entlüftungsventil
3. Impulsgeber	8. Dosier- und Füllstandskontrolle
4. Steuergerät einschl. Impulswandler	9. Odoriermittelgebinde
5. Dosierpumpe (stopfbuchslos)	10. Filter
6. Impfdüse	**Zusatzausrüstung**
6.1 Tauchrohr	11. Autom. Volumen- Dosierkontrolle
6.2 Absperrventil	12. Auffangwanne

Bild 7.13 Schema einer
mengenabhängig gesteuerten
Odorieranlage (DVGW G 280)

2. Teilstromverfahren

Hier wird durch Drosselung des Gasstromes eine Druckdifferenz erzeugt, um einen Teilstrom des durchgesetzten Gases durch ein mit Odoriermittel gefülltes System zu leiten. Dieses Verfahren ist sehr ungenau und wird deshalb nur in Sonderfällen angewendet.

7.7.1   Anforderungen an Odoriermittel

- Der Odorierstoff darf nicht mit anderen oft vorkommenden Gerüchen verwechselbar sein.
- Durch den Odorierstoff darf das Gas weder giftig noch umweltschädlich werden.
- Der Odorierstoff muß auch bei längerer Lagerung chemisch beständig sein.
- Das Odoriermittel darf bei den auftretenden Netzdrücken und Gastemperaturen nicht kondensieren.
- Das Odoriermittel muß möglichst rückstandsfrei verdampfen.
- Das Odoriermittel muß auch bei tiefen Temperaturen verwendbar sein.
- Das Odoriermittel muß thermisch beständig sein.

7.7.2   Odoriermittelkonzentration

Die Odoriermittelkonzentration muß so eingestellt werden, daß die Geruchsstufe 2 (Bild 7.14) mit Sicherheit erreicht wird.

Mindest-Odoriermittelkonzentration c (Bild 7.15)

$$c = \frac{K \cdot 100}{0,2 \cdot UEG}$$

K   = K-Wert $[mg/m^3]$ (s. Bild 7.15)
UEG = untere Explosionsgrenze in Vol%

Beispiel: Erdgas (Methan) mit THT odoriert

UEG = 5 Vol%

$$c = \frac{0,08 \cdot 100}{0,2 \cdot 0,5} = 8,0 \ mg/m^3$$

Merke: Diese Mindestodoriermittelkonzentration muß auch beim entferntesten Abnehmer im Versorgungsgebiet nachweisbar sein!

7.7.3   Handhabung von Odoriermitteln

Bei der Handhabung von Odoriermitteln sind die im Sicherheitsdatenblatt nach DIN 52900 enthaltenen Vorschriften zu beachten. *Odoriermittelreste sind grundsätzlich als Sonderabfall zu entsorgen (Grundwassergefährdung).*

Geruchs-stufen	Definition	Bemerkungen
0	Keine Geruchs-wahrnehmung	
0,5	Sehr schwacher Geruch	Grenze der Wahr-nehmbarkeit, (Geruchsschwelle)
1	Schwacher Geruch	
2	Mittlerer Geruch	Warngeruchsstufe
3	Starker Geruch	
4	Sehr starker Geruch	
5	Maximum des Geruches	Obere Grenze der Intensitätssteigerung

Bild 7.14 Geruchsstufeneinteilung nach DVGW G 280

Odoriermittel	K-Wert mg/m^3
Tetrahydrothiopen (THT)	0,08
Tert.-Butylmercaptan (TBM)	0,03
Ethylmercaptan (EM)	0,03

Bild 7.15 K-Werte für Odoriermittel; erforderliche Menge zur Erreichung der Warnge-ruchsstufe (DVGW G 280)

7.7.4 Kontrolle der Odorierung

Um eine ausreichende Odorstoffkonzentration beim Gaskunden sicherzustel-len, ist die Funktion der Odorieranlage wöchentlich durch Vergleich der ins Netz abgegebenen Odorstoffmenge im Verhältnis zur abgegebenen Gasmenge zu überprüfen.

Die Odorstoffkonzentration an den Endpunkten des Leitungssystems ist jähr-lich auf die erforderliche Menge zu kontrollieren.

7.8   Inbetriebnahme sowie Überwachung und Wartung von Gasdruckregelanlagen

Inbetriebnahme:
Die Inbetriebnahme einer Gasdruckregelanlage erfolgt durch Einlassen von Gas, so daß sie anschließend ihre bestimmungsgemäße Funktion jederzeit aufnehmen kann.

Außerbetriebnahme:
Eine Außerbetriebnahme kann erfolgen durch

– Sperrung
– Stillegung.

Sperrung:
Eine Sperrung liegt vor, wenn durch die Schließstellung von Absperrarmaturen der Gasdurchfluß kurzzeitig unterbrochen wird.

Stillegung:
Eine Stillegung liegt vor, wenn die Gasdruckregelanlage abgesperrt und durch Einsetzen von Steckscheiben oder durch die Herausnahme von Leitungsteilen vom gasführenden Netz getrennt ist.

Überwachung:
Unter Überwachung sind Maßnahmen zu verstehen, die dazu dienen, den Ist-Zustand von Gasdruckregelanlagen im Zeitpunkt zwischen turnusmäßigen Wartungsarbeiten festzustellen und zu beurteilen.
Zu diesen Maßnahmen zählen:

– Sichtkontrolle
– Inspektion
– Funktionsprüfung.

Sichtkontrolle:
Zum Erkennen äußerer Einwirkungen (Beschädigungen) an Gasdruckregelanlagen werden Sichtkontrollen durchgeführt. Hierbei wird der Zustand und die Betriebsweise der Anlage auf Abweichungen vom Sollzustand kontrolliert.
Die Sichtkontrolle erfordert keine Eingriffe in die Anlage.

Inspektion:
Zur Überprüfung der ordnungsgemäßen Arbeitsabläufe der Gasdruckregelanlage werden Inspektionen durchgeführt. Hierbei ist der Istzustand zu beurteilen. Dabei sind u. U. Eingriffe in die Gasdruckregelanlage notwendig.

Funktionsprüfung:
Zur Überprüfung der Einstellung der Funktionen der Gasdruckregelanlage

werden Funktionsprüfungen durchgeführt. Eingriffe in die Gasdruckregelanlage sind hierbei erforderlich.

Wartung:
Die Wartung ist die umfassende Durchsicht der Gasdruckregelanlage. Dabei sind die Maßnahmen zur Durchsicht und ggfs. Eingriffe so umfassend festzulegen, daß nach den Betriebserfahrungen und Herstellerangaben bis zur nächsten Wartung keine Störungen infolge Abnutzung zu erwarten sind.

Fristen für die Überwachung und Wartung

Die in den Tabellen 7.3 und 7.4 genannten Fristen für die Überwachung und

Tabelle 7.3 Überwachungs- und Wartungsintervalle für Gasdruckregel- und Meßanlagen (Empfehlungen)

Geltungsbereich: DVGW-Arbeitsblatt G 600, G 490							
Eingangsdruck	100 mbar	bis 1 bar			bis 4 bar		
Normvolumen in Hochlastzeiten	–	unter 100 m³/h	100 m³/h bis 1000 m³/h	über 1000 m³/h	unter 100 m³/h	100 m³/h bis 1000 m³/h	über 1000 m³/h
Überwachung – Sichtkontrolle	nach Bedarf	nach Bedarf	nach Bedarf	nach Bedarf	nach Bedarf	nach Bedarf	nach Bedarf
Überwachung – Inspektion	nach Bedarf	nach Bedarf	nach Bedarf	nach Bedarf	nach Bedarf	nach Bedarf	nach Bedarf
Überwachung – Funktionsprüfung	zwölf-jährlich	zwölf-jährlich	sechs-jährlich	drei-jährlich	sechs-jährlich	drei-jährlich	zwei-jährlich
Wartung	nach Bedarf	nach Bedarf	zwölf-jährlich	sechs-jährlich	nach Bedarf	sechs-jährlich	vier-jährlich

Tabelle 7.4 Überwachungs- und Wartungsintervalle für Gasdruckregel- und Meßanlagen (Empfehlungen)

Geltungsbereich: DVGW-Arbeitsblatt G 491, G 492/II							
Eingangsdruck	4 bis 16 bar				16 bis 100 bar			
Normvolumen in Hochlastzeiten	unter 100 m³/h	100 m³/h bis 1000 m³/h	1000 m³/h bis 5000 m³/h	über 5000 m³/h	unter 100 m³/h	100 m³/h bis 1000 m³/h	1000 m³/h bis 5000 m³/h	über 5000 m³/h
Überwachung – Sichtkontrolle	nach Bedarf	halb-jährlich	viertel-jährlich	monatlich	halb-jährlich	viertel-jährlich	monatlich	zwei-wöchentl.
Überwachung – Inspektion	zwei-jährlich	jährlich	halb-jährlich	viertel-jährlich	jährlich	halb-jährlich	viertel-jährlich	monatlich
Überwachung – Funktionsprüfung	vier-jährlich	zwei-jährlich	jährlich	halb-jährlich	zwei-jährlich	jährlich	halb-jährlich	drittel-jährlich
Wartung	nach Bedarf	vier-jährlich	drei-jährlich	zwei-jährlich	nach Bedarf	drei-jährlich	zwei-jährlich	zwei-jährlich

Wartung sind als Mindestanforderungen zu betrachten und können aus diesem Grund nur als Richtwerte gelten. Die Festlegung der Überwachungs- bzw. Wartungsintervalle muß sich an den betrieblichen Erfahrungen sowie den speziellen Netzverhältnissen orientieren und ist daher vom Versorgungsunternehmen eigenverantwortlich festzulegen.

Allgemeine Hinweise

Arbeiten an Gasdruckregelanlagen dürfen nur von hiermit Beauftragten unter Beachtung der einschlägigen Vorschriften, insbesondere der Unfallverhütungsvorschriften, ausgeführt werden (Tabelle 7.5):

– bei Arbeiten in umbauten Räumen für ausreichende Belüftung sorgen

– vor dem Öffnen gasführender Teile die Zündquellen im Gefahrenbereich unwirksam machen, exgeschützte Beleuchtung und Meßgeräte verwenden

– bei Gasaustritt Raumatmosphäre mit Hilfe von ex-geschützten Gasspürgeräten laufend kontrollieren

– sofern mit selbstentzündlichem Staub zu rechnen ist, sind vorbeugende Brandschutzmaßnahmen zu treffen (z. B. 2 Handfeuerlöscher PG 12)

– vor dem Ausbau von Anlagenteilen elektrische Überbrückung anbringen (GW 309)

Tabelle 7.5   Instandhaltung – Maßnahmen, Tätigkeit, Ausführende

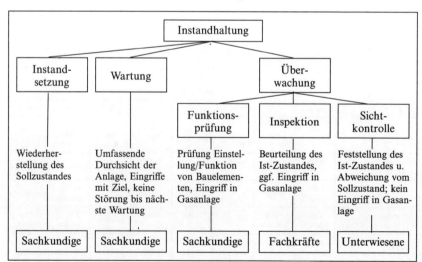

– bei Anstricharbeiten ist sicherzustellen, daß die Funktionsfähigkeit der Anlagenbauteile nicht beeinträchtigt ist, Typenschilder dürfen nicht überstrichen werden

– durch Bodenpflegemaßnahmen, wie Anstrich, oder Pflegemittel, darf die Ableitfähigkeit nicht beeinträchtigt werden ($R_{max} \leq 10^8\, \Omega$)

– Isolierstücke dürfen nicht elektrisch überbrückt werden (Metallfarbanstrich, Schmutz, Werkzeuge)

– über alle Arbeiten ist ein schriftlicher Nachweis zu führen.

7.9   Bereitschaftsdienst

7.9.1   Aufgabe des Bereitschaftsdienstes

Die Aufgabe des Bereitschaftsdienstes ist es, gemeldete Störungs- bzw. Schadensfälle festzustellen und zu sichern. Die eigentliche Reparatur sollte zu einem späteren Zeitpunkt während der üblichen Arbeitszeit ausgeführt werden, um eventuell mögliche weitere Störungen bearbeiten zu können.

Es ist daher Vorsorge zu treffen, daß Tag und Nacht Fachtrupps zusammen gestellt werden können, die personell so besetzt und gerätemäßig so ausgerüstet sind, daß die notwendigen Arbeiten unverzüglich ausgeführt werden können (unverzüglich = ohne schuldhaftes Verzögern).

7.9.2   Organisation

Die Organisation des Bereitschaftsdienstes muß, um seiner Aufgabe gerecht zu werden, auf die Besonderheiten und die Struktur des Versorgungsgebietes abgestellt sein.

Man unterscheidet:

– Rufbereitschaft
– Arbeitsbereitschaft.

Bei der *Rufbereitschaft* hat sich der Mitarbeiter entweder zu Hause oder an einem anderen, dem Arbeitgeber bekannten Ort aufzuhalten. Er muß jederzeit telefonisch oder über Funk erreichbar und sofort einsatzbereit sein. Voraussetzung ist ein Fernsprechanschluß sowie Funk und Einsatzfahrzeug am jeweiligen Aufenthaltsort.

Bei der *Arbeitsbereitschaft* hält sich der in Bereitschaft befindliche Mitarbeiter an einer vom Arbeitgeber vorgegebenen Stelle, ohne direkte Arbeit zu leisten, auf. Obwohl diese Lösung einen schnelleren Einsatz gewährleistet, ist hier eine zentrale Einsatzstelle Voraussetzung. In einem Versorgungsgebiet mit größeren

Entfernungen müßten daher weitere Einsatzzentralen geschaffen werden, um eine möglichst kurzfristige Beseitigung einer Gefahr sicherzustellen.

Die im Bereitschaftsdienst Tätigen müssen über ausreichende Sach- und Ortskenntnisse verfügen und in der Lage sein, sachkundig einzugreifen.

Ein gut organisierter Bereitschaftsdienst ist eine wesentliche Voraussetzung für eine sichere Gasversorgung.

7.10 Technische Regeln, Literatur

G 280	Gasodorierung	7/80
G 281	Odoriermittel	8/85
G 459	Gashausanschlüsse für Betriebsdrücke bis 4 bar, Errichtung	6/86
G 461/I	Errichtung von Gasleitungen bis 4 bar Betriebsüberdruck aus Druckrohren und Formstücken aus duktilem Gußeisen	11/81
G 462/I	Errichtung von Gasleitungen bis 4 bar Betiebsüberdruck aus Stahlrohr	9/76
G 465/I	Überwachen von Gasrohrnetzen mit einem Betriebsüberdruck bis 4 bar	5/82
G 465/II	Arbeiten an Gasrohrnetzen mit einem Betriebsüberdruck bis 4 bar	2/83
G 465/III	Beurteilungskriterien von Leckstellen an erdverlegten Gasleitungen in der Ortsgasverteilung	4/83
G 469	Druckprüfverfahren für Leitungen und Anlagen der Gasversorgung	7/87
G 472	Gasleitungen bis 4 bar Betriebsdruck aus PE-HD und bis 1 bar Betriebsdruck aus PVC-U; Errichtung	9/88
G 490	Bau und Ausrüstung von Gasdruckregelanlagen mit Eingangsdrücken über 100 mbar bis einschließlich 4 bar	1/74 (in Überarbeitung)
G 491	Bau und Ausrüstung von Gasdruckregelanlagen mit Eingangsdrücken über 4 bar bis einschließlich 100 bar	1/74 (in Überarbeitung)
G 492/II	Anlagen für die Gasmengenmessung mit einem Betriebsdruck über 4 bar bis 100 bar; Planung und Errichtung	12/88

8 Betrieb, Überwachung und Instandhaltung von Wasserverteilungsanlagen

Der Betrieb, die Überwachung und Instandhaltung der Wasserverteilungsanlagen hat so zu erfolgen, daß die kontinuierliche Versorgung mit Trinkwasser in stets ausreichender Menge, in einwandfreier Beschaffenheit und mit dem erforderlichen Versorgungsdruck sichergestellt ist.

8.1 Wasserbehälter

Von betrieblichen Belangen ausgehend müssen Wasserbehälter so gestaltet und beschaffen sein, daß keine nachteiligen Veränderungen des Trinkwassers aus mikrobiologischer, chemischer und physikalischer Sicht auftreten können.

Wasserbehälter sollen gut erreichbar und in allen Teilen leicht zugänglich sein. Überwachungs- und Betriebsmaßnahmen müssen ohne besondere Vorkehrungen und ohne Verschmutzung des Wassers durchgeführt werden können.

Die Versorgung ist auch während der Überwachungs-, Reinigungs- und Instandsetzungsarbeiten sicherzustellen. Es ist deshalb zweckmäßig, die Wasserspeicherung auf mehrere Kammern zu verteilen [siehe 1].

8.1.1 Betriebsaufgaben

Zu den wesentlichen Aufgaben beim Betrieb von Wasserbehältern gehören

– gute Bewirtschaftung des vorhandenen Speicherraums
– Erhaltung der Beschaffenheit des gespeicherten Trinkwassers
– Kontrolle und Wartung der technischen Anlagen und des Bauwerks
– Reinigung und Desinfektion des Speicherraums.

Behälterbewirtschaftung

Die Bewirtschaftung von Wasserbehältern hat den Ausgleich der Schwankungen von Zulauf und Entnahme in einem festgelegten Zeitraum zur Aufgabe.

Sind Wasserbehälter einem festen Versorgungsgebiet zugeordnet, so werden sie in der Regel im Tagesrhythmus bewirtschaftet (Bild 8.1).

In besonderen Fällen kann eine längere Bewirtschaftungsdauer von Vorteil sein, z. B. wenn Wert auf einen gleichmäßigen Zulauf über längeren Zeitraum gelegt wird, um so Spitzen aus dem Wasserbehälter abdecken zu können (Bild 8.2).

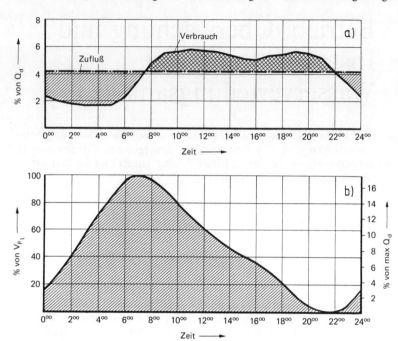

Bild 8.1   Tagesausgleich an Höchstverbrauchstagen bei gleichmäßigem Zufluß
a) Ganglinie von Verbrauch und Zufluß in % von Q_d
b) Ganglinie des Speicherinhalts (Tagesausgleichsvolumen Q_{fl} in % V_{fl} = 17 % von Q_d) (nach Schulze)

Dadurch muß die Wasserförderung und Aufbereitung oder das Bezugsrecht bei einem Wasserlieferanten nicht sofort für Spitzenabgaben ausgelegt werden. Eine solche Betriebsweise erfordert einen entsprechend großen Speicherraum.

Unabhängig von der Betriebsweise gilt stets die Forderung, daß sich die Wasserbeschaffenheit während des Bewirtschaftungszeitraums nicht verschlechtern darf [1].

Deshalb ist es von besonderer Bedeutung, daß eine optimale Behälterbewirtschaftung erreicht wird. Auch bei störungsbedingtem Ausfall der Automatik oder bei extremen Betriebsbedingungen sollte durch Änderung der Betriebsweise der ideale Zustand nach Möglichkeit wieder hergestellt werden. Das Betriebspersonal muß im Bedarfsfall prüfen und abschätzen können, wie sich Änderungen in der Betriebsweise auf die flukturierende Wassermenge, d.h. auf den Verlauf der Wasserstände im Behälter in Abhängigkeit von der Zeit auswirken.

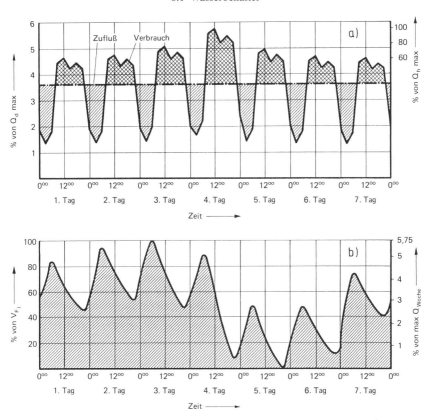

Bild 8.2 Wochenausgleich bei Spitzenverbrauch und gleichmäßigem Zufluß
a) Ganglinie von Verbrauch und Zufluß in % von $Q_{d\,max}$.
b) Ganglinie des Speicherinhalts in % von V_{fl} (Wochenausgleichsvolumen 5,75% von Q_{woche}) (nach Schulze)

Erhaltung der Beschaffenheit des gespeicherten Trinkwassers

Beim Betrieb von Trinkwasserbehältern muß die Verkeimungsgefahr besonders beachtet werden. Die Neigung zu hoher Verkeimung mit zunehmender Verweilzeit im Behälter wird im wesentlichen mit von der Beschaffenheit und Aufbereitung des Rohwassers bestimmt.

Die Trinkwasserbeschaffenheit kann auch beeinträchtigt werden, wenn z. B. infolge von Bauwerkschäden verunreinigtes Wasser von außen eindringt. Eine regelmäßige Sichtkontrolle und Entnahme von Wasserproben ist deshalb unerläßlich. Fortgeschrittene Störungen lassen sich durch Schwimmschichten,

Schaumbildung, Trübung, Geruchsbildung, Pilzwachstum sowie durch Ablagerung an den Wänden und auf der Sohle erkennen.

Kontrolle und Wartung der technischen Anlagen und des Bauwerks

Die Kontrolle und Wartung der technischen Anlagen umfaßt insbesondere

- die Meß- und Übertragungseinrichtungen
- die Förderanlagen (z. B. zur Druckerhöhung) der Entwässerung und des Überlaufs
- die Turbinen zur Einlaufregelung bzw. Energierückgewinnung
- die Anlagen zur Desinfektion bzw. Aufbereitung des Wassers.

Die Kontrolle des baulichen Teils erstreckt sich auf

- Schäden
- Mängel und
- Undichtheiten.

Reinigung und Desinfektion des Speicherraums

Die Wasserkammern sollten regelmäßig, mindestens einmal jährlich gereinigt und desinfiziert werden. Je nach Grad der Verunreinigung kann die Reinigung ohne oder unter Verwendung von chemischen Reinigungsmitteln vorgenommen werden.

Bei geringer Verunreinigung kann sich die Reinigung beschränken auf

- Abspritzen aller Behälterinnenflächen und Entfernen des Reinigungswassers
- Säubern besonders verunreinigter Stellen, z. B. mit Schrubbern, Bürsten oder Hochdruckgeräten
- Reinigen von Rohrleitungen und sonstigen Einbauteilen
- Säubern der Be- und Entlüftungseinrichtungen.

Zur Desinfektion werden alle Behälterinnenflächen mit Desinfektionsmitteln (wäßrige Lösungen von Natriumhypochlorit, Kalziumhypochlorit, Chlorgas, Chlordioxyd usw.) abgesprüht oder abgespritzt.

Das desinfektionsmittelhaltige Wasser muß schadlos abgeleitet werden. Die wasserrechtlichen Bestimmungen sind zu beachten. Im Bedarfsfall ist für eine ausreichende Verdünnung oder Neutralisation zu sorgen.

Unter günstigen Voraussetzungen, z. B. bei guter Wandbeschaffenheit, geringem Verschmutzungsgrad und erfahrenem Personal, können durch Abspritzen mit Trinkwasser bei der Reinigung von Wänden und Decken bereits zufriedenstellende Ergebnisse erzielt werden. Auf die Desinfektion der Sohlflächen kann jedoch nicht verzichtet werden.

Lassen die vorbeschriebenen Maßnahmen nicht den gewünschten Erfolg erwarten, können chemische Reinigungsmittel verwendet werden. Diese müssen den einschlägigen lebensmittelrechtlichen Bestimmungen entsprechen. Außerdem ist zu prüfen, ob und unter welchen Auflagen das reinigungsmittelhaltige Wasser schadlos in ein Gewässer oder in öffentliche Entwässerungseinrichtungen abgeleitet werden kann. Nebenwirkungen auf die Behälterinnenflächen oder Einbauteile, z. B. Aufrauhung und Korrosion, sind möglichst gering zu halten.

Die weitere Verfahrensweise ist im DVGW-Merkblatt W 318 beschrieben.

8.1.2 Feststellung und Behebung von Schäden an Behältern

Schäden an Trinkwasserbehältern können an Innen- und Außenflächen auftreten.

Voraussetzungen für eine dauerhafte und wirtschaftliche Behebung von Schäden sind

– Feststellung des Ortes
– Abgrenzung des Umfangs
– Ermittlung von Art und Ursache
– Auswahl eines geeigneten Sanierungsverfahrens.

Erst nach gründlicher Erkundung kann ermittelt werden, ob die Ursache zu beseitigen ist. Danach kann die Notwendigkeit zur Behebung beurteilt und das geeignete Verfahren gewählt werden (Tabelle 8.1).

Alle zur Sanierung und Instandsetzung verwendeten zement- und nicht zementgebundenen Materialien müssen gesundheitlich unbedenklich sein. Sofern Kunststoffe zum Einsatz kommen, müssen sie den KTW-Empfehlungen des Bundesgesundheitsamtes und dem DVGW-Arbeitsblatt W 270 entsprechen [siehe 2].

Tabelle 8.1 Sanierungsverfahren [3]

Sanierungsverfahren	Schadensarten						
	Hohlräume an der Oberfläche	Risse	Ablösungen	Material-veränderung	Belags-bildung	geringes Nutz-volumen	verminderter Wasseraus-tausch
Beschichten	×	×	×	×	×		
Putzen	×	×	×	×			
Auskleiden		×	×	×	×		
Versiegeln		×					
Ausstemmen	×	×					
Verfüllen	×	×					
Verpressen		×					
Kleben/Schweißen		×					
Desinfizieren					×		
Materialersatz			×				
Änderung der Rohrleitungen						×	×

8.2   Rohrnetzbetrieb

Wird ein Wasserrohrnetz nach einem festgelegten System ohne Beeinträchtigung betrieben, so herrscht Normalbetrieb. Ist der normale Betriebsablauf gestört, so werden Maßnahmen notwendig, die den Störungsbereich aus dem Versorgungssystem ausgrenzen. Damit wird in den meisten Fällen erreicht, daß nur in einem Teil des Rohrnetzes Versorgungsbeeinträchtigungen vorherrschen und im übrigen Bereich eine weitgehend störungsfreie Versorgung wieder möglich wird.

Nicht alle Störungen führen gleich zu Versorgungsbeeinträchtigungen. Sobald sie aber erkannt sind, sollten auch solche Störungen umgehend beseitigt werden.

Die Betriebssicherheit eines Wasserrohrnetzes ist im wesentlichen von einer umgehenden Störungsbehebung und der konsequenten Durchführung der Netzpflege abhängig.

Eine ausreichende Anzahl von Armaturen an den erforderlichen Stellen des Rohrnetzes und ihre sichere Funktion tragen ein weiteres dazu bei.

8.2.1   Allgemeine Betriebsaufgaben

Die allgemeinen Betriebsaufgaben erstrecken sich hauptsächlich auf die Überwachung vorhandener Anlagen und Anlagenteile auf einwandfreien betriebssicheren und hygienischen Zustand.

Dazu gehören im wesentlichen

- Messungen im Rohrnetz (siehe Abschnitt 8.3.1)
- Überwachen der Anlagen und Anlagenteile auf baulichen Zustand, Funktionstüchtigkeit und vorgeschriebene Betriebsstellung (siehe Abschnitt 8.3.2)
- Überwachen von Fremdbaustellen im Bereich von Wasserleitungen (siehe Abschnitt 8.3.3)
- Überwachen der Trinkwassergüte (siehe Abschnitt 8.3.4)
- Spülen von Endsträngen und gering durchströmten Leitungen (siehe Abschnitt 8.4.1)
- Überwachen auf Dichtheit (siehe Abschnitte 8.6, 8.7 und 8.8)
- Überwachen und Austausch der Hauswasserzähler (siehe Abschnitt 8.12.2).

Neben von Dritten gemeldeten Mängeln und Schäden, sind es diese allgemeinen Betriebsaufgaben, die zu Instandsetzungsmaßnahmen führen.

8.2.2   Spezielle Betriebsaufgaben

Zu den speziellen Betriebsaufgaben gehören insbesondere Maßnahmen, die zur Durchführung von Instandsetzungen und planmäßigen Rohrnetzarbeiten, z.B. Abtrennungen, Zusammenschlüsse, notwendig werden.

Es sind

– die Außer- und Wiederinbetriebnahme von Leitungen
– Netzumstellungen und Einrichtung von Ersatzversorgungen.

Außer- und Wiederinbetriebnahme von Leitungen

Kommt es bei der Außerbetriebnahme von Leitungen zur Unterbrechung der Versorgung, müssen die betroffenen Kunden entsprechend den geltenden Regelungen (AVBWasserV, Ortssatzungen) rechtzeitig darüber informiert werden. Dies gilt insbesondere bei der Durchführung von planmäßigen Rohrnetzarbeiten.

Die *Außerbetriebnahme* von Leitungen sollte mit dem Schließen der größten Armaturen beginnen und mit den kleinsten beendet werden. Dadurch werden Druckstöße vermieden und das Betriebspersonal kann am Ende, vornehmlich bei Schiebern und hohem Druckgefälle, kleinere Armaturen leichter schließen als große.

Die Entleerung einer außer Betrieb genommenen Leitung ist nur unter zwingenden Gründen durchzuführen. Wird eine Leitung infolge eines Rohrschadens gesperrt, so sollte die Entleerung nur an der Schadensstelle erfolgen (Bild 8.3). Damit wird ein Rücksaugen des im Erdreich stark verschmutzten Wassers verhindert.

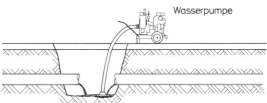

Bild 8.3   Entleeren und Spülen einer Leitung an der Schadensstelle

Es gilt hier der Grundsatz: **Sperren ja – Entleeren nein!**

Bei der *Wiederinbetriebnahme* von Leitungen, werden die Absperrarmaturen in umgekehrter Reihenfolge geöffnet wie bei der Außerbetriebnahme.

Die Leitungen sind grundsätzlich langsam vom Tiefpunkt aus zu füllen. Das einströmende Wasser schiebt dabei die Luft zum Leitungshochpunkt und aus der geöffneten Entlüftungsvorrichtung. Die Entlüftungsvorrichtung muß vor dem Füllvorgang geöffnet werden. Durch das langsame Füllen wird das Wasser von der Luft getrennt gehalten, eine Vermischung findet somit nicht statt. Es ist sehr wichtig, daß jede Leitung ausreichend gespült und vollständig entlüftet wird. Auch wenn nur geringe Luftmengen im Leitungsnetz verbleiben, können diese Druckstöße hervorrufen, was dann wiederum zu Rohrschäden führen kann.

Im Rohrnetz verbliebene Luft führt auch zur Verschlechterung der hydraulischen Verhältnisse und somit zu geringeren Leistungsfähigkeit des Rohrnetzes.

Muß eine Leitung vom Hochpunkt aus gefüllt werden, so besteht die Gefahr der Vermischung beider Medien besonders dann, wenn die Geschwindigkeit des Wasserzuflusses zu groß gehalten wird. Das Wasser-Luftgemisch löst sich jedoch nach einer gewissen Zeit wieder auf, und es sammeln sich Luftblasen an den Leitungshochpunkten.

Die Vermischung erfolgt unter turbulenten Verhältnissen. Beim Füllen von älteren Leitungen wird dadurch der innere Wandbelag teilweise abgelöst und das Wasser erhält eine Braunfärbung.

Hier muß nach dem Füllvorgang noch freigespült werden, d. h., die Entlüftungsvorrichtungen (Hydranten) bleiben so lange geöffnet, bis einwandfrei klares Wasser – ohne Luftblasen – ausfließt. Während dieser Zeit werden sämtliche Absperrarmaturen und Hydranten betätigt, um evtl. noch vorhandene Lufteinschlüsse loszulösen.

War eine Leitung verschmutzt, z. B. infolge eines Rohrschadens, so muß zur Erhaltung der Trinkwassergüte, sofern andere Maßnahmen nicht ausreichen, die Leitung desinfiziert werden (siehe Abschnitt 8.4.3).

Netzumstellungen und Einrichtung von Ersatzversorgungen

Netzumstellungen und Ersatzversorgungen können erforderlich werden bei

– Instandsetzungsmaßnahmen, die längere Zeit in Anspruch nehmen
– Außerbetriebnahme einer Leitung infolge Gefährdung durch Baumaßnahmen Dritter
– Auswechslung von Rohrleitungen
– Reinigung und Sanierung von Rohrleitungen
– eingefrorenen Leitungen, die nicht sofort aufgetaut werden können.

Netzumstellungen, die zu Versorgungsbeeinträchtigungen führen können, sollten vorher durchgespielt werden, damit ihre Auswirkungen bekannt sind.

Es ist von Vorteil, bereits gemachte Erfahrungen in den Bestandsplänen festzuhalten oder in eine Netzbeschreibung aufzunehmen.

Veränderte Betriebszustände, die über einen längeren Zeitraum andauern, sollten unbedingt in den Arbeits- oder Übersichtsplänen vermerkt werden.

Werden *Einspeisungen durch Handregelung* über Absperrarmaturen aus höher liegenden Versorgungszonen durchgeführt, so sind in ausreichender Anzahl Druckaufzeichnungsgeräte aufzustellen (Bild 8.4). Sie ermöglichen eine bessere Überwachung der Druckverhältnisse. Die Aufzeichnungen können auch bei eventuellen Reklamationen durch Kunden von Vorteil sein.

Besser ist es, Einspeisungen über *mobile druckgesteuerte Druckminderanlagen* durchzuführen (Bild 8.5). Sie können bei entsprechender Einstellung den erfor-

Bild 8.4 Druckschreiber

Bild 8.5 Einspeisung
mittels Druckminderventil

derlichen Versorgungsdruck konstant halten. Die Druckminderer sind so auszuwählen, daß sie dem vorherrschenden Druckgefälle entsprechen.

Für Überspeisungen aus tiefer liegenden Versorgungszonen können *mobile Drucksteigerungsanlagen* eingesetzt werden (Bild 8.6).

Ist beim Ersatzsystem mit Engpässen zu rechnen, die sich auf die Bereitstellung des Löschwasserbedarfs für den Grundschutz beziehen (vgl. DVGW-Merkblatt W 405), ist die Feuerwehr (ggf. Gemeindeverwaltung) davon rechtzeitig zu unterrichten. Sofern auch der Objektschutz von Anlagen oder Gebäuden betroffen ist, sind die Eigentümer dieser Objekte rechtzeitig zu informieren.

Wird Trinkwasser über Ersatzleitungen abgegeben, so gilt auch für diese die Trinkwasserverordnung. Die Ersatzleitungen sind daher entsprechend DVGW-

Bild 8.6 Meßwagen mit Drucksteigerungsanlage und Druckminderanlage (Technische Werke der Stadt Stuttgart AG)

Bild 8.7 Wasserwagen

Arbeitsblatt W 291 zu desinfizieren. Meist reicht ein kräftiges Durchspülen aller Leitungen aus.

Wasserwagen, auf Lkw *montierte Wasserbehälter* sowie *Tankfahrzeuge* für Trinkwasser können bei Eintritt von Versorgungsunterbrechungen sofort eingesetzt werden (Bild 8.7).

Ist die Keimfreiheit durch entsprechende Wartung jederzeit sichergestellt, so kann das Wasser als Trinkwasser abgegeben werden. Wird die Keimfreiheit nicht

Bild 8.8 In Beuteln abgepacktes Trinkwasser

Bild 8.9 Trinkwasser-
Abfüllanlage
(Technische Werke der
Stadt Stuttgart AG)

garantiert, darf das Wasser nur mit dem Vermerk „Kein Trinkwasser, im abge-
kochten Zustand verwenden" abgegeben werden.

Zur sofortigen Versorgung von Kunden bei Versorgungsunterbrechung kann
auch in Tüten, Beuteln oder Flaschen *abgepacktes Wasser* verteilt werden (Bild
8.8). Unter Beachtung der Lagerbedingungen und Verwendbarkeitszeiten handelt es sich auch dabei um Trinkwasser, für das die Trinkwasserverordnung gilt.

Die Bereitstellung von abgepacktem Wasser setzt eine entsprechende Abfüllanlage voraus (Bild 8.9).

Bauabnahme und Inbetriebnahme von Wasserrohrleitungen

---

1. Bauende Stelle: RbI, II, III, Rf, Rm, Rs

2. Bezeichnung des Bauvorhabens:
   Auswechslung, Umlegung, Umhängung, Erweiterung ZW, VW
   Stadtteil/Gemeinde .... Straße ....
   von .... bis ....
   Länge .... Durchmesser .... Nenndruck ....

3. Planung:
   Bauleitung:
   Vermessung:

4. Unternehmer:
   Tiefbau: Rohrverlegung:

5. Werkstoff: DG, St, PE, Az   Lieferwerk:

6. Rohrverbindung: Ty, Sw, ...

7. Isolierung:
   außen: Bitumen, Kunststoff, Zement
   innen: Zementausschleuderung

8. Prüfart: nach DIN 4279 Teil 1 und Teil ....
   bei DG: Teil 3, Normalverfahren, Sonderverfahren

9. Prüfdruck bei Vorprüfung: am Anfang .... am Ende ....
   Prüfdruck bei Hauptprüfung: am Anfang .... am Ende ....
   Prüfdauer der Hauptprüfung:

10. Für Wasserrohrleitungen ab DN 150 und 150 m Länge ist der Wasserbedarf zur
    Drucksteigerung zu messen und die Füllkurve aufzuzeichnen.

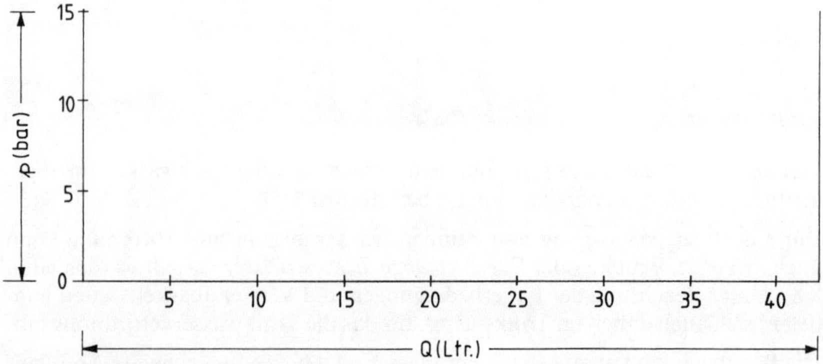

Bild 8.10 Abnahmeprotokoll

- 2 -

11. Leitungsspülung: Beginn: .... Ende: ....
    entnommene Wassermenge:

12. Freigabe vom Gesundheitsamt
    telefonisch am: .... (schriftliche Freigabe beifügen)

13. Anzahl der Armaturen:
    Hydranten: .... , Schieber ...., Entleerungen ....
    Straßenkappen ...., Schachtdeckel ....

14. Prüfvermerk, Erledigungsvermerk, Beanstandungen

übergeben: übernommen:

....
Datum und Name   Datum und Name
(Baubezirk)   (Betrieb)

8.2.3   Inbetriebnahme neuer Wasserleitungen

Mit der Inbetriebnahme einer neuen Wasserleitung wird der Bevölkerung ein Lebensmittel zugeleitet, dessen Qualität durch ordentliche Betriebsverhältnisse und einwandfreien Zustand der Leitung erhalten bleiben muß.

Da im allgemeinen der „Bau" wie auch der „Betrieb" getrennte Verantwortungsbereiche in einem WVU darstellen, ist es angebracht, diese Forderungen schon vor der Inbetriebnahme einer Leitung durch eine Leitungsübergabe sicherzustellen. Dabei kann ein bauseits gefertigtes Übergabeprotokoll verwendet werden, daß dem „Betrieb" den erforderlichen Überblick über Art und Umfang der neu gebauten Leitung gibt und deren Betriebssicherheit und hygienische Unbedenklichkeit bestätigt (Bild 8.10).

Werden Mängel in der Bauausführung festgestellt, so sind diese vor der Inbetriebnahme zu beseitigen.

Insbesondere ist zu beachten:

– *Absperrarmaturen und Hydranten müssen zugänglich und gut bedienbar sein.*

– *Die Leitung muß an den Hochpunkten einwandfrei zu entlüften sein.*

– *Der Sitz von Schachtkästen und Straßenkappen muß so sein, daß Steckschlüssel und Hydrantenstandrohre problemlos einzuführen bzw. einzubauen sind.*

– *Schächte müssen gefahrlos begehbar sein.*

Die Inbetriebnahme selbst erfolgt wie unter 8.2.2 beschrieben.

8.3   Rohrnetzüberwachung

Wasserrohrnetze bedürfen, wie alle technischen Anlagen, einer ständigen Überwachung, damit sie ihre Funktion sicher erfüllen können.

Die Überwachung bedeutet Feststellung des Istzustandes.

Im einzelnen haben die Überwachungsmaßnahmen zum Ziel

– Erhaltung der Betriebssicherheit
– Erhaltung der Trinkwassergüte
– Verringerung bzw. Geringhaltung von Wasserverlusten
– frühzeitiges Erkennen von Störungen
– Abwendung von Schäden.

Aus den Überwachungsergebnissen läßt sich auch der Allgemeinzustand eines Rohrnetzes beurteilen.

Mit Hilfe entsprechender Dokumentation kann erforderlichenfalls auch nachgewiesen werden, daß das WVU alle zumutbaren Maßnahmen zur Sicherung einer störungsfreien Wasserbelieferung und kurzfristigen Beseitigung von Störungen getroffen hat.

Eine regelmäßige Überwachung ist auch aus wirtschaftlichen Erwägungen notwendig. Schließlich ist im Wasserrohrnetz der weitaus größte Teil des Anlagevermögens eines WVU investiert.

8.3.1 Messungen im Rohrnetz

Messungen im Rohrnetz werden in der Praxis mit unterschiedlichem Aufwand durchgeführt. Sie erstrecken sich dabei von Einzelmessungen an Leitungen bis zum Betrieb zentraler Meßwarten.

Allgemein wird bei Messungen ermittelt, ob das Rohrnetz unter normalen Bedingungen betrieben wird. Normale Bedingungen liegen vor, wenn die Meßwerte von Druck, Durchfluß und Verbrauch bei Zeitgleichheit an den Wochentagen annähernd übereinstimmen. Jahreszeitlich bedingte Schwankungen (Spitzenabgaben) sind dabei zu berücksichtigen. Wird der Rohrnetzbetrieb z.B. durch einen größeren Rohrschaden gestört, so macht sich dies durch außergewöhnliche Druck- und Durchflußänderung bemerkbar. Die Erkennbarkeit des Schadens hängt dabei von der Intensität des Wasseraustrittes und der Anzahl der im Netz eingebauten Druck- und Durchflußmeßgeräte ab. Eine Übertragung dieser Meßwerte zu einer Zentralwarte ist zwar wünschenswert, würde aber sehr hohe Investitionen und Unterhaltungskosten erfordern, so daß die WVU bisher nur wenige Hauptleitungsstrecken in dieser Weise überwachen.

Üblich und weniger aufwendig ist es, die Netzeinspeisungen an den Behälterausgängen zu überwachen (Bild 8.11). Hier kommen heute hauptsächlich Durchflußmeßgeräte zum Einsatz, die nach dem induktiven Meßprinzip arbeiten, weil sie größere Meßbereiche mit ausreichender Genauigkeit abdecken.

Zusätzlich zu den Behältermessungen – insbesondere bei größeren Versorgungszonen – sollten örtliche Messungen im Rohrnetz erfolgen. Durch Einbau entsprechender Meßstellen (Schächte) können Druck- und Durchflußmessungen durchgeführt werden (Bild 8.12). Die Meßwerte können bis zu vier Wochen gespeichert und dann ausgewertet werden (Bild 8.13). Erfolgen solche Messungen an genügend vielen Stellen im Rohrnetz, so erhält man einen guten Einblick in die Betriebsverhältnisse.

Druckmessungen geben Aufschluß über Druckstöße und Druckschwankungen, die nicht nur den Betrieb der Leitung beeinträchtigen (wechselnder Ausfluß an Zapfstellen, Geräuschbildung), sondern auch zu Rohrschäden führen können.

Ein hoher Druckabfall während des Tagesverbrauchs weist in der Regel auf unzureichend dimensionierte Leitungen oder auf Verengungen hin (Belagsbildung, Verstopfung, falsche Stellung der Absperrarmaturen).

Ein ständig verminderter Druck weist auf einen Rohrschaden oder eine geöffnete Absperrarmatur zu einer tiefer liegenden Versorgungszone hin.

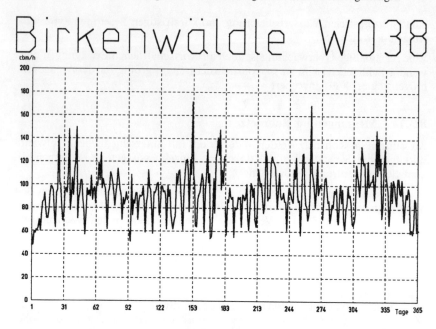

Bild 8.11 Behälterentnahme-Jahresbilanz

Bild 8.12 Meßschacht-Verbundzähler mit Impulsgeber (Technische Werke der Stadt Stuttgart AG)

Bild 8.13 Meßschacht-Datenspeicher (Technische Werke der Stadt Stuttgart AG)

Bei ständig erhöhtem Druck können falsch arbeitende Druckminderanlagen, Wasserzufluß aus höher liegenden Versorgungszonen oder fehlerhafte Pumpenschaltungen die Ursache sein.

8.3.2 Überwachen auf Zugänglichkeit und Funktionsfähigkeit der Anlagenteile

Die Art und der Umfang der Überwachungsmaßnahmen werden bestimmt durch

– die Funktion und Bedeutung der Leitung, wie z. B. Fernleitung oder Anschlußleitung
– die örtlichen Betriebsverhältnisse, z. B. Anzahl der Druckzonen oder die Wasserbeschaffenheit
– die Leitungstrasse und Geologie
– die Beanspruchung durch Verkehr und Bodenbewegung
– die Art und Anzahl der eingebauten Steuer- und Überwachungsgeräte
– den Rohrwerkstoff und die Art der Verbindungen
– die Kontrollbedürftigkeit von Armaturen und Meßeinrichtungen.

Das Alter einer Leitung alleine ist noch kein Anlaß für eine besondere Überwachung.

Aus diesem Bündel von Kriterien lassen sich bei näherer Betrachtung Schwerpunkte für die verschiedenen Versorgungsunternehmen ableiten.

Z. B. wird ein Fernversorgungsunternehmen seine Überwachungsmaßnahmen mehr auf die in großer Anzahl eingebauten Steuer- und Überwachungsgeräte ausrichten. Dagegen wird ein Versorgungsunternehmen mit ausgedehnten Versorgungsnetzen mehr die Vielzahl eingebauter Armaturen im Auge behalten und darauf seine Überwachungsmaßnahmen abstimmen.

Zugänglichkeit der Leitungen und Auffindbarkeit der Anlagenteile

- Die Betriebssicherheit der Leitungen und Anlagenteile sowie die Durchführung von Wartungs- und Instandsetzungsarbeiten darf durch Bebauung, Bepflanzung oder sonstige ortsfeste Hindernisse nicht beeinträchtigt werden.
- Straßenkappen und Schachtabdeckungen müssen gut sichtbar, zugänglich und verkehrssicher eingebaut sein.
- Armaturen – Kennzeichnungstafeln und andere Markierungen müssen gut sichtbar und fest angebracht sein. Die darauf befindlichen Maße bzw. Markierungen müssen die Lage der Leitungen und der Anlagenteile hinreichend genau angeben.

Zustand und Funktionsfähigkeit der Anlagenteile

In die Überwachung werden einbezogen

- alle Armaturen
- Meß-, Regel- und Steuereinrichtungen
- Schächte und Stollen
- sowie kathodische Korrosionsschutzanlagen.

Absperrarmaturen (Schieber und Klappen) sind zu überprüfen auf

- äußere Dichtheit
- vorgeschriebene Betriebsstellung
- Gängigkeit der Spindel bzw. Welle durch Schließen und Öffnen (ca. 5 Umdrehungen).

Das Betätigen von Schiebern kann jedoch dazu führen, daß insbesondere Stopfbüchsen mit Weichpackungen undicht werden, so daß eine Abdichtung bzw. ein Ausbau erforderlich wird. Außerdem kommt es bei der Betätigung von Absperrarmaturen zur Ablösung von Inkrustationen, was zu Störungen führen kann, z.B. Verstopfung von Wasserzählern, Schmutzfängern, Druckminderern, Braunfärbung des Wassers.

Langzeitbeobachtungen haben gezeigt, daß keine nachteiligen Folgen, wie z.B. festsitzende Spindeln, bei Unterlassung der Schieberbetätigung befürchtet werden müssen.

Hydranten sind zu überprüfen auf

- äußere Dichtheit
- leichte Beweglichkeit des Absperrkörpers
- Unversehrtheit der Standrohrbefestigung (Klaue- und Dichtfläche)
- Entleerungszeit des Steigrohres

– richtigen Einbau der Straßenkappen (Deckelstift gegenüber der Klaue, Bild 8.14).

Obwohl eine Notwendigkeit der Überprüfung aller im Rohrnetz vorhandenen Armaturen besteht, haben die Hydranten einen besonderen Stellenwert.

Ihre Zweckbestimmung und damit verbundene Beanspruchung reicht von Betriebsmaßnahmen des WVU wie Spülungen, Be- und Entlüftung, Notwasserentnahme bis hin zu Feuerlöschzwecken und privater Entnahme durch Verleihen von Standrohren.

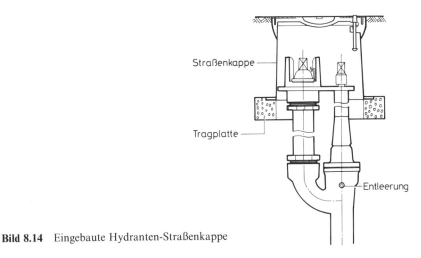

Bild 8.14 Eingebaute Hydranten-Straßenkappe

Automatische Be- und Entlüftungen sind zu überprüfen auf

– äußere Dichtheit
– Gängigkeit und Funktion der Absperrelemente im Be- und Entlüfter
– Kugelspiel und Kugelsitz.

Wegen der Bedeutung der automatischen Be- und Entlüftungen aus betrieblicher Sicht, sollte eine Überprüfung, außer in zeitlich festgelegten Abständen, zusätzlich bei jeder Außer- und Inbetriebnahme von Leitungen erfolgen.

Druckminderanlagen sind zu überprüfen auf

– richtige Einstellung des Ausgangsdruckes (Niederdruck), evtl. Kontrollmessung durchführen
– dichten Abschluß bei Nulldurchfluß (Niederdruck muß gehalten werden)
– Druckabfall bei maximalem Durchfluß (nicht mehr als 0,5 bar, Voraussetzung – Vordruck liegt über dem Ausgangsdruck)
– freien Durchgang im Schmutzfänger und in der Steuerleitung
– Funktionsfähigkeit der Sicherheitsventile.

Die Überwachung von Druckminderanlagen dient außer der Sicherstellung einer ordentlichen Versorgung, auch zur Abwendung von Schäden, die beim Durchschlagen des Vordrucks infolge Überbeanspruchung des Rohrnetzes bzw. der Kundenanlage auftreten können.

In der Praxis hat es sich bewährt, Druckminderventile, Schmutzfänger und Sicherheitsventile mindestens einmal jährlich auszubauen, um sie einer Überholung zu unterziehen.

Bei einspurigen Anlagen sollten stets Reservearmaturen vorgehalten werden, damit ein Austausch – besonders in Störfällen – umgehend erfolgen kann.

Bei mehrspurigen Anlagen kann, sofern die Betriebsverhältnisse es zulassen, eine Einspeisung solange stillgelegt werden (Bild 8.15).

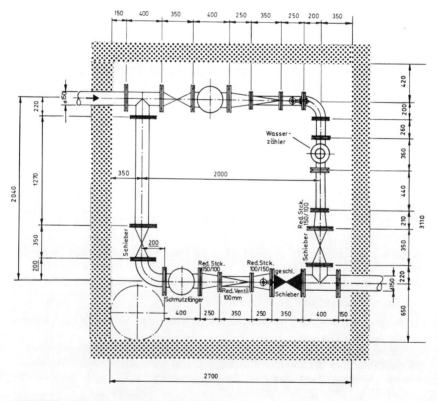

Bild 8.15 Druckminderanlage (zweispurig)

Rückflußverhinderer sind zu überprüfen auf

- Gängigkeit
- dichten Abschluß bei Nulldurchfluß und
- Umkehr der Fließrichtung.

Rückflußverhinderer haben die Aufgabe, Rücksaugung oder Eindrücken von Nichttrinkwasser zu verindern (Bild 8.16).

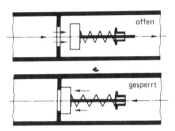

Bild 8.16   Rückflußverhinderer [14]

Meß-, Regel- und Steuereinrichtungen

- die Durchführung der Überprüfungen wird hier normalerweise nach den Wartungs- und Betriebsanleitungen der Hersteller erfolgen
- Durchflußmeßgeräte und Wasserzähler, die im geschäftlichen Verkehr eingesetzt werden, sind nach den geltenden Rechtsvorschriften zu überprüfen (Eichgesetz, Durchführungsverordnung zum Eichgesetz).

Schächte und Stollen sind zu überprüfen auf

- Vorhandensein explosionsfähiger und toxischer Gase sowie ausreichenden Sauerstoffgehalt
- Einstiegsfreiheit, Begehbarkeit und Sauberkeit
- baulichen Zustand
- Wassereintritt von außen (Grundwasser, Tagwasser)
- Wirksamkeit der Be- und Entlüftung
- Entwässerung (Gängigkeit des Auslaufabschlusses).

Für das Besteigen von Schächten und Stollen müssen entsprechende Ausrüstungen zur Verfügung stehen. Dazu gehören Gasspürgeräte, Frischluftmasken (Selbstretter), ex-geschützte Handlampen und Sprechfunkgeräte sowie Anseilgeräte (Bild 8.17).

Freiliegende Leitungen sind zu überprüfen auf

- Beschädigung durch Fremdeinwirkung
- Korrosion
- Rostschutz und Rohrbefestigung
- Frostschutzeinrichtungen.

Bild 8.17 Ausrüstung für
die Schachtbesteigung

Kathodische Korrosionsschutzanlagen müssen laufend überwacht werden, damit
ihre Wirksamkeit erhalten bleibt.

Dabei sind

– der Schutzstrom
– die Ausgangsspannung
– das Rohr/Boden-Potential

regelmäßig zu messen [4].

Diese Tätigkeiten können auch von elektrotechnisch nicht geschultem Betriebspersonal z. B. im Rahmen der Leitungsüberwachung durchgeführt werden,
wenn die Korrosionsschutzanlagen mit entsprechenden Meßgeräten ausgerüstet
oder die Anschlüsse für Kontrollmessungen eindeutig gekennzeichnet sind (Bild
8.18).

8.3.3 Überwachen und Sicherung der Wasserverteilungsanlagen im Bereich von Fremdbaustellen

Täglich werden Leitungen und Anlagenteile der WVU insbesondere durch Bauarbeiten und Baustelleneinrichtungen Dritter beschädigt, gefährdet bzw. in ihrer
Betriebssicherheit beeinträchtigt.

Bei Bauarbeiten in der Nähe von Versorgungsanlagen und beim Verfüllen freige-
legter Leitungen durch Dritte wird oft bei mangelnder Überwachung die Grundlage für spätere Schäden geschaffen.

Bild 8.18 KKS-Anlage-Kontrollmessung

Bild 8.19 Leitungen in öffentlichen Flächen

Viele Schäden resultieren auch aus der unterlassenen Erkundung über vorhandene Fremdanlagen. Jedes WVU sollte deshalb darauf bedacht sein, in dieser Richtung Aufklärungsarbeit zu leisten und auch jederzeit bereit sein, über die genaue Lage der Leitungen Auskunft zu geben (Bild 8.19).

Vorübergehende Außerbetriebnahme

Nur selten wird es möglich sein, Anlagen durch Absperrung oder Abtrennung über die Bauzeit außer Betrieb zu setzen und sie später, wenn keine Gefährdung mehr zu erwarten ist, nach einer Druckprüfung wieder in Betrieb zu nehmen.

Neue Leitungsführung als Vorausmaßnahme

Die neue Leitungsführung sollte mit den Einbindestellen ins bestehende Rohrnetz genügend weit über den Gefährdungsbereich hinausgehen.

Allgemeine Sicherungsmaßnahmen

Scheiden vorübergehende Außerbetriebnahmen und Leitungsumlegungen aus, so sind stets verformungsarme Verbaue zu fordern. Die Bauarbeiten sind laufend zu überwachen. Im Gefahrenfall ist die Anlage entsprechend zu sichern.

Besondere Sicherungsmaßnahmen an Leitungskreuzungen

An Leitungskreuzungen können

– Arbeiten unter der Wasserleitung oder
– Arbeiten über der Wasserleitung

notwendig werden.

Die Beanspruchung der Wasserleitung ist in beiden Fällen unterschiedlich.

An *Kreuzungen mit tieferen Baugruben* müssen Leitungen während der Baumaßnahmen unterfangen oder aufgehängt werden.

Im Zuge der Verfüllung müssen im Bereich der Rohrkreuzung Vorkehrungen zur Vermeidung späterer Setzungen getroffen werden (Bild 8.20 und 8.21).

Während der *Arbeiten über Leitungen* erzeugt das Gewicht der Baugeräte Bodenpressungen, die bei zu geringer Überdeckung der Rohrleitungen und bei mangelhafter Lagerung Schäden verursachen können. Durch Auslegen von Baggermatratzen werden die Lasten besser verteilt und die Rohrleitungen vor Schäden bewahrt.

Verfüllarbeiten sollten im Bereich der Leitungszone nur mit leichten Verdichtungsgeräten durchgeführt werden.

Bei *Leitungskreuzungen* ist allgemein ein Abstand von mind. 40 cm anzustreben. Falls der Abstand von 20 cm unterschritten werden muß, ist durch elastische und elektrisch nicht leitende Zwischenlagen (z. B. Kreuzungsschalen) sicherzustellen, daß keine Kräfte von einer Leitung auf die andere übertragen werden können und daß kein elektrischer Strom übertreten kann (Bild 8.22).

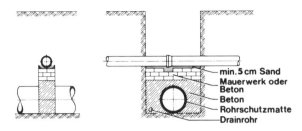

Bild 8.20 Unterkreuzung von Leitungen – Untermauerung

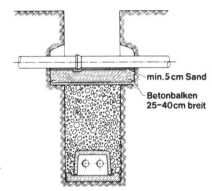

Bild 8.21 Unterkreuzung von Leitungen –
Trägerunterbau

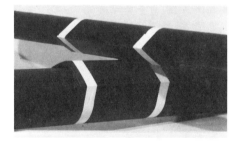

Bild 8.22 Kreuzungsschalen

Besondere Sicherungsmaßnahmen an parallel geführten Baugruben

Jede Baugrube – ausgenommen im Fels – führt zu senkrechten und waagerechten Bodenbewegungen. Waagerechte Bewegungen können nur durch Bohrpfahlwände verhindert werden. Alle anderen Arten des Verbaus können diese Bewegungen zwar mindern, aber nicht völlig ausschließen. Falls nicht sorgfältig verdichtet wird oder wenn der Verbau beim Verfüllen zu früh entfernt wird, treten diese Erscheinungen nach Ende der Arbeiten verstärkt auf und führen zu Spätschäden.

Bild 8.23 zeigt die in einem abreißenden Erdkeil liegende Rohrleitung. Sie ist in allen Bereichen mit unterschiedlicher Bewegung, besonders an allen Übergängen und Hausanschlußleitungen, gefährdet.

Werden in parallel verlaufenden Baugruben Schächte oder ähnliche Einbauten erstellt, treten zusätzliche Beanspruchungen auf. Der Erdkeil bewegt sich nicht mehr gleichmäßig. Die Schächte bilden Widerlager. Wenn ein Erdkeil entsprechend Bild 8.24 ins Gleiten kommt, treten im Bereich der Schächte geringe, dazwischen große Bewegungen auf. Die Beanspruchung der Rohre kann unter ungünstigen Voraussetzungen in Schachtnähe zu Schäden führen.

Bewegliche Rohrverbindungen wirken hier günstig. Am Übergang Schacht/ Leitungsgraben empfiehlt sich der Einbau von kurzen Rohrstücken mit entsprechend mehr Verbindungen [5].

Hausanschlußleitungen können durch Trennen und Einbau von Rohrkupplungen, zusätzlichen Rohrstücken oder flexiblen Metallschläuchen spannungsfrei gemacht werden.

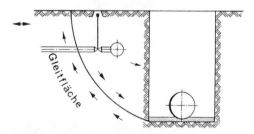

Bild 8.23   Gleitender Erdkeil

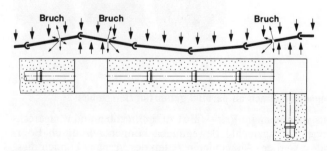

Bild 8.24   Parallele Baugrube mit Einbauten

8.3.4 Überwachen der Trinkwassergüte im Rohrnetz

Eine Verpflichtung zur Überwachung der Verteilungsanlagen darauf, daß das Trinkwasser bei Übergabe an den Verbraucher die erforderliche Beschaffenheit hat, ergibt sich besonders aus der Trinkwasserverordnung (TrinkwV), der DIN 2000 und der AVBWasserV.

Die Überwachung erfolgt durch die regelmäßige Entnahme von Wasserproben an verschiedenen Stellen des Rohrnetzes und beim Verbraucher (zum Vergleich auch in der Wassergewinnungsanlage bzw. Speicher, s. Abschnitt 8.1.1). Diese werden mikrobiologisch, physikalisch und chemisch untersucht (Bild 8.25 und 8.26).

Wichtig ist in diesem Zusammenhang die Einbeziehung von gering durchströmten Leitungsstrecken und Endsträngen.

Außer der regelmäßigen Überwachung, werden auch Maßnahmen aus besonderem Anlaß erforderlich, z. B.

– im Zusammenhang mit der Inbetriebnahme von Anlagen oder Anlagenteilen
– bei Grenz- und Richtwertüberschreitungen gemäß Trinkwasserverordnung
– bei Änderung der Wasserbeschaffenheit durch Mischung unterschiedlicher Wässer
– bei Meldungen über grobsinnlich wahrnehmbare Veränderungen des Wassers
– bei Verdacht auf Rücksaugungen aus Nichttrinkwasser-Anlagen
– bei Verdacht auf Rücksaugung aus dem Erdreich, z. B. im Zusammenhang mit einem Rohrschaden.

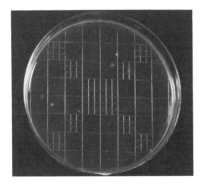 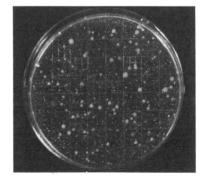

Bild 8.25 Nährboden-Keimzahl 20   **Bild 8.26** Nährboden-Keimzahl ca. 1700

8.4   Verkeimung des Rohrnetzes

Hierunter versteht man die Vermehrung von Mikrolebewesen, die nahezu überall Lebensbedingungen vorfinden und somit auch in jeder Rohrleitung, ja sogar im frisch aufbereiteten Trinkwasser vorhanden sein können.

Die Verkeimung wird durch Nährböden begünstigt und findet vor allen Dingen an Stellen mit geringer Strömung statt.

Nährböden werden aus Schmutzteilchen mannigfaltiger Art gebildet, die beim Bau sowie bei der Reparatur von Leitungen in das Rohrinnere gelangen können. Sie haften im Rohr in weicher Form oder als härterer Wandbelag, häufig gemeinsam mit Korrosionsprodukten und Trinkwasserausscheidungen.

Je nach den Verhältnissen am Gewinnungsort kann das Trinkwasser selbst Inhaltsstoffe in verschiedener Art und Menge mit sich führen, die eine Verkeimung begünstigen.

Besonders bei eisen- und manganhaltigem Wasser gedeiht eine besondere Art von Bakterien. Diese oxidieren auf biologischem Wege diese Metalle und führen damit zu Korrosions- und Schlammbildungen.

Vorrangige Maßnahmen gegen eine Verkeimung des Wasserrohrnetzes sind passiver Art. Sie bestehen in der Vorsorge, Schmutz vom Rohrnetzinneren fernzuhalten.

Im einzelnen heißt dies, daß

– bei Leitungsentleerungen kein Schmutzwasser durch Schadensstellen eindringt
– kein Schmutzwasser bei Unterdruck durch Zapfstellen eingesaugt wird
– bei der Trennung von Leitungen das Rohrinnere nicht verschmutzt wird
– keine verschmutzten Rohre, Formstücke oder Armaturen in das Rohrnetz eingebaut werden.

Vorsorge wird getroffen, wenn

– das Arbeitspersonal über die mögliche Gefahren einer Rohrverschmutzung unterrichtet wird
– alle Arbeiten mit der erforderlichen Sorgfalt ausgeführt werden
– durch Einsatz von leistungsfähigen Pumpen Schmutzwasser aus Baugruben und Schächten beseitigt wird
– Verbrauchsleitungen sowie Zapfstellen gegen Rücksaugung gesichert sind (Rückflußverhinderer, Rohrbelüfter)
– neu einzubauende Teile vorher gereinigt und mit einer Desinfektionslösung abgewaschen bzw. besprüht werden
– nach Reparaturen bzw. vor der Leitungsinbetriebnahme gut gespült wird.

8.4.1 Leitungsspülen

Bei bereits eingetretener Verkeimung kann unter günstigen Voraussetzungen durch Leitungsspülen bereits ausreichende Abhilfe geschaffen werden.

Unerläßlich in diesem Zusammenhang ist das regelmäßige Spülen von Leitungsendsträngen. Der Spülturnus ist von der Wasserbeschaffenheit und dem inneren Zustand der Leitung abhängig. Der Spülaufwand kann reduziert werden, wenn am Leitungsende ein Verbraucher angeschlossen wird (Bild 8.27).

Bild 8.27 Leitungsendstrang mit Hausanschlußleitung

Bei Leitungsspülungen kann im Normalfall die Spülgeschwindigkeit mäßig gehalten werde, da häufig nur ein mehrfacher Wasseraustausch erfolgen muß.

Wird eine Spülung zur Säuberung einer Leitung durchgeführt, so sind ausreichend hohe Abrieb- und Schleppkräfte zur Lösung des Schmutzes von der Rohrwand und zum Transport der Schmutzteile aus dem Rohr notwendig. Dies kann durch entsprechende Erhöhung der Fließgeschwindigkeit des Wassers erreicht werden. Die Grenzen liegen hier in der Möglichkeit der Wasseraufbringung, der Wasserbeseitigung sowie in dem vorherrschenden Betriebsdruck.

Für eine erfolgreiche Spülung in diesem Zusammenhang ist erfahrungsgemäß eine Fließgeschwindigkeit von mind. 1,5 m/s erforderlich.

Kann die dafür erforderliche Wassermenge nicht aufgebracht werden, so besteht die Möglichkeit, die Spülwirkung durch Einbringen eines Balles in die Rohrleitung zu verstärken. Bei diesem Verfahren schwebt ein an einer Leine geführter Ball mit dem Spülwasser durch das Rohr.

Den gleichen Effekt erreicht man auch durch den Einsatz von Rohrbürsten (Bild 8.28). Dabei kann es jedoch bereits zum Ablösen von Rohrinkrustationen kommen, was nicht in jedem Fall erwünscht ist.

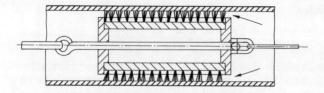

Bild 8.28 Erhöhung der Fließgeschwindigkeit im Bereich der Rohrbürste

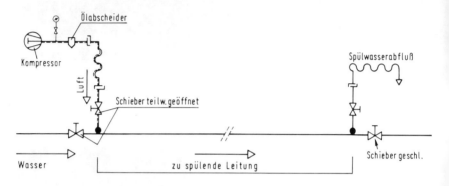

Bild 8.29 Spülen einer Rohrleitung mit Luft/Wasser-Gemisch [6]

Eine weitere Möglichkeit zur Erhöhung der Spülwirkung ist die Luft/Wasser-Spülung. Hier wird in einer abgeschieberten Leitungsstrecke unter gleichzeitigem geringen Öffnen des Absperrorgans Preßluft durch einen Hydranten eingeblasen (Bild 8.29).

Bei diesem Verfahren muß aber mit dem Auftreten von Druckstößen gerechnet werden.

Die Preßluft kann mit einem Kompressor erzeugt werden, hinter den ein Ölabscheider geschaltet sein muß, um das Eindringen von Öl in das Rohrnetz mit Sicherheit auszuschließen. Mit der Luft dürfen auch keine anderen Verunreinigungen in das Rohrnetz gelangen.

Nach einer Luft/Wasser-Spülung muß die Rohrleitung gut entlüftet werden.

Führen Leitungsspülungen zu keinem befriedigenden Ergebnis, so sind andere Maßnahmen durchzuführen (siehe Abschnitt 8.4.2, 8.4.3 und 8.10).

8.4.2   Erhöhung des Chlorgehalts im Trinkwasser

Nach der Trinkwasserverordnung muß in Trinkwasser, das mit Chlor, Natrium-, Magnesium- oder Kalziumhypochlorit desinfiziert wird, nach Abschluß der Aufbereitung ein Restgehalt von mind. 0,1 mg freiem Chlor je Liter nachweisbar sein. Der Höchstgehalt an freiem Chlor darf nach der Aufbereitung max. 0,3 mg je Liter betragen.

In besonderen Fällen, z. B. bei sehr hoher Verkeimung, kann der Chlorgehalt im Trinkwasser vorübergehend erhöht werden. Nach der Trinkwasser-Aufbereitungs-Verordnung vom 19. 12. 1959 – Ergänzungslieferung vom Februar 1980 – kann der Chlorgehalt bis max. 0,6 g/m^3 betragen.

Eine Erhöhung des Chlorgehalts im Trinkwasser kann nur mit dem Einverständnis des Gesundheitsamtes und bei vorheriger Kundenbenachrichtigung erfolgen.

Dazu ist zunächst der Chlorgehalt im Wasser festzustellen.

Die Aufstockung des Chlorgehalts erfolgt schrittweise jeweils um 0,1 g/m^3. Durch geeignete Maßnahmen, z. B. Öffnen von Hydranten, ist eine eindeutige Fließrichtung herzustellen.

Die Zugabe der Chlorlösung erfolgt unter Verwendung mobiler Dosieranlagen [7].

8.4.3   Leitungsdesinfektion

Ist eine Rohrleitung verschmutzt oder besteht der Verdacht auf Verschmutzung, so muß diese Leitung desinfiziert werden.

Allgemein werden zur Desinfektion Chlorpräparate auf der Basis von Hypochlorit verwendet. Häufig verwendete Desinfektionsmittel sind Kaliumhypochlorit körnig oder tablettenförmig und Natriumhypochlorit flüssig als Natronbleichlauge. Sie können durch den Handel bezogen werden.

Für die Desinfektion von Leitungen ist das Standzeitverfahren besonders gut geeignet. Dieses kann mit unterschiedlicher Chlorkonzentration und Einwirkungsdauer angewendet werden. Bewährt hat sich dabei eine Chlorkonzentration von 50 mg/l Cl$_2$ bei 24stündiger Einwirkungsdauer.

Läßt die Versorgungslage jedoch nur eine kurzzeitige Außerbetriebnahme der Leitung zu, so muß mit entsprechend höherer Chlorkonzentration desinfiziert werden. Dabei ist zu beachten, daß die Abtötung von Keimen in Fugen, Vertiefungen und schleimigen Belägen höhere Chlorkonzentrationen und längere Einwirkzeiten erfordert als bei Keimen im fließenden Wasser (Bild 8.30).

Ein Eindringen der Desinfektionslösung in angrenzende Leitungsabschnitte und Abnehmeranlagen muß mit Sicherheit ausgeschlossen werden (Drucküberwachung, Zählerausbau).

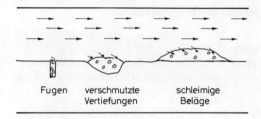

Bild 8.30   Fugen, verschmutzte Vertiefungen und schleimige Beläge im Bereich der Rohrinnenwand

Die toxische Wirkung der Desinfektionsmittel muß auf den Bereich begrenzt werden, in dem sie erwünscht ist. Schäden an der Umwelt sind unbedingt zu vermeiden. Bei der Entleerung der Leitung muß deshalb darauf geachtet werden, daß keine unzulässigen Konzentrationen von Desinfektionsmitteln anfallen.

Im allgemeinen darf die Chlorkonzentration im Vorfluter 0,01 g/m^3 nicht überschreiten.

Eine umweltfreundliche Beseitigung der Desinfektionsmittel kann auf drei Arten geschehen:

– durch Umsetzung mit einem ungiftigen Reduktionsmittel, z. B. Natriumthiosulfat bei Natriumhypochlorit. Überschüsse sind zu vermeiden, da sie in Gewässern zur Sauerstoffzehrung führen können.

– durch Ausnutzung der natürlichen Zehrung.

– durch Verdünnen auf unschädliche Konzentration.

8.5   Wasserverluste

Als Wasserverlust wird der Teil des in ein Versorgungsnetz eingespeisten Wasservolumens bezeichnet, dessen Verbleib im einzelnen volumenmäßig nicht erfaßt werden kann. Dieser Anteil wird vorwiegend auf ein Jahr bezogen und in Prozent ausgedrückt. Er setzt sich aus scheinbaren und tatsächlichen Wasserverlusten zusammen [8].

Die Wasserverluste in Versorgungsnetzen sind z. T. erheblich, sie können selbst bei großen WVU mehr als 10 % und bei kleinen WVU bis 30 % der Wasserabgabe betragen.

Diese Prozentsätze lassen eine Aussage über den Zustand der Verteilungsanlagen nicht zu, weil sie die jeweilige Versorgungsstruktur nicht berücksichtigen.

Die für das Auftreten von Wasserverlusten relevante Anlage ist das Rohrnetz. Es ist deshalb erforderlich, den festgestellten Wasserverlust auf das Rohrnetz zu beziehen und ihn als spezifischen Verlust in Abhängigkeit von der Rohrnetzlänge auszuweisen [9].

Der spezifische Wasserverlust (Bild 8.31) unterliegt u. a. nachfolgend aufgeführten Einflußfaktoren

– Bodenart
– Anschlußdichte
– Versorgungsdruck
– mittlerer Rohrdurchmesser des Verteilungsnetzes
– Art des Rohrwerkstoffes und der Rohrverbindungen sowie Wirksamkeit des Korrosionsschutzes
– Armaturendichte
– Aufgrabungen im Bereich von Rohrleitungen, insbesondere im Stadtgebiet
– Verlegetiefe
– Rohrbettung.

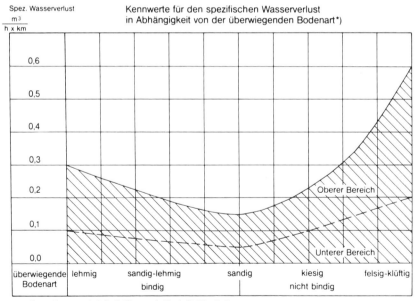

*) In diesem Kennwert sind die Einflüsse nach Abschnitt 7.2 enthalten

Bild 8.31 Spezifischer Wasserverlust [9]

8.5.1   Scheinbarer Wasserverlust

Scheinbare Wasserverluste entstehen durch Meßfehler der Meßeinrichtungen und ungemessene Entnahmen (z. B. Eigenbedarf, Rohrnetzspülungen, Brandbekämpfung, Zierbrunnen).

Das Wasser wird im wesentlichen dem Verwendungszweck zugeführt und somit genutzt, aber nicht erfaßt. Scheinbare Wasserverluste können ferner durch Fehler bei der zeitlichen und räumlichen Zuordnung der Verbrauchsmengen zu den eingespeisten Wassermengen auftreten, z. B. bei zeitlich versetzten Ablesebezirken.

Eine Reduzierung der scheinbaren Wasserverluste ist möglich, wenn die an Verbraucher abgegebene Wassermenge möglichst voll erfaßt wird. Dazu trägt im wesentlichen die Überwachung und Auswechslung der Wasserzähler bei (siehe Abschnitt 8.12.2).

Auch bei Wasserabgabe an „nichtstationäre Abnehmer" ist darauf zu achten, daß nur Standrohre mit Wasserzähler verwendet werden. Diese sollten vom WVU ausgeliehen und mindestens einmal jährlich abgelesen und überprüft werden.

Ist eine Messung nicht möglich (z. B. bei Entnahme zur Brandbekämpfung), sind die Abgabemengen möglichst genau zu schätzen und festzuhalten.

8.5.2   Tatsächlicher Wasserverlust

Die tatsächlichen Wasserverluste entstehen durch das Ausströmen von Wasser an schadhaften Stellen im Rohrnetz oder durch Bedienungsfehler.

Tatsächliche Wasserverluste können durch vorbeugende Maßnahmen weitgehend vermieden werden.

Dazu gehören, die Verwendung technisch anerkannter Rohrwerkstoffe und Armaturen sowie äußerste Sorgfalt beim Bau neuer Leitungen.

Des weiteren können mit der statistischen Erfassung aller Schadensfälle, Schwachstellen im Netz ausfindig gemacht und schadensanfällige Leitungsabschnitte saniert oder ausgewechselt werden. Sind bereits Schäden aufgetreten, lassen sich die tatsächlichen Wasserverluste nur noch durch frühzeitiges Auffinden und Beheben der Schäden verringern.

8.6 Netzanalyse zur Ermittlung von Leckverlusten

Seit jeher haben die WVU Bemühungen angestellt, um Wasserverluste zu vermeiden. Dies konnte aber jeweils nur immer so weit wirksam sein, wie die Methode nach dem jeweiligen Stand der Technik dies zuließ.

Durch die Entwicklung der Netzanalyse ist eine mengenmäßige Erfassung der Wasserverluste, verbunden mit einer gewissen räumlichen Eingrenzung der Schadensstelle, möglich.

Die Netzanalyse ist durch Netztrennung und Messung in Meßbezirken gekennzeichnet.

Das Prinzip besteht darin, daß in einem zu überprüfenden Meßbereich Zeitpunkte des geringsten Verbrauchs ermittelt und gleichzeitig die zufließende Wassermenge gemessen wird (Zuflußmessung). Dabei geht man von der Tatsache aus, daß jedem Verbrauchsgebiet eine ständige, nahezu konstante Wassermenge (Summe aller Einzelverluste) zufließt und daß sich auf dieser Menge der Verbrauch aufbaut.

Die zum Zeitpunkt des geringsten Verbrauchs in einen abgegrenzten Meßbereich zufließende Wassermenge wird als *Nullverbrauch* bezeichnet (Bild 8.32).

Der Nullverbrauch (Bild 8.33) setzt sich folgendermaßen zusammen

$$q_o = q_s + q_l + q_{s'} + q_v$$

q_o = Nullverbrauch

q_s = Schleichverlust (Menge unterhalb der Zähleranlaufgrenze)

q_l = nicht ortbare Kleinstleckstellen an Stopfbüchsen, Rohrverbindungen und Korrosionsstellen

$q_{s'}$ = Schleichverbrauch (Menge oberhalb der Zähleranlaufgrenze)

q_v = größere Leckverluste.

Der *Schleichverlust* zählt zu den scheinbaren Wasserverlusten und geht zu Lasten des WVU.

Zu den *nichtortbaren Kleinstleckstellen* gehören Tropfverluste und Leckstellen mit einem sehr kleinen Geräuschpegel, die nur durch Sichtkontrolle erkannt werden können.

Der *Schleichverbrauch* setzt sich aus Tropfverlusten an Zapfstellen, Druckspülern und Spülkästen zusammen. Er ist unbeabsichtigt und stellt einen Wasserverlust beim Kunden dar.

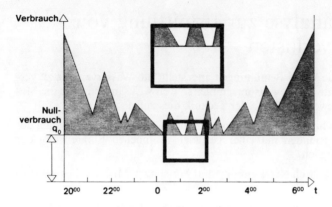

Bild 8.32 Meßergebnis mit Nullverbrauch

Zusammensetzung des Nullverbrauchs
$q_0 = q_S + q_L + q_S' + q_V$

	q_S = **Schleichverlust** ~ 2 l/min, km
	q_L = **Kleinstleckstellenverluste** ~ 1 l/min, km
	q_S' = **Schleichverbrauch** ~ 1–7 l/min, km
	q_V = **größere Verluste**

Bild 8.33 Zusammensetzung des Nullverbrauchs

Größere Leckverluste können durch die Lecksuche gefunden werden.

Die Erfassung des Nullverbrauchs ist nur möglich, wenn keine anhaltenden Verbrauchsüberschneidungen auftreten.

Von Bedeutung sind hier besonders die zu überprüfende Netzgröße und der Zeitpunkt der Messung.

Bei der Abgrenzung der Meßbereiche muß die Zahl der Kunden (Einwohner) unbedingt berücksichtigt werden.

Die günstigste Zeit zur Durchführung der Messung liegt in den Nachtstunden zwischen 1.00 Uhr und 2.00 Uhr.

Für die Erfassung des Nullverbrauchs ist außerdem wichtig, daß nur Mengenmeßgeräte zum Einsatz kommen, die den momentanen Durchfluß messen und aufzeichnen können.

Meß- und Aufzeichnungsgeräte, die den Durchfluß in Zeitintervallen addieren, sind nicht geeignet, da der Nullverbrauchswert durch einsetzende Entnahmen verfälscht wird.

Läßt sich anhand der Meßergebnisse erkennen, daß größere Leckverluste vorliegen, so können diese durch schrittweises Ausgrenzen von Netzteilen oder einzelnen Leitungen örtlich näher bestimmt werden.

Bei der Zuflußmessung wird das Ausmaß vorhandener Leckverluste deutlich erkennbar. Dadurch können Schwerpunkte bei der Schadensortung gesetzt werden.

8.7 Eingrenzen von Leckstellen durch Einsatz automatischer Geräuschpegelmeßgeräte

Um den Aufwand zur flächenhaften Überprüfung und Eingrenzung von Leckstellen zu verringern, können auch automatische Geräuschpegelmeßgeräte eingesetzt werden (Bild 8.34).

Dieses Verfahren beruht auf der direkten Abhorchung (an Schiebern oder Hydranten) wie in Abschnitt 8.8.1 beschrieben. Die Erfolgsquote konnte auch dort außerordentlich hoch sein, vorausgesetzt, die Abhorchung erfolgte nachts, wenn keine Umweltgeräusche zu hören waren.

Bild 8.34 Platzieren eines Geräuschpegelmeßgerätes auf einer Armatur

Es genügten dafür wenige Sekunden der Abhorchung, um in den meisten Fällen die Leckstelle eingrenzen zu können.

Auf dieser Erfahrung aufbauend wurde ein programmierbares Geräuschpegelmeßgerät entwickelt, das in der Lage ist, nachts automatisch den Geräuschpegel zu messen und die benötigten Daten zu speichern. Über einen Rechner können diese Daten dann ausgewertet werden.

Das Gerät besteht aus einem Mikrophonteil (auf niedrige Frequenzen empfindlicher Beschleunigungsaufnehmer), einem Wandler sowie einem programmierbaren Rechner mit Prozessor, Speicher und Schnittstelle zur Datenübertragung (Bild 8.35).

Zum Einsatz kommen gleichzeitig mehrere Geräte. Sie werden so eingestellt, daß nachts – normalerweise zwischen 2.30 Uhr und 3.30 Uhr – sekundlich ein Schallpegelwert aufgenommen und gespeichert wird.

Im Gegensatz zur manuellen Abhorchung wird jetzt der Geräuschpegel eine ganze Stunde analysiert und nicht nur wenige Sekunden. Da viele der so aufgenommenen Meßwerte frei von jeglicher Störung sind (Entnahme, Verkehrslärm), kann das Pegelniveau des ständig vorhandenen Dauergeräusches, das ja von der Leckstelle verursacht wird, in einer bisher nicht gekannten Genauigkeit erfaßt werden.

Je nach Netzvermaschung lassen sich mit einer Meßstelle ca. 0,3 bis 1,0 km Rohrnetz überwachen (Bild 8.36).

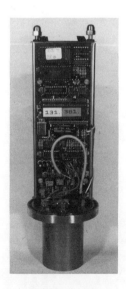

Bild 8.35 Geöffnetes Geräuschpegelmeßgerät

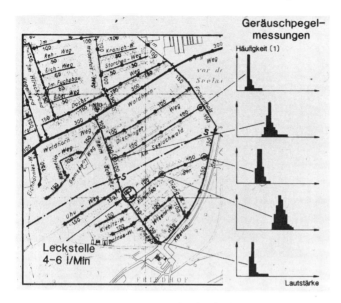

Bild 8.36 Eingrenzen von Leckstellen durch Einsatz von stationären Geräuschpegelmeß-geräten

Die Reduktion der vielen Einzelmessungen mittels einer Häufigkeitsverteilung erlaubt es, die gesamte Messung auf wenige Kenndaten zusammenzufassen, so daß auch solche Meßergebnisse sich mittels des Temex-Dienstes der DBP übertragen lassen [10].

8.8 Verfahren zur Leckortung

Die in der Wasserverteilung üblichen Leckortungsverfahren beruhen auf der akustischen Wahrnehmung, Erfassung und Auswertung von Leckgeräuschen. Leckgeräusche werden durch den Austritt von unter Druck stehendem Wasser verursacht. Sie breiten sich als Körper- und Wasserschallwellen aus.

8.8.1 Akustische und elektroakustische Leckortung

Zur Aufnahme des Körperschalls und dessen Umwandlung in hörbaren Luftschall werden Horchdosen und Membrangeophone und für die Umwandlung in elektrische Impulse Körperschallmikrophone in Verbindung mit Verstärkern eingesetzt (Bild 8.37).

Bild 8.37 Geräte für die akustische und elektroakustische Lecksuche

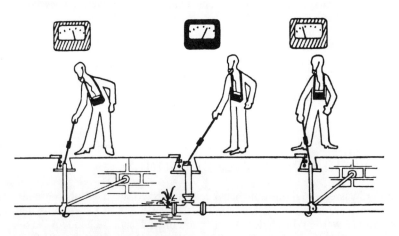

Bild 8.38 Lecksuche – direktes Abhorchen

Die Schadensortung wird in der Weise durchgeführt, daß zuerst an den zugänglichen Netzteilen, wie Schieber und Hydranten, durch direkten Kontakt eine Vorortung vorgenommen wird (direktes Abhorchen, Bild 8.38). Anschließend erfolgt die Lokalisierung mit dem Geophon bzw. Bodenmikrophon durch Abhor-

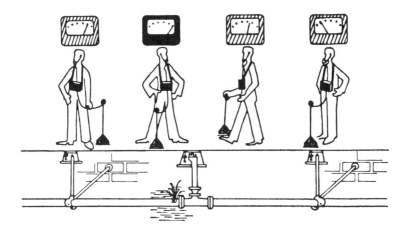

Bild 8.39 Lecksuche – indirektes Abhorchen

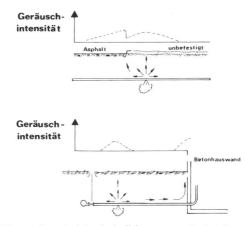

Bild 8.40 Beispiele für mögliche Fehlbeurteilung bei der Lokalisierung von Leckstellen

chen direkt über der Leitungstrasse (indirektes Abhorchen, Bild 8.39). Die Leitungslage sollte deshalb genau bekannt sein, da die Intensität des Leckgeräusches an der kürzesten Entfernung zur Schadensstelle am größten ist (Bild 8.40).

Die Abhorchung mittels akustischen bzw. elektroakustischen Geräten kann meist wegen der Nebengeräusche, besonders im Stadtbereich und an verkehrsreichen Straßen, nur in der Nacht durchgeführt werden. Zudem ist die Abhorchung von Zufälligkeiten, wie Material der Rohrleitung, der Schadensart, dem vorhandenen Betriebsdruck, der Bodenart und der Oberflächenbefestigung, abhängig. Zusätzlich können Einflüsse wie z. B. in der Nähe verlaufende Stromkabel, Pumpenbetrieb sowie andere geräuscherzeugende Aggregate beim Abnehmer die Lokalisierung der Leckstelle stören bzw. vollkommen unmöglich machen.

Der Erfolg einer Abhorchung ist aber auch in erheblichem Maße von dem geschulten Gehör und der Erfahrung des mit der Lecksuche betrauten Personals abhängig.

8.8.2 Leckortung mit dem Korrelationsmeßverfahren

Die Leckortung mit dem Korrelationsmeßverfahren beruht ebenfalls auf der Ortung der durch das Leck gebildeten Schallquelle. Genauer gesagt, handelt es sich um Laufzeitdifferenzmessungen der vom Leckgeräusch ausgehenden Schallwellen.

Anders als bei den in Abschnitt 8.8.1 beschriebenen Verfahren, wird hier nicht die Intensität des Leckgeräusches als Indikator verwendet, sondern ein Laufzeitunterschied der Schallwellen an zwei Meßstellen zu beiden Seiten eines Lecks [11].

Aus der vom Korrelator berechneten Zeitverzögerung, der Ausbreitungsgeschwindigkeit der Schallwellen und der Meßstreckenlänge läßt sich der Leckort bestimmen.

Die Leckortung kann nach der *Körperschall-* oder *Wasserschallmethode* erfolgen, da sich das Leckgeräusch entlang der Leitung und im Wasser ausbreitet.

Die Schallaufnahme erfolgt

– bei Körperschall über piezoelektrische Druckwandler an zugänglichen Netzteilen (Armaturen, freigelegten Rohren, Bild 8.41)
– bei Wasserschall über Hydrophone, die im Wasser untergebracht werden (z. B. Hydranten, Bild 8.42).

Die Schallausbreitungsgeschwindigkeit ist im wesentlichen vom Werkstoff, Durchmesser und Wanddicke der Rohre sowie dem umgebenden Erdreich abhängig. Sie kann aus entsprechenden Diagrammen oder Tabellen entnommen werden.

Da jedoch eine präzise Leckortung von der Genauigkeit der Schallausbreitungsgeschwindigkeit abhängig ist, sollte stets die Schallausbreitungsgeschwindigkeit für den jeweils zu untersuchenden Leitungsabschnitt gemessen werden. Dabei wird in gleicher Weise vorgegangen wie bei der Schadensortung. Das zu korrelierende Signal muß sich jedoch außerhalb der Meßstrecke befinden.

Erfolgt die Korrelationsmessung auf der Basis des Körperschalls, so sind stets zwei Meßpunkte erforderlich. Diese Art der Messung wird auch Kreuzkorrelation genannt (Bild 8.43).

Bild 8.41 Körperschallsensoren **Bild 8.42** Wasserschallsensoren

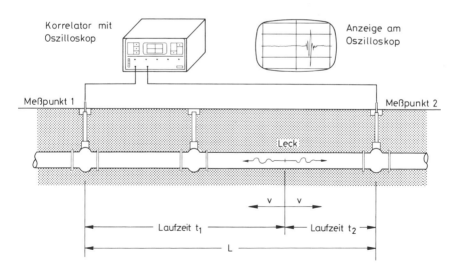

Bild 8.43 Korrelationsmessung mit zwei Meßpunkten (Kreuzkorrelation)

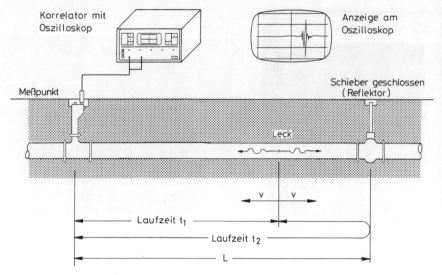

Bild 8.44 Korrelationsmessung mit einem Meßpunkt (Autokorrelation)

Bei der Wasserschallaufnahme kann die Messung auch mit nur einem Meßpunkt erfolgen (Autokorrelation). Voraussetzung dafür ist, daß in der Rohrleitung eine bekannte Reflektionsstelle (Reflektor) vorhanden ist. Diese kann z. B. eine teilweise oder ganz geschlossene Absperrarmatur oder ein Abzweig sein (Bild 8.44).

Das Ergebnis der Korrelation und die Größe der Schallausbreitungsgeschwindigkeit wird vom Übertragungsweg und der Frequenz beeinflußt. Das bedeutet, daß bei schlecht schalleitenden Rohrwerkstoffen, wie z. B. Kunststoff und Asbestzement, meist nur unter Einsatz von Wasserschallaufnehmern ein Ergebnis erwartet werden kann, da die Dämpfung im Wasser geringer ist als in diesen Rohren.

8.9 Rohrnetzschäden – Ursachen und Instandsetzung

Rohrnetzschäden sind sofort zu erkennen, wenn größere Wassermengen sichtbar an der Oberfläche austreten. Je nach Schadensart und Schadensursache können sie jedoch über einen längeren Zeitraum unentdeckt bleiben und erst nach entsprechender Ausweitung durch äußere Wahrnehmungen festgestellt werden.

Es kommt auch zu Schäden an Anlagenteilen, die nicht unmittelbar zu einem Wasseraustritt führen, aber Funktionsstörungen oder gar Gebrauchsuntauglichkeit dieser Anlagenteile zur Folge haben, z. B. abgebrochene Hydrantenklaue, verbogene Armaturenspindel, defekte Armaturenabdeckung.

Die Ermittlung der Schadensursache ist nicht immer bis ins letzte Detail möglich; insbesondere bei Schäden mit Wasseraustritt wird die Umgebung der Schadensstelle stark verändert. Selten führt nur ein Einfluß zum Schaden. Oft sind es zwei oder mehrere Einflüsse gemeinsam, die zum Versagen eines Anlagenteils beitragen [12].

8.9.1   Rohrbrüche

Rohrbrüche entstehen, wenn das Arbeitsvermögen des Rohrwerkstoffes überschritten bzw. durch außergewöhnliche Einwirkungen vermindert wird.

Bei Leitungen aus spröden Werkstoffen und kleinen Nennweiten führen insbesondere Bodenbewegungen zu *Rundbrüchen* (Bild 8.45). Wird ein Bruch durch eine ständige Belastung verursacht, dann klafft die Bruchstelle oder die Rohrenden sind in Axialrichtung versetzt.

Rundbrüche können, sofern die Rohrenden nicht abgewinkelt oder versetzt sind, mit mehrteiligen Dichtungs- oder Bandschellen abgedichtet werden (Bild 8.46). Diese Reparaturteile eignen sich auch zur Abdichtung vereinzelter Lochbildungen.

Sind die Rohrenden abgewinkelt oder gar versetzt, so sollte ein neues Rohrstück eingebaut werden.

Bild 8.45 Rundbruch-Graugußrohr DN 100

Bild 8.46 Bandschelle aus Edelstahl

Bei größeren Nennweiten treten an Rohren aus spröden Werkstoffen sehr oft *Längsrisse* oder *Schalenbrüche* auf (Bild 8.47). Obwohl diese Rohre in der Längsrichtung sehr biegefest sind, ist das Verhältnis Durchmesser/Wanddicke für die Festigkeit quer zur Rohrachse wesentlich ungünstiger als bei kleinen Durchmessern. So führt der Innendruck bei den üblichen Wanddicken zu einer ca. doppelt so hohen Beanspruchung in der Umfangsrichtung der Rohrwand als in Längsrichtung. Der größere Rohrumfang läßt auch Erdlasten, Verkehrserschütterungen und Druckstöße zu größerer Auswirkung kommen. Auch quellendes Dichtungsmaterial in Stemmuffen oder zu hoher Kraftaufwand beim Einstemmen des Dichtungsmaterials kann Rißbildung in der Muffe hervorrufen.

Rohre mit Schraub- und Steckmuffen sind gefährdet, wenn die Abwinklung zu groß ist.

Längsrisse und Schalenbrüche können dauerhaft nur durch den Einbau neuer Rohrteile behoben werden. Das Abdichten von Längsrissen – mögen sie noch so klein sein – mit Schellen kann nur provisorischen Charakter haben, da mit der Ausweitung eines Längsrisses immer gerechnet werden muß.

Bild 8.47   Schalenbruch – Graugußrohr DN 900, Betriebsdruck ca. 2 bar

8.9.2   Undichte Rohrverbindungen

In den Wasser-Versorgungsnetzen sind im wesentlichen Stemmuffen und gummigedichtete Schraub- und Steckmuffen vorhanden. Äußere Einflüsse können die Dichtheit der Rohrverbindungen beeinträchtigen. Besonders die Stemmuffe ist gefährdet, weil der Dichtungswerkstoff verformbar ist (nicht elastisch) und sich dadurch der Halt im Muffenbereich vermindert.

Die technisch wesentlich bessere gummigedichtete Muffe (Schraubmuffe, Steckmuffe) ist wie die Stemmuffe durch Axialkräfte gefährdet. Dies gilt nicht für spezielle Muffensicherungen, die der Kraftschlüssigkeit nahekommen. Muffen können aber auch undicht werden, wenn die Abwinklung zu groß ist (Bild 8.48).

Verbindungen an Kunststoffrohren können besonders durch Montagefehler undicht werden. Aber auch der Rohrwerkstoff hat gewisse Nachteile, da er aus dem Quetschbereich des Verbindungsteiles weicht und die zur Dichtheit notwendige Rückstellkraft sich somit vermindert. Außerdem können beim Abkühlen des Rohrwerkstoffes hohe Zugspannung auftreten und die Verbindung als schwächstes Teil gefährden (Bild 8.49).

Rohrverbindungen können in ihrer ursprünglichen Art erneuert oder abgedichtet werden, z. B. durch Nachstemmen, Demontage bzw. Anbringen von Dichtungsklemmen oder Muffenkappen. Bei Kunststoffrohren sind die Verbindungen je nach Bauart auszutauschen bzw. die Dichtungs- und Halteelemente zu erneuern (z. B. O-Ring, Klemmring, Stützrohr).

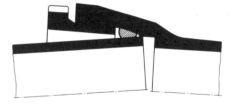

Bild 8.48 Volle Abwinklung in der Muffe

Bild 8.49 Undicht gewordene Kunststoff-Steckverbindung mit Erosionsfolgen

8.9.3 Korrosionsschäden

Korrosionsschäden sind auf chemische oder elektrochemische Vorgänge, die den Rohrwerkstoff entweder großflächig angreifen oder stellenweise durch Mulden oder Lochkorrosion zerstören, zurückzuführen (Bild 8.50).

Ein spezieller Korrosionsvorgang ist die Graphitierung von Grauguß, auch Spongiose genannt (Bild 8.51).

Korrosionsvorgänge finden insbesondere bei ungenügendem Rohrschutz sowohl auf der äußeren als auch auf der inneren Rohrseite statt. Beeinflußt werden sie durch die Eigenschaften des umgebenden Erdreichs und durch die Beschaffenheit des Wassers.

Diese Schäden treten bei Eisenwerkstoffen wie Stahl, duktilem Guß und Grauguß auf.

Bei Stahl und duktilem Gußeisen können im kleinen Umfang aufgetretene Korrosionsschäden durch Auftrags- oder Überlackungsschweißen behoben werden. Der Rohrschutz muß unbedingt wiederhergestellt werden. Bei großflächigen Korrosionen ist die Erneuerung des Rohrabschnittes zweckmäßig.

Bild 8.50 Duktiles Gußrohr mit Flächen-, Mulden- und Lochkorrosion

Bild 8.51 Graugußrohr mit Erscheinungen der Spongiose

An Graugußrohren können vereinzelt aufgetretene Lochbildungen mit ausreichend breiten Schellen abgedichtet werden. Erscheinungen der Spongiose müssen dabei ausgeschlossen sein, da in diesen Fällen eine dauerhafte Schadensbeseitigung nur durch Erneuern des Rohrstückes erfolgen kann.

8.9.4 Armaturenschäden

Schäden an Armaturen sind hauptsächlich *Bruchschäden, Deformationen, Materialschäden* an Gehäusen, Schließelementen, Dichtungs- und Befestigungsteilen.

Die Schäden sind oft auf Baumaßnahmen Dritter und einen übermäßigen Kraftaufwand bei der Bedienung der Armaturen zurückzuführen. Ihre Funktion wird aber auch durch Belagbildung, Korrosion und Ablagerung beeinträchtigt.

Besonders die alten Schieber mit metallenen Dichtflächen und Schiebersack schließen erfahrungsgemäß nicht dicht, weil Ablagerungen den Schiebersack füllen (Bild 8.52). Erfahrene Mitarbeiter bewegen den Keil mehrmals, um die Ablagerungen bei hoher Fließgeschwindigkeit auszuspülen; häufig bleibt der Erfolg aber aus.

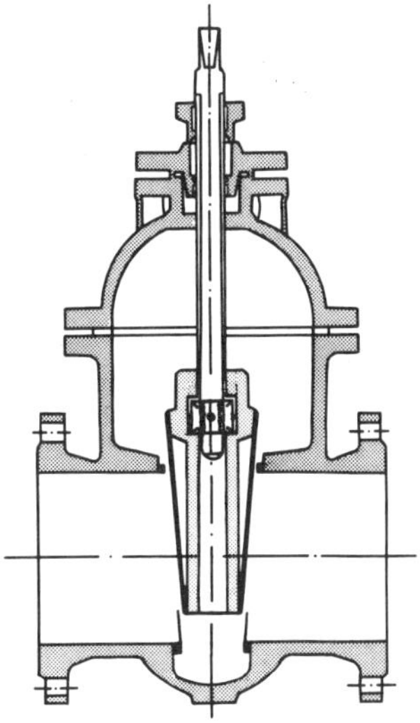

Bild 8.52 Schieber mit metallenen Dichtflächen und Schiebersack

Auch Schieber mit elastisch dichtendem Keil schließen sehr oft nach wenigen Jahren nicht mehr einwandfrei. Nicht ausreichender Schutz gegen Korrosion und Ablagerungen innerhalb des Gehäuses führen zur Bildung von teilweise festhaftenden Knollen aus Kalk und Rost im glatten Durchgang. Die harten Knollen werden beim Schließen zwischen dem gummierten Keil und der Dichtfläche nicht völlig zerdrückt, ein Spalt bleibt offen. Dabei ist zu beachten, daß die elastisch dichtenden Schieber gegen drei Flächen abschließen müssen, eine untere und zwei obere (Bild 8.53).

Reparaturarbeiten fallen dann an, wenn Bedienungsgestänge, Spindeln, Spindel-
muttern, Befestigungsklauen für Standrohre, Dichtungen und Schrauben ge-
richtet oder ausgetauscht werden müssen.

Undichte Stopfbüchsen an Schiebern alter Bauart lassen sich anstatt der üblichen Nachdichtung durch Einbau einer Lippendichtung (Permatight) unter Betriebsdruck abdichten (Bild 8.54 und 8.55).

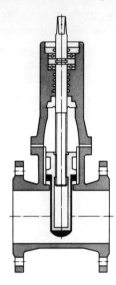

Bild 8.53   Elastisch dichtender Schieber

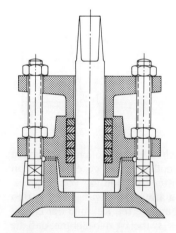

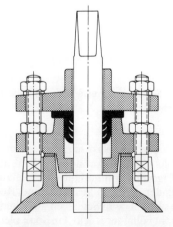

Bild 8.54   Stopfbüchse mit Weich-
packung

Bild 8.55   Stopfbüchse mit Lippendichtung

Bild 8.56   Schieber mit glatten Enden und Sparflanschen

Schäden an Dichtungen und Befestigungsteilen sollten durch Auswechslung behoben werden. Flanschenschieber in Schächten können bei fehlendem Ausbaustück durch Schieber mit glatten Enden und Sparflanschen problemlos ersetzt werden (Bild 8.56).

Durch die Vielzahl der verschiedenen Bauarten von Armaturen lassen sich nicht alle Instandsetzungsarten einzeln aufzählen.

Die Reparaturmöglichkeiten ergeben sich aus der jeweiligen Situation und den vorhandenen Ersatzteilen. Zu beachten sind dabei auch die Hinweise der Hersteller.

8.10 Reinigen von Wasserleitungen

Ist der hygienische Zustand oder die Transportkapazität einer Leitung wesentlich beeinträchtigt, so kann durch Reinigen Abhilfe geschaffen werden.

Die einfachste Art der Reinigung ist das Leitungsspülen wie im Abschnitt 8.4.1 beschrieben. Dies reicht jedoch nicht aus, wenn Inkrustationen entfernt werden sollen.

8.10.1 Mechanische Reinigung

Bei der mechanischen Reinigung werden Reinigungsgeräte an einem Zugseil von einer Winde durch die Rohrleitung gezogen. Je nach Schichtdicke und Festigkeitsgrad der Inkrustationen müssen unterschiedliche Reinigungswerkzeuge zum Einsatz kommen (Bild 8.57). Davon abhängig ist auch die Anzahl der Reinigungsvorgänge. Zugseile müssen so geführt werden, daß Beschädigungen an Rohren vermieden werden.

Bei Rohrleitungen $\geq$ DN 600 kann die Reinigung auch von Hand erfolgen. Sie eignet sich im allgemeinen für kurze Rohrleitungsstrecken, Krümmer, Formstücke und für eine Nachreinigung in Muffen und Abzweigbereichen.

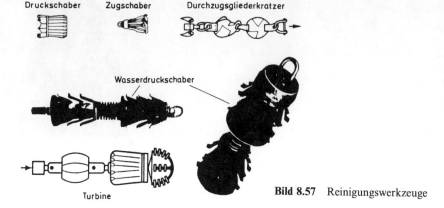

Bild 8.57 Reinigungswerkzeuge

8.10.2 Reinigung nach dem Hochdruckverfahren

Bei diesem Verfahren wird ein Hochdruckschlauch mit Spülkopf, aus dem Wasser mit einem Druck bis zu 600 bar austritt, durch die zu reinigende Rohrleitung gezogen. Der hohe Druck und die dabei erzielte Wassergeschwindigkeit lösen durch Aufprall die Inkrustationen von der Rohrinnenwand ab.

8.10.3 Hydraulische Reinigungsverfahren (Molchung)

Beim hydraulischen Reinigungsverfahren wird das Reinigungsgerät mit Wasser durch die Rohrleitung gedrückt. Dabei wird ein Teil des Wassers durch die Öffnungen im Gerät an diesem vorbeigeführt und schwämmt hierbei durch die im Ringspalt vorhandene höhere Wassergeschwindigkeit die abgelösten Korrosions- und Inkrustationsprodukte aus der Leitung heraus. Bewegt wird der Reiniger durch den sich hinter dem Reinigungsgerät aufbauenden Wasserdruck. Die Vorschubgeschwindigkeit hängt mit von der Festigkeit und Dicke der Inkrustation ab.

8.10.4 Reinigung durch Einsatz von Chemikalien

Die Verwendung von Chemikalien zur Reinigung von Trinkwasserleitungen ist nicht Stand der Technik und aufgrund der lebensmittelrechtlichen Bestimmungen nicht anwendbar [13].

8.11 Sanierung von Wasserleitungen

Mit der Sanierung einer Leitung können folgende Ziele erreicht werden

- Verbesserung der hydraulischen Verhältnisse
- Verbesserung der Transportkapazität
- Vermeidung von Inkrustationen
- Verhinderung von Korrosionsvorgängen
- Wiederherstellung des Innenschutzes
- Beseitigung von Undichtheiten an Rohren und Rohrverbindungen.

Leider lassen sich nicht alle Ziele gleichzeitig erreichen. Je nach den Gründen für eine Sanierung werden durch das gewählte Verfahren auch die damit verbundenen Vorteile bestimmt.

8.11.1 Innenauskleidung mit Zementmörtel

Aus Erfahrung ist bekannt, daß an gereinigten Leitungen die Inkrustation schneller fortschreitet als an nicht gereinigten Leitungen. Um dies zu verhindern, sollten gereinigte Leitungen mit einer Zementmörtelauskleidung versehen werden.

Bevor eine Innenauskleidung mit Zementmörtel vorgenommen wird, muß über die Sanierungswürdigkeit einer Leitung entschieden werden. Es ist z. B. nicht sinnvoll, Graugußleitungen kleiner Nennweiten mit einer Zementmörtelauskleidung zu versehen, da ihre große Bruchgefährdung damit nicht beseitigt wird. Bei solchen Leitungen sollten andere Sanierungsmaßnahmen gewählt werden (siehe Abschnitt 8.11.2).

Vorhandene Armaturen sind vor der Innenauskleidung auszubauen.

Der Zementmörtel muß den lebensmittelrechtlichen Bestimmungen entsprechen. Nach § 31 des Lebensmittel- und Bedarfsgegenständegesetzes dürfen keine Stoffe verwendet werden, die auf das Trinkwasser übergehen können. Ausgenommen sind gesundheitlich, geruchlich und geschmacklich unbedenkliche Anteile, die technisch unvermeidbar sind. Die Auskleidung muß den KTW-Empfehlungen des Bundesgesundheitsamtes entsprechen [13].

Innenauskleidung nach dem Verdrängungsverfahren

Das Verdrängungsverfahren kann für Nennweiten bis DN 200 angewendet werden.

Beim Verdrängungsverfahren wird ein Verdrängungskörper zentrisch durch die auszukleidende Rohrleitung gezogen (Bild 8.58). Dabei wird eine auf Länge und Nennweite des auszukleidenden Rohrabschnittes abgestimmte und vorher in den Rohrleitungsabschnitt eingebrachte Zementmörtelmenge durch Schub und Druck an die Rohrinnenwand gepreßt. Um eine einwandfreie Haftung zu erzie-

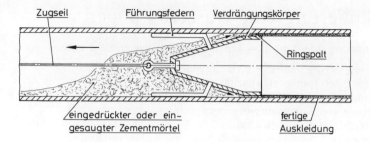

Bild 8.58 Innenauskleidung nach dem Verdrängungsverfahren

len, muß die Rohrinnenoberfläche unmittelbar vor dem Auskleiden feucht sein. Es darf jedoch weder Restwasser verbleiben, noch Wasser eindringen.

Zur Durchführung der Innenauskleidung nach dem Verdrängungsverfahren sind folgende Arbeitsgänge notwendig:

- Feststellen der kleinsten Lichtweite des gereinigten Rohrleitungsabschnittes mit einem Meßgerät
- Schließen der Absperrarmaturen in den Hausanschlußleitungen
- Anbringen eines Mörtelvorratkastens am Anfang und einer Saugpumpe am Ende des auszukleidenden Leitungsabschnittes
- Einsaugen des Zementmörtels aus dem Vorratkasten in die Rohrleitung, dieser Vorgang sollte nicht länger als 30 Minuten dauern
- Durchziehen des Verdrängungskörpers, der dabei den Zementmörtel an die Rohrinnenwand preßt und glättet
- Optische Prüfung auf freien Leitungsdurchgang unmittelbar nach Beendigung des Auskleidungsvorganges
- Öffnen der Hausanschluß-Absperrarmaturen und Entfernen der in die Hausanschlußleitung eingepreßten Zementmörtelpfropfen durch Absaugen
- Prüfen des lichten Durchmessers mit geeignetem Testgerät, z. B. Ball oder Scheiben
- Verschließen der Enden des ausgekleideten Rohrleitungsabschnittes unmittelbar nach der Auskleidung.

Als Auskleidungsgeräte werden starre Verdrängungskörper für gerade Leitungsabschnitte und gelenkige Verdrängungskörper für Strecken mit Krümmern bis zu 30° eingesetzt.

Vor Wiederinbetriebnahme ist die Rohrleitung entsprechend zu desinfizieren und zu spülen (siehe dazu DVGW-Arbeitsblatt W 291).

Bedingt durch die Alkalität des Zementes besteht in Einzelfällen, vor allem bei längerer Verweilzeit des Wassers in der Leitung, die Gefahr, daß der pH-Wert des Wassers die zulässigen Grenzwerte der Trinkwasserverordnung überschreitet.

Durch Dauerentnahmen, Spülungen und ähnlichem kann die Verweilzeit entsprechend herabgesetzt werden.

Innenauskleidung nach dem Anschleuderverfahren

Das Anschleuderverfahren kann für alle in der Wasserversorgung üblichen Nennweiten angewendet werden.

Die beim Anschleuderverfahren eingesetzte Gerätekombination besteht im wesentlichen aus einem rotierenden Schleuderkopf, der den Zementmörtel gegen die Rohrinnenwand schleudert und einem nachfolgenden Glättegerät (Bild 8.59).

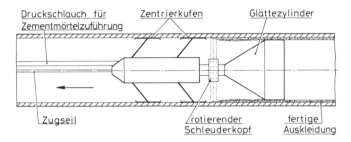

Bild 8.59   Innenauskleidung nach dem Anschleuderverfahren

Wie beim Verdrängungsverfahren muß auch hier die Rohrinnenoberfläche feucht sein. Es darf weder Restwasser im auszukleidenden Rohrleitungsabschnitt verbleiben noch Wasser eindringen.

Zum Einsatz kommen bei Nennweiten unter DN 500 druckluftbetriebene, bei Nennweiten ab DN 500 elektrisch angetriebene Auskleidungsmaschinen.

Mit Ausnahme der Zementmörtelanbringung sind die Arbeitsgänge wie beim Verdrängungsverfahren. Vor der Wiederinbetriebnahme des ausgekleideten Leitungsabschnittes muß auch hier desinfiziert und gespült werden.

Bild 8.60 und 8.61 zeigen das Rohrinnere vor der Reinigung bzw. nach der Auskleidung mit Zementmörtel.

8.11.2   Relining

Unter Relining versteht man in der Regel das Einziehen von Kunststoffschläuchen oder Kunststoffrohren in schadhaft gewordene Leitungsabschnitte.

Im Gegensatz zu den vorher beschriebenen Auskleidungsverfahren, ist es beim Relining nicht notwendig, daß das zu sanierende Rohr als statischer Träger erhalten bleibt.

Bild 8.60 Rohrinnenwand vor der
Reinigung

Bild 8.61 Rohrinnenwand nach der
Auskleidung mit Zementmörtel

Bild 8.62 Anbohrsattel mit Heizwendel für eine Hausanschlußleitung auf einem nach
dem Roll-Down-Verfahren eingezogenen PE-Rohr

Bei einigen Verfahren bleibt das alte Rohr erhalten, muß aber u. U. vorher gereinigt werden. Bei anderen Verfahren wird das alte Rohr zerstört.

Das Relining-Material ist so ausgelegt, daß es den erforderlichen Prüfdruck und
somit auch den späteren Betriebsdruck aufnehmen kann.

Nach dem derzeitigen Entwicklungsstand sind zur Sanierung von Wasserleitungen nachfolgende Verfahren besonders geeignet:

– Schlauchrelining
– PE-Relining mit Dämmer-Ringraumverfüllung

- PE-Relining nach dem Roll-Down-Verfahren
- PE-Relining nach dem Swage-Lining-Verfahren
- PE-PIM-Verfahren
- Berstlining-Verfahren.

Relining-Verfahren sind besonders bei geraden Leitungsabschnitten ohne bzw. mit wenigen Abzweigen geeignet. Sofern es sich um Verfahren handelt, bei denen die alte Leitung erhalten bleibt, kommt es z. T. zu erheblichen Querschnittsverlusten und damit zur Verminderung der Transportkapazität (Bild 8.62).

8.12 Wasserzähleranlagen

Nach § 18 (1) der Verordnung über Allgemeine Bedingungen für die Versorgung mit Wasser (AVBWasserV) vom 20. Juni 1980 hat das WVU die vom Kunden verbrauchte Wassermenge durch Messung festzustellen. Eine pauschale Berechnung ist nicht mehr möglich.

8.12.1 Errichtung von Wasserzähleranlagen

Wasserzähleranlagen sind in der Regel im Inneren des Gebäudes an einem frostsicheren Ort zu installieren.

Die Wasserzähleranlage besteht – in Fließrichtung gesehen – aus

- Absperrarmatur (gegebenenfalls Hauptabsperreinrichtung)
- gegebenenfalls Rohrstück als Vorlaufstrecke
- Wasserzähler
- längenveränderliches Ein- und Ausbaustück
- Absperrarmatur
- Rückflußverhinderer.

Bei Einrichtung von Neuanlagen und Veränderung alter Anlagen sind Halterungen, z. B. Wasserzählerbügel für Hauswasserzähler einzubauen (Bild 8.63).

Wasserzähleranlagen sind so zu befestigen, daß bei ausgebautem Wasserzähler die auftretenden Kräfte aufgenommen werden. Beim Wasserzählerwechsel austretendes Wasser muß aufgefangen oder abgeführt werden können. Fest installierte Umgehungsleitungen sind aus hygienischen Gründen nicht zulässig.

Beim Einbau von Woltmann-Zählern ist entsprechend der Eichordnung folgendes zu beachten:

- In Fließrichtung muß vor dem Zähler eine störungsfreie gerade Rohrstrecke in Abhängigkeit von der Nennweite des Zählers angeordnet sein.

Aus Gründen der Austauschbarkeit der Zähler sollte für die gerade Rohrstrecke vor dem Zähler generell das Fünffache der Nennweite vorgesehen werden [14].

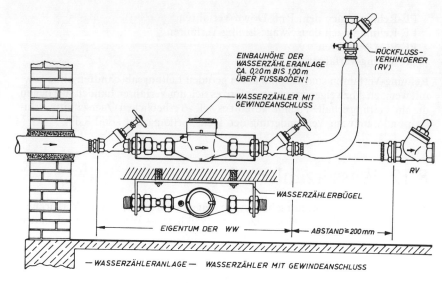

Bild 8.63   Wasserzähleranlage – Wasserzähler mit Gewindeanschluß

Zählerschacht

Wird die Wasserzähleranlage im Schacht untergebracht, so ist dieser entsprechend dem DVGW-Arbeitsblatt W 355 herzustellen.

Mindestlichtmaße bei Anschlußleitungen bis einschließlich DN 40:

Länge:	1200 mm
Breite:	1000 mm
Höhe:	1800 mm
Einstiegsöffnung:	700 mm × 700 mm oder
	700 mm Durchmesser

Bei Anschlußleitungen > DN 40 sind die Schächte so zu bemessen, daß die Einbauabstände nach DIN 1988/TRWI eingehalten werden.

Wasserzählerschächte müssen leicht zugänglich und entsprechend den Unfallverhütungsvorschriften mit den notwendigen Steighilfen versehen sein.

Durch die Schächte dürfen keine Abwasserleitungen geführt werden. Die Durchführung von Gasleitungen, Strom- und Fernmeldekabeln ist nur in Ausnahmefällen zulässig und muß in Schutzrohren erfolgen.

Zählerschrank

Das Besteigen und Arbeiten in Schächten allgemein ist häufig mit sicherheitstechnischen Problemen verbunden.

Bild 8.64 Wasserzählerschrank

Ein möglicher Ersatz für Zählerschächte können Zählerschränke sein. Der Zählerschrank besteht aus einem korrosionsfesten Grundrahmen, der Zähler, Armaturen und Rohrleitungen aufnimmt, und aus einer glasfaserarmierten wärmegedämmten Polyesterhaube (Bild 8.64). Geeignet sind diese Schränke sowohl für die Erstausstattung als auch mit einem entsprechenden Sockelrahmen als nachträglicher Schachtersatz.

Die sehr gute Wärmedämmung und eine thermostatgesteuerte 50 W Heizung können die Wasserzähleranlage auch bei tiefen Außentemperaturen frostfrei halten [15].

Auswahl und Einbau von Wasserzählern

Durch die vor mehreren Jahren erfolgte Angleichung der eichgesetzlichen Vorschriften an die Richtlinien der Europäischen Gemeinschaft haben sich viele Begriffe, Maßangaben und Durchflußwerte geändert. Haus- und Großwasserzähler sind zusammengefaßt. Sie unterscheiden sich nur noch durch den Belastungswert

- $< 15\,\text{m}^3/\text{h}$ Nenndurchfluß
- $\geq 15\,\text{m}^3/\text{h}$ Nenndurchfluß.

Entsprechend dem Verhalten der Zähler im unteren Meßbereich, erfolgt die Einordnung in die metrologischen Klassen (meßtechnischen Klassen) A, B und C.

Diese Klassen machen keine Qualitätsaussage über die Wasserzähler. Sie treffen nur eine Aussage über die eichtechnischen Belange, nämlich über die Größe der beglaubigten Meßbereiche [16].

Für Wohnanlagen kann die Auswahl der Wasserzähler nach Tabelle 8.2 erfolgen. Diese Vorschläge basieren auf Mittelwerten durchgeführter Messungen.

Wasserzähler können, je nach Bauart, waagerecht oder senkrecht eingebaut werden.

Vor dem Einbau des Wasserzählers muß die Rohrleitung gründlich durchgespült werden, damit alle Fremdkörper, wie Sand, Dichtmaterial und dergleichen, entfernt werden. Erst danach wird der Zähler in Durchflußrichtung nach Entfernen des Paßstückes eingebaut. Die Absperrvorrichtung ist langsam zu öffnen, um eine Überlastung – besonders bei Naßläufern – durch evtl. noch vorhandene Luft in der Rohrleitung zu vermeiden.

Tabelle 8.2 Bemessungsvorschlag für Wasserzähler in Wohnanlagen

Nenndurch-fluß Q_n m³/h	maximaler Durchfluß Q_{max} m³/h	Anzahl der anzuschlies-senden Wohnungseinhei-ten (WE) bei Druckspü-lern	Spülkasten	Maße des Wasserzäh-lers in mm L_1	DN	Mindest-platz-bedarf L_2 in mm
2,5	5	bis 15	bis 30	190	20	1200
6	12 (früher 10)	16–85	31–100	260	25	1500
10	20	86–200	101–200	300	40	1800

8.12.2 Überwachen und Auswechseln von Wasserzählern

In Abschnitt 8.5.1 wurde bereits darauf hingewiesen, daß durch Fehlanzeigen der eingebauten Meßeinrichtungen scheinbare Wasserverluste auftreten. Für die WVU ist es deshalb von großer wirtschaftlicher Bedeutung, daß Wasserzähler stets richtig anzeigen.

Die hohen Personalkosten führten dazu, daß Wasserzähler seit geraumer Zeit nur noch einmal im Jahr abgelesen werden. Es ist deshalb wichtig, daß das Ablesepersonal, aber auch andere Mitarbeiter des WVU, die Arbeiten innerhalb von Gebäuden ausführen, eine Zählerüberprüfung durch Sichtkontrolle vornehmen. Dabei können Schäden am Laufwerk und auch äußere Mängel festgestellt werden.

Störungen an Wasserzählern treten insbesondere nach Rohrbrüchen, wenn z. B. Trübstoffe in das Verteilungsnetz gelangen, bei ungenügender Wasseraufbereitung und Frosteinflüssen auf.

Die Überprüfung und Auswechslung der Wasserzähler obliegt dem WVU.

Das WVU kann aus eigenem Interesse die Wasserzähler nach einer bestimmten Anzahl von Betriebsjahren – bevor die Meßgenauigkeit nachläßt und vor Ablauf der nach Eichgültigkeitsverordnung geltenden Zeit – auswechseln.

Beim Verbraucher eingebaute Wasserzähler dienen der Abwicklung des geschäftlichen Verkehrs und müssen deshalb in bestimmten Zeitabständen geeicht werden. Die Gültigkeitsdauer der Eichung richtet sich nach der Eichgültigkeitsverordnung. Sie beträgt für Kaltwasserzähler z.Z. 8 Jahre.

Die Gültigkeit der Eichung erlischt vorzeitig, wenn der Wasserzähler nach der Eichung die Verkehrsfehlergrenzen nicht einhält, Änderungen, Instandsetzungen oder Änderungen der vorgeschriebenen Bezeichnung des Wasserzählers vorgenommen wurden.

Gebrauchte, aber wiederverwendungsfähige Zähler können beim Hersteller zu einem Festpreis gegen andere eingetauscht werden. Es ist nicht üblich, Zähler durch Auswechseln einzelner Teile (Zahnräder, Wellen usw.) in eigenen Werkstätten instand zu setzen, da diese Arbeiten sehr lohnintensiv und somit unwirtschaftlich sind. Große WVU mit eigenen zugelassenen und amtlich anerkannten Prüfstellen beziehen vom Hersteller komplette Meßwerke und wechseln diese aus.

Die jährliche Zählerablesung und der Zählerwechsel erfolgt je nach Unterbringung des Wasserzählers mit unterschiedlichem Aufwand.

Bei Zählern in Gebäuden und in Wasserzählerschränken kann dies mit einem relativ geringem Aufwand erfolgen. Zusätzliche Maßnahmen werden erforderlich, wenn diese Tätigkeiten in Schächten durchgeführt werden müssen. Insbesondere muß vorher die Schachtatmosphäre auf atemfähige Luft überprüft werden. Im Schacht dürfen auch keine Explosivgemische vorhanden sein. Außerdem muß die in den Schacht einsteigende Person durch einen Posten beobachtet, notfalls auch gesichert werden. Die nach den Unfallverhütungsvorschriften notwendigen Einrichtungen müssen vor Ort vorhanden sein.

8.13 Frostschutz und Auftauen von Rohrnetzanlagen

Erdverlegte Wasserleitungen werden im Normalfall in frostsicherer Tiefe verlegt. In Ausnahmefällen ist es jedoch notwendig, Leitungen auch in geringerer Tiefe oder frei, z.B. in Brückenbauwerken, zu verlegen. Außerdem sind Armaturen (Hydranten, Schieber, Be- und Entlüfter) durch Frosteinwirkung besonders gefährdet. Gefährdet sind auch Leitungen, die im Zusammenhang mit Baumaßnahmen vorübergehend freigelegt werden.

Der Frostschutz an Rohrnetzanlagen umfaßt die dauerhafte Wärmeisolierung,

Wärmezufuhr durch ständigen Wasseraustausch (Herstellung einer Dauerentnahme), Abdeckung von freigelegten Leitungen mit Stroh und wasserdichten Planen bis zur Überprüfung der Armaturen auf äußere Dichtheit und Entleerung des Steigrohres von Hydranten.

Schutzmaßnahmen gegen das Festfrieren von Armaturenabdeckungen sind nur in begrenztem Umfang möglich. Bei besonders wichtigen Armaturen können die Abdeckungen durch Säubern und Bestreichen mit Fett oder durch Bestreuen mit Auftaumitteln gegen Einfrieren geschützt werden (bei Auftaumitteln besteht verstärkte Korrosionsgefahr).

Für Frostschutzmaßnahmen an Verbrauchsanlagen und Wasserzählern ist der Abnehmer verantwortlich. Das WVU sollte jedoch vor Beginn des Winters auf die Frostgefährdung der Anlagen hinweisen. Dafür eignen sich insbesondere Mitteilung in der Presse, Kundennachrichten oder eigens dafür gedruckten Informationsblättern.

Auftauen von Rohrnetzanlagen

Das sachgerechte Auftauen eingefrorener Wasserleitungen bedingt, daß in Abhängigkeit vom Rohrwerkstoff und zum Schutz der benachbarten Anlagen das jeweils geeignete Auftauverfahren gewählt wird und mit der Arbeit sachkundige geschulte Mitarbeiter betraut werden [17].

Eingefrorene Leitungen sind umgehend aufzutauen, da die Sprengwirkung des Eises mit der Ausweitung des Eispfropfens wächst.

Zum Auftauen eingefrorener Wasserleitungen stehen folgende Verfahren zur Verfügung:

- Auftauen mittels Dampf
- Auftauen mittels Warmwasser
- Auftauen mittels Warmluft
- Auftauen mittels eines Heizkabels
- Auftauen mittels Auftautransformatoren (nicht bei Kunststoffleitungen)
- Auftauen mittels offener Flamme, z. B. Lötlampe, Propangasbrenner, autogene Schweiß- und Schneidgeräte (nicht bei Kunststoffleitungen).

Diese Verfahren können im wesentlichen auch beim Auftauen von Armaturen aus Metall angewendet werden. Eine Einschränkung gilt hier bei Dampfeinführung ins Innere bei Armaturen mit wärmeempfindlichen Dichtungen.

Beim Einsatz von Heizkabeln und Auftautransformatoren sowie offenem Feuer, muß eine Brandgefahr stets ausgeschlossen sein.

Bei der Verwendung von Auftaugeräten sind außerdem die Betriebsanweisungen der Hersteller zu beachten.

8.14 Einbeziehen von Wasserleitungen in den Hauptpotentialausgleich von elektrischen Anlagen

Seit der Verwendung elektrisch nicht leitender Rohrwerkstoffe und Verbindungsarten (Leitungen aus Kunststoff und gummigedichtete Schraub- und Steckmuffen) können Wasserleitungen nicht mehr für Erdungszwecke elektrischer Anlagen genutzt werden.

Durch diesen Stand der Technik ist es notwendig geworden, daß zwischen dem WVU und dem EVU Fristen für eine Übergangslösung festgelegt und Maßnahmen zur Anpassung veranlaßt bzw. durchgeführt wurden.

Für bestehende Altanlagen wurde eine Übergangsfrist bis zum 1. Oktober 1990 eingeräumt. Ab diesem Zeitpunkt muß auch in diesen Anlagen für erforderliche Betriebserdungen (z. B. Fernsehantenne, Fernsprecheinrichtungen, Blitzableiter) ein getrennter Erder geschaffen und der Hauptpotentialausgleich eingebaut werden (DIN VDE 0100, DIN VDE 0190).

Nach der „Verordnung über Allgemeine Bedingungen für die Elektrizitätsversorgung von Tarifkunden (AVBElt V)" ist der Anschlußnehmer für die elektrische Anlage hinter der Hausanschlußsicherung selbst verantwortlich. Die elektrische Anlage muß deshalb von einer Fachfirma überprüft und, sofern erforderlich, eine Erdung und der Hauptpotentialausgleich nachgerüstet werden.

Der Hauptpotentialausgleich umfaßt die leitende Verbindung sämtlicher im Gebäude vorhandener Rohrleitungen (Wasser-, Gas-, Heizungs-, Ölförderleitung usw.) unter Einbeziehung des Neutralleiters der elektrischen Anschlußanlage. Dabei ist es nicht notwendig, daß jede Rohrleitung über eine eigene Potentialausgleichsleitung an der Potentialausgleichsschiene angeschlossen wird. Die Rohrleitungen dürfen untereinander verbunden und über eine gemeinsame Potentialausgleichsleitung angeschlossen werden (Bild 8.65).

Müssen Wasser-Hausanschlußleitungen oder andere Rohrleitungen im Gebäude getrennt werden, so ist für die Dauer der Arbeiten eine ausreichende elektrische Überbrückung herzustellen (Bild 8.66).

Im Gegensatz zur Erdung von elektrischen Betriebsmitteln, für die das EVU durch einen in elektrischen Verteilungsanlagen mitgeführten Neutralleiter Sorge trägt, ist eine ausreichende Erdung von Blitzschutzanlagen vom Eigentümer oder dem Errichter dieser Anlagen selbst zu veranlassen bzw. durchzuführen.

Die Ableitung atmosphärischer Spannungen ist nicht möglich, wenn die Blitzschutzanlage an Wasserverbrauchsleitungen angeschlossen ist, die in elektrisch nicht leitende Rohrwerkstoffe mündet. In diesem Fall tritt die Spannung durch die Vermaschung der Leitungssysteme in elektrischen Verbrauchsgeräten oder durch den Potentialausgleich über in den Neutralleiter. Dieser ist jedoch bei

Ableitung derartiger Spannungen überfordert, so daß gefährliche Berührungsspannungen und Kabelschäden auftreten können.

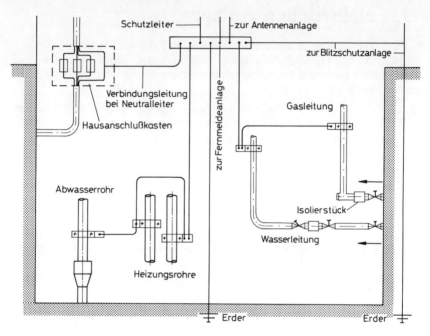

Bild 8.65   Hauptpotentialausgleich

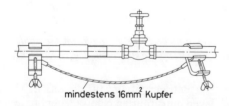

Bild 8.66   Elektrische Überbrückung

8.15 Schadenshaftung aus dem Betrieb von Wasserverteilungsanlagen und der Wasserlieferung

Kommt es bei einem Schaden an der Wasserverteilungsanlage durch ausströmendes Wasser zu Personen- oder Sachschäden oder entsteht ein Schaden durch verminderte Wasserqualität bzw. Ausfall der Wasserlieferung, so können vom Geschädigten Ersatzansprüche geltend gemacht werden.

Gefährdungshaftung

Nach dem Haftpflichtgesetz § 2 haftet ein WVU immer für aufgetretene Wasserschäden. Dabei ist es unerheblich, ob ein Verschulden vorliegt oder nicht.

Die Haftung ist hier in der Höhe nach begrenzt. Bei Sachschäden beträgt die Entschädigung max. 100 000 DM je Schadensereignis, unabhängig davon, wieviel Geschädigte betroffen sind. Dies gilt jedoch nicht für die Beschädigung von Grundstücken.

Bei Personenschäden ist die Haftung auf höchstens 30 000 DM Jahresrente für jede getötete oder verletzte Person beschränkt [19].

Verschuldenshaftung

Die Verschuldenshaftung resultiert aus dem Bürgerlichen Gesetzbuch (BGB) §§ 823 ff.

Eine Verschuldenshaftung kann bei Schäden vorliegen, die auf die Verletzung der Sorgfaltspflicht beim Bau, Betrieb-, Überwachung und Instandsetzung der Wasserverteilungsanlage zurückzuführen sind.

Produkthaftung

Das neue Produkthaftungsgesetz, das am 1. Januar 1990 in Kraft getreten ist, ersetzt das geltende Haftungsrecht nicht, sondern ergänzt es nur.

Produkt im Sinne des Gesetzes ist jede bewegliche Sache und somit auch Wasser.

Wasser kann fehlerhaft sein, wenn es z. B. unzulässige Stoffe enthält, die die Sicherheit des Verbrauchers gefährden oder wenn das Wasser mit einem unzulässig hohen Druck geliefert wird.

Nach Auslegung dieses Gesetzes entspricht ein Produkt den Sicherheitserwartungen der Allgemeinheit, wenn die technischen Normen (wie DIN-Blätter, DVGW-Regelwerk) und andere technische Standards eingehalten werden.

Demnach gilt für Wasser, daß § 4 AVBWasserV, den für Trinkwasser geltenden gesetzlichen Vorschriften, insbesondere der Trinkwasserverordnung (TrinkwV) und der DIN 2000 entspricht.

Die Nichtlieferung von Wasser stellt keinen Produktfehler dar. Schäden die auf eine Unterbrechung der Wasserversorgung zurückzuführen sind, werden somit von dem Produkthaftungsgesetz nicht erfaßt.

Haftung bei Versorgungsstörungen

Die Haftung des WVU bei Versorgungsstörungen, insbesondere bei Unterbrechungen oder Unregelmäßigkeiten in der Belieferung, ist in der AVBWasserV geregelt.

Die Haftung greift bereits bei Tötung oder Verletzung eines Kunden dann ein, wenn der Schaden fahrlässig verursacht worden ist.

Bei Sachschäden liegt eine Haftung nur dann vor, wenn grobfahrlässig oder vorsätzlich gehandelt wurde. Zusätzlich ist die Haftung für Vermögensschäden auf solche Fälle beschränkt, bei denen die Unternehmensleitung vorsätzlich oder grobfahrlässig gehandelt hat.

Liegt eine Haftung bei grobfahrlässig verursachten Sach- und Vermögensschäden vor, so ist diese sowohl hinsichtlich des Einzelschadens als auch des Gesamtschadens der Höhe nach nicht begrenzt.

Obwohl in den weitaus meisten Fällen die Endverbraucher, also z. B. die Mieter, nicht identisch mit dem Vertragspartner, d. h. dem Grundstückseigentümer sind, gibt die Haftungsregelung dem Endverbraucher einen direkten – quasi vertraglichen – Anspruch gegen das WVU in dem Umfang, wie das WVU gegenüber dem Kunden (Vertragspartner) haftet.

Sind Unregelmäßigkeiten in der Belieferung zugleich Produktfehler, so geht die Produkthaftung der AVB-Haftungsregelung vor.

Schadensregulierung

Sofern nach den vorhergehenden Ausführungen Schadensersatzansprüche bestehen, wird im allgemeinen die Schadensregulierung nicht vom WVU selbst durchgeführt. Vielmehr tritt, häufig erst ab einer gewissen Schadenshöhe, die Haftpflichtversicherung ein.

Es liegt dabei im Interesse des WVU, Schäden zu vermeiden und ungerechtfertigte Ansprüche abzuwehren, da sich die Versicherungsprämien langfristig nach dem Risiko und der Schadenshäufigkeit richten. Es darf der Haftpflichtversicherung jedoch kein schuldhaftes Verhalten verschwiegen werden. Sie hat andererseits berechtigte Forderungen zu erfüllen und darf nicht den Ruf des WVU durch unnötige Prozeßrisiken schädigen.

8.16 Gesetze, Verordnungen, Technische Regeln, Literatur

8.16.1 Hinweise im Text [ ]

[1] DVGW-Arbeitsblatt W 311 „Planung und Bau von Wasserbehältern; Grundlagen und Ausführungsbeispiele"

[2] DVGW-Merkblatt W 312 „Wasserbehälter; Feststellung und Behebung von Schäden"

[3] Ebel, Otto-Gerhard: „Sanieren von Wasserbehältern", Handbuch Wasserversorgungs- und Abwassertechnik, 2. Ausgabe

[4] DVGW-Arbeitsblatt GW 10 „Inbetriebnahme und Überwachung des kathodischen Korrosionsschutzes erdverlegter Lagerbehälter und Stahlrohrleitungen"

[5] Kottmann, Albrecht: „Auflagerung, Bettung und Mindestüberdeckung von Rohrleitungen für Gas und Wasser bei Straßenbauarbeiten", 3 R, Heft 10 (1983)

[6] DVGW-Arbeitsblatt W 291 „Desinfektion von Wasserversorgungsanlagen"

[7] DVGW-Arbeitsblatt W 292 „Einrichtung und Einsatz mobiler Desinfektionsanlagen"

[8] DIN 4046 „Wasserversorgung; Begriffe; Technische Regel des DVGW"

[9] DVGW-Merkblatt W 391 „Wasserverluste in Wasserverteilungsanlagen; Feststellung und Beurteilung"

[10] Hoch, W.: „Ist eine Früherkennung von Leckstellen der Wasserrohrnetze möglich?" DVGW Schriftenreihe Wasser Nr. 64/1989

[11] Laske, C., Weimer, D., von Fuchs, H.: „Aussichtsreiche Versuche zur Leckortung mittels Korrelation" gwf-Wasser 122/1981

[12] Kottmann, Albrecht: „Ergebnisse aus Rohrschadensuntersuchungen", DVGW Schriftenreihe Wasser Nr. 13/1977

[13] DVGW-Arbeitsblatt W 343 „Zementmörtelauskleidung von erdverlegten Guß- und Stahlrohrleitungen; Einsatzbereiche, Anforderungen und Prüfungen"

[14] DIN 1988 – TRWI „Technische Regeln für Trinkwasserinstallationen", Teil 1–8

[15] BG-Gas- und Wasserwerke, „betrifft: Sicherheit" Sonderdruck 2/86

[16] Feldmann, G.: „Wahl der metrologischen Klasse für Hauswasserzähler" ndz 10/82

[17] DVGW-Arbeitsblatt W 338 „Hinweise und Richtlinien für den Frostschutz und das Auftauen von Rohrnetzanlagen"

[18] DIN/VDE 0190 „Einbeziehen von Gas- und Wasserrohrleitungen in den Hauptpotentialausgleich von elektrischen Anlagen; Technische Regel des DVGW"

[19] Haftpflichtgesetz

8.16.2   Weitere Hinweise

Gesetze und Verordnungen

Haftpflichtgesetz vom 04.01.1978
Produkthaftungsgesetz vom 01.01.1990
Bürgerliches Gesetzbuch (BGB)

Trinkwasserverordnung (TrinkwV) vom 22.05.1986
Trinkwasser-Aufbreitungs-Verordnung vom 19.12.1959 – Ergänzungslieferung
vom Februar 1980
Verordnung über Allgemeine Bedingungen für die Versorgung mit Wasser
(AVBWasserV) vom 20.06.1980
Verordnung über Allgemeine Bedingungen für die Elektrizitätsversorgung von
Tarifkunden (AVBEltV)

UVV 1   – Allgemeine Vorschriften
UVV 20   – Bauarbeiten
UVV 24a – Chlorung von Wasser

DIN-Blätter

/VDE 100	Errichten von Starkstromanlagen	
2000	Zentrale Trinkwasserversorgung	11/73
	Leitsätze für Anforderungen an Trinkwasser Planung, Bau und Betrieb der Anlagen	
3211	Armaturen	11/85
3222	Überflurhydranten PN 16	01/86
3223	Betätigungsschlüssel für Armaturen	11/74
/ISO 4064	Durchflußmessung von Wasser in geschlossenen Leitungen	01/81
	Teil 1 Zähler für kaltes Trinkwasser Spezifikation	
4066	Hinweisschilder für den Brandschutz	05/84
4067	Wasser; Hinweisschilder, Ortsverteilungs- und Wasserfernleitungen	11/75
4124	Baugruben und Gräben – Böschungen Arbeitsraumbreiten, Verbau	08/81
31051	Instandhaltung Begriffe und Maßnahmen	01/85
50900	Begriffe – Korrosion der Metalle	
	Teil 1 – Allgemeine Begriffe	04/82
	Teil 2 – Elektrochemische Begriffe	01/84
	Teil 3 – Begriffe der Korrosionsuntersuchung	09/85

DVGW-Regelwerk

Merkblatt W 203	Begriffe der Chlorung	05/78
Merkblatt W 303	Dynamische Druckänderungen in Wasserversorgungsanlagen	02/83
Merkblatt W 318	Wasserbehälter Kontrolle und Reinigung	02/83
Arbeitsblatt W 331	Hydranten	02/83
Arbeitsblatt W 332	Hinweise und Richtlinien für Absperr- und Regelarmaturen in der Wasserversorgung	02/68
Arbeitsblatt W 344	Zementmörtelauskleidung von Guß- und Stahlrohren nach dem Verfahren des Anschleuderns an ein nicht rotierendes Rohr	10/86
Arbeitsblatt W 345	Schutz des Trinkwassers in Wasserrohrnetzen vor Verunreinigung	01/62
Arbeitsblatt W 355	Leitungsschächte	08/79
Arbeitsblatt W 390	Überwachen von Trinkwasserrohrnetzen	02/83
Arbeitsblatt W 405	Bereitstellung von Löschwasser durch die öffentliche Trinkwasserversorgung	07/78
Merkblatt GW 14	Ausbesserung von Fehlstellen in Korrosionsschutzumhüllungen von Rohren aus Eisenwerkstoffen	11/89
Merkblatt GW 15	Korrosionsschutz Nachumhüllungen von Rohren, Armaturen und Formteilen; Ausbildungs- und Prüfplan	11/89
Hinweis GW 125	Baumpflanzungen im Bereich unterirdischer Versorgungsanlagen	03/89
Arbeitsblatt GW 306	Verbinden von Blitzschutzanlagen mit metallenen Gas- und Wasserleitungen in Verbrauchsanlagen	08/82
Arbeitsblatt GW 309	Elektrische Überbrückung bei Rohrtrennungen	11/86
GW 315 Entwurf	Hinweise für Maßnahmen zum Schutz von Versorgungsanlagen bei Bauarbeiten	09/88
Hinweis GW 316	Orten von erdverlegten Rohrleitungen und Straßenkappen	08/82

Literatur

Handbuch für Wassermeister:
Wissenswertes für den Betrieb von Wasserversorgungsanlagen, Oldenbourg Verlag, München-Wien, Ausgabe 198
Mutschmann-Stimmelmayr, Taschenbuch der Wasserversorgung, Franckh'sche Verlagshandlung Stuttgart 9. Auflage 1986

8.16.3   Österreichische Vereinigung für das Gas- und Wasserfach (ÖVGW)

GW 1	Grundsätze	11/87
GW 10	Maßnahmen zum Schutz von Versorgungsanlagen bei Bauarbeiten	09/80
W 25	Erfassung und Auswertung von Daten bei Wasserversorgungen	01/88
W 34	Prüfung von Dosiergeräten zur Behandlung von Trinkwasser	10/90
W 54	Überwachung zentraler Trinkwasserversorgungsanlagen	04/76
W 55	Hygienische Rohrnetzwartung	01/77
W 56	Umgang mit Chlorgas und chlorhaltigen Präparaten	10/77
W 57	Begriffe der Chlorung	10/77
W 74	Trinkwassernotversorgung	03/89
W 75	Öffentliche Trinkwasserversorgung aus Tankwagen und transportablen Wasserbehältern	11/82
W 76	Vorsorgeplanung für Notstandsfälle in der öffentlichen Trinkwasserversorgung	11/82
W 78	Wasserentnahme aus Hydranten	04/85
SW 4	Trinkwassernotversorgung	09/90
WI 3	Erdung an Wasseranschlußleitungen	03/89
HBN	Handbuch für das Gas- und Wasserfach	1989

8.16.4   Schweizerischer Verein des Gas- und Wasserfaches (SVGW)

W 1	Richtlinien für die Überwachung der Trinkwasserversorgung in hygienischer Hinsicht	1989
W 3	Leitsätze für die Erstellung von Wasserinstallationen	1987
W 6	Richtlinien für Projektierung, Bau und Betrieb von Wasserreservoiren	1975
W 7	Richtlinien für die Renovation von Wasserreservoiren	1988
W 8	Richtlinien für die Kontrolle und Reinigung von Wasserreservoiren	1988
W 12	Richtlinien für die Überwachung und den Unterhalt von Wasserversorgungsanlagen	1971
W 31	Öffentlichkeitsarbeit in der Wasserversorgung	1987
Nr. 911	Erdung elektrischer Anlagen ans Wasserleitungsnetz – Übereinkunft zwischen SVGW und SEV –	1979

9 Meß-, Regelungs- und Steuertechnik

9.1 Messen in Versorgungsanlagen

9.1.1 Allgemeines

Messen [1] ist das Vergleichen der unbekannten Meßgröße mit einer bekannten gleichartigen Größe. Der Meßwert ist das Ergebnis der Messung, also der gemessene Wert einer Meßgröße, wird vom Meßgerät angezeigt oder geschrieben und ist das Produkt aus Meßzahl (Zahlenwert) und Einheit der Meßgröße (Maßeinheit)

$$\text{Meßwert} = \text{Meßzahl} \times \text{Maßeinheit}$$

Messen, Erfassen und Auswerten von Druck, Temperatur und durchfließender Menge sind unerläßlich für den betrieblichen Transfer sowie für die innerbetriebliche Kontrolle. Messungen werden für unterschiedliche Betriebszustände vorgenommen und nach verschiedenen Verfahren mit Geräten unterschiedlichster Konstruktion durchgeführt.

9.1.2 Messen physikalischer Größen

Druckmessungen

Druckmessungen sind Vergleichsmessungen. Von ihren Ergebnissen ist die Funktionstüchtigkeit der Rohrleitungsanlagen, die Einhaltung sicherheitstechnischer Vorschriften und die qualitätsgerechte Versorgung abhängig. Der in einem Drucksystem herrschende Druck wird mit Manometern (Bild 9.1) gemessen. Manometer [2] ist ein bisher allgemein gebräuchlicher Sammelbegriff für Druckmeßgeräte. Häufig verwendete Manometer sind

- federelastische Manometer
- Flüssigkeitsmanometer
- Kolbenmanometer
- elektrische Manometer.

Federelastische Manometer

Zur Gruppe der federelastischen Manometer gehören Rohrfedermanometer, Plattenfedermanometer, Kapsel-(Dosen-) und Wellrohr-(Balgen-)Federmanometer. Neben dieser Unterteilung werden Manometer nach ihrer Anzeigegenauigkeit in Klassen unterteilt. Die Genauigkeitsklasse gibt zugleich den zulässigen prozentualen Fehler des Gerätes bezogen auf den Skalenendwert an. Zum Beispiel: Güteklasse 1,0 bedeutet 1,0 vom Hundert des *Skalenendwertes*. Der Ar-

Bild 9.1   Innenansicht eines Manometers

beitsbereich der Geräte soll zwischen 25 und 75 % des Meßbereiches liegen. Dabei soll die Druckänderungsgeschwindigkeit 6 % vom Skalen-Endwert je Minute nicht übersteigen. Bei größeren Änderungsgeschwindigkeiten soll der Meßbereich doppelt so groß wie der zu erwartende Maximaldruck gewählt werden. Bei pulsierenden Drücken ist zur Vermeidung von Ermüdungsbrüchen des Meßgliedes eine Dämpfung vorzusehen.

Das Meßprinzip dieser Manometer beruht darauf, daß sich unter dem Einfluß des Druckes ein elastisches Meßglied verformt. Die Verformung wird durch einen Übertragungsmechanismus in eine drehende Bewegung des Zeigers umgewandelt. Aufgrund des Verwendungsbereiches werden Druckmeßglieder nach ihrer Form unterschieden.

Rohrfeder (Bourdonrohr) (Bild 9.2): Als Meßsystem dient eine Feder, bestehend aus einem kreisgebogenen hohlen Rohr, dessen Querschnitt die Form eines Ovals oder Ellipse hat. Rohrfedern sind für gasförmige und flüssige Stoffe verwendbar.

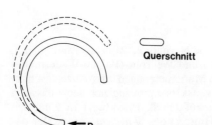

Querschnitt

Bild 9.2   Rohrfeder (Burdonrohr)
eines Manometers

Plattenfeder (Bild 9.3) ist eine zwischen zwei Flanschen eingespannte dünne Federmembrane. Die Membrane hat meistens eingeprägte, konzentrische Wellen. Anzahl, Form und Abmessungen sind von Verwendungszweck und Meßbereich abhängig. Sie sind verwendbar für gasförmige und flüssige Stoffe. Gegen Stöße und Erschütterungen sind sie wenig empfindlich.

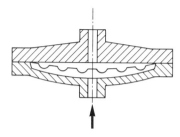

Bild 9.3 Plattenfeder

Kapselfeder (Dosenfeder) (Bild 9.4): Als Meßsystem wird eine Metallkapsel benutzt. Die Kapselfeder besteht aus zwei gewellten Membranen, die zur Kapsel (Membrandose) verlötet/verschweißt sind. Kapselfedern eignen sich für gasförmige Stoffe; sie werden auch zur Messung des barometrischen Druckes eingesetzt. Kapselfedermeßwerke sind nicht sehr überdrucksicher.

Wellrohrfeder, auch Balgenfeder genannt (Bild 9.5), besteht aus einem dünnwandigen Zylinder, auf dessen Umfang tiefe Wellen eingedrückt sind. Wellrohrfedern eignen sich für gasförmige Stoffe.

In Rohrleitungsanlagen werden Federmanometer als universale Betriebsmeßgeräte eingesetzt. Zu den Vorteilen von Federmanometern zählen das Fehlen einer Meßflüssigkeit, die Unabhängigkeit der Anzeige von der Lage des Gerätes und die kleinen Abmessungen.

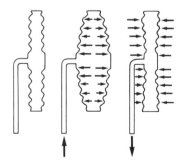

Bild 9.4 Kapselfeder (Dosenfeder)

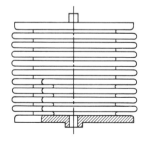

Bild 9.5 Wellrohrfeder (Balgenfeder)

Manometer können mit elektrischen oder pneumatischen Grenzwertschaltern ausgerüstet werden. Diese Schalter dienen zum Schließen oder Öffnen von elektrischen Stromkreisen bzw. pneumatischen Schaltkreisen in Abhängigkeit von der Zeigerstellung anzeigender Geräte. Für verschiedene Aufgaben stehen folgende Kontaktarten zur Verfügung: Schleichkontakt, Magnetspringkontakt, Induktivkontakt und Pneumatikkontakt. Im Ex-Schutzbereich werden Manometer mit Induktiv- und Pneumatikkontakt eingesetzt. Manometer mit Schleichkontakten müssen absolut erschütterungsfrei angeordnet werden. Mit Hilfe entsprechender Relais können diese Geräte Regel- und Steueraufgaben erfüllen.

Hinweise zur Montage:

Manometer sollen erschütterungsfrei montiert werden. Sofern Meßstellen an druckführenden Rohrleitungsbauteilen notwendig sind, werden Meßstutzen aus Stahl oder Edelstahl aufgeschweißt. Als Anschlußstellen sind auch Wassertöpfe, Ausblasestutzen, Hydranten und Hausanschlüsse geeignet. Das Anschließen der Manometer ist nur mit festen Verbindungen zulässig. Meßleitungen sind kurz zu halten und gerade zu verlegen. Bei der Wahl der Meßstelle (Bild 9.6) ist zu beachten, daß die Bohrung für die Druckentnahme auf einem entsprechend langen geradlinigen Rohrleitungsstück liegt. Der Durchmesser der Anbohrung für die Gasdruckentnahme soll 2–6 mm betragen. Der Innendurchmesser der Meßleitungen von 10 mm hat sich in der Praxis bewährt. In Trinkwasserleitungen sollte zumindest ein Anschlußstutzen DN 15 vorhanden sein. Meßleitungen sind grundsätzlich mit Absperrarmaturen zu versehen.

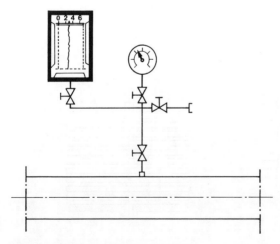

Bild 9.6 Wahl der Druckmeßstelle

Flüssigkeitsmanometer

Den Flüssigkeitsmanometern liegt das hydrostatische Prinzip zugrunde. Der zu messende Druck wird mit einer Flüssigkeitssäule verglichen. Zu den Flüssigkeitsmanometern gehören das U-Rohrmanometer, das Gefäßmanometer, das Schrägrohrmanometer und die Ringwaage (siehe Bilder 9.7 bis 9.10).

U-Rohrmanometer stellen ein u-förmiges Rohr mit gleichem Querschnitt dar, das mit einer Meßflüssigkeit gefüllt ist. Ein U-Rohr-Manometer braucht nicht geeicht zu werden und ist für betriebliche Meßsysteme nicht geeignet. Betriebliche Meßsysteme müssen geprüft und justiert werden. Der Meßbereich für die Anwendung liegt bei 0,005 bis 1,0 bar. Die U-Rohrmanometer sind zu Kontrollmessungen bei niedrigen Drücken geeignet. Bei höheren Drücken werden sie abgelöst von Kolbenmanometern.

Gefäßmanometer messen nach dem Prinzip der U-Rohrmanometer. Diese bestehen aus einem Gefäß mit größerem Durchmesser und einem mit ihm verbundenen vertikalen Meßrohr. Der Druckbereich liegt bei ≤ 1 bar.

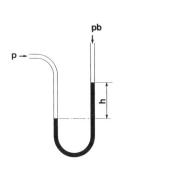

Bild 9.7 U-Rohrmanometer

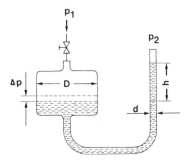

Bild 9.8 Gefäßmanometer

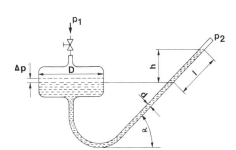

Bild 9.9 Schrägrohrmanometer

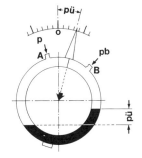

Bild 9.10 Ringwaage

Schrägrohrmanometer werden auf Grund ihrer hohen Empfindlichkeit bei der Messung kleiner Druckdifferenzen verwendet. Der Anwendungsdruckbereich ist < 0,01 bar.

Verwendete Meßflüssigkeiten sind Wasser, Quecksilber, Glyzerin etc.

Ringwaage (Ringrohrmanometer)

Das Ringwaage-Meßwerk besteht aus einem drehbar gelagerten Hohlring, der zur Hälfte mit Flüssigkeit gefüllt ist. Der Raum über der Flüssigkeit ist durch eine Trennwand in zwei Kammern geteilt, die mit den Meßleitungen verbunden sind. Durch die Wirkung der Druckdifferenz auf die Trennwand wird ein Drehmoment am Waagering erzeugt. Der Waagering dreht sich, bis er durch das Gegen-Drehmoment eines am Waagering intern angebrachten Gewichtes in die Gleichgewichtslage kommt. Der Drehwinkel ist ein Maß für die Druckdifferenz. Soll mit der Ringwaage ein Überdruck gemessen werden, so wird der Meßdruck nur einer der Kammern zugeführt, während die andere Kammer zur Atmosphäre offen bleibt. Wird die Ringwaage zur Messung von Differenzdrücken verwendet, so ist zu prüfen, ob der statische Druck die zulässige Höchstgrenze nicht überschreitet.

Der statische Druck ist der auf eine Rohr- oder Behälterwand wirkende Überdruck, dem Druckschwankungen überlagert sein können. Der Überdruck ist die Differenz aus absolutem und atmosphärischem Druck. Der dynamische Druck ist der bei strömenden Medien in Strömungsrichtung auftretende Druck. Der absolute Druck ist die Summe aus atmosphärischem Druck und Überdruck.

Die Ringwaage ist ein unmittelbares Anzeige- oder Schreibgerät. Sie kann mit Widerstandsferngebern zur Fernübertragung der Meßwerte, Induktiv-Ferngebern für Regelzwecke und mit Grenzwertschaltern für optische und akustische Signalgabe ausgestattet werden. Die Ringwaage wird eingesetzt zur genauen Messung niedriger Drücke und Differenzdrücke. Sie hat eine genügend hohe Meßgenauigkeit bis ± 1,0 % des Meßbereichsendwertes. Die Veränderung der Meßbereiche ist leicht durch Veränderung des Gegengewichtes möglich. Ihre Anzeige hängt weder von der Dichte der Sperrflüssigkeit noch von deren Menge ab. Sie wird in Meßdruckbereichen 0,005 bis 0,25 bar eingesetzt.

Kolbenmanometer (Bild 9.11)

Das Meßprinzip besteht darin, daß ein Kolben in einen Zylinder eingepaßt ist, der mit geeichten Gewichten belastet wird, so daß ein ganz bestimmter Druck entsteht. Die aufgelegten Gewichte und der Querschnitt des Kolbens sind das Maß für den Druck. Zur Herabsetzung der Reibung sollte man während der Messung den Kolben mit den aufgelegten Gewichten in Drehbewegung setzen. Der Meßfehler von Kolbenmanometern liegt im allgemeinen bei ± 0,5 % vom jeweiligen Meßwert. Der Druckbereich liegt zwischen 1 bis 100 bar.

Bild 9.11   Kolbenmanometer

Elektrische Manometer

Zur Messung sowohl hoher als auch schnell veränderlicher Drücke bei hohen Temperaturen (extremen Betriebsverhältnissen) haben sich Manometer mit moderner Halbleitertechnologie gut bewährt. Die Halbleitertechnologie hat piezoelektrische und piezoresistive Effekte zur Druckmessung wirksam gemacht.

An bestimmten Halbleiterkristallen treten an den Oberflächen elektrostatische Ladungen auf, wenn die Kristalle mechanisch belastet werden. Man nennt diese Erscheinung piezoelektrischen Effekt (Oberflächeneffekt). Zur technischen Nutzung dieses Effektes wird die Oberfläche der Kristalle mit metallenen Elektroden versehen (Bild 9.12). Die bei der elastischen Verformung des Meßelementes (Kri-

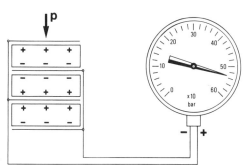

Bild 9.12   Elektrisches Manometer

stallplättchen) erzeugten proportionalen elektrischen Ladungen rufen an den Elektroden eine piezoelektrische Spannung hervor, die zur Anzeige genutzt wird.

Zur Erfassung von Druckvorgängen in Gasen und Flüssigkeiten wird das Quarzkristall oder Turmalin häufig angewendet. Bei Quarz oder Turmalin sind bei großen Druckänderungen nur Spannungen von wenigen Volt zu erreichen. Mit keramischen Blei-Zirkonat-Titanat lassen sich bei kleinen Druckkräften höhere Spannungen erzielen. Die verfügbaren Meßbereiche liegen zwischen 1 bar bis 100 bar und größer. Der piezoelektrische Effekt kommt nur für dynamische Messungen in Frage.

Der piezoresistive Effekt ist die Grundlage von Manometern zum Messen statischer Drücke und wird z. B. in digitalen Manometern (Bild 9.13) genutzt. In diesen Manometern wird der zu messende Druck über eine elastische Druckmittelmembrane des Druckaufnehmers und die Flüssigkeit des Druckmittlers auf den Silizium-Halbleiter übertragen. Die dabei auftretende elektrische Durchbiegung verursacht eine Widerstandsänderung der Brückenwiderstände. Die so erzeugten proportionalen Spannungsänderungen werden direkt in der Druckeinheit angezeigt. Temperaturabhängige Widerstände in der Brückenschaltung kompensieren unerwünschte Temperatureinflüsse. Das Spannungssignal wird über eine Anzeigeelektronik auf die LED-Elemente übertragen. Das Gerät besteht aus einer digitalen Anzeigeeinheit kombiniert mit einem kompakten piezoresistiven Druckaufnehmer. Derartige digitale Geräte eignen sich für genaue Druckmessungen in Anzeigebereichen 0...600 mbar, 0...100 bar und größer.

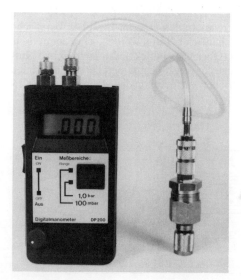

Bild 9.13 Digitalmanometer

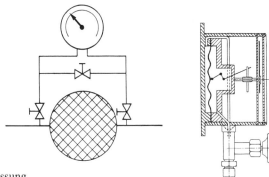

Bild 9.14 Differenzdruckmessung

Differenzdruckmessungen (Bild 9.14)

Zur Bestimmung der Differenz zweier Drücke werden Differenzdruckmanometer mit Rohrfedern, Plattenfedern, Balgenfedern und Meßumformer für Differenzdruck sowie Flüssigkeitsdifferenzdruckmanometer verwendet. Federelastische Differenzdruckmanometer arbeiten nach dem Prinzip der Kraftwirkung des Differenzdruckes auf ein federndes Element. Flüssigkeitsdifferenzdruckmanometern liegt das Prinzip der kommunizierenden Röhren zugrunde. Die Meßumformer formen das Meßsignal auf ein eingeprägtes analoges Einheitssignal um.

Differenzdruckmeßgeräte, die zusammen mit Drosselgeräten für die Durchflußmessung verwendet werden, können je nach dem Verwendungszweck der Messungen mit Zusatzeinrichtungen versehen sein. Dazu gehören Einrichtungen zur Radizierung, zur Summierung, für die kontinuierliche Registrierung, für die Fernübertragung, zur Korrektur der Werte bei Veränderung der Meßbedingungen oder der Eigenschaften des zu messenden Mediums.

Temperaturmessungen

Temperaturen werden in Versorgungsanlagen mit Flüssigkeits-Glasthermometern, Flüssigkeits-Federthermometern und Widerstandsthermometern gemessen.

Glasthermometer (Bild 9.15) dienen der direkten Anzeige und benutzten die Ausdehnung einer eingeschmolzenen Füllflüssigkeit, wobei sich das Ende der Flüssigkeitssäule in einer Kapillare hin und her bewegt und gegen eine feste Skala eine Ablesung möglich macht. Als Füllflüssigkeiten werden beispielsweise verwendet:

Quecksilber $- 30\,°C - + \ 62{,}5\,°C$ und mehr, unter Druck
Toluol $- 70\,°C - +100\,°C$
Ethylalkohol $-110\,°C - + \ 50\,°C$

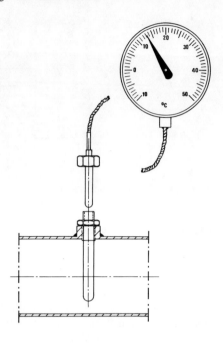

Bild 9.15   Glasthermometer   **Bild 9.16**   Flüssigkeits-Federthermometer

Glasthermometer [3] dienen zur Messung der Raumtemperaturen und zur Messung der Temperaturen in bestimmten Tiefen unter der Erdoberfläche. Bei Flüssigkeits-Federthemometern (Bild 9.16) kann die Meßstelle vom Anzeigegerät bis etwa 40 m entfernt sein. Die Übertragung erfolgt durch eine Kapillarleitung. Die Flüssigkeits-Federthermometer sind zur örtlichen Temperaturüberwachung und zur Meldung von Grenzwertunterschreitungen oder -überschreitungen einsetzbar.

Widerstandsthermometer (Bild 9.17) sind reine elektrische Geräte, die keine direkte Anzeige an der Meßstelle haben und nur für Fernübertragung geeignet sind. Bei der Temperaturmessung mit Widerstandsthermometern [4] benutzt man die Temperaturabhängigkeit des elektrischen Widerstandes der Metalle. Ein dünner Meßdraht dient als Temperaturfühler. Sein Widerstand wird mit einem an seinen beiden Enden angeschlossenen Widerstandsmeßgerät bestimmt. Die Größe des Widerstandes ist ein Maß für die Temperatur. In der Praxis werden zum größten Teil Platinwicklungen Pt 100 DIN vorgesehen. Der Verlauf der Widerstandsänderung mit Angabe der zulässigen Abweichungen ist in den DIN-Vorschriften [5] festgelegt. Als Grundwert für den Meßwiderstand eines Widerstandsthermometers gilt allgemein 100 Ohm bei 0 °C.

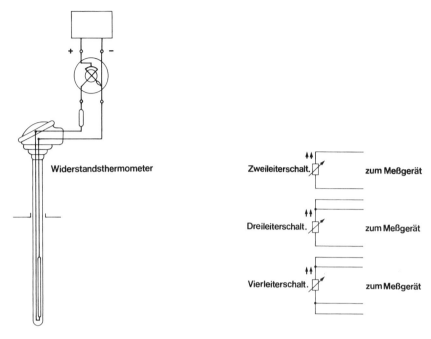

Bild 9.17 Widerstandsthermometer

Bild 9.18 Anschluß von Widerstandsthermometern

Mit der Anwendung neuer Technologien ist es möglich, rationell und in akzeptablen Baugrößen Meßwiderstände mit höheren Nennwerten als 100 Ohm zu bauen. Heute werden in verstärktem Maße in Platinwiderstandsthermometern neben Pt 100- auch Pt 500- und Pt 1000-Meßwiderstände eingebaut. Der Einfluß der Zuleitungswiderstände ist hierbei um den Faktor 5 bzw. 10 kleiner, so daß auf einen Abgleich verzichtet werden kann. Auch der Meßfaktor, durch Änderung der mittleren Temperatur der Zuleitung, reduziert sich um den Faktor 5 bzw. 10.

Anschlußarten von Widerstandsthermometern zeigt Bild 9.18. Bei der Temperaturmessung mit Widerstandsthermometern wird das Meßergebnis durch den Zuleitungswiderstand beeinflußt. In der Zweileiterschaltung wird der Widerstand zur Zuleitung voll vom Meßkreis der Brückenschaltung erfaßt. Der Einfluß des Widerstandes kann bei einer festen Temperatur durch einen temperaturunabhängigen Leitungsabgleichwiderstand kompensiert werden. Die Anwendung der Dreileiterschaltung ermöglicht Messungen über wesentlich größere Entfernungen und führt zu einer Reduzierung des Temperatureinflusses der Zuleitungen. Die genauesten Messungen sind mit der Vierleiterschaltung möglich. Hierbei entfällt sowohl der Einfluß der Temperatur als auch der Zuleitungswiderstände. Diese Art der Vierleiterschaltung wird bei Messungen in Prüfständen zum größten Teil schon vorgeschrieben.

Beim Einbau der Thermometer (Bild 9.19) in Rohrleitungen ist darauf zu achten, daß die Fühler an einer Stelle mit möglichst hoher Strömungsgeschwindigkeit eingebaut werden, damit das strömende Medium die Temperatur an die Meßstelle übertragen kann. Um die Thermometer während des Betriebes auswechseln zu können, sind sie mit Schutzhülsen in die Rohrleitung einzubauen. Der Innendurchmesser darf nicht wesentlich größer sein als der Außendurchmesser des Temperaturfühlers. Damit die Luft zwischen Schutzrohr und Fühler nicht isolierend und das Übertragen der Meßergebnisse nicht verzögert bzw. verfälscht wird, ist der Zwischenraum mit Öl zu füllen. Reicht der Raum für den Einbau des Temperaturfühlers mit Schutzrohr in die Rohrleitung nicht aus, dann können die Fühler schräg eingebaut werden, oder es sind besondere Erweiterungen in der Rohrleitung vorzusehen.

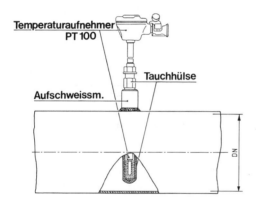

Bild 9.19 Einbau der Thermometer in Rohrleitungen

Durchfluß- und Mengenmessungen

Im technischen Sprachgebrauch gehen die Begriffe Mengen- und Durchflußmessungen häufig ineinander über. Die Durchflußmessung bedeutet die Menge pro Zeiteinheit, die Mengenmessung dient der Erfassung von Stoffmengen in der Zeitperiode.

Meßsysteme mit Durchflußmessern

Das Arbeitsprinzip der Durchflußmeßgeräte nach dem Wirkdruckverfahren ist die Messung des Wirkdruckes, der sich durch die Änderung der Strömungsgeschwindigkeit eines Gas- oder Flüssigkeitsstromes an der Verengung in der Rohrleitung ergibt. Der Durchfluß und der Wirkdruck sind funktionell durch eine quadratische Abhängigkeit miteinander verknüpft.

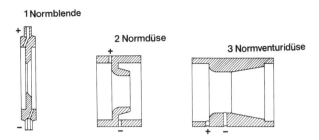

Bild 9.20 Drosseleinrichtungen zur Druckmessung

Zur Realisierung von Durchflußmeßeinrichtungen nach dem Wirkdruck sind drei Funktionselemente notwendig: die Drosseleinrichtung, ein Differenzdruckmeßgerät und die Verbindungsleitungen. Drei Typen von genormten Drosselgeräten (Bild 9.20), sind verbreitet: die Normblende, die Normdüse und die Venturidüse.

Die genaue Ermittlung einer Durchflußmenge mittels Blende, vor allem die Ermittlung des Blendendurchmessers, ist anhand der DIN-Normen (VDI-Durchflußregeln) [6] möglich. Für Hochdruckleitungen verwendet man Einschweißmeßstrecken, während man im Mittel- und Niederdruckbereich die Blenden zwischen zwei Flanschen anordnet. Venturidüsen werden nur noch in Sonderfällen für Wassermessungen benutzt.

Die Vorteile dieser Meßverfahren sind die Einfachheit und Zuverlässigkeit der Drosselgeräte, daß in der Strömung keine beweglichen Teile vorhanden sind und die Möglichkeit besteht, das Drosselgerät in seiner Gestaltung den speziellen Erfordernissen anzupassen. Die in die Messung eingehenden Störeinflüsse sind in der VDI-Richtlinie [7] ausführlich dargelegt.

Die Funktionselemente einer Meßeinrichtung nach dem Wirkdruckverfahren sind in Bild 9.21 dargestellt.

Zubehör:

– Meßblende, in der Rohrleitung zwischen zwei Flanschen montiert
– Absperrventile für Druckleitungen, um Instandhaltungen am Meßgerät vornehmen zu können, ohne dabei die gesamte Rohrleitung stillsetzen zu müssen; wenn erforderlich, Ventilblock für die Prüfung, Nullstellung und zum Ausblasen der Wirkdruckleitungen
– Anzeige und/oder Schreibgerät als Wirkdruckmesser.

Meßsysteme mit volumetrischer Mengenmessung

Zur Erfassung von Flüssigkeitsmengen sind Volumenzähler [8] geeignet. Bei diesen unterscheidet man zwischen zwei Meßverfahren: der unmittelbaren und

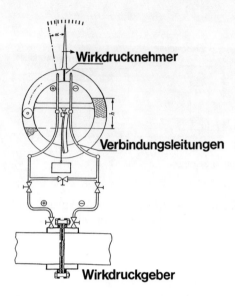

Bild 9.21   Meßeinrichtung nach dem Wirkdruckverfahren

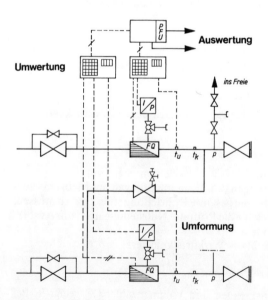

Bild 9.22   Gasmeßanlagen für Volumenstrommessung

mittelbaren volumetrischen Mengenmessung. Zu der ersten Gruppe zählen Ringkolbenzähler, Mehrkolbenzähler etc. Die zweite Gruppe beinhaltet Flügelradzähler, Woltmannzähler, Turbinenradzähler und andere, nach verschiedenen physikalischen Meßprinzipien gebaute Zähler. Meßsysteme, die zur Erfassung von Gasmengen dienen, teilen sich auf in Balgengaszähler, Drehkolbenzähler, Turbinenradzähler, Wirbelgaszähler, Flowmeter usw.

Das Bild 9.22 stellt eine komplette Gasmeßanlage mit ihren Funktionselementen wie Zähler, Impulsgeber, Umwerter und Übertragungseinheit dar.

9.1.3 Eichpflichtige Messungen

Alle Meßgeräte, über die Gas und Wasser gekauft oder verkauft werden, befinden sich im „geschäftlichen Verkehr". Im Eichgesetz [9] ist geregelt, daß alle im „geschäftlichen Verkehr" befindlichen Meßgeräte geeicht bzw. beglaubigt sein müssen.

Der Unterschied zwischen Eichen und Beglaubigen liegt darin, daß Eichungen vom Eichamt (Eichbeamter) durchgeführt werden und Beglaubigungen von staatlich anerkannten Prüfstellen. Der prüf- und meßtechnische Ablauf ist in beiden Institutionen exakt gleich. Staatlich anerkannte Prüfstellen können sich bei Versorgungsunternehmen, Herstellern und freien Unternehmen befinden.

Meßtoleranz

Oft entsteht fälschlicherweise die Meinung, alle geeichten Meßgeräte müssen 100 % genau messen und anzeigen. Das ist nicht der Fall. Die Meßgeräte unterliegen einer gesetzlich geregelten Meßtoleranz; z. B. darf ein Kaltwasserhaushalts-Zähler Qn 2,5 im unteren Bereich (bei niedrigen Durchflüssen) eine Fehlerquote von ± 5 % aufweisen.

Befundsprüfung

Wenn an einem Gas- oder Wassermeßgerät der gemessene Wert angezweifelt wird, dann besteht die Möglichkeit, eine Befundprüfung durchführen zu lassen. Diese Prüfung kann bei einer staatlich anerkannten Prüfstelle oder durch das Eichamt ausgeführt werden. Bei einer Befundprüfung wird die innere und äußere Beschaffenheit des Meßgerätes geprüft sowie eine meßtechnische Prüfung vorgenommen. Während dieser Befundprüfung gelten nicht mehr die Eichfehlergrenzen (z. B. Kaltwasserzähler Qn 2,5 im unteren Bereich ± 5 %), sondern die Verkehrsfehlergrenzen, die genau das Doppelte der Eichfehlergrenzen betragen. Das bedeutet in dem oben genannten Beispiel für den Kaltwasserzähler Qn 2,5 im unteren Leistungsbereich eine Verkehrsfehlergrenze von ± 10 %. Wenn dieser Zähler bei einer Befundprüfung z. B. + 9,2 % zuviel anzeigt, gilt er rechtlich immer noch als richtig anzeigendes Meßgerät.

Gas-Mengenmessungen

Im Bereich der Haushaltsgasmessung findet seit über 100 Jahren der Balgengaszähler seinen Einsatz. Die Größen G 4 und G 6 dürfen nach der derzeitig geltenden Eichgültigkeitsverordnung maximal 12 Jahre eingebaut bleiben. Alle größeren Balgengaszähler, die ihren Einsatz im Industriebereich haben, können maximal 16 Jahre im Gasrohrnetz bleiben.

In der Großgasmessung und im Industriebereich finden auch Turbinenradzähler ihre Anwendung, wobei diejenigen mit Schmiereinrichtung der Turbinenradwelle 12 Jahre Standzeit besitzen.

Der größte Unterschied der beiden aufgeführten Zählerarten im meßtechnischen Sinne liegt im Meßbereich. Der Balgengaszähler hat einen Meßbereich von ca. 1 : 160, der Turbinenradzähler nur von ca. 1 : 30.

Zustandsmengenumwerter (ZMU)

In der thermischen Gasabrechnung, die im DVGW-Arbeitsblatt [10] geregelt ist, finden die Zustandsmengenumwerter ihren größten Einsatz. Ein ZMU besteht aus drei Komponenten:

– Temperaturfühler   (elektrisch oder mechanisch)
– Druckaufnehmer   (elektrisch oder mechanisch)
– Rechenteil   (elektronisch oder mechanisch).

Die erforderlichen Impulse der durchflossenen Gasmenge bekommt der ZMU z. B. von einem Turbinenradgaszähler. Der ZMU rechnet den Gas-Betriebszustand in den Gas-Normzustand (m^3) um.

Normzustand: Druck p_n = 1013,25 mbar, Temperatur t_n = 273,15 K = 0 °C

Die abgelesenen Normkubikmeter (m^3) werden dann mit dem vorherrschenden Brennwert des Gases multipliziert und das Ergebnis ist die gekaufte oder verkaufte Energie in KWh.

Kaltwassermengenmessungen

Im Bereich der Messungen mit stark schwankenden Durchflüssen findet der Verbundwasserzähler (Hauptzähler mit Nebenzähler) seinen größten Einsatz. Die Umschalteinrichtung vom Hauptzähler auf den Nebenzähler erfolgt automatisch mittels Klappenumschaltventil oder Federumschaltventil.

Alle Kaltwasserzähler dürfen nach der derzeitig geltenden Eichgültigkeitsverordnung maximal 8 Jahre im Netz eingebaut bleiben. Die meisten (großen) Versorgungsunternehmen tauschen ihre Kaltwassermeßgeräte aufgrund von Untersuchungen und Messungen bereits früher aus, z. B.: Verbundwasserzähler nach 3–4 Jahren, Haushaltswasserzähler nach 5–7 Jahren.

Auf dem Gebiet der Großwassermengenmessung kommt in den meisten Fällen der Woltmannzähler zum tragen. Bei diesen Zählern unterscheidet man zwischen Typen WP und WS. Der WP-Zähler hat die Achse des Flügelrades parallel zur Rohrachse angeordnet, der WS-Zähler senkrecht zur Rohrachse.

In der Regel verwendet man in der Kleinwassermessung Flügelradzähler (Haushaltswasserzähler), manchmal auch Ringkolben- und Scheibenradzähler.

Sondermeßgeräte

Viele Versorgungsunternehmen vereinbaren mit ihren Kunden Sonderlieferungsverträge, in denen Leistungsspitzen begrenzt werden. Diese Art der Verträge wird benutzt, um unnötige Leistungsspitzen, die sehr hohe Kosten verursachen, zu vermeiden, denn die Versorgungsunternehmen sind darauf bedacht, den Gasstrom möglichst gleichmäßig zu halten.

Die gebräuchlichsten Sondermeßgeräte sind Höchstbelastungsanzeiger (mechanisch o. elektronisch), Registriergeräte, Schreiber, Codedrucker, Summenfernzähler usw.

Bei allen Sondermeßgeräten muß darauf geachtet werden, ob mit ihnen abrechnungsrelevante Daten erzeugt werden oder nur Kontrolldaten. Bei Sondermeßgeräten, über die abrechnungsrelevante Daten erzeugt werden, unterliegen ca. 98 % der Eichpflicht. Die Eichgültigkeitsdauer der meisten Geräte beträgt 5 Jahre.

9.1.4 Ambulante Messungen

Belastungen der Rohrleitungen weichen von den festgelegten oftmals erheblich ab oder erfahren im Laufe der Jahre Veränderungen, die nicht vorauszusehen waren. Zu diesen Abweichungen in der Belastung der Leitungen kommt vielfach eine Abweichung der Druckverluste durch unerwartete starke Inkrustierungen. Beide Faktoren, Belastung und innerer Zustand der Rohre, ergeben dann Verhältnisse, die von den zugrundegelegten mehr oder weniger stark abweichen und entweder eine ungenügende Auslastung der Rohrquerschnitte oder aber eine Überlastung und damit Versorgungsschwierigkeiten zur Folge haben. Diese Tatsache macht es erforderlich, an jeder wichtigen Stelle des Rohrnetzes auf einfachste Weise die Durchflußmenge und die Strömungsrichtung sowie den Druck im zu prüfenden Rohrleitungsabschnitt zu bestimmen. Anhand von Meßergebnissen wird nachgeprüft, ob der Sollzustand der Rohrleitung der Wirklichkeit entspricht. Weichen die gemessenen Werte von den Richtwerten ab, so sind die betroffenen Leitungen des Netzes nicht in Ordnung. Tatsächliche Ursachen der Differenzen lassen sich durch Hinzuziehen weiterer Kriterien genauer feststellen (Leistungsfluß, Leitungsdurchmesser, Verteilung, Anzahl der Abnehmer, Material, Baujahr und Erhaltungsgrad der Leitungen). Gegebenenfalls ist der Engpaß durch weitere Messungen einzugrenzen. Für Stichprobenmessung von Druck stellt das U-Rohr ein gebräuchliches Meßgerät dar. Die Aufzeichnungen des Druckes vor Ort über einen längeren Zeitraum erfolgt überwiegend über tragbare federelastische, schreibende Meßgeräte.

Mengenmessungen werden mit Geräten vorgenommen, die die Umwandlung der Geschwindigkeit in einen Wirkdruck oder in Meßimpulse bewirken. Zu den ersten gehören z. B. das Prandtlsche Staurohr, das Pitotrohr, die Meßblende (beschrieben im Abschnitt 9.1.2), die Krellsche Stauscheibe und die Meßsonde, System „Annubar". Zu den letzteren zählt z. B. das Anemometer.

Das Staurohr Prandtl [11]

Die gebräuchlichste Form ist das Staurohr nach Prandtl (Bild 9.23). Mit diesem Staurohr wird der dynamische Druck (Geschwindigkeitsenergie) als Differenz des Gesamtdruckes und des statischen Druckes gemessen. Voraussetzung für die Messung ist eine Staurohrkonstruktion, die ohne große Umstände in die Rohrleitung gebracht und wieder entfernt werden kann sowie ein Meßgerät, welches imstande ist, die sehr geringen Wirkdrücke zu erfassen und zu registrieren. Die Messung verläuft mit geringem Druckverlust und kann vor- und rückwärts erfaßt werden. Die Meßgenauigkeit liegt bei ± 0,7 % vom Meßwert. Das in eine Strömung eingebrachte Staurohr erzeugt einen Stau, der nach der Bernoullischen Gleichung die kinetische Energie vollständig in Druckenergie umwandelt. Das Verfahren wird für kurzzeitige Kontrollmessungen benutzt. Als Differenzdruckmanometer werden Feindruckmanometer, Schrägrohrmanometer, Ringmanometer usw. verwendet. Der Gesamtdruck und der statische Druck werden am Meßgerät gegeneinander geschaltet. Damit wird die Druckdifferenz proportional zum Staudruck. Dieses auf der Messung des Wirkdruckes beruhende Gerät wird vorwiegend bei Punktmessungen im Rahmen des Netzverfahrens angewendet.

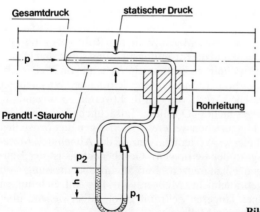

Bild 9.23 Staurohr nach Prandtl

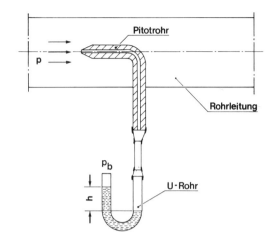

Bild 9.24 Pitot-Rohr

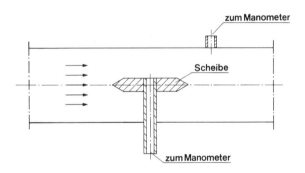

Bild 9.25 Einrichtung zum Messen des statischen Druckes in einer Rohrleitung

Das Pitot-Rohr [11]

Dieses Staudruckmeßgerät (Bild 9.24) dient zur Mengenstrommessung von Gasen und Flüssigkeiten. Das in einem strömenden Medium angebrachte Pitot-Rohr erfaßt den Gesamtdruck. Zur Ermittlung der Strömungsgeschwindigkeit muß noch der statische Druck allein bestimmt werden. Dabei ist eine besondere Sorgfalt erforderlich, da der statische Druck durch das Einbringen des Staurohres leicht gestört wird. Der statische Druck kann mit einer Scheibe nach Bild 9.25 gemessen werden.

Die Krellsche Stauscheibe, Bild 9.26

Die Krellsche Scheibe [11] besteht aus einer kreisrunden Metallscheibe. Die auf beiden Seiten der Scheibe befestigten Stauröhrchen müssen senkrecht zur Ober-

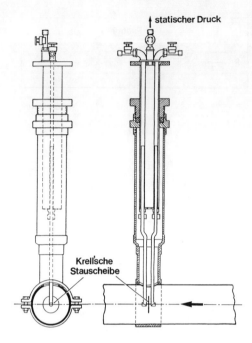

statischer Druck

Krell'sche
Stauscheibe

Bild 9.26   Krellsche Stauscheibe

fläche stehen und werden über flexible Verbindungsleitungen z. B. an eine Ringwaage als Aufzeichnungsgerät angeschlossen. Der an der Scheibe entstehende
Differenzdruck wird zur Bestimmung der Strömungsgeschwindigkeit ausgewertet. Über die Strömungsgeschwindigkeit und den Druckabfall in der Leitung
erfolgt die Bestimmung der Rohrreibungszahl. Die Krellsche Scheibe wird bei
gasförmigen und flüssigen Druckmitteln bei allen Rohr-Nennweiten eingesetzt.

Das Staudruckmeßgerät ANNUBAR, Bild 9.27

Das Meßprinzip beruht auf der Bernoullischen Gleichung und die Bildung einer
mittleren Strömungsgeschwindigkeit. An 4 Meßbohrungen werden die Stau-
drücke der gleichen Querschnittsflächen erfaßt. Der anliegende Staudruck kann
auf alle bekannten Differenzdruckmanometer gegeben werden. Der Meßfehler
beträgt bei diesen Geräten ± 1,5 % und ist für Rohr-Nennweiten DN 25 –
DN 600 einsetzbar.

Das Anemometer

Für Geschwindigkeitsmessungen benutzt man auch Flügelrad-Anemometer.
Die Geschwindigkeit wird hier mit Hilfe eines sich in der Strömung drehenden
Propellers ermittelt. Im Idealfall ist die Drehzahl der axial angeströmten Flügel

eine Funktion der Strömungsgeschwindigkeit. Die Strömungsgeschwindigkeit kann als digitale Anzeige oder als analoges Ausgangssignal dargestellt werden. Die Meßbereiche der Anemometer betragen 0,5–10 m/s für Flügelradzähler. Der Meßfehler unter normalen Bedingungen beträgt ± 0,2 m/s.

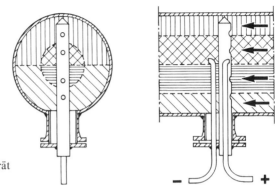

Bild 9.27   Staudruckmeßgerät
ANNUBAR

9.1.5   Stationäre Messungen

Meßanlagen werden an wichtigen Punkten des Verbrauchs nach Bedarf errichtet sowie bei Gewerbebetrieben, Tarif- und Sonderabnehmern eingebaut. Eine meß-technische Überwachung nach Druck, Temperatur und Durchfluß ist notwendig. Da Filter eingebaut sind, ist eine Messung des Filterwiderstandes äußerst zweckmäßig.

Die Durchflußmengen ergeben sich aus der Abnahmebelastung, die in weiten Grenzen schwankt und in der Hauptverbrauchszeit zu empfindlichen Druckver-änderungen Anlaß gibt. Dadurch sind alle wünschenswerten Messungen durch anzeigende Geräte zu erfassen. Besonders wichtige Vorgänge müssen automa-tisch registriert werden. Die Messung von Durchflußbelastungen erfolgt am besten über Meßsysteme mit Durchflußmessern bzw. Volumenzählern.

Luftdruckmessungen
Alle Geräte zum Messen des Luftdruckes heißen Barometer. Die genauesten sind auch heute noch die Quecksilberbarometer, die auf dem Versuch von Torri-celli beruhen. Unterschieden wird zwischen Heber-, Gefäß-, Dosen- und Röh-renbarometer. Zur Anzeige von Druckschwankungen über einen längeren Zeit-raum werden Barographe eingesetzt.

Erdbodentemperatur-Messungen
Zur genauen Messung der Erdbodentemperaturen werden Flüssigkeits-Ther-

mometer und elektronische Bodenthermometer verwendet. Die elektr. Bodenthermometer setzen sich zusammen aus einem Pt 100-Präzisionsfühler, ausgerüstet mit Verstärkerelektronik und Prüfeinrichtung. Der Fühler wird unter einer gut zugänglichen Schieberklappe installiert. Das vom Meßort bis zu 100 m entfernt montierte Auswertegerät zeigt die momentane Temperatur in der Fühlerspitze an.

9.2 Steuern in Versorgungsanlagen

9.2.1 Allgemeines

Die Entwicklung in Rohrleitungsanlagen geht dahin, arbeitsintensive Vorgänge durch kapitalintensive zu ersetzen. Ein wesentliches Mittel dazu ist die Anwendung von Steuerungen. Das Kennzeichen einer Steuerung ist der offene Wirkungsablauf (Signalfluß) durch das einzelne Gerät bzw. durch die Anlage. Diesen offenen Wirkungsablauf nennt man Steuerkette [12]. Eine Steuerkette besteht aus mehreren hintereinander geschalteten Gliedern. Innerhalb dieser Kette werden die Signale bzw. Wirkungen von Glied zu Glied weitergereicht. Es findet kein Vergleich zwischen Soll- und Istwert statt. Störungen werden nicht berücksichtigt. Der Eingriff wird nur von den Eingangssignalen bestimmt. Es findet ein gerichteter Zwangsablauf statt. Eine Rückkopplung kann nicht auftreten, da der Signalweg nicht geschlossen ist. Das Ergebnis der Steuerung hat keinen Einfluß auf das Stellglied.

9.2.2 Bauglieder einer Steuerkette

Die Bezeichnungen, Begriffe und Benennungen in Steuerungen entsprechen denen der Regelungen, weil meist Steuerungen und Regelungen miteinander verknüpft sind. Sie sind in Abschnitt 9.3 benannt.

Das erste Bauglied einer Steuerkette ist das Signalglied. Hierzu gehören der steuernde Mensch, Grenztaster, Zeitrelais oder Druckschalter. Steuerglieder verknüpfen die einzelnen Signale und verändern den Zustand der Stellglieder, sie schalten den Motor ein und aus oder lassen die Kolbenstangen ein- und ausfahren. Sie sind geeignet, das Geschehen in der Anlage in gewünschter Weise zu beeinflussen. Steuerglieder sind z.B. die Hände des Menschen, Hilfsschütze, Verriegelungen, Logikschaltungen sowie Wege-, Sperr- oder Stromventile.

Stellglieder sind z.B. Abschlußkörper, Stellwiderstände, Verstärker, Schütze usw. Stellglieder schließen die Steuerkette ab, sie haben die Aufgabe, den Steuerbefehl auszuführen.

Antriebsglieder sind Handräder, Hahnschlüssel, Motoren, Zylinder und ähnliche Bauelemente, die die Baueinheiten bewegen.

9.2.3 Unterscheidungsmerkmale [13]

Steuerungen werden nach folgenden Merkmalen unterschieden:

– Darstellung der Signale
– Verarbeitung der Signale
– Art der Programmverwirklichung
– Aufbau und Gliederung von Steuerungen.

9.2.4 Anwendung von Steuerungen

Ablaufende Vorgänge in Versorgungsanlagen werden von Steuerungen beeinflußt. Zu den häufigsten Elementen einer Steuerung in Versorgungsanlagen zählen Absperreinrichtungen. In einfachen Fällen, wenn die Notwendigkeit einer automatischen Betätigung nicht vorliegt und die Spindelkräfte nicht zu groß sind, erfolgt die Beeinflussung einer Stoffströmung in Rohrleitungen von Hand. Reicht die Handkraft zum Schließen oder Öffnen nicht aus, so müssen Übersetzungsgetriebe zwischengeschaltet werden und in den Fällen, in denen die Absperrorgane nur schwer oder nicht zugänglich sind, müssen zur Steuerung Fernantriebe eingesetzt werden. In Rohrnetzanlagen werden elektrische Steuerungen bevorzugt. Elektrische Steuerungen bestehen aus elektrischen Steuereinrichtungen und elektrisch betätigten Stellgliedern. Die Steuereinrichtung ist die Zusammenfassung aller Glieder der Steuerung, die zur Beeinflussung der Steuerstrecke benötigt werden. Die einfachste elektrische Steuereinrichtung ist ein Schalter, mit welchem ein Elektromotor für den Antrieb eines Abschlußkörpers ein- und ausgeschaltet wird. Zu einer Steuereinrichtung gehören meist noch Sicherheits- und Anzeigegeräte, wie z. B. Signallampen. Geschieht das Steuern durch Schalten elektrischer Kontakte, dann spricht man von Kontaktsteuerungen, sonst von kontaktlosen Steuerungen oder elektronischen Steuerungen. Steuerungen werden z. B. in durchflußabhängigen Gas-Odorieranlagen, in Gas- und Wassertransportnetzen, in Anlagen zur Veränderung der Sollwerteinstellungen an elektrischen Regeleinrichtungen, in Brandmelde- und Löschanlagen, in Filterbaugruppen, in Meßverbundanlagen, in Druckerhöhungsanlagen und in Wasserbehältern eingesetzt.

9.3 Regelungsanlagen

9.3.1 Allgemeines

Die Aufgabe einer Regelung in Rohrleitungsanlagen besteht darin, eine bestimmte physikalische Größe (Druck, Temperatur, Durchfluß, Niveau) – die Regelgröße – auf einen vorgegebenen Wert zu bringen und diesen Wert annähernd konstant zu halten. Diese Forderung kann durch verschiedene Einflüsse beeinträchtigt werden. So können sich der Druck durch schwankenden Verbrauch bzw. Entnahmen, die Temperatur durch Schwankungen der Außentemperatur und durch die bei der Druckreduzierung nicht idealer Gase auftretende Temperaturerniedrigung und der Füllstand in einem Behälter durch unterschiedliche Entnahmen unbeabsichtigt ändern. Aus der Zielstellung und den Wirkungen von Störungen folgt, daß die unzulässige Beeinflussung der Größen auszugleichen sind. Diese Möglichkeit besteht in der Regelung. Nach DIN 19226 [14] versteht man unter dem Begriff Regelung:

Die Regelung ist ein Vorgang, bei dem eine Größe, die zu regelnde Größe, Regelgröße, fortlaufend erfaßt, mit einer anderen Größe, der Führungsgröße, verglichen und abhängig vom Ergebnis dieses Vergleichs im Sinne einer Angleichung an die Führungsgröße beeinflußt wird. Der sich dabei ergebende Wirkungsablauf findet in einem geschlossenen Kreis, dem Regelkreis, statt. Nach dieser Beschreibung ist charakteristisch für eine Regelung einer Anlage, das Messen des Istwertes, das Vergleichen des Istwertes mit dem Sollwert und das Vermindern oder Beseitigen der Regelabweichung durch Verstellen der Regelgröße sowie der geschlossene Wirkungsweg, der Regelkreis genannt wird.

9.3.2   Bauglieder eines Regelkreises

Der Regelkreis kann durch ein Blockschaltbild (Bild 9.28) dargestellt werden. Der Regelkreis besteht aus Baugliedern, die sich grundsätzlich in zwei Gruppen zusammenfassen lassen: eine als Regeleinrichtung und eine als Regelstrecke. Die Regeleinrichtung ist der Teil des Regelkreises, in dem die Geräte angeordnet sind, die den Regelvorgang in der Strecke bewirken. Jede Regeleinrichtung muß mindestens eine Meßeinrichtung, einen Sollwertgeber und einen Vergleicher haben. Der Vergleicher hat die Aufgabe, die Regelabweichung zu bilden.

Der Sollwertgeber ist der Teil einer Regeleinrichtung, mit dem der Sollwert der Regelgröße durch den Wert einer bestimmten physikalischen Größe vorgegeben

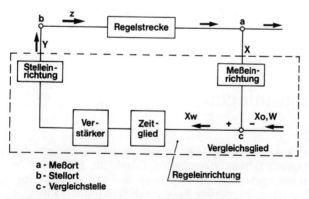

a - Meßort
b - Stellort
c - Vergleichstelle

Bild 9.28   Blockschaltbild eines Regelkreises

wird. Die Meßeinrichtung besteht aus Meßfühler und Meßwerk. Der Meßfühler erfaßt den Ist-Wert der Regelgröße und formt ihn in eine für das Meßwerk geeignete Meßgröße um. Mit dem Meßwerk wird die vom Meßfühler abgegebene und umgeformte Regelgröße erfaßt.

In vielen Fällen reicht die vom Vergleicher gelieferte Energie nicht aus, um das Stellglied unmittelbar zu betätigen. In solchen Fällen wird zwischen Vergleicher und Stellglied ein Verstärker geschaltet. Im Verstärker erfolgt die Steuerung der Hilfsenergie mit dem Signal der Regelabweichung.

Das Stellglied (Stelleinrichtung) ist das Gerät, mit dem der Regler in die Regelstrecke eingreift und auf die Regelgröße einwirkt.

Für die Art der Weitergabe der Regelabweichung an den nachgeschalteten Verstärker oder an das Stellglied gibt es mehrere Möglichkeiten. Bei unstetigen Reglern kann das Stellglied nur wenige Lagen einnehmen, z.B. ganz geöffnet oder ganz geschlossen. Zwischen Regelabweichung und Lage des Stellgliedes besteht ein unstetiger Zusammenhang. Bei einem stetigen Regler besteht dagegen ein stetiger Zusammenhang zwischen Regelabweichung und Stellgröße. Im einfachsten Fall des proportionalen Zusammenhanges zwischen Regelabweichung und Stellgröße ergibt sich der P-Regler. Ist die Stellgröße neben der Regelabweichung auch noch zeitabhängig, so erhält man nach der Art des Zeitverhaltens, den I-, PI, PD oder PID-Regler.

Grundbegriffe in Regelungen:

x – Regelgröße, ist die Größe, deren Beeinflussung gemäß der gestellten Aufgabe das Ziel der Regelung ist.
– Istwert, ist der tatsächliche Wert der Regelgröße, der Meßwert.

w – Führungsgröße, die Größe, der die durch die Regelung beeinflußten Größen ständig folgen oder angeglichen werden.

x_s – Sollwerte sind Werte konstanter Führungsgrößen.

x_w – Regelabweichung ist die Abweichung des Istwertes vom Sollwert der Regelgröße.

z – Störgröße ist die Größe, die in ungewollter Weise von außen in den Signalfluß eingreift und die Regelung beeinträchtigt.

y – Stellgröße ist der Träger des Stellsignals, Ausgangsgröße der Regeleinrichtung, die über das Stellglied die Beeinflussung in der Regelstrecke hervorruft.
– Glied ist ein Abschnitt des Wirkungskreises der Regelung.
– Die Bezeichnung Bauglied bzw. Übertragungsglied wird bei der gerätemäßigen oder funktionellen Betrachtung angewandt.
– Die Regelstrecke ist der Bereich einer Anlage, in dem sich der Regelvorgang abspielt. Sie läßt sich unterteilen in das Stellglied und den Anlagenteil.

9.3.3   Anwendung von Regelungen

Zur Lösung strömungstechnischer Aufgaben und zur wirtschaftlichen optimalen Anpassung an die Betriebsverhältnisse ergibt sich die Notwendigkeit, Regeleinrichtungen in Leitungsnetzanlagen zu installieren. Regeleinrichtungen ermöglichen, alle Betriebswerte (z. B. Menge, Druck, Temperatur) im normalen Betriebsbereich einzustellen und selbsttätig über eine beliebig lange Zeit konstant zu halten.

Zu nennen sind hier unter anderem:

– Regelung in der Druckhaltung im Transport- und Verteilnetz
– Gastemperaturregelung in Erdgas-Vorwärmanlagen, über einen Regler, der mit einem im Wasservor- oder -rücklauf eingebauten Mischventil die Wassermenge entweder voll durch die Wärmetauscher leitet oder direkt in den Rücklauf fließen läßt
– Regelung des Verdichtens, die Drehzahl-, Schadraum- und Bypassregelung sowie die Möglichkeit, ganze Zylinder durch Offenhalten der Saugventile von dem Arbeitsprozeß auszunehmen.

Auf noch andere Anwendungsmöglichkeiten von Regelungen in Gas- und Wasseranlagen wird in [15, 16] hingewiesen.

9.4   Technische Regeln und Literatur

[1] DIN 1319; Grundbegriffe der Meßtechnik
    T 1; Messen, Zählen, Prüfen
    T 2; Begriffe für die Anwendung von Meßgeräten
    T 3; Begriffe für die Fehler beim Messen
[2] Messen, Steuern und Regeln in der Chemischen Industrie, Hrsg. Hengstenberg, B. Sturm u. D. Winkler, Berlin Heidelberg, Göttingen: Springer-Verlag
[3] DIN 58 667, Erdboden-Tiefenthermometer
[4] H. Lindorf: Temperaturmeßtechnik, AEG Sonderdruck TLA-B, Berlin
[5] DIN 43 760 Elektrische Temperaturmeßgeräte; Grundwerte der Meßwiderstände für Widerstandsthermometer
[6] DIN 1952 Durchflußmessung mit Blenden, Düsen und Venturirohren in voll durchströmten Rohren mit Kreisquerschnitt; VDI-Durchflußregeln
[7] DIN 19202 Durchflußmeßtechnik; Beschreibung und Untersuchung von Wirkdruck-Meßgeräten
[8] Kalkhof, H.-G.: Mengenmessung von Flüssigkeiten. Carl Hauser Verlag, München
[9] Gesetz über das Meß- und Eichwesen (Eichgesetz)
[10] DVGW-Arbeitsblatt G 685 Durchführung der thermischen Abrechnung von Gas
[11] Taschenbuch; Betriebsmeßtechnik
    Hrsg. Dipl.-Phys. Klaus Götte, Prof. Dr. Hans Hart, Dipl.-Ing. Gerhard Jeschke, VEB-Verlag Technik Berlin
[12] Taschenbuch, Meß-, Steuerungs- und Regelungstechnik, Th. Krist Verlag Fikentscher Darmstadt

[13] Fachkenntnisse der Elektrotechnik
Hrsg. Dipl.-Ing. Friedrich Betz VDE,
Dipl.-Ing. Eugen Huber, VDE,
Verlag Handwerk der Technik
[14] DIN 19226 Regelungstechnik und Steuerungstechnik
[15] Handbuch der Gasversorgungstechnik
Hrsg. Rolf Eberhard und Rolf Hüning,
Oldenbourg Verlag, München-Wien
[16] Handbuch der Wasserversorgungstechnik
Dipl.-Phys. Peter Grombach,
Dr. Klaus Haberer
Oldenbourg Verlag München-Wien

10 Fernwirktechnik

10.1 Allgemeines

Bei der Überlegung, in welchen Fällen in einem Gas- oder Wasserversorgungsunternehmen bestimmte Wirkungen bei räumlich entfernten Betriebsstellen erzielt werden müssen, stößt man vom Betrachter her gesehen auf zwei verschiedene Richtungen für die Informationsübertragung (Bild 10.1), nämlich entweder von außen her auf den Betrachter zu (Überwachungsrichtung) oder vom Betrachter weg (Steuerrichtung).

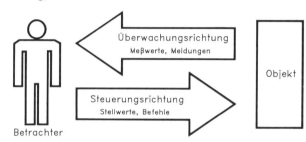

Bild 10.1
Fernwirkrichtung

Der Begriff *Fernwirken* (Bild 10.2) umfaßt das Fernüberwachen und das Fernsteuern räumlich entfernter *Betriebsstellen* von einem oder mehreren Orten aus. In der Regel sind das in Versorgungsnetzen für

– Gas: Übernahmestationen, Regler- und Kundenanlagen
– Wasser: Wasser- und Pumpenwerke, Behälter, Druckerhöhungs-, Aufbereitungs- und Brunnenanlagen.

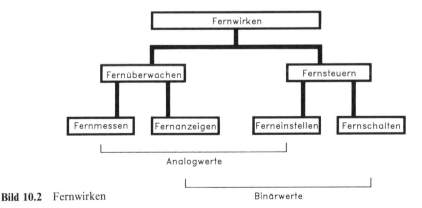

Bild 10.2   Fernwirken

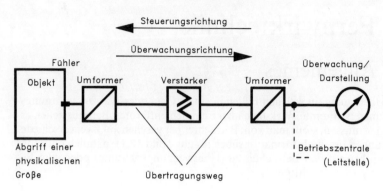

Bild 10.3   Prinzipdarstellung einer Fernwirkeinrichtung

Eine *Fernwirkeinrichtung* (Bild 10.3) – beispielsweise als Fernüberwachungsein-richtung – beginnt mit dem Meßfühler, der dem Meßobjekt etwas Energie ent-nimmt. Die Art der Energie eignet sich in den meisten Fällen nicht zur Weiterlei-tung über große Entfernungen, da es sich hier um Meßgrößen wie Druck, Durchfluß, Temperatur usw. handelt. Mit Hilfe eines nachgeordneten Meßum-formers muß daher eine Umwandlung in die für die Übertragung über große Entfernungen besonders geeignete elektrische Energie vorgenommen werden. Der jeweilige Informationsinhalt wird dabei durch die veränderbaren Parameter wie Frequenz, Widerstand usw. dargestellt.

Von der Sicherheit und Zuverlässigkeit dieser Technik hängt wesentlich die ge-samte Betriebssicherheit ab.

10.2 Fernwirkinformationen

Die *Fernwirkinformationen* aus einem Versorgungsnetz sind vielfältig und kön-nen dort an den verschiedenartigsten Betriebsstellen, oder auch an Anlagen der Elektrotechnik selbst, wie Stromversorgungs-, Fernmeldekabel-, Fernwirk-, Korrosionsschutzanlagen, entstehen.

Im Einzelnen sind das:

– Meldungen
– Meßwerte
– Zählwerte
– Befehle.

10.2.1 Meldungen

Meldungen sind als wichtige Fernwirkinformationen der Versorgung anzusehen. Sie werden in zwei Gruppen unterteilt:

– *Betriebsmeldungen* geben die Auskunft über den normal ablaufenden Betrieb oder über einen ordnungsgemäß ausgeführten Befehl, z. B. Schieber, Klappen, Ventile, Pumpen usw. ein-/auszuschalten.

– *Störmeldungen* zeigen an, ob eine Anlage ganz oder teilweise ausgefallen oder defekt ist, z. B. das Schließen eines Sicherheitsabsperrventils bei unzulässig hohem oder niedrigem Betriebsdruck oder Rohrbruch, den Ausfall der Stromversorgung, das Ansprechen von Alarmanlagen, unbefugtes Betreten der Betriebsstelle.

Eine weitere Meldung ergibt sich durch die Überwachung der Meßwerte auf die von den jeweiligen Betriebsbedingungen abhängenden oberen und/oder unteren *Grenzwerte*. Eine Über-/Unterschreitung löst ein Signal aus, das auf diese Unregelmäßigkeit hinweist. In diesem Falle kann es sich sowohl um eine Betriebs- als auch um eine Störungsmeldung handeln.

Meldungen sind Digitalwerte und werden durch potentialfreie Kontakte zur Übertragung eingegeben. Man faßt sie oft aus Gründen der Übersichtlichkeit oder Wirtschaftlichkeit zu einer *Sammelmeldung* zusammen.

10.2.2 Meßwerte

Meßwerte erfassen Zustände und Zustandsänderungen, im wesentlichen Drücke, Durchflüsse, Niveau- und Qualitätswerte, Temperatur. Sie sind Analogwerte, werden mittels der Meßumformer in die elektrischen Größen umgesetzt und so zur Übertragung eingegeben. Folgende Bereiche der Umsetzung sind standardisiert:

$0-20$ mA
$4-20$ mA (Mit life – zero, d. h. „0"-Überwachung. Es lassen sich hier Leitungsunterbrechungen und Meßwertgeberausfälle erkennen, sowie Meßumformer fernspeisen.)

oder

$0-10$ mA
$0-10$ V
$1-100$ Ω

10.2.3 Zählwerte

Zählwerte erfassen Mengen und Mengenänderungen. Sie sind Digitalwerte und werden durch potentialfreie Kontakte zur Übertragung eingegeben.

10.2.4 Befehle

Befehle sind Fernwirkinformationen zur Ausführung bestimmter Funktionen. Sie werden in zwei Gruppen unterteilt:

– *Schaltbefehle* schalten ein/aus Anlagen oder Anlagenteile, z. B. Absperrorgane, Pumpen, Ventile, Anfahren komplizierter Anlagen. Bei diesen Anlagen wird lediglich der Start-/Stopbefehl über die Fernwirkanlage gegeben. Sie sind Digitalwerte und werden durch potentialfreie Kontakte zur Übertragung eingegeben.

– *Stellbefehle* umfassen alle Möglichkeiten einer stetigen Beeinflussung durch das überwachende Personal, wobei z. B. Schieber, Klappen, Ventile oder Steuerregler zur Veränderung des Druckes, Durchflusses oder Dosiereinrichtungen durch Ausgabe eines Befehls für die Dauer der erforderlichen Verstellzeit in jede beliebige Position gebracht werden können. Sie sind Analogwerte und werden mittels der Umformer als Ströme 0–20 mA zur Übertragung eingegeben.

Die in den fernzuüberwachenden *Betriebsstellen* (*Fernwirk-Unterstationen*) anfallenden Fernwirkinformationen sollen über die Übertragungswege zu einer *Betriebszentrale* (*Fernwirk-Zentrale*) übertragen und dort dargestellt und ausgewertet werden. Damit ist die Fernwirktechnik ein wichtiges Bindeglied zwischen den Betriebsstellen und der Betriebszentrale.

10.3 Übertragungswege

Übertragungswege dienen zur Übertragung der Fernwirkinformationen zwischen den räumlich entfernten fernzuüberwachenden Betriebsstellen und der Betriebszentrale und umgekehrt.

Hierzu können verwendet werden (Bild 10.4):

– *Standleitungen*, für häufige bis ständige Übertragung
– *Wählleitungen*, für spontane und nicht häufige Übertragung.

10.3.1 Eigenes Fernmeldenetz

Die *Fernmeldekabel* werden im allgemeinen zusammen mit den Rohrleitungen verlegt. Zum besseren Schutz, bei einem späteren Einziehen oder Austauschen von Teillängen empfiehlt es sich, das Fernmeldekabel in Schutzrohren zu verlegen. Die Länge der einzuziehenden Kabel ist von der vorgesehenen Trasse und der Topographie des Geländes abhängig. Entsprechend den maximal zulässigen Einzugskräften müssen längs der Trasse Kabelzugschächte gesetzt werden, in denen die einzelnen Teillängen zu muffen sind.

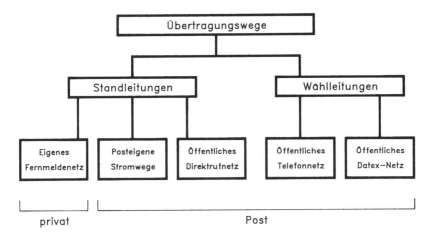

Bild 10.4 Übertragungswege

Die zum Einsatz kommenden Fernmeldekabel müssen der VDE 0816 entsprechen und besitzen einen speziellen Aufbau. Sie bestehen grundsätzlich aus einer Kabelseele und einem Kabelmantel. Unter der Kabelseele wird die Gesamtheit aller Verseilelemente einschließlich der Seelenwicklung bzw. des Innenmantels verstanden. Als Verseilelement bezeichnet man die spezielle Zuordnung der Adern untereinander; bekannt sind das Paar bzw. die Doppelader, der Stern- und der DM-Vierer. Der Kabelmantel verhindert äußere mechanische Einwirkungen auf die Kabelseele und schirmt diese je nach Aufbau und verwendetem Material auch gegen elektrische Beeinflussungen ab.

In der Vergangenheit wurde der Kabelmantel überwiegend aus Blei, mit oder ohne Zusätzen, gefertigt. Heute sind Mäntel aus Polyethylen (PE) üblich. Bei der Verlegung neuer Kabelstrecken sollen prinzipiell nur noch längswasserdichte Kabel zum Einsatz kommen. Bei diesen Kabeln wird weitgehend verhindert, daß bei einer Beschädigung des Mantels Wasser eindringt und im Kabel wandert. Solche Fehler lassen sich nur schwer feststellen und bedeuten meistens den Austausch größerer Kabellängen.

Als meist gebräuchlich kann genannt werden die Kabeltype: A2YF(L)2Y $20 \times 2 \times 0{,}8$ St III. Der erste Block sagt etwas über Verwendung, Isolation und Werkstoff des Mantels und Bewehrung aus (hier: A – Außenkabel, 2Y – Isolierhülle, Mantel und Schutzhülle aus PE (Polyethylen), F – Füllung der Kabelseele zum Zwecke der Längswasserabdichtung, (L)-beschichtete Al-Folie als Bestandteil des Schichtenmantels). Die Zahlenkombination des zweiten Blockes nennt die Dimensionierung des Kabels; in diesem Beispiel 20×2 Adern bzw. 20 Doppeladern (DA) mit einem Querschnitt von 0,8 mm. Die dritte Kombination von Buchstaben und Zahlen kennzeichnet die Bauart des Kabels und die Art der

Bewehrung (hier: Teilnehmerkabel in Sternverseilung, ohne Phantomausnut-zung). Das Kabel ist ein längswasserdichtes Kabel mit Kunststoffmantel, wie es heute verwendet wird.

Fernmeldekabel sollen an ihren Enden auf *Fernmelde-Endverschlüsse* (EV) auf-gelegt werden. Entsprechend den Umgebungsbedingungen kommen dabei In-nenraum- oder Feuchtraum-Endverschlüsse zum Einsatz. Diese sind mit 90 V-Überspannungsableitern auszurüsten, um induzierte Fremdspannungen zu be-grenzen, wie sie durch Blitzentladungen aber auch Anfahrströme durch S- und U-Bahnen hervorgerufen werden können. Wünschenswert sind zusätzlich soge-nannte *Trennstecker*, die ein schnelles Freischalten des Fernmeldekabels ermög-lichen, wie es z. B. für Isolations- und Schleifenwiderstandsmessungen am Kabel zur Wartungs- und Störungsbeseitigungszwecken erforderlich ist. Darüber hin-aus ist das Freischalten des Kabels eine sinnvolle Erleichterung bei der Lokali-sierung von Fehlern.

Es empfiehlt sich, Fernmelde-Endverschlüsse in begehbaren Anlagen, wie Über-nahmestationen, Regleranlagen, Pumpwerken, Hochbehältern, Aufbereitungs-anlagen usw., unterzubringen, um sie vor dem Zugriff nichtbefugter Personen so gut wie möglich zu schützen. Es ist deshalb grundsätzlich zu überlegen, ob der finanzielle Mehraufwand für das Einschleifen eines Gebäudes gegenüber einer Stichleitung von einem Freiluftverteiler aus vertretbar ist. Des weiteren sind die betrieblichen Vorteile durch die Reduzierung von Betriebspunkten zu berück-sichtigen.

Lassen sich Kabelverteiler im Freien nicht vermeiden, sind sie in massive *Frei-luftschränke* einzubauen und möglichst in Objektschutzmaßnahmen einzubezie-hen. Es ist darauf zu achten, daß diese Kabelverteiler gut zugänglich sind und vom Betriebspersonal regelmäßig kontrolliert werden.

Zum ordnungsgemäßen Betrieb eines Fernmeldenetzes gehört eine stets aktuelle *Dokumentation*. Diese besteht aus:

– Lageplan des Fernmeldekabels mit Eintragung der Kabelzugschächte bzw. Muffen, kreuzende und begleitende Rohrleitungen und Fremdkabel, Teil- und Gesamtlängen

– Meßprotokollen über Schleifenwiderstand jeder Doppelader, Isolationswi-derstand der Adern untereinander und gegen Bezugspotential, Angabe des Kabeltyps

– schematischem Übersichtsplan sämtlicher Fernmelde-Kabelverbindungen mit Bezeichnung der Endverschlüsse, Kabellängen von Endverschluß zu End-verschluß, Kabeltyp und Dimensionierung

– Belegungsplan einer jeden Fernmeldeverbindung (von Endverschluß zu End-verschluß).

Neben den konventionellen Fernmeldekabeln mit Kupferleitern kommen in der letzten Zeit immer stärker sogenannte Licht*wellenleiter* zum Einsatz. Als Über-

tragungsmedium dient reinstes Glas, also ein dielektrischer Werkstoff, der unempfindlich gegenüber elektromagnetischen Störungen ist.
Lichtwellenleiter sind zylindrisch aufgebaut und besitzen eine radialsymmetrische Brechungsindexverteilung. Die Informationsübertragung beruht darauf, daß lichtemittierenden Dioden (LED) oder auch Halbleiterlasern Informationen aufmoduliert werden. Dieses Licht wird unter Ausnutzung der physikalischen Brechungsgesetze längs der Lichtwellenleiter übertragen. Auf der Empfangsseite werden die lichtmodulierten Signale wieder in elektrische umgeformt.

Der Einsatz dieser Technik im großen Stil wird im Bereich der Gas- und Wasserversorgung noch einige Zeit auf sich warten lassen: Während der eigentliche Lichtleiter preiswerter als entsprechende Kupferkabel ist, sind die notwendigen Endgeräte für Modulation und Demodulation noch sehr teuer. Die einfache Zugänglichkeit, wie sie bei einem Kupferkabel gegeben ist, fehlt. Die Behebung und Lokalisierung von Fehlern bleibt zunächst noch Spezialisten mit aufwendigen und kostspieligen Servicegeräten vorbehalten.

10.3.2 Posteigene Stromwege

Sofern keine Möglichkeit zur Verlegung eigener Fernmeldekabel besteht, können von der Deutschen Bundespost TELEKOM *Stromwege* gemietet werden. Die Kosten hierfür sind stark entfernungsabhängig und relativ hoch.

10.3.3 Das öffentliche Direktrufnetz

Das *öffentliche Direktrufnetz* ist ein digitales Netz der Deutschen Bundespost TELEKOM und bietet festgeschaltete Verbindungen (umgangssprachlich: Standleitungen) zwischen zwei Endstellen, hier: Fernwirk-Unterstation und Fernwirk-Zentrale. Die Kosten hierfür sind stark entfernungsabhängig. Einsatzschwerpunkte: Übertragung von hohen Datenvolumina, ständige Anschaltung von Endgeräten für eine Anwendung.

10.3.4 Das öffentliche Telefonnetz

Das öffentliche Telefonnetz ist z. Z. ein analoges Netz und in erster Linie für die Sprachkommunikation konzipiert und optimiert. Eine erweiterte Nutzung erfährt der Telefondienst im Rahmen des Datenübermittlungsdienstes. In diesem Fall werden Telefonanschlüsse mit einer „Anpassungseinrichtung zur Teilnahme am Datenübermittlungs- und/oder Temexdienst" ausgestattet. Diese Anpassungseinrichtungen haben die Aufgabe, die digitalen Signale der Datenverarbeitungsanlagen so aufzubereiten, daß sie über den analogen Teil des öffentlichen Telekommunikationsnetzes übertragen werden können. Der dazu notwendige Modulator und Demodulator heißt umgangssprachlich „*Modem*". Die Modems können posteigen, teilnehmereigen oder privat sein.

Dieses Netz ist praktisch überall verfügbar. Die Kosten dafür sind günstig. Einsatzschwerpunkte: gelegentliche bis regelmäßige Übermittlungsvorgänge, Übertragung geringer Datenmengen.

Der *Temex-Dienst* ist ein neuer Dienst der Deutschen Bundespost TELEKOM und für Übertragung von kleineren Datenmengen bei niedrigen Kosten geeignet. *Temex* ist ein Kennwort und steht für die englische Bezeichnung „Telemetry Exchange".

10.3.5 Das öffentliche Datexnetz

Dieses Netz ist ein digitales Netz und wurde speziell für die Datenübermittlung konzipiert und bietet besonders fehlerarme Übertragungsmöglichkeiten sowie gegenüber dem Telefonnetz zusätzliche Telekommunikations-Dienstleistungen. *Datex* ist ein Kennwort und steht für die englische Bezeichnung „Data Exchange". Hier werden angeboten:

– *Wählanschlüsse der Gruppe L* (früher Datex-L)

Eine sichere und moderne elektronische Grundlage für digitale Anschlüsse der Gruppe L. *Leitungs*vermittlung bedeutet, daß für die gesamte Dauer der Verbindung zwei „Wählanschlüsse der Gruppe L" quasi direkt über Leitungen und die entsprechenden Netzknoten (Vermittlungseinrichtungen) der Deutschen Bundespost TELEKOM miteinander verbunden sind. Einzelne Anwendungen, die bisher nur von Direktrufnetzen aus möglich waren, können unter bestimmten Voraussetzungen kostengünstiger in diesem Telekommunikationsdienst verwirklicht werden.

– *Wählanschlüsse der Gruppe P* (früher Datex P)

Über diesen Wählanschluß können Dienstleistungen des Datenübermittlungsdienstes in Anspruch genommen werden, bei denen die *Paket*vermittlung zur Anwendung kommt. Charakteristisch für diese Vermittlungstechnik ist das Aufteilen der zu übertragenden Nachricht (Fernwirkinformation) in einzelne Pakete sowie das Adressieren, Zwischenspeichern und Vermitteln dieser Pakete.

Durch das Zwischenspeichern im Netz sind auch Verbindungen zwischen Anschlüssen unterschiedlicher Übertragungsgeschwindigkeiten (das ist der Regelfall) und ggf. unterschiedlicher Übertragungsverfahren möglich, so daß die Geschwindigkeit am Anschluß allein nach den Möglichkeiten der verwendeten Endeinrichtung, unabhängig vom Kommunikationspartner, gewählt werden kann.

Durch die eingesetzten Netzprotokolle ist eine sehr hohe Übertragungssicherheit gegeben. Einsatzschwerpunkte. Anwendungen mit geringem bis mittlerem Übertragungsvolumen, Zugang über das Telefonnetz für mobilen oder festen Einsatz der Endeinrichtungen.

Für die Anschaltung an die verschiedenen Übertragungswege, deren Kombination sowie deren Benutzung sind die *postrechtlichen Bestimmungen* und Gebühren zu beachten. Alle Endeinrichtungen, die an die Übertragungswege der Deutschen Bundespost TELEKOM angeschlossen werden, müssen für diesen Zweck postalisch zugelassen sein.

10.4 Fernwirk-Unterstation

Die *Fernwirk-Unterstation* ist das Endgerät des Fernwirknetzes an der Nahtstelle zum Prozeß. Sie ermöglicht die Übertragung der Fernwirkinformationen von der Betriebsstelle zu der Betriebszentrale (Fernwirk-Zentrale).

In der Regel können hier drei Übertragungstechniken verwendet werden:

– Raummultiplex-Übertragung
– Frequenzmultiplex-Übertragung
– Zeitmultiplex-Übertragung.

10.4.1 Raummultiplex

Von einer *Raummultiplex-Übertragung* spricht man, wenn mehrere Fernwirkinformationen räumlich nebeneinander über mehrere Leitungen übertragen werden. Je Fernwirkinformation wird eine Leitung benötigt. Eine Mehrfachausnutzung der Leitungen findet nur im Rahmen passiver Schaltungen (z. B. Phantomschaltung) statt.

Bei der Raummultiplex-Übertragung unterscheidet man zwischen Gleich- und Wechselstrom-Übertragung. Sie wird nur bei Übertragung von geringer Menge der Fernwirkinformationen, geringer Entfernung und ausreichenden Kabeladern eingesetzt.

10.4.2 Frequenzmultiplex

Bei der *Frequenzmultiplex-Übertragung* werden als Modulationsträger Frequenzen oder Frequenzkombinationen aus dem Tonfrequenzbereich verwendet. Jeder Fernwirkinformation wird eine bestimmte Tonfrequenz oder Tonfrequenzkombination zugeordnet. Hierzu werden innerhalb des nutzbaren Frequenzbandes des vorhandenen Übertragungskanals mehrere Tonfrequenzen festgelegt. Die mit den jeweiligen Informationen beaufschlagten Tonfrequenzen werden gemeinsam auf den Übertragungskanal gegeben. Am anderen Ende des Kanals wird das Frequenzgemisch wieder aufgeteilt und die jeweiligen Fernwirkinformationen wieder zurückgewonnen. Dadurch ist die Ausnutzung eines Adernpaares durch mehrere Fernwirkinformationen gleichzeitig möglich (Mehrfachausnutzung).

In der Praxis werden zur Übertragung meistens *Sprachkanäle* verwendet. Die Übertragungseinrichtungen arbeiten deshalb in der Regel innerhalb des NF Übertragungsbereiches von 300 bis 3400 Hz. Die Anzahl der Frequenzen (Kanäle) innerhalb dieses Bandes ist bei den verschiedenen Herstellern unterschiedlich (ca. 24 bzw. 51). Diese Systeme sind sehr preiswert.

Der Einsatz der beiden analogen Übertragungstechniken (Raummultiplex und Frequenzmultiplex) ist rückläufig, und sie dienen heute meistens als Zubringer zu dem Zeitmultiplex.

10.4.3   Zeitmultiplex

Die heute übliche Methode zur Übertragung von Fernwirkinformationen sind Fernwirkanlagen, die nach *zeitmultiplexen Verfahren* arbeiten. Hier werden die an den Eingängen des Senders anstehenden Fernwirkinformationen zeitlich nacheinander abgefragt und in eine serielle (zeitlich nacheinander) Folge von codierten Informationsimpulsen (*Fernwirktelegramme*) auf eine gemeinsame Leitung (ein Aderpaar) gegeben. In der Gegenstelle, dem Fernwirkempfänger, werden die zeitlich nacheinander ankommenden Fernwirkinformationen synchron zur Abfrage in zugeordnete Informationsspeicher eingegeben. Damit stehen die Fernwirkinformationen an den Ausgängen der Speicher zur weiteren Verarbeitung zur Verfügung. Mittels dieses Systems können mehrere tausend Fernwirkinformationen über ein Adernpaar übertragen werden.

Zeitmultiplex-Fernwirkanlagen übertragen digitale Fernwirkinformationen und sind heute in der *Microprozessortechnik* (Bild 10.5) konzipiert. Sie können im Rahmen einer hierarchisch aufgebauten Leittechnik datenverarbeitende Funktionen übernehmen. Sie sind damit höher als ein nur reines Übertragungssystem zu bewerten.

Nahezu identisch mit der Hardware (Geräte)-Konzeption sind auch die *speicherprogrammierbaren Steuerungen* (SPS). Diese unterscheiden sich in der Aufgabenstellung und damit in der Software (Programm). Während Fernwirkanlagen im Prinzip nur die Aufgabe haben, digitale Fernwirkinformationen mit anderen Stationen nach vorgegebenen Regeln auszutauschen, verarbeitet eine SPS digitale und analoge Signale in vom Anwender selbst programmierbaren Ablaufsteuerungen und das vor Ort. Das Spektrum reicht von einfachen Verknüpfungen bis hin zu inzwischen digitalisierten Regelkreisen. Funktionen, die früher ausschließlich Prozeßrechnern vorbehalten waren, sind heute mit SPS realisierbar. Speicherprogrammierbare Steuerungen führen einen Prozeß, Fernwirkanlagen überwachen ihn. Der Trend geht heute dahin, die Funktion einer speicherprogrammierbaren Steuerung und einer Fernwirkanlage in einem Gerät zu vereinen.

In der Regel benötigen die Frequenz- und Zeitmultiplex-Fernwirkanlagen 220 V *Stromanschluß*. Wo das jedoch nicht möglich ist, besteht die Möglichkeit, diese Anlagen (in kleinen Variationen) auch *ferneinzuspeisen*.

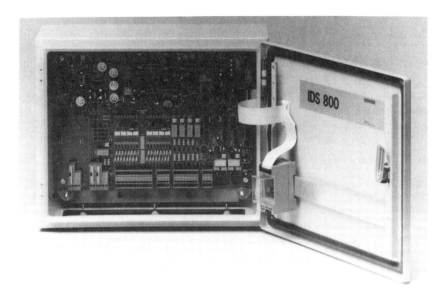

Bild 10.5 Zeitmultiplex-Fernwirkanlage

Die Fernwirkanlagen können in Schrank- (größere Anlagen) oder Wandgehäuseversion (kleinere Anlagen) aufgebaut werden.

Zum Schluß ist noch der *Schnittstelle Fernwirkanlage/Prozeß* besondere Aufmerksamkeit zu widmen. Um Koppelungen zwischen Fremdspannungen zu vermeiden, hat sich eine strikte Trennung (Potentialfreiheit; galvanische Trennung) zwischen Fernwirkanlage und örtlichem Prozeß bewährt.

10.5 Fernwirk-Zentrale

Die in den Gas- und Wasserversorgungsnetzen erfaßten Fernwirkinformationen werden mittels der Fernwirkanlagen im allgemeinen einer Betriebszentrale (Fernwirk-Zentrale) zugefügt. Die Fernwirk-Zentrale ist das Endgerät des Fernwirknetzes an der Nahtstelle zur *Warte*. Hier werden die Fernwirkinformationen ausgewertet, dargestellt und verarbeitet. Sie ermöglichen dem Bedienungspersonal das jeweilige Versorgungsnetz zu überwachen und erforderliche Maßnahmen für Betrieb oder Lastverteilung einzuleiten. Die Entscheidungshilfen entlasten den Bediener in Streßsituationen. Höherwertige Betriebsführungsfunktionen helfen, die Kosten zum Vorteil des Anwenders zu minimieren.

Um diese Aufgaben effektiv zu meistern, kommen in der letzten Zeit immer stärker die *Prozeßrechner* oder die PC (*Personal Computer*) zum Einsatz, wobei die gestiegene Leistungsfähigkeit bei fallenden Preisen die weitgehend standardisierte Anwender-Software für Versorgungsunternehmen und die Zuverlässigkeit der Systeme hierfür maßgebend sind. Die Prozeßrechner können in Schrank- oder Tischversion aufgebaut werden.

Sowohl bei den Prozeßrechnern als auch bei den PC spricht man von *Hardware* und *Software*. Die Geräteteile werden als Hardware, die Programme als Software bezeichnet.

10.5.1 Hardware

Die Fernwirk-Zentrale (Bild 10.6) soll mit technischen Einrichtungen als *Mono*-oder *Doppelsystem* für die Überwachung und Verarbeitung der gesamten Fernwirkinformationen ausgelegt werden. Über die Erweiterungsfähigkeit soll eine Aussage getroffen werden. In der Regel kann Sie mit einem (gemeinsam Gas und Wasser) oder mehreren (getrennt/gemeinsam Gas und Wasser) Arbeitsplätzen, bestehend aus:

2 Farbbildschirmen	1 schwarz/weiß Drucker
1 Funktionstastatur	1 Plotter (alternativ),
1 Farbdrucker	

Bild 10.6 Fernwirk-Zentrale

einem Netzschaubild und mit einem oder mehreren Bereitschaftsterminals (Heimwarte) für nicht ständig besetzte Fernwirk-Zentrale ausgerüstet sein.

10.5.2 Software

Mit Hilfe entsprechender Programme kann die Fernwirk-Zentrale eine Reihe von Aufgaben lösen, z. B.

– *Zählwerte, Meßwerte* und *Rechenwerte* sollen in:

Tagesprotokollen   auf der h-Basis (Stunde)
Monatsprotokollen auf der T-Basis (Tag)
Jahresprotokollen   auf der M-Basis (Monat)

für die Versorgungsarten Gas und Wasser getrennt auf den der Aufgabenstellung angepaßten Speichermedien aktiviert werden und zu jedem Zeitpunkt auf den Bildschirmen dargestellt und auf den Protokolldrucker ausgedruckt werden können

– *Bezugsoptimierung* und *Tendenzberechnung mit Freileistungs-* bzw. *Korrekturleistungsberechnung*

– *Betriebsmeldungen* (auch Kennmeldungen genannt) sollen in den Betriebsstellen (Fernwirk-Unterstationen) zwischengespeichert werden und nur bei Abruf oder turnusmäßiger Datenübertragung übertragen werden

– *Warn- und Störmeldungen* sollen von den Betriebsstellen (Fernwirk-Unterstationen) sofort übertragen werden und in einem Sofortprotokoll mit Datum, Uhrzeit und einem Klartext, der Auskunft über Ort und Art der Meldung gibt, in der Reihenfolge ihres Vorkommens ausgedruckt werden

– *Befehle*; alle vom System abgesetzten Befehle sollen auf ihre Plausibilität und Ausführung hin geprüft werden; ein Sofortprotokoll mit Datum, Uhrzeit und einem Klartext über Art, Ausführung/Nicht-Ausführung und Beschreibung des Befehls soll ausgedruckt werden

– *Generieren und Parametieren* durch den Bediener von:
Meldungen
Meßwerten
Zählwerten
Rechenwerten
Bildern
Listen
Befehlen
Zugriffsberechtigten

– *Darstellen von Archivwerten* in Tabellen und Kurven

– *Protokollierung* am Bildschirm und/oder Drucker von:
Prozeßveränderungen

Prozeßstatus
Bedienereingaben
Quittierungen
Meldung – Bereitschaftsterminal ist angewählt worden
Ausgabe von Bildern auf Bildschirmen (Bild 10.7) und Plotter
Auswertung der Ereignisprotokolle
Farbhardcopy.

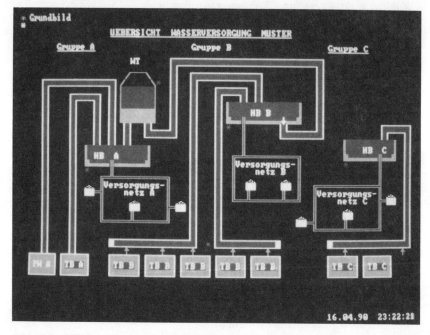

Bild 10.7 Bilddarstellung auf dem Bildschirm

10.6 Wartentechnik

Der zweckmäßigen und praktischen Ausführungen der Fernwirk-Zentrale/Warte ist eine große Bedeutung beizumessen. Sie muß den gestellten Aufgaben angepaßt werden, d. h. die ausgegebenen Fernwirkinformationen müssen leicht und schnell zu verstehen und die vom Personal zu ergreifenden Maßnahmen einfach durchzuführen sein. Daher sollen auch für das Wartenpersonal angenehme Arbeitsbedingungen geschaffen werden.

Beim Neubau einer Warte besteht für das Unternehmen die Möglichkeit, durch entsprechende Gestaltung des Wartenraumes und seiner Einrichtung für sich zu werben. Da hierbei nicht allein fernwirktechnische Gesichtspunkte maßgebend sind, müssen einige grundsätzliche Überlegungen angestellt werden.

10.6.1 Wartenraum

Im *Wartenraum* werden die Einrichtungen untergebracht, in denen die Geräte zur Ein- und Ausgabe der erforderlichen Fernwirkinformationen eingebaut sind. Derartige Einrichtungen können Wartentisch, Netzschaubild, Rechner, PC oder dessen Peripheriegeräte (*Terminals*) sein. In Abhängigkeit von der Art und Anzahl der Informationen, Form der Ein- und Ausgabe sowie der vom Unternehmen gestellten Aufgaben können vorgenannte Einrichtungen einzeln oder kombiniert zur Aufstellung kommen. Hiervon wird unter anderem die Größe des Raumes bestimmt. Bei zu kleinen Räumen kann die Einrichtung nicht zweckmäßig untergebracht werden, bei zu großen Räumen verliert das Wartenpersonal die Übersicht. Beim Festlegen der Raumgröße soll Reserveplatz für spätere Erweiterungen berücksichtigt werden.

Da die Konzentrationsfähigkeit des Menschen bei der Wahrnehmung von Steuer- und Überwachungsaufgaben in hohem Maße von den Umgebungsbedingungen wie *Beleuchtung, Klima* und *Lärm* abhängig ist, sind diesen besondere Bedeutung beizumessen. Dies gilt besonders für die Beleuchtung. Sie muß so ausgeführt werden, daß jegliche *Blendwirkung* am Arbeitsplatz und an den Bildschirmen vermieden wird. Aus diesem Grund ist bei der Anordnung der Warteneinrichtung der Einfall von Tageslicht zu beachten.

Je nach technischer Ausstattung der Warte und den Umgebungsbedingungen ist es zweckmäßig, *Lüftungs-* oder *Klimaanlagen* vorzusehen.

Der Bodenbelag soll so ausgewählt werden, daß elektrostatische Aufladungen nicht möglich sind.

Für die *Verkabelung* der Warteneinrichtungen untereinander und mit der Fernwirk-Zentrale sind entsprechende bauliche Maßnahmen zu treffen, wie z. B. Kabelkanäle, Doppelboden.

10.6.2 Warteneinrichtung

Zur Abwicklung der notwendigen Schreibarbeiten muß für das Wartenpersonal als Arbeitsplatz ein ausreichend großer Tisch mit Ablagemöglichkeiten und Schreibfläche vorgesehen werden. In diesem Wartentisch können die Bedienungsgeräte für die Fernsprecheinrichtungen eingebaut werden. Erfolgt eine Ausgabe über Bildschirme oder Protokolldrucker, so lassen sich diese Geräte in die Konstruktion des *Wartentisches* einbeziehen. Ausführungsformen und Gestaltung der Wartentische werden durch Art und Zahl der vom Bedienerpersonal zu beobachtenden Terminals und zu betätigende Geräte sowie durch zusätzliche Aufgaben des Personals beeinflußt.

10.6.3 Netzschaubild

Das *Netzschaubild* soll eine übersichtliche Form des Netzes oder der Anlage in schematischer Ausführung darstellen. Es kann aus einem oder mehreren Feldern (Gas, Wasser) bestehen. Diese Felder können in *Raster-* oder *Mosaiksteintechnik* aufgebaut sein. Hierdurch sind nachträgliche Erweiterungen und Änderungen ohne großen Aufwand möglich.

Die Entwicklung hat im allgemeinen gezeigt, daß der Einsatz des Netzschaubildes mit Sammelmeldungsausgabe je Fernwirk-Unterstation und wahlfreier Ausgabe von relevanten Fernwirkinformationen als Ergänzung zu dem Prozeßrechnern oder PC vorteilhaft ist.

Warten, die für mehrere Energieträger (z. B. Gas, Wasser) dienen, sind sogenannte *Kombiwarten*.

10.7 Hinweise und Erfahrungen

10.7.1 Ersatzbaugruppen

Zu größeren Fernwirkanlagen gehören auch *Ersatzbaugruppen*, Prüf- und Servicegeräte. Hierdurch kann erreicht werden, daß das Personal des Betreibers bei entsprechender Schulung einen großen Teil der auftretenden Störungen weitgehend selbst beheben kann, so daß die Kosten für teure Systemspezialisten und längere Ausfallzeiten (Betriebssicherheit) vermieden werden können.

10.7.2 Unterbrechungsfreie Stromversorgung

Es ist zweckmäßig, die Fernwirk-Zentrale und die Fernwirkanlagen in den Betriebsstellen mit einer *Unterbrechungsfreien Stromversorgung* auszurüsten. Die Kapazität ist variabel, erfahrungsgemäß jedoch für einen 2stündigen Netzausfall zu berechnen. In der Fernwirk-Zentrale sollen Rechner und PC und alle Terminals mit der gesicherten Spannung versorgt werden.

10.7.3 Schutz gegen Überspannungen

Die Eingänge der Fernwirkanlagen und der Fernwirk-Zentrale sollten durch *Überspannungssicherungen* gegen Einflüsse durch atmosphärische Entladungen und induzierte Fremdspannung geschützt werden. Hiervon sind die Netzspannungseingänge, die Fernwirk-Informationsein- und -ausgänge und die Eingänge der Fernmeldeleitungen betroffen.

10.7.4 Betriebspersonal

Das mit Inspektion, Instandhaltung, Wartung und Instandsetzung beauftragte *Personal* muß die Fernwirkanlagen sowohl handwerksmäßig betreuen können als auch die Wirkungsweise der speziell zur Einrichtung kommenden Fernwirkanlagen genau kennen. Hierzu ist es zweckmäßig, daß das Personal die Unterlagen der Hersteller benutzt und bereits bei der Prüfung der Anlagen und Geräte im Herstellerwerk anwesend ist, um sich mit den Einzelheiten der Arbeitsweise der Anlagenteile und der Fehlerbehebung vertraut zu machen. Zusätzlich sollte das Personal in eigens für diese Anlagen vom Hersteller eingerichteten Schulungskursen ausgebildet werden. Darüber hinaus muß das Personal mit den Einwirkungen einer Fernwirkanlage auf die mit ihr verbundenen Versorgungsanlagen vertraut gemacht werden, um mögliche Folgeschäden zu vermeiden.

10.7.5 Dokumentation

Für den Betrieb und die Instandhaltung von Fernwirkanlagen ist das Vorhandensein von *Planunterlagen* unumgänglich. Aus diesen muß der Aufbau, die Funktion und das Zusammenwirken der einzelnen Anlagen hervorgehen.

Die Hierarchie der Planunterlagen reicht von Übersichtsplänen über Schalt- und Stromlaufpläne, Funktionsbeschreibungen und Verdrahtungskatalogen bis zu Klemmenplänen und Stücklisten. Diese Unterlagen müssen sicherstellen, daß das Wartungs- und Instandsetzungspersonal die Wirkungsweise und funktionellen Zusammenhänge bestimmter Anlagenteile ersehen kann. Es muß dadurch in die Lage versetzt werden, bei auftretenden Störungen die erforderlichen Funktionsprüfungen und Eingriffe vorzunehmen.

Um die Störungen an der Fernwirktechnik schneller definieren und diese dann beseitigen zu können, ist es zweckmäßig, die Störungsprotokolle der Anlage zu archivieren.

10.8 Hinweis

Fernwirknetz ist die Gesamtheit der in einem betrieblichen Zusammenhang stehenden Fernwirkstellen und Übertragungswegen. Es dient dem Informationsaustausch zwischen dem Prozeß und einer oder mehrerer Leitstellen untereinander und hat definierte Nahtstellen zum Prozeß bzw. zu den Warteneinrichtungen.

Da die einheitlichen Begriffe der Fernwirktechnik noch nicht vorhanden sind, werden hier die praxisbezogenen Begriffe verwendet.

Durch den Einsatz der Fernwirktechnik wird auch die Versorgungssicherheit verbessert, das Betriebspersonal entlastet und die Wirtschaftlichkeit des Betriebes erhöht.

10.9 Technische Regeln, Literatur

Zuständige Normungsgremien
- international: IEC (Internationale Elektrotechnische Kommission)
                    TC 57

- national: DKE 935, Fernwirktechnik

Normen: Fernwirkeinrichtungen und Fernwirksysteme
- Teil 1   Allgemeine Grundsätze
                    DIN – IEC 57 (C O) 21, Entwurf, März 1986
- Teil 2 – 1:   Umgebungsbedingungen und Stromversorgungen
                    DIN – IEC 57 (C O) 22, Entwurf, März 1985
- Teil 3:   Schnittstellen (Elektrische Merkmale)
                    DIN – IEC 57 (C O) 33, Entwurf, Februar 1987
- Teil 4:   Betriebsverhalten, Anforderungen an die Leistungs-
                    merkmale
                    DIN – IEC 57 (C O) 32, Entwurf, Februar 1987
- Übertragungsprotokoll für die Formatklasse FT 1.2 (UART-FORMAT)
                    DIN 19244, Entwurf, Januar 1986
- Teil 5 – 1:   Telegrammformate
                    DIN 19244 Teil 10, Entwurf, März 1988 identisch mit
                    IEC 57 (sec) 67 und IEC 57 (C O) 40
- Internationales Elektrotechnisches Wörterbuch,
                    DIN-IEC 1 (C O) 1143, Teil 371: Fernwirken, Entwurf
                    Oktober 1981

VDEW:
Netzleitsysteme in EVU (Empfehlungen)
VDE-Schriftenreihe:
Lexikon der Nachrichtentechnik
Deutsche Bundespost TELEKOM:
Der Datenübermittlungsdienst im öffentlichen Telekommunikationsnetz
TAE Lehrgang:
Daten(fern)übertragung über Postleitungen, Nebenstellenanlagen und lokale
Netzwerke
Oldenburg Verlag:
Handbuch für Wassermeister
DVGW-Schriftenreihe:
Fernwirktechnik in der Gas- und Wasserversorgung
DVGW-Fachseminare:
Fernwirktechnik
F & G:
Taschenbuch

11 Vermessung und Planwerke

11.1 Grundlagen der Vermessungstechnik

Die Geodäsie oder Vermessungskunde umfaßt zwei unterschiedliche Aufgabenbereiche. Einerseits werden Teile der Erdoberfläche in Plänen dargestellt, was eine Vertikalprojektion von Geländepunkten auf eine Horizontalebene bedeutet; andererseits werden in Planunterlagen dokumentierte Maße oder Planungszustände in die Örtlichkeit übertragen, wobei neben der Lage auch die Höhe einzelner Punkte festgelegt wird.

Zum Aufgabenspektrum der Versorgungsunternehmen gehört u. a. das Führen von Planunterlagen über den Bestand der Versorgungsleitungen und -anlagen. In technischen Hinweisen und Normen für Planung, Bau und Betrieb von Gas- und Wasserleitungen werden Versorgungsunternehmen aufgefordert, ihre Leitungen einzumessen und zu dokumentieren. Hierbei ist es wichtig, bei der Einmessung vermessungstechnische Regeln einzuhalten und sich bei der Erstellung des Planwerks an einschlägige DIN-Normen zu halten.

Aufgrund des für die Leitungsverlegung immer enger werdenden öffentlichen Raumes steigen die Genauigkeitsanforderungen an die Vermessung. Jede Baumaßnahme kann zu einer Beschädigung von erdverlegten Leitungen führen. Eine nach Lage und Höhe genaue Einmessung und normgerechte Bestandsplanführung erleichtert nicht nur die Planung und den Bau neuer Leitungen, sie erhöht vielmehr die Sicherheit der mit der Bauausführung Beschäftigten und der sich im Baustellenbereich aufhaltenden Bewohner und Passanten.

Fundierte vermessungstechnische Fachkenntnisse sind somit für den für die Einmessung zuständigen Rohrnetzmeister unabdingbar.

In den folgenden vier Abschnitten wird versucht, die dafür notwendigen theoretischen Grundkenntnisse zu vermitteln. Anhand der Beschreibungen und Beispiele können bei Bedarf praktische Übungen durchgeführt werden. Sinnvoller ist es dann allerdings, bei einem benachbarten Querverbundunternehmen ein Praktikum auszuüben.

Einmessungen und Absteckungen mit hohem Schwierigkeitsgrad oder entsprechenden Genauigkeitsanforderungen sollten trotzdem durch eine dafür ausgebildete und ausgerüstete Vermessungsabteilung oder ein Ingenieurbüro durchgeführt werden.

11.1.1 Höhenmessung (Vertikalmessung)

Beim Planen und Verlegen neuer Leitungen oder beim Aufsuchen bestehender Leitungen wird neben der Leitungslage die Leitungshöhe benötigt. Bei Planungen werden Höhen der vorhandenen Leitungen für die Festlegung von Verlegetiefe, Gefälle, Hoch- und Tiefpunkten der neuen Leitung gebraucht. Geplante Höhen neuer Leitungen und Höhen von freizulegenden Leitungen werden in die Örtlichkeit übertragen.

Gemäß DIN 2425 und dem Hinweis GW 120 aus dem DVGW-Regelwerk umfassen die Anforderungen an die Leitungsdokumentation auch eine Höhenangabe. Diese kann auf ein einheitliches Höhennetz bezogen sein, oder es können Überdeckungsmaße angegeben werden. Bei letzteren handelt es sich um Differenzmaße zwischen Leitungs- und Gelände- oder Straßenoberkante.

11.1.1.1 Höhenfestpunkte – Höhen ü. N. N.

Deutschland ist mit einem dichten Nivellementpunktfeld überdeckt, welches durch die zuständigen Vermessungsverwaltungen erstellt wurde. Durch Feinnivellements und anschließendem Einsatz von Verfahren der Ausgleichsrechnung hat man ein homogenes Netz geschaffen. Dieses besteht aus dem deutschen Haupthöhennetz und darauf basierenden Zwischenlinien, Netzen zweiter und dritter Ordnung und Nivellements vierter Ordnung.

Die in Höhenfestpunktverzeichnissen angegebenen geodätischen Höhen haben eine gemeinsame Bezugsfläche, d. h. eine Niveaufläche, die dem am Amsterdamer Pegel beobachteten Mittelwasser der Nordsee auf 1 dm genau entspricht.

Dadurch ist die Angabe der „Höhe über Normall-Null" begründet. In der Örtlichkeit sind Höhenfestpunkte oberirdisch oder unterirdisch durch Steine, Pfeiler, Mauerbolzen, Rohrfestpunkte, Eichpfähle usw. vermarkt. In bebauten Gebieten überwiegen an öffentlichen Gebäuden, Kirchen, Brückenwiderlagern oder Privathäusern angebrachte Mauerbolzen.

Beispiel einer Festpunktbeschreibung im amtlichen Verzeichnis:

Eindeutige Nummer:	4712
Art der Vermarkung:	Mauerbolzen
Ortsbeschreibung:	Herrenalber Straße 32, Straßenseite des Gebäudes 3,47 m von Südostkante, 0,37 unter Sockelkante
Höhe ü. N. N.:	115,098 m

11.1.1.2 Nivellierinstrumente und Nivellierplatten

Das *Nivellierinstrument* ermöglicht das Ausrichten einer horizontalen Ziellinie und das Ablesen von Maßzahlen auf der Nivellierlatte. Es setzt sich aus Ober- und Unterbau zusammen. Der Oberbau umfaßt Meßfernrohrträger und Meßfernrohr. Letzteres besteht aus Objektiv, Okular sowie Faden- oder Strichkreuz. Das Objektiv, eine Linse mit großer Brennweite, liefert ein verkleinertes, umgekehrtes Bild des betrachteten Objektes. Das Okular, eine Linse mit kleiner Brennweite, wirkt wie eine Lupe, wodurch der Beobachter ein umgekehrtes, vergrößertes Bild sieht. Durch Einbau einer Umkehrlinse oder durch Prismenkombinationen kann für den Beobachter ein richtiges Bild erzeugt werden.

Die Möglichkeit, Ablesungen auf der Nivellierlatte vornehmen zu können, wird

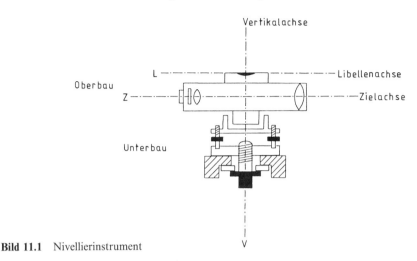

Bild 11.1 Nivellierinstrument

durch das Fadenkreuz ermöglicht. Entscheidende Faktoren für die Leistungsfähigkeit eines Fernrohres sind Vergrößerung, Helligkeit, Auflösung und Gesichtsfeld.

Der Unterbau dient der horizontalen Einrichtung der Zielachse. Er besteht meist aus einem Dreifuß mit drei Fußschrauben und einer Achsbuchse, in der sich ein Zapfen um eine Vertikalachse drehen kann. Der Zapfen ist entweder am Fernrohr direkt oder am Fernrohrträger angebracht.

Der Unterbau wird mit dem Stativ fest verschraubt (Bild 11.1)

Für die im Aufgabenspektrum eines Versorgungsunternehmens anfallenden Höhenmessungen bieten sich Bau- oder Ingenieurnivelliere an. Mit Baunivellieren kann man auf 1 km einen mittleren Fehler von $\pm$ 5 bis 10 mm, mit Ingenieurnivellieren von $\pm$ 2 bis 4 mm erreichen. Die Fernrohrvergrößerung liegt zwischen 20- und 30fach.

Es werden hauptsächlich drei sich in der Bauart unterscheidende Instrumententypen verwendet.

Typ 1: Nivelliere ohne Kippschraube (Bild 11.2)
Typ 2: Nivelliere mit Kippschraube   (Bild 11.3)
Typ 3: Nivelliere mit Kompensator   (Bild 11.4)

Bei Typ 1 ist das Fernrohr fest mit dem Unterbau verbunden, bei Typ 2 kann das Fernrohr gegenüber der Stehachse durch die Kippschraube etwas geneigt werden. Bei beiden ist eine Röhrenlibelle für die Horizontierung der Zielachse am Fernrohr angebracht.

Bei Typ 3 (automatisches Nivellier) wird die Röhrenlibelle durch den Kompen-

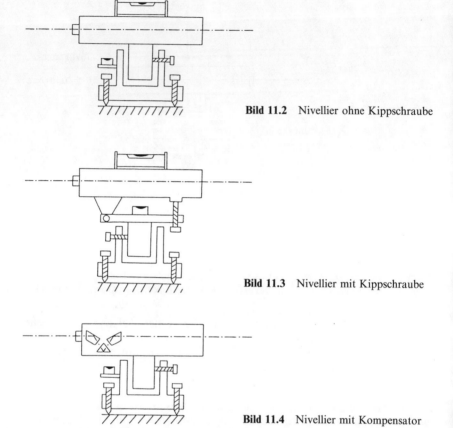

Bild 11.2 Nivellier ohne Kippschraube

Bild 11.3 Nivellier mit Kippschraube

Bild 11.4 Nivellier mit Kompensator

sator ersetzt. Dieser ist ein optisch-mechanisches Bauteil, welches innerhalb seines Wirkungsbereichs die Ziellinie automatisch horizontiert.

Horizontierung der einzelnen Bauarten:
Eine Grobhorizontierung wird bei allen Typen mit Hilfe einer Dosenlibelle erreicht.

Bei Typ 1 wird anschließend durch Drehung des Oberbaus die Röhrenlibelle parallel zu zwei Fußschrauben gestellt, mit denen dann die Libellenblase auf die Mittelmarke eingespielt wird. Nach Drehung des Oberbaus um 200^{gon} ($180°$) wird der halbe Libellenanschlag durch entgegengesetztes Betätigen beider Fußschrauben beseitigt. Jetzt steht die Libelle im sogenannten Spielpunkt. Nachfolgend wird der Oberbau um 100^{gon} ($90°$) gedreht und mit der dritten, noch nicht benutzten Fußschraube die Blase auf den Spielpunkt bewegt.

Dreht man jetzt den Oberbau langsam, so muß die Blase auf dem eingespielten Punkt stehen bleiben, ansonsten ist der gesamte Ablauf zu wiederholen. Mit den Libellenjustierschrauben kann der Spielpunkt auf die Mittelmarke gebracht, d. h. die Libelle justiert werden.

Bei Typ 2 wird die Röhrenlibelle mit Hilfe der Kippschraube eingespielt. Zu beachten ist hier allerdings, daß auch bei justiertem Instrument, bei Änderung der Zielrichtung, wie z. B. bei einem sogenannten Seitenblick, die Libelle mit der Kippschraube eingespielt werden muß.

Bei Typ 3 entfällt die Feinhorizontierung durch den Beobachter, weil dies der eingebaute Kompensator übernimmt.

Die *Nivellierlatte* wird benötigt, um mit dem Nivellierinstrument Höhenunterschiede messen zu können. Nivellierlatten sind 3 oder 4 m lang, zusammenklappbar und aus Holz oder Kunststoff hergestellt. Es ist eine Dosenlibelle angebracht, wodurch die Latte senkrecht aufgestellt werden kann.

Bei Nivellierinstrumenten mit umgekehrtem Fernrohrbild wird eine Latte mit auf dem Kopf stehenden Maßzahlen eingesetzt. Daran wird von oben nach unten aufsteigend abgelesen.

Bei einem aufrechten Fernrohrbild wird an Latten mit aufrechten Zahlen von unten nach oben aufsteigend abgelesen.

Für einfache Nivellements sind Latten mit cm-Teilung und angeschriebenen dm sinnvoll (Bild 11.5).

Bild 11.5 Nivellierlatte mit umgekehrtem und aufrechtem Bild

Die *Unterlagsplatte (Frosch)* ist bei Nivellements auf lockerem Untergrund einzusetzen, um das Einsinken der Latte zu verhindern. An den Wechselpunkten des Nivellements wird die Unterlagsplatte mit den drei Spitzen fest in den Boden getreten und die Latte darauf aufgestellt (Bild 11.6).

11.1.1.3 Nivellement

Die Bestimmung des Höhenunterschiedes zwischen zwei Punkten A und B mit Hilfe einer horizontalen Ziellinie, die mit einem zwischen diesen Punkten aufgestellten Nivellier eingerichtet wird, nennt man *Nivellement*. Hierzu ist an einer auf Punkt A, anschließend auf Punkt B senkrecht aufgestellten Nivellierlatte die Höhendifferenz des jeweiligen Punktes zur Ziellinie abzulesen. Die Ablesung

Bild 11.6   Unterlagsplatte (Frosch)

beim ersten Punkt A bezeichnet man als Rückblick (R), die bei Punkt B als Vorblick (V).

Berechnung des Höhenunterschiedes (DH) zwischen A und B:

DH = R − V = 2,095 − 1,104 =   0,991 (Bild 11.7)
DH = R − V = 1,120 − 2,135 = − 1,015 (Bild 11.8)

Die Entfernung des Nivellierinstruments zur Latte bezeichnet man als Zielweite. Diese sollte im Bereich von 30 bis 50 m, bei mm-Ablesung keinesfalls darüber liegen.

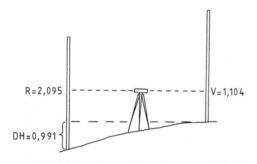

Bild 11.7   Nivellement

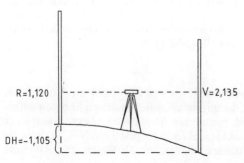

Bild 11.8   Nivellement

Es sollte immer aus der Mitte nivelliert werden, d. h. die Zielweite des Vorblicks soll der des Rückblicks entsprechen. Dadurch werden Restfehler bei der Instrumentenjustierung und Fehler durch Erdkrümmung und Refraktion eliminiert. Bei Genauigkeitsanforderungen von ± 1 cm auf 1 km darf eine Zielweite max. 100 m betragen.

Soll der Höhenunterschied zwischen zwei weiter voneinander entfernten Punkten bestimmt werden, sind beim Nivellieren sogenannte Wechselpunkte einzulegen.

Hierbei unterteilt man die zu nivellierende Gesamtstrecke in 60 bis 100 m lange Teilstrecken (Bild 11.9). Das Instrument wird jeweils in der Mitte der einzelnen Teilstrecken aufgestellt und der Höhenunterschied an der auf dem bekannten Anfangspunkt, den Wechselpunkten und dem bekannten Endpunkt aufgestellten Latte abgelesen und aufgeschrieben.

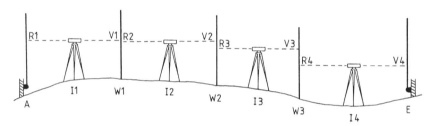

Bild 11.9   Nivellement mit Wechselpunkten

Verfahrensweise:

- Nivellier auf dem ersten Standpunkt I 1 aufstellen und horizontieren.
- Nivellierlatte auf dem höhenmäßig bekannten Punkt A senkrecht aufstellen und durch das Instrument den Rückblick R 1 ablesen.
- Latte auf dem Wechselpunkt W 1 aufstellen, das Fernrohr drehen und den Vorblick V 1 ablesen.
  Höhenunterschied zwischen A und W 1: DH 1 $= R\,1 - V\,1$
  Höhe von W 1:   HW 1 $= HA + DH\,1$
- Anschließend das Instrument in der Mitte der zweiten Teilstrecke auf I 2 aufstellen, während die Latte auf W 1 stehenbleibt. Sie wird vorsichtig in Richtung Instrument gedreht und der Rückblick R 2 abgelesen.
- Latte auf dem zweiten Wechselpunkt W 2 aufstellen und den Vorblick V 2 ablesen.
  Höhenunterschied zwischen W 1 und W 2: DH 2 $= R\,2 - V\,2$
  Höhe von W 2: HW 2 $= HA + DH\,1 + DH\,2$

In dieser Weise wird auf jedem weiteren Instrumentenstandpunkt verfahren.
Höhen weiterer Wechselpunkte W_I: $HW_I = HA + DH1 + DH2 + \ldots + DH_I$
Ist-Gesamthöhenunterschied

$$DH_{Ist} = DH1 + DH2 + \ldots + DH_I = \sum R - \sum V$$

Das Nivellement wird auf dem höhenmäßig bekannten Endpunkt E abgeschlossen, d. h. dort wird die Latte zum letzten Mal aufgestellt, um eine Kontrolle über die Qualität des durchgeführten Nivellements zu haben. Sind keine zwei bekannten Punkte in der Nähe, kann auf dem Anfangspunkt abgeschlossen werden, wobei allerdings dessen Höhe nicht kontrolliert wird.

Waren beim Nivellement alle Ablesungen fehlerfrei, ergibt sich durch Addition des Gesamthöhenunterschiedes DH_{Ist} und der Höhe des Anfangspunktes HA die Sollhöhe des Endpunktes HE.

In der Realität ergibt sich meist eine Differenz zwischem dem Ist- und dem Soll-Gesamthöhenunterschied. Diese Differenz nennt man Höhenabschlußfehler.

Soll-Gesamthöhenunterschied $\quad DH_{Soll} = HE_{Soll} - HA$
Höhenabschlußfehler $\qquad\qquad F \quad = DH_{Soll} - DH_{Ist}$

Der Höhenabschlußfehler wird proportional zu den einzelnen Zielweiten auf die einzelnen Höhenunterschiede $DH1$ bis DH_I verteilt.

Beispiel eines Feldbuchs, der Berechnung und der Fehlerverteilung siehe Abschnitt 11.3.2.1.

Auf jedem Instrumentenstandpunkt können neben dem Rück- und Vorblick auch sogenannte Seitenblicke abgelesen werden. Bei der Berechnung der Höhe eines solchen Punktes wird der Seitenblick wie der folgende Vorblick behandelt, also vom Rückblick abgezogen. Der Vorblick wird vom selben Rückblick abgezogen, um den Höhenunterschied zum nächsten Wechselpunkt zu berechnen. Berechnungsbeispiel siehe Abschnitt 11.2.1.1.

11.1.1.4 Regeln und Tips für das Nivellieren

Folgende Punkte dienen dazu, ein möglichst gutes Ergebnis beim Nivellement zu erreichen.

1. Immer aus der Mitte mit Zielweiten von 30 bis 50 m nivellieren.
2. Der horizontale Zielstrahl sollte immer mindestens 0,5 m über dem Boden verlaufen, weil darunter eine erhöhte Refraktion auftritt.
   Deshalb wählt man im steilen Gelände kürzere Zielweiten.
   Das kann man erreichen, indem die zu nivellierende Gesamtstrecke durch Wechselpunkte in eine größere Anzahl von Teilstrecken unterteilt wird.
3. Das Nivellier immer auf festem Untergrund aufstellen, damit es nicht einsinken kann. Es ist darauf zu achten, daß es vor Erschütterungen durch Baumaßnahmen oder Verkehr und vor direkter Sonneneinstrahlung geschützt ist.
4. Auch die Nivellierlatte darf nicht einsinken. Deshalb sollte die Latte bei Wechselpunkten auf eine Unterlagsplatte aufgestellt werden. Bei Stand-

punktwechsel des Instruments ist die Latte mit der Ableseskala vorsichtig in Richtung des Nivelliers zu drehen.

5. Um zu vermeiden, daß die Latte während der Messung schief gehalten wird oder schwankt, sollte sie mit zwei Fluchtstäben im rechten Winkel zueinander abgestützt werden.

   Die Dosenlibelle der Latte ist regelmäßig zu überprüfen.

6. Wenn möglich, an Tagen mit bedecktem Himmel nivellieren.

   Bei Sonnenschein und hoher Temperatur flimmert die Luft, wodurch auf der Latte schlecht abzulesen ist. In diesem Fall erreicht man frühmorgens oder abends bessere Ergebnisse.

11.1.1.5 Geräteüberprüfung

Das Nivellierinstrument kann durch „Nivellieren aus der Mitte" überprüft werden.

Ein justiertes Nivellier muß zwei Bedingungen erfüllen, die zu überprüfen sind (Bild 11.1):

1. Die Libellenachse LL, festgelegt durch die eingespielte Röhrenlibelle, muß rechtwinklig zur Vertikalachse VV stehen.

   Die Prüfung und Justierung ist anhand der Beschreibung im Abschnitt 11.1.1.2 durchzuführen. Die Erfüllung dieser Bedingung ist für Nivelliere mit Kippschraube oder Kompensator nicht erforderlich.

2. Die Libellenachse LL muß parallel zur Zielachse ZZ sein.

   Für die Überprüfung dieser Bedingung wird das Nivellierinstrument genau in der Mitte zwischen zwei ca. 50 m voneinander entfernten Punkten A und B (z. B. Höhenbolzen oder Unterlagsplatten) auf dem Standpunkt I1 horizontiert (Bild 11.10).

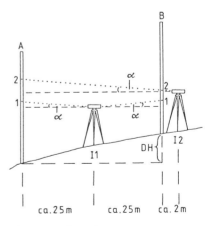

Bild 11.10 Nivellierüberprüfung durch „Nivellieren aus der Mitte"

Der Höhenunterschied DH_{Soll} zwischen A und B wird durch Ablesungen an der auf beiden Punkten senkrecht aufgestellten Latte ermittelt. $DH_{Soll} = 1$. Ablesung bei A – 1. Ablesung bei B.

Danach wird das Instrument auf einem zweiten Standpunkt I 2 auf der verlängerten Linie AB so nah wie möglich an B aufgestellt. Der Abstand von B ist abhängig von der kürzesten Zielweite, bei der mit dem jeweiligen Nivellier noch an der Latte abgelesen werden kann. Die Prüfungsgenauigkeit kann gesteigert werden, indem man das Nivellier ganz dicht an der Latte aufstellt. Die Ablesung wird dann ermittelt, indem man in Richtung Objektiv-Okular, also umgekehrt durch das Fernrohr schaut und eine an der Latte horizontal gehaltene Nadel in die Mitte des kleinen Fernrohrgesichtsfeldes einweist. Bedingt durch die kurzen Entfernungen erhält man bei beiden Verfahren einen fast fehlerfreien Wert. Anschließend wird bei A abgelesen und der Höhenunterschied DH_{Ist} berechnet.

$DH_{Ist} = 2$. Ablesung bei A – 2. Ablesung bei B.

Stimmt DH_{Ist} nicht mit dem zuvor bestimmten DH_{Soll} überein, so ist das Nivellier dejustiert, d. h. es hat einen Zielachsenfehler α.

In diesem Fall ist es angebracht, eine Fachwerkstatt mit der Justierung zu beauftragen.

Auch Nivellierlatten bedürfen der regelmäßigen Überprüfung. Die Dosenlibelle kann bei aufgestellter Latte mit dem Fadenkreuz des Fernrohrs, mit einem Lattenrichter für das senkrechte Aufstellen von Fluchtstäben (Abschnitt 11.1.2.2) oder grob mit einem Schnurlot geprüft werden. Die Fachwerkstatt kontrolliert die Latteneinteilung mit Hilfe eines Anlegemaßstabs und die Lattenlänge mit einem Prüfmeterstab.

Die Prüfung des Instrumentenstativs ist ebenfalls nicht zu vergessen. Wichtig ist hier, daß der Stativteller eben und sauber ist. Die Schraubverbindungen der beweglichen Teile sind anzuziehen, damit das Stativ nicht wackelt, was auch für die Stahlspitzen der Stativbeine gilt.

11.1.2 Lagemessung (Horizontalmessung)

Voraussetzung für eine lagegetreue Überführung von Punkten auf der gekrümmten, unregelmäßigen Erdoberfläche in die Ebene, d. h. auf einen Plan, ist die Horizontalmessung. Man unterscheidet Strecken- und Winkelmessungen. Eine Strecke ist der horizontale Abstand zweier Punkte, ein Winkel ist die Differenz zweier Richtungen.

Im folgenden werden ausschließlich Lagemessungen behandelt, bei denen Berechnungen in der Ebene durchgeführt werden können. Die Verwendung der Ebene als Bezugsfläche ist für Vermessungsgebiete zulässig, die nicht größer als 100 km^2 sind.

Als Längeneinheit wurde durch internationale Vereinbarungen (Meter-Konvention von 1875) das Meter (m) festgelegt.

Längenmaße:
$$1\,\text{m} = \quad 10\,\text{dm (Dezimeter)}$$
$$= \quad 100\,\text{cm (Zentimeter)}$$
$$= 1000\,\text{mm (Millimeter)}$$
$$1000\,\text{m} = \quad 1\,\text{km (Kilometer)}$$

Flächenmaße:
$$1\,\text{m}^2 \text{ (Quadratmeter)} = 100\,\text{dm}^2 = 10\,000\,\text{cm}^2 = 1\,000\,000\,\text{mm}^2$$
$$100\,\text{m}^2 \qquad\qquad = 1\,\text{a (Ar)}$$
$$10\,000\,\text{m}^2 \qquad\quad = 1\,\text{ha (Hektar)}$$
$$1\,000\,000\,\text{m}^2 \qquad = 1\,\text{km}^2$$

Volumenmaße:
$$1\,\text{m}^3 \text{ (Kubikmeter)} \quad = 1000\,\text{dm}^3 = 1\,000\,000\,\text{cm}^3$$

Winkelmaße:
Die Einheit ist der Radiant (rad). Hierbei entspricht 1 rad dem Zentriwinkel (α), dessen Schenkel auf einem Kreis mit dem Radius (r) von 1 m, einen Bogen (b) von 1 m Länge einschließen.

Die Länge des Bogens ist das Bogen- oder Arcusmaß (arc).
Das Bogenmaß des vollen Winkels entspricht bei diesem Einheitskreis (Bild 11.11) 2π, d.h. seinen Umfang u:

$$u = 2 \cdot r \cdot \pi;$$

mit r = 1 wird

$$u = 2 \cdot \pi$$

$$\pi = 3,14159$$

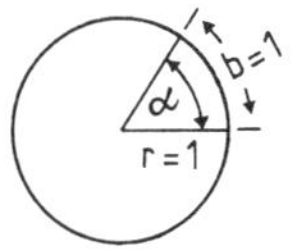

Bild 11.11   Einheitskreis

Im Vermessungswesen werden Winkel in Gon (gon) angegeben. Der Vollkreis wird hier in 400^{gon}, der rechte Winkel in 100^{gon} eingeteilt.
Eine weitere Einheit ist das Grad ($^\circ$), wobei 360° einem Vollkreis und 90° einem rechten Winkel entsprechen.
$1^\circ = 60'$ (Minuten) $= 3600''$ (Sekunden)

Umrechnungsmöglichkeiten:

$$1^{\text{gon}} = \frac{1^\circ}{0,9} \text{ oder } 1^\circ = 1^{\text{gon}} \cdot 0,9$$

$$1\;\text{rad} = 63,66198^{\text{gon}} = \frac{200^{\text{gon}}}{\pi} = 57,29578^\circ = \frac{180^\circ}{\pi}$$

$$1^{\text{gon}} = \frac{\pi}{200^{\text{gon}}} \text{ rad oder arc } 1^{\text{gon}} = \frac{\pi}{200^{\text{gon}}}$$

$$1^\circ = \frac{\pi}{180^\circ} \text{ rad oder arc } 1^\circ = \frac{\pi}{180^\circ}$$

$$\frac{b}{2 \cdot r \cdot \pi} = \frac{\alpha^\circ}{360^\circ} = \frac{\alpha^{gon}}{400^{gon}} \qquad b = r \cdot \alpha^{gon} \cdot \frac{\pi}{200^{gon}}$$

$$arc\ \alpha^{gon} = \frac{\pi}{200^{gon}} \cdot \alpha^{gon} \qquad \alpha^{gon} = \frac{b}{r} \cdot \frac{200^{gon}}{\pi}$$

$$arc\ \alpha^\circ = \frac{\pi}{180^\circ \cdot \alpha^\circ} \qquad \alpha^\circ = \frac{b}{r} \cdot \frac{180^\circ}{\pi}$$

11.1.2.1 Lagefestpunktnetz

Deutschland ist von einem Lagefestpunktnetz überzogen, wobei es sich um Punkte des übergeordneten Landesdreiecksnetzes der zuständigen Landesvermessungsämter handelt. Das Netz wurde durch trigonometrische Punktbestimmung erstellt. Dafür wurden weit sichtbare Punkte, wie z. B. Turmspitzen, höher gelegene Geländepunkte oder eigens für diesen Zweck errichtete Zielpunktsignale verwendet. Zwischen den Trigonometrischen Punkten wurden anschließend durch Polygonzugmessung weitere Festpunkte, sogenannte Polygonpunkte, eingebunden.

Das zusammenhängende Festpunktnetz muß auf einer Bezugsfläche durch ein Koordinatensystem lagemäßig definiert werden. In Deutschland werden heute dafür Gauß-Krüger-Koordinaten verwendet, wobei allerdings noch nicht das gesamte Festpunktnetz umgestellt ist.

Beim Gauß-Krüger-System wird die Erdoberfläche in einem jeweils 3° breiten Meridianstreifensystem auf einem konformen Zylinder abgebildet. Die Hauptmeridiane 6°, 9°, 12° und 15° östlich von Greenwich sind als Abszissenachsen (x-Achse oder Hochwert des Koordinatensystems) festgelegt. Der Schnittpunkt des jeweiligen Meridians mit dem Äquator ist der Nullpunkt des Systems, von dem aus die Hochwerte in Richtung Norden ansteigen. Ordinaten (y-Achse oder Rechtswert) sind dabei Großkreisbögen, die senkrecht auf dem Meridian stehen und sich im Osten und Westen schneiden, d. h. sie konvergieren.

Jedes Meridiansystem hat eine Ausdehnung von ca. 100 km nach Osten und Westen, wodurch sie sich um ca. 23 km überlappen. In diesen Streifen werden die Dreieckspunkte in beiden Systemen gerechnet.

Zu den Ordinaten werden 500 000 m addiert, um immer positive Zahlen zu erhalten. Des weiteren wird als Kennziffer die durch drei geteilte Längengradzahl vorgestellt, als Bezug zum jeweiligen Hauptmeridian.

Beispiel:
Koordinaten des Trigonometrischen Punktes 691 609 8 02 in Karlsruhe. Rechtswert (y) = 3 456 466,50; Hochwert (x) = 5 430 432,30. Aus der Kennziffer 3 im Rechtswert kann man erkennen, daß sich der Punkt im Bereich des Meridians 9° östlich von Greenwich befindet. Subtrahiert man vom Rechtswert 500 000 m, sieht man, daß er 43 533,50 m westlich des Meridians liegt. Aus dem Hochwert ist zu erkennen, daß sich Punkt 5 430 432,30 m nördlich des Äquators befindet.

Früher hat man für die Katastervermessung häufig Soldner-Koordinatensysteme verwendet. Diese einfachen Systeme konnten nur für geringe westliche und östliche Ausdehnungen vom Hauptmeridian, der in der Mitte des Vermessungsgebietes lag, Anwendung finden. Ansonsten kommt es zu nicht mehr akzeptablen Streckenverzerrungen in Nord-Süd-Richtung, bedingt durch die Konvergenz der Ordinaten. Bei großflächigen Gebieten mußten daher mehrere Soldner-Systeme mit unterschiedlichen Mittelmeridianen als Abszissenachse nebeneinander gelegt werden, wodurch es in Deutschland eine große Zahl unabhängiger Koordinatensysteme gab. Wie beim Gauß-Krüger-System dienen Großkreisbögen als Ordinaten.

11.1.2.2 Geräte und Instrumente für die Lagebestimmung

Nachfolgend sind die gebräuchlichen Instrumente und deren Handhabung beschrieben mit denen Strecken, Winkel oder beides gemessen werden können. Es werden dabei auch Geräte aufgeführt, die als Zubehör bei Vermessungen nützlich sind oder gebraucht werden.

Fluchtstäbe

sind aus Holz, Kunststoff oder Stahlrohr. Sie sind 2 m lang und abwechselnd in rote und weiße, 50 cm lange Felder unterteilt. Damit man sie auf einen Punkt aufstellen oder in den Boden stecken kann, haben sie eine Stahlspitze. Sie werden für das Abstecken oder Messen von Geraden und Winkeln benötigt.

Bei der Absteckung einer Geraden werden zuerst Anfangs- und Endpunkt durch senkrecht aufgestellte Fluchtstäbe markiert. Dazwischen können weitere Fluchtstäbe eingefluchtet werden. Bei größeren Strecken benutzt man dafür ein Nivellier oder einen Theodolit, bei Strecken bis zu ca. 200 m kann der Beobachter mit bloßem Auge einen Zwischenpunkt einweisen. Er steht dabei hinter dem Anfangspunkt, visiert in Richtung Endpunkt und weist einen dritten Fluchtstab ein, der von einem seitlich zur Gerade stehenden Meßgehilfen gehalten wird.

Besteht keine Möglichkeit, sich hinter den Anfangs- oder Endpunkt aufzustellen oder sind die auf diesen Punkten aufgestellten Fluchtstäbe über einen Hügel hinweg nicht gegenseitig einzusehen, müssen Zwischenpunkte durch gegenseitiges Einweisen abgesteckt werden. Dabei weist der Beobachter von einem Näherungspunkt der Geraden aus einem zweiten Näherungspunkt in Richtung Anfangspunkt ein. Von diesem aus weist der Meßgehilfe den Beobachter in Richtung Endpunkt auf der Geraden ein. Durch Fortführen dieses Verfahrens werden die beiden Näherungspunkte immer dichter an die Gerade bewegt, bis keine Verbesserungen mehr notwendig, d. h. beide Fluchtstäbe in die Gerade eingewiesen sind.

Fluchtstabhalter oder **Stabstative**

sind Dreibeine aus Eisen, die zur Aufstellung von Fluchtstäben auf hartem Untergrund, Grenz- oder Polygonpunkten dienen.

Lattenrichter

ist eine an einem Anlegewinkel angebrachte Dosenlibelle. Der Lattenrichter wird an einem Fluchtstab angelegt oder befestigt, um diesen lotrecht aufzustellen.

Gleiches kann man mit einem *Schnurlot* erreichen, indem der Stab mit diesem aus zwei senkrecht aufeinander treffenden Richtungen eingelotet wird.

Zollstock oder **Meterstab**

ist aus Holz, Kunststoff oder Metall, zusammenklappbar und hat eine mm-Teilung. Es ist unmöglich, mit dem Zollstock im Gelände auf einer geraden, horizontalen Linie zu messen. Er ist folglich nur bei sehr kurzen Strecken einsetzbar.

Meßlatten

sind aus Holz, meist 5 m lang und werden paarweise verwendet. An den Enden sind Beschläge angebracht. Eine m-Einteilung erfolgt durch abwechselnd rot-weiß oder schwarz-weiß gestrichene Felder. Messingnägel oder Farbringe kennzeichnen die dm, die cm werden geschätzt.

Vor der Messung wird die Strecke mit zwei lotrecht gestellten Fluchtstäben markiert. Die erste Latte wird in Richtung der Strecke abgelegt und an den 0-Punkt herangezogen. Die zweite Latte wird ebenso ausgerichtet und an das Ende der ersten Latte herangezogen. Anschließend wird die erste Latte an das Ende der zweiten angelegt. Dabei sollte beim Aufnehmen der Latten immer die entsprechende Gesamtmeterzahl genannt werden, um einen 5-m-Fehler zu vermeiden. So wird verfahren, bis der Endpunkt der Strecke erreicht ist, wo dann dm abgelesen und cm geschätzt werden. Auf diese Weise ist im ebenen Gelände eine Genauigkeit von ca. ± 5 cm erreichbar.

Im geneigten Gelände ist eine Staffelmessung durchzuführen. Hierbei müssen die Latten mit einer Wasserwaage in die horizontale Lage gebracht werden. Bei Bergabmessungen muß die erste Latte am 0-Punkt angelegt werden und das Lattenende auf das Gelände abgelotet werden, wo dann die zweite Latte horizontal anzulegen ist. Bei Bergaufmessung ist jeweils der Lattenanfang abzuloten, wobei sich dieser genau über dem Streckenanfang oder über dem Lattenende der vorhergehenden Latte befinden muß. Auf sicheren Halt der Latten ist zu achten, um ein Abrutschen zu vermeiden.

Zur Kontrolle sollte im ebenen sowie im geneigten Gelände immer Hin- und Rückweg gemessen und gegebenenfalls das Mittel daraus gebildet werden.

Mit Hilfe von Meßlatten ist es möglich, einen rechten Winkel abzustecken. Grundlage hierfür ist der "Satz des Pythagoras". Leicht zu behalten sind dabei folgende Maße für die Seiten des rechtwinkligen Dreiecks:
3 m und 4 m für die Katheten und 5 m für die Hypotenuse.

Zuerst wird in 4 m Entfernung von dem Punkt einer Geraden, an dem der rechte Winkel abgesteckt werden soll, ein zweiter Punkt auf der Geraden festgelegt. Dann wird die 3 m-Marke der am ersten Punkt angelegten Latte mit 5-m-Marke der am zweiten Punkt angelegten Latte zur Deckung gebracht. Dieser Schnittpunkt liegt nun vom ersten Punkt aus 3 m entfernt im rechten Winkel zur Geraden.

Bandmaße

sind aus Stahl oder Textil und haben eine cm-Teilung. Sie sind 10, 20, 25, 30 oder 50 m lang. Meistens werden Rollenbandmaße verwendet, die sich mit einer Kurbel auf einem Rahmen aufrollen lassen. Mit dem Stahlbandmaß ist die Meßgenauigkeit höher. Im ebenen Gelände kann eine Strecke ca. ± 5 cm genau bestimmt werden. Es hat allerdings gegenüber dem Textilbandmaß den Nachteil, daß es oft beim Überfahren durch ein Fahrzeug abknickt und danach unbrauchbar ist. Mit einem Textilbandmaß können allerdings je nach Alter und Bandmaßspannung bei der Messung Streckenfehler bis ca. 25 cm auf 10 m auftreten. Es ist also bei höheren Genauigkeitsanforderungen oder für die Messung längerer Strecken weniger geeignet.

Bei der Messung wird die Strecke durch Fluchtstäbe markiert. Das Bandmaß muß in Richtung des Streckenendpunktes horizontal gespannt werden. Das Bandmaßende sollte stets durch einen Fluchtstab oder durch einen Kreidestrich gekennzeichnet werden. Entsprechend der Messung mit Latten sollte beim nächsten Anlegen des Bandmaßes die bisher gemessene Gesamtstrecke genannt werden, um eine Fehlmessung um eine Bandmaßlänge zu vermeiden. Zur Kontrolle ist es empfehlenswert, Hin- und Rückweg zu messen und gegebenenfalls das Mittel daraus zu bilden.

Im geneigten Gelände ist auch mit dem Bandmaß eine Staffelmessung durchzuführen. Dabei kann nicht die Genauigkeit der Latten erreicht werden, weil das Band durchhängt und es ohne Hilfsmittel nicht genau in der Horizontalen gehalten werden kann.

Rechte Winkel können mit dem Bandmaß entsprechend dem Verfahren mit den Latten gefällt werden. Es wird von beiden Punkten aus ein Bogen, mit dem entsprechenden Maß als Radius, geschlagen. Der Schnittpunkt der Kreisbögen ist der gesuchte Punkt auf der Lotlinie.

Winkelprismen

sind Geräte für die Absteckung von rechten Winkeln. Weit verbreitet ist das Doppelpentagon, welches aus zwei geschliffenen, übereinanderliegenden fünfseitigen Glaskörpern besteht. Diese brechen und reflektieren den Sehstrahl, so daß man gleichzeitig durch einen nach links und durch den anderen nach rechts blickt. Dadurch kann man sich ohne Meßgehilfen auf einer durch zwei Fluchtstäbe abgesteckten Geraden einfluchten.

An einem Haltegriff wird ein *Schnurlot* befestigt, mit dessen Hilfe das Winkelprisma senkrecht gehalten und der Lotfußpunkt auf dem Boden markiert werden kann.

Man steht in der Flucht einer Geraden, wenn beide Fluchtstäbe, durch die Glaskörper betrachtet, senkrecht übereinander stehen. Auf diesem Punkt fällt man den rechten Winkel, indem ein dritter Fluchtstab durch Visieren über das Prisma so eingewiesen wird, daß auch dieser senkrecht über den beiden anderen gesehen wird. Dafür haben manche Geräte zwischen den Glaskörpern eine Durchblickeinrichtung. Durch verspiegelte Grund- und Deckenflächen lassen sich auch steilere Visuren durchführen. Bei einer Lotlänge bis 30 m ist eine Genauigkeit von ca. $\pm$ 5 cm erreichbar.

Winkelspiegel

haben zwei Spiegel, die in einem Winkel von 50^{gon} zueinander stehen. Sie haben den Nachteil, daß sich die Spiegel möglicherweise verschieben oder erblinden.

Wie auch bei einfachen Winkelprismen, wird ein Meßgehilfe für die Einweisung benötigt, wenn man sich in eine Gerade einfluchten will.

Kreuzscheiben

sind die verbreitetsten Diopterinstrumente. Sie bestehen aus einem Kegelstumpf mit vier senkrechten Visierschlitzen, einer Dosenlibelle und einem Stahlstab. Die Schlitze legen zwei rechtwinklig zueinander liegende Visierlinien fest. Die Dosenlibelle dient zur Horizontierung. Die Kreuzscheibe ermöglicht durch die Schlitze steile Visuren. Die Genauigkeit entspricht etwa der des Doppelpentagon, die Handhabung ist allerdings umständlicher.

Nivellierinstrumente (Nivelliertachymeter)

haben Einrichtungen für Strecken- und Winkelmessungen. Über und unter dem eigentlichen Fadenkreuz sind sogenannte Reichenbachsche Distanzfäden angebracht. Man liest an einer senkrecht stehenden Nivellierlatte am oberen und unteren Distanzfaden ab und bildet die Differenz. Diese wird mit 100 multipliziert und gegebenenfalls eine den technischen Daten des Instruments zu entnehmende Additionskonstante hinzugezählt. Bei neueren Instrumenten kann sie vernachlässigt werden. Die Genauigkeit dieser Streckenmessung liegt im Bereich von ca. $\pm$ 25 cm.

Diese Nivelliertachymeter sind zusätzlich mit einem Horizontalkreis ausgestattet, der in Grad oder Gon eingeteilt ist. Abgelesen wird an einer Strichmarke, einem Strichmikroskop oder einem Nonius.

Ein rechter Winkel wird abgesteckt, indem man das Instrument mit Hilfe eines Schnurlotes über den Lotfußpunkt zentriert. Man zielt einen Fluchtstab am Anfangspunkt der Geraden an, liest die Richtung ab und addiert zu dieser

100 gon. Auf diesem berechneten Richtungswinkel wird das Instrument gedreht und ein Fluchtstab eingewiesen. Diese Absteckung ist genauer als mit einem Winkelprisma, wobei auch eine Lotlänge von 30 m überschritten werden kann. Dementsprechend können auch beliebige Winkel abgesteckt oder gemessen werden.

Theodolit

ist ein Teilkreisinstrument, mit dem Horizontal- und Vertikalwinkel abgesteckt oder gemessen werden können. Bei einem Tachymetertheodolit sind auf der Fadenkreuzstrichplatte die sogenannten Reichenbachschen Distanzfäden angebracht, wodurch auch Entfernungen bestimmt werden können. Anders als beim Nivellier wird hier normalerweise nicht auf einer horizontalen Ziellinie gemessen. Dadurch trifft der Zielstrahl nicht rechtwinklig auf die senkrechte Latte, sondern es wird die Schrägentfernung bestimmt.

Die benötigte Horizontalentfernung wird folgendermaßen berechnet:

1. Der Lattenabschnitt L (Differenz zwischen den Ablesungen an beiden Distanzfäden) muß so reduziert werden, als hätte der Zielstrahl die Latte im rechten Winkel getroffen.
   Z = Zenitdistanz (siehe Bild 11.12)

   Höhenwinkel $\alpha = 100 - Z$
   reduzierter Lattenabschnitt $RL = L \cdot \cos \alpha$

2. Die Schrägentfernung S' muß auf die Horizontale reduziert werden.
   Multiplikationskonstante = 100
   Additionskonstante K ist bei neueren Instrumenten gleich 0 (den technischen Daten des Theodolits entnehmen und gegebenenfalls berücksichtigen).

   $S' = 100 \cdot L \cdot \cos \alpha$
   Horizontalstrecke $\quad S \quad = S' \cdot \cos \alpha = 100 \cdot L \cdot \cos^2 \alpha$
   Höhenunterschied $\quad DH = S' \cdot \sin \alpha = 100 \cdot L \cdot \cos \alpha \cdot \sin \alpha$

Die Streckenmeßgenauigkeit, die erreicht werden kann, beträgt ca. ± 20 cm auf 100 m, die Höhe kann bei relativ horizontaler Visur auf ca. ± 5 cm genau bestimmt werden.

Hauptsächlich wird der Thodolit für Winkelmessungen verwendet. Dafür hat er im Unterbau (einfacher Bautheodolit) oder in einem drehbaren Mittelteil, dem Limbus (Ingenieurtheodolit), einen Horizontalkreis, der in Grad oder Gon eingeteilt ist. Der Oberbau, oder Alhidade, trägt das Fernrohr und den Vertikalkreis.

Der Theodolit wird mit Hilfe eines Schnurlotes oder eines eingebauten optischen Lotes über dem Bodenpunkt zentriert.

Entsprechend der Beschreibung der Horizontierung von Nivellieren ohne Kippschraube in Abschnitt 11.1.2.2 wird auch beim Theodolit verfahren. Es muß möglichst genau horizontiert werden, weil die Stehachse bei einem Aufstellfehler nicht lotrecht ist. Der Stehachsfehler läßt sich im Gegensatz zum Zielachs- und Kippachsfehler nicht durch Messen in zwei Lagen und anschließende Mittelbildung eliminieren. Durch aufwendige Meßanordnung können Achs- und Kreisexzentrizitäten eliminiert werden. Diese Verfahren sind jedoch für viele Aufgaben zu zeitintensiv. Will man deshalb nur in einer Lage messen, so ist es angebracht, den Theodolit regelmäßig von einer Fachwerkstatt justieren zu lassen. Trotzdem sind durch Messen in einer Lage Genauigkeitsverluste in Kauf zu nehmen. Wird bei der Horizontalwinkelmessung die Richtung zum Anfangspunkt nicht als Nullrichtung festgelegt, so muß der jeweils eingeschlossene Winkel durch Subtrahieren der Anfangsrichtung von den nachfolgend abgelesenen Richtungen berechnet werden. Bei einem Ingenieurtheodolit läßt sich der Limbus drehen, wodurch die Anfangsrichtung auf 0 eingestellt werden kann. Eine Reduktion der einzelnen Richtungen entfällt somit.

Bei der Vertikalwinkelmessung wird mit dem Fernrohr der damit verbundene Vertikalkreis bewegt. In Lage I wird bei horizontaler Zielung ein Winkel von 100^{gon}, bei durchgeschlagenem Fernrohr in Lage II von 300^{gon} abgelesen. Die Zenitrichtung beträgt dabei 0 und 200^{gon}. Wird diese als Bezugslinie verwendet, ist der abgelesene Winkel die Zenitdistanz (Z). Wird die Horizontale verwendet, spricht man von einem Höhenwinkel (α). (Bild 11.12)

Bild 11.12   Zenitdistanz, Höhenwinkel

Reduktionstachymeter

ermöglichen die Bestimmung der Horizontalstrecke und des Höhenunterschiedes ohne Zwischenablesungen und aufwendige Berechnungen. Neben mechanischen Tachymetern gibt es neuere Diagramm- oder Kurventachymeter. Diese haben im Gesichtsfeld neben einem Vertikalfaden noch Distanz- und Höhenkurven, an denen auf einer vertikalen Latte Horizontalstrecke und Höhenunterschied abgelesen werden kann. Horizontalrichtungen werden wie beim Theodolit abgelesen. Gute Reduktionstachymeter ermöglichen eine etwas höhere Genauigkeit als Tachymetertheodoliten. Sie eignen sich insbesondere für Einmessungen durch Polaraufnahme (siehe Elektrooptische Tachymeter, wenn eine Genauigkeit von 10–25 cm für die Streckenmessung und von 3–10 cm für die Höhenbestimmung auf jeweils ca. 100 m ausreicht. Das gilt für topographische Geländeaufnahmen und eventuell für Längs- oder Querprofile.

Elektrooptische Tachymeter

Diese Instrumente gibt es heute in den verschiedensten Ausführungen. Das beginnt bei einem einfachen elektrooptischen Entfernungsmesser, der auf einen Theodolit aufgesetzt wird und reicht bis hin zum selbstregistrierenden Tachymeter. Bei der mit elektrooptischen Tachymetern durchgeführten Polaraufnahme werden Schrägstrecken zu einem auf dem Zielpunkt senkrecht aufgestellten Reflektor gemessen und auf einem Display angezeigt. Es sind damit Reichweiten von weit mehr als 1000 m möglich. Bei Aufsatzgeräten müssen Horizontalrichtung und Zenitdistanz an den Teilkreisen des Theodolits abgelesen und Horizontalstrecke und Höhenunterschied berechnet werden:

Horizontalstrecke   S = Schrägstrecke S' · SIN (Zenitdistanz Z)
Höhenunterschied   DH = Schrägstrecke S' · COS (Zenitdistanz Z)
Höhenunterschied   DH = Horizontalstrecke S · COT (Zenitdistanz Z)

Instrumente, die Horizontalwinkel und Zenitdistanz automatisch abgreifen, zeigen Horizontalstrecke und Höhenunterschied direkt an.

Wird im Versorgungsunternehmen der Leitungsbestand mit Hilfe der graphischen Datenverarbeitung dokumentiert, sind selbstregistrierende elektrooptische Tachymeter (Bild 11.13) das erste Glied in der Kette des automatischen

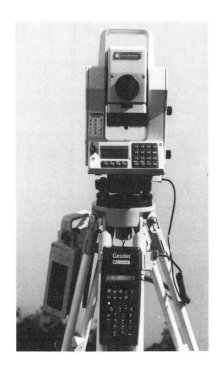

Bild 11.13 Elektrooptisches Tachymeter
mit Datenspeicher und Rechner

Datenflusses. Die Meßwerte Horizontalrichtung, Zenitdistanz und Schrägstrecke werden bei diesen automatisch auf einen Datenspeicher übertragen. Dazu können weitere beschreibende Daten, wie z. B. Punktnummer, Code, Rohrnennweite, Material und eingestellte Reflektorhöhe, eingegeben und abgespeichert werden, während der Meßgehilfe mit dem Reflektor zum nächsten Punkt geht. Dadurch können innerhalb eines Tages sehr viele Punkte aufgenommen und Fehler beim Ablesen oder Aufschreiben von Meßwerten vermieden werden.

Mit den neusten Instrumenten können Berechnungen durchgeführt werden. Die Qualität der Messung läßt sich damit schon vor Ort kontrollieren. Die Datenspeicher sind an einen Computer anschließbar, wo ein Schnittstellenprogramm die Datenübertragung ermöglicht. Dort können Berechnungen durchgeführt, die Daten weiterverarbeitet und in die graphische Datenverarbeitung überführt werden, mit deren Hilfe u. a. der Leitungsbestand dokumentiert wird.

11.2 Vorbereitung und Überwachung der Leitungsverlegung

11.2.1 Vorbereitende vermessungstechnische Arbeiten

Ein wichtiger, aber oft vernachlässigter Teil der Arbeitsvorbereitung ist das Aufsuchen und Sichern von amtlichen Festpunkten (Trigonometrische –, Polygon-, Grenz- und Höhenfestpunkte), die am Rand des benötigten Arbeitsbereiches, der geplanten Materiallagerflächen oder der Fahrwege schwerer Maschinen liegen. Dazu dienen amtliche Lagepläne und Handrisse oder Bestandspläne des Versorgungsunternehmens. Durch Pflöcke oder Farbe sind die Punkte zu markieren und zu sichern, weil sie später für die Absteckung der Leitungstrasse, die Kontrolle während der Verlegung oder die Einmessung der fertigen Leitung benötigt werden.

Punkte, die nicht aufgefunden werden oder Punkte, die innerhalb des Arbeitsbereichs liegen, sollten der zuständigen Vermessungsbehörde gemeldet werden. Für erstgenannte ist dadurch nachgewiesen, daß sie nicht während der Bauarbeiten entfernt worden sind und somit deren Wiederherstellung nicht vom Bauträger zu bezahlen ist.

Die Punkte, die zwangsläufig beschädigt werden, sollten vor der Aufgrabung vom Vermessungsamt gesichert werden, was die Wiederherstellung nach Abschluß der Bauarbeiten vereinfacht und Kosten spart.

Nur die Vermessungsbehörde oder ein öffentlich bestellter Vermessungsingenieur haben das hoheitliche Recht, amtliche Festpunkte zu vermarken. Eine unnötige Beschädigung dieser ist zu vermeiden, weil vom Verursacher amtlich festgesetzte Gebühren für die Wiederherstellung zu entrichten sind. Des weiteren braucht man diese Punkte oft während der Leitungsverlegung und für die Einmessung.

11.2.1.1 Längsprofil

Für die Planung von Rohrleitungen wird ein Längsprofil, d. h. ein Vertikalschnitt durch die Erdoberfläche entlang der projektierten Trasse benötigt. Längs dieser Leitlinie werden Geländehöhen aufgenommen.

Zuerst sind hierbei einzelne Stationspunkte in der Örtlichkeit zu vermarken und zu bezeichnen. Der Abstand zwischen den Stationspunkten richtet sich nach der Geländebeschaffenheit und beträgt 10 bis 100 m. Jeder Knickpunkt, Gefällwechsel oder planungsbeeinflussende topographische Punkt (Straßen, Gehwege, Schienen, Mauern, Gräben, Gullis, Kanaldeckel, Bäume, Kulturanlagen, Böschungen usw.) soll bei der Aufnahme erfaßt werden. Die Stationspunkte werden durch die Angabe der Entfernung vom Anfangspunkt der geplanten Trasse in hm (Hektometer) oder in km bezeichnet.

Ein Stationspunkt mit 250 m Abstand vom Anfangspunkt wird bei hm-Angabe mit 2^{+50}, bei km-Angabe mit 0^{+250} festgelegt. Der Trassenanfangspunkt ist jeweils mit 0^{+0} anzugeben.

Die etwas geringeren Genauigkeitsanforderungen beim Längsprofil ermöglichen bei der Aufnahme Zielweiten bis zu 100 m.

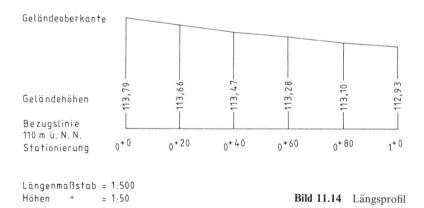

Bild 11.14 Längsprofil

Höhen von Zwischenpunkten können mit sogenannten Seitenblicken bestimmt werden, was die Aufnahme einer großen Anzahl Punkte ohne entsprechend häufige Instrumentenstandpunktwechsel ermöglicht.

Achtung! Die Höhen dieser Punkte können innerhalb des Nivellements nicht kontrolliert werden. Wichtige Punkte müssen deshalb von zwei Standpunkten aus aufgenommen werden.

Bei der Berechnung der Höhen werden Seitenblicke wie der folgende Vorblick behandelt, d. h. vom entsprechenden Rückblick abgezogen, um den jeweiligen Höhenunterschied zu berechnen.

Bei der Aufnahme des Längsprofils muß auf einem höhenmäßig bekannten Punkt begonnen und auf diesem oder einem zweiten abgeschlossen werden. Der Abschlußfehler wird proportional zur Zielweite auf die einzelnen Höhenunterschiede verteilt.

Feldbuchführung und Höhenberechnung mit Fehlerverteilung können dem Beispiel in der Tabelle 11.1 entnommen werden.

Graphische Darstellung des Längsprofils:
Anhand der berechneten Höhen (Tabelle 11.1) und den dazugehörigen Entfernungsangaben kann man das Längsprofil zeichnen. Dabei werden die Stationspunkte auf einer horizontalen Bezugslinie mit einer auf volle 10 m abgerundeten Höhe ü. N. N. abgetragen. Sinnvoll ist es dabei, den Maßstab des Projektplanes zu verwenden. Senkrecht zur Bezugslinie sind die Höhen der einzelnen Stationspunkte abzutragen, d. h. die Differenz zur Bezugslinienhöhe. Die Höhen werden mindestens 10fach überhöht dargestellt, damit die Geländebeschaffenheit besser hervortritt. Bei einem für die Längendarstellung gewählten Maßstab von 1 : 500 sollte man die Höhen im Maßstab 1 : 50 oder 1 : 25 darstellen.

Tabelle 11.1 Feldbuch einer Längsprofilaufnahme mit Fehlerverteilung
Beobachter: Müller   Datum: 4.4.90
Wetter: bewölkt   Instrument: Ni 2

Punkt	Ziel- weite	Rück- blick	Seiten- blick	Vor- blick	R − V	Höhe ü. N. N.
A	40	1,544				**114,471**
					+ 1	+ 0,182
W 1	40			1,363	0,181	114,653
W 1	40	1,319				
					+ 1	− 0,251
W 2 = HP 1	40			1,571	− 0,252	114,653
W 2 = HP 1	30	1,305				
					+ 1	− 0,443
W 3	30			1,749	− 0,444	113,960
W 3	50	1,182				
					+ 2	+ 0,428
E	50			0,756	0,426	**114,387**
		5,350		5,439	− 0,089	

DH_{Ist} = $\sum R - \sum V$ = 5,350 − 5,439 = − 0,089

DH_{Soll} = Höhe E − Höhe A = 114,387 − 114,471 = − 0,084

zu verteilender Fehler = − 0,084 − − 0,089 = 0,005

11.2.1.2 Berechnung von Steigung oder Gefälle

Steigung oder Gefälle können durch unterschiedliche Größen festgelegt werden:

– Angabe der Steigung s in %
  Die Neigung einer Leitung gegen die Horizontale wird durch eine Prozentangabe definiert (Bild 11.15)
– Angabe in Form einer Verhältniszahl 1 : n
  Eine Leitung steigt bei einer Horizontalentfernung von n Metern um 1 Meter (Bild 11.15)
– Angabe des Neigungswinkels α in Gon
  Die Neigung einer Leitung zur Horizontalen wird durch eine Winkelangabe in Gon definiert (Bild 11.15)

Mit folgenden Formeln können einzelne Größen berechnet werden:

$$\text{Länge } e = \text{Höhe } h \cdot \text{Neigung } n; \quad h = \frac{e}{n}; \ n = \frac{e}{h}$$

$$\tan \alpha = \frac{h}{e} = \frac{1}{n}$$

$$\text{Neigungswinkel } \alpha^{gon} = \frac{1}{n} \cdot \frac{200^{gon}}{\pi} = \frac{63{,}66^{gon}}{n}$$

$$\text{Steigung } s\,\% = \frac{h}{e} \cdot 100\,\%$$

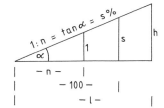

Bild 11.15   Steigung oder Gefälle

11.2.1.3 Querprofil

Bei der Planung einer Leitung werden häufig einige Querprofile angefertigt. Darunter versteht man gerade Vertikalschnitte durch die Erdoberfläche, und zwar in zuvor durch ein Längsprofil festgelegte Stationspunkte. Das Querprofil wird mit dm-Genauigkeit senkrecht zur gerade verlaufenden Trasse, bei Trassenknickpunkten in Richtung der Winkelhalbierenden gemessen. Seine Ausdehnung links und rechts der Trasse ist vom Bauvorhaben, dem dafür benötigten Arbeitsraum, von örtlichen Gegebenheiten und vom Gelände abhängig.

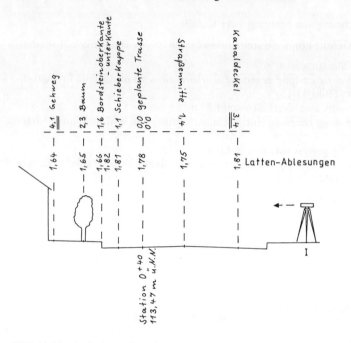

Bild 11.16 Aufnahmeskizze für Querprofil

Das Nivellierinstrument wird so aufgestellt, daß von einem Standpunkt aus der Rückblick zum jeweiligen Stationspunkt und alle Seitenblicke zu den aufzunehmenden Punkten an der Latte abgelesen werden können.

Sind nicht alle wichtigen Punkte einzusehen, muß das Instrument umgestellt werden. Es ist wiederum der Rückblick zum Stationspunkt durchzuführen, bevor weitere Punkte angezielt werden.

Bei der Aufnahme des Querprofils wird vor Ort eine unmaßstäbliche Handskizze (Bild 11.16) erstellt, die als Grundlage für die maßstäbliche Zeichnung dient. Hierbei kann für Längen- und Höhenauftrag der gleiche Maßstab verwendet werden, weil eine überhöhte Darstellung nicht erforderlich ist.

Für die Konstruktion des Querprofils werden zuerst die Höhen ü. N.N. der aufgenommenen Punkte berechnet, die wie beim Längsprofil auf einer horizontalen Bezugslinie abzutragen sind. Bestehende Leitungen können zur besseren Übersicht aus Einmeßunterlagen übernommen werden (Bild 11.17).

Längs- und Querprofil können in einem Arbeitsgang aufgenommen werden, was sinnvoll ist, wenn beides an einem Tag erledigt werden kann. Mit Hilfe von Querprofilen kann man Erdmassen auf graphischem Wege ermitteln.

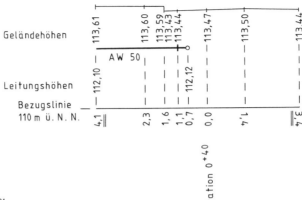

Bild 11.17 Querprofil

11.2.1.4 Absteckung der Leitungstrasse

Die Verlegetrasse für die Leitung ist vor Baubeginn sowohl lagemäßig, als auch höhenmäßig abzustecken. Darunter versteht man das Übertragen von in Projekt- oder Bauplänen geplanten Leitungstrassen in die Örtlichkeit. Beim Trassenentwurf wird die günstigste Linienführung unter Berücksichtigung vorhandener, eigener und fremder Leitungen und Einbauten festgelegt. Bauwerke und Topographie (Straßen, Wege, Schienen, Mauern, Böschungen, Kulturanlagen, Bäume usw.) beeinflussen die Planung maßgeblich.

Die im Projektplan enthaltenen Maße beziehen sich meist auf Gebäudefluchten, Grenzlinien oder eindeutig eingebundene Bordsteinfluchten. Die überwiegend verwendeten lagebestimmenden Orthogonalmaße werden durch Abstecken von Geraden (11.1.2.2 – Fluchtstäbe), Messen von Horizontalstrecken (11.1.2.2 – Meßlatten, – Bandmaß) und Abstecken von rechten Winkeln (11.1.2.2 – Winkelprisma, – Winkelspiegel, – Kreuzscheibe, – Nivellierinstrument, – Theodolit, – Meßlatten, – Bandmaß) ins Gelände übertragen.

Bei durch Polarkoordinaten (Richtung, Strecke) festgelegten Leitungstrassen sind die Punkte durch Absteckung von beliebigen Winkeln (11.1.2.2 – Theodolit, – Nivellierinstrument, – Reduktionstachymeter, – elektrooptisches Tachymeter) und Messen von Horizontalstrecken (11.1.2.2 – Meßlatten, – Bandmaß, – elektrooptisches Tachymeter) in der Örtlichkeit festzulegen. Elektrooptische Tachymeter mit Datenspeicher und Rechner ermöglichen es, bei der Planung berechnete Punktkoordinaten in der Örtlichkeit abzustecken, wozu mindestens zwei Lagefestpunkte und ein Höhenfestpunkt vorhanden sein muß.

Alle horizontalen und vertikalen Leitungsbrechpunkte sowie Zwischenpunkte mit ca. 30 m Abstand sind in weichem Boden durch Holzpflöcke, in hartem Boden durch Vermessungsnägel oder Farbe zu markieren. Beidseitig der Leitungsachse, rechtwinklig zu dieser, sollte man die abgesteckten Trassen durch Pflöcke oder Nägel sichern, und zwar außerhalb des benötigten Arbeitsraumes.

11.2.2 Vermessungstechnische Arbeiten im Zuge der Aushebung des Leitungsgrabens und der Leitungsverlegung

Gemäß DVGW-Hinweis GW 315 ist vor Beginn der Aufgrabungsarbeiten vom ausführenden Bauunternehmer der aktuelle Leitungsbestand von allen in Frage kommenden Leitungsbetreibern und für Leitungsdokumentation zuständigen Stellen einzuholen.

Um bestehende Leitungen zu schützen, ist bei Erdarbeiten entsprechend den Beschreibungen von GW 315 zu verfahren.

Bei der Planung neuer Leitungen kann nie mit hundertprozentiger Sicherheit vorgegeben werden, was bei den Bauarbeiten wirklich aufgefunden wird. Durch Handschachtungen freigelegte, kreuzende Anlagen im Rohrgraben und Anschlußleitungen sind deshalb zur Kontrolle einzumessen und zu nivellieren. Erst dadurch ist es möglich, den endgültigen Längsschnitt (Abschnitt 11.2.1.1) zu erstellen, der die wahre Lage und Höhe aller bestehenden Leitungen beinhaltet. Gegebenenfalls können daraus Änderungen in der Planung resultieren.

Vor der Leitungsverlegung ist die Grabensohle entsprechend dem geplanten Gefälle (Abschnitt 11.2.1.2) der Leitung herzustellen. Dafür dienen über dem Rohrgrabenanfang und -ende angebrachte Grabenvisiere. Die Höhe dieser horizontalen Zieltafeln werden entsprechend dem Rohrleitungsgefälle einnivelliert.

Mit Hilfe eines Visierkreuzes, dessen Höhe dem berechneten Maß von der nach Höhen ü. N. N. festgelegten Grabensohle bis zur Oberkante der Grabenvisiere entspricht, ist man in der Lage, einzelne Zwischenhöhen der Grabensohle einzuvisieren.

Bei zwischen Anfangs- und Endpunkt liegenden Höhenbrechpunkten oder längeren Verlegestrecken sind weitere Grabvisiere anzubringen und einzunivellieren, d. h. für jede Teilstrecke wird ein aus drei Stück bestehender Satz Visiertafeln angefertigt.

Die verlegte Leitung ist mit einem auf das Abstandsmaß von Leitungsoberkante bis Oberkante des Grabenvisiers verkürzten Visierkreuz höhenmäßig kontrollierbar.

Mit Hilfe von Sicherungspunkten der Leitungsachse (Abschnitt 11.2.1.4) ist jederzeit die lagemäßig richtige Leitungsverlegung kontrollierbar.

Vor der Verfüllung der Baugrube muß die verlegte Leitung unbedingt sachgemäß nach Lage und Höhe eingemessen werden (Abschnitt 11.3).

11.3 Einmessen verlegter Leitungen – Genauigkeitsanforderungen

Alle neuverlegten Leitungen und Umbauten an bestehenden Leitungen sind laut DIN 2425 und DVGW-Hinweis GW 120 bei offenem Rohrgraben nach Lage und Höhe durch fachkundige Personen aufzunehmen. Dabei sind entsprechend GW 120 und GW 121 alle horizontalen und vertikalen Leitungsbrechpunkte sowie Abzweige, Armaturen, Schächte, Widerlager, Einbauteile, Änderungen von Nennweite, Werkstoff, Verbindungsart usw. einzumessen.

Dabei sollte bei der Lagebestimmung eine Genauigkeit von ca. $\pm$ 10 cm und bei der Höhenbestimmung von ca. $\pm$ 1 bis 2 cm erreicht werden.

11.3.1 Lagebestimmung

Leitungen sind orthogonal auf Gebäudefluchten, Grenzlinien oder Polygonseiten polar auf amtliche Festpunkte (Polygonpunkte, Trigonometrische Punkte) einzumessen. Werden bei der Orthogonalaufnahme in der Örtlichkeit sichtbare Messungslinien, wie Bordsteinfluchten, Wegkanten, Mauern oder Schienen, verwendet, so sind deren Endpunkte unbedingt an zuvor genannte katasterrelevante Punkte anzubinden.

Als Grundlage für die Einmessung ist entsprechend DIN 2425 und GW 120 eine aktuelle Grundkarte der zuständigen Vermessungsbehörde zu verwenden. Polygonzugübersichten sind bei Anwendung der Polaraufnahme sehr nützlich. Nachfolgend werden verschiedene, in GW 120 empfohlene Einmeßverfahren erklärt, die auch miteinander kombiniert werden können.

11.3.1.1 Bogenschnittverfahren (Bild 11.18)

ist nur zur Bestimmung von Kontrollmaßen zu verwenden.

Der aufzunehmende Punkt wird von zwei bekannten Punkten aus eingekreuzt, wobei sich die beiden Bögen möglichst rechtwinklig schneiden sollen. Schleifende Schnitte sind aufgrund ihrer Uneindeutigkeit zu vermeiden.

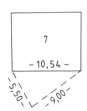

Bild 11.18 Bogenschnittverfahren

11.3.1.2 Einbindeverfahren (Bild 11.19)

ist ein einfaches Verfahren, weil Fluchten verlängert und Strecken gemessen werden. Die Leitung wird als Messungslinie verwendet, worauf bis zum Schnitt verlängerte Gebäudefluchten, Grenzlinien oder weitere Messungslinien eingebunden werden. Dabei wird die Strecke auf der Verlängerungslinie vom Anfangspunkt am Gebäude oder Grenzpunkt bis zum Schnittpunkt auf der Leitung gemessen. Beim ersten Schnittpunkt beginnend sind fortlaufend alle weiteren Schnittpunkte und benötigten Leitungspunkte entlang der Messungslinie zu messen. Durch fortlaufendes Messen überträgt sich ein Ablesefehler nicht auf Folgepunkte.

Nachteile dieses Verfahrens sind eventuell auftretende schleifende Schnitte.

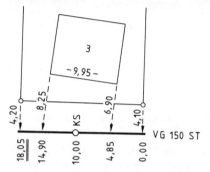

Bild 11.19   Einbindeverfahren

11.3.1.3 Orthogonalverfahren (Bild 11.20)

ist ein aufwendigeres Verfahren, weil zusätzlich zur Streckenmessung das Fällen von rechten Winkeln erforderlich ist (Abschnitt 11.1.2.2 – Winkelprisma). Die mit einem Instrument bestimmten Lotfußpunkte werden am Anfangspunkt mit 0,0 beginnend entlang der Messungslinie (Abszisse) fortlaufend gemessen. Außerdem muß man an jedem Lotfußpunkt den Abstand des Leitungspunktes zur Messungslinie, d. h. die Ordinate messen.

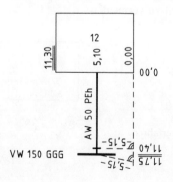

Bild 11.20   Orthogonalverfahren

Es sind in Abschnitt 11.3.1 beschriebene Bezugslinien zu verwenden.

Nachteil dieses Verfahrens ist ein hoher Absteckungsaufwand, wenn zu große Ordinaten gemessen werden, was bei Störungen im Netz zu unnötigem Zeitverlust beim Aufsuchen der Leitung führen kann.

11.3.1.4 Kombination zwischen Einbinde- und Orthogonalverfahren
(Bild 11.21)

Mit diesem in der Praxis häufig angewendeten Verfahren können die Nachteile beider Verfahren ausgeschaltet werden.

Es ist allerdings wichtig, daß die Einmessung übersichtlich bleibt und in der graphischen Darstellung zu erkennen ist, ob es sich um eine Einbindung einer verlängerten Flucht oder um einen rechten Winkel handelt.

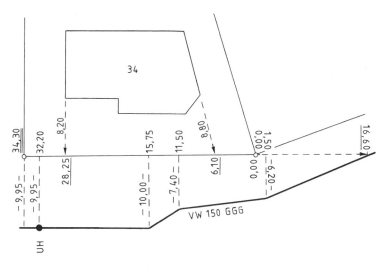

Bild 11.21   Einbinde-/Orthogonalverfahren

11.3.1.5 Polarverfahren (Bild 11.22)

ist für die Aufnahme einer größeren Anzahl von Punkten ein produktives Verfahren. Dabei sind mindestens ein höhenmäßig und zwei koordinatenmäßig bekannte Punkte des amtlichen Festpunktnetzes nötig. Hilfreich ist dabei eine Polygonzugübersicht des zuständigen Vermessungsamtes. Sinnvoll ist es, zur Kontrolle die Horizontalrichtung zu einem weiteren Punkt zu messen. Das Instrument (Abschnitt 11.1.2.2 – Elektrooptisches Tachymeter) wird auf dem ersten Polygonpunkt aufgestellt und der auf dem zweiten stehende Reflektor angezielt. Die Horizontalrichtung wird auf 0 gestellt und zur Kontrolle die Strecke

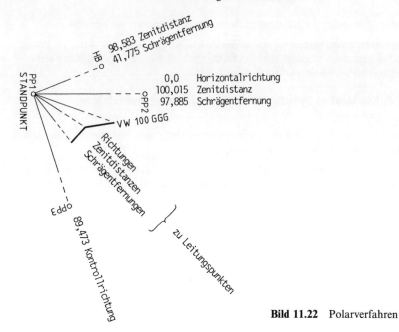

Bild 11.22 Polarverfahren

gemessen. Durch Messen des Höhenunterschieds zu einem Höhenfestpunkt kann die Instrumentenhöhe berechnet werden. Zu jedem einzumessenden Leitungspunkt werden dann Polarkoordinaten (Horizontalrichtung und -strecke) und der Höhenunterschied bestimmt. Anhand der Polarkoordinaten kann man die Neupunkte kartieren und deren Koordinaten oder auf die Polygonseite bezogene Orthogonalmaße berechnen.

Mit Hilfe der gemessenen Höhenunterschiede sind die Höhen ü. N. N. der einzelnen aufgenommenen Punkte zu berechnen, wobei unterschiedliche Reflektorhöhen in die Berechnung einzubeziehen sind.

11.3.1.6 Indirekte Streckenmessung (Bild 11.23)

wird angewandt, wenn sich auf einer zu messenden Strecke ein Hindernis befindet. Dabei werden in einem Hilfsdreieck vom seitlich der Strecke gelegenen Standpunkt I aus Richtungen und Strecken zum Anfangs- und Endpunkt gemessen und der von den Strecken eingeschlossene Winkel berechnet. Die gesuchte Strecke berechnet man mit Hilfe des „Cosinussatzes".

b = gemessene Strecke zum Anfangspunkt A = 10,85 m
c = gemessene Strecke zum Endpunkt   E = 12,13 m
α = Richtung zu E – Richtung zu A = 90,252–10,125 = 80,127^{gon}
gesuchte Strecke a = $\sqrt{b^2 + c^2 - 2bc \cdot \cos\alpha}$ = 13,57 m

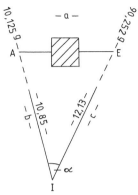

Bild 11.23   Indirekte Streckenmessung   STANDPUNKT

11.3.1.7 Kontrollmaße und Kontrollrechnungen (Bild 11.24)

Die Einmessung muß eindeutig sein, d. h. aufgenommene Kontrollmaße dürfen nicht widersprüchlich sein.

Kontrollmaße, überbestimmende Maße:

- Durchmessen der Bezugslinie, wodurch Gebäudeumbauten oder Grenzänderungen festgestellt werden können (Bild 11.24).
- Messen der Hypothenuse bei der Orthogonalaufnahme und rechnerischer Vergleich nach dem „Satz von Pythagoras".

a = auf der Messungslinie gemessenes Maß (Abszisse)
b = Maß vom Lotfußpunkt zum einzumessenden Punkt (Ordinate)
Hypothenuse c $= \sqrt{a^2 + b^2} = \sqrt{8{,}90^2 + 6{,}30^2} = 10{,}90$ m (Bild 11.24)

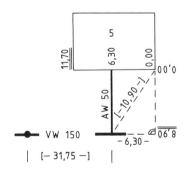

Bild 11.24   Kontrollmessungen   [ ] Kontrollmaße

– Zusätzliche Maße zu sichtbaren Teilen bestehender Leitungen, wie z. B. Hydranten der Absperrarmaturen sind hilfreich, wenn ein als Bezugslinie verwendetes Gebäude noch nicht von der Vermessungsbehörde eingemessen (Bild 11.24) und somit nicht in der Grundkarte enthalten ist. Per Roteintrag in ein Arbeitsplanwerk kann beispielsweise eine Anschlußleitung sehr schnell in der Auskunftsstelle dokumentiert werden.

– Bei der Polaraufnahme sollte eine Spannmaßkontrolle durchgeführt werden. Dabei handelt es sich um gemessene Horizontalentfernungen zwischen benachbarten Leitungspunkten, die mit aus Polarkoordinaten oder Landeskoordinaten berechneten Strecken verglichen werden.

Aus Polarkoordinaten erfolgt die Berechnung des Spannmaßes a entsprechend der indirekten Streckenmessung (Abschnitt 11.3.1.6, Bild 11.23) mit Hilfe des „Cosinussatzes".

$$a = \sqrt{10,85^2 + 12,13^2 - 2 \cdot 10,85 \cdot 12,13 \cdot \cos 80,127^{gon}} = 13,57 \, m$$

aus Gauß-Krüger-Koordinaten wird eine Strecke mit Hilfe des „Satzes von Pythagoras" berechnet.

a = DY = Rechtswert des 1. Punktes – Rechtswert des 2. Punktes
b = DX = Hochwert des 1. Punktes – Rechtswert des 2. Punktes

$$\text{Spannmaß} \quad c = \sqrt{a^2 + b^2} = \sqrt{DY^2 + DX^2}$$

DY = 3 458 321,49 – 3 458 310,44 = 11,05
DX = 5 429 788,77 – 5 429 780,87 = 7,90

$$c = \sqrt{11,05^2 + 7,90^2} = 13,58 \, m.$$

11.3.2 Höhenmessung

Laut DIN 2425 und den DVGW-Hinweisen GW 120 und GW 121 sollen höhenmäßig bestimmte Leitungspunkte an das amtliche Höhenfestpunktnetz angebunden werden.

Zulässig ist auch die Angabe von Überdeckungsmaßen, was beispielsweise in Gebieten mit Oberflächensenkung, verursacht durch Grubenbau, durchaus sinnvoll ist.

Alle horizontalen und vertikalen Leitungsbrechpunkte sind bei offener Baugrube zu nivellieren.

11.3.2.1 Nivellement mit Kontrolle und Berechnung von Höhen ü. N. N.

Falls kein amtlicher Höhenfestpunkt von der Baustelle aus direkt zu sehen ist, wird ein entsprechender Punkt selbst festgelegt. Geeignet sind dafür Eingangstreppen von Gebäuden, farblich gekennzeichnete Punkte auf Bordsteinen oder

Vermessungsnägel, die in festen Untergrund oder stabile Holzpflöcke einge-
schlagen sind.

Die Höhe ü. N. N. dieses für die Zeit der Bauausführung benötigten Punktes
wird durch ein Festpunktnivellement bestimmt (Abschnitt 11.1.1.3 – Nivellement). In der Tabelle 11.2 wird beispielhaft das Feldbuch des Nivellements gezeigt, durch welches die Höhe des Festpunktes HP 1 bestimmt wird. Daraus
kann man ersehen, wie ein Feldbuch geführt, der Höhenabschlußfehler bestimmt und verteilt wird und die Höhen der einzelnen Wechselpunkte W 1, HP 1
und W 3 berechnet werden. Diese Punkte sind an die amtlichen Höhenbolzen A
und E angebunden. Das Nivellement ist so genau wie möglich (Abschnitt
11.1.1.4 Regeln und Tips) durchzuführen, weil Fehler von HP 1 auf die anschließend daran angebundenen Leitungspunkte übergehen. Deren Höhen ü. N. N.
werden anschließend berechnet, indem der abgelesene Rückblick zu HP 1 zu
dessen Höhe addiert und von dieser sogenannten Instrumentenhöhe der abgelesene Vorblick zum jeweiligen Leitungspunkt subtrahiert wird.

Tabelle 11.2 Feldbuch eines Festpunktnivellements mit Fehlerverteilung
Beobachter: Meier   Datum: 6.4.90
Wetter: bewölkt   Instrument: Ni 2

Punkt	Ziel-weite	Rück-blick	Seiten-blick	Vor-blick	R – V (R – S)	Höhe ü. N. N.
A	40	1,280				**114,225**
					– 2	
0^{+0}	40			1,712	– 0,432	113,791
0^{+0}	50	1,107				
					– 2	
0^{+20}			1,235		(– 0,128)	113,661
					– 2	
0^{+40}			1,428		(– 0,321)	113,468
					– 2	
0^{+60}			1,613		(– 0,506)	113,283
					– 2	
0^{+80}			1,798		(– 0,691)	113,098
					– 3	
1^{+0}	50			1,963	– 0,856	112,932
1^{+0}	45	1,274				
					– 3	
E	45			1,672	– 0,398	**112,531**
		3,661		5,347	– 1,686	

DH_{Ist} = $\sum R - \sum V$ = 3,661 – 5,347 = – 1,686
DH_{Soll} = Höhe E – Höhe A = 112,531 – 114,225 = – 1,694
zu verteilender Fehler = – 1,694 – – 1,686 = – 0,008

11.4 Planwerke für Rohrnetze der öffentlichen Gas- und Wasserversorgung

Die Versorgungsleitungen bedeuten für die Versorgungsunternehmen einen hohen Vermögenswert, der in der Erde vergraben ist. Aus Sicherheitsgründen müssen diese nicht direkt zugänglichen Rohrnetzanlagen permanent überwacht werden, um jede Störung kurzfristig erkennen und beheben zu können. Aus diesem Grund sind sie in einem Planwerk zu dokumentieren, welches gemäß DIN 2425 und DVGW-Hinweis GW 120 aus Aufnahmeskizzen, Bestandsplänen und Übersichtsplänen besteht.

11.4.1 Aufnahmeskizzen

werden während der Einmessung von neuverlegten Leitungen oder von Veränderungen an bestehenden Leitungsteilen, wie z. B. Instandsetzung, Umlegung oder Außerbetriebnahme, bei offener Baugrube erstellt. Es handelt sich hierbei um unmaßstäbliche Einmessungs- oder Fortführungsrisse, die getrennt nach Fachsparte aufzunehmen sind (Bild 11.25).

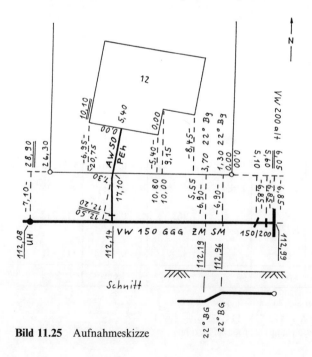

Bild 11.25 Aufnahmeskizze

Die Aufnahmeskizzen dienen als Arbeitsunterlagen für folgende Aufgaben:
- Fortführung der Bestands- und Übersichtspläne
- Bestandsnachweis, Anlagevermögensaufstellung, Rohrnetzstatistik
- Erstellen von Aufmaßskizzen für die Bauabrechnung, Aufmaßkontrolle.

Nach Weiterverarbeitung aller enthaltener Informationen sind die Aufnahmeskizzen als Originalmessungen zu archivieren, wobei Duplikate getrennt an einer sicheren Stelle aufbewahrt werden sollten.

11.4.1.1 Inhalt

Als Grundriß werden Polygonpunkte, Grenzen und Gebäude unmaßstäblich aufgezeichnet und mit Polygonpunkt- und Flurstücksnummern, Straßennamen und Nordpfeil komplettiert.

Es ist hilfreich, eine Kopie des entsprechenden Grundkartenausschnitts auf die Baustelle mitzunehmen, um diesem vor Ort fehlende Informationen entnehmen zu können.

Um eine schnelle Aktualisierung des Bestandsplanwerkes zu realisieren, sollten neue Gebäude oder Umbauten gleichzeitig mit der Anschlußleitung eingemessen werden.

Die eingemessenen Leitungen sind mit ihren Einbauteilen entsprechend DIN 2425 Teil 1, Abschnitt 5.5 „Planzeichen", graphisch auszugestalten.

Leitungsspezifische Fachdaten, wie Leitungsart, Nennweite, Werkstoff, Verbindungsart, Rohrumhüllung, Rohrauskleidung, werden laut DIN 2425 Teil 1, Abschnitt 5.2 „Kurzzeichen", an die Leitung geschrieben.

Die vermessungstechnische Vermaßung und Darstellung ist gemäß DIN 18 702 „Zeichen für Vermessungsrisse; Großmaßstäbliche Karten und Pläne" durchzuführen.

Höhenbrechpunkte der Leitung werden sinnvollerweise in einem Schnitt dargestellt und mit den entsprechenden Höhen beschriftet.

Weitere wichtige Informationen, wie z. B. Versorgungssparte, Verlegedatum, Baufirma, Bauleiter, Skizzenersteller, Projekt-, Skizzen-, Bestandsplannummer,

STADTWERKE KARLSRUHE	VW VG VE FW		
	FPL:		
Abteilung: IG – VM	Projekt-Nr.:		
Einmessung	Montage	Netzkarte	
Bauleitung	Bauzeit	Eingetragen	
Grabung	Preßprobe	Gesehen	
Schachtbau	Polaraufnahme	Skizze	

Stw.-Nr. 301

Bild 11.26   Feld für baustellen- und leitungsrelevante Daten auf der Aufnahmeskizze

Angaben für Vermögensaufgliederung oder Rohrnetzstatistik, sollten in einem dafür ausgewiesenen Feld auf dem Formular für die Aufnahmeskizze eingetragen werden (Bild 11.26).

11.4.2 Bestandspläne

werden anhand der Aufnahmeskizzen erstellt und fortgeführt. Als Grundlage ist laut DIN 2425 und GW 120 die Grundkarte des zuständigen Vermessungsamtes zu verwenden, womit ein Rahmenbestandsplanwerk zu erstellen ist. Diese Grundkarte wie auch der Leitungsbestand sollten einen möglichst hohen Aktualitätsgrad vorweisen, um eine Beschädigung der Leitungen bei Tiefbauarbeiten zu vermeiden. Bei Auskunfterteilung an fremde Stellen muß der gesamte Leitungsbestand und seine Lage, bezogen auf vor Ort vorhandene Gebäude, Grenzen oder Polygonpunkte, ausgegeben werden. Es ist sicherzustellen, daß dabei auch über Leitungen, die noch nicht im Bestandsplan eingetragen sind, Auskunft erteilt werden kann. Der Bestandsplan wird innerbetrieblich für die Planung, die Neuverlegung, den Betrieb und die Unterhaltung des Rohrnetzes benötigt (Bild 11.27).

11.4.2.1 Inhalt und Maßstab

Die Leitungen mit ihren Einbauteilen sind entsprechend der DIN 2425 Teil 1, Abschnitt 5.5 „Planzeichen", vereinfacht darzustellen. Leitungen, die dauernd außer Betrieb sind, müssen nicht im Bestandsplan enthalten sein. Nach DIN 2425 Teil 1, Abschnitt 4.2, sollen Bestandspläne die wesentlichen Maßzahlen enthalten. Dem wird allerdings in der DIN 2425 Teil 7 „Leitungspläne für Stromversorgungs- und Nachrichtenanlagen", Abschnitt 5.1, widersprochen. Danach kann bei maßstäblicher Darstellung der Einzelkabel oder Kabeltrassen auf die Angabe von Maßzahlen verzichtet werden.

Durch den Verzicht auf Maßzahlen kann man bei der Bestandsplanerstellung und -fortführung erheblich Zeit einsparen. Des weiteren entfällt die Anpassung der Vermaßung, wenn die Grundkarte aufgrund von Gebäude- oder Grundstücksveränderungen fortzuführen ist.

Bei sorgfältiger Kartierung der Leitungen mit anschließender Kontrolle sind für das Auffinden der Leitung benötigte Maße mit dem Verhältnismaßstab ausreichend genau abgreifbar.

Entsprechend muß man verfahren, wenn Änderungen an Grenzen und Gebäuden noch nicht in den Bestandsplänen übernommen werden konnten, aber die Leitung in der Örtlichkeit abgesteckt und freigelegt werden muß.

Es ist zweckmäßig, Leitungshöhen im Bestandsplan anzugeben, wobei Höhen ü. N. N. meist vorteilhafter sind als Überdeckungsmaße.

Was im einzelnen im Bestandsplan darzustellen ist und welche technischen Leitungsattribute einzutragen sind, kann der DIN 2425 Teil 1, Abschnitt 4.2, ent-

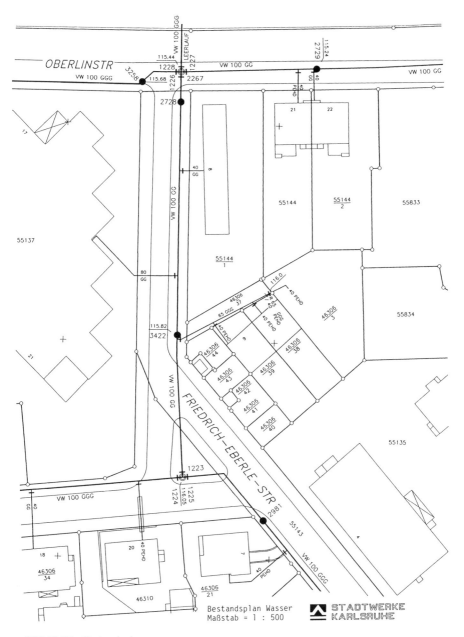

Bild 11.27 Bestandsplan

nommen werden, detailliertere Informationen hierzu sind in GW 120, Abschnitt 5.2.2, zu finden.

Da es nicht sinnvoll ist, den Bestandsplan mit Daten zu überladen, kann man zusätzliche Unterlagen, wie z. B. Aufmaßskizzen, Außerbetriebsmeldungen, Anschluß-, Schachtkartei, Betriebs-, Schadensstatistiken, führen.

Der Maßstab sollte über das gesamte Versorgungsgebiet und für Gas- und Wasserbestandspläne einheitlich sein, wobei 1 : 500 als Regelmaßstab zu empfehlen ist. Für locker bebaute Randgebiete kann 1 : 1000, für Gebiete mit hoher Belegungsdichte oder engen Straßen 1 : 250 verwendet werden.

11.4.3 Übersichtspläne

werden aus Bestandsplänen generalisiert, in einen kleineren Maßstab überführt und anhand der Aufnahmeskizzen fortgeführt.

Sie sollen einen großflächigen Überblick über Netzeinrichtungen und -zusammenhänge für Planung, Betrieb, Unterhaltung, Überwachung, Entstörung und Brandschutz bieten (Bild 11.28).

11.4.3.1 Inhalt und Maßstab

Als Grundlage ist die Verwendung der Deutschen Grundkarte mit dem Maßstab 1 : 5000 zu empfehlen, in der auf die Darstellung topographischer Einzelheiten verzichtet wird. Zur besseren Orientierung können z. B. Stadtteilnamen, Straßennamen, Autobahnen, Eisenbahnlinien, Gewässer oder markante Gebäude übernommen werden.

Der Leitungsverlauf von Zubringer-, Haupt- und Versorgungsleitungen wird schematisiert mit Absperr- und Entnahmeeinrichtungen und Anlagen zur Druckänderung oder -regelung dargestellt. An die Leitungen werden Dimension, Werkstoff und Druck angeschrieben. In Hinweis GW 120, Abschnitt 5.3, sind darzustellende Einrichtungen und deren beschreibende Anlagen im einzelnen aufgeführt.

11.4.4   Produktionsmittel und Informationsträger

Es gibt verschiedene Möglichkeiten, wie der zeichnerische Teil der Leitungsdokumentation mit den darin enthaltenen technischen Daten vorgehalten, fortgeführt, ausgewertet und einem berechtigten Nutzerkreis zur Verfügung gestellt werden kann.

Nachfolgend sind unterschiedliche Produktionsmittel und Informationsträger beschrieben, mit deren Hilfe graphische Darstellungen erstellt und verteilt werden können.

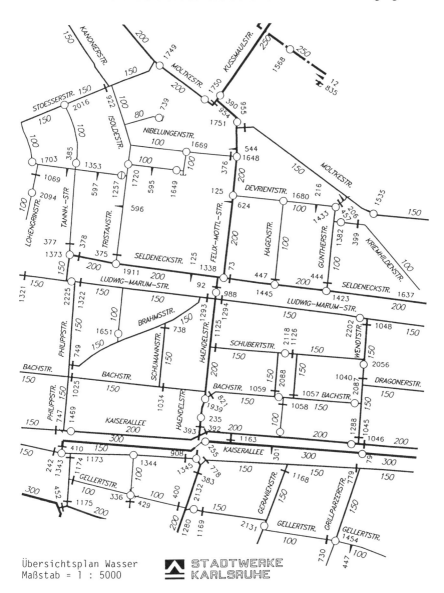

Übersichtsplan Wasser
Maßstab = 1 : 5000

STADTWERKE
KARLSRUHE

Bild 11.28   Übersichtsplan

11.4.4.1 Manuell gezeichnete Folienpläne

Hierbei unterscheidet man die in GW 120, Abschnitt 6.2, beschriebenen Einfolien- und Deckfolienverfahren.

Beim Einfolienverfahren ist die amtliche Grundkarte und die jeweilige Versorgungssparte auf einem Zeichenträger (maßhaltige Zeichenfolie) dargestellt. Änderungen in der Grundkarte muß man dadurch in jeder Sparte einarbeiten, was ein großer Nachteil dieses Verfahrens ist.

Beim Deckfolienverfahren werden zwei Zeichenträger verwendet, die anhand von Paßkreuzen genau übereinandergelegt werden können. Auf dem ersten ist die amtliche Grundkarte dargestellt, auf dem zweiten die Versorgungssparte. Bei Änderungen in der Grundkarte ist diese einfach gegen eine aktuelle austauschbar.

Dadurch sind nur Korrekturen an der Leitungsvermaßung notwendig, wenn sich Bezugspunkte oder -linien in der Grundkarte geändert haben. Die lichtpaustechnische Vervielfältigung ist bei diesem Verfahren allerdings aufwendiger, weil ein Verschieben der beiden Folien zueinander vermieden werden muß.

11.4.4.2 Digitale Planwerke

Als Bestandteil eines angestrebten Netzinformationssystems wird heute in zunehmendem Maße die graphische Datenverarbeitung als technisches Hilfsmittel für die Erstellung und Fortführung von Planwerken eingesetzt. Bei einem Netzinformationssystem soll auf eine möglichst aktuelle, gemeinsame Datenbasis eine Vielzahl von Anwendungen aufsetzen. Es können von verschiedenen Anwendern eingebrachte graphische, technische und kaufmännische Informationen zur Verfügung gestellt, miteinander verknüpft und ausgewertet werden.

Beispiele hierfür sind: Planung, Wartung und Unterhaltung von Rohrnetzeinrichtungen, Rohrnetzberechnung oder Marketingaufgaben.

Bestandteile der graphischen Datenverarbeitung gemäß GW 122 sind:

- Zentral-, Bereichs- oder Arbeitsplatzrechner
- Software
- Datenbanksystem
- Graphisch-interaktiver Arbeitsplatz
- Plotter, Hardcopygeräte und Drucker.

Bestandteile des graphisch-interaktiven Arbeitsplatzes sind:

- ein alphanumerischer und graphischer Bildschirm
- zugehörige Tastatur und Fadenkreuzsteuerung
- Digitalisiertablets.

Die Anwendung der Software ist menügesteuert. Ein Menü ist eine Vorlage, die in einzelne Felder unterteilt ist. Jedem Feld ist eine ganz bestimmte Funktion hinterlegt. Durch Anfahren eines Feldes innerhalb des auf dem Digitalisiertablet angebrachten Menüs mit der Digitalisierlupe oder des auf dem graphischen Bildschirm plazierten Menüs mit dem Fadenkreuz wird eine Funktion aktiviert. Für die Benutzerführung bei der Ausführung dieser Funktion am graphischen Bildschirm, für die Eingabe der technischen Daten per Tastatur und für das Plazieren dieser in der Graphik steht der alphanumerische Bildschirm zur Verfügung. Mit Hilfe des Digitalisiertisches kann man analoge (gezeichnete) Vorlagen in die digitale Form überführen. Hierbei werden nach Anfahren oder Abgreifen von mehreren Paßpunkten auf der Vorlage mit der Digitalisierlupe die dazugehörigen Koordinaten per Tastatur eingegeben. Von allen anschließend digitalisierten Punkten werden vom System entsprechende Koordinaten berechnet und Punkte oder Linien auf dem graphischen Bildschirm angezeigt. So kann man genau kartierte Bestands- oder Übersichtspläne und auch amtliche Grundkarten digitalisieren, wenn diese vom Vermessungsamt nur analog zur Verfügung gestellt werden. Mit dem Plotter kann der erfaßte Plan in verschiedenen Maßstäben auf Folie oder Papier, mit dem Hardcopygerät ein auf dem graphischen Bildschirm dargestellter Planausschnitt auf Papier ausgegeben werden. Der Drucker bietet die Möglichkeit, Dateien, Listen oder Auswertungsergebnisse zu drucken. Mit dem graphischen Bildschirm, dem Plotter und dem Hardcopygerät sind farbige Ausgaben möglich.

Nach einem hohen Ersterfassungsaufwand kann das Planwerk mit Hilfe der graphischen Datenverarbeitung produktiv fortgeführt und diese Informationen schnell anderen Nutzern zur Verfügung gestellt werden. Zur Produktivität trägt, wie im Abschnitt 11.2.2 beschrieben, der Einsatz von elektrooptischen Tachymetern erheblich bei, weil dadurch der Datenfluß von der Einmessung vor Ort bis zur Erstellung des fertigen Planes automatisierbar ist.

Die Planung neuer Leitungen ist gleichermaßen mit Hilfe der graphischen Datenverarbeitung realisierbar, was der Auskunftstelle einen direkten Zugriff auf aktuelle Planungszustände, auf im Bau befindliche und bestehende Leitungen ermöglicht. Dies bedeutet einen erheblichen Gewinn an Sicherheit bei interner und externer Auskunftserteilung.

11.4.4.3 Mikrofilm

wird heute in zwei wichtigen Teilbereichen der Leitungsdokumentation als Informationsträger und Vervielfältigungsverfahren eingesetzt. Diese Teilbereiche sind:

– Sicherungsarchivierung
– Informationsverteilung.

Eine Sicherungsverfilmung ist zu empfehlen, weil einmal erstellte aktuelle Bestands- und Übersichtspläne einen sehr hohen Wert darstellen. So können Aufnahmeskizzen, Altbestände und die aktuellen Pläne platzsparend, dauerhaft und an einem sicheren Ort archiviert werden.

Die Informationsverteilung kann sowohl betriebsintern als auch extern mit Hilfe der Mikrofilmtechnik organisiert werden. Zu innerbetrieblichen Nutzern zählen z. B. Rohrnetzbetrieb, Entstördienst, Auskunft. Nutzern außerhalb des Unternehmens kann im Rahmen der Auskunfterteilung, wie z. B. Baufirmen oder Planungsämter, ein rückvergrößerter Planausschnitt ausgegeben werden.

Für die Verfilmung von Zeichnungen und Plänen wird heute die Mikrofilmlochkarte oder Filmsort-Karte verwendet, wobei in einer EDV-Lochkarte ein 35 mm Filmbild eingeklebt ist. In diese Lochkarten können alphanumerische Codierungen gelocht werden, wodurch die Karten maschinell sortierbar sind. Von den mit einer Spezialkamera erstellten Originalaufnahmen für die Sicherungsarchivierung können Kontaktkopien, sogenannte Diazos, erstellt und an die einzelnen Nutzer verteilt werden.

Diese Bilder kann man mit Lesegeräten betrachten oder Bildausschnitte mit einem Rückvergrößerungsgerät auf Papier bringen.

Mit einer Spezialkamera inclusive Zusatzausrüstung ist es möglich, den vollständigen Plan maßstäblich rückzuvergrößern und auf Papier auszugeben.

Die zu verfilmenden Planoriginale müssen allerdings eine gute Qualität vorweisen, um gute Aufnahmen zu gewährleisten.

Hinweise hierzu sind u. a. der DIN 19052 „Mikrofilmtechnik, Zeichnungsverfilmung" zu entnehmen.

Digitale Planwerke können mit Hilfe der sogenannten COM-Verfilmung (*C*omputer *O*utput on *M*icrofilm) verfilmt und der Informationsverteilung zugeführt werden (z. B. Entstörung, Rohrnetzbetrieb).

11.5 Technische Regeln, Literatur

[1] DIN 2425 Teil 1
    Planwerke für die Versorgungswirtschaft, die Wasserwirtschaft und für Fernleitungen; Rohrnetzpläne der öffentlichen Gas- und Wasserversorgung
[2] DIN 2425 Teil 7
    Planwerke für die Versorgungswirtschaft, die Wasserwirtschaft und für Fernleitungen; Leitungspläne für Stromversorgungs- und Nachrichtenanlagen
[3] DIN 18 702
    Zeichen für Vermessungsrisse, großmaßstäbige Karten und Pläne
[4] DVGW-Hinweis GW 120
    Planwerke für die Rohrnetze der öffentlichen Gas- und Wasserversorgung
[5] DVGW-Hinweis GW 121
    Fernleitungen und Verteilungsnetze; Leistungsbilder für Vermessungsarbeiten

[6] DVGW-Hinweis GW 122
    Netzinformationssystem; Aufbau und Fortführung mit Hilfe der graphi-
    schen Datenverarbeitung
[7] DVGW-Hinweis GW 315
    Hinweise für Maßnahmen zum Schutz von Versorgungsanlagen bei Bauar-
    beiten
[8] Walter Großmann, Vermessungskunde Band 1 bis 3
    Sammlung Göschen, Walter Gruyter Verlag

12 Unfallverhütung

Die folgenden Abschnitte enthalten Unfallverhütungsvorschriften, die bei der Verlegung von Rohren und bei Arbeiten an Leitungen unabdingbar beachtet werden müssen. Deshalb werden die wichtigsten diesbezüglichen Bestimmungen der Tiefbau-Berufsgenossenschaft und der Berufsgenossenschaft der Gas- und Wasserwerke wörtlich zitiert. Ergänzend dazu wurde versucht, den angesprochenen Stoff in seinen wesentlichen Aussagen so erschöpfend darzustellen, daß lediglich zur Vertiefung ein Nachschlagen in den Originaltexten erforderlich wird.

Abkürzungen wie VBG 1 oder VBG 74 sind Registriernummern von Unfallverhütungsvorschriften; Abkürzungen wie ZH 1/542 oder ZH 1/55 sind Registriernummern von anderen berufsgenossenschaftlichen Vorschriften. Unter diesen Registriernummern können die entsprechenden Vorschriften von den Berufsgenossenschaften in der Regel kostenlos bezogen werden.

12.1 Unfallverhütung bei Rohrleitungsbau-Arbeiten

12.1.1 Persönliche Schutzausrüstungen

Der Unternehmer hat bei Rohrleitungsbauarbeiten den Beschäftigten folgende Schutzausrüstungen zur Verfügung zu stellen:

- Kopfschutz nach DIN 4840,
- Schutzschuhe mit durchtrittsicherem Unterbau – Kennzeichnung S 3 DIN 4843 oder S 5 d DIN 4843,
- Schutzhandschuhe nach DIN 4841,
- weitere Schutzausrüstungen entsprechend den Bestimmungen der einschlägigen Unfallverhütungsvorschriften.
  Als solche kommen z. B. in Betracht:
  - Augenschutz bei Schweiß- und Schneidarbeiten nach DIN 4655, DIN 4646, DIN 4647;
  - Atemschutzgeräte gemäß Atemschutzmerkblatt (ZH 1/134);
  - persönlicher Schallschutz gemäß §4 der Unfallverhütungsvorschrift „Lärm" (VBG 121).

Hinweise: Beim Kopfschutz sollte man darauf achten, daß das Nackenband verstellbar ist und bei Bedarf in Tragrichtung so nach unten gestellt wird, daß es den Hinterkopf gut umschließt. Dadurch wird bei den häufigsten Kopfformen ein Herabfallen des Helmes auch in gebückter Stellung verhindert. Bei den selten vorkommenden Kopfformen mit ganz flachem Hinterkopf kann der Helm in gebückter Haltung am besten mit einem auf beiden Seiten doppelt angeschlagenen Kinnriemen, der das Ohr einschließt, gehalten werden (Fallschirmjäger-gurt).

Schutzschuhe – und bei Arbeiten im Nassen Gummi- oder Kunststoff-Stiefel – haben nicht nur eine Stahlkappe im Zehenbereich, sondern auch durchtrittsiche-re Sohlen.

Auch der Schweißer muß im Rohrgraben einen Helm tragen. Lösungsmöglich-keiten sind u. a. Schweißerschutzhelme mit am Helm integriertem Augen- und Gesichtsschutz, Ledermasken mit Schutzbrillen, die unabhängig vom Schutz-helm getragen werden, oder eine Kombination normaler Schutzhelm, eventuell mit dem Schild nach hinten, und normales Schweißerschutzschild.

Die Beschäftigten haben die zur Verfügung gestellten persönlichen Schutzausrü-stungen zu benutzen.

Hinweis: Dies sollte grundsätzlich im eigenen Interesse geschehen, muß jedoch auch verantwortlich vom Unternehmer und seinen Aufsichtsführenden über-wacht werden und kann zum Schutz der Versicherten gegebenenfalls auch durch Bußgeldverhängung von seiten der Berufsgenossenschaft durchgesetzt werden.

12.1.2   Erste Hilfe

Zum *Erste Hilfe-Material* zählt insbesondere das Verbandzeug. Das Erste Hilfe-Material ist jederzeit leicht zugänglich, gegen schädigende Einflüsse, insbeson-dere Verunreinigung, Nässe und hohe Temperaturen geschützt, in ausreichender Menge bereitzuhalten sowie rechtzeitig zu ergänzen und zu erneuern. Auf Bau-stellen mit mehr als 10 Beschäftigten ist ein „Großer Verbandkasten" erforder-lich, bei mehr als 50 Beschäftigten ein „Großer Verbandkasten" je 50 Beschäftig-te. „Große Verbandkästen" müssen DIN 13169 oder DIN 14142 entsprechen.

Auf kleineren Baustellen unter 10 Beschäftigten genügt ein „Kleiner Verbandka-sten".

Der Unternehmer hat dafür zu sorgen, daß für Erste Hilfe-Leistung Ersthelfer in ausreichender Zahl zur Verfügung stehen.

Die Versicherten haben die der Ersten Hilfe dienenden Maßnahmen zu unter-stützen.

Der Versicherte hat sich zum Ersthelfer ausbilden und in angemessenem Zeit-raum fortbilden zu lassen, sofern keine persönlichen Gründe entgegenstehen. Er hat sich nach der Ausbildung für Erste Hilfe-Leistungen zur Verfügung zu stel-len.

12.1.3 Maschinen und Geräte

12.1.3.1 Allgemeines

Werden Maschinen und Geräte eingesetzt, so müssen diese entsprechend den Bestimmungen der einschlägigen Unfallverhütungsvorschriften ausgerüstet sein und betrieben werden.

Es sind insbesondere die nachstehenden Bestimmungen der Unfallverhütungsvorschrift „*Bagger, Lader, Planiergeräte, Schürfgeräte und Spezialmaschinen des Erdbaues (Erdbaumaschinen)*" (*V BG 40*) über den Hebezeugeinsatz einzuhalten.

Sicherung gegen Zurücklaufen der Last (§ 25)

Hubwerke und Auslegereinziehwerke von Baggern, die auch zum Heben und Transportieren von Einzellasten, insbesondere mit Hilfe von Anschlagmitteln bestimmt sind, wobei zum Anschlagen und Lösen der Last die Mithilfe von Personen erforderlich ist (nachstehend Bagger im Hebezeugeinsatz genannt), müssen

– selbsttätig wirkende Bremsen haben und so eingerichtet sein, daß ein unbeabsichtigtes Zurücklaufen der Last verhindert wird oder
– mit selbsthemmenden Getrieben ausgerüstet sein.

Durchführungsanweisung

Hebezeugeinsatz von Baggern ist z. B.:

– Ablassen oder Herausheben von Rohren, Schachtringen, Behältern (Tanks)
– Auf- und Abladen von Geräten, Hilfsmitteln, Bauteilen, Einbringen oder Herausheben von Grabenverbaueinrichtungen.

Kein Hebezeugeinsatz von Baggern ist z. B.:

– Verlegen und Umsetzen von Baggermatratzen
– Ausführen von Bohrarbeiten mit Baggern als Trägergerät, wobei die Gesamtheit aller Arbeiten verstanden wird, die vom Aufstellen des Bohrgerätes über das Heranziehen, Aufnehmen, Einführen, Ziehen und Abladen der Bohrwerkzeuge und Verrohrungen sowie die Bedienung und Wartung des Bohrgerätes bis zu dessen Abbau reichen
– Ausführen von Ramm- und Zieharbeiten mit Baggern als Trägergerät entsprechend der Unfallverhütungsvorschrift „*Rammen*" (*V BG 41*).

Bei Hydraulikbaggern ohne Seiltrieb gelten Ventile, die nach ihrer Betätigung von selbst in die Absperrstellung zurückgehen, als selbsttätig wirkende Bremsen. Das unbeabsichtigte Zurücklaufen der Last kann durch ein Rückschlagventil zwischen Pumpe und Hubzylinder verhindert werden.

Unbeabsichtigtes Zurücklaufen der Last kann eintreten bei Unterbrechung oder Unregelmäßigkeit der Energiezufuhr.

Notendhalteinrichtung (§ 26)

(1) Die Aufwärtsbewegungen durch Fremdkraft gesteuerter Hubwerke und Auslegereinziehwerke von Baggern im Hebezeugeinsatz müssen durch selbsttätig wirkende Notendhalteinrichtungen (Notendschalter) begrenzt sein.

– *Durchführungsanweisung zu Abs. 1*

Fremdkraftsteuerung liegt vor, wenn die Kraft zum Verstellen der Steuereinrichtung ausschließlich durch eine Hilfsenergiequelle (z. B. hydraulisch, pneumatisch, elektrisch) aufgebracht wird.

(2) Nach dem Ansprechen der selbsttätig wirkenden Einrichtungen muß die jeweils entgegengesetzte Bewegung noch möglich sein.

(3) Nach dem Ansprechen der selbsttätig wirkenden Notendhalteinrichtung für die Aufwärtsbewegung von Hubwerken muß sichergestellt sein, daß Ausleger nicht abgesenkt werden können, wenn dadurch Seilbruchgefahr besteht.

(4) Seilbagger im Hebezeugeinsatz, bei denen das Hubwerk und das Auslegereinziehwerk oder eines von beiden mechanisch, d.h. nicht durch Fremdkraft gesteuert werden, können anstelle der im Absatz 1 vorgeschriebenen Notendhalteinrichtung eine selbsttätig wirkende Warneinrichtung haben.

– *Durchführungsanweisung zu Abs. 4*

Mechanische Steuerung liegt vor, wenn die Kraft zum Verstellen der Steuereinrichtung ganz oder teilweise vom Maschinenführer (durch Muskelkraft) aufgebracht wird.

(5) Absatz 1 gilt nicht für hydraulische und pneumatische Systeme, bei denen die Bewegungen durch die Endstellung des Kolbens begrenzt sind.

Lastenmomentbegrenzer (§ 27)

(1) Durch Fremdkraft gesteuerte Hubwerke und Auslegereinziehwerke von Baggern im Hebezeugeinsatz müssen selbsttätig wirkende Einrichtungen haben, die ein Überschreiten des zulässigen Lastmomentes verhindern. Arbeitsbewegungen, die eine Verrringerung des Lastmomentes bewirken, müssen nach Ansprechen des Lastmomentbegrenzers (Überlastabschalteinrichtung) noch möglich sein.

(2) Seilbagger im Hebezeugeinsatz, bei denen das Hubwerk und das Auslegereinziehwerk oder eines von beiden mechanisch, d.h. nicht durch Fremdkraft gesteuert werden, sowie Hydraulikbagger ohne Seiltrieb, können anstelle der in Absatz 1 vorgeschriebenen Einrichtungen eine selbsttätig wirkende Warneinrichtung haben.

Sicherheitseinrichtungen an Baggern im Hebezeugeinsatz (§ 44)

(1) Bagger dürfen im Hebezeugeinsatz nur betrieben werden, wenn die in §§ 25 bis 27 vorgeschriebenen Sicherheitseinrichtungen funktionsfähig sind.

(2) Beim Hebezeugeinsatz von Baggern mit den Sicherheitseinrichtungen nach § 26 Absätze 1, 2, 3 und § 27 Abs. 1 entfallen die Forderungen des § 31 Absätze 1, 2 und 4.

– *Anschlagen, Transportieren und Begleiten der Last bei Baggern und Ladern im Hebezeugeinsatz und bei Rohrverlegern (§ 45)*

(1) Lasten müssen so angeschlagen werden, daß sie nicht verrutschen oder herausfallen können.

(2) Begleitpersonen beim Führen der Last und Anschläger dürfen sich nur im Sichtbereich des Maschinenführers aufhalten.

(3) Der Maschinenführer hat Lasten möglichst nahe über dem Boden zu führen und ihr Pendeln zu vermeiden.

(4) Bagger, Lader und Rohrverleger dürfen mit angeschlagener Last nur verfahren werden, wenn der Fahrweg eingeebnet ist.

Ergänzende Bestimmungen für Bagger mit Warneinrichtungen nach § 26 Abs. 4 und § 27 Abs. 2 und Lader im Hebezeugeinsatz sowie Rohrverleger (§ 46)

(1) Zum Anschlagen von Lasten dürfen Anschläger nur nach Zustimmung des Maschinenführers und nur seitwärts an den Ausleger herantreten. Der Maschinenführer darf die Zustimmung nur erteilen, wenn das Gerät steht und die Arbeitseinrichtung nicht bewegt wird.

(2) Der Maschinenführer darf Lasten nicht über Personen hinwegführen.

– *Durchführungsanweisung*

Im übrigen wird für den Einsatz von Kranen auf die Unfallverhütungsvorschrift „*Krane*" (*VBG 9*) verwiesen.

12.1.3.2 Lastaufnahmeeinrichtungen

Lastaufnahmemittel

Rohrhaken müssen mit einer Sicherung gegen Herausgleiten des Rohres (z. B. Seil oder Kette) ausgerüstet sein.

Rohrseilgehänge dürfen nur in Rohre eingehängt werden, deren Ränder die Rohrlast unter Berücksichtigung evtl. auftretender zusätzlicher Kräfte ausnehmen können.

Rohrzangen und Rohrgreifer müssen das Rohr so umfassen und festhalten, daß es nicht herausgleiten oder herabfallen kann.

Lasthebemagnete und Vakuumheber müssen den Bestimmungen der Unfallverhütungsvorschrift „*Lastaufnahmeeinrichtungen im Hebezeugbetrieb*" (*VBG 9 a*) entsprechen.

Anschlagmittel

Lasten müssen so angeschlagen werden, daß sie nicht verrutschen und daß sie sich nicht unbeabsichtigt vom Anschlagmittel lösen können.

Bei *mehrständigen Anschlagmitteln* ist die höchstzulässige Gesamtlast in Abhängigkeit vom Spreizwinkel der Stränge zu bestimmen.

Bei *ungleichen Neigungswinkeln* der Stränge ist zu beachten, daß der Lastschwerpunkt dann nicht in der Mitte zwischen den Strängen liegt. Ein Strang ist infolgedessen stärker als der andere belastet. U.U. hat er die gesamte Last aufzunehmen.

Seile müssen vor Beschädigung an scharfen Lastkanten geschützt werden; Seilkrümmungen dürfen nicht in die Nähe von Spleißen oder Preßhülsen gelegt werden.

Drahtseilklemmen müssen DIN 1142 entsprechen und dürfen als Seilverbindungen bei Anschlagmitteln nur dann verwendet werden, wenn diese für kurzfristigen Einsatz (in der Regel eine Schicht) vorgesehen sind.

Zubehörteile

Schäkel, Steck- oder Schraubbolzen müssen für Dauerbetrieb mit Splinten o.ä. ausgerüstet sein, damit sie sich nicht unbeabsichtigt lösen können.

Die behelfsmäßige Verbindung von zwei Anschlagmitteln oder von Anschlagmitteln mit Lastaufnahmemitteln bzw. Lasten durch Schäkel ohne Splint, ist nur für die Dauer einer Schicht zulässig.

12.1.4 Sicherung gegen Gefährdung durch bestehende Anlagen

12.1.4.1 Maßnahmen zum Schutz von Versorgungsanlagen

Vor Beginn von Rohrleitungsbauarbeiten ist durch den Unternehmer zu ermitteln, ob im vorgesehenen Arbeitsbereich Anlagen vorhanden sind, durch die Personen gefährdet werden können. Dies gilt auch für nachträgliche oder zusätzlich erforderliche Ausschachtungsarbeiten.

Gefahren können z.B. ausgehen von:

– benachbarten baulichen Anlagen
– elektrischen Anlagen
– Rohrleitungen, Kanälen, Schächten, Behältern u.ä.
– Anlagen mit Explosionsgefahren
– maschinellen Anlagen und Einrichtungen
– Kran- und Förderanlagen.

Im DVGW-Hinweis GW 315 „Hinweise für Maßnahmen zum Schutz von Versorgungsanlagen bei Bauarbeiten" werden wesentliche Anregungen zum Schutz von Gas- und Wasserrohrleitungen gegeben. Mit Einhaltung einiger nachfolgender Hinweise ist eine sichere und störungsfreie Versorgung gewährleistet.

Erkundigungspflicht

Im Hinblick auf die Erkundigungs- und Sicherungspflicht von Bauunternehmen bei der Durchführung von Bauarbeiten ist rechtzeitig vor Baubeginn der Arbeiten bei den Betriebsstellen des zuständigen Versorgungsunternehmens aktuelle Auskunft über die Lage und Tiefe der im Bau- bzw. Aufgrabungsbereich liegenden Versorgungsanlagen einzuholen.

Bei Beginn der Bauarbeiten müssen Planunterlagen neuesten Standes vorliegen.

Bei Abweichungen von der Bauplanung oder Erweiterung des Bauauftrages muß eine neue Erkundigung vorliegen.

Fachkundige Aufsicht

Die Bauarbeiten im Bereich von Versorgungsanlagen dürfen nur unter fachkundiger Aufsicht durchgeführt werden. Die vom Versorgungsunternehmen dem Bauunternehmer erteilten Auflagen müssen eingehalten werden.

Armaturen, Straßenkappen, Schachtdeckel und sonstige zur Versorgungsanlage gehörende Einrichtungen müssen während der Bauzeit zugänglich bleiben. Hinweisschilder oder andere Markierungen dürfen ohne Zustimmung des Versorgungsunternehmens nicht verdeckt, nicht versetzt oder entfernt werden.

Maschinelle Arbeiten

Im Bereich von Versorgungsanlagen dürfen Baumaschinen nur so eingesetzt werden, daß die Gefährdung der Versorgungsanlagen ausgeschlossen ist. Erforderlichenfalls sind besondere Sicherheitsvorkehrungen, die mit dem Versorgungsunternehmen abzustimmen sind, zu treffen.

Rohrvortriebs-, Bohr- und Sprengarbeiten, Einschlagen (Rammen) von Pfählen, Bohlen oder Spundwänden, Einspülen von Filtern für Grundwasserabsenkungen u.ä. sind ebenfalls mit dem Versorgungsunternehmen abzustimmen.

Freilegen von Versorgungsanlagen

Versorgungsanlagen dürfen nur durch Handschachtungen freigelegt werden. Freigelegte Leitungen sind vor jeglicher Beschädigung (auch Einfrieren) zu schützen und gegen Lageveränderungen fachgerecht zu sichern. Widerlager dürfen nicht hintergraben oder freigelegt werden.

Werden Versorgungsanlagen oder Warnbänder an Stellen, die vom Versorgungsunternehmen nicht genannt worden sind, angetroffen bzw. freigelegt, so ist der Betreiber der Versorgungsanlage unverzüglich zu ermitteln und zu verständigen. Die Arbeiten sind in diesem Bereich zu unterbrechen, bis mit dem Versorgungsunternehmen Einvernehmen über das weitere Vorgehen hergestellt ist.

Maßnahmen bei Beschädigungen

Jede Beschädigung einer Versorgungsanlage ist dem Versorgungsunternehmen unverzüglich zu melden.

Ist die Rohrumhüllung oder Kabelisolierung beschädigt worden, so darf die Verfüllung erst nach Instandsetzung und mit Zustimmung des Versorgungsunternehmens erfolgen.

Maßnahmen bei Gasaustritt

Wenn eine Rohrleitung so beschädigt worden ist, daß der Inhalt austritt, sind sofort Vorkehrungen zur Verringerung von Gefahren zu treffen:

- bei ausströmendem Gas besteht Zündgefahr; Funkenbildung vermeiden, nicht rauchen, kein Feuer anzünden. Angrenzende Gebäude auf Gaseintritt prüfen, falls Gas eingetreten ist, Türen und Fenster öffnen. Keine elektrischen Anlagen bedienen
- sofort alle Baumaschinen und Fahrzeugmotoren abstellen
- Gefahrenbereich räumen und weiträumig absichern
- Schadenstelle absperren und Zutritt unbefugter Personen verhindern
- das zuständige Versorgungsunternehmen unverzüglich benachrichtigen
- erforderlichenfalls Polizei und/oder Feuerwehr benachrichtigen
- weitere Maßnahmen mit dem Versorgungsunternehmen und den zuständigen Dienststellen abstimmen
- das Personal darf die Baustelle nur mit Zustimmung des Versorgungsunternehmens verlassen.

12.1.4.2 Festlegung von Sicherheitsmaßnahmen bei elektrischen Freileitungen

Sind Anlagen vorhanden, so sind im Benehmen mit dem Eigentümer oder Betreiber der Anlage die erforderlichen Sicherungsmaßnahmen festzulegen und durchzuführen.

Als Sicherungsmaßnahmen kommen in Betracht:

- *Bei Arbeiten in der Nähe elektrischer Freileitungen* müssen Sicherheitsabstände – auch beim Ausschwingen von Leitungsseilen, Lasten, Trag- und Lastaufnahmemitteln – eingehalten werden, wie sie Tabelle 12.1 zeigt. Alternativ zu den in Tabelle 12.1 gezeigten Sicherheitsabständen können die Freileitungen im Einvernehmen mit dem Eigentümer oder Betreiber freigeschaltet oder gegen Wiedereinschalten gesichert, abgeschrankt oder abgedeckt werden.

- *Bei Arbeiten an oder in der Nähe von Kran-, Förder- und anderen Maschinenanlagen* müssen Arbeitsplätze und Verkehrswege durch Begrenzung der gefahrbringenden Bewegungen, durch Abschrankung, Warnposten, Signaleinrichtungen o. ä. abgesichert werden.

Tabelle 12.1 Sicherheitsabstände bei Freileitungen

Nennspannung (Volt)	Sicherheitsabstand
bis 1000 V	1,0 m
über 1 kV bis 110 kV	3,0 m
über 110 kV bis 220 kV	4,0 m
über 220 kV bis 380 kV oder bei unbekannter Nennspannung	5,0 m

12.1.4.3 Betreten unterirdischer Anlagen

In unterirdischen Anlagen trifft man häufig Gase an, die schwerer sind als Luft. Manche dieser Gase bilden mit dem Sauerstoff der Luft ein explosives Gemisch. Dieses Gemisch kann z. B. durch Funkenbildung bei Betätigung eines Schalters zur Explosion gebracht werden. Außerdem besteht unter Umständen Vergiftungs- oder Erstickungsgefahr.

Bereits bestehende Einsteigschächte, Leitungen oder unterirdische Räume dürfen nur unter Anwendung der im Einzelfall erforderlichen Sicherheitsmaßnahmen und unter Aufsicht betreten werden.

Sicherheitsmaßnahmen sind z. B.:

– ausreichende Belüftung
– Prüfung der Luft auf Sauerstoffmangel und gesundheitsschädliche Stoffe
– Anseilen
– Benutzen von Atemschutzgeräten (mit Ausnahme von Filtergeräten).

Auf die UVV „*Kanalisationswerke*" (*VBG 54*) und die „Richtlinien für Sicherheitsgeschirre" (ZH 1/55) wird verwiesen.

Eine Ansammlung von Schwergasen in einem Raum unter Erdgleiche kann zu einem sogenannten Flammenmeer führen. Dabei brennt die Grenzzone zwischen Schwergas und Luft ab; darunter besteht Erstickungsgefahr.

Auch Gase, die leichter als Luft sind, können in Räumen mit geringer Luftbewegung explosive Gasmischungen ergeben.

In Kanalisationen, die zu Reinigungs- bzw. Reparaturzwecken betreten werden, ist auch auf die Gefahr zu achten, daß sich eingeströmte Stoffe durch eigene Zersetzungserscheinungen oder durch Verbindung mit Luft oder Wasser in giftige Gase verwandeln.

12.1.4.4 Verhalten bei Explosionsgefahr

Ist in bestehenden unterirdischen Anlagen mit dem Vorhandensein explosionsfähiger Atmosphäre zu rechnen, sind Zündquellen zu vermeiden. Es darf

– nur mit explosionsgeschützten elektrischen Geräten gearbeitet werden und
– weder geraucht noch mit offenen Flammen gearbeitet werden.

Siehe auch § 44 Abs. 3 UVV „*Allgemeine Vorschriften*" (*V BG 1*) sowie §§ 17 und 21 der UVV „*Arbeiten an Gasleitungen*" (*V BG 50*).

12.1.5 Abladen, Transportieren, Lagern und Stapeln

Abladen, Abheben

Beim Abladen und Anheben von Rohren ist sicherzustellen, daß gelagerte oder gestapelte Rohre nicht ins Rollen geraten oder umfallen können.

Transportieren

Wenn Personen durch pendelnde Rohre gefährdet werden können, müssen die Rohre mit Seilen oder Stangen geführt werden. In der Nähe spannungsführender elektrischer Freileitungen müssen derartige Führungsmittel aus trockenem nichtleitenden Material bestehen.

Lagern und Stapeln

Rohre sind so zu lagern, daß sie nicht abrollen können. Auf geneigtem Gelände gelagerte Rohre sind zusätzlich gegen Abrollen zu sichern. Kurze Rohre sind möglichst rechtwinklig zur Grabenachse zu lagern.

Bei Platzmangel dürfen Rohre über dem Graben auf geeigneten Unterlagen gelagert werden. Die Unterlagen müssen ausreichende Auflager haben.

Beim Stapeln von Rohren muß jede Lage des Rohrstapels gegen Auseinanderrollen gesichert sein. Auf geneigten Flächen dürfen Rohre nicht gestapelt werden. Bei verpackt oder gebündelt angelieferten Rohren darf die Verpackung oder Umschnürung erst gelöst werden, wenn sichergestellt ist, daß die Rohre nicht ab- oder auseinanderrollen können.

Werden Rohre aufgebockt, müssen die Böcke kippsicher aufgestellt und so eingerichtet sein, daß die Rohre nicht herunterrollen können.

12.1.6 Ablassen von Rohren in den Graben

Verhalten bei schwebender Last

Personen dürfen sich weder unter schwebenden Lasten aufhalten, noch dürfen sie auf schwebenden Lasten mitfahren. Sie sollen sich zwischen der Grabenwand und der schwebenden Last möglichst nicht aufhalten.

Müssen Rohre beim Ablassen geführt werden, hat dies möglichst am Rohrende zu erfolgen.

Einbringen langer Rohre

Müssen zum Einbringen von Rohren Umsteifungsarbeiten vorgenommen werden, so dürfen Aussteifungsmittel nur entfernt werden, wenn durch das Umsteifen die Erddruckkräfte so aufgenommen werden, daß andere Verbauteile nicht überlastet sind.

Das Einbringen langer Rohre kann z. B. erfolgen

– schräg zwischen den Aussteifungsmitteln hindurch
– vom Kopfende des Grabens aus mit anschließendem Längstransport auf der
  Grabensohle
– über einen Schacht (Absenkgrube, Ablaßfeld)
– mit Hilfe von Auswechselungsrahmen.

Einweiser

Beim Absenken von Rohren, Rohrleitungsteilen oder Rohrsträngen in den Graben muß ein Einweiser eingesetzt werden, wenn die Geräteführer der Hebezeuge die Last nicht beobachten und Personen im Graben gefährdet werden können.

12.1.7   Arbeiten in Rohrleitungen

12.1.7.1 Voraussetzungen, Anforderungen

In Rohrleitungen unter DN 600 mm dürfen Personen nicht arbeiten. Dies gilt auch für Überwachungs- und Wartungsarbeiten.

In Rohrleitungen von DN 600 mm bis unter DN 800 mm dürfen nur Personen arbeiten, die mindestens 18 Jahre alt, zuverlässig und unterwiesen sind. Diese Personen dürfen in solchen Rohrleitungen nur arbeiten, wenn

– ein Sauerstoffgehalt von mehr als 19 Vol.-% vorhanden ist,
– die zulässige Konzentration gefährlicher Stoffe in der Luft nicht überschritten
  wird,
– Verbrennungskraftmaschinen nicht verwendet werden,
– jede Person eine batteriegespeiste Hand- oder Stollenleuchte mit sich führt,
– eine sichere Verständigung zwischen den in der Leitung arbeitenden Personen
  und einer anderen außerhal befindlichen Person gewährleistet ist,
– bei Einfahrtiefen von mehr als 10 m die in der Leitung arbeitenden Personen
  auf seilgeführten Rollenwagen einfahren,
– das Lösen von Erdreich oder Gestein vor Ort und deren Transport nicht
  erforderlich sind.

In Rohrleitungen von DN 800 mm und mehr dürfen Personen nur arbeiten, wenn

– ein Sauerstoffgehalt von mehr als 19 Vol.-% vorhanden ist,
– die zulässige Konzentration gefährlicher Stoffe in der Luft nicht überschritten
  wird,
– als Verbrennungskraftmaschinen nur Dieselmotore eingesetzt werden,
– jede Person eine batteriegespeiste Hand- oder Stollenleuchte mit sich führt,
– eine sichere Verständigung zwischen den in der Leitung arbeitenden Personen
  und einer außerhalb befindlichen Person gewährleistet ist

12.1.7.2 Elektrische Anlagen und Betriebsmittel

Das Innere von Rohrleitungen gilt in bezug auf elektrische Anlagen und Betriebsmittel als feuchter und nasser Raum im Sinne der VDE 0100, Abschnitt 45.

Ortsveränderliche Leuchten und Elektrowerkzeuge dürfen in Rohrleitungen nur mit Schutzkleinspannung, mit Schutztrennung oder mit FI-Schutzschalter mit einem Nennfehlerstrom von 0,03 A betrieben werden.

Trenntransformatoren und Stromerzeuger für Schutzkleinspannung müssen außerhalb der Rohrleitung aufgestellt werden.

12.1.7.3 Verwendung von Flüssiggas

Flüssiggas darf bei Arbeiten in Rohrleitungen nicht verwendet werden.

12.1.7.4 Unregelmäßigkeiten

Treten bei Arbeiten in Rohrleitungen Unregelmäßigkeiten auf, die zu Gefahren für die Beschäftigten führen können, ist die Leitung sofort zu verlassen. Die Arbeiten in der Leitung dürfen erst nach Anweisung des Aufsichtsführenden wieder aufgenommen werden.

Solche Unregelmäßigkeiten können z. B. sein:

– plötzlich steigende Wasserzuflüsse
– Auftreten schädlicher Gase oder explosionsfähiger Atmosphäre
– Ausfall der Energieversorgung oder der Belüftung.

12.1.7.5 Reinigen von Rohrleitungen

Beim Reinigen von Rohrleitungen mit seilgezogenen Reinigungsvorrichtungen müssen Personen gegen die Gefährdung durch Seilschlag infolge Seilriß gesichert sein. Sie dürfen sich im Gefahrenbereich der Seile nur aufhalten, wenn Einrichtungen zum Schutz gegen Seilschlag (z. B. Schutzschilde, Abweiser) vorhanden sind.

Beim Reinigen von Rohrleitungen mit druckluft- oder druckwassergeschobenen Reinigungsvorrichtungen (Molchen) dürfen sich Personen vor dem offenen Rohrende, aus dem die Reinigungsvorrichtung herausgeschoben wird, nicht aufhalten. Das Rohrleitungsende ist so auszubilden, daß die Reinigungsvorrichtung aufgefangen wird.

12.1.8 Dichtungs- und Isolierarbeiten (Nachumhüllungsarbeiten)

Bei der Ausführung von Dichtungs- und Isolierarbeiten an Rohrleitungen sind insbesondere nachstehende Vorschriften und Regeln der Technik zu beachten:

– Unfallverhütungsvorschrift „*Bauarbeiten*" (*VBG 37*), § 27
– Richtlinien für die Verwendung von Flüssiggas (ZH 1/455)
– Sicherheitsregeln für ortsveränderliche Schmelzöfen für Bitumen, Teer und ähnliche Stoffe (ZH 1/458).

12.1.9 Schweiß-, Schneid- und verwandte Arbeiten

Bei Schweiß- und Schneidarbeiten bzw. Feuerarbeiten sind die Unfallverhütungsvorschriften „*Schweißen, Schneiden und verwandte Arbeitsverfahren*" (*VBG 15*) und „*Arbeiten an Gasleitungen*" (*VBG 50*) zu beachten. Rohrleitungen gelten in bezug auf in ihnen durchzuführende Schweiß-, Schneid- und verwandte Arbeitsverfahren als feuchte und nasse Räume im Sinne der VDE 0100 sowie als enge Räume im Sinne der Unfallverhütungsvorschrift „*Schweißen, Schneiden und verwandte Arbeitsverfahren*" (*VBG 15*).

12.1.10 Elektrische Anlagen und Betriebsmittel im Leitungsgraben

Rohrleitungsgräben gelten in bezug auf ortsveränderliche Leuchten und Elektrowerkzeuge als Baustellen im Sinne der VDE 0100, Abschnitt 55.

12.1.11 Anlöse- und Klebearbeiten

Bei Anlöse- und Klebearbeiten an und in Rohrleitungen sind die Verarbeitungsanleitungen des Herstellers der Löse- und Klebemittel zu beachten.

12.1.12 Prüfungen an Rohrleitungen

Prüfungen mit Druckgas, Druckwasser

Arbeiten im Rohrgraben, die nicht der Druckprüfung dienen, sind während der Prüfung unzulässig, sofern ein Prüfdruck von mehr als 4 bar angewendet wird. Eine Leitung mit nicht längskraftschlüssigen Verbindungen ist auch an den Enden, Krümmern, Abzweigern und der Absperreinrichtung unter Berücksichtigung des Prüfdruckes und der jeweiligen Bodenpressung ausreichend abzusteifen bzw. zu verankern. Die Endabsteifungen dürfen erst entfernt werden, wenn die Leitung vollkommen druckentlastet ist.

Aufenthaltsverbot vor dem Rohrverschluß

Während einer Druckprüfung und beim Ablassen des Druckes von Rohrleitungen darf sich niemand vor dem Verschluß (Stopfen, Flansch) des Rohres aufhalten. Zum Ablassen des Drucks muß eine Armatur (Entlüftungs- oder Entleerungsarmatur) angebracht sein. Vor dem Lösen des Verschlusses muß diese Armatur offen und der Druck abgelassen sein.

Schweißnahtprüfungen mit ionisierenden Strahlen

Beim zerstörungsfreien Prüfen von Schweißnähten an Rohrleitungen mit Röntgen- oder Gammastrahlen sind die Röntgenverordnung, die Strahlenschutzverordnung und die Richtlinien „Umschlossene radioaktive Stoffe (mit Ausnahme der medizinischen Anwendung)" sowie DIN 54 111 und DIN 54 115 zu beachten.

12.1.13 Technische Regeln, Literatur

DIN-Normen

DIN 4279	Innendruckprüfung von Druckrohr-Leitungen für Wasser;
Teil 1	Allgemeine Angaben
DIN 4840	Arbeitsschutzhelme; Sicherheitstechnische Anforderungen; Prüfung
DIN 4841	Schutzhandschuhe; Sicherheitstechnische Grundanforderungen;
Teil 1	Prüfung
DIN 4843	Schutzschuhe; Sicherheitstechnische Anforderungen; Prüfung
DIN 5688	Anschlagketten
DIN 19630	Richtlinien für den Bau von Wasserrohrleitungen; Technische Regeln des DVGW

VDE-Bestimmungen

DIN VDE 0190	Bestimmungen für das Einbeziehen von Rohrleitungen in Schutzmaßnahmen von Starkstromleitungen mit Nennnspannungen bis 1000 V

DVGW-Regelwerk

G 469	Druckprüfverfahren für Leitungen und Anlagen der Gasversorgung
GW 120	Planwerke für die Rohrnetze der öffentlichen Gas- und Wasserversorgung
GW 301	Verfahren für die Erteilung der DVGW-Bescheinigung für Rohrleitungsbauunternehmen
GW 309	Elektrische Überbrückung bei Rohrtrennungen
GW 0190	Einbeziehen von Rohrleitungen in Schutzmaßnahmen von Starkstromanlagen mit Nennspannungen bis 1000 V
AfK-Empfehlung Nr. 3	Maßnahmen bei Bau und Betrieb von Rohrleitungen im Einflußbereich von Hochspannungs-Drehstromanlagen und Wechselstrom-Bahnanlagen

Berufsgenossenschaftliche und staatliche Arbeitsschutzvorschriften und anerkannte Regeln der Technik

UVV „Schweißen, Schneiden und verwandte Arbeitsverfahren" (VBG 15)
UVV „Bauarbeiten" (VBG 37)
UVV „Bagger, Lader, Planiergeräte, Schürfgeräte und Spezialmaschinen des Erdbaues (Erdbaumaschinen)" (VBG 40)
UVV „Arbeiten an Gasleitungen" (VBG 50)
UVV „Kanalisationswerke" (VBG 54)
Schutzhelm-Merkblatt ZH 1/242
Atemschutzmerkblatt ZH 1/134
Richtlinien für die Verwendung von Flüssiggas ZH 1/455
Sicherheitsregeln für ortsveränderliche Schmelzöfen für Bitumen, Teer und ähnliche Stoffe ZH 1/458

13 Unfallverhütung in der Gas- und Wasserverteilung

13.1 Arbeitssicherheit und Arbeitsschutz

Arbeitssicherheit soll den Menschen vor Gefahren schützen. Um Unfälle zu verhüten, sind Anlagen und Betriebsmittel so zu gestalten, daß sie sicher betrieben werden können. Außerdem ist durch betriebliche Maßnahmen sicherzustellen, daß die Arbeitsvorgänge gefahrlos ablaufen können. Es ist das Ziel der Unfallverhütung, durch sicherheitstechnische Einrichtungen und Maßnahmen für einen sicheren Arbeitsablauf zu sorgen.

Die moderne Technik hat für den Menschen nicht nur Unfallgefahren, sondern auch Gesundheitsgefahren im Gefolge. Es ist Aufgabe des Arbeitsschutzes, durch entsprechende Vorschriften auch diese Gesundheitsgefahren abzuwenden. Z. B. kann das Arbeiten bei großem Lärm oder in gefährlichen Stäuben und Gasen zu Gesundheitsschädigungen führen. Sicherheitstechnische und arbeitsmedizinische Maßnahmen sind im Betrieb erforderlich, um die körperliche Unversehrtheit und die Gesundheit des Menschen zu erhalten.

In den Arbeitsschutzvorschriften und -bestimmungen ist festgelegt, wie Maschinen, Geräte und Anlagen sicherheitstechnisch zu gestalten sind und wie man sich im Betrieb zu verhalten hat, um Unfall- und Gesundheitsgefahren zu begegnen.

Arbeitsschutzvorschriften und -bestimmungen sind:

– Gesetze (auf dem Gebiet der Arbeitssicherheit) [4, 16, 17]
– Verordnungen (auf dem Gebiet der Arbeitssicherheit) [5, 8, 27]
– Unfallverhütungsvorschriften [18]
– Regeln der Technik (z. B. [9, 10, 26])

Orientierungsmaßstab für die Unfallverhütung ist die Häufigkeit der Unfälle und Berufskrankheiten pro Jahr; unter Häufigkeit ist hier insbesondere die Zahl der Unfälle bzw. Berufskrankheiten je 1000 Beschäftigte pro Jahr zu verstehen.

Der Verlauf der meldepflichten Arbeits- und Wegeunfälle sowie Berufskrankheiten je 1000 Beschäftigte im Gas- und Wasserfach vom Jahr 1969 bis zum Jahr 1989 ist in Bild 13.1 dargestellt.

Die Arbeitsunfälle sind in den letzten Jahren rückläufig. Im Gas- und Wasserfach liegt die Unfallhäufigkeit im Vergleich zu anderen Industriebranchen niedrig, wie Bild 13.2 zeigt.

Bergbau	73
Steine und Erde	79
Gas und Wasser	42
Eisen und Metall	78
Feinmechanik und Elektrotechnik	26
Holz	112
Papier und Druck	49
Bau	120

Bild 13.1   Meldepflichtige Unfälle je 1000 Versicherte, aufgeteilt nach Arbeits-, Wegeunfälle und Berufskrankheiten

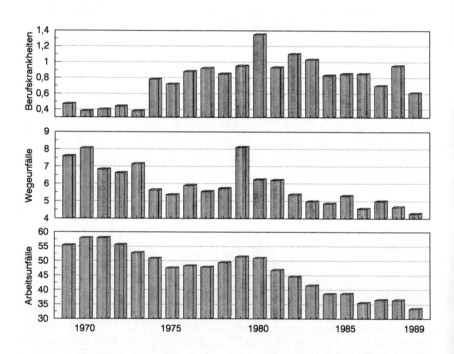

Bild 13.2   Häufigkeit und Arbeitsunfälle nach Wirtschaftszweigen im Jahre 1988;
Zahl der Arbeitsunfälle je 1000 Vollarbeiter [25]

13.2 Erstickungs-, Vergiftungs- und Explosionsgefahr

13.2.1 Erstickungsgefahr

Die normale Luft besteht aus einem Gasgemisch von ca. 21 Vol.-% Sauerstoff, 78 Vol.-% Stickstoff und 1% Edelgas. Bei der Atmung des Menschen wird der Sauerstoff der Luft für die Oxydation (Verbrennung) verwandt, und Kohlendioxid und Stickstoff werden ausgeatmet. Je nach aufgebrachter Leistung muß eine entsprechend große Menge Sauerstoff eingeatmet werden, d. h. bei schwerer körperlicher Arbeit wird viel Sauerstoff benötigt, dies wird durch tiefe und schnelle Atmung erreicht.

Sofern der Sauerstoffanteil der Luft durch Anwesenheit anderer Gase und Dämpfe, die ungiftig sind, in der Umgebungsluft sinkt, besteht von einer Sauerstoffkonzentration von 17 Vol.-% an abwärts Erstickungsgefahr für den Menschen.

Erstickungsgefahr tritt also auch ein, wenn z. B. infolge Gasaustritts der Sauerstoffanteil (O_2-Anteil) in der Luft unter 17 Vol.-% fällt.

Das Verhalten von brennbaren Gas-Luft-Gemischen ist am Beispiel Methan (CH_4) im Bild 13.3 aufgezeigt.

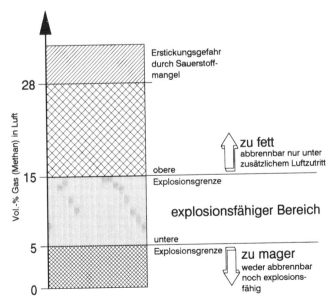

Bild 13.3 Brennbare Gas-Luft-Gemische

Sofern in Räumen oder Bereichen durch Gasaustritt oder überhaupt bei Gasansammlungen mit Sauerstoffmangel (unter 17 Vol.-% O_2) zu rechnen ist, müssen von der Umgebungsluft unabhängige Atemschutzgeräte getragen werden, es sei denn, man kann durch ständiges Überwachen der Sauerstoff-Konzentration sicherstellen, daß mindestens 17 Vol.-% O_2 in der Luft für den in dieser Umgebung arbeitenden Menschen zur Verfügung stehen.

Bei Arbeiten unter Gasausströmung in Rohrgräben, z. B. beim Setzen von Absperrblasen in unter Gas stehenden Leitungen ohne Blasensetzgeräte, ist wegen der Erstickungsgefahr Atemschutz oder das Messen der O_2-Konzentration erforderlich; hiervon kann bei Hausanschlußleitungen im Freien und bei niedrigen Gasdrücken abgesehen werden [18].

13.2.2 Vergiftungsgefahr

Vergiftungsgefahr besteht bei Anwesenheit von giftigen Gasen, Dämpfen oder Stäuben in der Umgebungsluft. Einige Gase oder Dämpfe bewirken schon bei geringer Konzentration in der Luft Vergiftungen, andere erst bei größerer Konzentration. In geringer Konzentration sind z. B. folgende Gase gefährlich:

– Schwefelwasserstoff (H_2S)
– Kohlenmonoxid (CO).

Ein Maß für die Gefährlichkeit von Gasen und Dämpfen an Arbeitsplätzen sind die MAK-Werte dieser Gase (MAK = maximale Arbeitsplatzkonzentration).

Als MAK-Wert wird diejenige Konzentration eines gas-, dampf- oder staubförmigen Arbeitsstoffes in der Luft am Arbeitsplatz bezeichnet, die nach derzeitiger Kenntnis bei täglich achtstündiger Einwirkung die Gesundheit der hier Beschäftigten noch nicht schädigt.

Die MAK-Werte von Gasen, Dämpfen und Stäuben sind in einer MAK-Wert-Liste zusammengestellt. In dieser Liste sind die MAK-Werte aller gesundheitsschädlichen Gase aufgeführt [28]. Diese Liste wird laufend ergänzt. Einen Auszug zeigt Bild 13.4.

Stoff	Formel	MAK	
		ml/m³ (ppm)	mg/m³
Kohlenmonoxid	CO	30	33
Schwefelwasserstoff	H_2S	10	15
Kohlendioxid	CO_2	5000	9000

ppm = parts per million (Teile pro Million)
●ppm = 1 cm³ Gas in 1 m³ Luft (10 000 ppm = 1 Vol.-%) .

Bild 13.4 MAK-Werte von Gasen

Die MAK-Werte von giftigen Stoffen sind nach ärztlicher Erfahrung festgelegt und werden in bestimmten Zeitabständen dem neuesten Stand der Gesundheitsmedizin angepaßt. Der letzte Stand der MAK-Werte wird jeweils als Technische Regel für Gefahrstoffe TRGS 900 des Bundesarbeitsministeriums veröffentlicht [28].

Je niedriger der MAK-Wert eines Gases ist, desto gefährlicher ist das Gas.

Der MAK-Wert von Kohlenmonoxid (CO) beträgt 30 ppm, d. h. bei 30 cm³ CO in 1 m³ Luft besteht noch keine Gesundheitsgefahr für einen Menschen *an seinem Arbeitsplatz*, sobald aber höhere Werte erreicht werden, besteht Vergiftungsgefahr. Bei unvollkommener Verbrennung, z. B. wenn nicht genügend Sauerstoff für die Verbrennung zur Verfügung steht, tritt Kohlenmonoxid z. B. in Brand- und Abgasen auf.

Kohlenmonoxid ist ein giftiger Bestandteil des Stadt- und Kokereigases. Stadt- und Kokereigas haben einen unterschiedlichen Kohlenmonoxidgehalt, in der Regel weniger als 3 Vol.-%. Bei Arbeiten an Gasleitungen unter Gasausströmung ist kohlenmonoxidhaltiges Gas, auch bei niedrigem CO-Gehalt des Gases, als sehr giftig anzusehen, da bei diesem Gas in konzentrierter Form der MAK-Wert weit überschritten wird.

Die Giftigkeit des Kohlenmonoxids für den Menschen beruht darauf, daß der Blutfarbstoff – das Hämoglobin – eine viel größere Affinität zum Kohlenmonoxid (CO) als zum Sauerstoff (O_2) hat (ca. 250 bis 300mal so groß). Daher kommt es trotz genügendem Sauerstoffgehalt der Luft bei der CO-Einatmung zu einem inneren Sauerstoffmangel des Blutes, wodurch eine innere Erstickung eintritt. Als Kriterium für die einzelnen Symptome kann der Hämoglobin-CO-Gehalt (Hb-CO-Gehalt) im Blut angesehen werden. Daher gilt stets: Sofern giftige Gase auftreten bzw. vorhanden sind, ist Atemschutz erforderlich.

13.2.3 Explosionsgefahr

Eine Explosion ist eine schnell verlaufende Verbrennung.

Unter einem explosiblen Gemisch mit Luft ist ein Gemisch brennbarer Stoffe (Gas, Dampf, Nebel oder Staub) mit Luft zu verstehen, in dem sich eine Verbrennung nach Zündung von der Zündquelle aus in das unverbrannte Gemisch hinein selbständig fortpflanzt.

Voraussetzungen für das Zustandekommen einer Explosion sind:
a) ein explosionsfähiges Gemisch (Gas-, Dampf-, Staub-Luft-Gemisch)
b) eine Zündquelle.

Wenn eine der beiden Voraussetzungen fehlt, kann keine Explosion erfolgen.

Zu a) Alle brennbaren Gase (Dämpfe und auch Stäube) können mit einer bestimmten Menge Luft ein explosionsfähiges Gemisch bilden. Bei explosionsfähigen Gas-Luft-Gemischen unterscheidet man eine untere und eine obere Explosionsgrenze, dazwischen liegt der eigentliche Zündbereich (s. Bild 13.5).

Ein Gas-Luft-Gemisch von 5–15 Vol.-% Erdgas und 95–85 Vol.-% Luft bildet ein explosionsfähiges Gemisch; darin ist bei 5 Vol.-% Erdgas und 95 Vol.-% Luft die *untere Explosionsgrenze* und bei 15 Vol.-% Erdgas und 85 Vol.-% Luft die *obere Explosionsgrenze* erreicht. Die heftigste Explosion erfolgt, wenn das Erdgas-Luft-Gemisch etwa in der Mitte der Explosionsgrenze liegt, z. B. bei etwa 9 Vol.-% Erdgas und 91 Vol.-% Luft (Erdgas und Luft sind dann im stöchiometrischen Verhältnis gemischt). Der maximale Explosionsdruck aller Gas-Luft-Gemische ist etwa gleich und liegt bei ca. 7 bar. Höhere Druckwerte werden nicht erreicht, sofern vor der Explosion keine Vorverdichtung erfolgt.

Zu b)   Die zweite Voraussetzung für das Auslösen einer Explosion ist die Zündquelle. Ein brennbares Streichholz zündet z. B. ein explosibles Gas-Luft-Gemisch sofort. Zündquellen können je nach Gasart z. B. sein:

– offene Flammen
– heiße Oberflächen
  (mit Temperaturen oberhalb der Zündtemperatur der Gase)
– Funken durch elektrische Ströme
  (z. B. an elektrischen Geräten, insbesondere an selbsttätig schaltenden elektrischen Geräten,
  ferner: Funken an Netz- oder batteriebetriebenen Radiogeräten, Heizlüftern, Ventilatoren, Taschenlampen u. ähnlichen Geräten)
– Funken infolge elektrostatischer Aufladung
– Funken durch vorbeifahrende Fahrzeuge und nicht explosionsgeschützte Baumaschinen
– Schlag- und Reibungsfunken
  (z. B. durch Werkzeuge)
– das Rauchen.

Die verschiedenen Zündquellen, wie z. B. Funken an elektrischen Geräten und insbesondere Funken infolge von elektrostatischer Aufladungen, können plötzlich und unerwartet auftreten. Die sicherste Methode, eine Explosion zu vermeiden, ist die Verhinderung der Bildung eines explosionsfähigen Gas-Luft-Gemisches, z. B. durch gute Lüftung oder gefahrlose Abführung von brennbaren Gasen ins Freie.

Stadtgas	von 4–30 Vol.-%	– Zündtemperatur 560 °C
Erdgas	von 5–15 Vol.-%	– Zündtemperatur 640 °C
Propan und Butan	von 2–10 Vol.-%	– Zündtemperatur 470 °C
Generatorgas	von 20–75 Vol.-%	– Zündtemperatur 600 °C
Hochofengas	von 30–75 Vol.-%	– Zündtemperatur 600 °C
Wasserstoff	von 4–75 Vol.-%	– Zündtemperatur 560 °C

Bild 13.5   Zündbereiche von Gasen in der Luft

In den Bereichen von explosionsfähigen Gas-Luft-Gemischen, z. B. in explosionsgefährdeten Räumen (z. B. Gasverdichtungsräume, Gasdruckregelanlagen, Gasreinigerraum), dürfen keine Zündquellen vorhanden sein, alle elektrischen Anlagen müssen explosionsgeschützt sein. Explosionsgefährdete Räume oder auch Bereiche sind daher durch ein entsprechendes Schild zu kennzeichnen (siehe UVV 1 „Allgemeine Vorschriften", § 44 Abs. 3 und 4). [19]

Sehr vorteilhaft bewährt haben sich Schilder mit Hinweissymbolen (*Bilder 13.6 und 13.7*).

Die markierten Zeichen sprechen für sich und sind auch für alle Personen verständlich.

Bild 13.6 Hinweisschild „Feuer, offenes Licht und Rauchen verboten", DIN 4844 Teil 1

Bild 13.7 Hinweisschild „Warnung vor explosionsfähiger Atmosphäre", DIN 40012 Teil 3

13.2.4   Festellen von gesundheitsschädlichen und explosionsfähigen Gas-Luft-Gemischen

Gesundheitsschädliche, erstickende oder explosionsfähige Gase oder Gas-Luft-Gemische können mit Hilfe von Gas-Spürgeräten festgestellt werden.

Die Messung der Konzentration dieser Gase kann an der Arbeitsstelle oder an bzw. in Gasleitungen oder auch in Schächten oder Gruben durch verschiedene Meßgeräte vorgenommen werden. Es gibt zur Zeit kein universal anzeigendes Meßgerät für den Nachweis gesundheitsschädlicher oder brennbarer Gase.

Als Geräte mit ausreichender Meßgenauigkeit sind z. B. anzusehen:

– Gasspürgeräte mit Prüfröhrchen zur Beurteilung der Gesundheitsgefahr
– elektrische Gasmeßgeräte (nach dem Prinzip der Wärmetönung oder Wärmeleitfähigkeit) zur Beurteilung der Zündgefahr.

Die Bilder 13.8 und 13.9 zeigen Gasspürgeräte.

13.2.5   Atemschutz

Treten Gase oder Dämpfe in gesundheitsschädlicher Konzentration auf, die zu einem Sauerstoffmangel führen können, so sind geeignete Atemschutzgeräte in ausreichender Anzahl an der jeweiligen Arbeitsstelle bereitzuhalten. [30, 31]

In den Gasversorgungs- und Gasverteilungsanlagen müssen einsatzbereite Atemschutzgeräte an geeigneter Stelle im Betrieb bereitgehalten werden.

Bild 13.8   Prüfröhrchenmeßgerät

Bild 13.9   Elektrisches Prüfgerät
für brennbares Gas mit optischer
und akustischer Anzeige

Beim Betrieb von Chlorgasanlagen in Wasserwerken oder Klärwerken (Chlorflaschen-Lagerräume, Chlordosieranlagen, Chlorfaß-Lagerräume) müssen stets Atemschutzgeräte in der Nähe dieser Anlagen bereitgestellt werden.

In Klärwerken werden nur dann Atemschutzgeräte erforderlich, wenn Klärgas im Faulbehälter erzeugt oder im Gas-Speicherbehälter gelagert wird oder wenn Gasverdichter- oder Gasaufbereitungsanlagen zur Kläranlage gehören.

Atemschutzgeräte werden nicht im gefährdeten Bereich, sondern jeweils *außerhalb des Gefährdungsbereichs aufbewahrt*, sonst kann bei Gasaustritt das Gerät evtl. nicht erreicht werden.

Atemschutzgeräte schützen den Geräteträger vor der Einatmung gesundheitsschädlicher Gase oder vor Erstickung infolge Sauerstoffmangel.

Folgende Atemschutzgeräte sind hierzu geeignet:

– Regenerationsgeräte
  (Sauerstoff-Schutzgeräte bzw. auch Kreislaufgeräte genannt)
– Behältergerätte
  (Preßluftatmer oder auch Preßluftatmer-Schlauchgeräte)
– Schlauchgeräte
  (Saugschlauchgeräte und Druckschlauchgeräte)

– Filtergeräte
Filtergeräte dürfen in geschlossenen Betriebsräumen nur verwendet werden,
wenn mit Sicherheit anzunehmen ist, daß die Konzentration der schädlichen
Gase und Dämpfe in der Raumluft 1 Vol.-% nicht übersteigt und der Sauerstoffgehalt der Raumluft mehr als 17 Vol.-% beträgt.

An größeren Baustellen und auch in Gasverteilungsanlagen haben sich die Preßluftatmer sehr gut bewährt.

Behältergeräte

Bei diesen Geräten – auch Preßluftatmer genannt – wird die benötigte Atemluft
Behältern entnommen, die der Geräteträger mitführt. Die Größe des Behälters

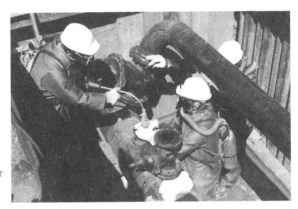

Bild 13.10 Preßluftatmer
im Einsatz bei Arbeiten
an Gasleitungen

Bild 13.11 Schlauchgerät mit
Vollmaske

bestimmt die Einsatzzeit. Für das Arbeiten an Gasleitungen im Rohrgraben ist bei Gasaustritt ein Einflaschen-Preßluftatmer zweckmäßig (Einsatzzeit beträgt ca. 25 bis 30 Minuten) (s. Bilder 13.10 und 13.11).

Die Preßluftflasche kann bei längeren Arbeiten neben dem Rohrgraben in der freien Atmosphäre schnell ausgewechselt werden. Der Vorteil der Behältergeräte liegt in der einfachen Handhabung und der Wartung der Geräte. Zusätzliche Betriebskosten bestehen im wesentlichen darin, die Preßluftatmer immer wieder mit komprimierter atembarer Luft aufzufüllen oder auffüllen zu lassen.

Das Preßluftatmer-Schlauchgerät ist eine Abwandlung des Behältergerätes in der Form, daß der Geräteträger mit einem dünnen Hochdruckschlauch mit der Vorratsflasche, die sich in größerer Entfernung vom Gerät befindet, verbunden ist.

Ungeeignet sind im allgemeinen die Filtergeräte, insbesondere dann, wenn kein ausreichender Sauerstoffgehalt der Luft infolge des Gasaustrittes zur Verfügung steht. Bei Benutzung von Saugschlauch-Atemschutzgeräten muß die Maske dicht schließen, da sonst infolge des Unterdruckes unter der Maske sofort Gas eintritt. Bei den Druckschlauchgeräten besteht dagegen diese Gefahr nicht.

Ohne Atemschutzgeräte darf nur gearbeitet werden, wenn durch Messungen sichergestellt ist, daß keine gefährlichen Gaskonzentrationen vorliegen; diese Messungen der Gaskonzentration erfassen den gesamten Arbeitsbereich und werden sukzessive durchgeführt. Sofern keine Messungen der Gaskonzentration erfolgen, müssen bei möglicher Gasgefahr Atemschutzgeräte getragen werden. Hierbei ist es wichtig, besser einmal ein Atemschutzgerät zuviel als einmal zu wenig benutzt zu haben.

● *Atemschutzgeräte bedürfen einer besonderen Pflege und Kontrolle auf Funktionsfähigkeit.*
● *Masken müssen nach jeder Benutzung gereinigt und – sofern auch von anderen Personen benutzt – keimfrei gemacht werden.*

Die gute Wartung der Atemschutzgeräte ist Voraussetzung für die sichere Handhabung. Vor der Benutzung der Atemschutzgeräte muß ihre Funktionsfähigkeit geprüft sein. Vor dem Einsatz ist die Maske auf dichten Sitz zu prüfen.

● *Geräteträger von Atemschutzgeräten müssen mit der Handhabung der Geräte vertraut sein (Atemschutz-Merkblatt, Ziffer 9).* [32]

13.2.6 Schutzmaßnahmen beim Befahren von gasgefährdeten Räumen (Schächten, Gruben, Behältern)

Gasgefährdete Räume (z. B. Schächte, Gruben und Behälter), in denen sich gesundheitsschädliche oder erstickende (betäubende) Gase oder Dämpfe befinden oder ansammeln können oder in denen Sauerstoffmangel bestehen kann, dürfen nur unter Anwendung von Sicherheitsmaßnahmen befahren werden. Räume, in denen Vergiftungs- oder Erstickungsgefahr beim Befahren besteht oder auftreten kann, dürfen nur mit schriftlicher Erlaubnis unter Verantwortung des Betriebsleiters oder eines damit Beauftragten (Verantwortlichen) unter Einhaltung bestimmter Sicherheitsmaßnahmen befahren werden.

Vor dem Befahren von gasgefährdeten Räumen (z. B. Schächte, Gruben und Behälter) sind folgende Sicherheitsmaßnahmen zu treffen:

1. Zum Befahren von gasgefährdeten Räumen müssen mindestens zwei Personen anwesend sein (in der Regel ist einer der Aufsichtsführende).
2. Von ungefährdeter Stelle aus – bei Schächten in der Regel vom oberen Schachtrand – sind die zu befahrenden Räume auf gefährliche Gasansammlungen hin zu prüfen. (Diese Prüfung kann mit bestimmten Prüfröhrchen oder anderen Gasspürgeräten erfolgen.)
3. Der Einsteigende ist anzuseilen und dauernd von einer zuverlässigen und kräftigen Person zu beobachten.
4. Das Seil muß außerhalb sicher befestigt sein. Im Gefahrfall kann der Einsteigende von der Begleitperson hochgezogen werden. Am zweckmäßigsten werden hierbei die Fahreinrichtungen (Winden) benutzt, die ein sicheres und schnelles Retten des Einsteigenden im Gefahrenfall ermöglichen.
5. Für das Befahren von Schächten werden am zweckmäßigsten Auffanggurte der Form A nach DIN 7478 verwendet.

Für das Befahren von Schächten, in denen gesundheitsgefährliche oder erstickende Gase oder Dämpfe auftreten können, werden Absturzsicherungen mit Seilbefestigung am Haken im oberen Körperbereich verwendet (Bild 13.12)

Bild 13.12 Einfahrender am Sicherheitsseil des Sicherheitsgeschirres

(Auffanggurte der Form A nach DIN 7478). Hierbei ist es immer möglich, auch wenn die Person z. B. ohnmächtig wird, diese an dem Rettungsseil in fast senkrechter Haltung hochzuziehen. Beim normalen Haltegurt, bei dem das Rettungsseil im Haken am Bauchgurt befestigt ist, kann z. B. eine ohnmächtig gewordene Person nur noch in waagerechter Lage hochgezogen werden. Hierbei wird in Schächten das Hochziehen oft durch Einbauten (Armaturen und Rohrleitungsteile) behindert.

Für das Befahren tiefer Schächte sind Sicherheitsgeschirre entwickelt worden. Hierbei ist der Einsteigende an dem Sicherheitsseil des Geschirres angeseilt. Das Seil läßt sich beim Herunterklettern des Einfahrenden in den Schacht abspulen (wie z. B. bei normalen Bewegungen in einem Autosicherheitsgurt). Wenn der Einsteigende durch Ohnmacht oder Absturz ins Seil fällt, wird durch die Fallbremse im Geschirr das Seil festgehalten, und die Person wird im Seil sicher gehalten und kann anschließend am Seil von oben gerettet werden.

Vor dem Befahren von Gasbehältern muß sichergestellt sein, daß sich im Behälter keine gefährlichen Gase oder Gasansammlungen befinden. Der Behälter muß frei von gesundheitsgefährlichen und erstickenden Gasen und gut belüftet worden sein. Um das Auftreten von Gasen sicher zu verhindern, ist der zu befahrende Behälter vom im Betrieb befindlichen Gasrohrnetz gasdicht zu trennen. Das Schließen eines Schiebers genügt hier nicht. Der zu befahrende Behälter ist vom Gasrohrnetz durch eine Steckscheibe oder durch Öffnen der Leitungen (Ausbau eines Leitungsstückes) zu trennen und muß während der gesamten Zeit der Befahrung vom Netz sichtbar getrennt bleiben.

Sofern unter Gasausströmung Räume befahren werden müssen, oder wenn Vergiftungs- oder Erstickungsgefahr in dem zu befahrenden Raum besteht, hat der Einsteigende ein von der Umgebungsluft unabhängiges Atemschutzgerät, z. B. Preßluftatmer, zu benutzen; Schlauchgeräte (Saugschlauch- und Druckschlauchgeräte) sind nur einsetzbar, wenn noch ausreichende Schlauchlänge zur Verfügung steht. (Filtergeräte oder Fluchtgeräte dürfen als Atemschutzgeräte dabei nicht eingesetzt werden.)

13.3 Sicherheitstechnik und Unfallverhütung im Rohrnetzbereich

Für das Arbeiten an Nieder- und Hochdruckgasleitungen gilt die Unfallverhütungsvorschrift 21 „Arbeiten an Gasleitungen" (VBG 50). Folgende Regeln der Technik sind für das Arbeiten an Gasleitungen und für die Überwachung und Instandsetzung von Gasrohrleitungen von Bedeutung:

- G 465 Teil 1 Überwachen von Gasrohrnetzen mit einem Betriebsüberdruck bis 4 bar, Ausgabe Mai 1982 [13]

- G 465 Teil 2 Arbeiten an Gasrohrnetzen mit einem Betriebsdruck bis 4 bar, Ausgabe Februar 1983 [14]
- Richtlinien für die Vermeidung von Zündgefahren infolge elektrostatischer Aufladung (ZH 1/200) [33]
- Sicherheitsregeln für Rohrleitungsbauarbeiten (ZH 1/559) [34].

Für die Gashochdruckleitungen der öffentlichen Versorgung ab 16 bar Betriebsdruck gilt die Verordnung über Gashochdruckleitungen. Als Technische Regel dieser Verordnung ist auch wieder die Unfallverhütungsvorschrift 21 „Arbeiten an Gasleitungen" anzusehen.

13.3.1 Unfallverhütungsvorschrift „Arbeiten an Gasleitungen"

Die Unfallverhütungsvorschrift „Arbeiten an Gasleitungen" gilt nur für das Arbeiten an oder in Gasleitungen. Sie enthält keine Baubestimmungen für Gasleitungen. Besondere Baubestimmungen für spezielle Gasleitungen sind in anderen Unfallverhütungsvorschriften (z. B. Unfallverhütungsvorschrift „Gase", Unfallverhütungsvorschrift „Anlagen für Brenngase der Gasversorgung", z. Zt. Entwurf) enthalten. Für die Errichtung von Gasleitungen in der öffentlichen Gasversorgung gelten die einschlägigen Regelwerke des DVGW [10 bis 15, 22].

13.3.2 Geltungsbereich, Begriffe

Der Geltungsbereich der Unfallverhütungsvorschrift „Arbeiten an Gasleitungen" erstreckt sich auf das Arbeiten an oder in Leitungen, die mit Gas beschickt sind und auf das In- und Außerbetriebnehmen dieser Gasleitungen. Sie gilt für das Arbeiten an Leitungen aller Gase unabhängig von ihrer Zustandsform und ihrem Druck. Leitungen für Flüssigkeiten werden durch diese Unfallverhütungsvorschrift nicht erfaßt.

Unter den Begriff „Arbeiten an Gasleitungen" fallen keine Arbeiten, die an der äußeren Hülle der Gasleitungen ausgeführt werden (z. B. Anstricharbeiten), sofern die Festigkeit oder Dichtheit der Gasleitung dadurch nicht beeinträchtigt werden kann. Das Anstreichen einer Stahlleitung mit handelsüblicher Farbe gehört darum z. B. nicht zu den „Arbeiten an Gasleitungen" im Sinne der Unfallverhütungsvorschrift. Die gleiche Tätigkeit mit lösemittelhaltiger Farbe an einer Kunststoffleitung kann dagegen zur Beeinträchtigung der Rohrwandung führen und fällt darum in den Geltungsbereich der Unfallverhütungsvorschrift.

Zu den „brennbaren Gasen" gehören alle Gase, die mit Luft einen Zündbereich haben. Sie werden ebenso wie die „gesundheitsgefährlichen Gase" in Analogie zur Gefahrstoffverordnung unterschieden.

Die Einzelbestimmungen richten sich, sofern nichts anderes bestimmt ist, an Unternehmer und Versicherte. In Ausnahmefällen übernimmt der Versicherte einige Pflichten des Unternehmers, so z. B. der Installateur, der alleine vor Ort tätig wird. Er muß die Sicherheit des Arbeitsplatzes beurteilen (Unternehmer-pflicht).

Die Unfallverhütungsvorschrift enthält einige Zusatzbestimmungen für den Bereich der Gasinstallation. Wesentliches Unterscheidungsmerkmal bei der Hausinstallation zu anderen Arbeiten an Gasleitungen ist, daß vor den Arbeiten an der Installation die Absperreinrichtung zu schließen ist. Für den Gasinstallationsbereich entfallen somit einige Gefahren. Der Bereich der Gasinstallation beginnt hinter der Hauptabsperreinrichtung.

13.3.3 Auswahl geeigneter Personen

Nur geeignete, zuverlässige und unterwiesene Personen dürfen die Arbeiten in oder an Gasleitungen ausführen. Die Unterweisungen des Fachpersonals sind vom Unternehmer mindestens einmal jährlich durchzuführen. Über die Teilnahme ist ein schriftlicher Nachweis zu führen. Eine stichwortartige Inhaltsangabe sowie die Teilnahmebestätigung der unterwiesenen Personen durch Unterschrift kann in diesem Sinne als schriftlicher Nachweis betrachtet werden. Insbesondere ist in den Unterweisungen auf die möglichen Gefahren und die notwendigen Schutzmaßnahmen hinzuweisen.

Die Auswahl geeigneter Personen erfolgt unter Berücksichtigung fachlicher und körperlicher Voraussetzungen. Personen, die durch körperliche Gebrechen in der Flucht behindert sind, oder Anfallsleidende, z. B. Epileptiker, dürfen mit Brand- oder Explosionsgefahr verbundene Arbeiten im Rohrgraben nicht ausführen.

Als zuverlässig darf der Unternehmer Mitarbeiter ansehen, von denen er überzeugt ist, daß sie seine fachlichen und sicherheitstechnischen Anweisungen vor Ort in seinem Sinne umsetzen. Dieses ist stichprobenartig zu überprüfen. Mitarbeiter, die wiederholt gegen die Anweisungen verstoßen haben, sind nicht zuverlässig.

13.3.4 Aufsicht

Wenn bei Arbeiten an Gasleitungen mit Gesundheits-, Brand- oder Explosionsgefahr zu rechnen ist, dürfen diese Arbeiten nur unter sachkundiger Aufsicht erfolgen. „Unter Aufsicht" bedeutet bei Arbeiten an oder in Gasleitungen im Bereich öffentlicher Straßen und Plätze, daß die Aufsichtsperson im Bereich der Arbeitsstelle anwesend ist und während des Zeitraumes, in dem die Gesundheits-, Brand- oder Explosionsgefahr besteht, vorrangig ihre Kontroll- und Aufsichtsfunktion durchführt. Die Qualifikation der Aufsicht richtet sich nach der Art der durchzuführenden Arbeiten und der Größe der Baustelle. Die Palette reicht vom Ingenieur über den Meister bis zur besonders ausgebildeten, eingewiesenen und erfahrenen Person.

Vor Arbeiten im Bereich der Hausinstallation ist die zugehörige Absperreinrichtung zu schließen und gegen Öffnen durch Unbefugte zu sichern. Die Leitung ist zu entspannen und das dabei austretende Gas gefahrlos abzuführen. Mit Brand- oder Explosionsgefahr ist bei Arbeiten im Bereich der Hausinstallation darum nicht zu rechnen; ein Facharbeiter darf alleine ohne Aufsicht tätig werden.

Auch einer Störmeldung darf eine Person alleine nachgehen. Die Möglichkeiten dieses Mitarbeiters sind allerdings stark eingeschränkt, da er Arbeiten in brand- oder explosionsgefährdeten Bereichen nicht durchführen darf. Einem allein Arbeitenden ist auch das Eindringen in Bereiche, in denen Brand- oder Explosionsgefahren vorliegen können, nicht gestattet.

13.3.5 Schutzausrüstungen

Über das übliche Maß hinausgehende Schutzausrüstungen werden bei Arbeiten an Gasleitungen immer dann erforderlich, wenn Gase in gesundheitsschädlicher Konzentration auftreten oder zu Sauerstoffmangel führen können oder wenn mit Brand- oder Explosionsgefahren gerechnet werden muß. Im Sinne der Unfallverhütungsvorschrift „Allgemeine Vorschriften" ist aber auch bei Arbeiten an Gasleitungen vorrangig zu prüfen, inwieweit Gefahren durch die Auswahl geeigneter Arbeitsverfahren oder Geräte vermindert werden können. Das Anbohren kann z. B. im Normalfall mit Schleusenanbohrgeräten ohne Gasaustritt durchgeführt werden. Technische Maßnahmen müssen, soweit vertretbar, den Vorrang vor persönlichen Schutzausrüstungen haben.

Die Benutzung der Atemschutzgeräte ist erforderlich, sobald mit Gesundheits- oder Erstickungsgefahr zu rechnen ist. Dieses ist durch Messungen festzustellen. Geeignet sind für das Arbeiten an Gasleitungen verschiedene Atemschutzgeräte. An größeren Baustellen werden in der Regel Preßluftatmer eingesetzt. Schlauchgeräte haben sich an kleineren Baustellen gut bewährt. Grundsätzlich ungeeignet sind Filtergeräte.

Die sog. Fluchtgeräte oder auch die Kurzzeitarbeitsgeräte sind für das systematische Arbeiten an Gasleitungen unter Gasausströmung nicht geeignet. Die neueren Kurzzeitarbeitsgeräte sind dagegen für die Bereitschaftskolonnen als Atemschutzgeräte zweckmäßig, sofern unter Gasausströmung nur Arbeiten geringen Umfanges (wie z. B. das Schließen eines Schiebers) auszuführen sind.

Werden Arbeiten unter kontrollierter Gasausströmung ausgeführt, ist flammenhemmende Schutzausrüstung zu tragen (Bild 13.13). Geeignete Schutzausrüstung gegen Flammeneinwirkung besteht aus einem flammenhemmenden Schutzanzug nach DIN 32761 „Schutzanzüge gegen kurzzeitigen Kontakt mit Flammen" sowie aus Schutzhelm und Nackenschutz. Als schwerentflammbare Arbeitskleidung haben sich Anzüge aus Nomex III oder aus Proban oder anderen Geweben gut bewährt. Der schwerentflammbare Anzug wird als Arbeitsanzug oder auch als Überzieh-Anzug getragen.

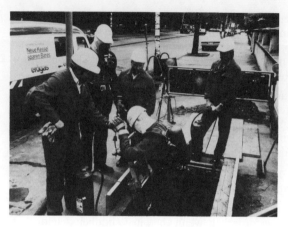

Bild 13.13   Arbeiten unter Gasausströmung, Schutzanzug mit Kopf- und Nackenschutz und Preßluftatmer

13.3.6   Überprüfung auf Leckgas

Vor Beginn von Arbeiten an Gasleitungen muß die Leitung im Arbeitsbereich auf evtl. ausströmendes Gas überprüft werden, da ein unkontrollierter Gasaustritt den gesamten Arbeitsablauf gefährdet. Auch weitere im Arbeitsbereich vorhandene Gasleitungen sind zu überprüfen.

13.3.7   Arbeitsverfahren

Grundsätzlich werden für das Arbeiten an Gasleitungen zwei Arbeitsverfahren unterschieden:

– Arbeiten im gasfreien Zustand
– Arbeiten unter kontrollierter Gasausströmung.

Arbeiten an Leitungen, die unter Gasdruck stehen, lassen sich im allgemeinen sicher ausführen, weil die gefahrvollen Entgasungs- und Entlüftungsvorgänge an der Leitung fortfallen und die Gefahren der Nachvergasung vom Rückständen in Leitungen nicht berücksichtigt zu werden brauchen. An erdverlegten Gasleitungen in der öffentlichen Gasversorgung wird meist unter Gasdruck gearbeitet.

Bei Arbeiten an Gasleitungen „unter kontrollierter Gasausströmung" sind besondere Sicherheitsmaßnahmen zu treffen:

– Begrenzung der ausströmenden Gasmenge
– Kontrolle der ausströmenden Gasmenge
– gefahrlose Abführung des Gases.

Die ausströmende Gasmenge wird begrenzt und kontrolliert durch Absenken und fortlaufendes Überwachen des Gasdruckes und die Vermeidung unnötigen Gasaustrittes während der Arbeit. Der Zeitraum, in dem die Leitung geöffnet ist, muß möglichst kurz gehalten werden. „Gefahrloses Abführen" der Gasmenge bedeutet z. B., daß sich keine Zündquellen im Gefahrbereich befinden und daß das Gas ungehindert nach oben abziehen kann. Im Zelt, unter einem Schirm oder unter einer Abdeckung des Rohrgrabens, etwa im Bereich einer Grundstückseinfahrt, ist diese Voraussetzung nicht erfüllt.

Schwere Schäden wurden durch ausströmendes Gas verursacht, welches in Gebäude im Baustellenbereich eindringen konnte. Geöffnete Fenster oder Türen und die damit auftretenden Zugerscheinungen haben dem Gas diesen Weg ermöglicht.

Bei brennbaren Gasen muß ein unkontrolliertes Eindringen von Luft in die Gasleitung verhindert werden. Ein zündfähiges Gas-Luft-Gemisch im Rohr kann verpuffen und zu einer Drucksteigerung führen, der Blasen, Preßkolben oder ähnliche Einrichtungen nicht standhalten können. Die Dichtschnur aus einem verstemmten Überschieber wird dadurch herausgedrückt und unkontrollierter Gasaustritt ist die Folge.

Beim Entlüften einer Hausanschlußleitung erfolgt das gefahrlose Abführen des Gases mit Hilfe eines Schlauches, der an die Hauptabsperreinrichtung angeschlossen wird (Bild 13.14). Der Schlauch ermöglicht das gefahrlose Ableiten des Gases bzw. Gas-Luft-Gemisches ins Freie (Bild 13.15). Der Entlüftungsvorgang wird beendet, sobald das Meßgerät am Schlauchende reines Erdgas anzeigt.

Bild 13.14 Anschluß der Entlüftungsschlauchleitung an der Hauptabsperreinrichtung (HAE)

Bild 13.15 Gefahrloses Entlüften eines Hausanschlusses ins Freie

13.3.8. Anbohren

Das Anbohren von Leitungen unter Gasdruck geschieht mit gasdichtem Bohrgerät, so daß während des Bohrvorganges kein Gas austritt. Die heute üblichen Schleusenanbohrgeräte ermöglichen auch das Abnehmen des Bohrgerätes und das Verschließen der Anbohrung an einer unter Gasdruck stehenden Leitung ohne Gasaustritt. Dieses Verfahren ist sicherheitstechnisch besonders vorteilhaft, da Gesundheits-, Brand- oder Explosionsgefahren dabei nicht bestehen. Auf die Bereitstellung von Atemschutzgeräten kann darum bei der Verwendung von Schleusenanbohrgeräten verzichtet werden. Anstelle eines Schleusenanbohrgerätes kann auch durch einen aufgeflanschten Schieber hindurch angebohrt werden (s. Bild 13.16).

Bild 13.16 Anbohren einer unter Gasdruck stehenden Leitung durch einen aufgeflanschten Schieber

13.3.9 Trennen

Vor dem Durchtrennen einer unter Gasdruck stehenden Leitung sind folgende Sicherheitsmaßnahmen zu treffen:

- DN ≥ 80: Provisorische Verschlüsse (z. B. Absperrblasen) sind vor dem Trennen zu setzen und auf ihre Wirksamkeit zu überprüfen. Der Leitungsquerschnitt ist nach dem Trennen zu verschließen.
- DN > 150 und p ≥ 30 mbar: Es sind jeweils zwei provisorische Verschlüsse, z. B. Absperrblasen, vor dem Trennen zu setzen. Der Raum zwischen den hintereinanderliegenden Absperrelementen ist zu entspannen (Dunstrohr). Das Dunstrohr verhindert einen Druckaufbau zwischen den Blasen. Die Dunstblase bleibt dadurch drucklos, und Schleichgas kann nicht in den Arbeitsbereich gelangen.
- DN > 300: Anforderungen wie DN > 150 und p ≥ 30 mbar.

Das Schema für die Sperrung und Durchtrennung einer Niederdruck-Gasleitung ist in Bild 13.17 dargestellt.

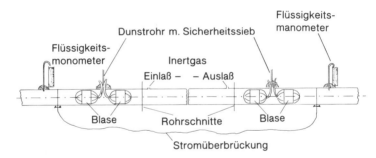

Bild 13.17   Sperrung und Trennung einer ND-Leitung

Die hier aufgezählten Sicherheitsmaßnahmen sind im Sinne der Unfallverhütungsvorschrift „Arbeiten an Gasleitungen" *Mindestforderungen*. Die Durchführung weitergehender sicherheitstechnischer Maßnahmen dient dem Schutz der Beschäftigten am Arbeitsplatz und kann im Einzelfall auch mit wirtschaftlichen Vorteilen verbunden sein, nämlich dann, wenn der finanzielle Mehraufwand für die technischen Schutzmaßnahmen gegen die Kosten der – einzusparenden – persönlichen Schutzausrüstungen aufgerechnet wird.

13.3.10 Vorübergehendes Absperren – Einsatz von Blasensetzgeräten

Arbeiten unter kontrollierter Gasausströmung sind immer mit Gesundheits-, Brand- oder Explosionsgefahr verbunden. Einige Hersteller bieten darum Sperrsysteme an, die das Setzen von Blasen oder das Einbringen anderer provisorischer Verschlüsse ohne Gasaustritt ermöglichen. Solche Geräte haben sich vielfach in der Praxis bewährt. Das Einbringen von Blasen unter kontrollierter Gasausströmung, das die Unfallverhütungsvorschrift „Arbeiten an Gasleitungen" unter besonderen Randbedingungen noch zuläßt, sollte darum zur Ausnahme werden.

Die freiwerdende Gasmenge beim Setzen von Blasen unter kontrollierter Gasausströmung ist abhängig vom Durchmesser der Bohrung, durch welche die Blase gesetzt wird sowie vom Sperrdruck. Tabelle 13.1 zeigt die Grenzen für das Blasensetzen unter kontrollierter Gasausströmung von Hand. Oberhalb der darin genannten Verhältnisse sind Sperrsysteme zwingend erforderlich (z. B. Blasensetzgeräte, Stopfensetzgeräte).

Für Bohrungen mit Durchmessern > 100 mm und einem Gasdruck von max. 40 mbar wird abweichend von den in der Tabelle 13.1 genannten Werten das Setzen der Blasen von Hand zugelassen, wenn weitere besondere Maßnahmen durchgeführt werden:

– Die während des Sperrvorganges anwesende Aufsichtsperson muß über eine Ingenieurausbildung und entsprechende Weisungsbefugnisse an der Baustelle verfügen.
– Der Schutzbereich wird erweitert, z. B. durch vollständige Sperrung des Straßenverkehrs für den Zeitraum des Gasausströmens.
– Die bei der Sperrung zum Einsatz kommende Rohrnetzkolonne wurde speziell für diese Arbeiten ausgebildet.

Soll diese Sonderregelung in Ausnahmefällen in Anspruch genommen werden, ist strengstens auf die Durchführung dieser weitergehenden Maßnahmen zu achten. Die Begrenzung des Sperrdruckes in Abhängigkeit vom Bohrungsdurchmesser gilt nur für das Setzen von Blasen unter Gasausströmung. Sofern Blasensetzgeräte oder andere Sperrsysteme zum Einsatz kommen, wird der max. zulässige Druck durch das Sperrsystem bestimmt. Das Sperrelement, die Blase, muß einen sicheren festen Sitz in der Rohrleitung haben und darf nicht überla-

Tabelle 13.1 Einsatz von Absperrblasen unter Gasausströmung in Abhängigkeit vom lichten Rohrdurchmesser und max. Betriebsdruck

lichter Durchmesser (Bohrung) mm	max. Betriebsdruck (Sperrdruck) mbar
25– 65	100
größer als 65– 80	65
größer als 80–100	40
größer als 100–150	30
gleich oder größer als 160	10 (Stadtgas)

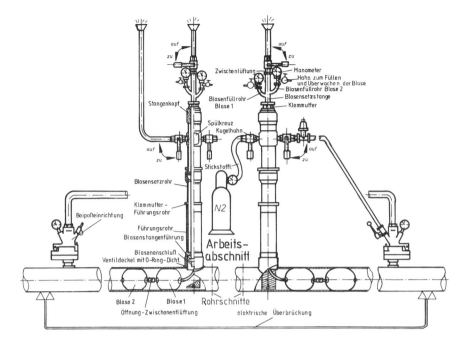

Bild 13.18 Sperrung einer ND-Leitung mit Absperrblasen und Blasensetzgeräten

stet werden. Der Sitz der Blase in der Rohrleitung ist abhängig von den örtlichen Gegebenheiten, wie z. B. Rohrrauhigkeit, Durchmesser der Leitung, Blasenart. Die Unfallverhütungsvorschrift „Arbeiten an Gasleitungen" gibt für den Einsatz von Sperrsystemen keine Begrenzung des Druckes vor. Die Höhe des anstehenden ggf. abgesenkten Gasdruckes ist fortlaufend zu kontrollieren, unabhängig davon, ob mit oder ohne Sperrsystem gearbeitet wird.

Das Schema für die Sperrung und Durchtrennung einer Gasleitung ist in Bild 13.18 dargestellt. Auf beiden Seiten des Arbeitsbereiches sind jeweils zwei Blasen gesetzt. Über die Blasensetzgeräte der Druckblasen kann jeweils der Raum zwischen Druck- und Dunstblase entspannt werden. Die gleichen Anschlüsse an den Setzgeräten der Dunstblasen ermöglichen die Inertisierung des Arbeitsbereiches. Mit Hilfe der Schleusen wird die Bypassleitung ohne Gasaustritt errichtet. Anschlüsse für Druckmeßgeräte sind an den Schleusen vorhanden, so daß der anstehende Gasdruck fortlaufend überwacht werden kann.

Bild 13.19 zeigt ein Zweifachblasensetzgerät; durch eine Anbohrung werden jeweils zwei Blasen gesetzt.

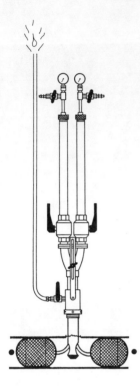

Bild 13.19   Zweifachblasensetzgerät

13.3.11 Elektrische Überbrückung

Sehr häufig führen Stahl- oder Gußrohrleitungen elektrische vagabundierende
Ströme. Diese elektrischen Ströme in Rohrleitungen können eine Gefahr für den
Menschen sein, zum einen durch die elektrische Körperdurchströmung bei Be-
rührung der stromführenden Teile, zum anderen durch die Zündung eines Gas-
Luft-Gemisches infolge Funkenübersprungs beim Trennvorgang. Vor dem
Trennen von Leitungen oder dem Ausbau von Leitungsteilen (z. B. Armaturen,
Gaszähler, Gasdruckregelgeräte, Steckscheiben) ist daher eine elektrische Überbrückung erforderlich, wenn keine anderweitige elektrisch leitfähige Verbindung der zu trennenden Leitungen vorliegt. Es sind flexible isolierte Kupferseile
zu verwenden, die bei einer Länge bis 10 m einen Querschnitt von 25 mm^2 und
bei einer Länge bis 20 m einen Querschnitt von 50 mm^2 aufweisen. Ein möglichst geringer Übergangswiderstand an den Anschlußstellen wird erreicht,
wenn die Kontaktflächen metallisch blank sind und großflächig aufeinanderge-
preßt werden. Haftmagnete sind ungeeignet, weil sie keine gesicherte Verbindung gewährleisten.

13.3.12 Abquetschen

Zum provisorischen Absperren von HDPE-Rohrleitungen stehen ebenfalls Blasensetzgeräte und andere Sperrsysteme zur Verfügung. Als Sperrsystem im Sinne der Unfallverhütungsvorschrift „Arbeiten an Gasleitungen" wird auch das Abquetschen angesehen. Dieses kann ohne große technischen Aufwand, insbesondere bei kleineren Nennweiten, ohne jeden Gasaustritt durchgeführt werden.

Abgequetscht werden darf nur mit Geräten, bei denen Kantenpressungen vermieden werden und die Quetschkraft das zulässige Maß nicht übersteigen kann. Durch die Auswahl geeigneter Quetschbalken und mechanische Hubbegrenzungen können diese Forderungen erfüllt werden.

Nach dem Aufheben der Abquetschung kann die Quetschstelle z. B. mit einem Heizwendelschweißfitting gesichert werden. Die ursprünglichen Festigkeitswerte sind damit wieder gegeben und eine zweite Abquetschung an der selben Stelle ist sicher verhindert.

Bei der Trennung von Kunststoffrohrleitungen werden elektrostatische Aufladungen durch das Feuchthalten des Arbeitsbereiches vermieden.

13.3.13 Arbeiten an Leitungen im gasfreien Zustand

Der gasfreie Zustand einer Leitung kann erreicht werden durch folgende Maßnahmen:

Gasdichtes Absperren mittels

– Blindflansch oder Steckscheibe oder
– Absperrarmatur mit zwischenliegender Entlüftung (bei Verwendung von zwei Absperrschiebern ist das dazwischenliegende Leitungsstück gefahrlos zu entspannen und drucklos zu halten).

Nach der gasdichten Absperrung muß der Leitungsabschnitt, an dem gearbeitet wird, entgast werden durch Spülen mit Inertgas, Kohlendioxid, Wasserdampf oder Luft.

Der gasfreie Zustand im Sinne der Unfallverhütungsvorschrift „Arbeiten an Gasleitungen" liegt vor, wenn eine Konzentration von 50 % der unteren Explosionsgrenze des Gases nicht überschritten wird. Mit geeigneten Meßgeräten ist dieser Zustand zu überwachen. Zeigen die Meßgeräte Konzentrationen an, die oberhalb der festgelegten Grenzwerte liegen, so sind die Arbeiten vorübergehend einzustellen, bis durch die Überprüfung und Verbesserung der gewählten Maßnahme (Absperren, Spülen) die Sicherheit am Arbeitsplatz wieder hergestellt ist.

Die Gaskonzentration darf an keiner Stelle im Arbeitsbereich 50 % der unteren Explosionsgrenze (UEG) erreichen. Die Meßgeräte sind darum räumlich so anzuordnen, daß der Bereich, in dem die höchste Konzentration zu erwarten ist, meßtechnisch erfaßt wird. Die Alarmschwelle des Meßgerätes wird auf deutlich weniger als 50 % UEG eingestellt (z. B. 20 % UEG), damit beim Ansprechen des Gerätes die sicherheitstechnischen Maßnahmen verbessert werden können, ohne daß die Beschäftigten dabei einem unzulässig hohen Risiko ausgesetzt sind.

13.3.14 Schutzzone

Bei Arbeiten an Leitungen brennbarer Gase dürfen sich in dem Bereich, in dem sich die explosionsfähigen Gas-Luft-Gemische befinden oder zu erwarten sind, keine Zündquellen befinden. Beim Austritt brennbarer Gase bilden sich durch Mischung dieser Gase mit Luft explosionsfähige Gas-Luft-Gemische. In dem vorliegenden Gefährdungsbereich der austretenden Gase, der jeweils hinsichtlich seines Umfanges abhängig ist von der Menge, Art und Ausströmungsrichtung der brennbaren Gase, dürfen sich keine Zündquellen befinden; das Rauchen ist verboten.

Nach der Unfallverhütungsvorschrift „Arbeiten an Gasleitungen" ist der Bereich, in dem sich explosionsfähige Gas-Luft-Gemische gebildet haben oder zu erwarten sind, je nach Gasart und ausströmender Gasmenge abzugrenzen und zu kennzeichnen.

13.3.15 Feuerarbeiten

Von besonderer Wichtigkeit sind die Sicherheitsmaßnahmen für Feuerarbeiten an Leitungen brennbarer Gase. Der Unternehmer hat dafür zu sorgen, daß Feuerarbeiten an Leitungen für brennbare Gase erst durchgeführt werden, nachdem die Gasleitung für die Arbeiten durch einen Sachkundigen mit Einverständnis des Betreibers freigegeben worden ist. Die Gasleitungen müssen vor Feuerarbeiten vom Sachkundigen dafür freigegeben werden.

13.3.16 Sicheres Arbeiten an Hochdruckleitungen

Das Arbeiten an Gashochdruckleitungen erfordert besondere Kenntnisse und Erfahrungen. Wenn mit Gesundheits-, Brand- und Explosionsgefahr zu rechnen ist, dürfen Arbeiten an Gashochdruckleitungen nur unter sachkundiger Aufsicht (hier in der Regel Meister oder Ingenieure) erfolgen [2, 3].

Vor Arbeiten an Hochdruckleitungen kann der Gasdruck vielfach auf einen niedrigeren Wert (z. B. 30 mbar) abgesenkt werden, so daß praktisch die gleichen sicherheitstechnischen Aspekte wie bei Arbeiten an Niederdruckleitungen gelten. Schweißarbeiten an Hochdruckleitungen können mit Muffe und Überschieber als Überlappungsschweißung ausgeführt werden – hier kann wie bei Niederdruckgasleitungen vorgegangen werden. Geschweißt wird hier die Überlappungsschweißung in der Regel unter Gasdruck (bis ca. 50 mbar Gasdruck).

Bei der heutigen Verwendung hochfester Stähle werden die Leitungen stumpf verschweißt. Hierbei ist man gezwungen, im „gasfreien Zustand" zu schweißen.

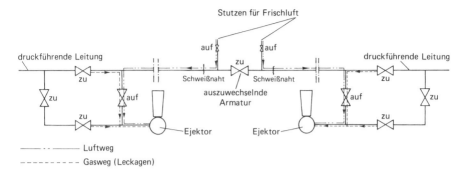

Bild 13.20 Auswechseln oder Einbau einer Streckenarmatur

Ein an Hochdruckgasleitungen aus sicherheitstechnischer Sicht praktiziertes Verfahren im „gasfreien Zustand" zeigt das Bild 13.20.

Sofern der Leitungsteil, an dem gearbeitet wird, nur durch eine einfache Absperrarmatur abgesperrt ist, muß zusätzlich fortgesetzt mit dem entsprechenden Medium gespült werden, um den gasfreien Zustand zu erreichen. Dieses fortgesetzte Spülen wird z. B. bei Arbeiten an Hochdruckleitungen hinter einem Streckenschieber durchgeführt, um hinter dieser Absperrung Schweißarbeiten durchzuführen (Bild 13.20).

Dieses Verfahren wird z. B. angewandt, um eine Stumpfnahtschweißung (z. B. zur Herstellung eines Abzweiges oder Einbau eines Schiebers in eine bestehende Hochdruckgasleitung) sicher auszuführen. Bei der Stumpfnahtschweißung kann nicht mehr „unter Gas" geschweißt werden. Die System-Skizze zeigt in Bild 13.20 das Verfahren im gasfreien Zustand zum Einschweißen einer Streckenarmatur in eine bestehende Hochdruckgasleitung. Da Schieber nicht immer absolut dicht schließen, besteht z. B. hinter einem geschlossenen Streckenschieber die Gefahr, daß Leckgas bis zur Schweißstelle gelangt. Dies wird dadurch verhindert, daß ein künstlicher Luftstrom, der von einem an der Ausblaseleitung (Ausbläser) aufgeflanschten Lüfter erzeugt wird, über einen ausgeschweißten Stutzen an den geschlossenen Schiebern vorbei angesaugt wird und hinter dem Ausbläser ins Freie strömt. Der künstliche Luftstrom saugt das evtl. beim Schieber austretende Leckgas an und führt dies ebenfalls ins Freie; das Leckgas kann mit Sicherheit nicht zur Schweißstelle gelangen. So können mit Hilfe des künstlichen Luftstromes, der auf beiden Seiten der Schweißstelle getrennt geführt wird, die Leckgase hinter den Absperrschiebern sicher von der Schweißstelle ferngehalten werden. Die Methode hat sich im Fernleitungsbau bewährt. Voraussetzung ist, daß die Luftströmung exakt berechnet und gemessen und während der Schweißarbeiten ständig aufrechterhalten wird.

13.3.17 Entspannen vor dem Öffnen von Leitungsteilen

Unter Druck stehende Leitungen oder Leitungsteile müssen wegen der mechanischen Gefahren vor dem Öffnen entspannt werden. Mehrere schwere und tödliche Unfälle zeigten, daß diese selbstverständliche Voraussetzung bei Arbeiten an Gasleitungen nicht immer erfüllt wurde. Sie wurde daher als Bestimmung in die neue Unfallverhütungsvorschrift aufgenommen.

13.3.18 Brandbekämpfung

Bei Arbeiten an Leitungen brennbarer Gase sind an der Arbeitsstelle geeignete Feuerlöscher (s. Bild 13.21) bereitzuhalten (an kleineren Baustellen mindestens zwei PG-12-Feuerlöscher, an größeren Baustellen größere fahrbare Feuerlöscher).

Nach der Unfallverhütungsvorschrift sind aber nicht nur Feuerlöscher bereitzustellen, sondern vorbereitende Maßnahmen zur Brandbekämpfung zu treffen. Die Beschäftigten müssen mit der Handhabung und dem Einsatz der Feuerlöscher vertraut sein. Dies kann durch Feuerlöschübungen erreicht werden (s. Bild 13.22). Bemerkenswert ist auch, daß Gasbrände nicht immer sofort gelöscht werden müssen. Es gibt Situationen, das Gas weiterbrennen und nicht nach dem

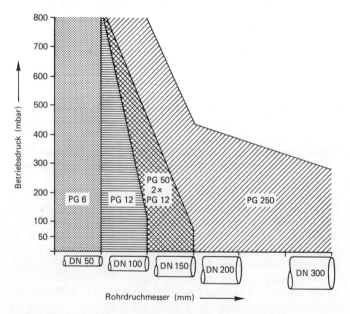

Bild 13.21   Beispielhafte Auswahl geeigneter Feuerlöscher

Bild 13.22   Feuerlöschübung

Löschen unverbrannt wegen der Explosionsgefahr austreten zu lassen (z. B. in Räumen und dgl.). Hier hat jeweils der Aufsichtsführende an der Baustelle zu entscheiden, ob gelöscht wird oder nicht. Ein kontrollierter Gasabbrand kann sicherer sein, als der Austritt eines nicht beherrschbaren explosionsfähigen Gas-Luft-Gemisches.

13.4 Gefahren bei Arbeiten an Gas- und Wasserleitungen

Besondere Gefahren treten beim *Abdrücken der Leitungen* auf.

● *Vor einer Druckprüfung müssen die Rohrleitungen, Krümmer und freien Rohrenden unter Berücksichtigung der auftretenden Kräfte eingedeckt, abgestützt oder verankert werden.*

– Während einer Druckprüfung und beim Ablassen des Druckes von Rohrleitungen darf sich niemand vor dem Verschluß (Flansch oder dergl.) aufhalten
– Zum Ablassen des Druckes muß eine Armatur (Entlüftungs- oder Entleerungsgarnitur) angebracht sein
– Vor dem Lösen des Verschlusses muß die Armatur offen und der Druck abgelassen sein.

Beim *Umgang mit heißen Massen* zum Isolieren von Leitungen müssen Schutzhandschuhe getragen werden. Zweckmäßig ist auch ein Handgelenkschutz durch Stulpenhandschuhe.

Beim *Entkeimen neuer Wasserrohrleitungen* entstehen Gefahren beim Umgang mit Chlor (als Chlorgas oder Chlorlauge). Chlorlauge ist eine ätzende Flüssigkeit. Beim Umschütten sind Gummischutzhandschuhe, Säureschutzbrille und Lederschürze zu benutzen.

Das Chlorgas in den Flaschen ist ein stechend riechendes giftiges Gas. Beim Wechsel von Chlorgasflaschen in Chlordosieranlagen sind Atemschutzgeräte zu benutzen (*B-Filter* gegen Chlorgas).

Chlorgas wird in der Regel über eine Chlordosieranlage zur Entkeimung von Rohrleitungen verwendet.

Chlorgas darf nicht ohne Verwendung eines Rückschlagventils aus der Vorratsflasche über Leitungen in Wasser gefüllte Leitungen geführt werden; es muß verhindert werden, daß Wasser – auch nicht in Spuren – in die Chlorgasflasche gelangt, da sonst ein Flaschenzerknall eintritt.

13.5 Sicheres Werkzeug

Eine große Zahl von Unfällen ereignet sich ständig durch nicht ordnungsgemäßes Handwerkszeug oder durch nicht sachgemäße Benutzung von Werkzeugen.

Zu beachten ist besonders:

- beschädigtes Werkzeug sofort aussondern, entweder reparieren oder vernichten
- Hämmer, Feilen, Äxte usw. darauf prüfen, ob die Stiele fest mit dem Werkzeug verbunden sind
- „Bärte" an Meiseln, Hämmern oder Werkzeugen, auf die geschlagen wird, abschleifen
- für den jeweiligen Zweck nur das dafür geeignete Werkzeug benutzen, z. B. passende Schraubenzieher und Schraubenschlüssel
- ohne Schutzbrille ist die Benutzung von Trenn- und Schleifmaschinen untersagt
- Werkzeuge dürfen nicht achtlos abgelegt oder liegengelassen werden, insbesondere nicht auf Podesten, Bühnen, Treppen, Leitern und dergleichen
- nach jeder Benutzung von Handwerkszeug Abfälle, Späne, Staub usw. beseitigen und das Handwerkszeug übersichtlich und ordentlich lagern

● *Gutes Werkzeug und gute Ordnung sind halbe Unfallverhütung.*

13.5.1 Leitern

Leitern werden heute in allen Betriebsteilen verwendet.
Wird dabei immer die UVV 1 a „Leitern und Tritte" beachtet?
Schadhafte Leitern haben schon häufig zu schweren Unfällen geführt.

Zu beachten ist im allgemeinen folgendes:

- schadhafte Leitern sind entweder sofort zu vernichten (*längs durchsägen!*) oder bis zur Reparatur aus dem Verkehr zu ziehen
- angebrochene Holme dürfen nicht geflickt werden; sie sind durch neue Holme zu ersetzen
- schadhafte und fehlende Sprossen sind durch fehlerfreie Sprossen gleicher Art zu ersetzen
- Leitern sind gegen Abgleiten zu sichern; am besten am oberen Ende mit Ketten oder Haken; ein Gummifuß einer Leiter schützt bei Nässe oder Öl nicht vor dem Rutschen; ist keine Sicherung gegen Abgleiten einer Leiter möglich, muß ein zweiter Mann die Leiter festhalten
- Stehleitern sind gegen Auseinandergleiten durch Spannketten oder Spanngelenke zu sichern; Stehleitern dürfen keine Widerlager an den Holmen besitzen, diese sind durch Abrunden zu entfernen
- bei ortsfest angebrachten Steigleitern ist ein sicheres Ein- und Aussteigen gewährleistet, wenn die Leiter die Austrittsstelle mit einem oder beiden Holmen um mindestens 1 m überragt oder wenn sonstige geeignete Haltemöglichkeiten vorhanden sind; wo Verlängerungen der Holme nicht anzubringen sind, lassen sich andere Einrichtungen schaffen, wie z.B. Griffe, Bügel, Festhaltestangen
- Feststelleinrichtungen gegen Wiederzuschlagen aufgeklappter Schachtdeckel können gleichzeitig als Handhabe dienen; umklappbare Leiterendstücke sind ebenfalls solche Einrichtungen und können außerdem als Sicherung gegen Hineinstürzen in offene Schächte benutzt werden
- bei Einsteigleitern müssen die Sprossen mindestens einen Abstand von 15 cm von der Wand haben, um einen Fuß noch einwandfrei aufsetzen zu können.

● *Im Rohrgraben ab 1,25 m Tiefe muß stets eine Leiter zum Begehen des Grabens vorhanden sein.*

13.5.2 Körperschutzmittel

Körperschutzmittel haben die Aufgabe, Körperteile vor Verletzungen zu schützen. Nicht bei jeder Arbeit lassen sich Körperschutzmittel tragen, doch können durch das Tragen von Körperschutzmitteln zahlreiche Unfälle verhütet werden. Körperschutzmittel (Schutzhelme, Handschuhe, Sicherheitsschuhe) müssen gut passen und bequem sein. Das Aussehen soll möglichst ansprechend sein. Am besten werden die entsprechenden Körperschutzmittel vor der Einführung erprobt. Sie sollen auch hautverträglich sein.

13.5.2.1 Kopfschutz

Kopfschutz wird durch Tragen eines Schutzhelmes erreicht. Schutzhelme bestehen in der Regel aus Plastik. Zu beachten ist, daß die Festigkeit und Elastizität der Plastikhelme nach längerer Zeit auch bei Nichtgebrauch sich verändern. Im allgemeinen ist ein Wechsel der Helme nach 3 bis 4 Jahren erforderlich.

● *Schutzhelme müssen bei Arbeiten in Rohrleitungsgräben beim Herstellen und Verfüllen der Leitungsgräben getragen werden* (s. UVV „Bauarbeiten"). [21]

Bei Schweißarbeiten im Rohrgraben über Kopf ist ein Schutzhelm mit Kinnriemen zweckmäßig.

Schutzhelme werden bei allen Verladearbeiten, bei Arbeiten in Schächten und Gruben und anderen Räumen getragen.

Für Schweißer in Rohrgräben wird ein Schutzhelm, z. B. auch mit Gesichtsschutz zur Verfügung gestellt.

13.5.2.2 Augenschutz

Augenschutz wird durch Schutzbrillen verschiedener Ausführungen gewährleistet. Schutzbrillen dienen zum Schutz

– gegen Splitter und Spritzer, z. B. beim Schleifen, Polieren und Abschlagen von Schweißverunreinigungen
– gegen Strahlung, z. B. beim Autogen- oder Lichtbogenschweissen
– gegen Spritzer von Säuren und Laugen (Säureschutzbrille) z. B. beim Umfüllen von Säuren und Laugen insbesondere beim Umschütten von Chlorlauge.

Bei allen speziellen Arbeiten, die Augenschädigungen verursachen können, werden Schutzbrillen getragen.

13.5.2.3 Gesichtsschutz

Gesichtsschutz besteht aus durchsichtigen Kunststoffscheiben oder undurchsichtigen Schutzscheiben mit Augenschlitz (z. B. Schutzschild für Schweißer)

13.5.2.4 Gehörschutz

Gehörschutz dient dazu, schädigenden Lärm vom Ohr abzuwenden. Lärm, der in der Mehrzahl der Arbeitstage während der Arbeitsschicht den Richtwert von 90 dB (A) übersteigt, kann auf die Dauer zu bleibenden Gehörschäden führen.

Sofern der Richtwert für den max. zulässigen Lärmpegel von 90 dB(A) erreicht oder überschritten wird, ist das Tragen von Gehörschutz erforderlich, um das Entstehen von Lärmschwerhörigkeit zu vermeiden.

Gelingt es nicht, den Lärm mit technischen Mitteln auf das zulässige Maß zu senken, muß das Gehör unmittelbar geschützt werden, und zwar durch persönlichen Schallschutz.

Hierzu dienen Gehörschutzmittel, die den Verschluß der Gehörgänge bewirken.

– Gehörschutzkapseln, die mit Kopfbügeln von außen auf die Ohren gelegt
  werden
– Gehörschutzstöpsel aus elastischem Kunststoff oder plastischer Masse, die in
  das Ohr eingesetzt werden
– Gehörschutzwatte, die ebenfalls in das Ohr eingesetzt wird.

Welches Mittel zu wählen ist, hängt von der Art und von der Stärke des Lärmes
sowie den betrieblichen Gegebenheiten ab.

Personen, die im Lärmbereich (ab 90 dB (A)) Arbeiten ausführen, *müssen* Gehörschutz tragen, z. B. in Gashochdruck-Regelanlagen, Gasverdichteranlagen
oder in Räumen mit Turbo-Pumpen und Dieselmaschinen.

13.5.2.5 Fußschutz

Als Fußschutz sind Sicherheitsschuhe oder Sicherheitsgummistiefel üblich.

In Sicherheitsschuhen werden die Zehen durch eingearbeitete Stahlkappen geschützt, an Fersen und Knöcheln sind die Schuhe verstärkt. Sicherheitsschuhe
bieten einen Schutz gegen mechanisch bewirkte Verletzungen. Als Beinschutz
werden Sicherheitsstiefel getragen. Bei Transportarbeiten und bei Arbeiten im
Rohrnetzbetrieb haben sich Sicherheitsgummistiefel gut bewährt. Hier sollte ein
Sicherheitsgummistiefel gewählt werden, der neben dem Zehen- und Knöchel-
schutz auch noch eine eingearbeitete Stahlblechsohle gegen Stichverletzungen
aufweist. Das Durchtreten von Nägeln durch die Sohle ist hierbei unmöglich.

Personen, die in explosionsgefährdeten Räumen und Bereichen tätig sind (z. B.
auch bei Arbeiten an Gasleitungen unter Gasausströmung), sollen elektrisch
leitfähiges Schuhwerk tragen. Elektrostatische Aufladungen von Personen können dadurch verhindert werden.

13.5.2.6 Handschutz

Beim Umgang mit heißen Vergußmassen und Anstrichmassen zum Anstreichen,
Isolieren und Dichten der Rohre sind Schutzhandschuhe zu tragen. Schutzhandschuhe bestehen meist aus Leder und dienen dem Schutz der Hand vor Brand-,
Schnitt- und Stoßverletzungen bei besonders gefährlichen Tätigkeiten. Außerdem können Handschuhe aus Kunststoff als Schutz vor Säuren, Laugen usw.
erforderlich werden, z. B. beim Umgang mit Chlorlauge.

13.5.2.7 Absturzsicherung

Beim Befahren von Schächten und tiefen Gruben, in denen Absturzgefahr besteht, sind Absturzsicherungen zu tragen.

Die einfachste Absturzsicherung besteht aus Sicherheitsgurt mit Seilbefestigung
und Sicherheitsleine.

Die besseren Absturzsicherungen bestehen aus mehreren Gurten vom Oberschenkel zur Schulter mit Seilbefestigung im Hacken, sogenannte Auffanggurte. Zum Befahren von tiefen Schächten, in denen gesundheitsschädliche oder erstickende Gase auftreten können, hat sich die Anbringung der Sicherheitsseile am Hacken des Einfahrenden gut bewährt. Hierbei ist es immer möglich, auch wenn die Person z. B. ohnmächtig wird, diese an dem angebrachten Rettungsseil in fast senkrechter Haltung hochzuziehen. Beim normalen Sicherheitsgurt, bei dem das Sicherheitsteil unmittelbar am Gurt, – also nicht am Hacken – befestigt wird, kann z. B. eine ohnmächtig gewordene Person nur noch in waagerechter Lage hochgezogen werden. Hierbei hindern in Schächten oft Einbauten, Armaturen und Leitergerüste.

Für das Befahren von tiefen Schächten sind auch Sicherheitsgeschirre entwickelt worden.

Der in den Schacht Einsteigende ist an dem Sicherheitsseil des Geschirres angeseilt, das Seil des Geschirres läßt sich beim Herabsteigen abspulen. Nur wenn eine Person abstürzt, wird durch die Fallbremse im Geschirr das Seil festgehalten und die Person wird im Seil sicher gehalten. Beim normalen Hochklettern der Person wird das Seil automatisch aufgespult.

13.6 Erste Hilfe und Wiederbelebung

Trotz aller Sicherheitseinrichtungen und Sicherheitsmaßnahmen ereignen sich Unfälle. Daher kommt der rechtzeitigen und richtigen „Ersten Hilfe" große Bedeutung zu, um Menschen bei Verletzungen zu helfen oder sie vor dem Tode zu bewahren.

● *Nach der UVV „Erste Hilfe" müssen Ersthelfer im Betrieb zur Leistung der Ersten Hilfe zur Verfügung stehen.*

Die Ersthelfer werden in Lehrgängen durch das Rote Kreuz oder anderen Organisationen ausgebildet.

In jedem Betrieb müssen in den *verschiedenen Betriebsbereichen* Ersthelfer zur Verfügung stehen. Für die Rohrnetzbaustellen im Gas- und Wasserbereich sollte jeweils in jeder Kolonne ein Ersthelfer bereitstehen.

Auch nach der Reichsversicherungsordnung obliegt jedem Unternehmer die Verpflichtung, in seinem Unternehmen eine wirksame Erste Hilfe bei Arbeitsunfällen sicherzustellen. Die Berufsgenossenschaft haben die Unternehmer hierzu mit allen geeigneten Mitteln anzuhalten und zu unterstützen.

Die Kosten für die Ausbildung für Ersthelfer werden von der Berufsgenossenschaft übernommen.

Wer die Stellung eines Ersthelfers übernimmt, verschreibt sich der Aufgabe, bei Unfällen zu helfen und Leben zu retten.

Durch zielgerichtete Maßnahmen soll er dort Schlimmeres abwenden, wo eine ärztliche Versorgung nicht sofort und unmittelbar möglich ist. Es ist daher zweckmäßig, wenn für die Ausbildung möglichst vieler Versicherter in der „Ersten Hilfe" gesorgt wird.

● *Geeignetes Verbandzeug für die Erste Hilfe muß im Betrieb vorhanden sein.*
● *In den Dienstfahrzeugen sind ständig Kraftfahrzeug-Verbandskästen mitzuführen.*

Das Verbandzeug ist sachgemäß aufzubewahren und nach Benutzung zu ergänzen. Das erforderliche Verbandzeug muß in einem Verbandkasten aufbewahrt werden.

Die wichtigsten Erste-Hilfe-Maßnahmen und Wiederbelebungs-Maßnahmen sind aus der „Anleitung zur Ersten Hilfe bei Unfällen" ersichtlich.

Bei Atemstillstand infolge einer Gasvergiftung, eines elektrischen Unfalles oder des Ertrinkens muß sofortige Wiederbelebung erfolgen. Entscheidend ist hierbei, daß die Wiederbelebung so schnell wie möglich begonnen wird. Sofern z. B. ein Gasvergifteter oder Ertrunkener kurze Zeit ohne Atmung ist, besteht Erstickungsgefahr. Je früher die Wiederbelebung einsetzt, um so größer ist die Wahrscheinlichkeit, daß sie Erfolg zeigt und der Betroffene wieder selbst atmet. Bewährt hat sich vor allem die Atemspende von Mund zu Mund oder Mund zu Nase. Vor der Wiederbelebung sind Verunreinigungen und Fremdkörper aus dem Munde des Verunglückten zu entfernen. Die entscheidenden Ausgangsstellungen für die Mund zur Nase- bzw. Mund zu Mund-Beatmung sind in den Bildern 13.23 und 13.24 anschaulich dargestellt.

Bild 13.23 Ausgangsstellung für die Atemspende

Bild 13.24 Durchführung der Atemspende

13.7 Gesetze, Verordnungen, Technische Regeln, Literatur

[1] Gesetz zur Förderung der Energiewirtschaft (Energiewirtschaftsgesetz EnWG) vom 13. Dezember 1935 (RGBl. I, S. 1451), zuletzt geändert durch Art. 3 des Gesetzes zur Änderung energiewirtschaftlicher Vorschriften vom 19. Dezember 1977 (BGBl. I, S. 2750).

[2] Verordnung über Gashochdruckleitungen (GasHL-Vo) vom 17. Dezember 1974 (BGBl. I, S. 3591).

[3] Technische Regeln Gashochdruckleitungen (TRGL), Bek. des BMA (Bundesarbeitsblatt, Fachteil Arbeitsschutz), Carl Heymanns Verlag KG, Luxemburger Straße 449, 5000 Köln 41.

[4] Reichsversicherungsordnung vom 19. Juli 1911 (RGBl. 1911 S. 509) i.d.F. der Bekanntmachung 17. Mai 1934 (RGBl. I 1924 S. 779, I 1926 S. 9, I 1934 S. 419) mit allen späteren Änderungen.

[5] Verordnung über Druckbehälter, Druckgasbehälter und Füllanlagen (Druckbehälterverordnung – DruckbehV) vom 27.2.1980 mit Änderung vom 21.4.1989.

[6] Technische Regeln Druckbehälter (TRB) Bek. des BMA (Bundesarbeitsblatt, Fachteil Arbeitsschutz), Carl Heymanns Verlag KG, Luxemburger Straße 449, 5000 Köln 41.

[7] TRB 610 ,,Aufstellung von Druckbehältern zum Lagern von Gasen", Fassung 4.85.

[8] Verordnung über elektrische Anlagen in explosionsgefährdeten Räumen (ElexV) vom 27. Februar 1980 (BGBl. I, S. 214).

[9] Richtlinien für die Vermeidung der Gefahren durch explosionsfähige Atmosphäre mit Beispielsammlung (Explosionsschutz-Richtlinien, Ex-RL). Richtlinien Nr. 11 der Berufsgenossenschaft der chemischen Industrie, Ausgabe 10. 1982, zu beziehen über Druckerei Winter, Postfach 106140, 6900 Heidelberg 1.

[10] DVGW-Regelwerk, herausgegeben vom DVGW – Deutscher Verein des Gas- und Wasserfaches e.V., zu beziehen über Wirtschafts- und Verlagsges. Gas und Wasser mbH, Josef-Wirmer-Str. 3, 5300 Bonn 1.

[11] DVGW-Arbeitsblatt G 430 Niederdruckgasbehälter; Aufstellung und Betrieb, Ausgabe Mai 1964.

[12] DVGW-Arbeitsblatt G 433 Oberirdische Hochdruckgasbehälter; Bau, Ausrüstung, Aufstellung, Prüfung, Betrieb, Überwachung, In- und Außerbetriebnahme sowie Instandsetzung, Ausgabe Juni 1974.

[13] DVGW-Arbeitsblatt G 465/I Überwachung von Gasrohrnetzen mit einem Betriebsüberdruck bis 4 bar, Ausgabe Mai 1982.

[14] DVGW-Arbeitsblatt G 465/II Arbeiten an Gasrohrnetzen mit einem Betriebsdruck bis 4 bar, Ausgabe Februar 1983.

[15] DVGW-Arbeitsblatt G 466/I Überwachen und Instandsetzen von Hochdruckgasrohrnetzen aus Stahlrohr mit einem Betriebsüberdruck von mehr als 1 bar, Ausgabe Mai 1984.

[16] Gesetz über technische Arbeitsmittel (Gerätesicherheitsgesetz) vom 24. Juni 1968 (BGBl. I S. 717) in der Fasung vom 13. August 1979 (BGBl. I S. 1432).

[17] Gesetz über Betriebsärzte, Sicherheitsingenieure und andere Fachkräfte für Arbeitssicherheit) vom 12. Dezember 1973 (BGBl. I S. 1885) geändert durch Gesetz vom 12. April 1976 (BGBl. I S. 965).

[18] Unfallverhütungsvorschriften der Berufsgenossenschaft der Gas- und Wasserwerke, BG der Gas- und Wasserwerke, Postfach 1720, 4000 Düsseldorf 1.

[19] Unfallverhütungsvorschrift 1 „Allgemeine Vorschriften" (VBG 1), gültig ab 1. April 1977, Fassung Oktober 1984.

[20] Unfallverhütungsvorschrift 10d „Verdichter" (VBG 16), Fassung April 1987.

[21] Unfallverhütungsvorschrift 20 „Bauarbeiten", Fassung April 1985 (Auszug aus VBG 37).

[22] Unfallverhütungsvorschrift 21 „Arbeiten an Gasleitungen" (VBG 50) vom 1. April 1988.

[23] Unfallverhütungsvorschrift 23 „Gaswerke" (VBG 52) vom 1. April 1934, Fassung April 1983.

[24] Unfallverhütungsvorschrift 23 g „Gase" (VBG 61), gültig ab 1. April 1974, Fassung April 1977.

[25] Arbeitsunfallstatistik für die Praxis, 1989, Hauptverband der gewerblichen Berufsgenossenschaften e. V., St. Augustin.

[26] DIN 4124 „Baugruben und Gräben, Böschungen, Arbeitsraumbreite, Verbau", zu beziehen über Beuth-Verlag GmbH, Burggrafenstraße 4–7, 1000 Berlin 30.

[27] Verordnung über gefährliche Stoffe (Gefahrstoffverordnung – GefStoffV) vom 26. August 1986 in der Fassung vom 16. Dezember 1987, Best.-Nr. ZH 1/220, Carl Heymanns Verlag KG, Luxemburger Straße 449, 5000 Köln 41.

[28] Technische Regeln für Gefahrstoffe TRGS 900, MAK-Werte 1988, Maximale Arbeitsplatzkonzentration und Biologische Arbeitsstofftoleranzwerte, Bek. des BMA vom 10. November 1988 im Bundesarbeitsblatt.

[29] DIN VDE 0165 „Errichten elektrischer Anlagen in explosionsgefährdeten Bereichen" mit Änderung 1 von September 1986, zu beziehen über Beuth Verlag GmbH, Berlin 30 oder VDE-Verlag GmbH, Berlin 12.

[30] Berufsgenossenschaftliche Grundsätze für arbeitsmedizinische Vorsorgeuntersuchungen G 26 „Atemschutzgeräte", Herausgeber: Hauptverband der gewerblichen Berufsgenossenschaften e. V., Langwartweg 103, 5300 Bonn 1.

[31] Spezifische Einwirkungsdefinitionen „Belastung durch Atemschutzgeräte", Hauptverband der gewerblichen Berufsgenossenschaften e. V., Best.-Nr. ZH 1/600.19, Carl Heymanns Verlag KG, Luxemburger Straße 449, 5000 Köln 41.

[32] Atemschutz-Merkblatt, Hauptverband der gewerblichen Berufsgenossenschaften, Ausgabe 10. 1981, Best. Nr. ZH 1/134, Carl Heymanns Verlag KG.

[33] Richtlinien für die Vermeidung von Zündgefahren infolge elektrostatischer Aufladung (Richtlinien „Statische Elektrizität"), Hauptverband der gewerblichen Berufsgenossenschaften e. V., Ausgabe 4. 1980, Best. Nr. ZH 1/200, Carl Heymanns Verlag KG.

[34] Sicherheitsregeln für Rohrleitungsbauarbeiten, Ausgabe April 1986, Best.-Nr. ZH 1/559, Carl Heymanns Verlag KG, Luxemburger Straße 449, 5000 Köln 41.

[35] Verordnung über elektrische Anlagen in explosionsgefährdeten Räumen ElexV Kommentar und Textsammlung von W. Jeiter und M. Nöthlichs, Erich Schmidt Verlag, Berlin 1980.

14 Planung, Vergabe und Abrechnung

Vorbemerkung

In der Gas- und Wasserversorgung werden allein von den in der BGW-Statistik erfaßten Unternehmen jährlich rd. 6 Mrd DM investiert. Der überwiegende Anteil mit rd. 65 % entfällt dabei auf Gas- und Wasserverteilungsanlagen. Man kann unterstellen, daß jährlich rd. 50 000 Einzelprojekte zwischen Versorgungsunternehmen als Auftraggeber und Rohrleitungsbauunternehmen als Auftragnehmer abgewickelt werden.

Zwischen der Absicht, eine Versorgungsanlage für Gewinnung, Aufbereitung, Förderung, Transport, Speicherung oder Verteilung von Trinkwasser bzw. Bezug, Regelung, Transport oder Verteilung von Erdgas zu bauen, bis hin zur gebrauchsfertigen Inbetriebnahme der Anlage, liegen eine Reihe von Einzelaufgaben mit enger Verflechtung zwischen den technischen, kaufmännischen und verwaltungstechnischen Bereichen eines Unternehmens oder auch Zweckverbandes. Grob zusammengefaßt handelt es sich dabei um folgende Abfolge von Teilaufgaben:

- *Planung* mit Erstellen eines Vorentwurfes mit Kalkulation als Grundlage für die Beratung und Entscheidung mit der Unternehmensführung
- *Projektierung* mit Erstellen eines Bauentwurfes als Grundlage für Ausschreibung, Vergabe und Bau des Projektes
- *Ausschreibung, Angebotsbewertung und Vergabe* nach Beantragung, Genehmigung und Bereitstellung der erforderlichen Finanzmittel im Unternehmen
- *Baudurchführung* durch Auftragnehmer mit Bauaufsicht durch Auftraggeber
- *Inbetriebnahme und Abnahme* mit Abnahmeprotokoll
- *Vermessung, Aufmaß und Abrechnung* mit Zusammenstellung aller notwendigen Unterlagen für den technischen Anlagenbetrieb (Bestandspläne, Betriebsanweisungen etc.) und für die kaufmännische Anlagenbuchhaltung (Aufmaß und Kosten)

- *Nachkalkulation und Bewertung.*

Die Abwicklung dieser ineinander greifenden Teilaufgaben erfordert eine enge Zusammenarbeit zwischen unterschiedlichen Unternehmensbereichen einerseits und zwischen Auftraggeber und Auftragnehmer andererseits. Nicht selten wird die Bedeutung dieser Aufgaben, aber auch deren effiziente Abwicklung im Hinblick auf die technisch einwandfreie, termingerechte und wirtschaftliche Ausführung von Baumaßnahmen, unterschätzt.

In vielen Fällen haben Versorgungsunternehmen oft nicht die Personalkapazität oder Qualifikation für Planung und Bauüberwachung von Versorgungsanlagen. In diesem Fall, aber auch bei ausgelasteter Personalkapazität, werden für Planung (Vorentwurf), für Projektierung, Erstellen von Leistungsverzeichnissen bis hin zu ausschreibungsfähigen Unterlagen (Bauentwurf, Pflichtenheft), für die Oberbauleitung bzw. Projektleitung sowie Bauführung entsprechend qualifizierte Ingenieurbüros bestellt. Diese sollen unabhängig von der ausführenden Firma sein.

Die Vergabe solcher Ingenieurleistungen unterscheidet sich von der Vergabe von Bauleistungen und basiert auf unterschiedlichen Vertragsgrundlagen.

Nachfolgend werden Inhalte der Teilaufgaben kurz behandelt, mit besonderer Vertiefung für die Aufgaben „Ausschreibung und Vergabe".

14.1 Planung und Vorentwurf

Notwendigkeit und Umfang einer Planung mit Erarbeitung von Studien, Konzepten, Vorentwürfen werden von der Art und Bedeutung des geplanten Projektes bestimmt. Sie sind in der Regel nur dann gefordert, wenn es sich um Projekte mit größerer technischer und wirtschaftlicher Tragweite handelt, z.B. Erschließung von neuen Versorgungsgebieten, Konzepte für Sanierung oder Erneuerung bestehender Anlagen.

Ein Vorentwurf für Verteilungsanlagen enthält im allgemeinen folgende Bestandteile:

- Begründung über Anlaß und Notwendigkeit
- Beschreibung der Ist- und Sollsituation
- Ermittlung von Gas- oder Wasserbedarf als Auslegungsgrundlage
- Technisches Konzept für Trassierung, Dimensionierung, Materialauswahl mit Übersichtsplänen
- Hinweis auf notwendige öffentliche Planungs- und Genehmigungsverfahren, z.B. Planfeststellungsverfahren, Raumordnungsverfahren, Umweltverträglichkeitsprüfung, Dienstbarkeit bei Privatgrundstücken
- Terminplan
- Kosten und betriebswirtschaftliche Bewertung
- Sozialfolgenanalyse im Falle von Auswirkungen des Projekts auf die Mitarbeiter (Organisation, Anzahl, Qualifikation, Arbeitsplatz).

Damit enthält das Vorprojekt alle Kriterien für eine Grundsatzentscheidung für die Geschäftsführung unter Hinzuziehung des Verfassers des Projektentwurfes. Außerdem ist der Vorentwurf soweit ausgearbeitet, daß im Fall einer positiven Entscheidung die nachfolgende Projektierung nur noch eine weitere Detaillierung des genehmigten Vorentwurfes darstellt.

14.2 Projektierung

Mit der Projektierung werden ausführungsreife und ausschreibungsfähige Unterlagen für die Bauleistung erstellt. Sie ist für jede Baumaßnahme erforderlich. Die Projektunterlagen enthalten folgende Detailangaben:

- Kurzbeschreibung über Anlaß, z. B. Erschließung, Erneuerung, Folgemaßnahme Straßenbau
- detaillierte Projektbeschreibung, Trassenverlauf mit Hinweisen auf untersuchte Alternativen sowie alle während des Baus zu beachtende Besonderheiten, die sich u. a. auch aus den Instruktionsverfahren ergeben haben
- hydraulische und statische Berechnungen soweit erforderlich
- Lagepläne mit Kataster im Maßstab 1 : 1000 oder 1 : 500, Profilpläne, Detailpläne für schwierige Verlegebereiche, z. B. Leitungskreuzungen oder Einbindungen mit Schieberkreuzen, sowie Konstruktionszeichnungen für Sonderbauwerke, z. B. Schächte, Kreuzungsbauwerke, Schutzrohre
- Ergebnisse der Instruktionsverfahren mit allen öffentlichen Stellen (Straße, Verkehr, Kanal, Post, Gartenbauamt, andere Versorgungsträger) und anderen Genehmigungsverfahren, z. B. Wasserrechtsverfahren bei Dükern, privatrechtliche Vereinbarungen bei Mitbenutzung von Privatgrund
- Leistungsbeschreibung mit Gliederung der gesamten Bauleistung in Teilleistungen eines Leistungsverzeichnisses und Massenermittlung
- Festlegen des Materialbedarfs an Rohren, Armaturen, Formstücke, Isolierung, Kleinteile u. a.
- Termine für Bau, Außer- und Inbetriebnahme.

Die Bauleistung muß mit den Projektunterlagen so eindeutig und so erschöpfend beschrieben sein, daß alle Anbieter die Beschreibung im gleichen Sinne verstehen müssen und ihre Preise sicher und ohne umfangreiche Vorarbeiten berechnen können. Außerdem müssen alle für die sichere und reibungslose Bauausführung notwendigen Angaben darin enthalten sein.

14.3 Ausschreibung und Vergabe nach VOB

Jeder Bauausführung geht die Vergabe voraus, wobei unter Vergabe nicht nur die Auftragserteilung, sondern das gesamte Verfahren für den Abschluß eines Bauvertrages verstanden wird.

14.3.1 Vergabewesen in der Geschichte

Probleme bei der Vergabe von Bauleistungen sind nicht neu. Dies zeigt ein Blick in die Geschichte [1, 2].

Stellvertretend für die Sorgen der Auftraggeber beklagt Vergil im 1. Jh. vor Chr.: „... Ich habe Berechnungen anstellen lassen, was eine Parallelstraße von Nord-Süd kosten würde. Aber die Kosten sind ... so gestiegen, daß wir uns eine neue Straße nicht leisten können ... zumal die Kosten weiter steigen und die Baustoffe und Werkzeuge in der Hand von Unternehmern sind, die alles miteinander absprechen".

Stellvertretend für die Sorgen der Auftraggeber schreibt der französische Festungsbauer Vauban an seinen Finanzminister am 17.9.1685: „Diese vielgerühmten Preisnachlässe und billigsten Angebote sind nur scheinbare Vorteile. Niemand kann mehr geben als er hat. Sorgen Sie dafür, Herr Minister, daß diese Dinge aufhören. Stellen Sie Treu und Glauben wieder her und ermöglichen Sie dem ordentlichen Unternehmer ein angemessenes Entgelt für seine Leistung. Geben Sie den Preis, den eine gute Arbeit fordert. Dies ist noch immer das billigste Verfahren gewesen und hat stets viel Kummer gespart ...".

In beiden Beispielen sind Gedanken formuliert, die 1926 zur gemeinsam von Auftraggebern und Auftragnehmern erstellten Verdingungsordnung für Bauleistungen (VOB) geführt haben. Bis in das 19. Jahrhundert wurde überwiegend das auch von den Römern bekannte Verfahren der Lizitation (umgekehrte Versteigerung) bei der Auftragsvergabe angewandt. Nach nur mündlicher Verlesung der Bauleistung unterboten die Bauunternehmen eine vorab festgelegte Bausumme. Der Mindestfordernde erhielt den Zuschlag. Dieses Verfahren war geeignet, Leichtsinn und Leidenschaften der Unternehmer zu provozieren und führte dann zu den von Vauban geschilderten negativen Folgen.

Eine grundlegende Änderung fand das Verdingungswesen, als der Grundsatz der Schriftlichkeit des Vergabeverfahrens, der Submission, anfangs des 19. Jahrhunderts in Frankreich und Bayern eingeführt wurde. Sowohl die Aufforderung zur Angebotsabgabe als auch das geheim zu haltende Angebot mußten schriftlich erfolgen. Allerdings war den Staatsbeamten noch immer auferlegt, automatisch dem niedrigsten Angebot den Zuschlag zu geben. Neben der allgemeinen Submission war auch noch die spezielle Submission mit mündlicher Absteigerung erlaubt. Daß Handwerk und aufstrebendes Unternehmertum im 19. Jh. unter der herrschenden Vergabepraxis oft schwer beeinträchtigt waren, daß die öffentlichen Auftraggeber damals von ihrer Machtstellung oft beliebigen Gebrauch machten, deutet der Leitspruch einer Gewerbeausstellung in Nürnberg 1888 an: „Dem Handwerk hilft kein Reichsstatut, wenn Submission es macht kaputt".

Der entscheidende weitere Fortschritt wurde erreicht, als sich die Überzeugung durchsetzte, daß eine sparsame und wirtschaftliche Verwaltung der öffentlichen Mittel keineswegs gewahrt wurde, wenn grundsätzlich dem Mindestfordernden der Zuschlag erteilt wurde. Bahnbrechend waren in diesem Sinne die Verordnungen in Preußen und Bayern, die zur Aufhebung des automatischen Zuschlags auf das niedrigste Angebot führten. In dem Circular-Erlaß des Preußischen Ministers für öffentliche Arbeiten von 1885 hieß es: „Der Zuschlag darf

nun auf ein in jeder Beziehung annehmbares, die tüchtige und rechtzeitige Ausführung der betreffenden Arbeit gewährleistendes Gebot erteilt werden ... Ausgeschlossen von der Berücksichtigung sind solche Angebote ... welche eine in
offenbarem Mißverhältnis zu der betreffenden Leistung stehenden Preisforderung enthalten, so daß nach dem geforderten Preis an und für sich eine tüchtige
Ausführung nicht erwartet werden kann".

In rascher Folge sind bis 1907 bei Reichsverwaltungen und Ländern entsprechende Verordnungen entstanden, die in weiten Teilen die Gedanken und Regelungen der Verdingungsordnung für Bauleistungen vorwegnahmen. Diese wurde im Mai 1926 verabschiedet und ist, mit einigen Änderungen, bis heute für alle
öffentlichen Auftraggeber bei der Vergabe von Bauleistungen bindend.

Es war allerdings von Beginn an beabsichtigt, über die öffentliche Verwaltung
hinaus auch ein Instrument für die Vergabe privater Auftraggeber zu entwikkeln. Die VOB ist deshalb auch als DIN-Norm eingeführt. In ihren wesentlichen
Teilen bietet sie allen am Baugeschehen Beteiligten allgemein gültige Grundsätze
für zweckmäßiges Verhalten der öffentlichen und privaten Auftraggeber bei Abschluß und Abwicklung von Bauaufträgen. Dies gilt auch trotz einiger Besonderheiten für den Bau von Rohrleitungen.

Die Bezeichnung „Verdingung" rührt noch aus dem 16./17. Jahrhundert und
bezieht sich auf das Verdingen einer reinen Lohnarbeit, „eine Arbeit ausgeben
bzw. vergeben". Beispiele sind der Festungsbau von Ingolstadt (1542) oder die
Hamburgische Bauhof-Ordnung (1617).

14.3.2 Die Verdingungsordnung für Bauleistungen (VOB) und Grundsätze der Vergabe

Am 26.5.1926 ist die Verdingungsordnung für Bauleistungen, die VOB, nach
jahrelanger Zusammenarbeit von Vertretern der Bau- und Finanzbehörden sowie der Bauwirtschaft mit ihren 3 Teilen A, B und C ins Leben gerufen worden.
Überarbeitungen erfolgten in den Jahren 1952 und unter Einbeziehung der EG-
Baukoordinierungsrichtlinie 1973. Die letzte Ausgabe der VOB erfolgte 1988
mit wesentlicher Straffung im Teil C der VOB.

Heute ist die VOB eine Einkaufsvorschrift von Bauleistungen und Rohrverlegearbeiten für alle öffentlichen Auftraggeber und muß auch von privater Seite bei
allen öffentlich bezuschußten Maßnahmen eingehalten werden. Darüber hinaus
findet sie für die Bauvergabe und die rechtliche Gestaltung von Bauverträgen
auf dem Grundsatz der Freiwilligkeit auch im Privatbereich breite Anwendung.
Die VOB zielt auf einen geordneten Wettbewerb und auf eine Risikoverteilung
zwischen Auftraggeber und Auftragnehmer ab und dient der Sicherung der
Wirtschaftlichkeit und Chancengleichheit.

Die VOB gliedert sich in 3 Teile

– Teil A als Vergabeordnung (DIN 1960)

– Teil B als Vertragswerk (DIN 1961)
– Teil C als technisches Regelwerk (DIN 18 299 bis 18 451)

VOB Teil A

Die wesentlichsten Forderungen der VOB Teil A für die Vergabe sind:

– der Wettbewerb soll die Regel sein, d. h., in der Regel öffentliche oder beschränkte Ausschreibungen; freihändige Vergabe nur unter bestimmten
Randbedingungen
– die angeforderte Leistung ist eindeutig und erschöpfend zu beschreiben
– keine einseitige Risikoverlagerung zum Auftragnehmer
– Chancengleichheit der Auftragnehmer, deshalb u. a. Geheimhaltung der Angebote
– Verzicht auf finanzielle Nachverhandlung
– Zuschlag für das wirtschaftlichste, nicht billigste Angebot unter Berücksichtigung der Leistungsfähigkeit des Auftragnehmers.

VOB Teil B

Während Teil A der VOB sich in erster Linie an den Vergebenden zur Aufrechterhaltung eines geordneten Wettbewerbs wendet, ist Teil B der VOB für beide
Vertragsparteien zur rechtlichen Ausgestaltung des Bauvertrages gleichermaßen
von Bedeutung. Teil B formuliert Vertragsbedingungen wie

– Vergütung, Abrechnung, Zahlung, Vertragsstrafe, Kündigung
– Termine
– Abnahme und Gewährleistung.

Von der Privatwirtschaft wird Teil B, der das BGB-Werkvertragsrecht für die
besonderen Belange des Bauwesens ergänzt, häufiger als Teil A verwendet.

VOB Teil C

VOB Teil C enthält allgemeine technische Vertragsbedingungen für Bauleistungen unterschiedlicher Art. Hier werden insbesondere Angaben und Regelungen
zur Baustelle, zur Ausführung, zum Inhalt von Nebenleistungen sowie zu besonderen Leistungen von Bauarbeiten jeder, aber auch spezifischer Art gemacht
(siehe Abschnitt 14.3.8)

14.3.3   Arten der Ausschreibung und Vergabe

Soweit nicht an die VOB gebunden, ist es dem Versorgungsunternehmen über-
lassen, eine von den Regelungen der VOB unabhängige Ausschreibung und
Vergabe mit freier Preisvereinbarung durchzuführen. In jedem Fall sollten, unabhängig von der Vergabeart, die VOB Teile B und C Vertragsbestandteile bei
der Vergabe von Gas- und Wasserleitungen werden.

Die Vergabeordnung nach VOB Teil A, § 3, läßt einen breiten Spielraum für die Durchführung der Ausschreibung und Vergabe zu.

Die VOB Teil A, § 3, sieht 3 Möglichkeiten mit jeweiliger Verfahrensbeschreibung vor:

– *die öffentliche Ausschreibung:* Bei der öffentlichen Ausschreibung werden Bauleistungen in Zeitungen oder Gemeindeblättern öffentlich ausgeschrieben, so daß sich eine unbeschränkte Zahl von Unternehmern durch Einreichen von Angeboten bewerben kann. In Zukunft sind hier zusätzlich die EG-Vorschriften zu beachten, die bei großen öffentlichen Bauvorhaben eine internationale Ausschreibung vorsehen. Im Rohrleitungsbau ist die öffentliche Auschreibung nur bei sehr großen Bauvorhaben, z. B. Fernleitungen, der Regelfall.

– *die beschränkte Ausschreibung:* Bei der beschränkten Ausschreibung wird nur eine beschränkte Zahl von Unternehmern gezielt zur Abgabe von Angeboten aufgefordert.

Erdverlegte Gas- und Wasserrohrleitungen müssen von solchen Rohrleitungsfirmen verlegt werden, die für die Bauausführung erforderliche Kenntnisse, Erfahrungen und Geräteausstattung besitzen. Nach GW 301 erteilt der DVGW die notwendige Zulassung (s. auch Abschnitt 15.4). Für Versorgungsunternehmen ist es aus versorgungstechnischen Gründen außerdem sinnvoll, bei der Ausschreibung ortsansässige Unternehmen zu berücksichtigen. Von diesen Firmen wird auch erwartet, daß sie rund um die Uhr zur Verfügung stehen, um größere Versorgungsstörungen kurzfristig zu beheben oder sonstige sporadische Arbeiten schnell auszuführen.

Aus den angeführten Gründen kommen für Rohrleitungsbauarbeiten primär ortsansässige und in jedem Fall nur fachkundige Firmen in Frage. Die beschränkte Ausschreibung von Rohrleitungs-Bauleistungen ist damit die Regel bei Versorgungsunternehmen. In der Regel werden 5 bis 8 Bewerber zur Angebotsabgabe aufgefordert.

Dem Versorgungsunternehmen als Auftraggeber fällt bei dieser Art der Ausschreibung ein hohes Maß an Verantwortung zur Aufrechterhaltung des Wettbewerbs und der Wettbewerbsfähigkeit der einzelnen Unternehmen zu. Auch im Sinne der VOB ist ein System „organisierter Konkurrenz" zu entwickeln, ohne allerdings eine Politik des „Wettbewerbs um jeden Preis" zu provozieren.

– *freihändige Vergabe:* Bei der freihändigen Vergabe werden Bauleistungen ohne ein förmliches Verfahren direkt an ein bestimmtes Unternehmen vergeben. Die freihändige Vergabe soll die Ausnahme sein und nur erfolgen, wenn aus besonderen technischen oder terminlichen Gründen eine beschränkte Ausschreibung unzweckmäßig ist. Die VOB läßt eine freihändige Vergabe allerdings auch dann zu, wenn nach Aufhebung einer öffentlichen oder beschränkten Ausschreibung eine erneute Ausschreibung kein annehmbares Ergebnis verspricht.

Eine Ausschreibung sollte in jedem Fall erst dann erfolgen, wenn alle Projektunterlagen vollständig erarbeitet, die rechtzeitige Materialbereitstellung gesichert, externe vertragliche Regelungen und terminliche Abstimmungen abgeschlossen sind. Wirtschaftliche Verlegekosten werden ganz entscheidend von einem störungsfreien Bauablauf ohne Stillstandzeiten und Störungen bestimmt. Auch aus diesem Grund ist eine detaillierte Projektierung für jedes Einzelprojekt mit einer auf alle Einflußfaktoren hin durchdachten Vorbereitungsphase von so großer Bedeutung.

14.3.4　Leistungsbeschreibung und Leistungsverzeichnisse

Allgemein schreibt §9 VOB Teil A vor, daß Bauleistungen eindeutig und erschöpfend zu beschreiben sind. Die Leistung soll in der Regel durch eine allgemeine Darstellung der Bauaufgabe, der Baubeschreibung und ein in Teilleistungen gegliedertes Leistungsverzeichnis beschrieben werden. Alle die Bauleistung beeinflussenden Umstände sind mit anzugeben. Diese in der VOB enthaltenen Forderungen werden mit einer Einzelprojektierung jedes Projektes erfüllt.

Im allgemeinen stellt der Auftraggeber selbst das Material (Rohre, Armaturen u. a.), ausgeschrieben werden nur die Erdarbeiten, Rohrverlegearbeiten und die Straßenwiederherstellung.

Da Rohrverlegearbeiten häufig wiederkehrende Bauleistungen sind und sich aus grundsätzlich einheitlichen technischen und wirtschaftlichen Teilleistungen zusammensetzen, ist es zweckmäßig, alle Teilleistungen in Leistungsverzeichnissen zusammenzufassen. Die Ausschreibung, die Bearbeitung der Angebote, die Auftragserteilung und die Abrechnung können mit diesen Leistungsverzeichnissen einheitlich, übersichtlich und einfacher durchgeführt werden. DIN 18299 der VOB Teil C, gibt allgemeine Hinweise für das Aufstellen von Leistungsbeschreibungen.

Versorgungsunternehmen verfügen meist über eigene Leistungsverzeichnisse, die etwa im Abstand von 5 Jahren dem jeweiligen Stand des technischen Regelwerkes und der örtlichen Erfahrungen und Bedingungen angepaßt werden. Die Leistungsverzeichnisse enthalten Einzelpositionen für alle vorkommenden Teilleistungen mit der zugehörigen Leistungsbeschreibung.

Kritisch anzumerken ist, daß die mit Leistungsverzeichnissen verbundene Zielsetzung einer Vereinfachung und Rationalisierung dann nicht erreicht werden oder gar Mehraufwand entsteht, wenn:

– diese im Detail immer weiter perfektioniert, umfangreicher und unübersichtlicher werden
– diese nicht gepflegt, d. h. diese nur ergänzt aber selten überarbeitet werden
– diese für jede Versorgungssparte und von jedem Versorgungsunternehmen unterschiedlich mit dem Ehrgeiz einer Individuallösung erstellt werden.

Es besteht in solchen Fällen die Gefahr, daß Leistungsverzeichnisse zur verwaltungstechnischen Routine werden und nicht zur ingenieurgemäßen Lösung von Aufgaben führen.

Vorbehaltlos zu unterstützen sind die Forderungen [3], nach denen Rohrverlegearbeiten so auszuschreiben sind, daß technischer Fortschritt gewährleistet ist und ein flexibler Arbeitsablauf an der Baustelle möglich bleibt.

Allgemeine Standardleistungsverzeichnisse für den bundesweiten Einsatz liegen nur teilweise vor. Aufgrund der unterschiedlichsten örtlichen Gegebenheiten an Baustellen (Bodenverhältnisse, Arbeitsplatzverhältnisse u. a.) sowie unterschiedlichen Randbedingungen bei den einzelnen Versorgungsunternehmen (z. B. gemeinsame Verlegung von Gas- und Wasserleitungen bei Querverbundunternehmen) ist zu erwarten, daß solche Standardleistungsverzeichnisse wegen des notwendigerweise großen Umfangs und der Schwierigkeit einheitlicher Leistungsbeschreibungen sich nur schwer durchsetzen.

Sinnvoll ist jedoch, die Leistungsverzeichnisse einheitlich zu strukturieren und mit anderen Unternehmen abzustimmen. Die Vorteile einer Kooperation mit dem Ziel einer Steigerung der Leistungsfähigkeit und Senkung der Kosten werden sicher noch nicht voll ausgeschöpft.

Üblicherweise sind Leistungsverzeichnisse (LV) für Rohrverlegearbeiten Gas und Wasser in mehrere Teile untergliedert:

- LV   I: Erdarbeiten (bei EWAG, Nürnberg, 69 Einzelpositionen mit Einzelleistungsbeschreibung für Gas und Wasser)
- LV II: Rohrverlegung (224 Einzelpositionen Gas und Wasser)
- LV III: Gehweg- und Straßenwiederherstellung (69 Einzelpositionen)
- LV IV: Arbeiten für die Erstellung und Auswechslung von Gas- und Wasserhausanschlüssen
- LV V: Regiearbeiten.

Die Gliederung erlaubt eine getrennte Ausschreibung und Vergabe für die Erstellung des Rohrgrabens und die eigentliche Rohrverlegung. Erdarbeiten und Rohrverlegung sollten allerdings wegen einer Vielzahl sonst eintretender Schwierigkeiten, wie Gewährleistung, Risikoabdeckung für Baufirmen, Mehraufwand für Baustelleneinrichtung sowie Ablaufkoordinierung und den sich daraus ergebenden Mehrkosten, gemeinsam ausgeschrieben und an eine Firme, ggf. Bietergemeinschaft vergeben werden.

Bestandteile der Ausschreibungsunterlagen mit Leistungsbeschreibung sind die VOB Teil C und unternehmensspezifische „Technische Bedingungen" sowie VOB Teil B und ggf. die „Allgemeinen Geschäftsbedingungen" eines Unternehmens. Dabei müssen die Geschäftsbedingungen widerspruchsfrei zu VOB Teil B sein.

Es muß mit der Ausschreibung und der Leistungsbeschreibung gewährleistet sein, daß dem Auftragnehmer kein ungewöhnliches Wagnis aufgebürdet wird und damit eine einseitige Risikoverlagerung erfolgt. Der deutsche Städtetag hat

1982 Ausschreibungstexte zusammengestellt, die der VOB in diesem Sinn widersprechen [4].

14.3.5 Verfahren der Ausschreibung

Jahresvergabe

Grundlage für die Ausschreibung der oft praktizierten Jahresvergabe sind die Leistungsverzeichnisse für Erdarbeiten, Rohrverlegung, Straßenwiederherstellung, Hausanschlüsse und Regiearbeiten. Das geschätzte Bauvolumen wird eingesetzt und ausgeschrieben. Für den Anbieter ist es dabei allerdings unmöglich, projektbezogen zu kalkulieren. Nach Angebotsabgabe werden die Einheitspreise der Firmen für die einzelnen Leistungspositionen in Listen gegenübergestellt. Da die Preise der Einzelpositionen von Anbieter zu Anbieter oft stark schwanken, ist ein Preisvergleich für eine Rohrverlegung nur anhand einer konkreten Verlegung mit Kenntnis von Art und Umfang der jeweils anfallenden Einzelpositionen möglich.

Die ausgewählten Firmen erhalten fiktive Jahresaufträge, deren Umfang sich an der Arbeitskapazität und quantitativen Leistungsfähigkeit orientiert. Im konkreten Fall einer Rohrverlegung ergibt sich der günstigste Bieter aus einem Preisvergleich der hierfür anfallenden Einzelpositionen. Ob die preisgünstigste Firma zum gewünschten Termin gerade verfügbar ist, bleibt allerdings dahingestellt. Für den Auftraggeber ist es deshalb oft nicht möglich, kostenorientiert vergeben zu können.

Für größere Rohrleitungsprojekte ist deshalb dieses Verfahren für Auftraggeber und Auftragnehmer ungeeignet.

Die Jahresvergabe wird jedoch mit guter Erfahrung für Ausschreibung und Vergabe von kleineren, häufig wiederkehrenden Arbeiten eingesetzt. Dies sind das Verlegen von Hausanschlüssen, die provisorische und endgültige Straßenwiederherstellung oder kleinere Instandhaltungsmaßnahmen.

Einzelvergabe

Für Rohrleitungsprojekte ist die Einzelausschreibung zweckmäßig. Ausgehend von der Projektbeschreibung werden die jeweiligen Massen für Erdarbeiten und Rohrverlegung für jede Position ermittelt. Mit diesen, auf das Projekt zugeschnittenen Positionen, werden die Firmen mit Angabe von Örtlichkeit, Zeitpunkt und Baubeginn zur Angebotsabgabe aufgefordert. Um Zeit-, Schreib- und Verwaltungsaufwand gering zu halten, werden als Kurzfassung des Leistungsverzeichnisses nur die entsprechenden Positionsnummern mit ermittelten Massen mitgeteilt. Durchschnittlich enthält ein Rohrleitungsprojekt etwa 30 bis 50 ausgeschriebene Einzelpositionen der LV I und II.

Für eventuell anfallende Regiearbeiten sollten die Stundenverrechnungssätze für Lohn und Geräte grundsätzlich einmal jährlich, orientiert an den Tarifabschlüssen, Zinsniveau u. a., festgelegt werden. Stundenlohn- oder Selbstkostenerstattungsverträge (Regiearbeiten) sollten nur ausnahmsweise angewendet werden, wenn Leistungen im voraus nicht eindeutig und erschöpfend beschrieben werden können.

Die Abrechnung der ausgeschriebenen Leistungspositionen erfolgt mit dem vom Auftragnehmer erstellten sowie vom Auftraggeber überprüften Aufmaß für jede ausgeschriebene Leistungsposition. Nach der Abnahme stellt die Firma die Rechnung unter Beigabe aller Aufmaßblätter. Wegen der Vielzahl zu kalkulierender, auszuschreibender und nachprüfbar abzurechnender Einzelpositionen bleibt auch die Einzelvergabe nach Leistungsposition noch relativ aufwendig.

Zu einer Reduzierung des Verwaltungsaufwandes kann die Ausschreibung üblicher Rohrverlegearbeiten mit Einzelvergabe nach Verlegelänge (Meterpreisvergabe) führen. Ausgeschrieben werden nur noch x-Meter Rohrleitung unter vorgegebenen Randbedingungen, jedoch keine Einzelpositionen mit Massenangaben. Nicht eindeutig zu ermittelnde Sonderleistungen wie Bodenaustausch, Handschachtung, Wasserhaltung u. a. werden nach LV auf Nachweis verrechnet. Die Leistungsbeschreibung mit deutlich verringerten Leistungspositionen ist nach wie vor eindeutig und läßt für alle Anbieter eine sichere Kalkulation zu. Voraussetzung sind allerdings eindeutige Planungsunterlagen und eine eindeutige Abgrenzung, welche Leistungen im Meterpreis enthalten bzw. nicht enthalten sind. Die Abrechnung ist denkbar einfach, da Einzelaufmaßblätter für detaillierte Leistungen nicht mehr notwendig sind. Diese Abwicklung setzt jedoch in besonderer Weise eindeutige Projektunterlagen, intensive Bauüberwachung und eine gute technische Zusammenarbeit zwischen Auftraggeber und Auftragnehmer voraus. Eine einseitige Risikobelastung des Auftragnehmers muß ausgeschlossen bleiben. Die Meterpreisvergabe gewährleistet dann für beide Seiten eine besonders rationelle Abwicklung der Rohrverlegung mit möglichst geringem Verwaltungs- und Abrechnungsaufwand, was sich positiv auf die Verlegekosten auswirken muß.

14.3.6 Wertung der Angebote und Vergabe

Bei der Angebotseröffnung (Submission) werden die Angebote, die bis dahin in einem Umschlag verschlossen bleiben, geöffnet. An der Angebotseröffnung können alle Anbieter teilnehmen. Die Angebotssumme sowie eventuelle Alternativvorschläge werden bekanntgegeben und in einem Protokoll festgehalten. Anschließend werden die Angebote rechnerisch und wirtschaftlich geprüft.

Für die Angebotsbewertung technischer Leistungen gelten ganz allgemein folgende Kriterien:

Preis: Vergleich mit den Mitbewerbern und mit eigenen Preisvorstellungen unter Berücksichtigung aller kommerzieller Bedingungen

Technik: Beurteilung der mit dem Lösungsvorschlag verbundenen Vor- und
                  Nachteile, auch im Hinblick auf späteren Betriebs- und Wartungs-
                  aufwand
Sicherheit: Bewertung der Sicherheit der Vertragserfüllung in technischer, ter-
                  minlicher und wirtschaftlicher Hinsicht.

Aus allen 3 Kriterien kann über ein Punktebewertungssystem ein Preis-
Leistungsverhältnis für alle Angebote ermittelt werden, das letztlich für die Vergabe bestimmend ist. Es ist zweckmäßig, das Bewertungsergebnis schriftlich
festzuhalten.

Diese allgemeine Bewertungspraxis spiegelt sich auch im § 25 VOB Teil A „Bewertung der Angebote" wider.

Für übliche Rohrleitungsprojekte kann dieser umfassende Bewertungsaufwand
sicherlich deutlich reduziert werden. DVGW-anerkannten Bauunternehmen
kann Fachkunde, Zuverlässigkeit und Leistungsfähigkeit – entspricht Sicherheit
der Vertragserfüllung – unterstellt werden. Gegenteilige Erfahrungen sollten zunächst mit dem Unternehmer selbst besprochen, wenn gravierend und wir-
kungslos, dem DVGW mitgeteilt werden.

Außerdem ist die Rohrverlegung einschließlich aller Nebenleistungen weitge-
hendst vom Auftraggeber vorgeschrieben, so daß bei üblichen Maßnahmen
letztlich nur der Preis entscheidet. Dies gilt allerdings nicht für die Vielzahl von
Sonderbaumaßnahmen, wie z. B. Fernleitungen, Düker, Rohrvortrieb, oder besonders große und schwierige Baumaßnahmen mit engen Bauablauf- und Ter-
minvorgaben. Hier können für die Vergabe die Kriterien Technik und Sicherheit
über den Preis hinaus eine entscheidende Rolle spielen.

Bestätigt sich nach rechnerischer Überprüfung der Angebotspreis und sind technische Gespräche nicht mehr erforderlich, so werden die endgültigen Angebots-
preise aller Bieter in einer Tabelle mit Aufgliederung der Angebotssummen (z. B.
nach LV I bis IV) zusammengestellt. Die Gegenüberstellung der Aufgliederung
der Angebotssummen läßt auffällige Abweichungen im Kostenaufbau erkennen. Sehr große Spreizungen können auch ein Hinweis auf nicht eindeutige
Ausschreibungsunterlagen sein. Die Gegenüberstellung und Bewertung bei Meterpreisvergabe erlaubt gegenüber der Leistungsvergabe einen unmittelbaren
Überblick.

Weicht auch das günstigste Angebot erheblich von den Preisvorstellungen des
Auftraggebers ab, sei es nach unten (kritische Angebote) oder nach oben (überhöhte Angebote), ist dies vertieft zu prüfen. Die Angemessenheit des Angebotes
sollte dabei sowohl an Erfahrungswerten (Preisspiegel, Einheitspreislisten, Lei-
stungszahlen, wie z. B. DM/m) als auch an einer Aufwandsabschätzung (Lohn-,
Gerätekosten bei gut organisiertem Bauablauf) geprüft werden.

Die Preise müssen angemessen sein. Ist das niedrigste Angebot überhöht, in der
Regel kann dafür eine Abweichung von mehr als 10 % von begründeten Preisvorstellungen angesehen werden, kann die Ausschreibung aufgehoben und eine

freihändige Vergabe an den bisher günstigsten Bieter angestrebt werden. Das Ziel der dabei geführten Verhandlungen ist es, über technische Klärungen und technische Änderungen Preisreduzierungen zu erreichen. Solche technischen Verhandlungen setzen den sachkundigen Fachmann voraus.

Die Aufhebung von Ausschreibungen und Preisverhandlungen sollten die Ausnahme darstellen. Würden sie zur Regel, führt dies nur zu entsprechenden Risikoaufschlägen bei den Bietern und zu höheren Einheitspreisen.

Die Vergabe sollte möglichst rasch – die VOB sieht hierfür max. 24 Werktage vor – nach der Angebotseröffnung erfolgen. Der in der Ausschreibung angegebene Baubeginn muß eingehalten werden, um die Arbeitsvorbereitung und Disposition des Auftragnehmers nicht zu gefährden.

Unabhängig von der Vergabeart sind Angebote mit Unterlagen geheimzuhalten und aufzubewahren, in der Regel ca. 5 Jahre.

14.3.7 Vertragsarten und Vertragsbedingungen

Bauleistungen sollen nach § 5 VOB Teil A so vergeben werden, daß die Vergütung nach Leistung bemessen wird (Leistungsvertrag). Grundsätzlich gibt es folgende Vertragsarten:

– Beim *Einheitspreisvertrag* werden Preise für technisch und wirtschaftlich einheitliche Teilleistungen pro Einheit (m, m², m³, kg, t, Stück) der einzelnen Teilleistungen vereinbart und nach Bauausführung aufgrund der tatsächlich erbrachten Leistung abgerechnet. Dies ist der bisher beschriebene Regelvertrag.

– Beim *Pauschalvertrag* wird ein Pauschalpreis für die gesamte Bauleistung vereinbart. Voraussetzung ist, daß die Leistung nach Art, Ausführung und Umfang genau bestimmt ist und mit keiner Änderung der Ausführung zu rechnen ist. Der Pauschalvertrag ist im Rohrleitungsbau die Ausnahme.

– Ein *Stundenlohnvertrag*, bei dem die aufgewendeten Lohnstunden verrechnet werden, kommt nur bei Bauleistungen geringeren Umfangs in Frage, die überwiegend Lohnkosten verursachen, z. B. Rohrbruch-Instandsetzungen, Instandhaltungsmaßnahmen, Bereitschaftsdienste.

– Beim *Selbstkostenerstattungsvertrag* werden die Selbstkosten zuzüglich eines angemessenen Gewinnzuschlages verrechnet. Diese Ausnahme ist nur dann üblich, wenn bei der Ausschreibung eine vorherige Aufwands- und Preisermittlung nicht möglich ist (Notmaßnahme, Katastropheneinsatz).

Die allgemeinen Vertragsbedingungen für Bauleistungen sind in der VOB Teil B festgelegt. Die besonderen Verhältnisse einer Baustelle können durch Ergänzungen zur VOB im Bauvertrag berücksichtigt werden.

Von besonderer Bedeutung sind Haftung und Gewährleistung. Auftraggeber und Auftragnehmer tragen die Haftung für eigenes Verschulden und für das

Verschulden der von ihr beauftragten Personen. Der Auftragnehmer ist gegenüber dem Auftraggeber für die Einhaltung der Regeln der Technik (z. B. Normen) sowie der gesetzlichen, behördlichen und berufsgenossenschaftlichen Vorschriften (z. B. Unfallverhütungsvorschriften) verantwortlich. Etwaige Bedenken gegen die Art der Ausführung (z. B. Verschalung von Baugruben) hat er dem Auftraggeber unverzüglich mitzuteilen.

Auch nach der Abnahme der Bauleistung durch den Auftraggeber muß der Auftragnehmer noch für seine Leistungen einstehen. Mit der Abnahme beginnt die Gewährleistungspflicht innerhalb der der Auftragnehmer durch ihn verschuldete Mängel kostenlos beheben oder hierfür Preisnachlaß (Minderung) gewähren muß.

Nach VOB gilt für Bauwerke eine Gewährleistungsfrist von 2 Jahren, für Arbeiten an einem Grundstück (Erdarbeiten) 1 Jahr. Nach dem Bürgerlichen Gesetzbuch (BGB) gilt für Bauwerke eine Gewährleistungsfrist von 5 Jahren. Welche Regelung im besonderen Fall gilt, muß für jedes Bauwerk im Vertrag festgelegt werden, andernfalls gilt die Regelung nach BGB.

In jedem Fall sollten Bauverträgen die allgemeinen Vertragsbedingungen nach VOB Teil B zugrundegelegt werden, ggf. mit Änderung der Gewährleistungsfrist nach BGB.

14.3.8 Technische Vorschriften

Grundlegende technische Vorschriften für den Bauausführenden im Tiefbau sind die DIN-Normen, z. B. DIN 4124 (Baugruben und Gräben), VOB Teil C, das Technische Regelwerk für Gas/Wasser des DVGW, für Abwasser der ATV, die Unfallverhütungsvorschriften.

Die für den Tiefbau wichtigsten Ausführungsnormen nach VOB Teil C sind:

DIN 18 299: Allgemeine Regelungen für Bauarbeiten jeder Art
DIN 18 300: Erdarbeiten
DIN 18 303: Verbauarbeiten
DIN 18 305: Wasserhaltungsarbeiten
DIN 18 307: Gas- und Wasserleitungsarbeiten im Erdreich
DIN 18 315: Straßenbauarbeiten; Oberbauschichten ohne Bindemittel
DIN 18 316: Straßenbauarbeiten; Oberbauschichten mit hydraulischen Bindemitteln
DIN 18 317: Straßenbauarbeiten; Oberbauarbeiten mit bituminösen Bindemitteln
DIN 18 318: Straßenbauarbeiten; Pflasterdecken und Plattenbeläge
DIN 18 320: Landschaftsbauarbeiten.

Diese Normen enthalten Hinweise für die Leistungsbeschreibung, legen die Anforderungen an verwendete Werkstoffe fest und enthalten Vorschriften über die technische Ausführung der Leistung.

Um Streitigkeiten zu vermeiden, wird ausdrücklich bestimmt, welche Arbeiten Nebenleistungen sind, die auch ohne ausdrückliche Erwähnung in der Leistungsbeschreibung unentgeltlich mitzuerledigen sind. Unentgeltliche Nebenleistungen in diesem Sinne sind z. B.:

– notwendige Meß- und Absteckarbeiten
– Schutz- und Sicherheitsmaßnahmen nach den Unfallverhütungsvorschriften
– Beseitigung einzelner Sträucher und Bäume bis 0,1 m Durchmesser, einzelner Steine und Mauerreste bis 0,1 m³ Inhalt
– Beförderung aller Baustoffe innerhalb der Baustellen
– Beseitigung aller selbst verursachten Verunreinigungen.

Demgegenüber sind auch die gesondert zu vergütenden „besonderen Leistungen" aufgeführt, wie z. B.

– Baugrunduntersuchungen
– Verkehrssicherungsmaßnahmen
– besondere Sicherungsmaßnahmen für Leitungsgräben.

Ebenso sind in der VOB Teil C Grundsätze für Aufmaß und Abrechnung der jeweiligen Leistung geregelt.

Neben den DIN-Normen sind weitere grundlegende technische Vorschriften für den Tiefbau und die Rohrverlegung enthalten in:

– DVGW-Regelwerk Gas/Wasser des Deutschen Vereins des Gas- und Wasserfaches e. V.
– ATV-Regelwerk Abwasser der Abwassertechnischen Vereinigung e. V.
– Technische Vorschriften der Forschungsgesellschaft für das Straßenwesen, die durch Erlaß verbindlich eingeführt sind, z. B. ZTVE-StB als zusätzliche technische Vorschrift für Erdarbeiten im Straßenbau
– Unfallverhütungsvorschriften.

Da der Auftragnehmer dem Auftraggeber für die Einhaltung der Unfallverhütungsvorschriften verantwortlich ist, sind die Unfallverhütungsvorschriften der Berufsgenossenschaften ebenfalls wesentliche Unterlagen der Bauausführung.

14.4 Vergabe von Ingenieurleistungen

In vielen Fällen wird vom Versorgungsunternehmen nicht nur die Bauleistung, sondern auch die Ingenieurleistung für Planung, Projektierung, Oberbauleitung und Bauüberwachung vergeben. Für die Honorarabrechnung werden in der „Verordnung über Honorare zu Leistungen der Architekten und Ingenieure (HOAI)" Richtwerte in Prozenten der Herstellungskosten und in Abhängigkeit von der Schwierigkeit der Baumaßnahmen (Klasse) angegeben. Bei üblichen Rohrleitungsbauarbeiten fallen für die Projektierung zwischen 4 % und 5 % der

Herstellungskosten (Erdarbeiten, Verlegung und Material), für die Bauüberwachung weitere 3% bis 4% an (ohne Oberbauleitung).

Im Ingenieurvertrag verpflichtet sich das Ingenieurbüro, eine technische Anlage

- nach dem Stand der Technik
- nach bestem Wissen und Gewissen zu planen und zu erstellen.

Teil der Planungs- und Projektierungsaufgabe ist meist das Herausarbeiten der wirtschaftlichsten Lösung. Die wirtschaftlichste Lösung muß nicht die Lösung mit den geringsten Baukosten sein, da häufig die Betriebs- und Instandhaltungskosten größere Bedeutung erlangen – aber sie kann es sein.

Ein gewisser Konflikt kann sich aus der Honorarvereinbarung in Prozent der Herstellungssumme ergeben. Wenn das Ingenieurbüro im Interesse seines Bauherrn die Bausumme möglichst niedrig hält, was meist einen erhöhten Zeitaufwand zur Folge hat, reduziert er damit seine Honorarkosten. In solchen Fällen ist es zweckmäßig, Prämien zu vereinbaren oder den entstandenen Mehraufwand zusätzlich zu vergüten.

14.5 Baudurchführung

Die Baudurchführung gliedert sich in folgende Teilaufgaben:

- Arbeitsvorbereitung (Instruktionsverfahren, Baugrunduntersuchung, Baustellenvorbereitung, Arbeitssicherheit und Unfallverhütung, Verkehrssicherung, Kundeninformation Gas/Wasser, Materialdisposition)
- Baudurchführung durch Auftragnehmer
- Oberbauleitung und Bauführung durch Auftraggeber oder ein vom Auftraggeber beauftragtes Unternehmen
- Inbetriebnahme nach vorausgegangenen Funktionsprüfungen und Prüfung der technisch einwandfreien Ausführung.

Beide Parteien, Auftragnehmer und Auftraggeber, haben ein gemeinsames Interesse an einem möglichst reibungslosen und unterbrechungsfreien Bauablauf. Wesentlichste Voraussetzung hierfür ist eine intensive Arbeitsvorbereitung. Die Arbeitsvorbereitung ist das Gebiet im Leitungsbau, bei dem die größten Rationalisierungseffekte erreicht werden können.

14.5.1 Arbeitsvorbereitung

Im allgemeinen werden vom Auftraggeber folgende arbeitsvorbereitende Maßnahmen übernommen, wobei die Aufgabenverteilung zwischen Auftraggeber und Auftragnehmer örtlich sehr unterschiedlich festgelegt sein kann:

- Durchführung von Baugrunduntersuchungen, soweit erforderlich, im Rahmen der Projektierung

- Durchführung aller Instruktionsverfahren zum Schutz unterirdischer Ver- und Entsorgungsunterlagen im Rahmen der Projektierung
- Einholung der Aufgrabungsgenehmigungen
- Anordnungen zur Verkehrssicherung in Absprache mit zuständigen Behörden
- Information an Kunden Gas/Wasser über Versorgungsunterbrechungen bzw. über Kellerbegehung
- Verlegen von Versorgungsprovisorien
- Außerbetriebnahme von Versorgungsleitungen
- Materialdisposition aller benötigten Leitungsmaterialien.

Unabhängig von wem diese arbeitsvorbereitenden Maßnahmen übernommen werden, sie müssen einen störungsfreien Arbeitsablauf mit positiver Auswirkung auf die Verlegepreise gewährleisten. Ebenfalls von größter Bedeutung, auch für das Image des Versorgungsunternehmens, ist eine rechtzeitige und verständliche Information der von der Leitungsbaumaßnahme betroffenen Kunden.

Die vom Auftragnehmer durchzuführende Arbeitsvorbereitung betrifft die Baustellenvorbereitung und die detaillierte technische und terminliche Planung des Arbeitsablaufes mit Einsatz der Arbeitskräfte und Geräte.

14.5.2 Bauoberleitung und örtliche Bauführung

Für die Bauausführung ist sowohl eine Bauoberleitung sowie eine örtliche Bauführung durch den Auftraggeber erforderlich. Nur bei kleineren Projekten können beide Aufgaben von einer Person gemeinsam erledigt werden. Beide Aufgaben kann der Auftraggeber an ein erfahrenes Ingenieurbüro vergeben, wobei dann die jeweiligen Mitarbeiter gegenüber dem Auftraggeber namentlich zu benennen sind.

Bauoberleitung und Bauführung vor Ort haben jeweils besondere Aufgabenbereiche. Während die Bauoberleitung die pauschale Überwachung der Projektunterlagen und des Projektablaufes mit Entscheidungen bei Planabweichungen wahrnimmt, ist die Bauführung mit örtlichen Kontrollen, Aufsicht und Abnahmen beauftragt. Die Bauoberleitung beginnt mit der Auftragserteilung und erstreckt sich über die gesamte Bau- und Gewährleistungszeit. Der Auftraggeber kann bei Ende der Gewährleistungszeit eine gemeinsame Schlußbegehung verlangen.

Der Bauführer ist auf der Baustelle Vertreter des Auftraggebers und wahrt dessen Interessen. Er ist dem Bauoberleiter fachlich und meist auch disziplinarisch unterstellt. Bei den meist kleineren Leitungsprojekten können von einem Bauführer, meist ein Bautechniker, auch mehrere Baustellen beaufsichtigt werden. Voraussetzung ist allerdings, daß er neben einer kontinuierlichen Bauaufsicht, zu allen wesentlichen Arbeiten anwesend ist. Dies sind die Baueinweisung, die Fertigstellung von Teilabschnitten mit Prüfung der technisch sachgerechten, mit den Verlegeplänen übereinstimmenden Ausführung, Druckprobe, Desinfektion und die Abnahme. Bei größeren Projekten erfolgt die Inbetriebnahme und Abnahme gemeinsam mit dem Oberbauleiter.

Die Hauptaufgaben des Bauführers sind im einzelnen:

- Prüfung der Projektunterlagen bei Übernahme auf Vollständigkeit
- Kontrolle der für den Baubeginn erforderlichen Voraussetzungen sowie Abstimmen der Maßnahme mit öffentlichen Dienststellen und Privatpersonen
- Überwachen der Baumaßnahmen hinsichtlich Übereinstimmung mit Projektunterlagen und einwandfrei technische Ausführung
- Erteilen von Anweisungen an die Baufirma bei Auftreten von Schwierigkeiten, ggf. nach Abstimmung mit Oberbauleiter
- Abnahme von Leitungsprüfungen, Erstellen von Prüfprotokollen
- Erstellen und Prüfen von Materialnachweisen und Materialabrechnungen
- Erstellen der Einmaße mit Baufirma und Überprüfung anhand Projektunterlagen (Verlegepläne)
- Erstellen des Aufmaßes an der Baustelle mit der Baufirma; Kontrolle der Abrechnungsblätter auf sachliche und rechnerische Richtigkeit
- Einweisung, Überwachung, Abnahmen, Abrechnung der Straßenwiederherstellung mit Baufirma.

Die Bedeutung einer gewissenhaften Bauaufsicht für einen geordneten und zügigen Bauablauf aber auch für eine technisch einwandfreie Rohrverlegung, Voraussetzung für einen zukünftig sicheren und wirtschaftlichen Betrieb, wird oft unterschätzt.

14.6 Aufmaß und Abrechnung

Grundlage für die Vergütung der ausgeführten Leistung ist deren vom Auftraggeber und Auftragnehmer gemeinsam festgestellte Art und Menge.

Lediglich nach dem Pauschalvertrag sind, wenn keine Änderungen eingetreten sind, keine detaillierten Aufzeichnungen notwendig.

Wird die Vergütung wie üblich nach den vertraglich festgelegten Einheitspreisen und den tatsächlich ausgeführten Leistungen und ggf. Lieferungen nach Art und Menge abgerechnet (Leistungsvertrag), dann sind die Mengen entweder aus den entsprechend korrigierten Bestands- und Verlegeplänen zu entnehmen und/oder an der Baustelle aufzumessen. Dabei sind die in der VOB Teil C festgelegten Richtlinien für das Aufmaß mit Berechnungsvorgaben und für die Abrechnung zu beachten. Meßbare, wägbare und zählbare Abrechnungseinheiten sind m, m^2, m^3, kg, t, Stück. Darüber hinaus fallen nicht meßbare Leistungen, wie Grundwasserhaltung u. a. an, deren Feststellung im Laufe der Verlegearbeiten gemeinsam nach Art und Aufwand getroffen werden müssen.

Als Abrechnungsunterlagen werden in der Regel genutzt:

- *Verlegepläne*, die im Rahmen der Projektierung erstellt und während der Verlegung ggf. korrigiert werden. Diese dienen, mit Einmessungen versehen, auch als Grundlage für das nachfolgende Anlegen von Bestandsplänen bzw. für Änderungen in Bestandsplänen.

- *Rohrfolgeliste*, als Materialnachweis und Nachweis der Verlegeleistung, die von der Baufirma erstellt wird. Diese enthält in gestreckter Lage alle Rohre und Einbauteile in der verlegten Reihenfolge, die Verlegetiefe (NN-Höhe), Verbindungsart sowie alle allgemeinen Angaben (Projekt, Bauzeit, Datum, Inbetriebnahme und Abnahme, Name Bauleiter und Bauführer, Firma u.a.).

- *Aufmaßblätter* für alle Einzelleistungen (Erdarbeiten, Bodenaustausch, Verlegung, Straßenwiederherstellung, Bordsteine u.a.). Für die Abrechnung der Straßenwiederherstellung wird deren Länge zusätzlich mit dem Meßrad abgegangen.

- *Nachweisblätter für Regiearbeiten.*

Vom Bauführer (Auftraggeber) und dem Bauleiter (Baufirma) gemeinsam unterzeichnete Aufmaß- und Nachweisblätter sind Grundlage der Abrechnungsblätter. Für jede Position im Leistungsverzeichnis wird ein getrenntes Abrechnungsblatt erstellt. Anhand der Verlegepläne und Skizzen sowie zusätzlich der Rohrfolgeliste können die Ergebnisse der Aufmaß- und Abrechnungsblätter überprüft werden. Die Länge nach Verlegeplan, Rohrfolgeliste und Aufmaßblätter müssen näherungsweise übereinstimmen. Der Oberbauleiter unterzeichnet und bestätigt die Abrechnungsblätter nach einer zumindest stichprobenweisen Überprüfung.

Die Abrechnung wird von der Baufirma erstellt, wobei der Rechnung die freigegebenen Aufmaß- und Abrechnungsblätter als Beleg beigelegt sind. Bei Lieferung und Bereitstellung des Materials durch den Auftraggeber werden die Materialausgabebelege, Materialeinbau (Rohrfolgeliste) und Materialrückgabebelege überprüft. Bei unerklärlichen Materialverlusten oberhalb einer Toleranzgrenze werden der Baufirma das fehlende Material in Rechnung gestellt.

Der aufgezeigte Ablauf macht deutlich, welche Bedeutung einfache, übersichtliche und knappe Leistungsverzeichnisse auch für die Abrechnung einer Baumaßnahme haben. Die Meterpreis-Vergabe mit rd. 10 Einzelpositionen führt auch hier im Vergleich zur Vergabe mit einer Vielzahl von Einzelpositionen zu einer erheblich einfacheren Abrechnung und Reduzierung von Verwaltungsaufwand.

Abweichungen zwischen der Vergabe- und Abrechnungssumme sind oft unvermeidlich. In der Regel sollten solche Überschreitungen und Unterschreitungen im Rahmen von $\pm 10\%$ der kalkulierten Summe liegen. Die Kalkulation der Bausumme sollte allerdings ohne Sicherheitszuschläge erfolgen. Hinsichtlich Kostentransparenz und Kostenverantwortung sind begründete Nachgenehmigungen in jedem Fall günstiger zu beurteilen als Projektkalkulation mit Sicherheitszuschlägen, Positionen für Unvorhergesehenes u.a.

Die Kosten sind beim Rohrleitungsbau in den letzten 10 Jahren weniger als in anderen Baubereichen angestiegen. Dieser vergleichsweise geringe Kostenanstieg (ca. 4% je Jahr) ist auch auf die wachsende Produktivität bei höherem Maschineneinsatz zurückzuführen. Die höhere Kapitalbindung bei gleichzeitig hohem Lohnniveau zwingt die Baufirmen allerdings zu einer hohen Auslastung von Personal und Maschinen. Nur so ist es möglich, die Verlegekosten relativ niedrig zu halten.

14.7 Einfluß des Auftraggebers auf Bauablauf und Baukosten

Wie in den bisherigen Ausführungen an mehreren Stellen bereits angeführt, ist der Einfluß des auftraggebenden Versorgungsunternehmens auf eine fachgerechte und kostengünstige Bauleistung außerordentlich groß. Die wesentlichsten allgemeinen Gesichtspunkte bei der Abwicklung von Rohrleitungsbauarbeiten sind hierfür nochmals zusammengefaßt:

– eine intensive Planungs- und Projektierungsphase mit möglichst großem Zeitvorlauf vor der Ausführung; Planung und Trassierung muß den Einsatz moderner Geräte berücksichtigen
– die Ausschreibung, Angebotsbewertung und Vergabeentscheidung muß vom sachkundigen technischen Fachmann mitbestimmt werden können
– klare Aufgabenzuordnung und möglichst hohes Maß an Eigenverantwortung der in den Projektablauf eingebundenen Mitarbeiter, verbunden mit modernen Controlling-Methoden (Projektsteuerung, Termin-, Kostenpläne)
– einfache, aber eindeutige Ausschreibungsunterlagen
– die Vergabe muß nach den Prinzipien des Wettbewerbs, des Interessenausgleichs und ausgewogener Risikoabdeckung erfolgen
– umfassende Arbeitsvorbereitung vor Baubeginn
– der Vergabeumfang und -zeitpunkt ist möglichst so zu wählen und zu steuern, daß die auftragnehmende Baufirma gleichmäßig ausgelastet ist und eine ganzjährige Bautätigkeit der Firma bei möglichst geringem Ortswechsel und entsprechend geringem Aufwand für Baustelleneinrichtungen gefördert wird
– Optimierung des Bauablaufes einzelner oder mehrerer Baustellen mit dem Ziel, auch kurze Stillstand- und Verlustzeiten zu vermeiden, wirtschaftliche Arbeitsmethoden einsetzen zu können und einen elastischen Arbeitsablauf zu gewährleisten
– qualifizierte Bewertung der Baumaßnahmen und der Baufirma nach Fertigstellung; Rückfluß der Erfahrungen in die Projektierung und in die Vergabe zukünftiger Baumaßnahmen
– regelmäßige Diskussion mit den ausführenden Baufirmen über gewonnene Erfahrungen.

Ziel ist, Rohrleitungen so zu planen, zu vergeben und zu verlegen, daß über die Preiswürdigkeit hinaus eine hohe Betriebssicherheit und hohe Nutzungsdauer gewährleistet ist.

14.8 Literatur

[1] W. Heiermann: „Ist die VOB noch zeitgemäß"
gwf Wasser/Abwasser **120** (1979) H. 4, S. 165
[2] W. Daub: „Einige Bemerkungen zur Geschichte der VOB"
aus Sonderheft „50 Jahre VOB", Beuth-Verlag GmbH
[3] A. Böhme: „Aktuelle Fragen im Rohrleitungsbau"
gwf Wasser/Abwasser **125** (1984) H. 4, Seiten 170–176
[4] R. Köhler: „Ausschreibung und Abwicklung von Rohrleitungsarbeiten"
ndz 1979, 2, Seiten 57–60

15 Anhang

15.1 Qualifikation des technischen Personals in Wasserwerken*

15.1.1 Einleitung

Von den Versorgungsunternehmen ist Trinkwasser den Verbrauchern ständig in einwandfreier Qualität und ausreichender Menge zur Verfügung zu stellen. Dabei ist das Wasser unter dem Druck zu liefern, der für eine einwandfreie Deckung des üblichen Bedarfs im Versorgungsgebiet erforderlich ist. Zuverlässigkeit der technischen Einrichtungen des Wasserwerks ist hierfür ein wesentlicher Planungs- und Betriebsgrundsatz jeder Wasserversorgung. Diese hohen Anforderungen machen den Einsatz fachkundiger und gut ausgebildeter Fachleute im Wasserwerk und in der Wasserverteilung zwingend notwendig. In DIN 2000 „Zentrale Trinkwasserversorgung; Leitsätze für Anforderungen an Trinkwasser, Planung, Bau und Betrieb der Anlage; Technische Regel des DVGW" wird daher zu Recht gefordert, daß als Leiter der Wasserversorgung Fachleute mit „abgeschlossener technisch-naturwissenschaftlicher Ausbildung und einer gründlichen Praxis auf dem Gebiet der Wasserversorgung" einzusetzen sind.

Die Wasserversorgung für die Bevölkerung und Industrie, auch unter den häufig gegebenen schwierigen Bedingungen, ist vielerorts eine Aufgabe kleiner und mittlerer Unternehmen. In diesen Wasserversorgungsunternehmen ist die Möglichkeit zur Beschäftigung qualifizierten Personals jedoch eingeschränkt, wenn wegen geringer Wasserabgaben die wirtschaftlichen Grundlagen hierfür fehlen. Der DVGW gibt daher im folgenden Anhaltspunkte zur Beurteilung der Qualifikation der technisch-verantwortlichen Fachleute in Wasserversorgungsunternehmen.

Es wird ausdrücklich darauf hingewiesen, daß kleine und mittlere Wasserversorgungsunternehmen bestrebt sein müssen, sich bei Schwierigkeiten der Wasserqualität sowie bei Planung, Bau und Betrieb von Wasserversorgungsanlagen der Erfahrung von Fachinstituten, Ingenieurbüros oder größerer Nachbarunternehmen zu bedienen.

15.1.2 Anforderungen

Die Anforderungen an technisch-verantwortliches Betriebspersonal in Wasserwerken ergeben sich aus Bild 15.1 in Abhängigkeit von der

---

* erarbeitet durch den DVGW-Fachausschuß „Wasserfachliche Berufsbildung für Ingenieure und Naturwissenschaftler

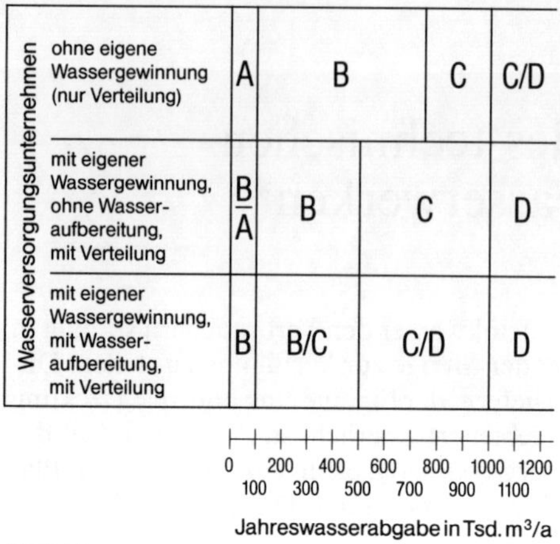

Wasserversorgungsunternehmen	ohne eigene Wassergewinnung (nur Verteilung)	A	B		C	C/D
	mit eigener Wassergewinnung, ohne Wasseraufbereitung, mit Verteilung	$\frac{B}{A}$	B		C	D
	mit eigener Wassergewinnung, mit Wasseraufbereitung, mit Verteilung	B	B/C	C/D		D

```
 ├──┼──┼──┼──┼──┼──┼──┼──┼──┼──┼──┼──┤
 0     200    400    600    800   1000  1200
    100    300    500    700    900   1100
```

Jahreswasserabgabe in Tsd. m³/a

Darin ist:

- A: **Wasserwart**
- B: **Facharbeiter**
- C: **Meister/Techniker**
- D: **Mitarbeiter mit abgeschlossenem ingenieurwissenschaftlichen oder naturwissenschaftlichen Hochschulstudium**

Bild 15.1 Anforderungen an technisch-verantwortliche Fachleute in Wasserversorgungsunternehmen

- Anlagengröße (d. h. der jährlichen Wasserabgabe)
- Unternehmenskonzeption (mit Wasserbezug oder mit Wassergewinnung) und des
- Schwierigkeitsgrades der Wasseraufbereitung.

Darin ist:

- *A: Wasserwart*
- *B: Facharbeiter*
- *C: Meister/Techniker*
- *D: Mitarbeiter mit abgeschlossenem ingenieurwissenschaftlichen oder naturwissenschaftlichen Hochschulstudium*

Erläuterungen:

- *A: Wasserwart*

Der Wasserwart ist ein Handwerker bzw. Facharbeiter – ausnahmsweise auch ein Angelernter – der in jedem Fall über langjährige Erfahrung im Betrieb von Wasserversorgungsanlagen verfügen muß.

Mittel- bzw. langfristig ist anzustreben, den Wasserwart durch den Ver- und Entsorger, Fachrichtung Wasserversorgung, bzw. durch den Anlagenmechaniker, Fachrichtung Versorgungstechnik (Rohrnetzbauer), zu ersetzen.

Aufgrund der Ausbildung können als Wasserwart je nach Unternehmensstruktur (ohne bzw. mit Wassergewinnung) auch Handwerker bzw. Facharbeiter aus den dem Anlagenmechaniker, Fachrichtung Versorgungstechnik, bzw. Ver- und Entsorger, Fachrichtung Wasserversorgung, facheinschlägigen Berufen, wie Rohrinstallateur, Gas- und Wasserinstallateur, Rohrleitungsbauer, Rohrnetzbauer, Bauschlosser, Schlosser, Maschinenschlosser, Maschinenbauer, Betriebsschlosser sowie Elektroinstallateur eingesetzt werden, sofern sie über die eingangs geforderte langjährige praktische Erfahrung verfügen.

In diesem Zusammenhang sei darauf hingewiesen, daß nach § 40 (2) Berufsbildungsgesetz jeder Erwachsene zu einer Facharbeiterprüfung auch zugelassen werden kann, wenn er nachweist, daß er mindestens das zweifache der Zeit, die als Ausbildungszeit vorgeschrieben ist, in dem Beruf tätig gewesen ist, in dem er die Prüfung ablegen will. Damit haben Ungelernte bzw. Handwerker/Facharbeiter aus nicht artverwandten Berufen, die 6 Jahre im Betrieb eines Wasserversorgungsunternehmens tätig gewesen sind, die Möglichkeit, zum Facharbeiter-Abschluß Ver- und Entsorger, Fachrichtung Wasserversorgung, bzw. Anlagenmechaniker, Fachrichtung Wasserversorgung, bzw. Anlagenmechaniker, Fachrichtung Versorgungstechnik, zu kommen.*

Der Wasserwart wird ggf. auch in Teilzeitarbeit von den Versorgungsunternehmen beschäftigt.

– B: *Facharbeiter*

Sofern es sich um ein Unternehmen mit Wasserbezug, d.h. ohne eigene Wassergewinnung, handelt, sind vorzugsweise Rohrnetzbauer oder Anlagenmechaniker, Fachrichtung Versorgungstechnik, einzusetzen. Für Versorgungsunternehmen mit eigener Wassergewinnung und Wasseraufbereitung kommen hier Ver- und Entsorger, Fachrichtung Wasserversorgung, in Frage.

Es können auch die dem Anlagenmechaniker, Fachrichtung Versorgungstechnik, bzw. Ver- und Entsorger, Fachrichtung Wasserversorgung, artverwandten Berufe (siehe *A: Wasserwart*) eingesetzt werden. In diesem Fall wird die zusätzliche Ablegung der einschlägigen Facharbeiter-Prüfung zum Anlagenmechaniker, Fachrichtung Versorgungstechnik, bzw. Ver- und Entsorger, Fachrichtung Wasserversorgung, nach § 40 (2) Berufsbildungsgesetz empfohlen.*

Die vorgenannten Facharbeiter sind in fester Anstellung Mitarbeiter der Versorgungsunternehmen.

---

* siehe Abschnitt 15.3

– *C: Meister/Techniker*

Für Unternehmen mit Wasserbezug, d. h. ohne eigene Wassergewinnung, kommt aufgrund des Aufgabengebietes in der Regel der Rohrnetzmeister Wasser bzw. der Rohrnetzmeister Gas/Wasser in Frage. In Wasserversorgungsunternehmen mit eigener Wassergewinnung sind Wassermeister zu beschäftigen, die dann nicht nur für den Wasserwerksbetrieb, sondern auch für das Rohrnetz zuständig sind.*

Auch hier können Meister artverwandter Berufe eingesetzt werden, sofern sie über langjährige praktische Erfahrung im Betrieb von Wasserversorgungsanlagen verfügen. Die zusätzliche Ablegung der einschlägigen Meisterprüfung ist angeraten.*

Techniker für Wasserversorgungstechnik, die in größeren Versorgungsunternehmen oftmals für Assistentenaufgaben eingesetzt werden, können in kleinen und mittleren Unternehmen die Aufgaben des Rohrnetzmeisters oder Wassermeisters übernehmen.

– *D: Mitarbeiter mit abgeschlossenem ingenieurwissenschaftlichen oder naturwissenschaftlichen Hochschulstudium*

Bevor diese Mitarbeiter an verantwortlicher Stelle eingesetzt werden, müssen sie praktische Erfahrungen in der Wasserversorgungstechnik gesammelt haben.

Die in Bild 15.1 dargestellten Grenzen sind nicht eng auszulegen. Z. B. kann eine komplizierte Wasseraufbereitung möglicherweise eine höhere Qualifikationsstufe als dargestellt erforderlich machen. Darüber hinaus benötigen ältere Anlagen mehr Instandhaltungs- und Wartungsarbeiten als neuere, was sich möglicherweise dann auch auf die Qualifikation des technischen Betriebspersonals auswirkt.

Wie bereits einleitend dargelegt, sind für das technische Betriebspersonal in Wasserversorgungsunternehmen eine solide handwerklich-technische Ausbildung und einschlägige Fachkenntnisse unabdingbare Voraussetzungen. Darüber hinaus ist mit einer laufenden Fortbildung dafür zu sorgen, daß die im Wasserfach Tätigen ihrer hohen Verantwortung bei der Sicherstellung einer einwandfreien Wasserversorgung der Bevölkerung und der Industrie ständig gerecht werden können. Hierzu werden von den Fachverbänden und Vereinen die in Abschnitt 15.3 genannten Berufsbildungsmaßnahmen angeboten.

---

* siehe Abschnitt 15.3

15.2 Muster einer Dienstanweisung für Wassermeister*

15.2.1 Einleitung

Sinn und Zweck einer Dienstanweisung ist es, Rechte und Pflichten des Wassermeisters näher festzulegen. Sinngemäß gilt diese Dienstanweisung auch für das technisch verantwortliche Personal höherer oder niedrigerer Qualifikationsebenen (s. auch Abschnitt 15.1).

Es ist zweckmäßig, spezielle Arbeitsanweisungen für den Betrieb öffentlicher Wasserversorgungsanlagen in besonderen Betriebsanleitungen zusammenzufassen. Derartige Betriebsanleitungen sollten von den Wasserversorgungsunternehmen entsprechend den vorliegenden Bedingungen und den vorhandenen Betriebseinrichtungen erstellt werden.

Der Wassermeister muß im Rahmen dieser Dienstanweisung selbständig handeln und hierzu auch die Möglichkeit erhalten.

Dies setzt voraus, daß

- der Wassermeister erfolgreich an einem Wassermeisterlehrgang des DVGW in Lübeck oder Rosenheim oder an einem Fernlehrgang des DELIWA-Vereins teilgenommen hat („Geprüfter Wassermeister").
- dem Wassermeister die Teilnahme an Fortbildungsveranstaltungen regelmäßig ermöglicht wird
- ein fachkundiger eingewiesener Stellvertreter des Wassermeisters benannt ist
- dem Wassermeister ausreichend qualifiziertes Personal und Betriebsmittel für einen geordneten Betriebsablauf zur Verfügung stehen
- dem Wassermeister alle erforderlichen Unterlagen (z. B. wasserrechtliche Auflagen, Betriebsanleitungen und Wartungsvorschriften, Unfallverhütungsvorschriften, technische und gesetzliche Vorschriften) zur Verfügung stehen
- das Beschäftigungsverhältnis in einem Arbeitsvertrag geregelt ist.

Dieses Muster ist den jeweiligen örtlichen Verhältnissen anzupassen.

15.2.2 Dienstverhältnis

– Arbeitsvertrag

Das arbeitsrechtliche Verhältnis zwischen dem Wassermeister und (der Gemeinde/dem Verband/dem Versorgungsunternehmen/den Stadtwerken)...
ist im Arbeitsvertrag vom .... geregelt.

---

* aktualisierte der durch den DVGW-Fachausschuß „Berufsbildung von Facharbeitern und Meistern im Gas- und Wasserfach" erarbeitete Fassung

– Zuständigkeit
Der Wassermeister ist für Betrieb, Überwachung und Unterhaltung folgender Anlagen[1] der Wasserversorgung zuständig:

Gewinnungsanlagen. . . . .
Fördereinrichtungen . . . .
Speicheranlagen . . . .
Aufbereitungsanlagen . . . .
Entkeimungsanlagen . . . .
Zubringerleitungen. . . . .
Rohrnetze. . . . .
sonstige Anlagen . . . .

Ohne sein Wissen dürfen Arbeiten oder sonstige Betätigungen an den Anlagen nur zur unmittelbaren Gefahrenabwendung vorgenommen werden. Von evtl. durchgeführten Notarbeiten ist der Wassermeister unverzüglich zu unterrichten. Bedenken gegen die Richtigkeit oder Zweckmäßigkeit von Anordnungen des Vorgesetzten bzw. vorgesetzter Dienststellen sind erforderlichenfalls schriftlich geltend zu machen oder im Betriebstagebuch festzuhalten.

– Befugnisse
Der Wassermeister ist gegenüber den ihm unterstellten Mitarbeitern weisungsberechtigt.

Er ist unterschriftsberechtigt für Ausgaben bis . . . . DM.[2]

– Hausrecht
Auf Wasserwerksanlagen übt der Wassermeister im Auftrag des Trägers der Wasserversorgung das Hausrecht aus.

Unbefugten ist das Betreten der Wasserwerksanlagen zu untersagen.

Wasserwerksanlagen und Betriebsgebäude sind verschlossen zu halten. Die Schlüssel müssen sicher verwahrt und dürfen nicht in die Hände Unbefugter gelangen können.

– Arbeitszeit
Die Arbeitszeit ist im Arbeitsvertrag[3] geregelt. Zur Aufrechterhaltung der Versorgung, in Notfällen, zur Abwendung von Gefahren, in Katastrophenfällen u. ä. hat der Wassermeister notwendige Arbeiten auch außerhalb der normalen Arbeitszeit auszuführen (z. B. nachts oder übers Wochenende[4]).

---

[1] Zutreffendes ist auszufüllen
[2] Entscheidungs- und Anschaffungsbefugnisse sollen hier noch im einzelnen präzisiert werden
[3] Muster eines Arbeitsvertrages s. Abschnitt 15.2.12
[4] Erforderlichenfalls muß Bereitschaftsdienst oder Rufbereitschaft einschl. deren Vergütung geregelt werden

– Stellvertreter
Der vom Vorgesetzten benannte Stellvertreter des Wassermeisters ist mit seinem Arbeitsgebiet so vertraut zu machen, daß er jederzeit den Wasserwerksbetrieb aufrecht erhalten kann.

Die Übergabe der Dienstgeschäfte an den Stellvertreter hat rechtzeitig zu erfolgen.

– Informationspflicht
Der Wassermeister hat über besondere Vorkommnisse und außergewöhnliche Wahrnehmungen an den Anlagen der Wasserversorgung den Vorgesetzten sofort zu informieren (s. auch Abschnitte 15.2.4 „Aufzeichnungen" und 15.2.7).

– Weiterbildung
Der Wassermeister ist zur beruflichen Weiterbildung verpflichtet. Nach besonderer Anweisung durch den Vorgesetzten hat er deshalb als Dienstaufgabe an Schulungs- und Fortbildungskursen für Wassermeister teilzunehmen.

15.2.3 Fachspezifische rechtliche Grundlagen

Der Wassermeister hat die ihm vom Vorgesetzten übergebenen einschlägigen Bestimmungen aus Gesetzen, Verordnungen und Vorschriften nach dem jeweils neuesten Stand zu beachten.

Dazu zählen unter anderem:

– Bedingungen und Auflagen des wasserrechtlichen Bescheides
– jeweilige Wasserschutzgebietsverordnung
– Wasserhaushaltsgesetz
– Trinkwasserverordnung (TrinkwV)
– Ortssatzungen, AVBWasserV
– Regelwerk Wasser des DVGW Deutscher Verein des Gas- und Wasserfaches e. V. einschließlich der in das DVGW-Regelwerk aufgenommenen DIN-Normen
– Unfallverhütungsvorschriften (UVV der BG der Gas- und Wasserwerke)
– eichrechtliche Vorschriften.

15.2.4 Betrieb

– Betriebsanleitungen
Die Einzelheiten des Betriebsablaufes werden in Betriebsanleitungen festgelegt.

Betriebsanleitungen und Bedienungsvorschriften für alle Anlagen, z. B. Maschinen, elektrische Einrichtungen, müssen an Ort und Stelle vorhanden sein.

Zu seiner Kenntnis gelangende Überschreitungen der Vorschriften durch Dritte sind unverzüglich dem Vorgesetzten mitzuteilen. Dies gilt insbesondere auch für Verstöße gegen die Schutzbestimmungen.

– *Aufzeichnungen*

Zum Nachweis des geordneten Betriebs der Wasserversorgungsanlagen führt der Wassermeister ein Betriebstagebuch (siehe Abschnitt 15.2.2 „Informationspflicht"). Es enthält u. a. die Betriebsdaten und Messungen, die über den Betriebs- und Belastungszustand der Wasserversorgungsanlage zu jeder Zeit ausreichende Auskunft geben.

– *Wasseruntersuchungen*

Die Ergebnisse der Wasseruntersuchungen sind aufzubewahren.

– *Überwachung der Wasserversorgungsanlagen*

Die Anlagen der Wasserversorgung sind ständig zu überwachen. Bestimmend sind die gesetzlichen Regelungen und die Betriebsanleitung.

– *Turnusmäßiger Wechsel der Wassermeßgeräte*

Wasserzähler, die im geschäftlichen Verkehr verwendet werden, sind fristgerecht zur Eichung (Beglaubigung) vorzulegen. Die übrigen Wassermeßgeräte sind entsprechend den behördlichen Auflagen und betrieblichen Erfordernissen instand zu halten und auf ihre Meßgenauigkeit zu prüfen.

– *Überörtliche Betriebsbetreuung*

Nimmt der Träger der Wasserversorgung eine überörtliche Betriebsbetreuung in Anspruch (s. hierzu auch Abschnitt 15.1.1), so obliegt es dem Wassermeister in Abstimmung mit dem Vorgesetzten, die entsprechenden Auskünfte zu erteilen.

– *Bestandsplanführung*

Für alle Wasserwerksanlagen und das gesamte Rohrnetz sind Bestandspläne gemäß DIN 2425 (vergleiche auch DVGW-Arbeitsblatt GW 120) auf dem neuesten Stand zu halten.

15.2.5   Wartungsarbeiten

Die Anlagen der Wasserversorgung sind stets in einem sauberen, hygienisch und technisch einwandfreien Zustand zu halten. Dementsprechend hat die Wartung zu erfolgen. Die Betriebsanleitungen sind zu beachten.

15.2.6   Instandsetzung

Der Wassermeister hat alle Maßnahmen zu treffen, damit Beschäftigungen oder Störungen an den Anlagen unverzüglich behoben werden. Ist dies nicht möglich, muß der Vorgesetzte sofort unterrichtet werden.

Sofern Aufträge an Fachfirmen zur Behebung bzw. Vermeidung einer Notlage erforderlich waren und der Vorgesetzte im Einzelfall nicht erreicht werden konnte, ist dies vom Vorgesetzten sobald wie möglich zu bestätigen.

Arbeiten an den Anlagen dürfen nur unter der verantwortlichen Leitung des Wassermeisters von eigenem Fachpersonal oder von Fachfirmen ausgeführt werden.

15.2.7 Vorsorge und Lagerhaltung

– Geräte und Werkzeuge
Die für den Betrieb erforderlichen Geräte und Werkzeuge sind vorzuhalten.
Sie sind vom Wassermeister übersichtlich und in gebrauchsfähigem Zustand aufzubewahren.

– Ersatzteile
Die in den Wasserwerksanlagen erforderlichen Ersatzteile sind zu beschaffen und vom Wassermeister durch sorgfältige Aufbewahrung und Pflege vor Schäden zu bewahren.

– Verbrauchsstoffe
Verbrauchsstoffe, wie Fette, Öle, sonstige Betriebsstoffe und Chemikalien, evtl. auch für das Labor, sind vom Wassermeister in ausreichenden Mengen und Qualitäten unter Beachtung der einschlägigen Vorschriften zu lagern.
Die Vorräte sind rechtzeitig zu ergänzen (siehe Abschn. 15.2.2 „Befugnisse").

– Betriebsmittelverzeichnis, Inventarverzeichnis
Über die dem Wassermeister übergebenen Werkzeuge, Geräte, Einrichtungsgegenstände, Ersatzteile und Verbrauchsstoffe sind Verzeichnisse zu führen und auf dem aktuellen Stand zu halten.

15.2.8 Außergewöhnliche Vorkommnisse

– Allgemeine Maßnahmen
Bei außergewöhnlichen Ereignissen im Bereich der Wasserversorgung, die erkennen lassen, daß der Betriebsablauf bzw. die Versorgung der Abnehmer gefährdet oder gestört bzw. dies nach Lage der Dinge zu befürchten ist, hat der Wassermeister die erforderlichen Abwehrmaßnahmen unverzüglich im Rahmen seiner Zuständigkeit eigenverantwortlich zu ergreifen.

Der Vorgesetzte ist sofort zu benachrichtigen.

Bei der Durchführung der Abwehrmaßnahmen sind die einschlägigen Bestimmungen der AVBWasserV bzw. der Wasserabgabesatzung zu beachten (z.B. beim Abstellen eines Teiles oder der gesamten Wasserversorgung).

Ob und inwieweit Aufsichtsbehörden (Wasserbehörde, Gesundheitsamt und andere) eingeschaltet werden, entscheidet der Vorgesetzte.

– Beeinträchtigung der Wasserqualität
Zeigen Wasseruntersuchungen, daß zulässige Grenz- bzw. Richtwerte, z.B. die der Trinkwasserverordnung, überschritten wurden, so ist der Vorgesetzte sofort zu informieren.

Auch andere Gefahren (z.B. Fremdstoffzusickerung im Bereich der Wasserfassung; Fremdstoffe, Insekten und sonstiges im Bereich der Quellen, Brunnen, Behälter und Schächte; Bruch einer Leitung in der Nähe der Abwasserleitungen), welche befürchten lassen, daß die Beschaffenheit des Trinkwassers bereits beeinträchtigt ist bzw. werden kann, sind sofort dem Vorgesetzten zu melden und Abhilfemaßnahmen einzuleiten.

– *Brandschutz in den Wasserwerksanlagen*
Die einschlägigen Bestimmungen des Brandschutzes sind zu beachten.

– Brände im Bereich des Versorgungsgebietes
Im Brandfall soll der Wassermeister oder sein Stellvertreter den Einsatzleiter der Feuerwehr beratend unterstützen.

– *Hochwasser*
Hochwasser kann bei Wasserfassungsanlagen eine hygienische Gefährdung der Wasserversorgung herbeiführen.

Der Wassermeister hat daher rechtzeitig Vorsorge- und Abwehrmaßnahmen zu ergreifen, damit materielle Schäden sowie Schäden für Gesundheit und Leben abgewendet werden.

Der Vorgesetzte ist sofort zu benachrichtigen.

– *Wassermangel*
Erkennt der Wassermeister, daß die ausreichende Versorgung von Abnehmern mit Trinkwasser gefährdet ist oder dies nach Lage der Dinge befürchtet werden muß, so hat er seinen Vorgesetzten zu informieren, damit Abhilfe veranlaßt wird.

15.2.9 Arbeitsschutz und Unfallverhütung

Der Wassermeister muß wissen, daß bei Arbeitsunfällen u. U. keine unmittelbare Hilfe möglich ist. Er ist deshalb verpflichtet, bei allen Tätigkeiten und Anordnungen entsprechend umsichtig zu handeln.

Die Unfallverhütungsvorschriften der Berufsgenossenschaft der Gas- und Wasserwerke sind an geeigneter Stelle auszulegen und vom Wassermeister und seinen Mitarbeitern zu beachten. Sie haben sich mindestens einmal jährlich über die Vorschriften unterrichten zu lassen.

Eine Reihe von Gesetzen und Verordnungen enthalten unmittelbare Arbeitsschutzvorschriften. Hierzu gehören u. a.:

– Gerätesicherheitsgesetz
– Bundes-Immissionsschutzgesetz
– Verordnung über gefährliche Arbeitsstoffe
– Wasserhaushaltsgesetz
– Arbeitsstättenverordnung.

15.2.10 Hygiene

Alle mit dem Trinkwasser in Berührung kommenden Anlageteile sind in hygienisch einwandfreiem Zustand zu halten.

Bei Arbeiten an bzw. in diesen Anlagen sind nur für diesen Zweck bestimmte Geräte und Arbeitsmittel zu benutzen; insbesondere Gummistiefel und Handschuhe sind vor Gebrauch zu desinfizieren.

Der Wassermeister hat sich auf Anforderung seines Vorgesetzten ärztlich untersuchen zu lassen. Fieberhafte oder infektiöse Erkrankungen des Wassermeisters sowie der mit ihm zusammen wohnenden Personen sind dem Vorgesetzten zu melden.

15.2.11 Besondere Anweisungen[5]

Von dieser Anweisung abweichende Anordungen sind schriftlich zu bestätigen bzw. bestätigen zu lassen. Dies gilt sowohl für den Wassermeister als auch für den Vorgesetzten.

....
Ort, Datum   Ort, Datum

....
Der Wassermeister   Der Dienstvorgesetzte

15.2.12 Muster eines Arbeitsvertrages für Wassermeister

Zwischen der Gemeinde/dem Verband/dem Versorgungsunternehmen ....
und dem Wassermeister ....
wird nachstehender Arbeitsvertrag abgeschlossen:

§ 1

Die Gemeinde/der Verband/das Versorgungsunternehmen stellt
Herrn.................................. aus ....
geboren am .... in...........................
ab.................................... als Wassermeister an.

§ 2

Das Arbeitsverhältnis richtet sich nach den Vorschriften des Bundesangestelltentarifvertrages (BAT) in der jeweils gültigen Fassung.

---

[5] Hierzu sind ggf. besondere Anweisungen bzw. Kompetenzen näher zu erläutern.

§ 3

Die Tätigkeit des Wassermeisters richtet sich nach der anliegenden Dienstanweisung und nach Anordnungen der Personalverwaltung.

§ 4

Die Probezeit beträgt (6) Monate.

§ 5

Der Wassermeister wird in die Vergütungsgruppe.........................
BAT (VKA) eingruppiert.

§ 6

Der Wassermeister ist auf Anordnung zu Bereitschaftsdiensten, Rufbereitschaft etc. verpflichtet. Die Entschädigung richtet sich nach BAT.

Sonstige Nebenabredungen:

§ 7

Der Wassermeister darf seinen Wohnsitz nicht außerhalb des Versorgungsgebietes verlegen. Wenn er das Versorgungsgebiet für länger als .... Stunden/Tage verlassen will, sind der Stellvertreter und der Vorgesetzte zu verständigen.

§ 8

Änderungen und Ergänzungen sind nur wirksam, wenn sie schriftlich vereinbart werden.

...................................., den ....

Der Dienstherr   Der Wassermeister

....
(Unterschrift)   (Unterschrift)

15.3 Fortbildung im Rohrleitungsbau und Rohrnetzbetrieb

Maßnahmen der Berufsbildung im Gas- und Wasserfach gehören zu den satzungsgemäßen Aufgaben des DVGW Deutscher Verein des Gas- und Wasserfaches e. V., Eschborn. Die fachlichen Vorgaben hierzu werden in Auschüssen erarbeitet, die für die beiden Fachgruppen Gas und Wasser einem gemeinsamen Hauptausschuß zugeordnet sind (Bild 15.2).

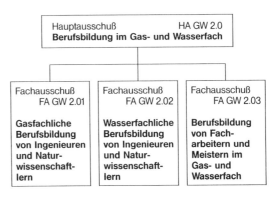

Bild 2: Berufsbildungsausschüsse des DVGW

Für den Bereich Facharbeiter und Meister liegt die Zuständigkeit beim DVGW-Fachausschuß „Berufsbildung von Facharbeitern und Meistern im Gas- und Wasserfach", in dem alle mit Berufsbildungsmaßnahmen für das technische Personal in Gas- und Wasserversorgungsunternehmen befaßten Fachverbände und Vereine vertreten sind:

- DELIWA-Verein e. V.; Berufsverein für das Energie- und Wasserfach, Hannover
- Rohrleitungsbauverband e. V. (RBV), Köln und
- vedewa – Kommunale Vereinigung für Wasser- und Abfallwirtschaft r. V., Stuttgart

Aufgabe des DVGW-Fachausschusses „Berufsbildung von Facharbeitern und Meistern im Gas- und Wasserfach" ist u. a. die Erarbeitung und Betreuung der Stoffpläne für die vom DVGW, DELIWA-Verein und RBV durchgeführten Wassermeister- und Rohrnetzmeister-Lehrgänge (s. Tabelle 15.1), deren Basis das DVGW-Regelwerk (DVGW-Arbeitsblätter und DIN-Normen) ist.

An die Qualifikation des technischen Betriebspersonals in den Gas- und Wasserversorgungsunternehmen werden auf Grund der besonderen Hygiene- und Sicherheitsanforderungen hohe Ansprüche gestellt. Die von den Fachverbänden

Tabelle 15.1

Bildungsangebot	Zielgruppe	Teilnahmevoraussetzung	Lehrgangsziel	Lehrgangsträger bzw. Stelle, an die Anfragen zu richten sind (Anschriften s. Abschn. 15.6)
Seminar Vorarbeiter im Rohrleitungsbau	Vorarbeiter und Facharbeiter	Berufspraxis als Vorarbeiter bzw. Facharbeiter	Vorbereitung auf Vorarbeiter-Position	RBV
Werkpolier-Lehrgang	Vorarbeiter und Facharbeiter	Berufspraxis als Vorarbeiter bzw. Facharbeiter	Werkpolier-Prüfung	RBV
Rohrnetzmeister-Lehrgang (Fern- und Tageslehrgänge)	Mitarbeiter aus Gas- und Wasserversorgungsunternehmen sowie Rohrleitungsbauunternehmen	- 3 Jahre einschlägige Berufspraxis nach Abschluß in einem anerkannten Ausbildungsberuf entsprechend dem Fachgebiet oder - 5 Jahre einschlägige Berufspraxis in einem anderen anerkannten Ausbildungsberuf oder - mindestens 8 Jahre einschlägige Berufspraxis	IHK-Prüfung zum Industriemeister Rohrnetzbau und Rohrnetzbetrieb	RBV: Tageslehrgänge in Kerpen (bei Köln) und Berlin DELIWA: Fernlehrgänge mit Prüfungsorten in Dortmund und Karlsruhe sowie Tageslehrgang in Karlsruhe
Rohrnetzmeister-Seminar	Berufserfahrene Rohrnetzmeister	Rohrnetzmeisterprüfung bzw. entsprechende Stellung im Betrieb	Berufliche Weiterbildung und Erfahrungsaustausch	RBV und DELIWA

Rohrleger im Kunststoff-Rohrleitungsbau	Mitarbeiter aus Versorgungs- und Rohrleitungsbauunternehmen	Einschlägige abgeschlossene Berufsausbildung, z. B. Rohrleitungsbauer, Rohrnetzbauer bzw. Anlagenmechaniker, Fachrichtung Versorgungstechnik, oder 3 Jahre praktische Tätigkeit im Rohrleitungsbau	Befähigung zum Verlegen von Kunststoffrohren entsprechend DVGW-Merkblatt GW 326	RBV
Kunststoffrohrleger PE-HD-Schweißer	Mitarbeiter aus Versorgungs- und Rohrleitungsbauunternehmen	Einschlägige abgeschlossene Berufsausbildung, z. B. Rohrleitungsbauer, Rohrnetzbauer bzw. Anlagenmechaniker, Fachrichtung Versorgungstechnik, oder eine mindestens 5jährige praktische Tätigkeit im Rohrleitungsbau	Schweißbefähigung entsprechend DVGW-Merkblatt GW 330	RBV
PE-HD-Rohre in der Gas- und Wasserversorgung	Aufsichtspersonen im Kunststoff-Rohrleitungsbau	Aufsichtspersonen für die planmäßige Überwachung des PE-Schweißens	Befähigung zur PE-HD-Schweißaufsicht	RBV
Nachumhüllung von Rohren, Armaturen und Formteilen	Fachkräfte, die mit Nachumhüllungsarbeiten beauftragt werden	Mitarbeiter mit praktischer Erfahrung im Rohrleitungsbau und Rohrnetzbetrieb	Befähigung zum Nachumhüllen von Rohren, Armaturen und Formteilen nach DVGW-Merkblatt GW 15	RBV
Vermessung im Rohrleitungsbau	Facharbeiter und Vorarbeiter des Rohrleitungsbaus und Rohrnetzbetriebes	Mitarbeiter mit praktischer Erfahrung im Rohrleitungsbau und Rohrnetzbetrieb	Einführung in Vermessung und Aufmaß	RBV

Tabelle 15.2

Bildungsangebot	Zielgruppe	Teilnahme- voraussetzung	Lehrgangsziel	Lehrgangsträger bzw. Stelle, an die Anfragen zu richten sind (Anschriften siehe Abschnitt 15.6)
Aufbaulehrgänge für technisches Fachpersonal im Rohrleitungsbau und Rohrnetzbetrieb	Mitarbeiter aus Versorgungs- und Rohrleitungsbauunternehmen	Einschlägige Berufspraxis im Rohrleitungsbau und Rohrnetzbetrieb	Vermittlung von neuen Technologien im Rohrleitungsbau und Rohrnetzbetrieb	RBV und DVGW-Landesgruppen gemeinsam mit DELIWA
Arbeiten an in Betrieb befindlichen Gasleitungen (VBG 50)	Verantwortliche Aufsichtspersonen aus dem Rohrnetzbetrieb und Rohrleitungsbau	Sachkundige im Sinne der VBG 50	Nachweis der jährlichen Unterweisung nach Vorschrift VBG 50	BG der Gas- und Wasserwerke, RBV und DVGW-Landesgruppen
Beaufsichtigung von Rohrnetzbau- und Inbetriebnahmearbeiten — Handlungsgrundsätze — Rohrnetzbau — Erd- und Oberflächenarbeiten/besondere versorgungstechnische Belange — Inbetriebnahme/Sanierungsarbeiten	Verantwortliche Aufsichtspersonen aus dem Rohrnetzbetrieb und Rohrleitungsbau	Vorhandwerker, Meister und Techniker, die im Rohrnetzbau und -betrieb Beaufsichtigungsfunktionen wahrnehmen	Erweiterung von Kenntnissen, die zur Erfüllung einer verantwortlichen Beaufsichtigung von Rohrnetzbau- und Inbetriebnahmearbeiten notwendig sind	DELIWA
Erd- und Oberflächenarbeiten für Versorgungsleitungen	Verantwortliche Aufsichtspersonen aus Rohrleitungsbau- und Versorgungsunternehmen	Meister, Betriebstechniker und Betriebsingenieure aus Versorgungsunternehmen und Rohrleitungsbaufirmen, die mit der Bauleitung oder Überwachung betraut sind	Vermittlung von Kenntnissen auf dem Tiefbausektor	DELIWA

Thema	Verantwortliche Aufsichtspersonen	Teilnehmerkreis	Inhalt	Träger
Ausschreibung von Erd- und Oberflächenarbeiten	Verantwortliche Aufsichtspersonen aus Rohrleitungsbau- und Versorgungsunternehmen	Meister, Betriebstechniker und Betriebsingenieure aus Versorgungsunternehmen und Rohrleitungsbaufirmen, die mit der Bauleitung oder Überwachung betraut sind	Grundlagen der Ausschreibung von Erd- und Oberflächenarbeiten, Anforderung an die Leistungsbeschreibung, Leistungsbeschreibung mit Leistungsverzeichnis, praktische Anwendung	DELIWA
Einführung in die "Zusätzlichen Technischen Vertragsbedingungen und Richtlinien für Aufgrabungen in Verkehrsflächen" (ZTV A-STB 89)	Verantwortliche Aufsichtspersonen aus Rohrleitungsbau- und Versorgungsunternehmen	Teilnahme am Seminar "Erd- und Oberflächenarbeiten für Versorgungsleitungen	Vermittlung von Kenntnissen zur praktischen Anwendung der ZTV A-STB 89	DELIWA
Kostenbewußtes Handeln im Rohrnetzbau und Rohrnetzbetrieb – Grundseminar – Aufbauseminar	Verantwortliche Aufsichtspersonen aus Rohrleitungsbau- und Versorgungsunternehmen	Meister, Techniker, Arbeitsvorbereiter und Betriebsingenieure, die mit der Wahrnehmung von Aufsichts- und Führungsaufgaben betraut sind	Kostenbewußte und leistungsbezogene Arbeitsorganisation, wie Techniken der Arbeitsvereinfachung, -gestaltung und -unterweisung und Führungstechniken im technischen Bereich Rohrnetzbau/-betrieb, praxisnahe Erarbeitung der Zusammenhänge von Leistungen und Kosten sowie ihre Überwachung und Beeinflussung	DELIWA
Regionaler Erfahrungsaustausch zum Thema Rohrnetzverluste und Leckortung	Verantwortliche Aufsichtspersonen aus dem Rohrnetzbetrieb	Meister, Techniker und Betriebsingenieure aus Versorgungsunternehmen, die mit der Rohrnetzüberwachung betraut sind	Vermittlung von Kenntnissen und Fertigkeiten zur Vermeidung von Gas- und Wasserverlusten	DELIWA
Druckprüfung; Ortung von kleinsten Leckstellen	Führungskräfte aus Rohrleitungsbau und Rohrnetzbetrieb	Einschlägige Praxis im Rohrleitungsbau und Rohrnetzbetrieb	Kostensparendes Auffinden von Leckstellen	RBV

und Vereinen angebotenen Fortbildungsmaßnahmen dienen der Erweiterung des beruflichen Wissens, der Verbesserung der handwerklichen Fertigkeiten und der Information über den neuesten Stand der Technik. Regionale und überregionale Fortbildungsmaßnahmen, die für den Bereich des Gas- und Wasserrohrnetzes derzeit regelmäßig angeboten werden, zeigen die Tabellen 15.1 und 15.2 auszugsweise.

15.4 DVGW-Bescheinigungen für Fachfirmen

Technisch einwandfrei verlegte Rohrleitungen, ein störungsfrei betriebenes Rohrnetz und qualifiziertes Personal gehören zu den Grundlagen einer sicheren Gas- und Wasserversorgung. Die besten Gewinnungs- und Aufbereitungsmaßnahmen sind nutzlos ohne eine gut funktionierende Gas- und Wasserverteilung. Es handelt sich hier um den kapitalintensivsten Bereich der Versorgungsunternehmen. Zwischen 60 und 90 % der gesamten Investitions-, Überwachungs- und Instandhaltungskosten werden im Rohrnetz eingesetzt. Der größte Teil des technischen Personals in den Gas- und Wasserversorgungsunternehmen ist in der Verteilung tätig.

Die technischen und wirtschaftlichen Forderungen gebieten es, daß sich die Versorgungsunternehmen dem Rohrnetz mit besonderer Sorgfalt widmen. Sie werden daher darauf bedacht sein, im erdverlegten Gas- und Wasserleitungsbau qualifizierte Rohrleitungsbauunternehmen dann einzusetzen, wenn diese ihre technische Leistungsfähigkeit nachweisen können.

Zusammen mit der Bundesvereinigung der Firmen im Gas- und Wasserfach (FIGAWA) und dem Rohrleitungsbauverband (RBV) hat der DVGW Verfahren zur Überprüfung von Rohrleitungsbauunternehmen und Fachfirmen auf dem Gebiet des kathodischen Korrosionsschutzes erarbeitet, die in den DVGW-Arbeitsblättern GW 301 „Verfahren für die Erteilung der DVGW-Bescheinigung für Rohrleitungsbauunternehmen" (Stand: August 1977) und GW 11 „Verfahren für die Erteilung der DVGW-Bescheinigung für Fachfirmen auf dem Gebiet des kathodischen Korrosionsschutzes" (Stand: Juni 1975) niedergelegt sind.

Jedes Unternehmen, das sich mit der Ausführung von Rohrleitungsbauarbeiten bzw. mit Planung, Bau, Nachmessung und Betrieb von kathodischen Korrosionsschutzanlagen befaßt, ist berechtigt, einen Antrag vom DVGW auf Überprüfung zu stellen und erhält bei Vorlage der entsprechenden Voraussetzungen die DVGW-Bescheinigung über den Nachweis seiner technischen Leistungsfähigkeit.

Tabelle 15.3 Bedeutung der Kurzzeichen der DVGW-Bescheinigung für Rohrleitungs-Bauunternehmen

Gruppe „Gas"			Gruppe „Wasser"		
Kurz-zeichen	gültig für Rohrleitungen: Nennweite und Nenndruck	Werkstoff*	Kurz-zeichen	gültig für Rohrleitungen: Nennweite und Nenndruck	Werkstoff*
G 1	alle Nennweiten und alle Nenndrücke	Stahl Gußeisen PVC hart	W 1	alle Nennweiten und alle Nenndrücke	Gußeisen Stahl Faserzement PVC hart Stahl- und Spannbeton
G 2	bis DN 300 und bis 16 bar	Stahl Gußeisen PVC hart	W 2 ge	bis DN 400 alle Nenndrücke	Gußeisen
			W 2 st		Stahl
			W 2 az		Faserzement
			W 2 pvc		PVC hart
			W 2 be		Stahl- und Spannbeton
G 3 st	bis DN 300 und bis 4 bar	Stahl Gußeisen PVC hart	W 3 ge	bis DN 250 und bis 10 bar	Gußeisen
G 3 ge			W 3 st		Stahl
G 3 pvc			W 3 az		Faserzement
			W 3 pvc		PVC hart

* Soll sich die Bescheinigung auf Rohrleitungen aus anderen Werkstoffen als angegeben beziehen, so ist dieser Werkstoff besonders anzugeben.

Für Rohrleitungsbauunternehmen wird die DVGW-Bescheinigung nach den Gruppen Gas und Wasser sowie für Rohrwerkstoffe, -nennweiten und -nenndrücke vergeben. Tabelle 15.3 zeigt die Bedeutung der in der Bescheinigung gezeigten Kurzzeichen nach dem DVGW-Arbeitsblatt GW 301.

Die Geltungsdauer der DVGW-Bescheinigung für Rohrleitungsbauunternehmen (s. Tabelle 15.3) beträgt 5 Jahre und wird auf Antrag verlängert. Für Fachfirmen auf dem Gebiet des kathodischen Korrosionsschutzes wird die Bescheinigung erstmalig für die Dauer von 2 Jahren ausgestellt. Für die Verlängerung muß dem Verlängerungsantrag ein Nachweis der in den letzten 2 Jahren ausgeführten Arbeiten beiliegen. Die zweite Bescheinigung gilt dann in der Regel für die Dauer von 5 Jahren.

15.5 Einheiten im Meßwesen

(Auszug aus DVGW-Merkblatt GW 110: Einheiten im Gas- und Wasserfach)

Die gesetzlich gültigen Einheiten und ihre Einheitszeichen sowie die Vorsätze und ihre Vorsatzzeichen sind für den geschäftlichen und amtlichen Verkehr auf Grund des Einheitengesetzes vom 2. Juli 1969 vorgeschrieben. Andere als im Einheitengesetz zugelassene Einheiten sind innerhalb des geschäftlichen Verkehrs nicht zugelassen. Bekannteste Beispiele hierfür sind das atü bzw. das Pfund, welche im Sprachgebrauch hin und wieder verwendet werden, aber selbst bei der Tankstelle (Reifendruckkontrolle) bzw. beim Kaufmann (Preisauszeichnung) nicht mehr zu finden sind.

Zwischen einer (physikalischen) Größe, dem Zahlenwert und der Einheit besteht folgender Zusammenhang:

$$\text{Größe} = \text{Zahlenwert} \times \text{Einheit}.$$

Als Abkürzungen für die Größen dienen Formelzeichen, die nicht vom Gesetz vorgeschrieben sind, in den meisten Fällen jedoch in Normen gezeigt werden.

Bei Rechenoperationen mit Einheiten empfiehlt es sich, nur die sog. SI-Einheiten zu verwenden (SI-Einheiten = Systeme International d'Unité). In allen solchen Fällen sind SI-Einheiten und die mit Vorsätzen bezeichneten dezimalen Teile und Vielfachen zu bevorzugen. Die Anwendung dezimaler Teile und Vielfachen der SI-Einheiten wird empfohlen, um bequeme Zahlenwerte (z. B. zwischen 0,1 und 1000) zu erhalten. Die in Tabelle 15.4 aufgeführten Vorsätze und Vorsatzzeichen können verwendet werden.

Die zweckmäßigen Größen und Einheiten für das Gas- und Wasserfach sind in den Tabellen 15.5 bis 15.7 gezeigt. Wenn für eine Größe innerhalb dieser Tabellen mehrere Formelzeichen genannt sind, sollte das an erster Stelle gezeigte (und meist international empfohlene) Zeichen bevorzugt werden.

Tabelle 15.4   Vorsätze und Vorsatzzeichen

Teil	Vorsatz	Vorsatz-zeichen	Viel-faches	Vorsatz	Vorsatz-zeichen
10^{-18}	Atto	a	10^1	Deka	da
10^{-15}	Femto	f	10^2	Hekto	h
10^{-12}	Piko	p	10^3	Kilo	k
10^{-9}	Nano	n	10^6	Mega	M
10^{-6}	Mikro	μ	10^9	Giga	G
10^{-3}	Milli	m	10^{12}	Tera	T
10^{-2}	Zenti	c	10^{15}	Peta	P
10^{-1}	Dezi	d	10^{18}	Exa	E

Tabelle 15.5 Größen und Einheiten für das Wasserfach   573

Lfd.-Nr.	Größe	Formel-zeichen	SI-Einheit Einheiten-zeichen	Empfohlene Einheiten (Auswahl) Einheitenname	Einheiten-zeichen
1	2	3	4	5	6
2.1	Länge	l	m	Millimeter Meter Kilometer	mm m km
2.2	Rauhigkeit	k	m	Millimeter	mm
2.3	Durchmesser	d, D	m	Millimeter Meter	mm m
2.4	Korngröße	d	m	Millimeter	mm
2.5	Fläche	A	m^2	Quadratmeter	m^2
2.6	Volumen	V	m^3	Liter Kubikmeter	l m^3
2.7	Koloniezahl	–	$1/m^3$	Eins durch Milliliter	$1/ml$
2.8	elektrische Leit-fähigkeit	λ, L	S/m	Millisiemens durch Meter	mS/m
2.9	Massenkonzen-tration	c_m	g/m^3	Gramm durch Kubikmeter	g/m^3
2.10	Stoffmengenkonzen-tration	c_i	mol/m^3	Mol durch Kubik-meter	mol/m^3
2.11	pH-Wert	pH	–	(eins)	–
2.12	Dichte	ϱ	kg/m^3	Kilogramm durch Liter	kg/l
2.13	Geschwindigkeit Filtergeschwindigkeit Durchlässigkeits-beiwert	v v_f k_f	m/s	Millimeter durch Sekunde Meter durch Sekunde Meter durch Stunde	mm/s m/s m/h
2.14	Abstandsgeschwin-digkeit	v_a	m/s	Meter durch Tag	m/d
2.15	Volumenstrom Förderstrom Wasserbedarf Schüttung	$\dot{V}, Q, q$	m^3/h	Liter durch Sekunde Liter durch Minute Kubikmeter durch Sekunde Kubikmeter durch Stunde Kubikmeter durch Tag Kubikmeter durch Jahr	l/s l/min m^3/s $m^3/$ m^3/d m^3/a

Tabelle 15.5 Fortsetzung

Lfd.-Nr.	Größe	Formel-zeichen	SI-Einheit Einheiten-zeichen	Empfohlene Einheiten (Auswahl) Einheitenname	Einheiten-zeichen
1	2	3	4	5	6
2.16	bezogener Wasser-bedarf	–	m^3/s	Liter durch Einwohner und Tag	l/(Ed)
2.17	Abflußspende	r	$m^3/(s\,m^2)$	Liter durch Quadratkilometersekunde	$l/(s\,km^2)$
2.18	Druck absoluter Druck atmosphärischer Druck (Barometerstand) Überdruck Druckdifferenz, Wirkdruck	p p_{abs} p_{amb} $p_e, p_{\ddot{u}}$ Δp	Pa	Pascal Millibar Bar	Pa mbar bar, 1 bar $= 10^5\,Pa$ $= 10^5\,N/m^2$
2.19	bezogene Druckverlusthöhe	I	m/m	Meter durch Kilometer	m/km
2.20	geodätische Höhe (Höhe über N.N.) Druckhöhe Förderhöhe	h_{geo} h H	m	Meter	m
2.21	Niederschlaghöhe Verdunstungshöhe Abflußhöhe	h_N h_v h_A	m	Millimeter	mm
2.22	Oberflächenspannung	σ_o, γ	N/m	Newton durch Zentimeter	N/cm
2.23	mechanische Energie, Arbeit	E, W	N m	Newtonmeter Joule Wattsekunde	N m, 1 N m $= 1$ J $= 1$ Ws
2.24	Leistung	p	W	Watt Kilowatt Megawatt	W, 1 W $= 1$ J/s $= 1$ N m/s kW MW
2.25	Wirkungsgrad	η	(1)	–	–
2.26	thermodynamische Temperatur Celsiustemperatur	T t, δ	K	Kelvin Grad Celsius	K °C
2.27	Temperaturdifferenz	ΔT $\Delta t, \Delta \delta$	K	Kelvin Grad Celsius	K °C

Tabelle 15.6 Größe und Einheiten für das Gasfach

Lfd. Nr.	Größe	Formel-zeichen	Si-Einheit Einheiten-zeichen	Empfohlene Einheiten (Auswahl)	
				Einheitenname	Einheiten-zeichen
1	2	3	4	5	6
1.1	Länge	l	m	Millimeter Meter Kilometer	mm m km
1.2	Durchmesser	d, D	m	Millimeter Meter	nm m
1.3	Fläche	A	m^2	Quadratmeter	m^2
1.4	Volumen (geometrisch) Volumen (Betriebs-zustand) Normvolumen äquivalentes Normvolu-men bei z. B. $H_{o,n}$ $= 35\ MJ/m^3$	V V_B Vn $V_{n,35}$	m^3	Liter Kubikmeter	l, $1\ l = 1\ dm^3$ m^3
1.5	Stoffmenge	n	mol	Mol Kilomol	mol kmol
1.6	Dichte (Betriebszustand) Normdichte	p p_n	kg/m^3	Kilogramm durch Kubikmeter	kg/m^3
1.7	relative Dichte	$d, (d_v)$	–	Kilogramm durch Kubikmeter geteilt durch Kilogramm durch Kubikmeter	$\dfrac{kg/m^3}{kg/m^3} = 1$
1.8	Geschwindigkeit	v	m/s	Meter durch Sekunde	m/s
1.9	Volumenstrom, Förder-strom Normvolumenstrom Einstellwert	V, Q, q $V_n, Q_n,$ q_n $V_E, Q_E,$ q_E	m^3/s	Liter durch Sekunde Liter durch Minute Kubikmeter durch Sekunde Kubikmeter durch Stunde Kubikmeter durch Tag	l/s l/min m^3/s m^3/h m^3/d
1.10	Anschlußwert Belastungswert	$V_A, Q_A,$ q_A $V_B, Q_B,$ q_B	m^3/s	Kubikmeter durch Stunde	m^3/h
1.11	Massenstrom	m, q_m	kg/s	Kilogramm durch Sekunde Kilogramm durch Stunde	kg/s kg/h

* Im geschäftlichen Verkehr auch kWh; 1 Mcal = 1,163 kWh
** Im geschäftlichen Verkehr auch kWh/m^3; 1 $kcal/m^3 = 1,16^3\ W\ h/m^3$

Tabelle 15.6 Fortsetzung

Lfd. Nr.	Größe	Formel-zeichen	Si-Einheit Einheiten-zeichen	Empfohlene Einheiten (Auswahl)	
				Einheitenname	Einheiten-zeichen
1	2	3	4	5	6
1.12	Druck absoluter Druck atmosphärischer Druck (Barometerstand)	p p_{abs} p_{amb}	Pa	Pascal Millibar Bar	Pa mbar bar, 1 bar $= 10^5$ Pa $= 10^5$ N/m^2
	Effektivdruck, Überdruck Normdruck Druckdifferenz, Wirkdruck	$p_e, p_{\ddot u}$ p_n p			
1.13	Energie, Arbeit	E, W	N m	Newtonmeter, Joule Wattsekunde	N m 1 N m = 1 J = 1 Ws
	Wärmemenge	Q	J	Joule Kilojoule Megajoule*	J kJ MJ*
1.14	Leistung, Förderleistung Wärmestrom Wärmebelastung Nennwärmebelastung Wärmeleistung Nennwärmeleistung	P Q Q_B Q_{NB} Q_L Q_{N_L}	W	Watt Kilowatt Megawatt	W, 1 W = 1 J/s kW MW
1.15	Wirkungsgrad	μ	(1)	–	–
1.16	Wärmewert Brennwert (Norm-brennwert) Betriebsbrennwert Heizwert (Normheizwert)	H $H_o (H_{o,n})$ $H_o B$ $H_u (H_{u,n})$	J/m^3	Megajoule durch Kubikmeter**	MJ/m^3**
1.17	stoffmengenbezogener Brennwert stoffmengenbezogener Heizwert	$H_{o,m}$ $H_{u,m}$	J/mol	Megajoule durch Kilomol	MJ/kmol
1.18	Wobbeindex bezogen auf Brennwert Wobbeindex bezogen auf Heizwert	W_o W_u	J/M^3	Megajoule durch Kubikmeter**	MJ/m^3**
1.19	thermodynamische Temperatur Celsiustemperatur Normtemperatur	T t, δ T_n, t_n, δ_n	K	Kelvin Grad Celsius	K °C
1.20	Temperaturdifferenz	ΔT $\Delta t, \delta$	K	Kelvin Grad Celsius	K °C

Tabelle 15.7 Sonstige Größen und Einheiten (Auswahl)

Lfd. Nr.	Größe	Formel-zeichen	SI-Einheit Einheiten-zeichen	Empfohlene Einheiten (Auswahl) Einheitenname	Einheiten-zeichen
1	2	3	4	5	6
3.1	Zeit	t	s	Sekunde Minute Stunde Tag Jahr	s min h d a
3.2	Kraft	F	N	Newton 1 Newton = 1 Kilo-grammeter durch Sekundenquadrat	N, 1 N = 1 kg m/s^2
3.3	Masse	m	kg	Gramm Kilogramm Tonne	g kg t
3.4	Fläche	A	m^2	Quadratmeter	m^2
3.5	Frequenz	f	1/s	Hertz, 1 Hertz = Eins durch Sekunde	Hz, 1 Hz = 1/s
3.6	Drehzahl	n	1/s	Eins durch Sekunde Eins durch Minute	1/s 1/min
3.7	mechanische Spannung	σ	N/m^2	Newton durch Quadratmillimeter	N/mm^2
3.8	elektrische Stromstärke	I	A	Ampere	A
3.9	elektrische Spannung	U	V	Volt	V, 1 V = 1 W/A
3.10	elektrischer Leitwert	G	S	Siemens	S, 1 S = 1 A/V = 1/Ω
3.11	elektrischer Widerstand	R	Ω	Ohm	Ω, 1 Ω = 1 V/A =
3.12	elektrische Leistung	P	W	Watt Voltampere Kilowatt Megawatt	W VA, 1 VA = 1 W kW MW

Für die Umrechnung wichtiger, früher gebräuchlicher Einheiten können die Tabellen 15.8. bis 15.10. verwendet werden. Sie sollen eine Hilfe für die Fälle sein, in denen in älterer Literatur noch nicht mit den SI-Einheiten gearbeitet wurde.

Tabelle 15.8   Umrechnung von Einheiten für Energie, Arbeit, Wärmemenge

$$\text{mit } 1\,\text{Nm} = \frac{1}{9,81}\,\text{kpm} = 0,102\,\text{kpm}$$

	J	kJ	kWh	kcal	PSh	kpm
1 J = (= 1 Nm = 1 W s)	1	0,001	$2,78 \cdot 10^{-7}$	$2,39 \cdot 10^{-4}$	$3,77 \cdot 10^{-7}$	0,102
1 kJ	1000	1	$2,78 \cdot 10^{-4}$	0,239	$3,77 \cdot 10^{-4}$	102
1 kWh =	3600000	3600	1	860	1,36	367000
1 kcal =	4200	4,2	0,00116	1	0,00158	427
1 PS h =	2650000	2650	0,736	632	1	270000
1 kpm =	9,81	0,00981	$2,72 \cdot 10^{-6}$	0,00234	$3,7 \cdot 10^{-6}$	1

Tabelle 15.9   Druckeinheiten von Gasen, Dämpfen, Flüssigkeiten

$$\text{mit } 1\,\text{Pa} = \text{mit } 1\,\text{N/m}^2 = \frac{1}{9,81}\,\text{kp/m}^2 = 0,102\,\text{kp/m}^2$$

	Pa	bar	kp/m²	at	atm	Torr
1 Pa = (= 1 N/m²)	1	10^{-5}	0,102	$0,102 \cdot 10^{-4}$	$0,987 \cdot 10^{-7}$	0,0075
1 bar = (= 0,1 MPa)	100000 $= 10^5$	1 (= 1000 mbar)	10200	1,02	0,987	750
1 kp/m²	9,81	$9,81 \cdot 10^{-5}$	1	10^{-4}	$0,968 \cdot 10^{-4}$	0,0736
1 at = (= 1 kp/cm²)	98100	0,981	10200	1	0,968	736
1 atm = (= 760 Torr)	101325	1,013 (= 1013 mbar)	10330	1,033	1	760
1 Torr = (= $\frac{1}{760}$ atm)	133	0,00133	13,6	0,00136	0,00132	1

Vgl. Umrechnungstabellen für genaue Berechnungen in DIN 66038 „Torr-Millibar; Millibar-Torr"

Tabelle 15.10 Einheiten von Druckhöhen (Flüssigkeitssäulen) und Druck
mit 1 kp/m² 1 mm WS $\approx$ 1 daN/m²; 1 Torr 1 mm Hg;
1 Pa = 1 N/m² $\approx$ (1/9,81) kp/m² $\approx$ 0,102 kp/m²

	μbar	mbar	bar	Pa ($= N/m^2$)
1 mm WS = 1 kp/m² $\approx$ 1 daN/m²	100	0,1	0,0001	10
1 m WS = 0,1 at 0,1 kp/cm² $\approx$ 0,1 daN/cm²	100 000	100	0,1	10 000
10 m WS = 0,1 at 0,1 kp/cm² $\approx$ 1 daN/cm²	1 000 000	1000	1	100 000
1 mm Hg (mm QS) = 1 Torr	1330	1,33	0,00133	133

15.6 Verbände, Vereine, Institute

ATV	Abwassertechnische Vereinigung e. V., Markt 71, 5205 St. Augustin 1 Tel.: (0 22 41) 232-0, Telex: 886 11 83 Telefax (0 22 41) 232 35
BG	Berufsgenossenschaft der Gas- und Wasserwerke, Auf'm Hennekamp 74, 4000 Düsseldorf Tel.: (02 11) 31 50 51, Telefax: (02 11) 310 998
BGW	Bundesverband der deutschen Gas- und Wasserwirtschaft e. V., Josef-Wirmer-Str. 1–3, Postfach 14 01 54, 5300 Bonn 1 Tel.: (02 28) 52 08 0, Telex: 8-86 573, Telefax: (02 28) 5 208 120
BHKS	Bundesverband Heizung, Klima, Sanitär e. V., Weberstraße 33, 5300 Bonn 1, Tel.: (02 28) 21 90 43, Telefax: (02 28) 261 533
DELIWA	Berufsvereinigung für das Energie- und Wasserfach e.V. Hohenzollernstraße 49, 3000 Hannover 1 Tel.: (05 11) 62 84 77, Telefax: (05 11) 3 907 878

DIN

Deutsches Institut für Normung e.V.,
Postfach 1107, 1000 Berlin 30,
Tel.: (030) 2 6011, Telex: 184273, Telefax: (030) 2 601 231

DVGW

Deutscher Verein des Gas- und Wasserfaches e.V.,
Hauptstraße 71–79, 6236 Eschborn 1,
Tel.: (0 61 96) 70 17-0, Telex: 4-17 420,
Telefax: (06 196) 481 152

DVGW-Landesgruppe Baden-Württemberg,
Stöckachstr. 30,
7000 Stuttgart 1,
Tel.: (07 11) 2 622 980, Telefax: (07 11) 2 892 232

DVGW-Landesgruppe Bayern,
Akademiestraße 7,
8000 München 40,
Tel.: (089) 33 70 37, Telefax: (089) 337 399

DVGW-Landesgruppe Berlin-Brandenburg,
Alt Schönow 2A,
1000 Berlin 37
Tel.: (030) 8 15 97 60, Telefax: (030) 8 159 960

DVGW-Landesgruppe Hessen,
Am Schloßpark 139,
6200 Wiesbaden 12,
Tel.: (06 11) 6 70 61, Telefax: (06 11) 69 17 63

DVGW-Landesgruppe Nieders./Bremen,
Stammestraße 105,
3000 Hannover 91,
Tel.: (05 11) 42 01 15, Telefax: (05 11) 412 199

DVGW-Landesgruppe Nordost,
Heidenkampsweg 101,
2000 Hamburg 1,
Tel.: (040) 23 00 15, Telefax: (040) 230 090

DVGW-Landesgruppe Nordrhein-Westfalen,
Josef-Wirmer-Str. 1–3
5300 Bonn 1,
Tel.: (0228) 61 10 91, Telefax: (0228) 5 208 120

DVGW-Landesgruppe Ost (Gas),
Halsbrücker Str. 34
O-9200 Freiberg
Tel.: (0 037 762) 5 35 57, Telefax: (0 037 762) 53 420

DVGW-Landesgruppe Ost (Wasser),
Räcknitzhöhe 27,
O-8020 Dresden,
Tel.: (0037 51) 47 09 88, Telefax: (003 751) 470 945

DVGW-Landesgruppe Rheinland-Pfalz,
Hindenburgstr. 35,
6500 Mainz,
Tel.: (0 61 31) 61 30 35, Telefax: (0 61 31) 612 531

DVGW-Landesgruppe Saarland,
Franz-Josef-Röder-Str. 9,
6600 Saarbrücken,
Tel.: (06 81) 5 84 60 06,Telefax: (0681) 5 846 819

DVWK	Deutscher Verband für Wasserwirtschaft und Kulturbau e. V., Gluckstraße 2, 5300 Bonn 1 Tel.: (02 28) 63 14 46
EBI	Engler-Bunte-Institut der Universität Karlsruhe (TH), Richard-Willstätter-Allee 5, 7500 Karlsruhe 1 Tel.: (07 21) 6 08 25 55, Telefax: (07 21) 695 544
FIGAWA	Bundesvereinigung der Firmen im Gas- und Wasserfach, e. V., Marienburger Straße 15, 5000 Köln 51 Tel.: (02 21) 37 20 37, Telex: 8 882 126, Telefax: (02 21) 372 806
LAGA	Länderarbeitsgemeinschaft Abfall, Den Vorsitz hat jeweils ein einschlägiges Länderministerium im 2jährigen Wechsel: vom 1.1.1992 bis 31.12.1993 hat ihn: Senator für Umweltschutz und Stadtentwicklung Am Wall 177 2800 Bremen 1 Tel.: (04 21) 361-0
LASI	Länderausschuß für Arbeitsschutz und Sicherheit Senatsverwaltung für Gesundheit und Soziales, An der Urania 12, 1000 Berlin 30 Tel.: (0 30) 21 22-1
LAWA	Länderarbeitsgemeinschaft Wasser, Den Vorsitz hat jeweils ein einschlägiges Länderministerium im 2jährigen Wechsel; vom 1.1.1991 bis 31.12.1992 hat ihn: Umweltbehörde Hamburg

Alter Steinweg 4, 2000 Hamburg 11
Tel.: (040) 3504-1730, Telefax: (040) 3504-1777
ab 01.01.93 bis 31.12.94:
Ministerium für Umwelt
Kerner Platz 9, 7000 Stuttgart 1
Tel.: (0711) 126-0, Telefax: (0711) 1262881

ÖVGW   Österreichische Vereinigung für das Gas- und Wasser-
fach,
Schubertring 14, A-1010 Wien
Tel.: (0222) 5131588-0,Telex: 131838,
Telecopy: 5131588-25

RBV   Rohrleitungsbauverband e.V.,
Marienburger Straße 15, 5000 Köln 51
Tel.: (0221) 372037-38, Telex: 8882 126,
Telefax: (0221) 372806

SVGW   Schweizerischer Verein für das Gas- und Wasserfach,
Grütlistraße 44, Ch-8027 Zürich
Tel.: (01) 2883333 Telex: 58727,
Telefax: 00411-2021633

VDE   Verband Deutscher Elektrotechniker,
Stresemannallee 15, 6000 Frankfurt am Main,
Tel.: (069) 63081, Telex: 0412871,
Telefax: (069) 6308273

VDEW   Vereinigung Deutscher Elektrizitätswerke e.V.,
Stresemannallee 23, 6000 Frankfurt am Main
Tel.: (069) 63041, Telefax: (069) 6304339

vedewa   Kommunale Vereinigung für Wasser- und Abfallwirt-
schaft r.V.,
Werfmershalde 22, 7000 Stuttgart 1
Tel.: (0711) 2636-0, Teletex 7111239

VKU   Verband kommunaler Unternehmen e.V.,
Brohler Straße 13, 5000 Köln 51
Tel.: (0221) 3770-0, Teletex: 17/2214165
Telefax: 0221 3770255

WaBoLu   Institut für Wasser-, Boden- und Lufthygiene des Bundes-
gesundheitsamtes, Corrensplatz 1, 1000 Berlin 33
Tel.: (030) 83082313, Telex: 184016 bgesad,
Telefax: (030) 83082830

ZVSHK   Zentralverband Sanitär Heizung Klima,
                    Rathausallee 6, 5205 St. Augustin 1
                    Tel.: (02241) 29056, Telex: 2241 404,
                    Telefax: (02241) 21351

Bezugsquellen von Bundesgesetzblättern, Arbeitsblättern, Merkblättern, Normen usw., soweit von obigen Anschriften abweichend:

Bundesgesetzblätter   Bundesanzeiger Verlagsgesellschaft mbH,
                      Postfach 1320, 5300 Bonn 1
                      Tel.: (0228) 382020

DIN-Normen   Beuth Verlag GmbH,
                      Postfach 1145, 1000 Berlin 30
                      Tel.: (030) 2601260

DVGW-Schriften   Wirtschafts- und Verlagsgesellschaft Gas und Wasser
                      mbH,
                      Josef-Wirmer-Str. 1–3, 5300 Bonn 1
                      Tel.: (0228) 5208400

Stichwortverzeichnis

WASSERVERLUSTE
bekämpfen!

Aufgabe	Lösung	Gerät
Rohrsuche	Klassische Tonfrequenzanlage	FERROLUX®
	Sender + Empfänger	
(Metall)	Ausgang 8 W, quarzstabil + digital	FL 8-3 Q
	Für größere ⌀ und Längen	FL 35-3
	weitere Modelle, u.a. mit digitaler	
	Tiefenmessung	
Nichtmetall	Molchsender und -empfänger	ML 50 / ML 100
Nichtmetall	Glasfaser-Ortungskabel	GOK
Abhorchen	ELEKTRONENOHR	EO 64 / EO 70
	Digitalanzeige mit Speicher	GM 200
Leckortung	Vor- und Feinortung	HYDROLUX®
	Mit Geräuschfilter	HL 90
	Frequenzanalyse + Filter + Speicher	HL 2000
	Spezialmikrofone	BOMI, WIMI
	Korrelator, Computergerät	MicroCorr 4
	mit Funkübertragung	
Wasser- Verlust- Analyse©	Tragbare Druck- und Durchfluß- Meßeinrichtung	TDM 10/60
	Computergestützte Meßwagen Messen - Registrieren - Auswerten	WMW
Schieber	Kappensucher	FT 80
orten	Gestänge-Suchgerät	FM 880

Lieferanten:

FUNKE	6108 Weiterstadt	Tel. (06150) 14386
LOTTES	2304 Wendtorf	Tel. (04343) 9968
PFAFF	7613 Hausach	Tel. (07831) 1311
S.M.C.	O-2766 Schwerin	Tel. (0037-84) 812025
WEEX	8200 Rosenheim	Tel. (08031) 44757

seba dynatronic° D-8611 Baunach Tel. (09544) 680

A10

A 12

DÜSSELDORFER CONSULT GMBH

ENERGIE-, WASSER- UND UMWELTTECHNOLOGIE
EIN TOCHTERUNTERNEHMEN DER STADTWERKE DÜSSELDORF AG FÜR PLANUNG UND BERATUNG

Langjährige, praktische Erfahrungen auf den Gebieten der Strom-, Gas-, Wasser- und Fernwärmeversorgung sowie der Müllverbrennung bilden die Grundlage unserer Leistungen:

Kompetente Beratung, solide Planung bis zur funktionstüchtigen Inbetriebnahme von

– Versorgungseinrichtungen

– Umweltschutztechniken

– Restproduktverwertungs- und Aufbereitungsanlagen

Bau und Erneuerung von Rohrnetzen

Nutzen Sie das Know-how von erfahrenen Fachleuten, die Ihnen bei Ihren Projekten in allen technischen und betriebswirtschaftlichen Fragen mit Rat und Tat zur Seite stehen. Bitte wenden Sie sich an:

DÜSSELDORFER CONSULT GMBH, LUISENSTR. 105, 4000 DÜSSELDORF, TEL.: 02 11/8 21-83 20/21

A 14

A 16

A 18

A 20

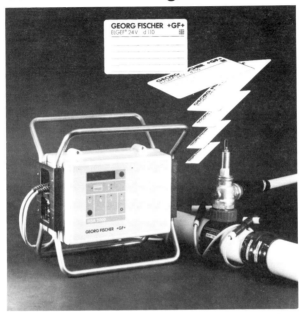
A 21

A 22

A 23

KSR-BYPASS-NIVEAUSTANDANZEIGER

mit magnetischer Messwertübertragung

Ausserhalb der Flüssigkeit in trockener Umgebung messen **KSR-Niveau-Messwertgeber** in Ex-geschützter Ausführung nach EN 50020 PTB Nr. Ex-83/2066 – Zündschutzart EEx ib IIcT6 die Niveauhöhe.

Alle Messeinrichtungen sind SEV und PTB zugelassen und nach kundenspezifischen Anforderungsprofilen modifizierbar.

Werkstoffe
Edelstahl (1.4571/316 Ti)/Titan/Hastelloy/ECTFE-beschichtet oder PTFE-ausgekleidet/PP/PVC/PVDF/Borosilikatglas

Bitte fordern Sie unseren Übersichtskatalog an!

KSR KÜBLER
Steuer- und Regeltechnik

KSR-KÜBLER Steuer- u. Regeltechnik GmbH & Co. KG
D-6931 Zwingenberg, Tel. 06263/87-0
Tx. 466109 kue d, Telefax 06263/8403

Fachbetrieb für Druckbehälter mit Verfahrensprüfung nach AD-Merkblatt HPO

A 24

Zwischen zwei PE-Rohrenden liegt ein guter Anfang.

PLASSON Kunststoff-Klemmfittings. Der Anfang, um Rohrleitungsschäden ein Ende zu setzen.

Immer mehr Versorgungsunternehmen senken ihre Rohrnetzkosten mit PLASSON Kunststoff-Klemmfittings. Denn PLASSON Kunststoff-Klemmfittings sind die logische und sichere Ergänzung zu PE-Rohren. Nur Vollkunststoff-Leitungen können Kosten, verursacht durch Korrosion oder Inkrustation, abbauen.

Seit über 20 Jahren sind PLASSON Kunststoff-Fittings im praktischen Einsatz. Die sichere Funktion wird durch internationale Prüfzeugnisse und Zulassungen bestätigt. Die Tatsache, daß PLASSON als einziger Anbieter die DVGW-Zulassung (U 247/248) hat, unterstreicht den Sicherheits-Aspekt deutlich. Auch in der Montage bieten die Fittings kostensenkende Vorteile. Ohne großen Werkzeugaufwand sind PE-Rohre in kürzester Zeit sicher verbunden. Das breite Programm und der Einsatz bis zu 16 bar Betriebsdruck sind zusätzliche Vorteile der PLASSON Kunststoff-Klemmfittings.

Machen Sie mit PLASSON Kunststoff-Klemmfittings einen Anfang zur Kostensenkung. Am Ende können Sie nur gewinnen.

Das PLASSON Fusamatic-System.
Der Anfang Ihrer Unabhängigkeit.

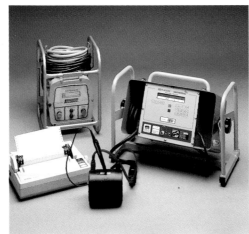

PLASSON Fusamatic – das System für einfache und nachweisbar sichere Schweißverbindungen. Alle Schweißfittings im breiten Plasson-Fusamatic-Programm sind mit einem spezifischen Kennwiderstand ausgerüstet. Integriert in dem roten Anschluß-Pol. Direkt nach Anschluß des Adapters stellen Plasson Schweißgeräte die Schweiß-Parameter automatisch ein.

Der automatische Schweißablauf wird durch ein spezielles Überwachungssystem kontrolliert und protokolliert. Das gespeicherte Protokoll kann ausgedruckt werden. Die Vorteile des bewährten Fusamatic-Systems kombiniert das neue Schweißgerät Plasson Universal Plus mit der Universalität der Barcode-Kennung. Das bedeutet für Sie: Zwei automatische Kennsysteme plus automatische Protokollierung in einem Gerät. Alle Plasson Fusamatic Elektrofittings tragen zusätzlich den Barcode 2/5. So können Sie die Sicherheit des kompletten Fusamatic Elektrofitting Programms auch mit Barcode-Schweißgeräten nutzen.

PLASSON Fusamatic-System.
Darauf sind PE-Rohre ganz heiß.

PLASSON

PLASSON BF automatic.

Der Anfang einer neuen Ära im Stumpfschweißen.

Bei unserer Kompetenz in der PE-Rohr-verbindung war es naheliegend, auch im Stumpfschweißen einen neuen Standard zu setzen. PLASSON BF heißt die Alternative, die mit modernster Mikroprozessortechnologie und Meßwerterfassung maximale Sicherheit bietet. Nachprüfbare Sicherheit,

denn alle Schweißparameter werden automatisch festgelegt und können als Protokoll dokumentiert werden.
Neben dem Sicherheitsaspekt erfüllen die einzelnen PLASSON BF automatic-Komponenten alle Forderungen des modernen und funktionellen Gerätebaus.

PLASSON BF automatic.
Damit bleiben wir in der PE-Rohrverbindung keine Antwort schuldig.

 **PLASSON**

PLASSON GmbH, Postfach 1124, Rudolf-Diesel-Straße 95–97, W-4230 Wesel
Telefon (0281) 95272-0, Telex 812851, Telefax (0281) 9527227
PLASSON GmbH, Zweigstelle Luckau, O-7960 Luckau-Wittmannsdorf
Telefon (Luckau) 2281

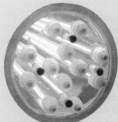

A 29

Für unsere Umwelt
tun wir weit mehr als vorgeschrieben.

Energie so umweltfreundlich wie möglich zu erzeugen – dafür haben wir viel technisches Know-how und Kapital eingesetzt. Die Rauchgasreinigungsanlagen in unserem Kraftwerk Münster ersparen der Umwelt mehr als 95% der bei der Verbrennung freigesetzten Schadstoffe. Die Entstickungs- und Entschwefelungsanlagen erreichen sogar bessere Werte, als das Bundesimmissionsschutzgesetz vorschreibt. Die Müllverbrennungsanlage wird mit weltweit modernster Technik ausgestattet – eine Investition von rund 240 Millionen DM.

Das sind nur wenige Beispiele, die zeigen, wie wichtig uns saubere Luft und eine gesunde Umwelt sind. Ihr Beitrag zum Umweltschutz wäre der sparsame Umgang mit Energie. Wir beraten Sie gern.

Technische Werke
der Stadt Stuttgart AG

A 31

A 32

A 33

A 34

A 37

A 38

HAWLE Armaturen

flanschenlos – zeitsparend – funktionssicher

Neuestes Beispiel:

Vorteile:

MMB-Schieber +
Spitzend-Muffen-Schieber

- Einsparung von Arbeits- u. Materialkosten
- bewegliche korrosionsgeschützte Verbindungen
- Keine Schrauben
- zugfeste Direktverriegelung untereinander u. mit Hawle – Stop

Fordern Sie unseren Katalog an

HAWLE Armaturen GmbH – *Liegnitzer Straße 6 · 8228 Freilassing*
Telefon (08654) 6303-0 · Telex 17865489 · Teletex 865489 · Fax 08654/6303-60

A 43

INSERENTENVERZEICHNIS

A 44